新手入门必读

从零到精通电工实战系列

电子元器件从零基础到实战
（图解·视频·案例）

图说帮　编著

U0259254

中国水利水电出版社
www.waterpub.com.cn

·北京·

内容提要

本书是一本专门讲解电子元器件识别、检测、焊接及应用技能的图书。

本书以国家职业资格标准为指导，结合行业培训规范，依托典型案例全面、细致地介绍各种电子元器件的种类、功能、应用等专业知识及检测、应用等综合实操技能。

本书内容包含：万用表的特点与使用、示波器的特点与使用、电阻器的功能特点与检测应用、电容器的功能特点与检测应用、电感器的功能特点与检测应用、二极管的功能特点与检测应用、三极管的功能特点与检测应用、场效应晶体管的功能特点与检测应用、晶闸管的功能特点与检测应用、集成电路的功能特点与检测应用、电气部件的功能特点与检测应用、电子元器件检测应用案例、焊接工具的特点与使用、电子元器件的安装焊接等。

本书采用全彩图解的方式，讲解全面详细，理论和实践操作相结合，内容由浅入深，语言通俗易懂，非常方便读者学习。

另外，为了方便阅读，提升学习体验，本书采用微视频讲解互动的全新教学模式，在重要知识点相关图文的旁边附印了二维码。读者只要**用手机扫描书中相关知识点的二维码**，即可在手机上实时观看对应的教学视频，帮助读者轻松领会。这不仅进一步方便了学习，而且大大提升了本书内容学习效率。

本书可供电工电子初学者及专业技术人员学习使用，也可供职业院校、培训学校相关专业的师生和电子爱好者阅读。

图书在版编目（C I P）数据

电子元器件从零基础到实战 ： 图解·视频·案例/
图说帮编著. -- 北京 ： 中国水利水电出版社，2020.9（2024.12重印）.
ISBN 978-7-5170-8924-7

Ⅰ. ①电… Ⅱ. ①图… Ⅲ. ①电子元器件-基本知识
Ⅳ. ①TN6

中国版本图书馆CIP数据核字（2020）第184228号

书　　名	电子元器件从零基础到实战（图解·视频·案例） DIANZI YUAN-QIJIAN CONG LING JICHU DAO SHIZHAN（TUJIE·SHIPIN·ANLI）
作　　者	图说帮 编著
出版发行	中国水利水电出版社 （北京市海淀区玉渊潭南路 1号 D座　100038） 网址：www.waterpub.com.cn E-mail：zhiboshangshu@163.com 电话：（010）62572966-2205/2266/2201（营销中心）
经　　售	北京科水图书销售有限公司 电话：（010）68545874、63202643 全国各地新华书店和相关出版物销售网点
排　　版	北京智博尚书文化传媒有限公司
印　　刷	河北文福旺印刷有限公司
规　　格	185mm×260mm　16开本　22印张　502千字
版　　次	2020年9月第1版　2024年12月第9次印刷
印　　数	112001—115000册
定　　价	98.00元

前言

电子元器件的识别、检测、焊接及应用是电工电子领域必须掌握的专业基础技能。

本书从零基础开始，通过实战案例，全面、系统地讲解了各种电子元器件的种类、特点、识别、检测及应用等各项专业知识和综合实操技能。

全新的知识技能体系

本书的编写目的是让读者能够在短时间内领会并掌握电子元器件识别检测与应用等专业知识和操作技能。为此，编者根据国家职业资格标准和行业培训规范，对电子元器件的专业知识技能进行了全新的构架。从零基础开始，通过大量的实例，全面系统地讲解电子元器件的专业知识。通过大量实战案例，生动演示专业技能。真正让这本书成为一本从理论学习逐步上升为实战应用的专业技能指导图书。

全新的内容诠释

本书在内容诠释方面极具“视觉冲击力”。整本图书采用彩色印刷，突出重点。内容由浅入深，循序渐进。按照行业培训特色将各知识技能整合成若干“项目模块”输出。知识技能的讲授充分发挥“图说”的特色。大量的结构原理图、效果图、实物照片图和操作演示拆解图相互补充。依托实战案例，通过以“图”代“解”，以“解”说“图”的形式向读者最直观地传授元器件的专业知识和综合技能，让读者能够轻松、快速、准确地领会、掌握。

全新的学习体验

本书开创了全新的学习体验模式。“模块化教学”+“多媒体图解”+“二维码微视频”构成了本书独有的学习特色。首先，在内容选取上，“图说帮”进行了大量的市场调研和资料汇总。根据知识内容的专业特点和行业岗位需求，将学习内容模块化分解。然后依托多媒体图解的方式输出给读者，让读者以“看”代“读”，以“练”代“学”。最后，为了获得更好的学习效果，本书充分考虑读者的学习习惯，在图书中增设了“二维码”学习方式。读者可以在书中很多知识技能旁边找到“二维码”，然后通过手机扫描二维码即可打开相关的“微视频”。微视频中有对图书相应内容的有声讲解，有对关键知识技能点的演示操作。全新的学习手段更加增强了自主学习的互动性，不仅提升了学习效率，同时增强了学习的趣味性和效果。

当然，专业的知识和技能我们也一直在学习和探索，由于水平有限，编写时间仓促，书中难免会出现一些疏漏，欢迎读者指正，也期待与您的技术交流。

图说帮
网址：http://www.chinadse.org
联系电话：022-83718162/83715667/13114807267
E-mail:chinadse@163.com
地址：天津市南开区榕苑路4号天发科技园8-1-401
邮编：300384

全新体系开启全新"学"&"练"模式

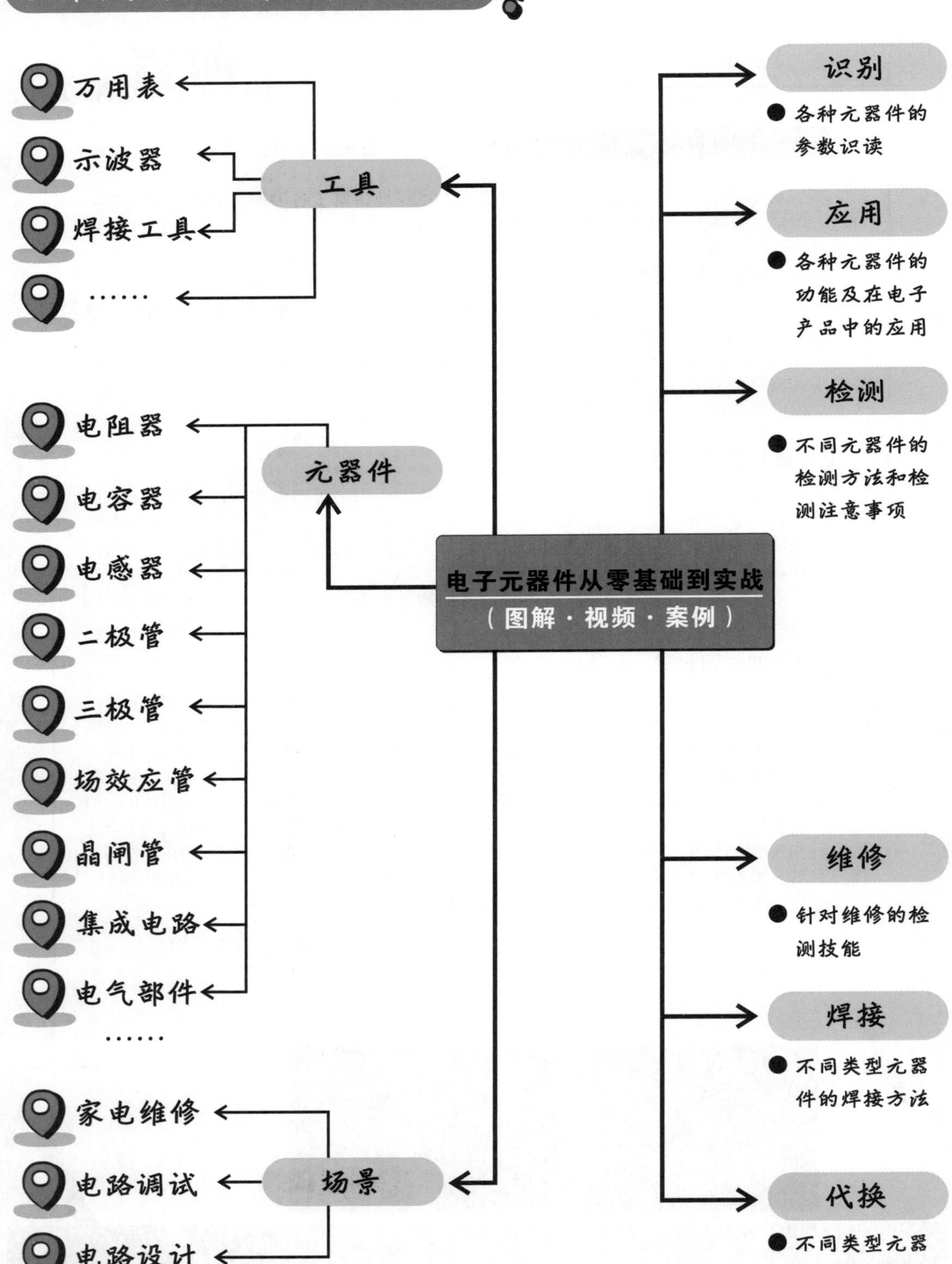

电子元器件从零基础到实战
（图解·视频·案例）
工具
万用表
示波器
焊接工具
……
元器件
电阻器
电容器
电感器
二极管
三极管
场效应管
晶闸管
集成电路
电气部件
……
场景
家电维修
电路调试
电路设计
识别
各种元器件的参数识读
应用
各种元器件的功能及在电子产品中的应用
检测
不同元器件的检测方法和检测注意事项
维修
针对维修的检测技能
焊接
不同类型元器件的焊接方法
代换
不同类型元器件的代换依据

目录

第4章　电容器的功能特点与检测应用(P88)

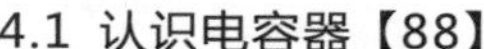

第5章　电感器的功能特点与检测应用(P109)

第6章　二极管的功能特点与检测应用(P127)

第7章　三极管的功能特点与检测应用(P150)

第8章　场效应晶体管的功能特点与检测应用(P176)

第9章 晶闸管的功能特点与检测应用(P189)

第10章 集成电路的功能特点与检测应用(P206)

第11章 电气部件的功能特点与检测应用(P245)

第12章 电子元器件的检测应用案例(P289)

第13章　焊接工具的特点与使用(P321)

第14章　电子元器件的安装与焊接(P331)

本章系统介绍万用表的种类、特点和基本使用规范。

● 认识万用表

◇ 认识指针万用表

◇ 认识数字万用表

● 学用万用表

◇ 学用指针万用表

◇ 学用数字万用表

第1章 万用表的特点与使用

1.1 认识万用表

1.1.1 认识指针万用表

指针万用表的最大特点是由表头指针指示测量结果，便于直观地观察测量结果、变化过程和变化方向。根据外形结构的不同，指针万用表可以分为单旋钮指针万用表和双旋钮指针万用表，如图1-1所示。

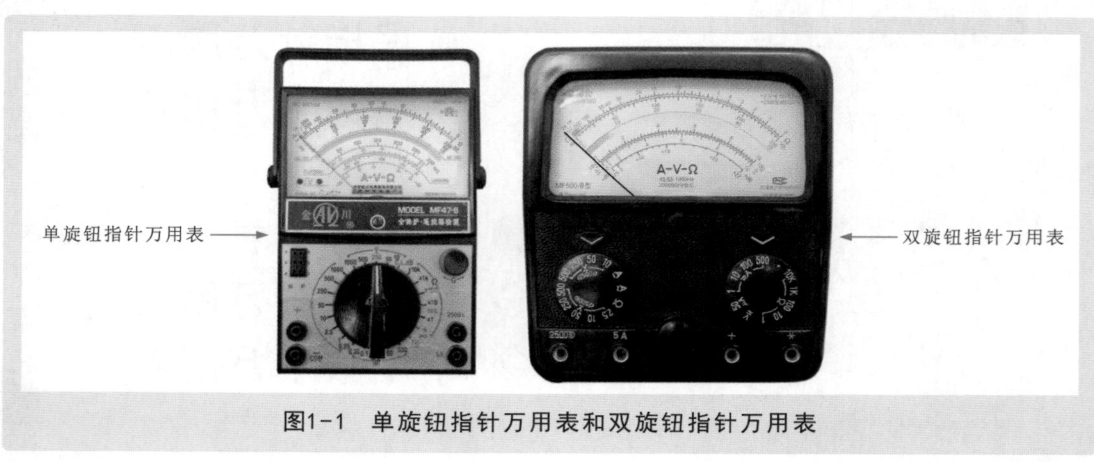
单旋钮指针万用表
双旋钮指针万用表
A-V-Ω
MODEL MF47-8

图1-1　单旋钮指针万用表和双旋钮指针万用表

以单旋钮指针万用表为例，图1-2为典型指针万用表的基本结构图。

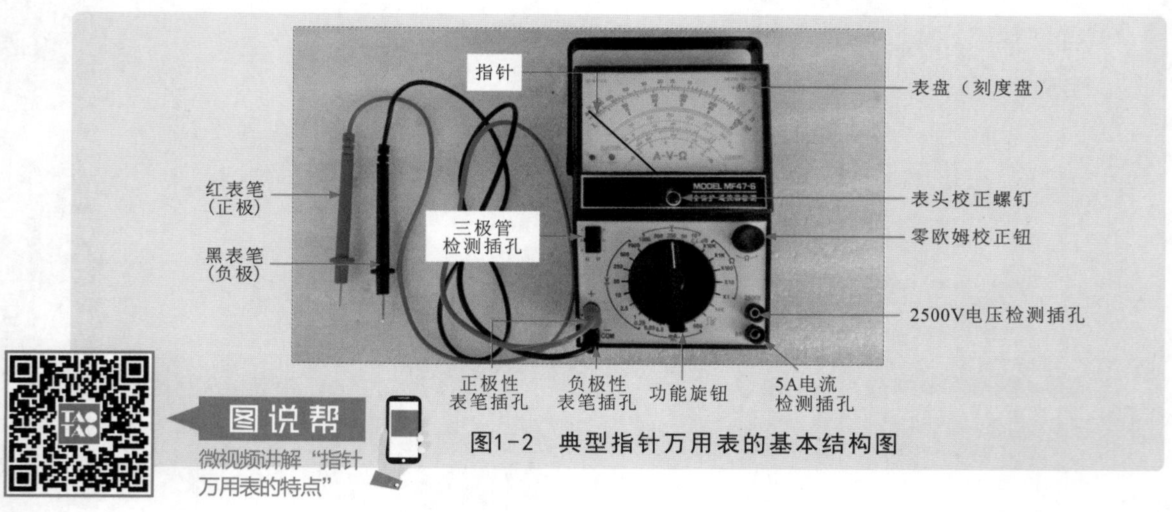
指针
表盘（刻度盘）
红表笔（正极）
黑表笔（负极）
三极管检测插孔
表头校正螺钉
零欧姆校正钮
2500V电压检测插孔
正极性表笔插孔
负极性表笔插孔
功能旋钮
5A电流检测插孔
MODEL MF47-8
A-V-Ω
图说帮
微视频讲解“指针万用表的特点”

图1-2　典型指针万用表的基本结构图

1 表盘（刻度盘）

图1-3为典型指针万用表的表盘。

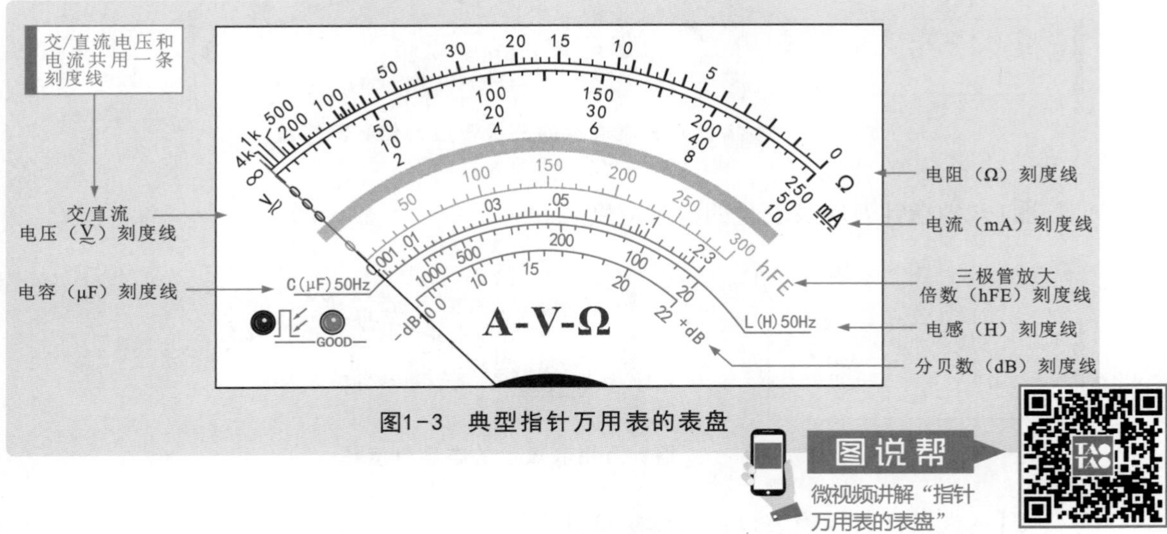
交/直流电压和电流共用一条刻度线
交/直流电压（V）刻度线
电容（μF）刻度线
电阻（Ω）刻度线
电流（mA）刻度线
三极管放大倍数（hFE）刻度线
电感（H）刻度线
分贝数（dB）刻度线
C(μF)50Hz
L(H)50Hz
A-V-Ω
GOOD

图1-3 典型指针万用表的表盘

图说帮 微视频讲解"指针万用表的表盘"

表盘（刻度盘）位于指针万用表的最上方，由多条弧线构成，用于显示测量结果。由于指针万用表的功能很多，因此表盘上有许多刻度线和刻度值。

图1-4为指针万用表表盘的电阻（Ω）刻度线。

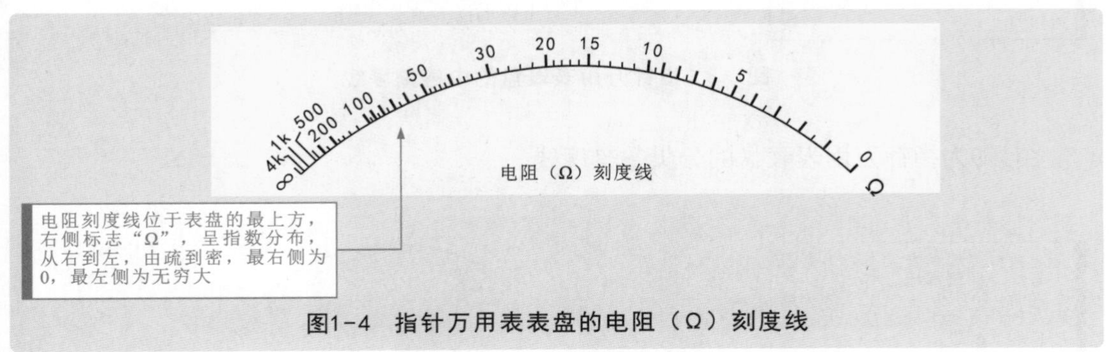
电阻（Ω）刻度线
电阻刻度线位于表盘的最上方，右侧标志"Ω"，呈指数分布，从右到左，由疏到密，最右侧为0，最左侧为无穷大

图1-4 指针万用表表盘的电阻（Ω）刻度线

图1-5为指针万用表表盘的交/直流电压和电流刻度线。

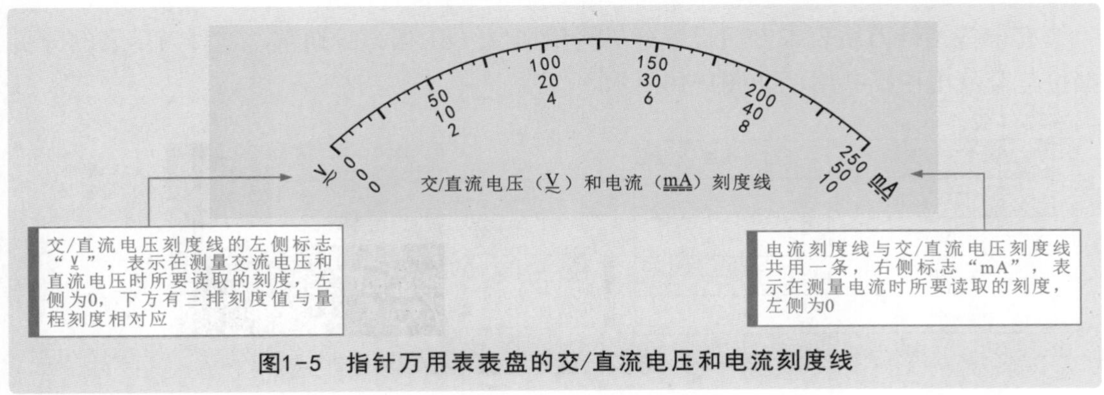
交/直流电压（V）和电流（mA）刻度线
交/直流电压刻度线的左侧标志"V"，表示在测量交流电压和直流电压时所要读取的刻度，左侧为0，下方有三排刻度值与量程刻度相对应
电流刻度线与交/直流电压刻度线共用一条，右侧标志"mA"，表示在测量电流时所要读取的刻度，左侧为0

图1-5 指针万用表表盘的交/直流电压和电流刻度线

图1-6为指针万用表表盘的三极管放大倍数刻度线。

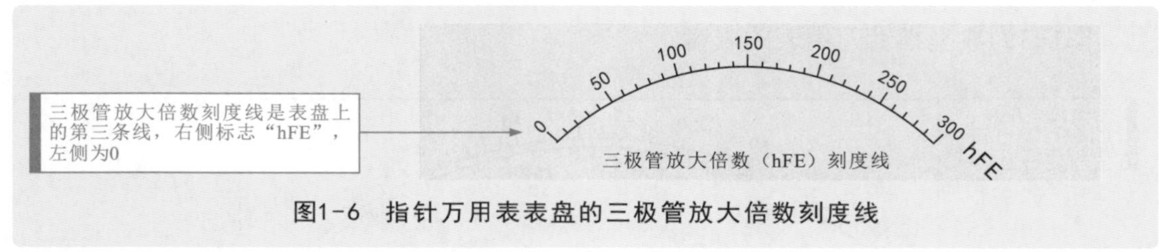
三极管放大倍数刻度线是表盘上的第三条线，右侧标志“hFE”，左侧为0
0
50
100
150
200
250
300
hFE
三极管放大倍数（hFE）刻度线

图1-6　指针万用表表盘的三极管放大倍数刻度线

图1-7为指针万用表表盘的电容刻度线。

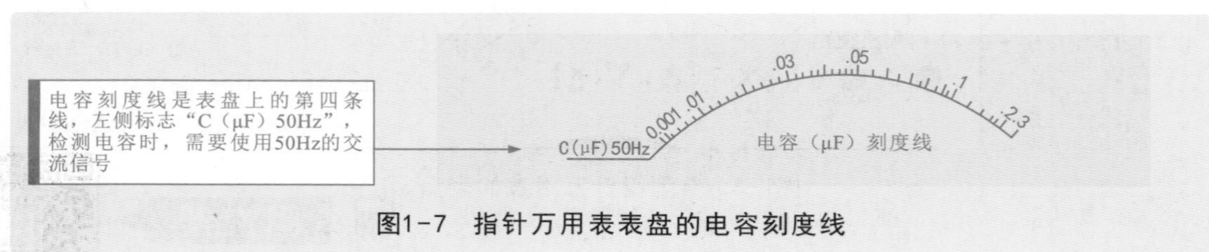
电容刻度线是表盘上的第四条线，左侧标志“C（μF）50Hz”，检测电容时，需要使用50Hz的交流信号
C(μF)50Hz
0.001
.01
.03
.05
.1
2.3
电容（μF）刻度线

图1-7　指针万用表表盘的电容刻度线

图1-8为指针万用表表盘的电感刻度线。

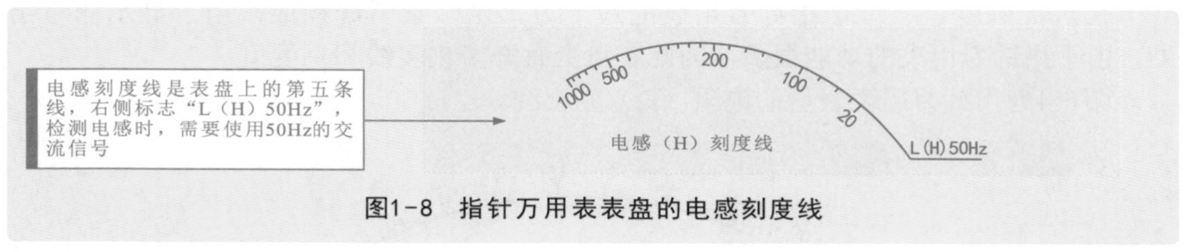
电感刻度线是表盘上的第五条线，右侧标志“L（H）50Hz”，检测电感时，需要使用50Hz的交流信号
1000
500
200
100
20
L(H)50Hz
电感（H）刻度线

图1-8　指针万用表表盘的电感刻度线

图1-9为指针万用表表盘的分贝数刻度线。

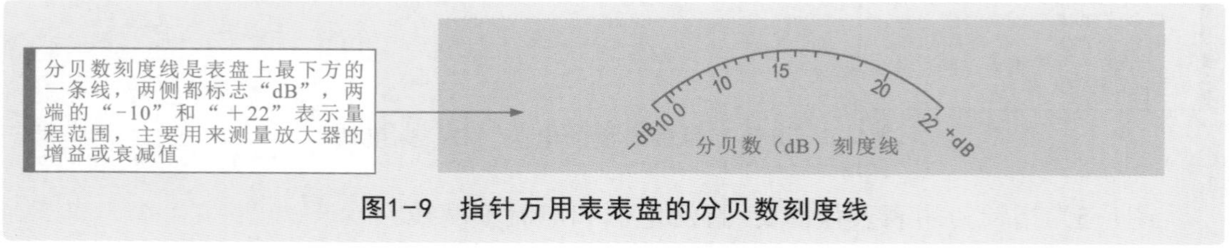
分贝数刻度线是表盘上最下方的一条线，两侧都标志“dB”，两端的“-10”和“+22”表示量程范围，主要用来测量放大器的增益或衰减值
-dB10
0
10
15
20
22
+dB
分贝数（dB）刻度线

图1-9　指针万用表表盘的分贝数刻度线

有一些指针万用表未专门设置分贝测量挡位（dB挡）。通常，这种万用表的分贝挡位与交流电压挡共用，如图1-10所示。

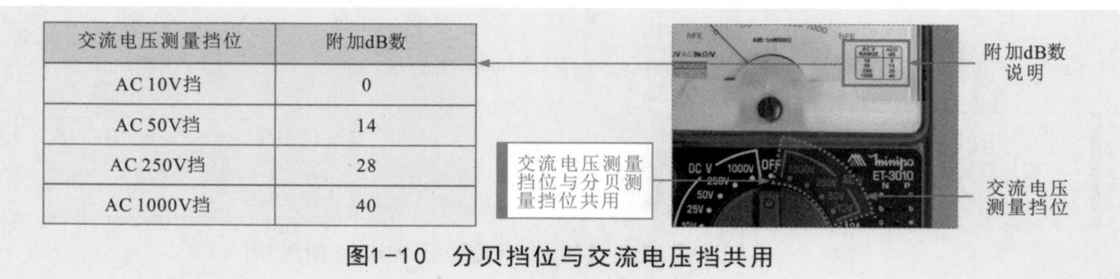

交流电压测量挡位	附加dB数
AC 10V挡	0
AC 50V挡	14
AC 250V挡	28
AC 1000V挡	40

附加dB数说明
交流电压测量挡位与分贝测量挡位共用
交流电压测量挡位
DC V
1000V
250V
50V
25V
OFF
ET-3010

图1-10　分贝挡位与交流电压挡共用

补充说明

通常，遵照国际标准，0dB（电平）的标准为在600Ω负载上加1mW的功率。若采用这种标准的指针万用表，则0dB对应交流10V挡刻度线上的0.775V，-10dB对应交流10V挡刻度线上的0.45V，20dB对应交流10V挡刻度线上的7.75V，而10V这一点则对应+22dB（还有一些指针万用表采用500Ω负载加6mW功率作为0dB的标准，则这种指针万用表的0dB对应交流10V挡刻度线上的1.732V刻度）。若测量的电平值大于+22dB，就需要将功能旋钮设置在高量程交流电压挡。一般来说，在指针万用表的刻度盘上都会有一个附加分贝关系对应表。

2 表头校正螺钉

图1-11为典型指针万用表的表头校正螺钉。表头校正螺钉通常位于表盘下方的中央位置，用于指针万用表的机械调零。

MODEL MF47-6
A-V-Ω
JB/T9283-1999
MODEL MF47-6
全保护·遥控器检测
表头校正螺钉

图1-11 典型指针万用表的表头校正螺钉

在正常情况下，指针万用表表笔开路时，指针万用表的指针应该指向表盘左侧“0”刻度线的位置。如果指针不在“0”位，则需使用一字螺钉旋具旋转表头校正螺钉，使指针指向“0”位。图1-12为表头校正螺钉的调整功能。

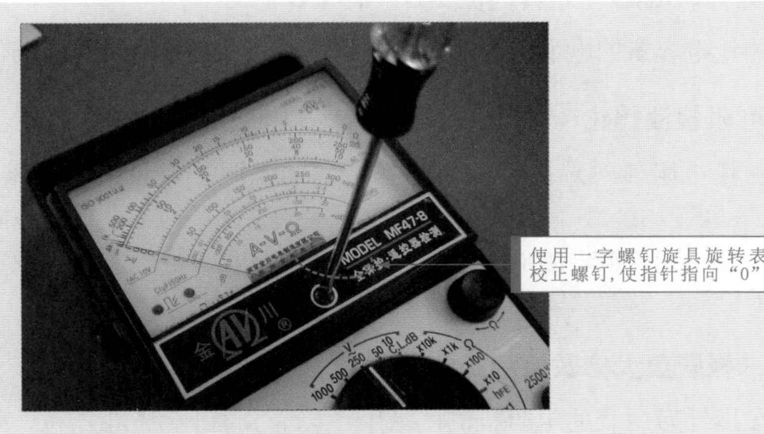
MODEL MF47-8
全保护·遥控器检测
使用一字螺钉旋具旋转表头校正螺钉，使指针指向“0”位

图1-12 表头校正螺钉的调整功能

3 功能旋钮

图1-13为典型指针万用表的功能旋钮。功能旋钮位于指针万用表的主体位置（面板），在其圆周标有测量功能及测量范围，通过旋转功能旋钮可选择不同的测量项目及测量挡位。

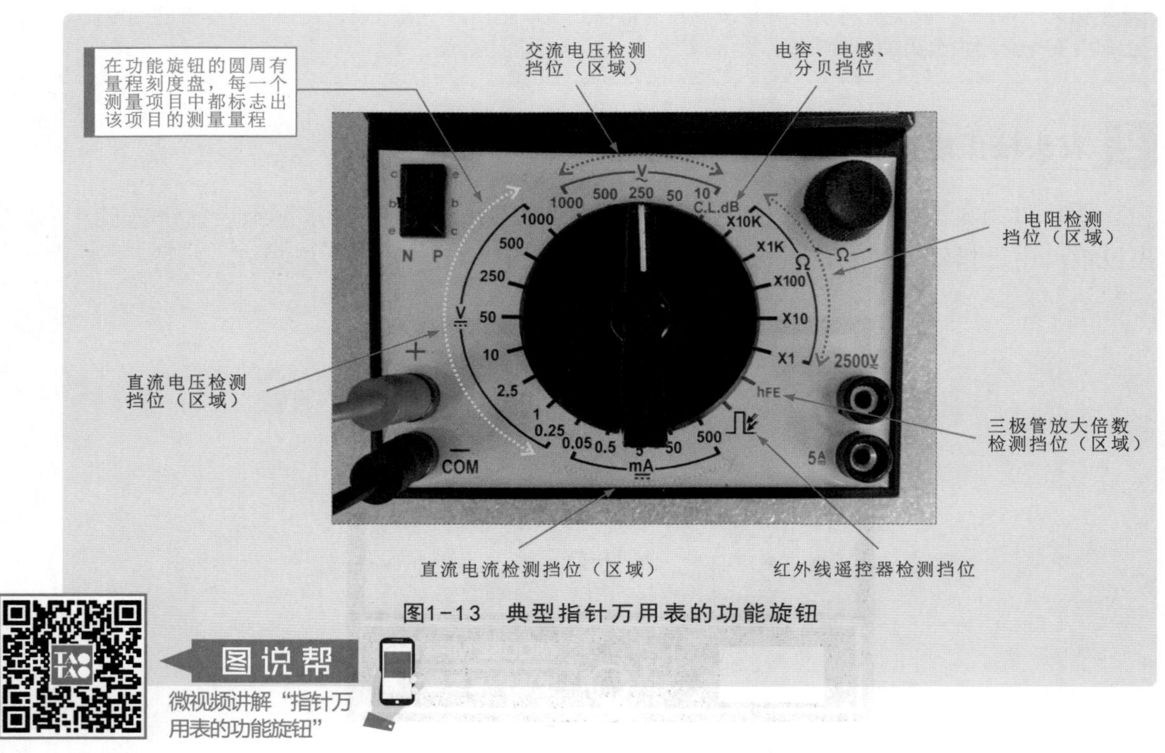
在功能旋钮的圆周有量程刻度盘，每一个测量项目中都标志出该项目的测量量程
交流电压检测挡位（区域）
电容、电感、分贝挡位
电阻检测挡位（区域）
直流电压检测挡位（区域）
三极管放大倍数检测挡位（区域）
直流电流检测挡位（区域）
红外线遥控器检测挡位
1000 500 250 50 10
C.L.dB
X10K
X1K
X100
X10
X1
2500V
hFE
2.5
0.25
0.05 0.5 5 50 500
mA
COM
5A
N P

图1-13 典型指针万用表的功能旋钮

图说帮 微视频讲解"指针万用表的功能旋钮"

① 交流电压检测的挡位（区域）（V～）

测量交流电压时选择该挡，根据被测的电压值，可调整的量程范围为10V、50V、250V、500V、1000V。

② 电容、电感、分贝挡位（C、L、dB）

测量电容器的电容量、电感器的电感量及分贝值时选择该挡位。

③ 电阻检测挡位（区域）（Ω）

测量电阻值时选择该挡，根据被测的电阻值，可调整的量程范围为×1、×10、×100、×1k、×10k。

有些指针万用表的电阻检测区域中还有一挡位的标志为"→⊢·))"（蜂鸣挡），主要用于检测二极管及线路的通断。

④ 三极管放大倍数检测挡位（区域）（hFE）

在指针万用表的电阻检测区域中可以看到有一个hFE挡位，该挡位主要用于测量三极管的放大倍数。

5 红外线遥控器检测挡位（⎍⸗）

该挡位主要用于检测红外线发射器。当功能旋钮转至该挡位时，使用红外线发射器的发射头垂直对准表盘中的红外线遥控器检测挡位，并按下遥控器的功能按键，如果红色发光二极管（GOOD）闪亮，则表示该红外线发射器工作正常。

6 直流电流检测挡位（区域）（mA）

测量直流电流时选择该挡。根据被测的电流值，可调整的量程范围为0.05mA、0.5mA、5mA、50mA、500mA、5A。

7 直流电压检测挡位（区域）（V）

测量直流电压时选择该挡。根据被测的电压值，可调整的量程范围为0.25V、1V、2.5V、10V、50V、250V、500V、1000V。

4 零欧姆校正钮

图1-14为典型指针万用表的零欧姆校正钮。零欧姆校正钮通常位于表盘下方，用于调整万用表测量电阻时指针的基准“0”位，在使用指针万用表测量电阻前要进行零欧姆校正。

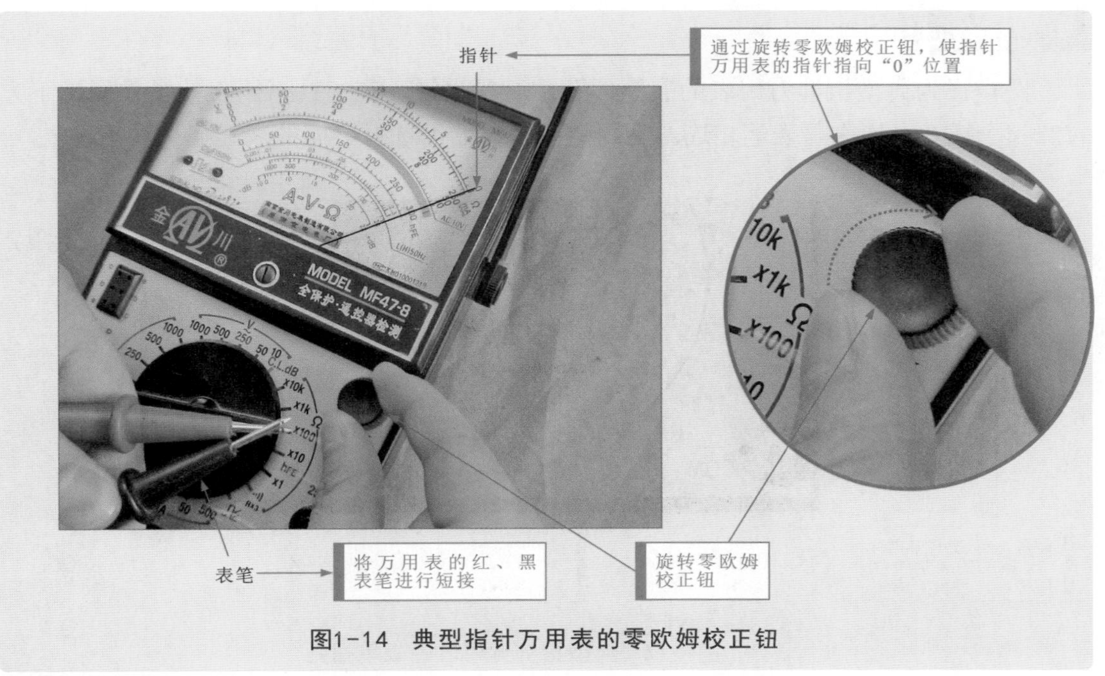
指针
通过旋转零欧姆校正钮，使指针万用表的指针指向“0”位置
MODEL MF47-8
表笔
将万用表的红、黑表笔进行短接
旋转零欧姆校正钮

图1-14 典型指针万用表的零欧姆校正钮

补充说明

指针万用表测量电阻时需要由万用表自身的电池供电，且在万用表的使用过程中，电池会不断地损耗，会导致万用表测量电阻时的精确度下降，所以测量电阻值前都要先通过零欧姆校正钮进行调零，或称0Ω调整。

5 三极管检测插孔

图1-15为典型指针万用表的三极管检测插孔。三极管检测插孔主要用于对三极管性能的检测。

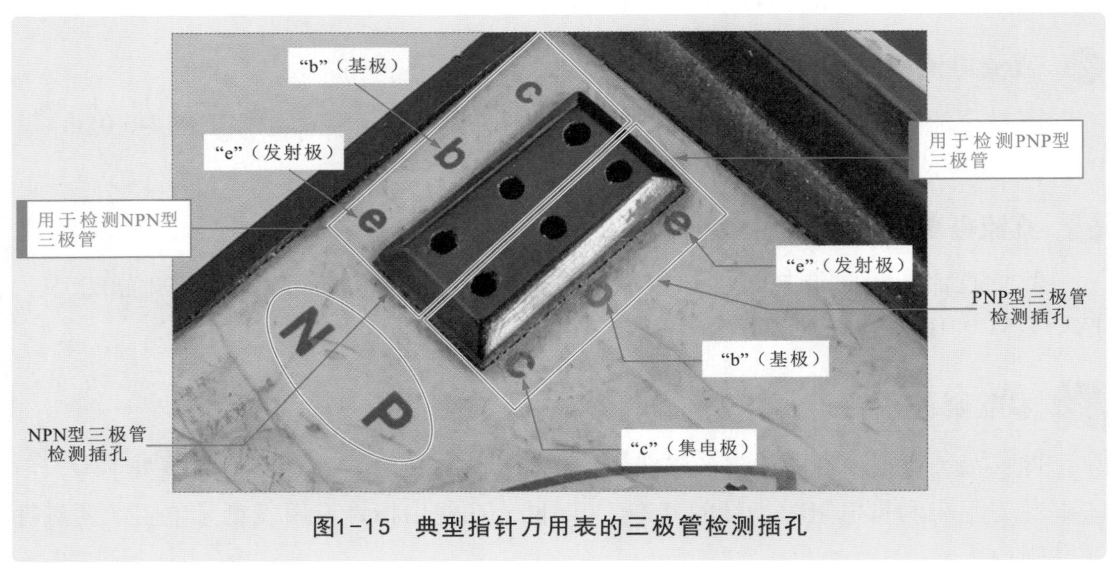
"b"（基极）
"e"（发射极）
用于检测NPN型三极管
用于检测PNP型三极管
"e"（发射极）
PNP型三极管检测插孔
"b"（基极）
NPN型三极管检测插孔
"c"（集电极）

图1-15 典型指针万用表的三极管检测插孔

6 表笔插孔

图1-16为典型指针万用表的表笔插孔。一般来说，在指针万用表的操作面板下方有2～4个插孔，用来与表笔相连。不同的测量功能需选择不同的表笔插孔。

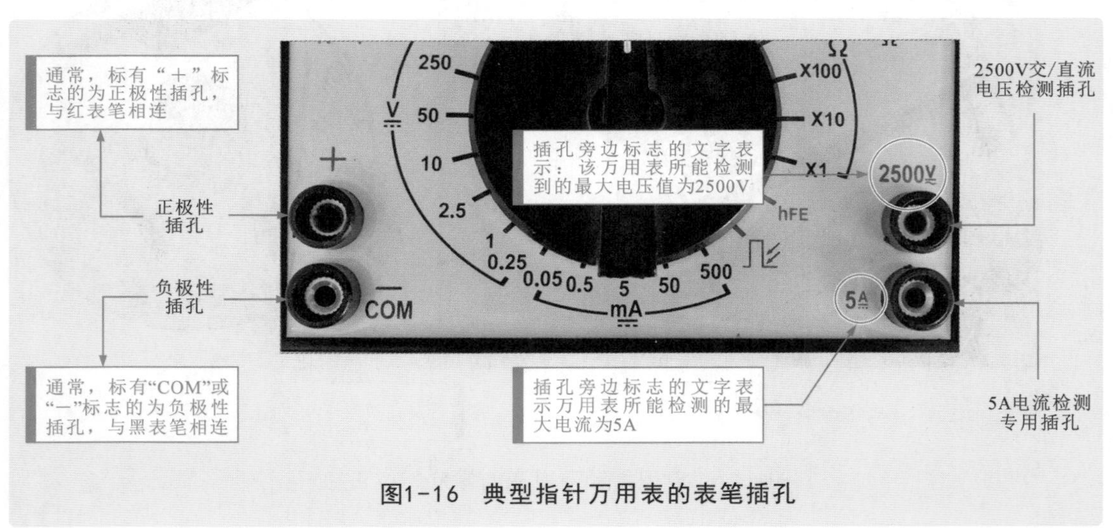
通常，标有"＋"标志的为正极性插孔，与红表笔相连
正极性插孔
负极性插孔
通常，标有"COM"或"－"标志的为负极性插孔，与黑表笔相连
插孔旁边标志的文字表示：该万用表所能检测到的最大电压值为2500V
插孔旁边标志的文字表示万用表所能检测的最大电流为5A
2500V交/直流电压检测插孔
5A电流检测专用插孔
COM
2500V
5A
hFE
mA

图1-16 典型指针万用表的表笔插孔

7 测量表笔

图1-17为典型指针万用表的测量表笔。指针万用表的表笔分别使用红色和黑色标志，主要用于待测电路、元器件与万用表之间的连接。

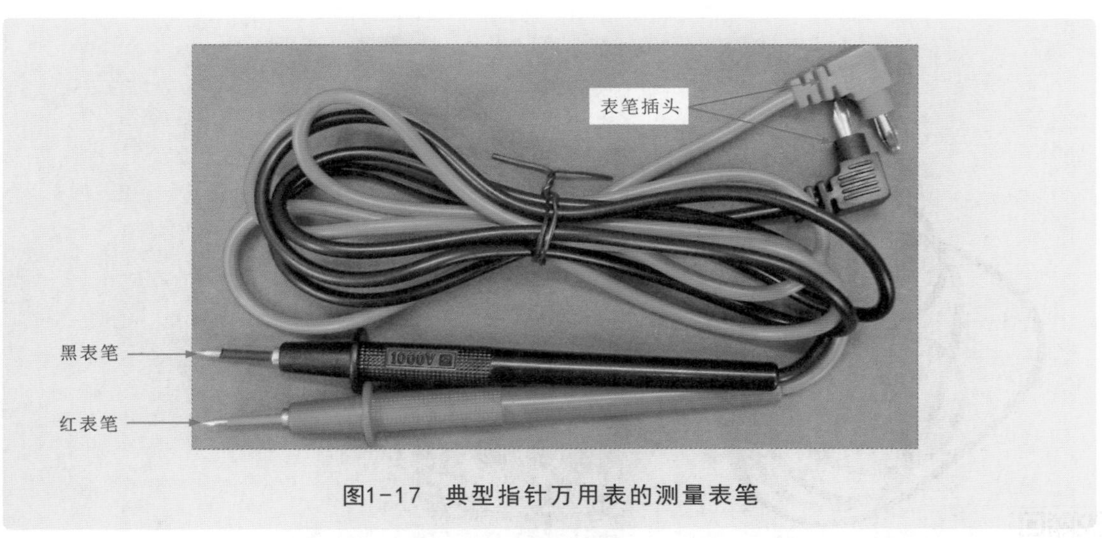
表笔插头
黑表笔
红表笔

图1-17 典型指针万用表的测量表笔

1.1.2 认识数字万用表

数字万用表是一种多功能、多量程的便携式仪器。与指针万用表不同，数字万用表是通过数码显示屏直接显示测量的数值，方便测量结果的准确读取。

如图1-18所示，数字万用表主要分为手动量程数字万用表和自动量程数字万用表两大类。

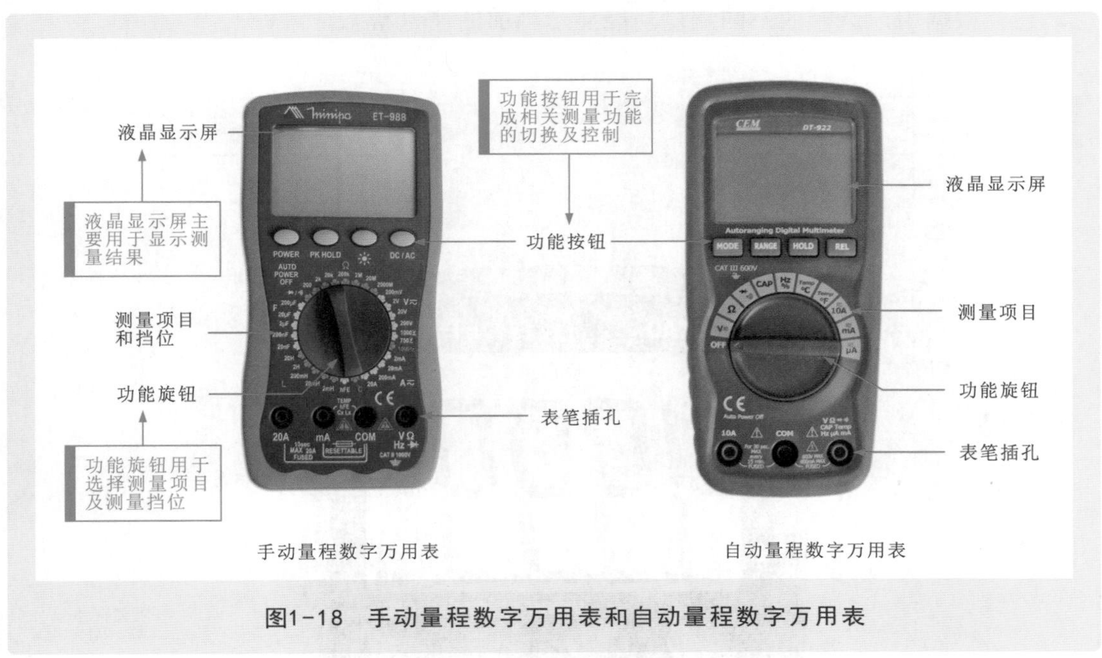
液晶显示屏
液晶显示屏主要用于显示测量结果
测量项目和挡位
功能旋钮
功能旋钮用于选择测量项目及测量挡位
功能按钮用于完成相关测量功能的切换及控制
功能按钮
表笔插孔
液晶显示屏
测量项目
功能旋钮
表笔插孔
手动量程数字万用表
自动量程数字万用表

图1-18 手动量程数字万用表和自动量程数字万用表

数字万用表的功能有很多，在检测中主要是通过调节不同的功能挡位来实现的。图1-19为典型数字万用表的键钮分布。数字万用表主要是由液晶显示屏、功能旋钮、功能按钮、表笔插孔和附加测试器等构成的。

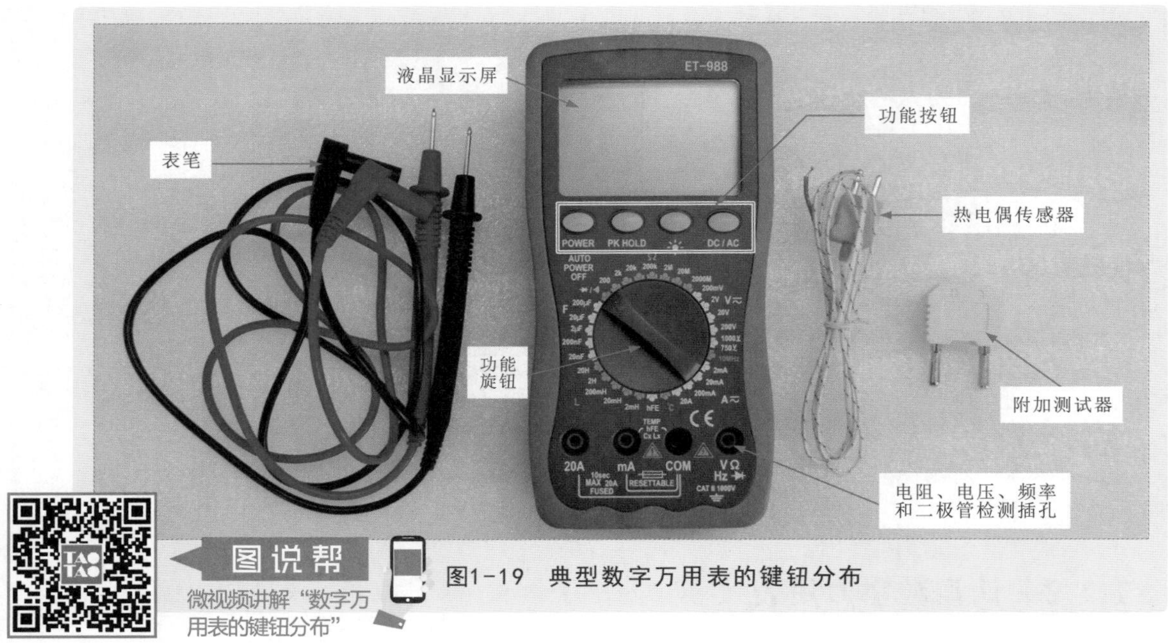
液晶显示屏
表笔
功能按钮
热电偶传感器
功能旋钮
附加测试器
电阻、电压、频率和二极管检测插孔
图说帮
微视频讲解“数字万用表的键钮分布”

图1-19　典型数字万用表的键钮分布

1 液晶显示屏

图1-20为典型数字万用表的液晶显示屏。液晶显示屏是用来显示当前测量状态和最终测量数值的。由于数字万用表的功能很多，因此在液晶显示屏上会有许多的标志，它会根据用户选择的不同测量功能显示当前的测量状态。

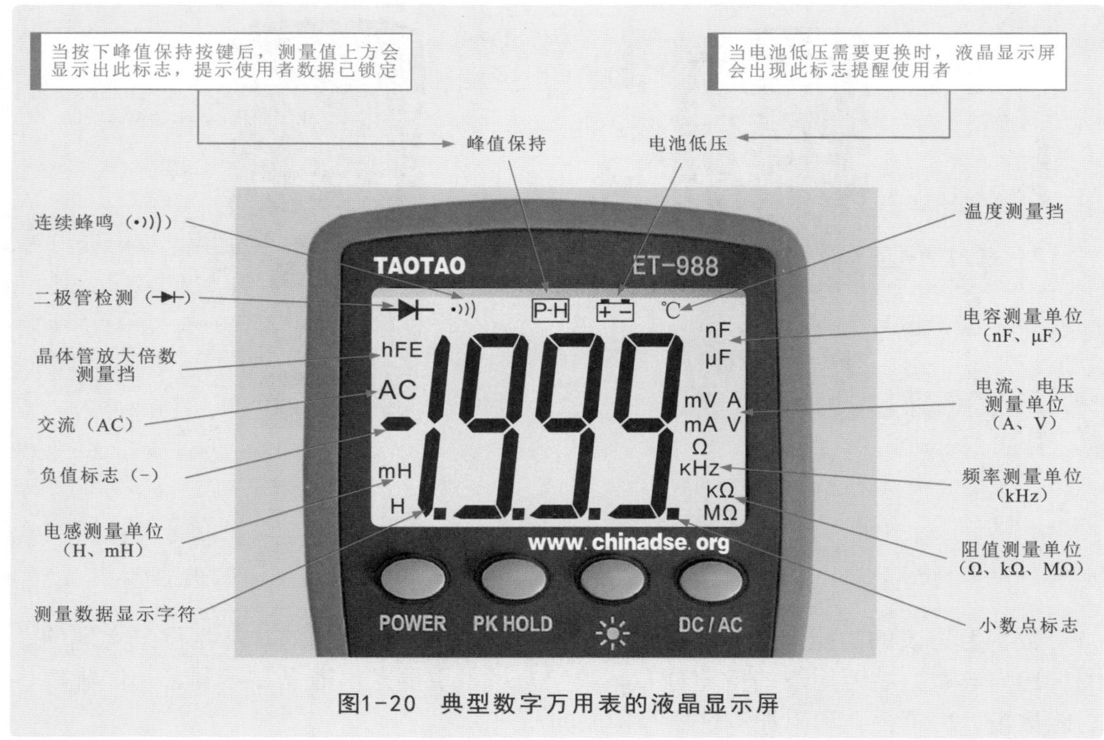
当按下峰值保持按键后，测量值上方会显示出此标志，提示使用者数据已锁定
当电池低压需要更换时，液晶显示屏会出现此标志提醒使用者
峰值保持
电池低压
连续蜂鸣（•)))）
温度测量挡
二极管检测（→+）
电容测量单位（nF、μF）
晶体管放大倍数测量挡
电流、电压测量单位（A、V）
交流（AC）
负值标志（-）
频率测量单位（kHz）
电感测量单位（H、mH）
阻值测量单位（Ω、kΩ、MΩ）
测量数据显示字符
小数点标志

图1-20　典型数字万用表的液晶显示屏

2 功能旋钮

图1-21为典型数字万用表的功能旋钮。功能旋钮位于数字万用表的主体位置（面板），通过旋转功能旋钮，可选择不同的测量项目以及测量挡位。在功能旋钮的圆周上有万用表多种测量功能的标志，测量时仅需要旋动中间的功能旋钮，使其指示到相应的挡位，即可进行相应测量。

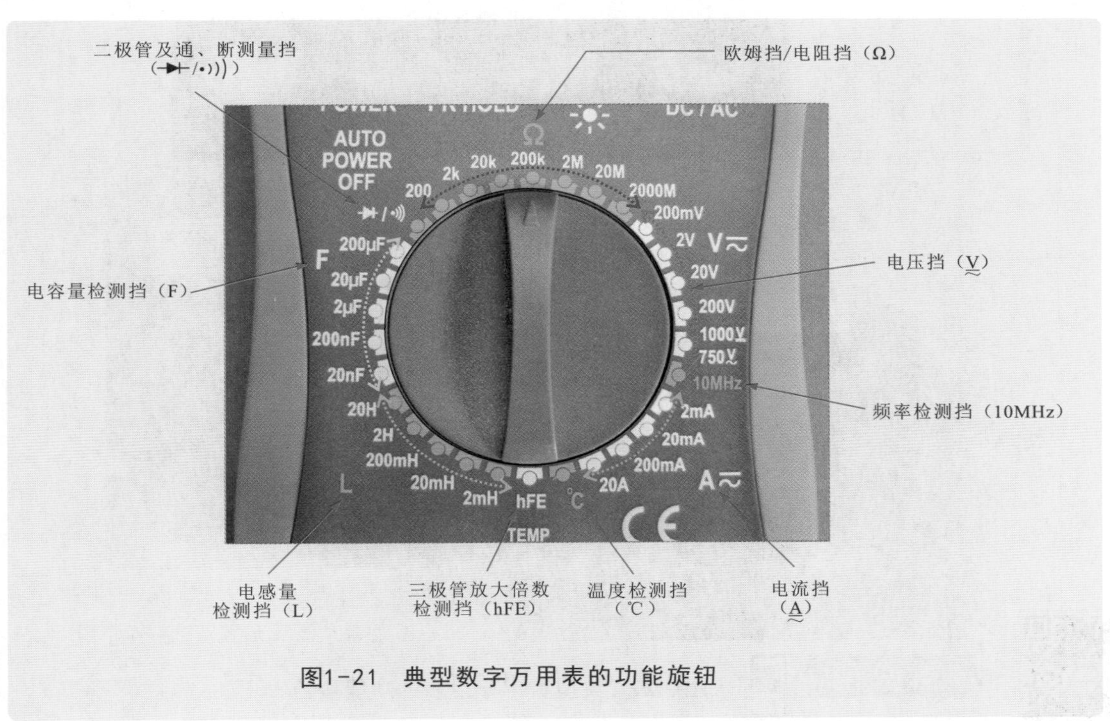
二极管及通、断测量挡
欧姆挡/电阻挡（Ω）
电容量检测挡（F）
电压挡（V）
频率检测挡（10MHz）
电感量检测挡（L）
三极管放大倍数检测挡（hFE）
温度检测挡（℃）
电流挡（A）
AUTO POWER OFF
200 2k 20k 200k 2M 20M 2000M
200mV 2V 20V 200V 1000V 750V 10MHz
2mA 20mA 200mA 20A
200μF 20μF 2μF 200nF 20nF
20H 2H 200mH 20mH 2mH
hFE TEMP ℃
CE

图1-21 典型数字万用表的功能旋钮

补充说明

一般来说，数字万用表都具有“欧姆测量”“电压测量”“频率测量”“电流测量”“温度测量”“三极管放大倍数测量”“电感量测量”“电容量测量”“二极管及通、断测量”9大功能。

欧姆挡（Ω）：欧姆挡位于数字万用表的最上端，测量电阻时选择该挡位，根据被测的电阻值，可调整的量程范围有200、2k、20k、200k、2M、20M、2000M。

电压挡（V）：测量电压时选择该挡位，根据被测电压值的不同，可调整的量程范围有200mV、2V、20V、200V、750V、1000V。

频率检测挡（10MHz）：检测频率时，选择该挡位。

电流挡（A）：测量电流时选择该挡位，根据被测电流值的不同，可调整的范围有2mA、20mA、200mA、20A。

温度检测挡（℃）：检测温度时，将功能旋钮调至该挡位。

三极管放大倍数检测挡（hFE）：检测三极管的放大倍数时，将功能旋钮调至该挡位。

电感量检测挡（L）：检测电感器的电感量时，将功能旋钮调至该挡位。

电容量检测挡（F）：检测电容器的电容量时，将功能旋钮调至该挡位。

二极管及通、断测量挡：检测二极管性能是否良好或检测通、断情况时，将数字万用表的挡位调至该挡位并测量。

3 功能按钮

图1-22为典型数字万用表的功能按钮。数字万用表的功能按钮位于数字万用表液晶显示屏与功能旋钮之间。数字万用表的功能按钮主要包括电源按钮、峰值保持按钮、背光灯按钮及交/直流切换按钮。每个按钮可以完成不同的功能。

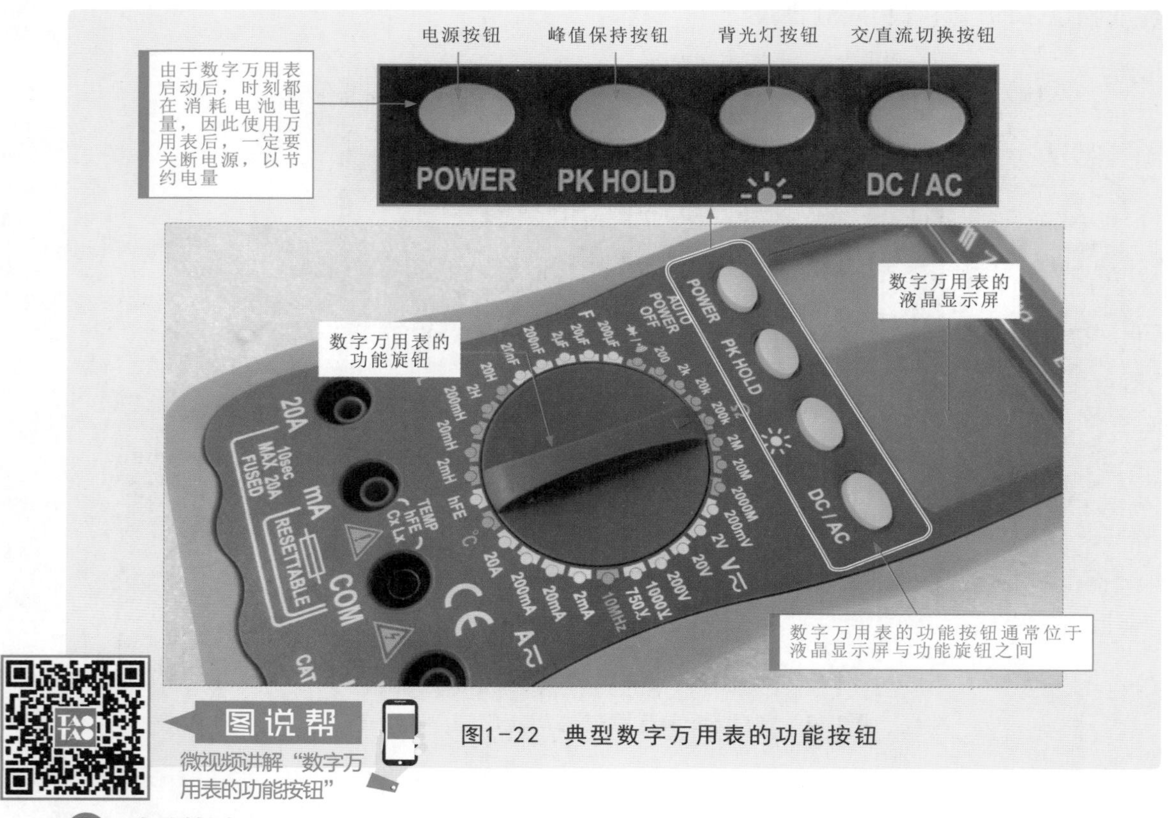
电源按钮
峰值保持按钮
背光灯按钮
交/直流切换按钮
由于数字万用表启动后，时刻都在消耗电池电量，因此使用万用表后，一定要关断电源，以节约电量
POWER
PK HOLD
DC / AC
数字万用表的液晶显示屏
数字万用表的功能旋钮
数字万用表的功能按钮通常位于液晶显示屏与功能旋钮之间

图说帮 微视频讲解"数字万用表的功能按钮"

图1-22 典型数字万用表的功能按钮

① 电源按钮

电源按钮周围通常标志有“POWER”，用来启动或关断数字万用表的供电电源。很多数字万用表都具有自动断电功能，一段时间内不使用，万用表会自动切断电源。

② 峰值保持按钮

峰值保持按钮周围通常标志有“HOLD”，用来锁定某一瞬间的测量结果，方便使用者记录数据。

③ 背光灯按钮

按下背光灯按钮后，液晶显示屏会点亮5s，然后自动熄灭，方便使用者在黑暗的环境下观察测量数据。

④ 交/直流切换按钮

在交/直流切换按钮未被按下的情况下，数字万用表测量直流电；被按下按钮后，数字万用表测量交流电。

图1-23为自动量程数字万用表的功能按钮。可以看到，功能按钮包括量程按钮、模式按钮、数据保持按钮、相对值按钮，测量时只需按动功能按钮，即可完成相关测量功能的切换及控制。

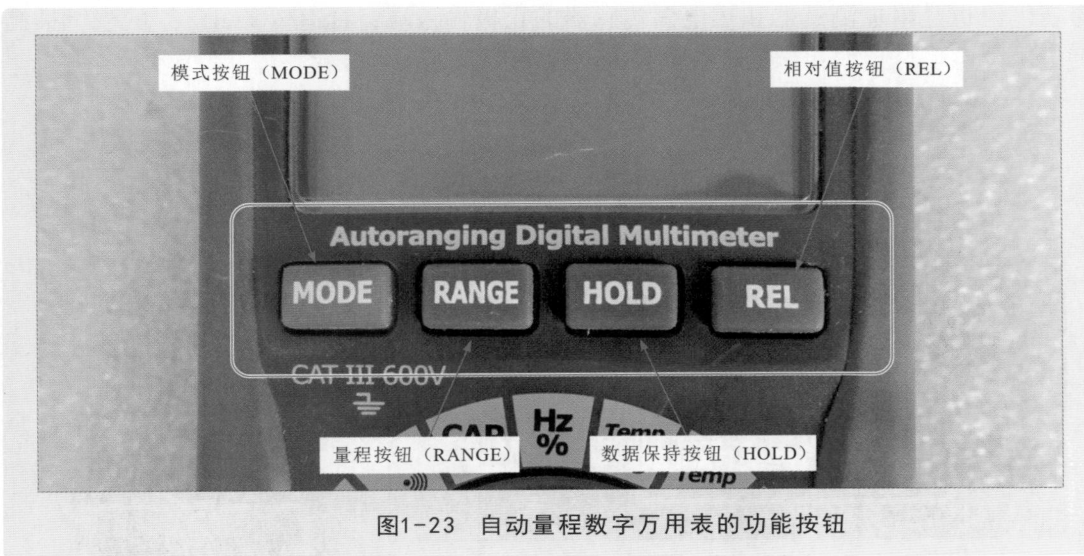
模式按钮（MODE）
相对值按钮（REL）
Autoranging Digital Multimeter
MODE
RANGE
HOLD
REL
CAT III 600V
量程按钮（RANGE）
数据保持按钮（HOLD）

图1-23 自动量程数字万用表的功能按钮

1 模式按钮（MODE）

在按钮上方标志有“MODE”字符，用于直流/交流之间、二极管/蜂鸣之间及频率/占空比之间的切换。

2 量程按钮（RANGE）

在按钮上方标志有“RANGE”字符，打开数字万用表时，进入自动量程选择，液晶显示屏左上角标志有“Auto”字符；按下此按钮，“Auto”字符消失，数字万用表进入手动量程选择，继续按下此按钮，直至选择到所需要的测量量程为止。

3 数据保持按钮（HOLD）

在按钮上方标志有“HOLD”字符，按下此按钮，数字万用表当前所测数值就会保持在液晶显示屏上，并显示“HOLD”字符，直到再次被按下，“HOLD”字符消失，退出保持状态。

4 相对值按钮（REL）

在按钮上方标志有“REL”字符，按下此按钮时，液晶显示屏的上方显示“REL”字符，并对当前测量的参考数值进行存储。再次测量时，数字万用表对参考数值与测量数值进行比较，由液晶显示屏显示两者之间的差数。再次按下此按钮时，数字万用表退回到普通模式。

4 表笔插孔

图1-24为典型数字万用表的表笔插孔。数字万用表的表笔插孔通常位于下方，用

来连接测量表笔。其中，标有“20A”的表笔插孔用于测量大电流（200mA～20A）；标有“mA”的表笔插孔为低于200mA的电流检测插孔，也是附加测试器和热电偶传感器的负极输入端；标有“COM”的表笔插孔为公共接地插孔，主要用来连接黑表笔，也是附加测试器和热电偶传感器的正极输入端；标有“VΩHz ”的表笔插孔为电压、电阻、频率和二极管检测插孔，主要用来连接红表笔。

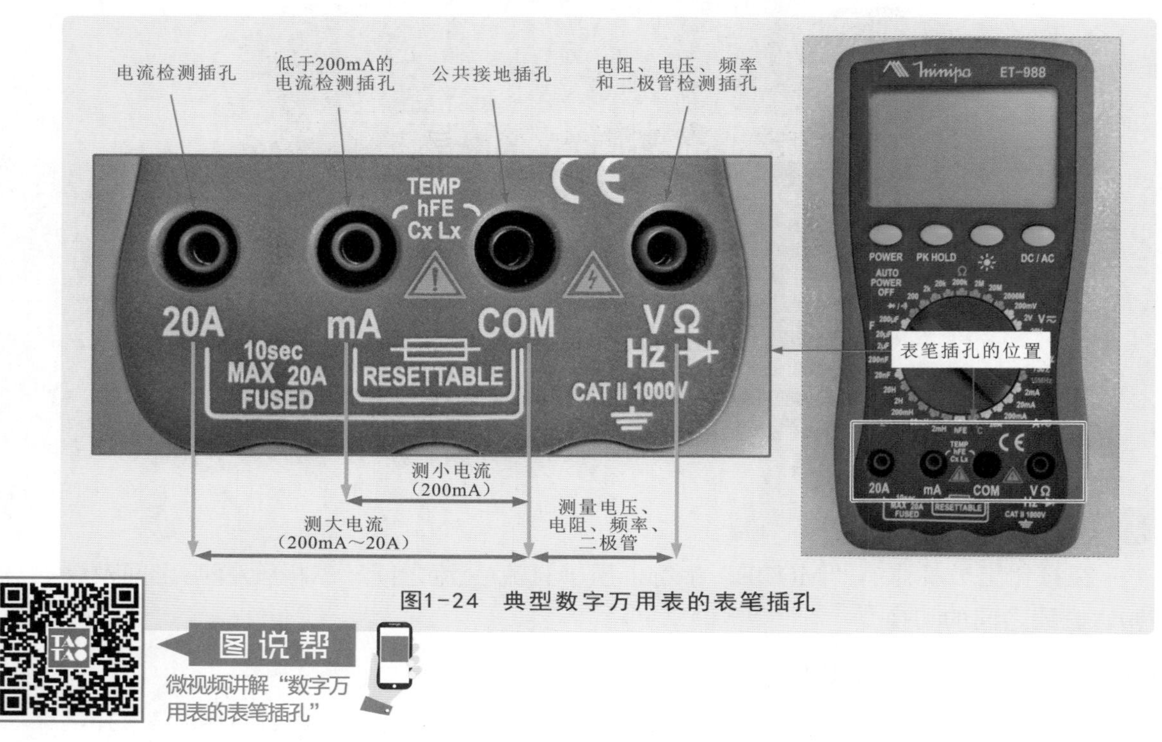
电流检测插孔
低于200mA的电流检测插孔
公共接地插孔
电阻、电压、频率和二极管检测插孔
TEMP hFE Cx Lx
20A
mA
COM
VΩ Hz
10sec MAX 20A FUSED
RESETTABLE
CAT II 1000V
测小电流（200mA）
测大电流（200mA～20A）
测量电压、电阻、频率、二极管
表笔插孔的位置
Minipa ET-988
POWER
PK HOLD
DC / AC
AUTO POWER OFF

图1-24　典型数字万用表的表笔插孔

图说帮 微视频讲解“数字万用表的表笔插孔”

5 热电偶传感器

图1-25为典型数字万用表的热电偶传感器。热电偶传感器通过万用表表笔或附加测试器进行连接，可实现数字万用表对环境温度的测量。

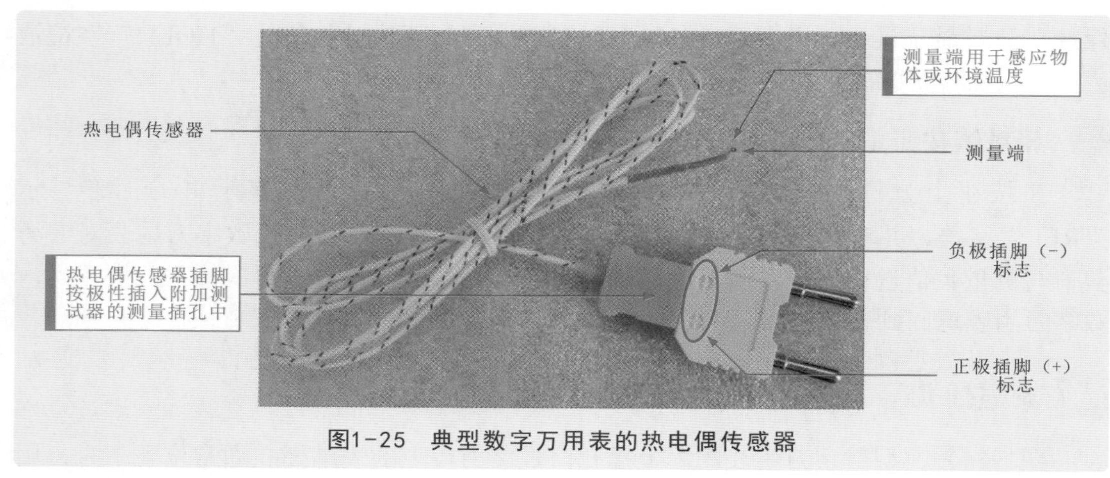
测量端用于感应物体或环境温度
热电偶传感器
测量端
负极插脚（-）标志
热电偶传感器插脚按极性插入附加测试器的测量插孔中
正极插脚（+）标志

图1-25　典型数字万用表的热电偶传感器

第1章 第2章 第3章 第4章 第5章 第6章 第7章 第8章 第9章 第10章 第11章 第12章 第13章 第14章

6 附加测试器

图1-26为典型数字万用表的附加测试器。附加测试器除与热电偶传感器配合使用外，主要用于对电容量、电感量、三极管放大倍数等进行拓展测量。

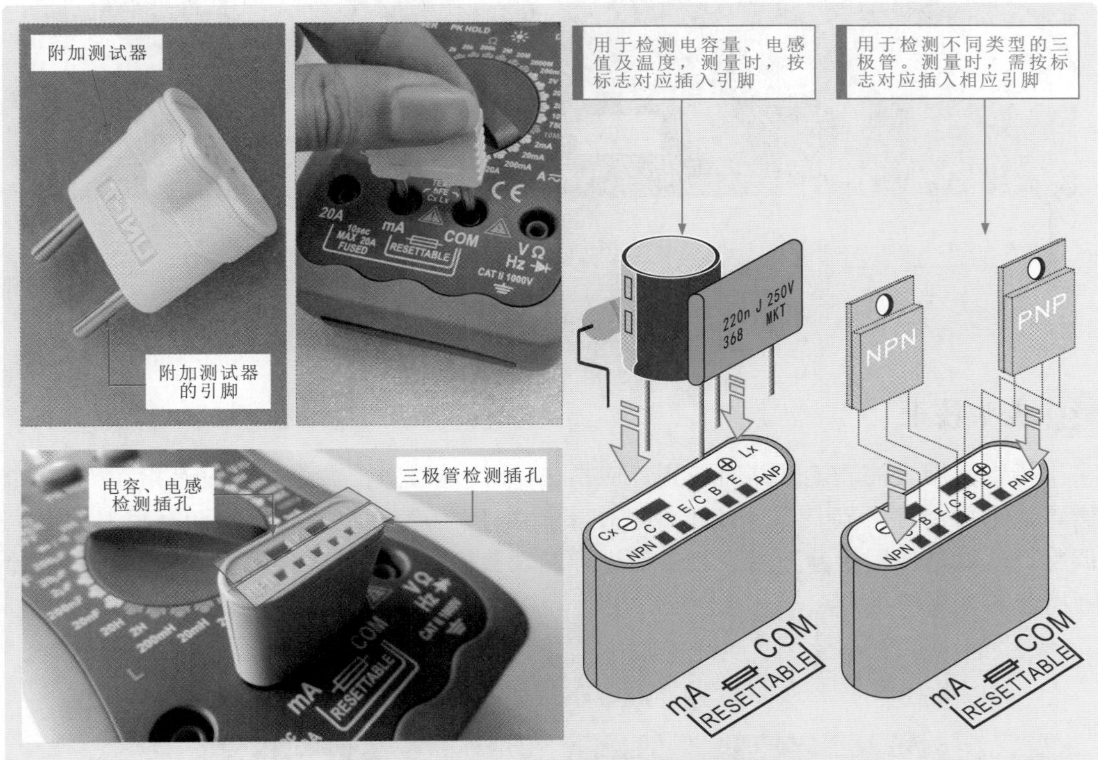

附加测试器
附加测试器的引脚
电容、电感检测插孔
三极管检测插孔
用于检测电容量、电感值及温度，测量时，按标志对应插入引脚
用于检测不同类型的三极管。测量时，需按标志对应插入相应引脚
220n J 250V
368 MKT
NPN
PNP
Cx
Lx
mA
COM
RESETTABLE

图1-26 典型数字万用表的附加测试器

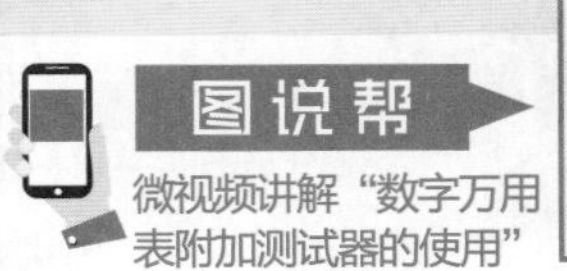

图说帮
微视频讲解“数字万用表附加测试器的使用”

1.2 学用万用表

1.2.1 学用指针万用表

指针万用表作为精密的测量仪表，对其使用环境及测量调整方法都有严格的要求，一旦操作失误或设置不当，就会直接影响测量结果，严重时还会造成仪表损坏或人身损伤。因此，使用指针万用表要掌握正确的方法。

1 连接测量表笔

图1-27为指针万用表连接测量表笔的操作。

一般来说，指针万用表有两支表笔，分别为红色和黑色，测量时将其中红色的表笔插到“+”端，黑色的表笔插到“-”或“*”端。

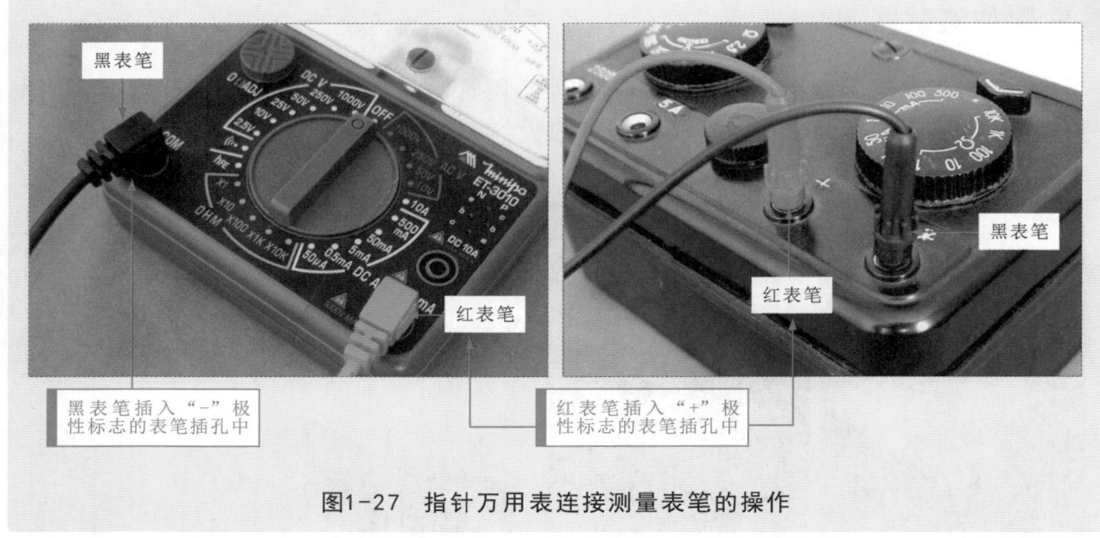
黑表笔
红表笔
黑表笔
红表笔
黑表笔插入“-”极性标志的表笔插孔中
红表笔插入“+”极性标志的表笔插孔中

图1-27　指针万用表连接测量表笔的操作

2 表头校正

指针万用表的表笔开路时，指针应指在“0”的位置，如果指针没有指在“0”的位置，则可用螺钉旋具微调校正螺钉使指针处于“0”位，完成对指针万用表的零位调整。这就是使用指针万用表测量前进行的表头校正，又称零位调整。图1-28为指针万用表的表头校正方法。

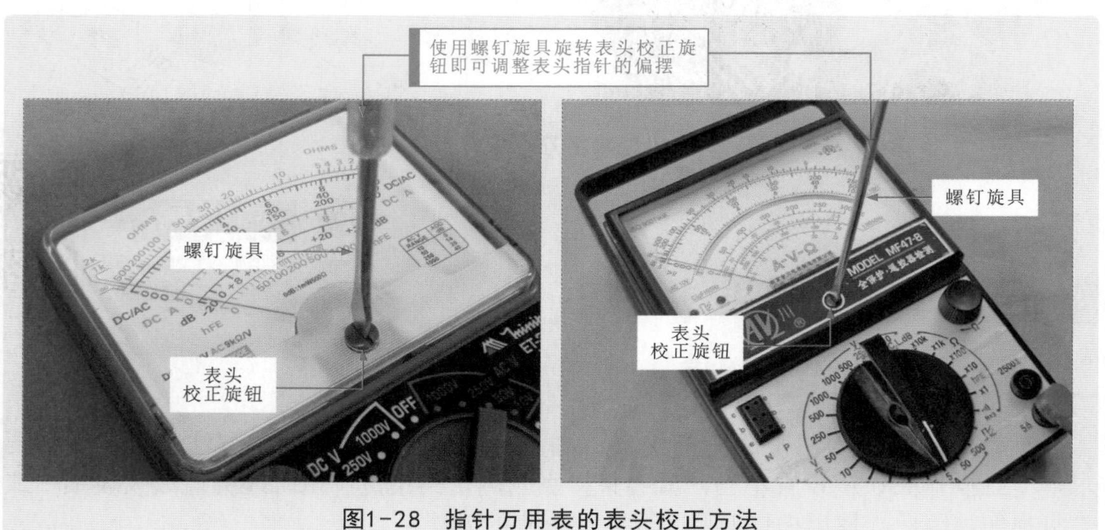
使用螺钉旋具旋转表头校正旋钮即可调整表头指针的偏摆
螺钉旋具
表头
校正旋钮
螺钉旋具
表头
校正旋钮

图1-28　指针万用表的表头校正方法

补充说明

将万用表置于水平位置，表笔开路，观察指针是否位于刻度盘的零位，如表针偏正或者偏负，都应微调螺钉，使指针准确地对准零位。校正后能保持很长时间不用调整，通常只有在万用表受到较大的冲击、振动后才需要重新校正。如万用表在使用过程中超过量程出现“打表”的情况，则可能引起表针错位，需要注意。

3 测量范围的选择

图1-29为测量范围的选择方法。指针万用表根据测量的需要，调整指针万用表的功能旋钮，将功能旋钮调整到相应的测量状态。

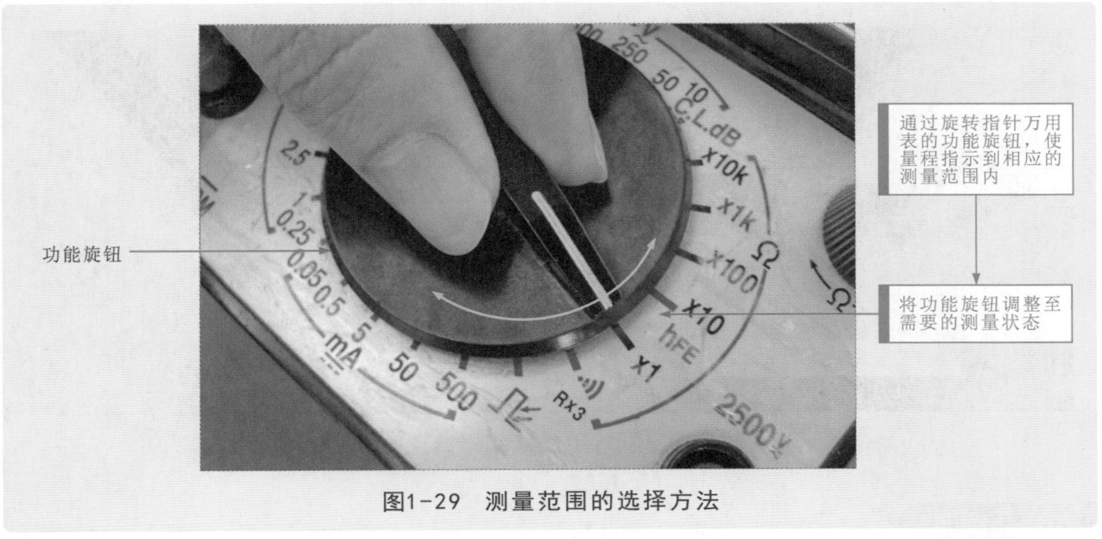
功能旋钮
通过旋转指针万用表的功能旋钮，使量程指示到相应的测量范围内
将功能旋钮调整至需要的测量状态

图1-29 测量范围的选择方法

若是双旋钮指针万用表，在选择了正确的测量模式后要进一步调整量程范围，便可以对测量范围进行选择调整。图1-30为双旋钮指针万用表的测量范围选择方法。

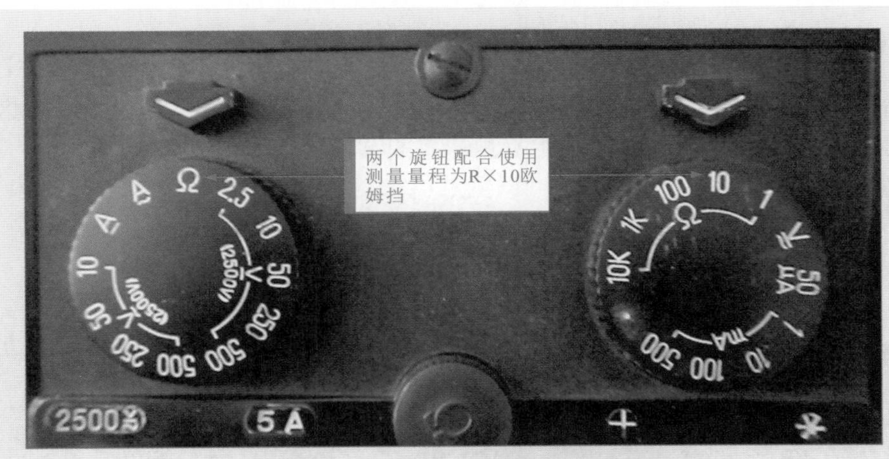
两个旋钮配合使用
测量量程为R×10欧姆挡

图1-30 双旋钮指针万用表的测量范围选择方法

补充说明

被测电路或元器件的参数不能大概预测估计时，必须将指针万用表调到最大量程，先测大约的值，然后再切换到相应的测量范围进行准确测量。这样既能避免损坏指针万用表，又可减小测量误差值。

使用指针万用表测量之前，必须明确要测量的项目是什么，采取什么具体的测量方法，然后选择相应的测量模式和适合的量程。每次测量前，务必要对测量的各项设置进行仔细核查，避免因错误设置造成仪表损坏。

4 零欧姆调整

在使用指针万用表测量电阻值时，首先需要对指针万用表进行零欧姆调整，保证准确度。图1-31为指针万用表零欧姆调整的方法。

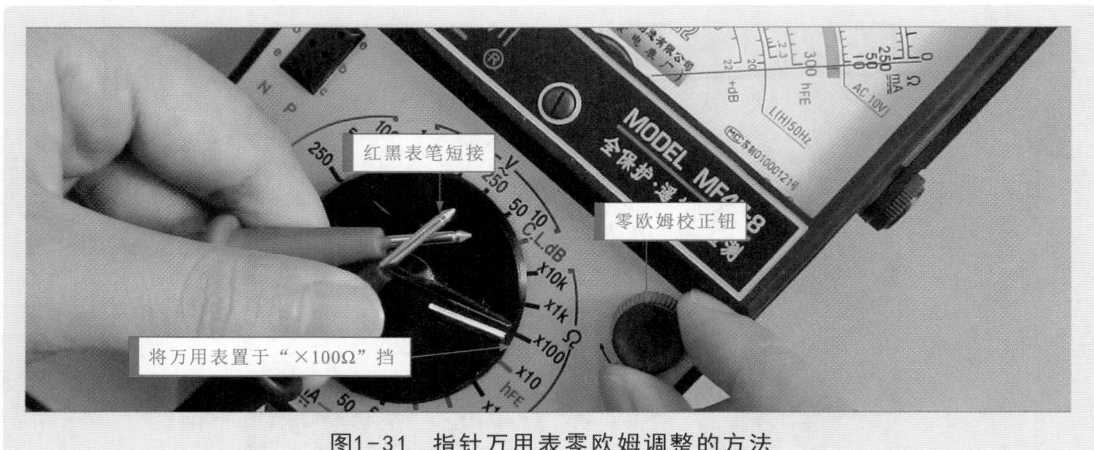
红黑表笔短接
零欧姆校正钮
将万用表置于“×100Ω”挡
MODEL MF47-8

图1-31　指针万用表零欧姆调整的方法

补充说明

在测量电阻值时，每变换一次挡位或量程，就需要重新通过零欧姆校正钮进行零欧姆调整，以确保测量电阻值的准确。测量电阻值以外的其他量时不需要进行零欧姆调整。

5 测量结果的读取

用指针万用表测量时，需要根据选择的量程，结合表针在相应刻度线上指示的刻度位置读取测量结果。不同测量功能所测结果的读取方法不同。

① 电阻测量结果的读取

图1-32为指针万用表电阻测量结果的读取方法。

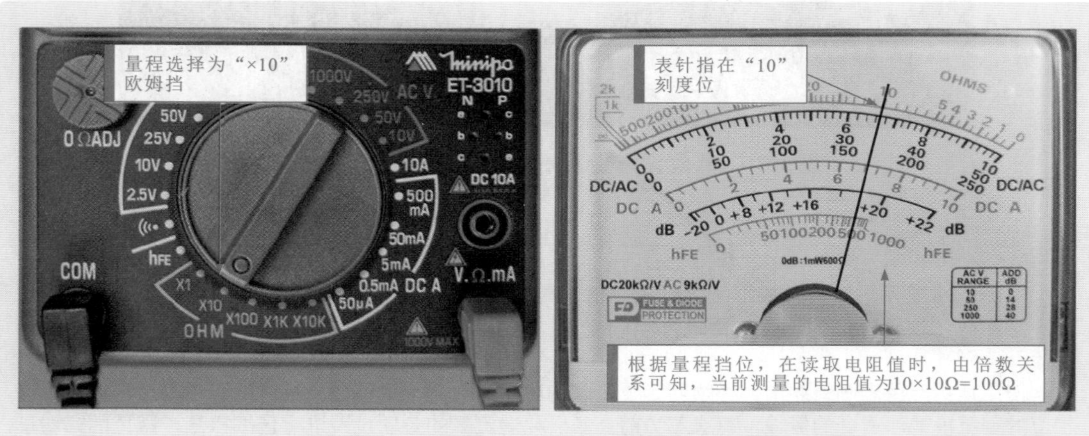
量程选择为“×10”欧姆挡
Minipa
ET-3010
COM
OHM
V.Ω.mA
表针指在“10”刻度位
OHMS
DC/AC
dB
hFE
根据量程挡位，在读取电阻值时，由倍数关系可知，当前测量的电阻值为10×10Ω=100Ω

图1-32　指针万用表电阻测量结果的读取方法

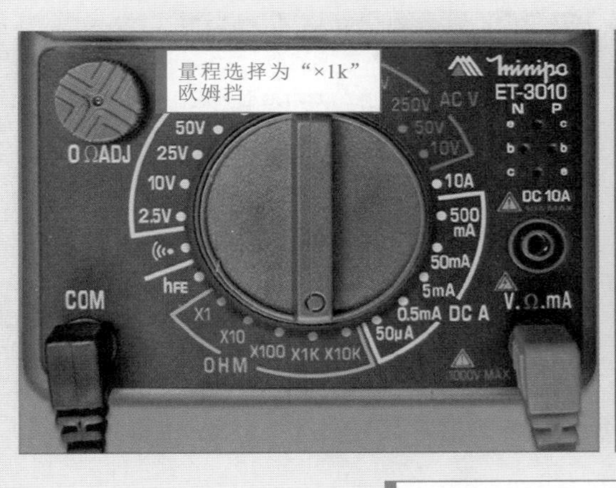
量程选择为"×1k"欧姆挡

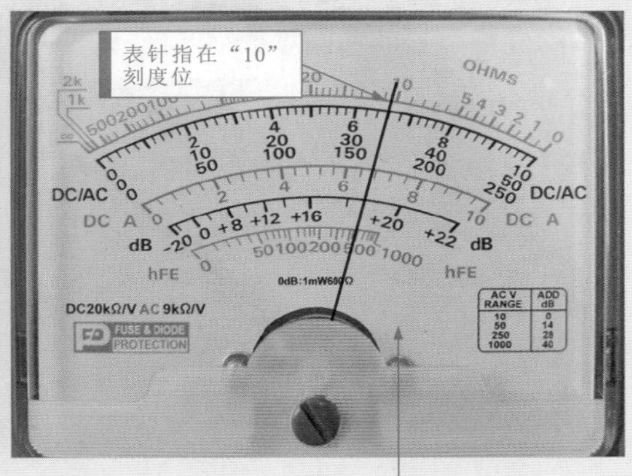
表针指在"10"刻度位
根据量程挡位，在读取电阻值时，由倍数关系可知，当前测量的电阻值为10×1kΩ=10kΩ

图1-32 指针万用表电阻测量结果的读取方法（续）

补充说明

若选择"×10"欧姆挡量程，则根据表针指示的位置可以读出当前测量的电阻值为100Ω。

若测量5～50kΩ的电阻时，可选择"×1k"欧姆挡量程，则根据表针的指示位置可以读出当前测量的电阻值为10kΩ。

② 直流电压测量结果的读取

通常，直流电压挡所对应的刻度线有三组刻度标志。当万用表的挡位量程设置在2.5V、25V、250V时，需要对照0～250的刻度标志进行识读。若万用表的挡位量程设置在10V、1000V时，需要对照0～10的刻度标志进行识读。若万用表的挡位量程设置在50V时，需要对照0～50的刻度标识进行志读。图1-33为指针万用表直流电压测量结果的读取方法。

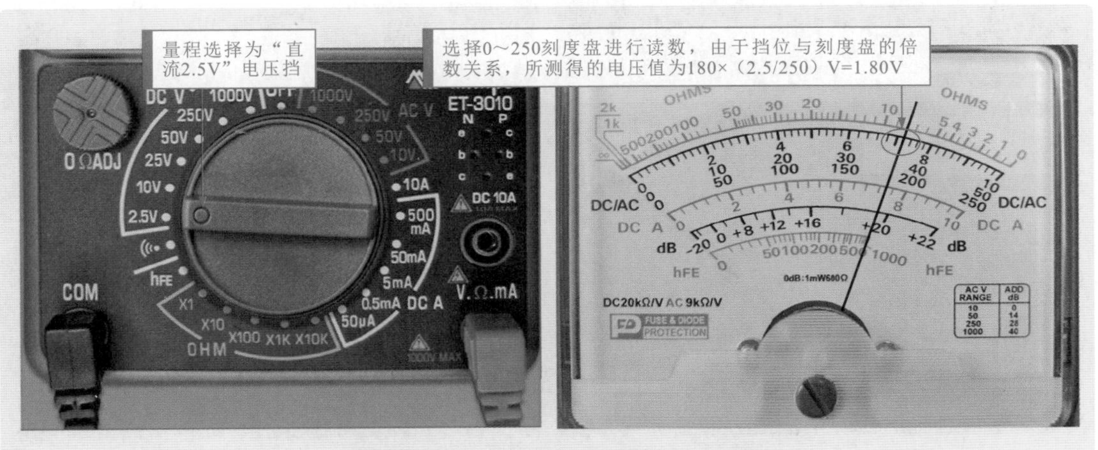
量程选择为"直流2.5V"电压挡
选择0～250刻度盘进行读数，由于挡位与刻度盘的倍数关系，所测得的电压值为180×（2.5/250）V=1.80V

图1-33 指针万用表直流电压测量结果的读取方法

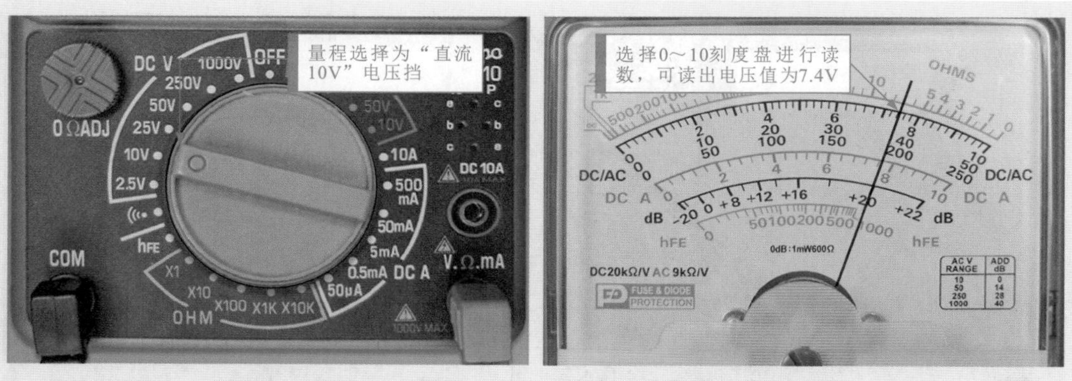
量程选择为"直流10V"电压挡
选择0～10刻度盘进行读数，可读出电压值为7.4V

图1-33　指针万用表直流电压测量结果的读取方法（续）

补充说明

若选择"直流2.5V"电压挡，则根据表针的指示位置可以读出当前测量的电压值为1.80V。

若测量2.5～10V的直流电压，应选择"直流10V"电压挡，则根据表针的指示位置可以读出当前测量的电压值为7.4V。

3 交流电压测量结果的读取

指针万用表直流电压和交流电压共用一条刻度线。当需要测量交流电压时，根据需要调整挡位量程，然后根据指针指示结合刻度标志识读测量结果。图1-34为指针万用表交流电压测量结果的读取方法。

量程选择为"交流50V"电压挡
选择0～50刻度盘进行读数，所测得的电压值为15V
量程选择为"交流1000V"电压挡
选择0～10刻度盘进行读数，可读出电压值为3×（1000/10）V=300V

图1-34　指针万用表交流电压测量结果的读取方法

补充说明

若选择“交流50V”电压挡，则根据表针的指示位置可以读出当前测量的电压值为15V。

若测量交流250～1000V的电压，应选择“交流1000V”电压挡，则根据表针的指示位置可以读出当前测量的电压值为300V。

④ 直流电流测量结果的读取

图1-35为指针万用表直流电流测量结果的读取方法。

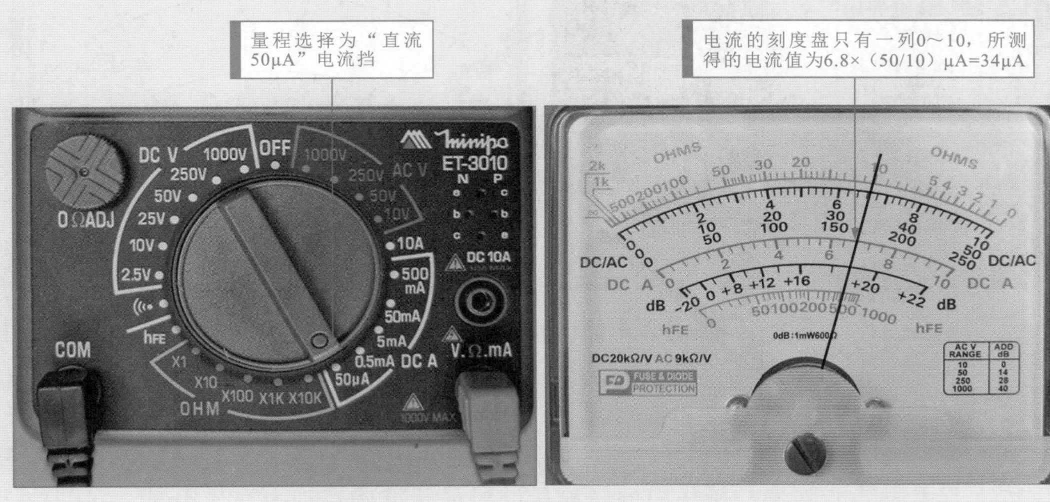
量程选择为“直流50μA”电流挡
电流的刻度盘只有一列0～10，所测得的电流值为6.8×（50/10）μA=34μA
Minipa ET-3010
DC V
AC V
OFF
COM
V.Ω.mA
DC 10A
OHMS
DC/AC
dB
hFE

量程选择为“直流10A”电流挡

通过刻度盘上0～10的刻度线，可直接读出为6.8A

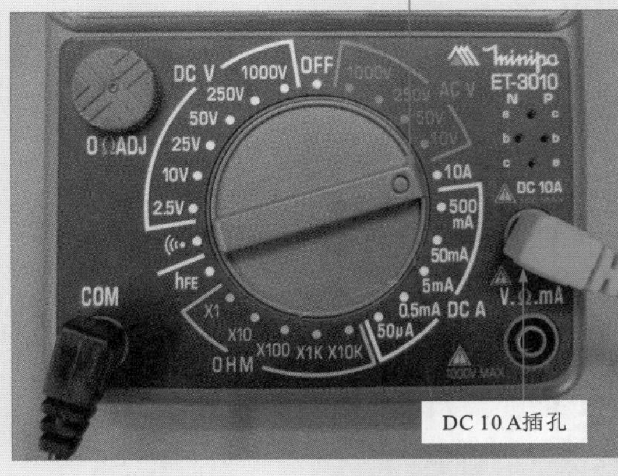
DC 10A插孔
Minipa ET-3010
COM
V.Ω.mA

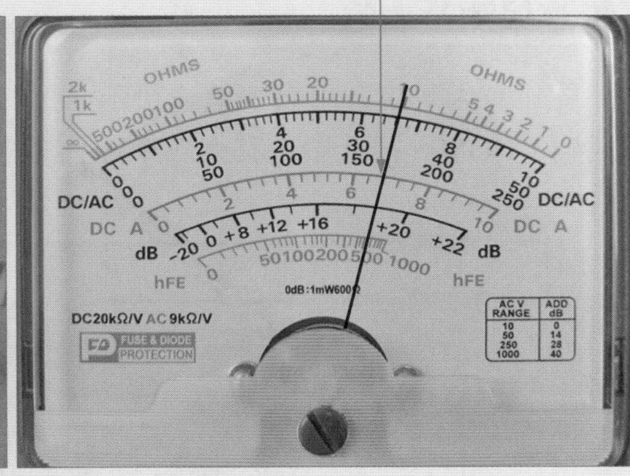
OHMS
DC/AC
dB
hFE

图1-35 指针万用表直流电流测量结果的读取方法

补充说明

若选择“直流50μA”电流挡检测时，根据表针的指示位置可读出当前测量的电流值为34μA。

若测量的电流大于500mA，需要使用“直流10A”电流挡检测时，则需要将万用表的红表笔插到“DC 10A”的位置上，测得读数为6.8A。

5 三极管放大倍数的读取

使用指针万用表检测三极管的放大倍数时，将万用表的挡位调整至三极管测量挡进行检测即可。图1-36为指针万用表三极管放大倍数的读取方法。

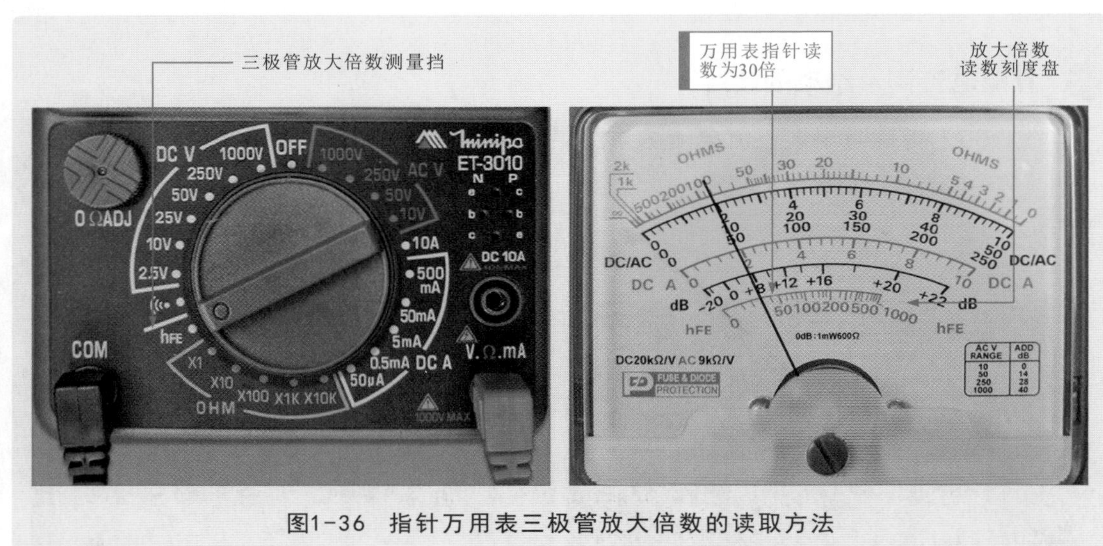
三极管放大倍数测量挡
万用表指针读数为30倍
放大倍数读数刻度盘

图1-36 指针万用表三极管放大倍数的读取方法

1.2.2 学用数字万用表

数字万用表功能强大，操作简便，测量结果显示准确直观。在使用时，对其使用环境及测量调整方法有严格的要求。

1 连接测量表笔

图1-37为数字万用表表笔连接示意图。一般来说，数字万用表黑表笔可作为公共端插到“COM”插孔中，其余三个插孔对应不同的功能。

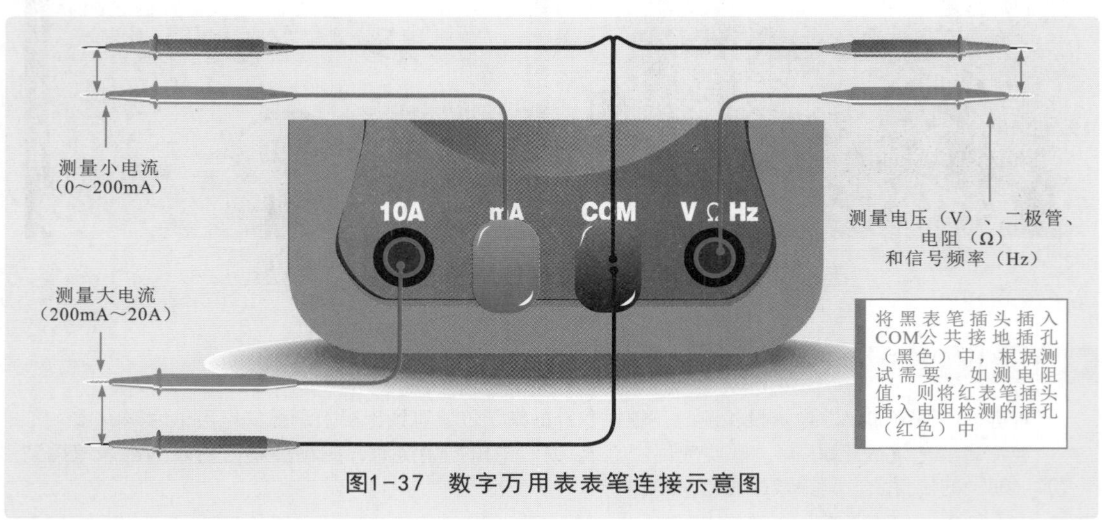
测量小电流（0～200mA）
测量大电流（200mA～20A）
10A
mA
COM
V Ω Hz
测量电压（V）、二极管、电阻（Ω）和信号频率（Hz）
将黑表笔插头插入COM公共接地插孔（黑色）中，根据测试需要，如测电阻值，则将红表笔插头插入电阻检测的插孔（红色）中

图1-37 数字万用表表笔连接示意图

2 挡位量程的设定

图1-38为数字万用表的量程设定方法。根据测量需要，调整数字万用表的功能旋钮至相应的挡位量程即可。

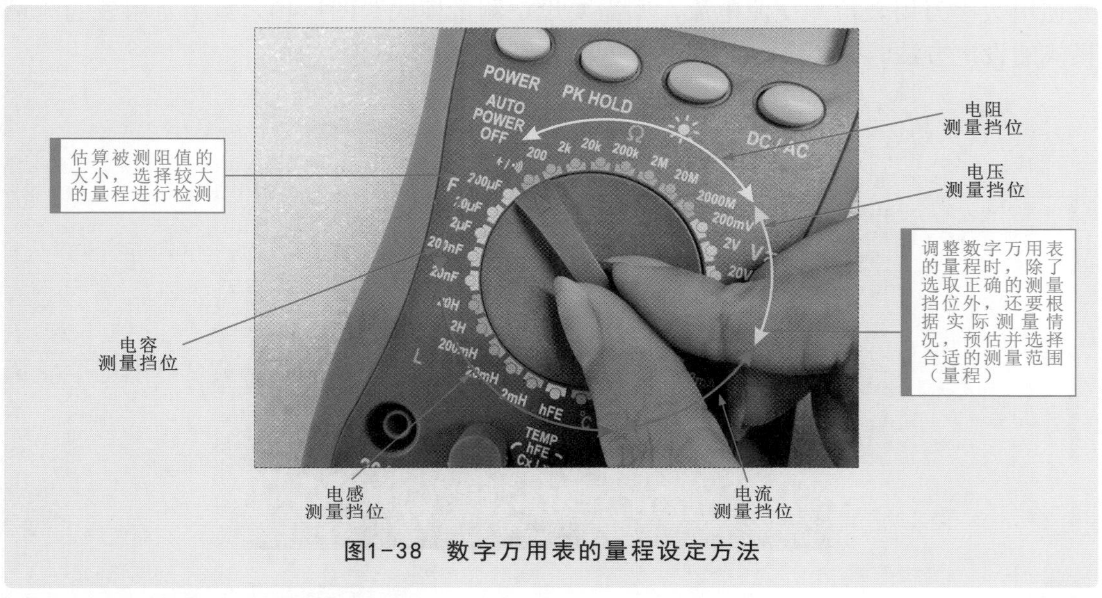
估算被测阻值的大小，选择较大的量程进行检测
电阻测量挡位
电压测量挡位
调整数字万用表的量程时，除了选取正确的测量挡位外，还要根据实际测量情况，预估并选择合适的测量范围（量程）
电容测量挡位
电感测量挡位
电流测量挡位
POWER
PK HOLD
AUTO POWER OFF
DC / AC

图1-38 数字万用表的量程设定方法

补充说明

数字万用表设置量程时，应尽量选择大于待测参数的范围并且最接近的测量挡位。若选择的量程范围小于待测参数，则数字万用表液晶屏显示“1L”或“0L”，表示已超范围；若选择的量程范围远大于待测参数，则可能造成测量数据读数不准确。

图1-39为自动量程数字万用表挡位量程的设定方法。自动量程数字万用表只需将功能旋钮旋至相应的测量功能挡位，无须调整量程范围。

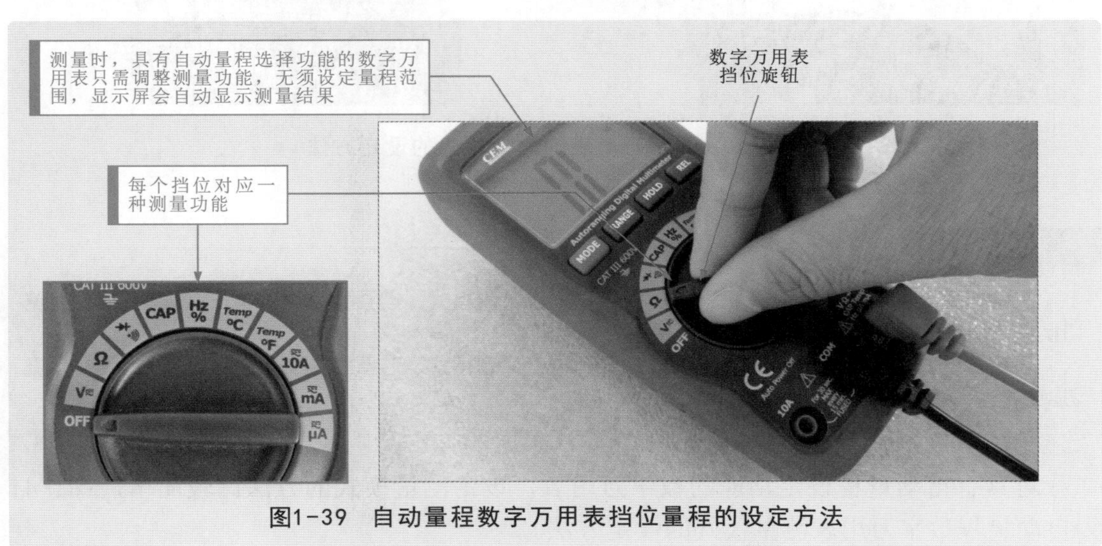
测量时，具有自动量程选择功能的数字万用表只需调整测量功能，无须设定量程范围，显示屏会自动显示测量结果
数字万用表挡位旋钮
每个挡位对应一种测量功能
CAP
Hz %
10A
mA
μA
OFF

图1-39 自动量程数字万用表挡位量程的设定方法

3 测量模式的设定

若数字万用表的一个挡位上具有两种测量状态，则需要根据具体的测量类型设置数字万用表的测量模式，如电流测量挡具有交流电流和直流电流两种测量状态。若需要使用数字万用表检测交流电流，则需要设定测量模式。图1-40为数字万用表的测量模式的设定方法。

在正常情况下，按下电源开关，液晶显示屏应显示出相应的字符

按下电源按钮，数字万用表工作，液晶显示屏显示出测量单位（如Ω、V等）或测量功能（如AC、DC、hFE等）

电源按钮

数字万用表开启后，将挡位设定在电压挡时，默认的是直流电压的检测方式

按下交/直流切换按钮后，液晶显示屏显示“AC”的字样，表明当前处于交流电压检测模式

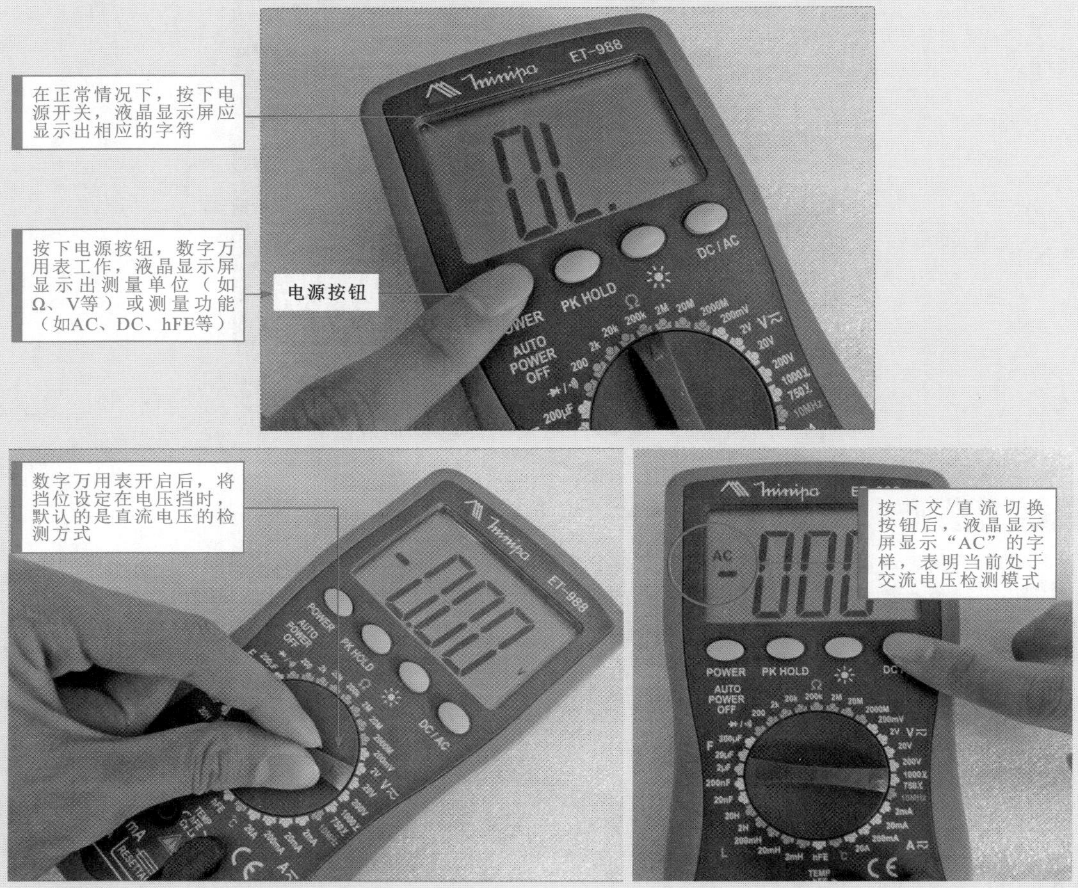

图1-40　数字万用表的测量模式的设定方法

补充说明

数字万用表检测电压时，开机默认的是直流电压检测模式，若要检测交流电压，需按下交/直流切换按钮切换后再检测。

数字万用表检测电流时，开机默认的是直流电流检测模式，若要检测交流电流，需按下交/直流切换按钮切换后再检测。

对具有自动量程设定功能的数字万用表，设定测量模式的方法比较简单，图1-41为自动量程数字万用表测量模式的设定方法。

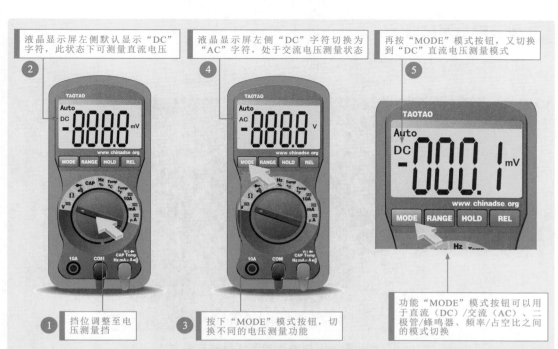

液晶显示屏左侧默认显示“DC”字符，此状态下可测量直流电压

液晶显示屏左侧“DC”字符切换为“AC”字符，处于交流电压测量状态

再按“MODE”模式按钮，又切换到“DC”直流电压测量模式

功能“MODE”模式按钮可以用于直流（DC）/交流（AC）、二极管/蜂鸣器、频率/占空比之间的模式切换

① 挡位调整至电压测量挡

③ 按下“MODE”模式按钮，切换不同的电压测量功能

图1-41 自动量程数字万用表测量模式的设定方法

补充说明

具有自动量程设定功能的数字万用表也可以通过“RANGE”按钮实现自动量程模式/手动量程模式的切换，如图1-42所示。以电阻测量功能为例，看一下“RANGE”按钮的功效。

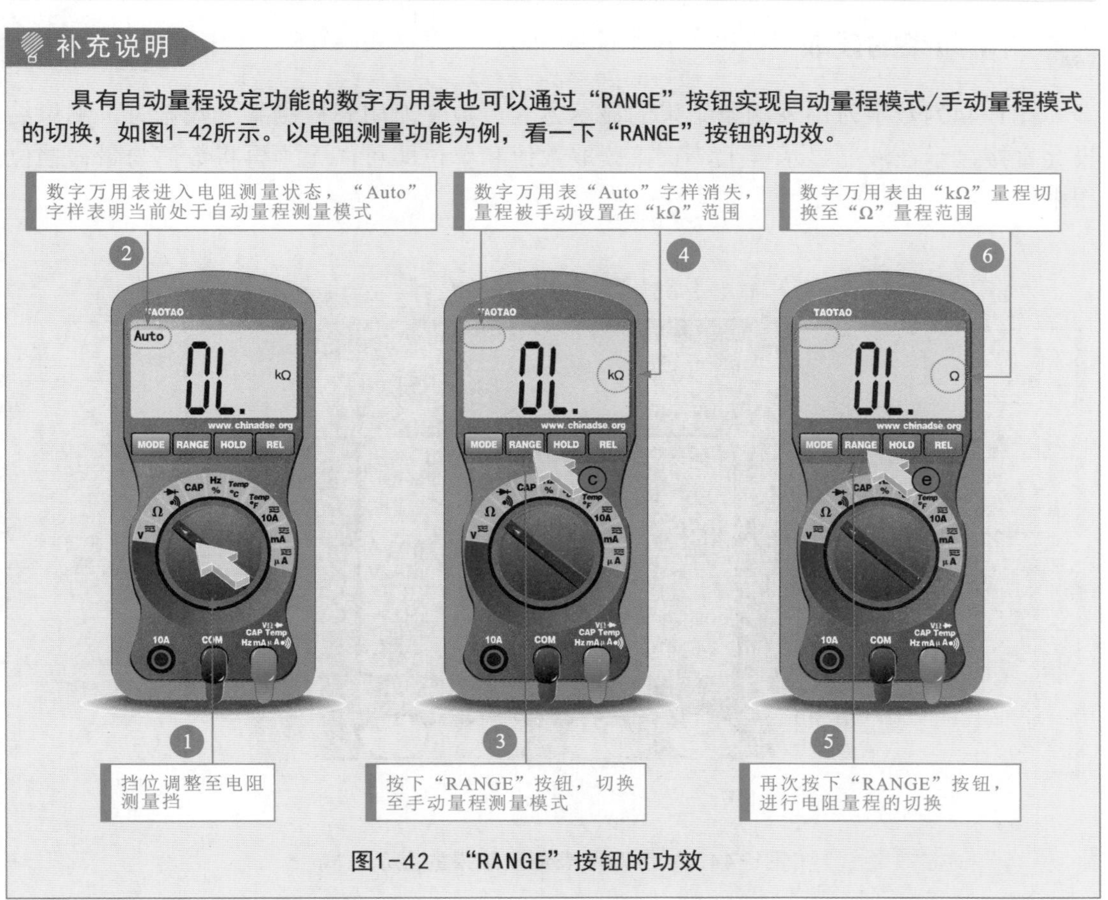
数字万用表进入电阻测量状态，“Auto”字样表明当前处于自动量程测量模式
数字万用表“Auto”字样消失，量程被手动设置在“kΩ”范围
数字万用表由“kΩ”量程切换至“Ω”量程范围
挡位调整至电阻测量挡
按下“RANGE”按钮，切换至手动量程测量模式
再次按下“RANGE”按钮，进行电阻量程的切换

图1-42 “RANGE”按钮的功效

4 安装附加测试器

图1-43为数字万用表附加测试器的安装方法。

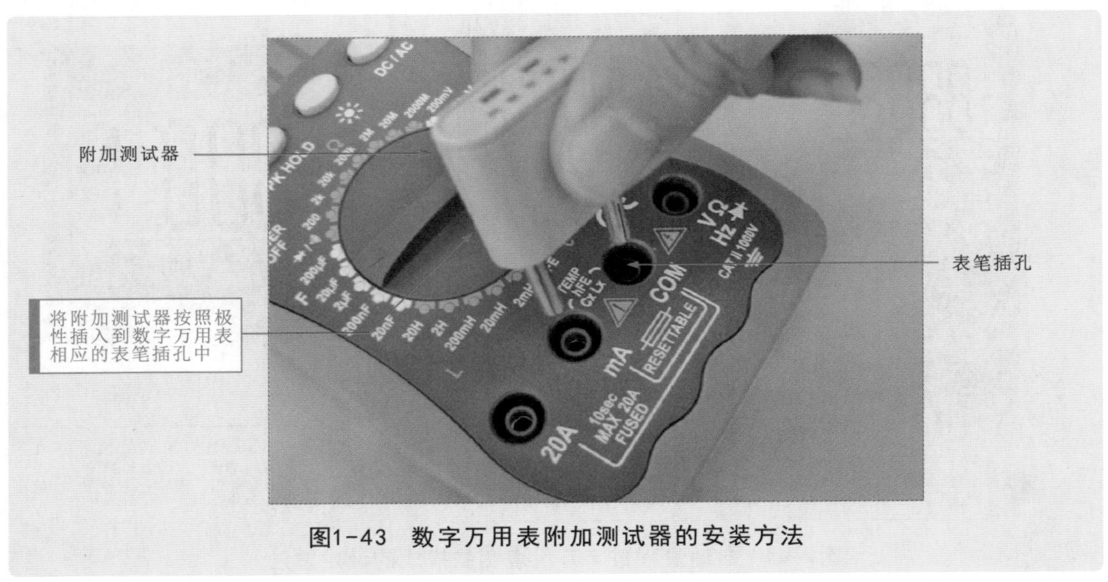
附加测试器
表笔插孔
将附加测试器按照极性插入到数字万用表相应的表笔插孔中
COM
mA
20A
RESETTABLE
10sec MAX 20A FUSED
PK HOLD
DC / AC

图1-43 数字万用表附加测试器的安装方法

5 测量结果的读取

图1-44为数字万用表测量结果的显示方式。数字万用表检测某一数据时，测量结果会直接显示在液晶显示屏上，直接读取数值和单位即可，无须再将数值与量程挡位相乘。

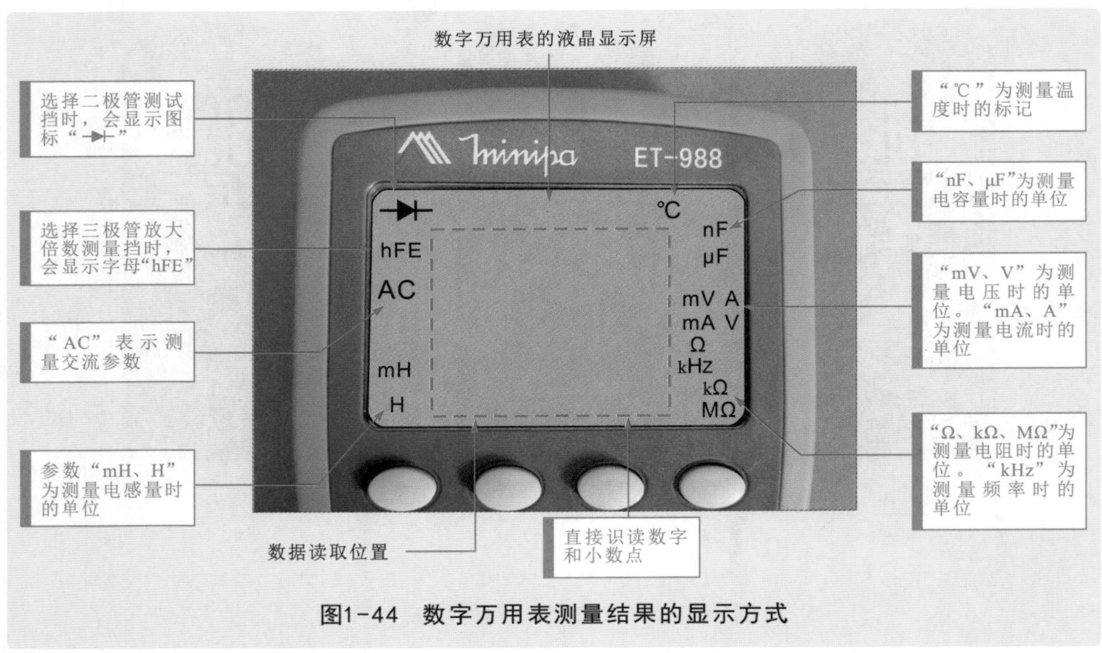
数字万用表的液晶显示屏
选择二极管测试挡时，会显示图标“→|—”
选择三极管放大倍数测量挡时，会显示字母“hFE”
“AC”表示测量交流参数
参数“mH、H”为测量电感量时的单位
数据读取位置
直接识读数字和小数点
“℃”为测量温度时的标记
“nF、μF”为测量电容量时的单位
“mV、V”为测量电压时的单位。“mA、A”为测量电流时的单位
“Ω、kΩ、MΩ”为测量电阻时的单位。“kHz”为测量频率时的单位
Minipa ET-988
℃
nF
μF
hFE
AC
mV A
mA V
Ω
kHz
kΩ
MΩ
mH
H

图1-44 数字万用表测量结果的显示方式

1 电阻测量结果的读取

图1-45为数字万用表电阻测量结果的读取方法。

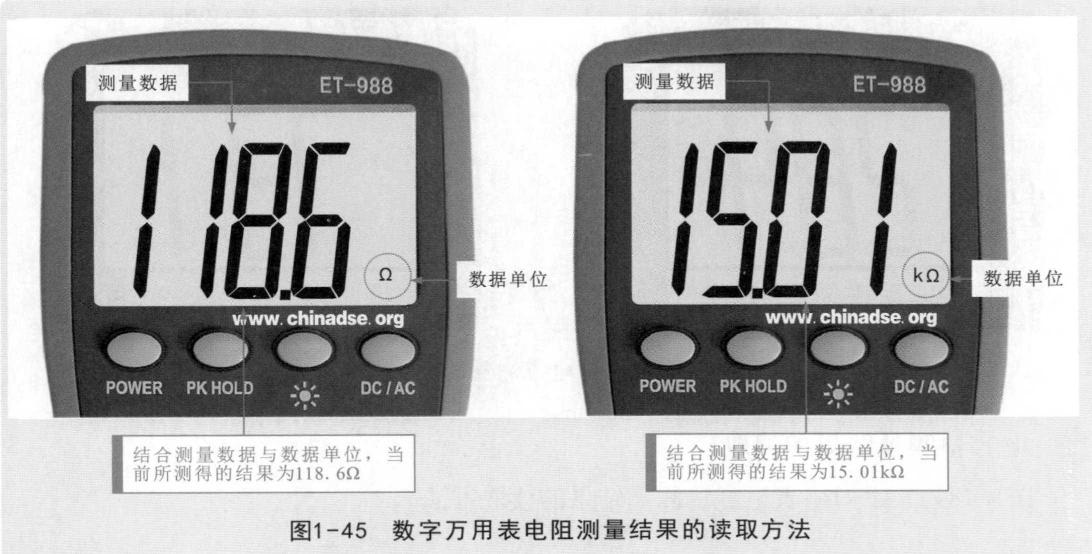
测量数据
ET-988
118.6
Ω
数据单位
www.chinadse.org
POWER
PK HOLD
DC / AC
结合测量数据与数据单位，当前所测得的结果为118.6Ω
测量数据
ET-988
15.01
kΩ
数据单位
www.chinadse.org
POWER
PK HOLD
DC / AC
结合测量数据与数据单位，当前所测得的结果为15.01kΩ

图1-45　数字万用表电阻测量结果的读取方法

补充说明

使用数字万用表测量电阻值的测量结果为直接读取液晶显示屏上的读数和单位即可。常见的电阻值单位为Ω、kΩ、MΩ。当小数点出现在读数的第一位之前时，表示“0.”。

2 电压测量结果的读取

图1-46为数字万用表电压测量结果的读取方法。

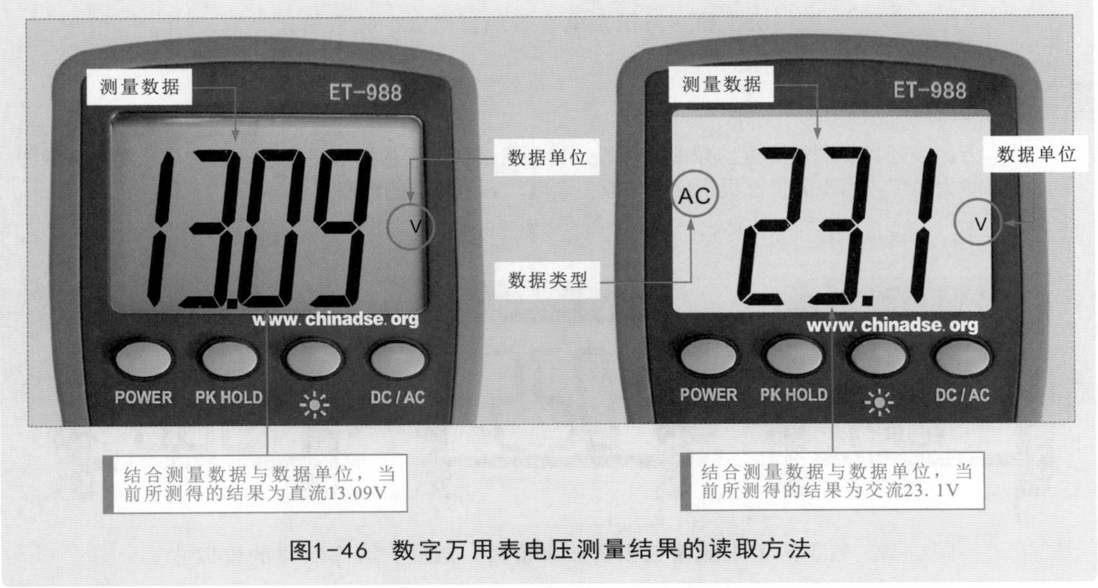
测量数据
ET-988
13.09
V
数据单位
www.chinadse.org
POWER
PK HOLD
DC / AC
结合测量数据与数据单位，当前所测得的结果为直流13.09V
测量数据
ET-988
AC
23.1
V
数据单位
数据类型
www.chinadse.org
POWER
PK HOLD
DC / AC
结合测量数据与数据单位，当前所测得的结果为交流23.1V

图1-46　数字万用表电压测量结果的读取方法

3 电流测量结果的读取

图1-47为数字万用表电流测量结果的读取方法。

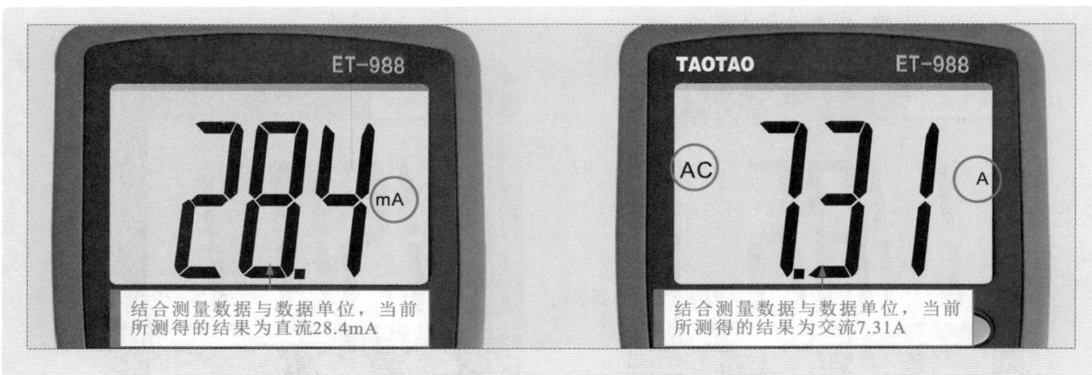
ET-988
mA
结合测量数据与数据单位，当前所测得的结果为直流28.4mA
TAOTAO
ET-988
AC
A
结合测量数据与数据单位，当前所测得的结果为交流7.31A

图1-47　数字万用表电流测量结果的读取方法

4 电容量测量结果的读取

图1-48为数字万用表电容量测量结果的读取方法。

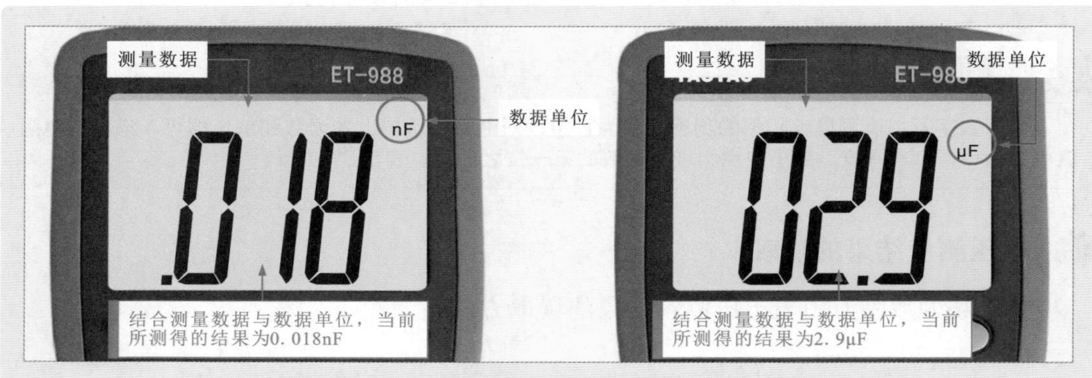
测量数据
ET-988
nF
数据单位
结合测量数据与数据单位，当前所测得的结果为0. 018nF
测量数据
数据单位
μF
结合测量数据与数据单位，当前所测得的结果为2. 9μF

图1-48　数字万用表电容量测量结果的读取方法

补充说明

数字万用表还具有测量温度、频率等功能，其测量结果直接根据液晶显示屏上的显示结果读取即可。图1-49为数字万用表测量三极管放大倍数、温度、频率结果的读取方法。

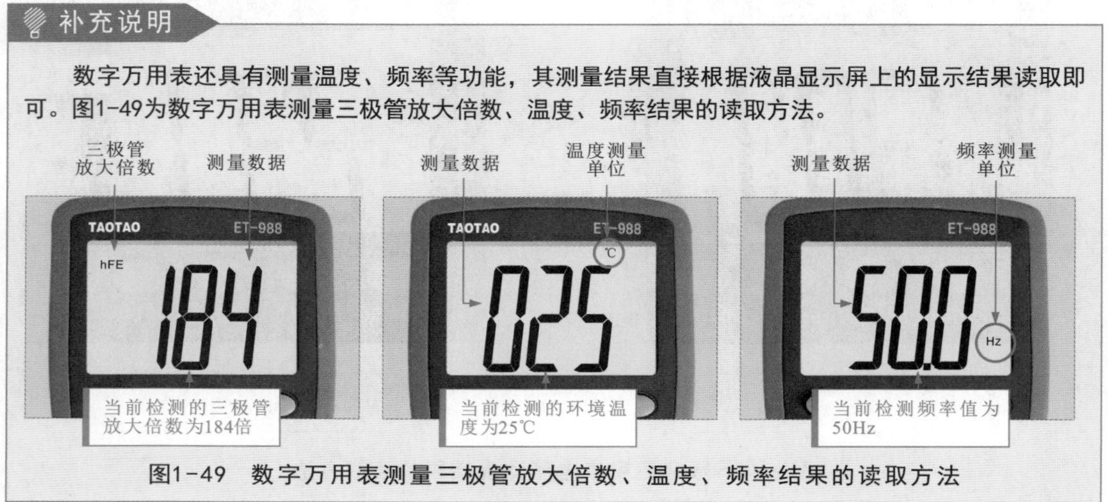
三极管放大倍数
测量数据
TAOTAO
ET-988
hFE
当前检测的三极管放大倍数为184倍
测量数据
温度测量单位
TAOTAO
ET-988
℃
当前检测的环境温度为25℃
测量数据
频率测量单位
ET-988
Hz
当前检测频率值为50Hz

图1-49　数字万用表测量三极管放大倍数、温度、频率结果的读取方法

本章系统介绍示波器的种类、特点和基本使用规范。

- 认识示波器
  - ◇ 认识模拟示波器
  - ◇ 认识数字示波器

- 学用示波器
  - ◇ 学用模拟示波器
  - ◇ 学用数字示波器

第2章 示波器的特点与使用

2.1 认识示波器

2.1.1 认识模拟示波器

图2-1为典型模拟示波器的整机结构。可以看到，模拟示波器主要由显示部分、键钮控制区域、测试线及探头、外壳等部分构成。

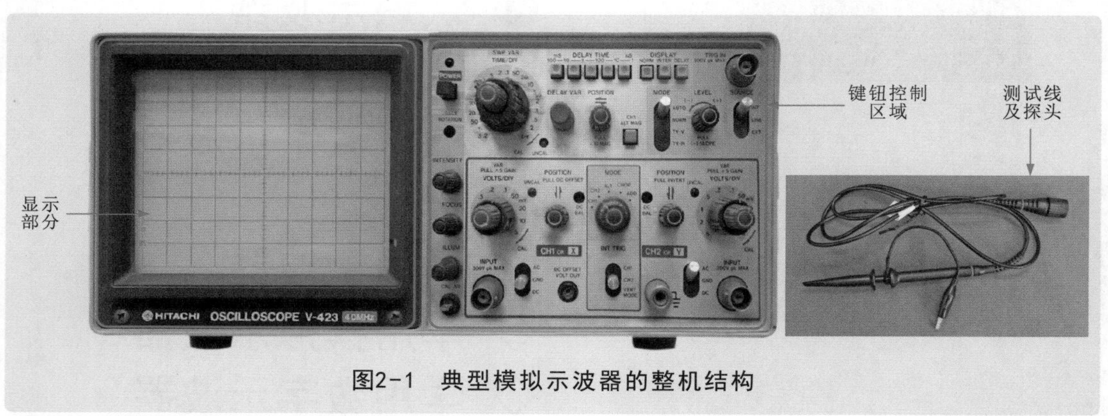

显示部分
键钮控制区域
测试线及探头
HITACHI OSCILLOSCOPE V-423

图2-1　典型模拟示波器的整机结构

1 显示部分

模拟示波器的显示部分主要由显示屏、CRT护罩和刻度盘组成，如图2-2所示。

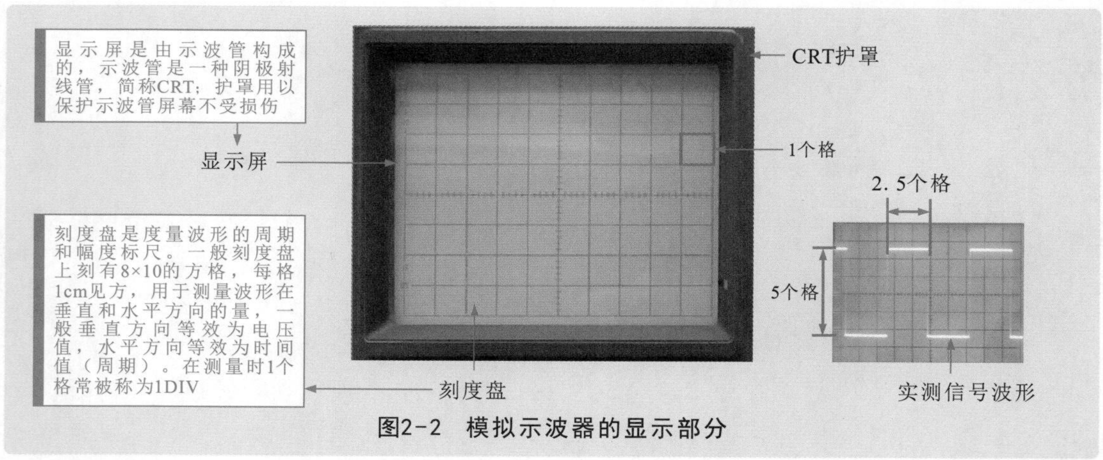

显示屏是由示波管构成的，示波管是一种阴极射线管，简称CRT；护罩用以保护示波管屏幕不受损伤
显示屏
刻度盘是度量波形的周期和幅度标尺。一般刻度盘上刻有8×10的方格，每格1cm见方，用于测量波形在垂直和水平方向的量，一般垂直方向等效为电压值，水平方向等效为时间值（周期）。在测量时1个格常被称为1DIV
刻度盘
CRT护罩
1个格
2. 5个格
5个格
实测信号波形

图2-2　模拟示波器的显示部分

2 键钮控制区域

模拟示波器的键钮控制区域位于示波器整机的右侧。图2-3为典型模拟示波器的键钮控制区域。每个键钮都有符号标记表示功能，每个键钮和插孔的功能均不相同。

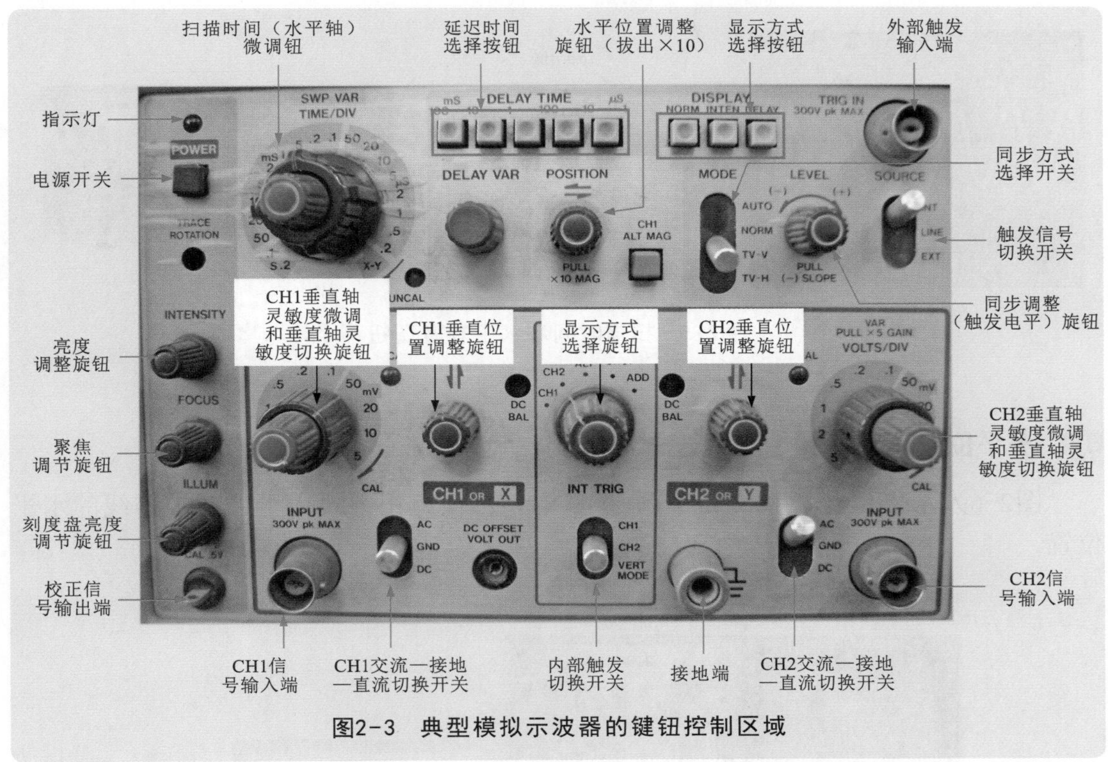
扫描时间（水平轴）微调钮
延迟时间选择按钮
水平位置调整旋钮（拔出×10）
显示方式选择按钮
外部触发输入端
指示灯
电源开关
同步方式选择开关
触发信号切换开关
同步调整（触发电平）旋钮
CH1垂直轴灵敏度微调和垂直轴灵敏度切换旋钮
CH1垂直位置调整旋钮
显示方式选择旋钮
CH2垂直位置调整旋钮
亮度调整旋钮
聚焦调节旋钮
刻度盘亮度调节旋钮
校正信号输出端
CH2垂直轴灵敏度微调和垂直轴灵敏度切换旋钮
CH2信号输入端
CH1信号输入端
CH1交流—接地—直流切换开关
内部触发切换开关
接地端
CH2交流—接地—直流切换开关

图2-3 典型模拟示波器的键钮控制区域

① 电源开关（POWER）和指示灯

用于接通和断开电源，当接通电源时，位于电源开关上方的电源指示灯亮。

② CH1、CH2信号输入端

CH1信号输入端用来连接示波器CH1测试线。CH2信号输入端用来连接示波器CH2测试线。 两个输入端既可以单独使用，也可以同时使用。图2-4为CH1和CH2两个输入端同时输入信号波形。

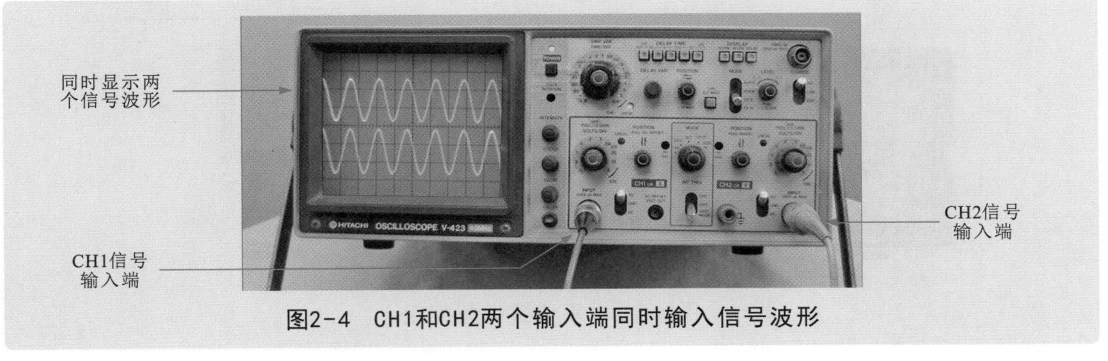
同时显示两个信号波形
CH1信号输入端
CH2信号输入端

图2-4 CH1和CH2两个输入端同时输入信号波形

③ 扫描时间和水平轴微调钮

图2-5为扫描时间和水平轴微调钮（SWP VAR TIME/DIV）。该微调钮主要用于调节扫描时间。

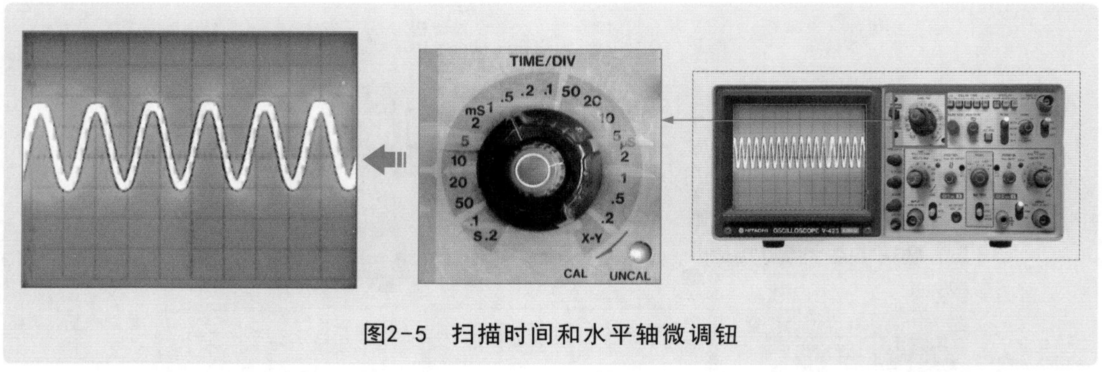

TIME/DIV
mS
μS
S
X-Y
CAL
UNCAL

图2-5　扫描时间和水平轴微调钮

④ 水平位置调整旋钮

图2-6为水平位置调整旋钮（POSITION）。该旋钮主要用于调节扫描线的水平位置。

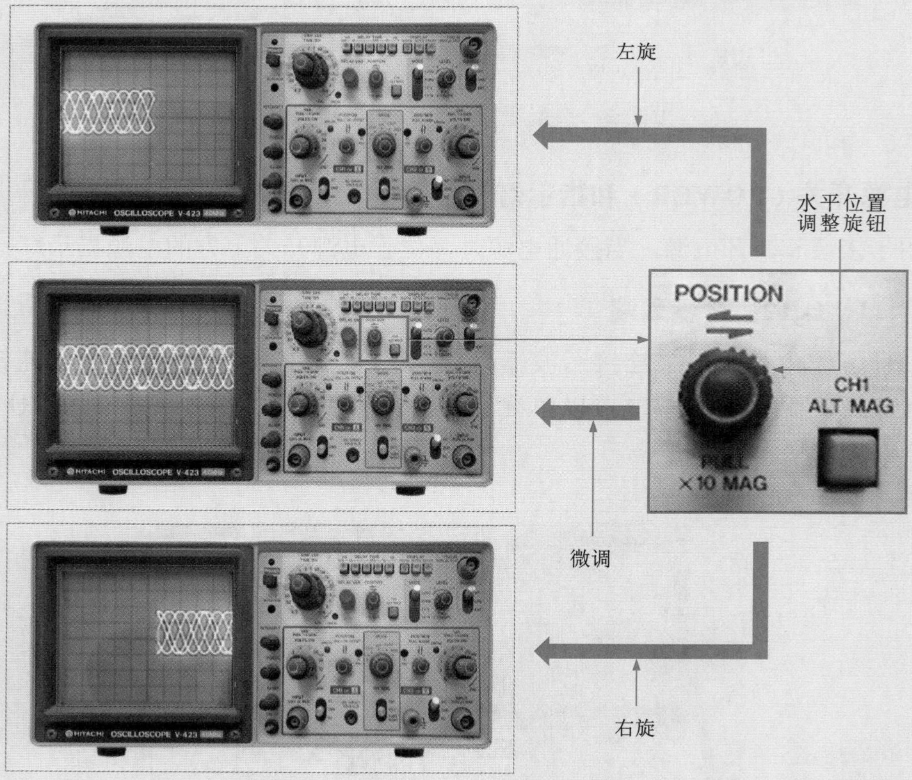

左旋
水平位置调整旋钮
POSITION
CH1 ALT MAG
PULL ×10 MAG
微调
右旋

图2-6　水平位置调整旋钮

5 亮度调整旋钮

图2-7为亮度调整旋钮（INTENSITY）。该旋钮用于调节扫描线的亮度。

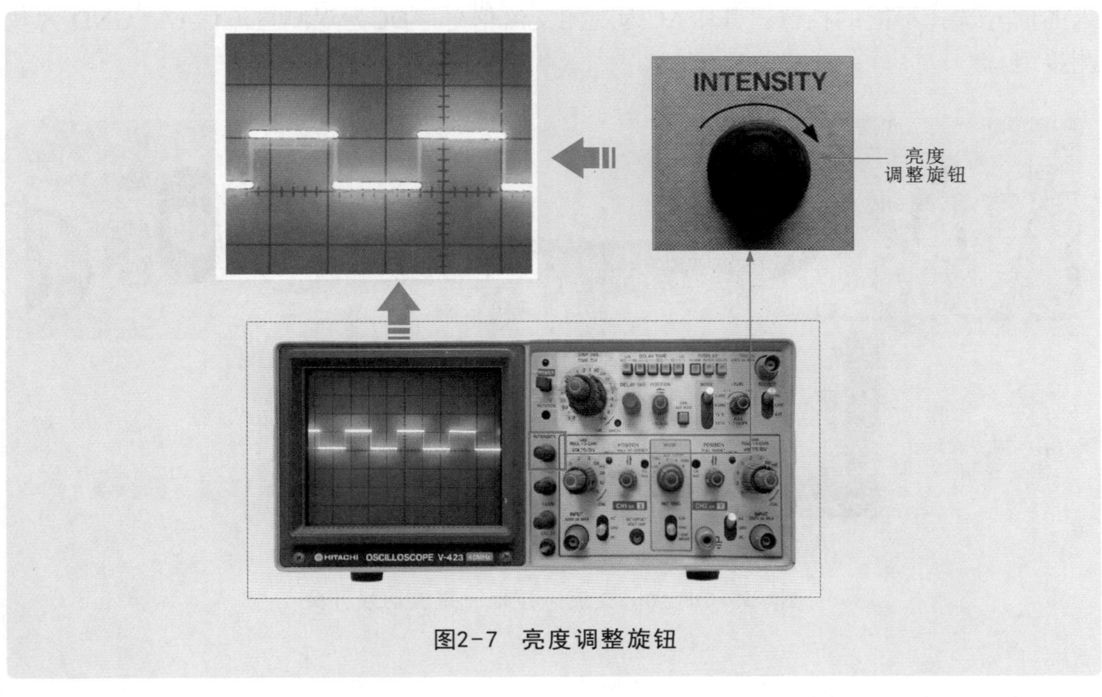
INTENSITY
亮度
调整旋钮
HITACHI OSCILLOSCOPE V-423

图2-7 亮度调整旋钮

6 聚焦调整旋钮

图2-8为聚焦调整旋钮（FOCUS）。调整该旋钮可使扫描线变得更清晰。

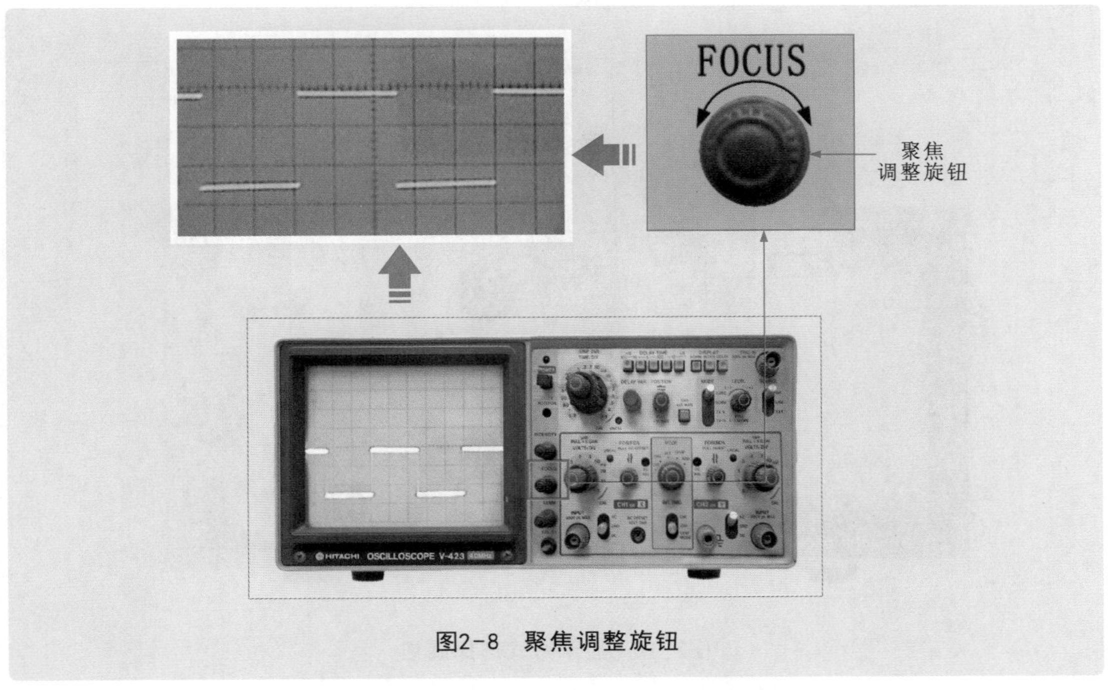
FOCUS
聚焦
调整旋钮
HITACHI OSCILLOSCOPE V-423

图2-8 聚焦调整旋钮

7 CH1/CH2交流—接地—直流切换开关

图2-9为 CH1/CH2交流—接地—直流切换开关。分别根据CH1/CH2信号输入端输入的信号选择不同的挡位。其中AC为观测交流信号，DC为观测直流信号，GND 为观测接地。

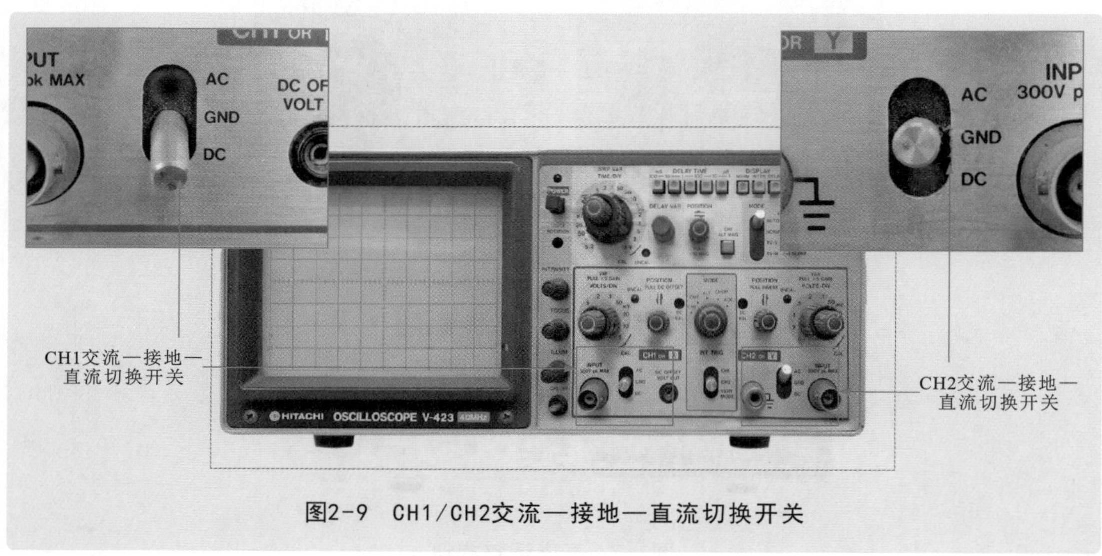
AC
GND
DC
AC
GND
DC
CH1交流—接地—直流切换开关
CH2交流—接地—直流切换开关
HITACHI OSCILLOSCOPE V-423 40MHz

图2-9 CH1/CH2交流—接地—直流切换开关

8 显示方式选择旋钮

图2-10为显示方式选择旋钮（MODE）。该选择旋钮设置CH1、CH2、CHOP、ALT和ADD共5个挡位。

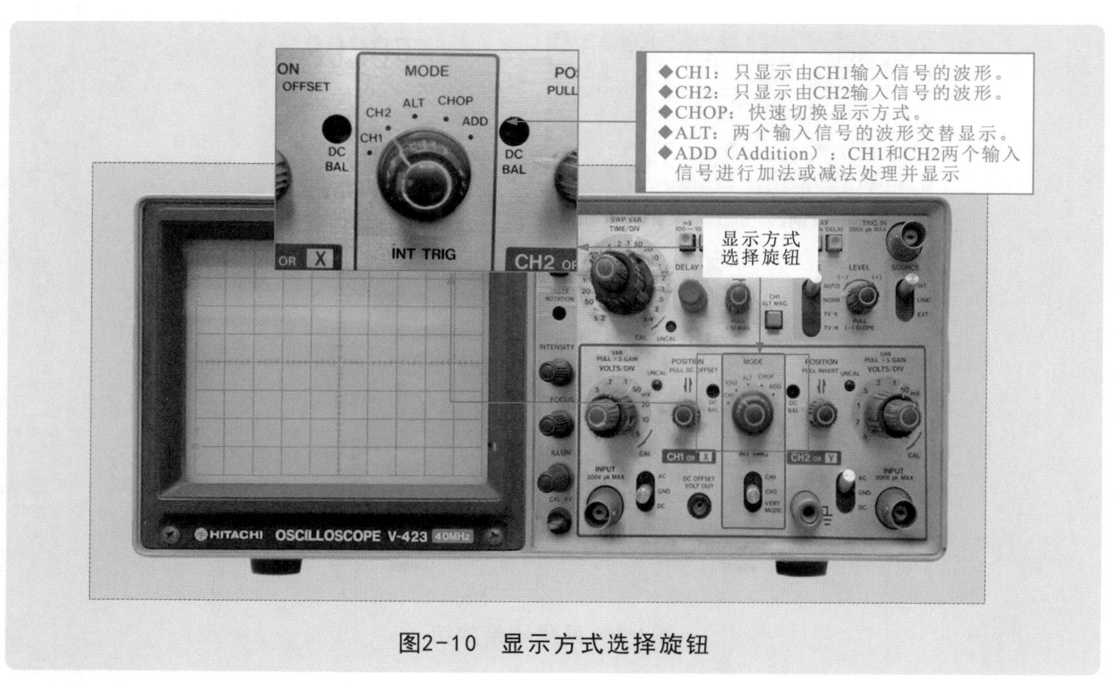
MODE
CH2
ALT
CHOP
ADD
CH1
INT TRIG
DC BAL
◆CH1：只显示由CH1输入信号的波形。
◆CH2：只显示由CH2输入信号的波形。
◆CHOP：快速切换显示方式。
◆ALT：两个输入信号的波形交替显示。
◆ADD（Addition）：CH1和CH2两个输入信号进行加法或减法处理并显示
显示方式选择旋钮
HITACHI OSCILLOSCOPE V-423 40MHz

图2-10 显示方式选择旋钮

9 CH1/CH2垂直位置调整旋钮

图2-11为 CH1/CH2垂直位置调整旋钮，分别用于调整CH1/CH2通道信号的垂直位置。

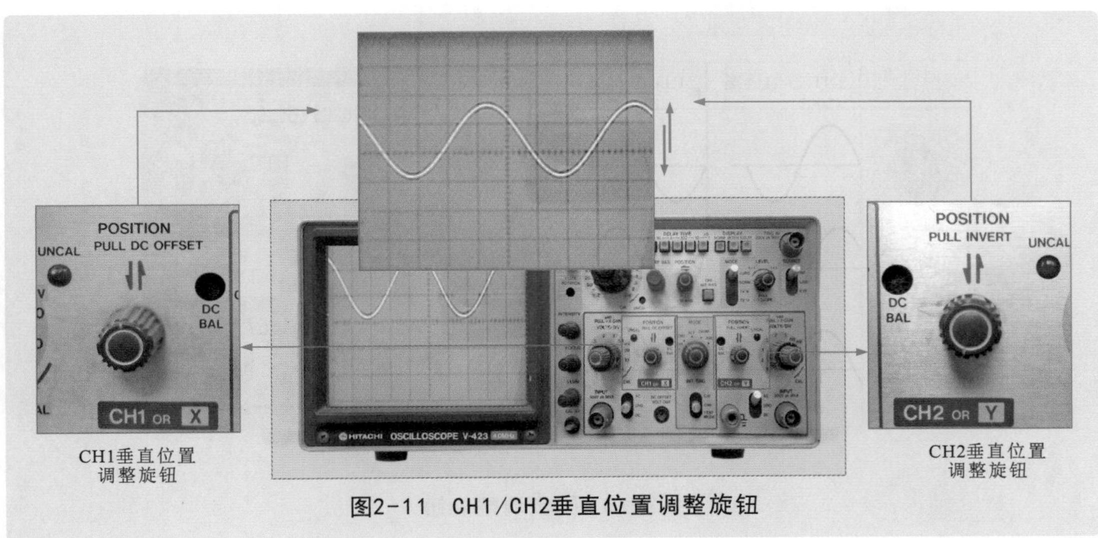
POSITION
PULL DC OFFSET
UNCAL
DC BAL
CH1 OR X
HITACHI OSCILLOSCOPE V-423 40MHz
POSITION
PULL INVERT
UNCAL
DC BAL
CH2 OR Y
CH1垂直位置调整旋钮
CH2垂直位置调整旋钮

图2-11 CH1/CH2垂直位置调整旋钮

10 CH1/CH2垂直轴灵敏度微调和垂直轴灵敏度切换旋钮

图2-12为CH1/CH2垂直轴灵敏度微调和垂直轴灵敏度切换旋钮。可以看到，这两个旋钮是一个同心调整旋钮，外圆环形旋钮是灵敏度切换旋钮，内圆旋钮是灵敏度微调旋钮，可以根据被测信号的幅度切换输入电路的衰减量，使显示的波形在示波管上有适当的大小。

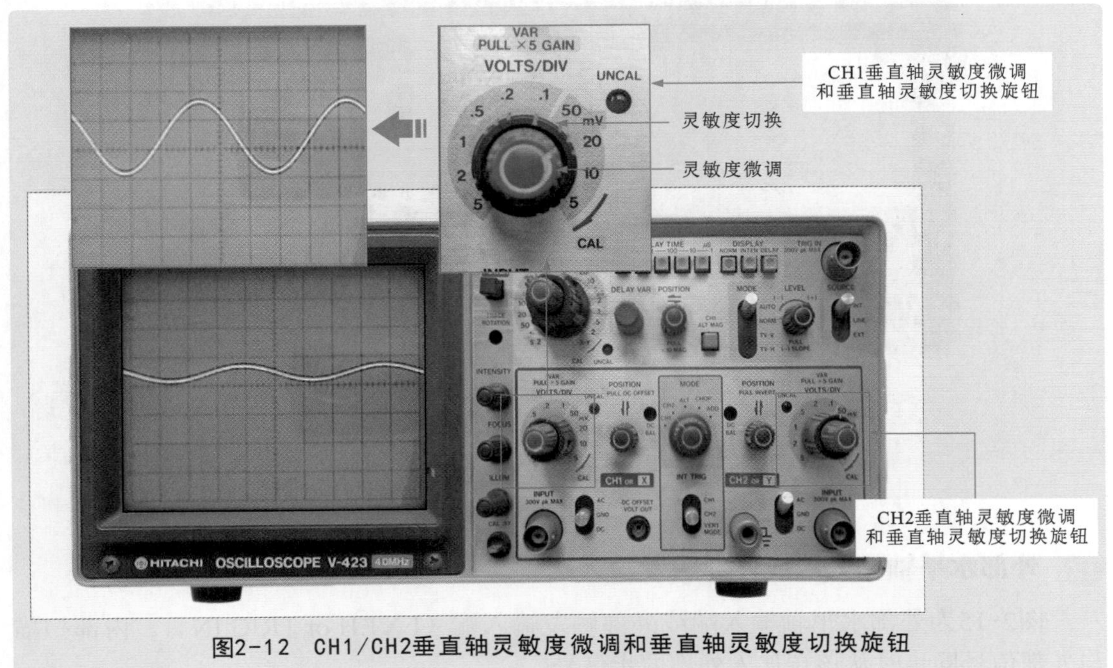
VAR
PULL ×5 GAIN
VOLTS/DIV
UNCAL
CAL
CH1垂直轴灵敏度微调和垂直轴灵敏度切换旋钮
灵敏度切换
灵敏度微调
HITACHI OSCILLOSCOPE V-423 40MHz
CH2垂直轴灵敏度微调和垂直轴灵敏度切换旋钮

图2-12 CH1/CH2垂直轴灵敏度微调和垂直轴灵敏度切换旋钮

⑪ 同步调整旋钮

图2-13为同步调整（触发电平，LEVEL）旋钮。该旋钮用于微调同步信号的频率或相位，使其与被测信号的相位一致（频率可为整数倍）。

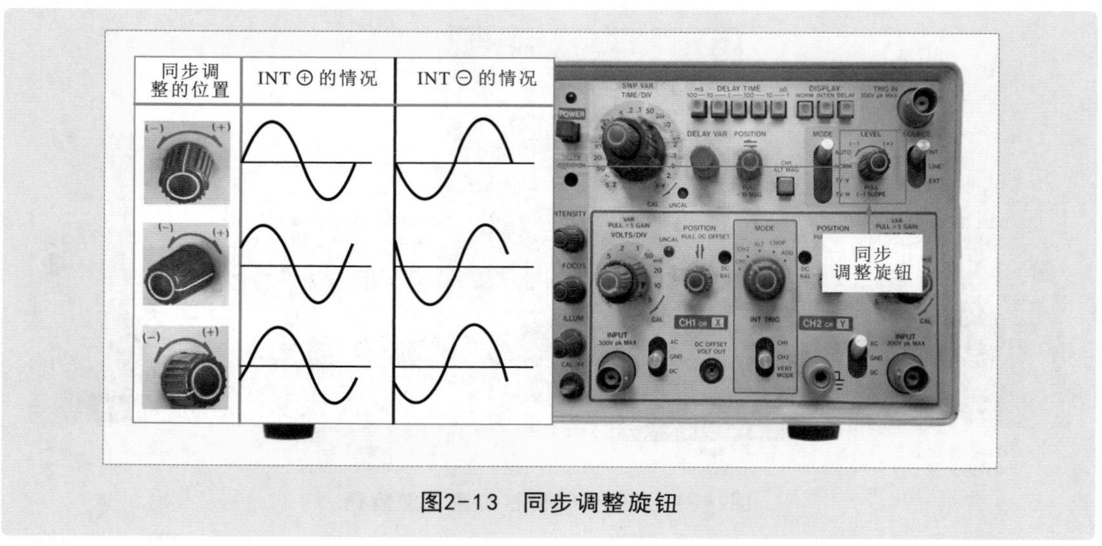
同步调整的位置
INT ⊕ 的情况
INT ⊖ 的情况
(−)
(+)
同步
调整旋钮

图2-13 同步调整旋钮

⑫ 同步方式选择开关

图2-14为同步方式选择开关，该选择开关的TV-H和TV-V挡为电视信号的行、场观测挡，用于电视信号中的行信号观测或场信号观测。

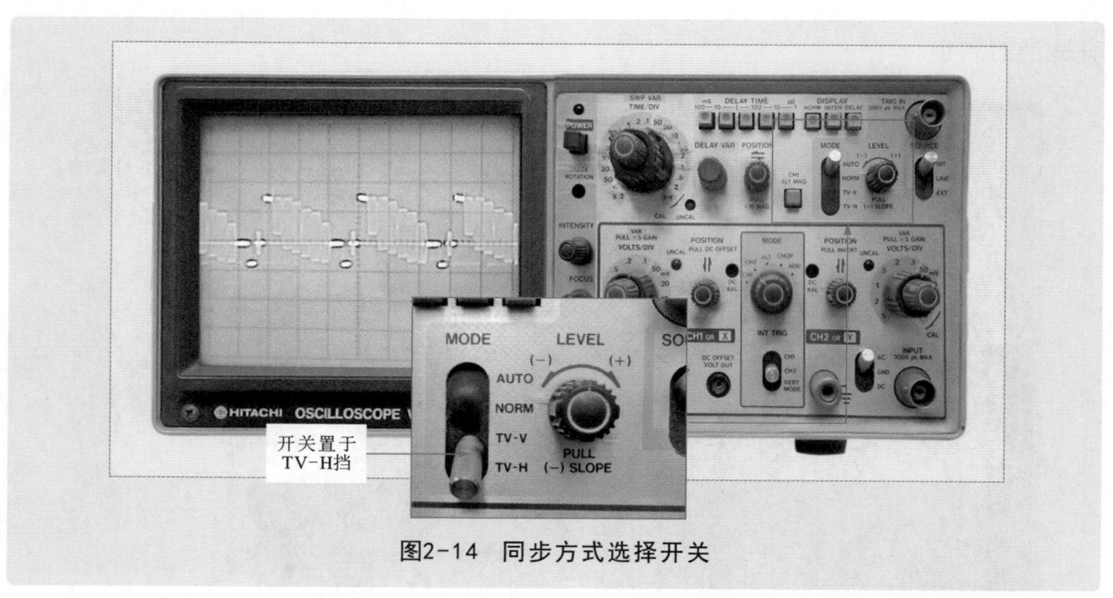
MODE
LEVEL
AUTO
NORM
TV-V
TV-H
(−)
(+)
PULL
(−) SLOPE
开关置于
TV-H挡
HITACHI OSCILLOSCOPE

图2-14 同步方式选择开关

⑬ 外部水平轴输入端或外部触发输入端

图2-15为外部水平轴输入端或外部触发输入端（EXT.H or TRIG.IN）。内部扫描与外部信号同步时从该端加入外部同步信号。

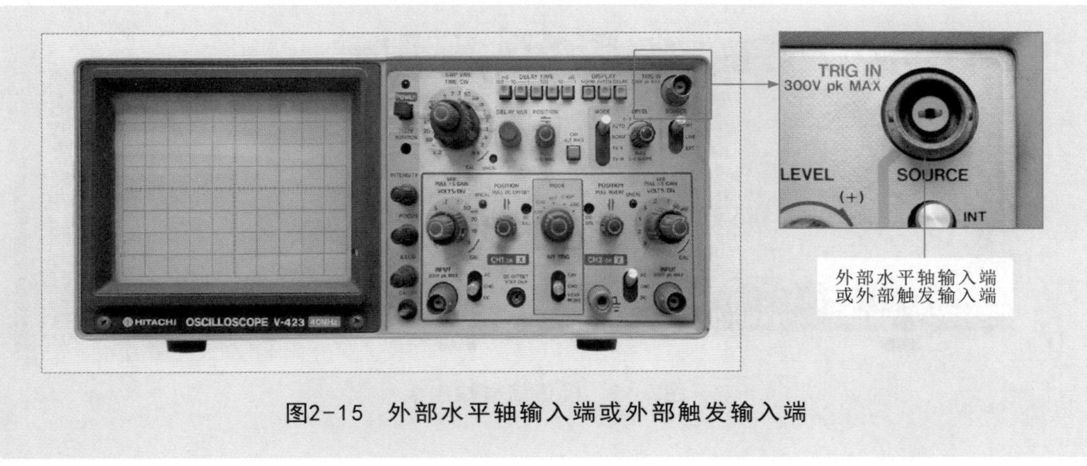
TRIG IN
300V pk MAX
LEVEL
SOURCE
INT
外部水平轴输入端
或外部触发输入端
HITACHI OSCILLOSCOPE V-423

图2-15　外部水平轴输入端或外部触发输入端

⑭ 触发信号切换开关

图2-16为触发信号切换开关（SOURCE）。其作用是使观测信号的波形静止在示波管上，INT为内同步源，LINE为线路输入信号，EXT为由外部输入信号作为同步基准。

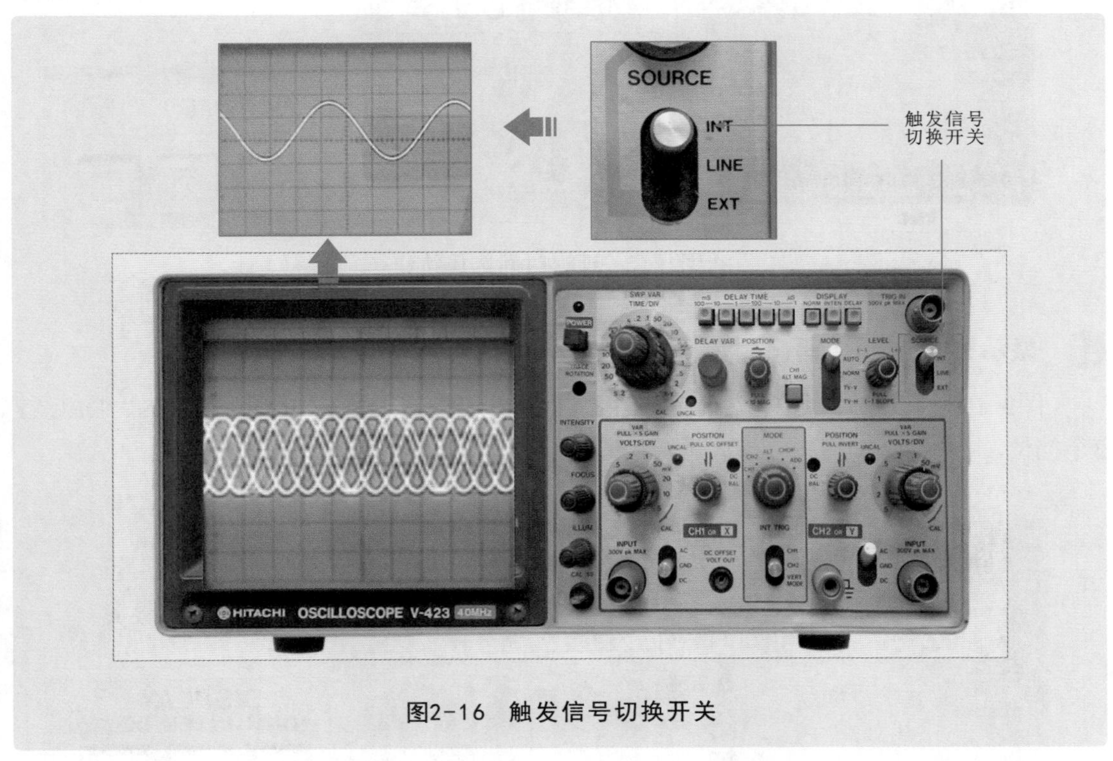
SOURCE
INT
LINE
EXT
触发信号
切换开关
HITACHI OSCILLOSCOPE V-423

图2-16　触发信号切换开关

⑮ 校正信号输出端

图2-17为校正信号输出端（CAL.5V）。该输出端用于输出模拟示波器内部产生的标准信号。

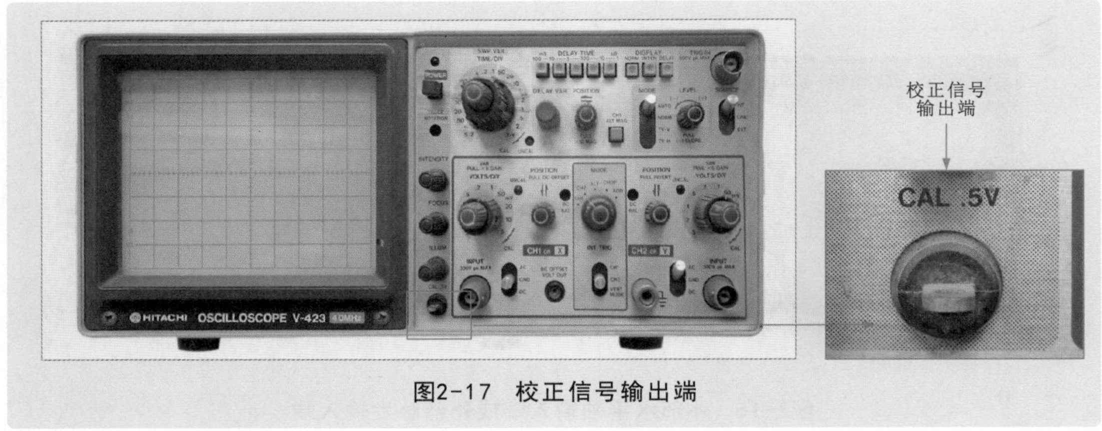
校正信号
输出端
CAL .5V
HITACHI OSCILLOSCOPE V-423

图2-17 校正信号输出端

16 延迟时间选择按钮

图2-18为延迟时间选择按钮（DELAY TIME）。该选择按钮设置5个延迟时间挡位。

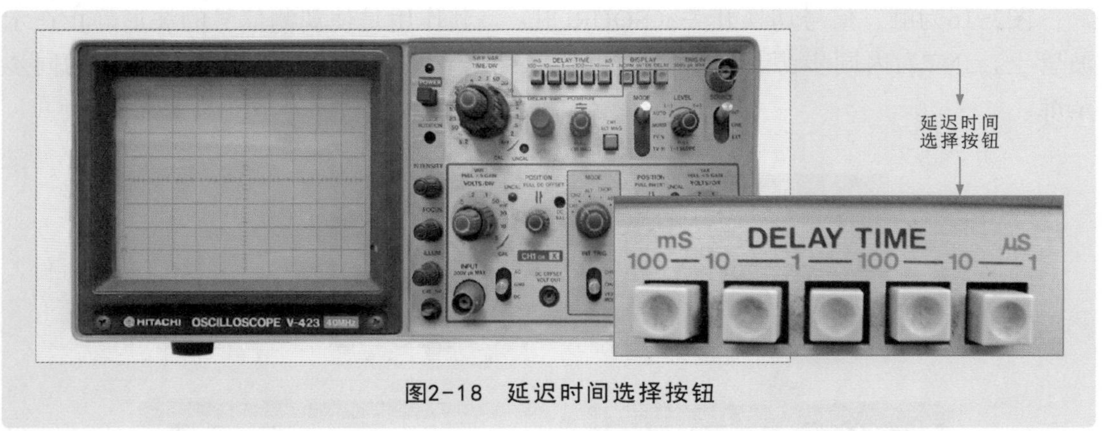
延迟时间
选择按钮
DELAY TIME
mS
μS
100—10—1—100—10—1
HITACHI OSCILLOSCOPE V-423

图2-18 延迟时间选择按钮

17 显示方式选择按钮

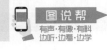

图2-19为显示方式选择按钮（DISPLAY ）。该按钮设置NORM、INTEN、DELAY 3个挡位。

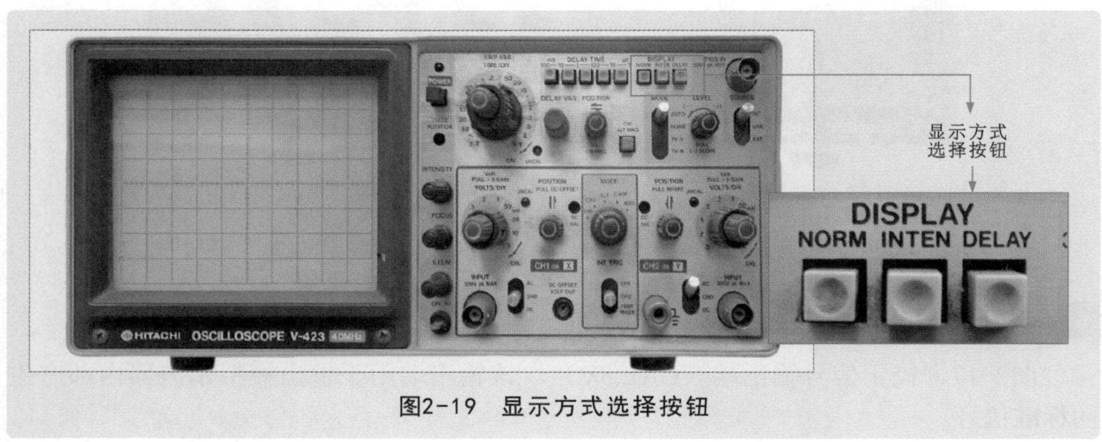
显示方式
选择按钮
DISPLAY
NORM INTEN DELAY
HITACHI OSCILLOSCOPE V-423

图2-19 显示方式选择按钮

2.1.2 认识数字示波器

图2-20为典型数字示波器的整机结构。从图中可以看出，数字示波器分为左右两部分，左侧部分为信号波形及数据的显示屏部分，右侧部分是示波器的控制部分，包括键钮区域、探头连接区。

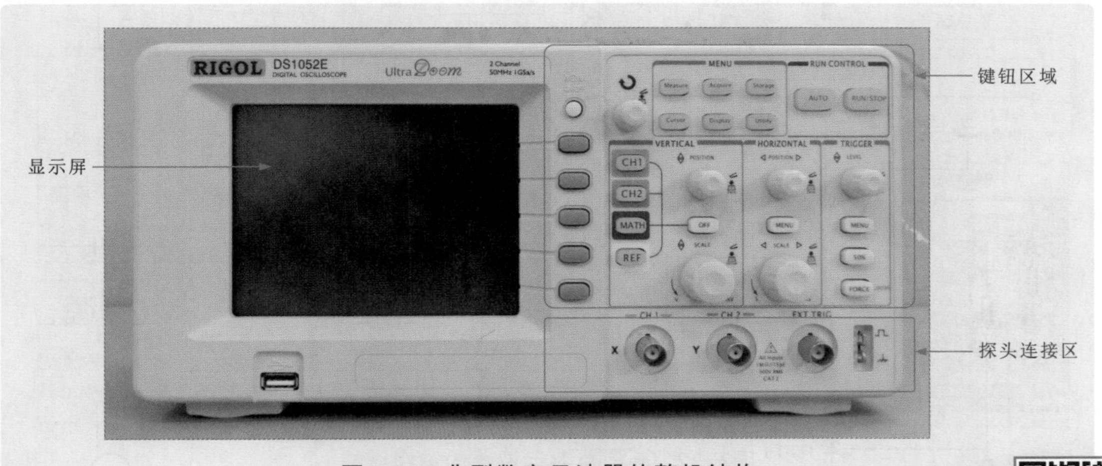
显示屏
键钮区域
探头连接区
RIGOL DS1052E

图2-20 典型数字示波器的整机结构

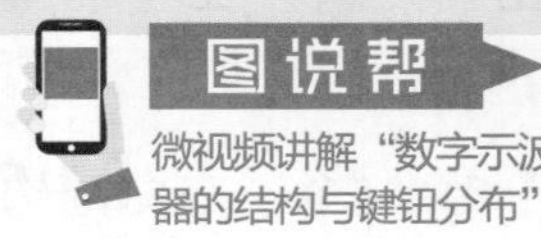
图说帮
微视频讲解“数字示波器的结构与键钮分布”

1 显示屏

数字示波器的显示屏是显示测量结果和设备当前工作状态的部件，在测量前或测量过程中，参数设置、测量模式或设定调整等操作的结果也是依靠显示屏实现的。

图2-21为典型数字示波器的显示屏，可以看到，在显示屏上能够直接显示出波形的类型、屏幕每格表示的幅度、周期大小等，通过示波器屏幕上显示的数据可以很方便地读出波形的幅度和周期。

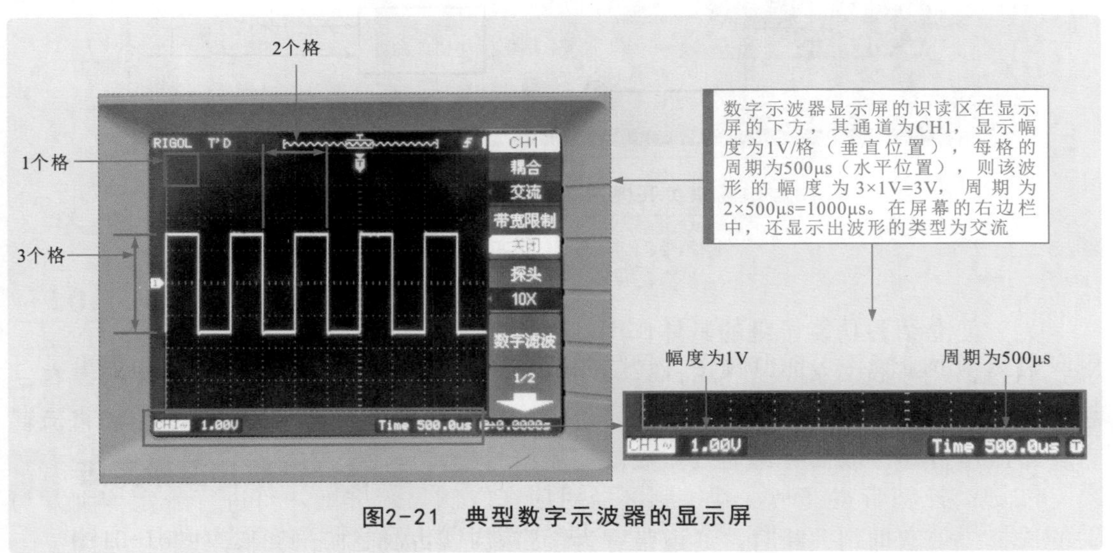
2个格
1个格
3个格
数字示波器显示屏的识读区在显示屏的下方，其通道为CH1，显示幅度为1V/格（垂直位置），每格的周期为500μs（水平位置），则该波形的幅度为3×1V=3V，周期为2×500μs=1000μs。在屏幕的右边栏中，还显示出波形的类型为交流
幅度为1V
周期为500μs
CH1
耦合
交流
带宽限制
探头
10X
数字滤波
1/2
CH1 1.00V
Time 500.0us

图2-21 典型数字示波器的显示屏

2 键钮区域

数字示波器的键钮区域设有多种按键和旋钮，如图2-22所示。可以看到，该部分设有菜单键、垂直控制区、水平控制区、触发控制区、菜单功能区及其他键钮。

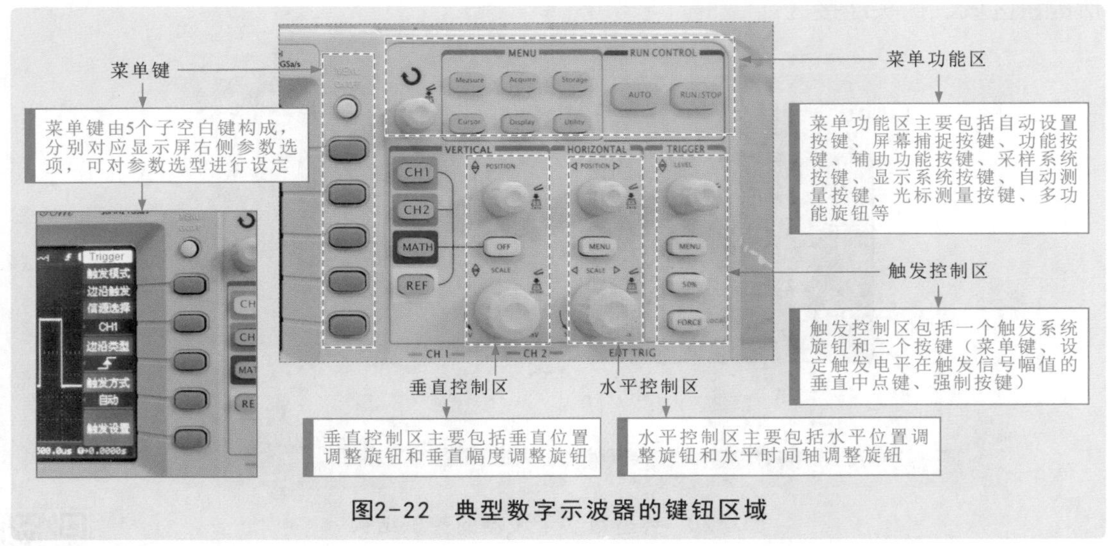
菜单键
菜单键由5个子空白键构成，分别对应显示屏右侧参数选项，可对参数选型进行设定
菜单功能区
菜单功能区主要包括自动设置按键、屏幕捕捉按键、功能按键、辅助功能按键、采样系统按键、显示系统按键、自动测量按键、光标测量按键、多功能旋钮等
触发控制区
触发控制区包括一个触发系统旋钮和三个按键（菜单键、设定触发电平在触发信号幅值的垂直中点键、强制按键）
垂直控制区
垂直控制区主要包括垂直位置调整旋钮和垂直幅度调整旋钮
水平控制区
水平控制区主要包括水平位置调整旋钮和水平时间轴调整旋钮
MENU
RUN CONTROL
VERTICAL
HORIZONTAL
TRIGGER
CH1
CH2
MATH
REF
Trigger
触发模式
边沿触发
信源选择
边沿类型
触发方式
自动
触发设置

图2-22 典型数字示波器的键钮区域

① 菜单键

菜单键由5个子空白键构成，如图2-23所示。

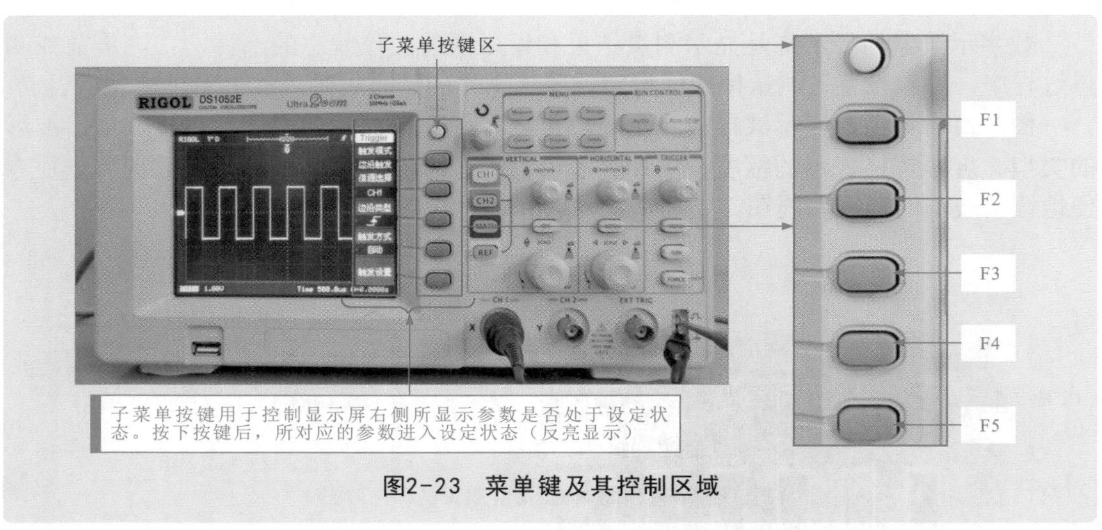
子菜单按键区
RIGOL
DS1052E
F1
F2
F3
F4
F5
子菜单按键用于控制显示屏右侧所显示参数是否处于设定状态。按下按键后，所对应的参数进入设定状态（反亮显示）

图2-23 菜单键及其控制区域

为方便介绍各功能子键的具体作用，将按键由上自下编号为F1～F5。

F1键：用于选择输入信号的耦合方式，其控制区域对应在左侧显示屏上，有三种耦合方式，即交流耦合（将直流信号阻隔）、接地耦合（输入信号接地）和直流耦合（交流信号和直流信号都通过，被测交流信号包含直流信号）。

F2键：控制带宽抑制，其控制区域对应在左侧显示屏上，可进行带宽抑制开与关的选择：带宽抑制关断时，通道带宽为全带宽；带宽抑制开通时，被测信号中高于

20MHz的噪声和高频信号被衰减。

F3键：控制垂直偏转系数，对信号幅度选择（伏/格）挡位可进行粗调和细调两种选择。

F4键：控制探头倍率，可对探头进行1×、10×、100×、1000×四种选择。

F5键：控制波形反向设置，可对波形进行180°的相位反转。

② 垂直控制区

垂直控制区主要包括垂直位置调整旋钮和垂直幅度调整旋钮，如图2-24所示。

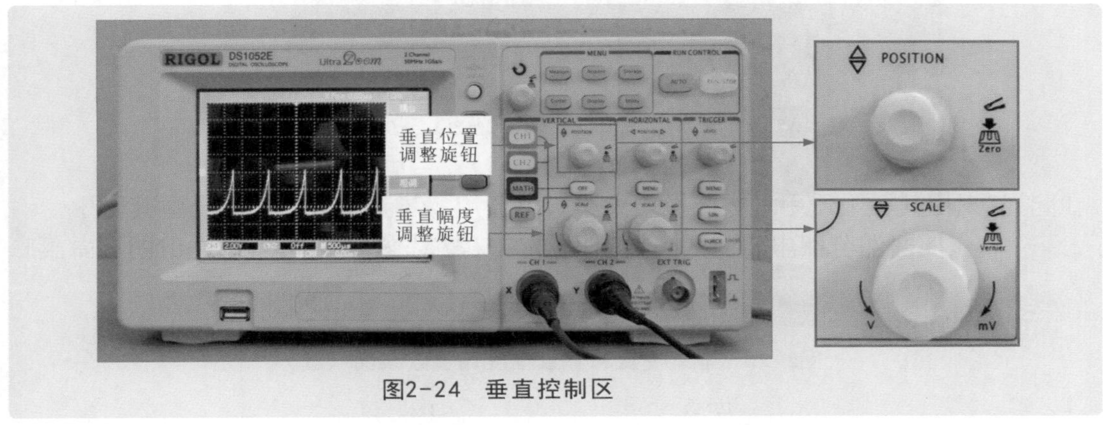
RIGOL DS1052E
垂直位置调整旋钮
垂直幅度调整旋钮
POSITION
SCALE
Zero
V
mV

图2-24 垂直控制区

垂直位置调整旋钮（POSITION）：可对检测的波形进行垂直方向的位置调整。

垂直幅度调整旋钮（SCALE）：可对检测的波形进行垂直方向的幅度调整，即调整输入信号通道的放大量或衰减量。

图2-25为垂直位置和垂直幅度调整效果图。

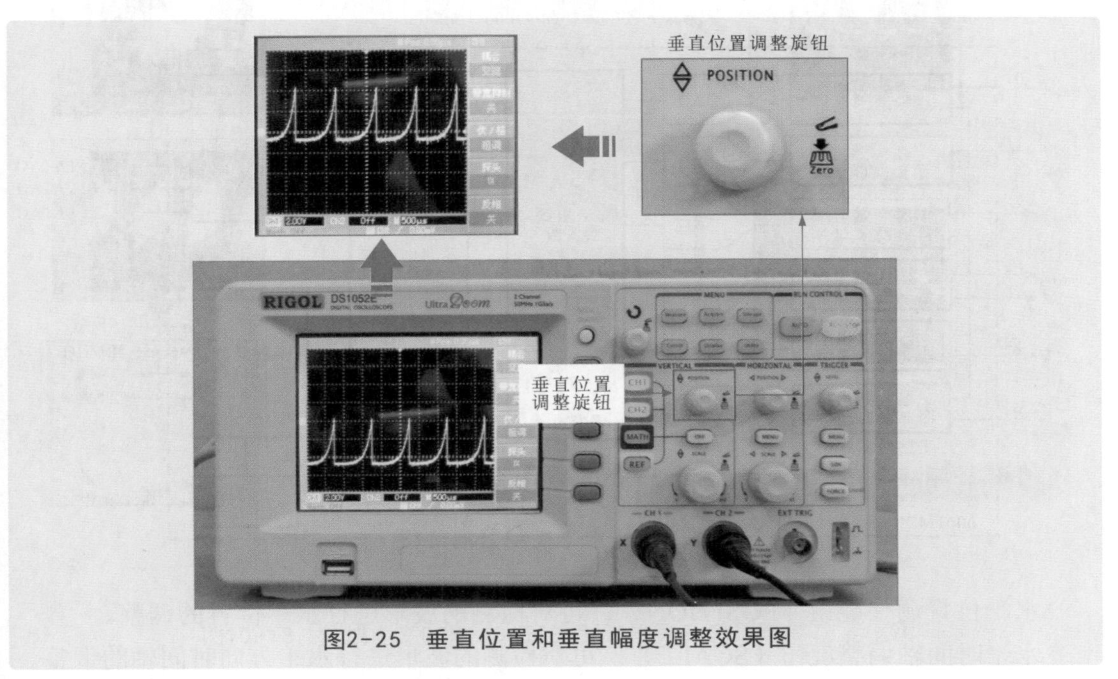
垂直位置调整旋钮
POSITION
Zero
RIGOL DS1052E
垂直位置调整旋钮

图2-25 垂直位置和垂直幅度调整效果图

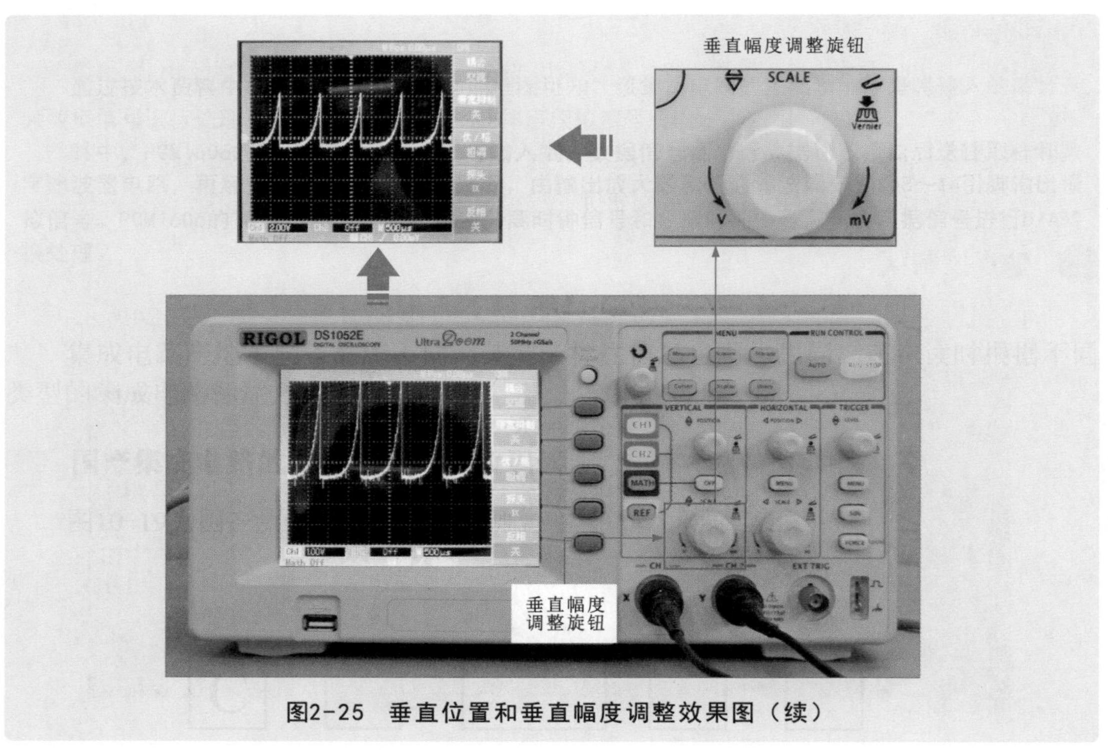
垂直幅度调整旋钮
SCALE
Vernier
V
mV
RIGOL DS1052E
垂直幅度
调整旋钮
图2-25　垂直位置和垂直幅度调整效果图（续）

③ 水平控制区

水平控制区主要包括水平位置调整旋钮和水平时间轴调整旋钮，如图2-26所示。

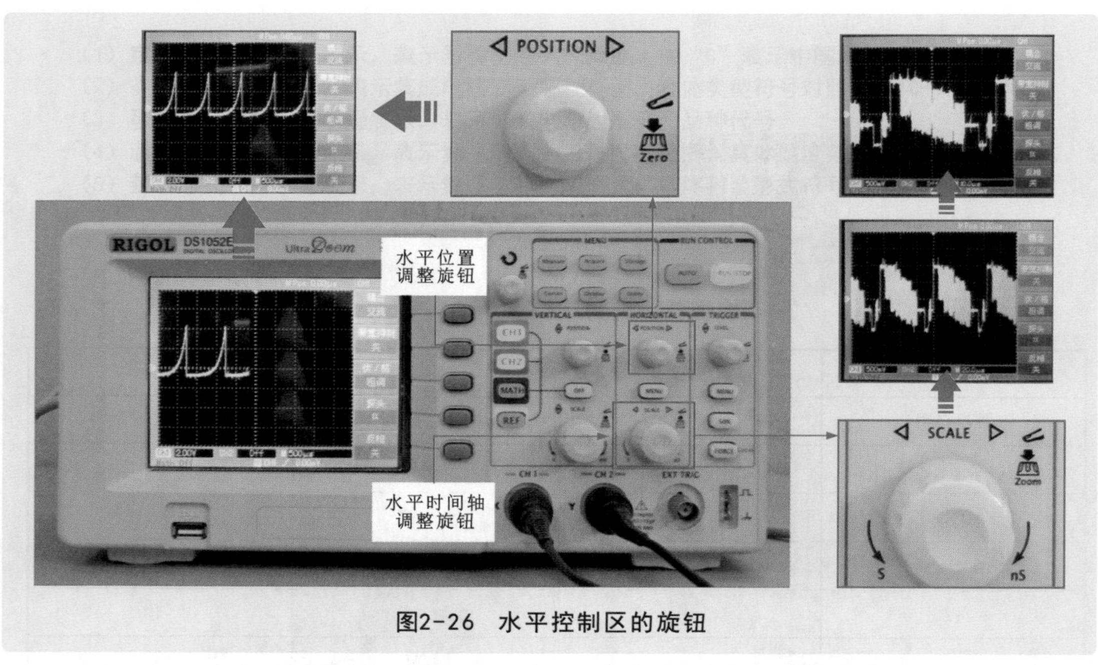
POSITION
Zero
RIGOL DS1052E
水平位置
调整旋钮
水平时间轴
调整旋钮
SCALE
Zoom
S
nS
图2-26　水平控制区的旋钮

水平位置调整旋钮（POSITION）：可对检测的波形进行水平位置的调整。

水平时间轴调整旋钮（SCALE）：可对检测的波形进行水平方向时间轴的调整。

④ 触发控制区

触发控制区包括一个触发系统旋钮和三个按键，如图2-27所示。

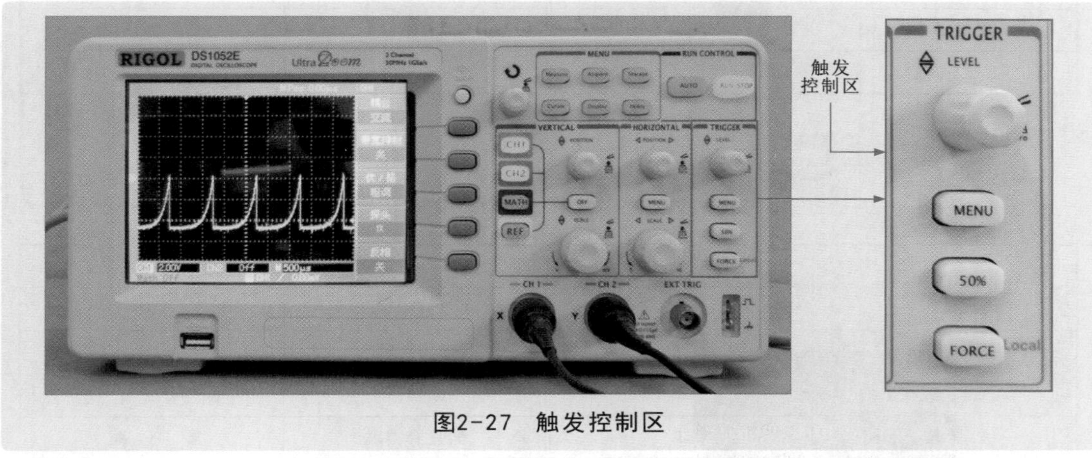
RIGOL DS1052E
TRIGGER
LEVEL
触发
控制区
MENU
50%
FORCE

图2-27 触发控制区

触发系统旋钮（LEVEL）：改变触发电平，可以在显示屏上看到触发标志来指示触发电平线，随旋钮转动而上下移动。

菜单（MENU）按键：可以改变触发设置。

50%按键：设定触发电平在触发信号幅值的垂直中点。

强制（FORCE）按键：强制产生一触发信号，主要应用于触发方式中的正常和单次模式。

⑤ 菜单功能区

菜单功能区主要包括自动设置按键、屏幕捕捉按键、功能按键、辅助功能按键、采样系统按键、显示系统按键、自动测量按键、光标测量按键、多功能旋钮等，如图2-28所示。

自动设置按键（AUTO）：使用该按键后，可自动设置垂直偏转系数、扫描时基及触发方式。

屏幕捕捉按键（RUN/STOP）：可以显示绿灯亮和红灯亮，绿灯亮表示运行，红灯亮表示暂停。

功能按键（Storage）：可将波形或设置状态保存到内部存储区或U盘上，并能通过REFA（或REFB）调出所保存的信息或调出设置状态。

辅助功能按键（Utility）：用于对自校正、波形录制、语言、出厂设置、界面风格、网格亮度、系统信息等选项进行相应的设置。

采样系统按键（Acquire）：可弹出采样设置菜单，通过菜单控制按钮调整采样方式，如获取方式（普通采样方式、峰值检测方式、平均采样方式）、平均次数（设置平均次数）、采样方式（实时采样、等效采样）等选项。

显示系统按键（Display）：用于弹出设置菜单，可通过菜单控制按钮调整显示方式，如显示类型、格式（YT、XY）、持续（关闭、无限）、对比度、波形亮度等信息。

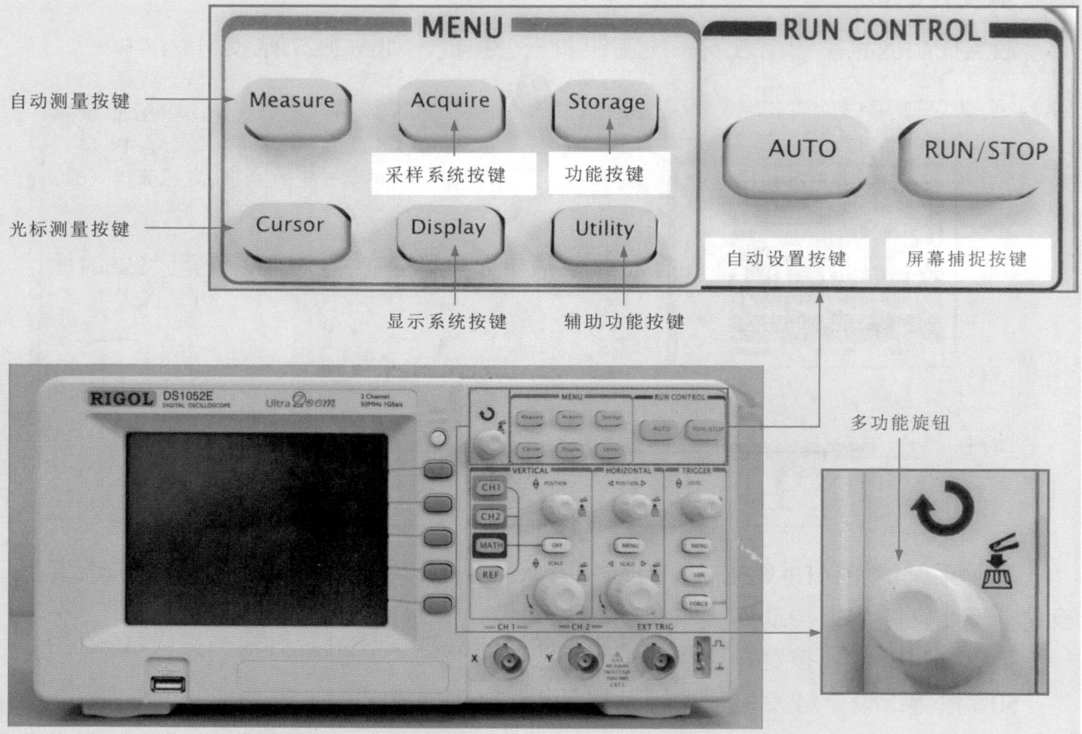

图2-28　菜单功能区按键

自动测量按键（Measure）：可进入参数测量显示菜单，该菜单有5个可同时显示测量值的区域，分别对应功能按键F1～F5。

光标测量按键（Cursor）：用于显示测量光标或光标菜单，可配合多功能旋钮一起使用。

多功能旋钮：用于调整设置参数的旋钮。

6 其他键钮

其他键钮主要包括菜单按键、关闭按键、REF按键、USB主机接口、电源开关，如图2-29所示。

菜单按键（MENU）：用于显示变焦菜单，可配合F1～F5按键使用。

关闭按键（OFF）：可对CH1、CH2、MATH、REF四个按键进行控制。

REF按键：可调出存储波形或关闭基准波形。

USB主机接口：用于连接USB设备（U盘或移动硬盘）和读取USB设备中的波形。

电源开关：位于数字示波器的顶端，用于启动或关闭示波器。

位于数字示波器的顶端，用于启动或关闭示波器

电源开关

OFF

关闭按键

可对CH1、CH2、MATH、REF四个按键进行控制

MENU

菜单按键

REF按键

REF

USB主机接口

图2-29 其他键钮

3 探头连接区

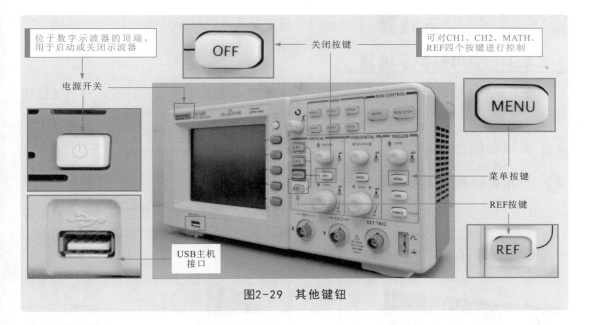

数字示波器的探头连接区是连接示波器测试探头的区域。探头连接区需要与键钮区配合应用，相关模式设置应满足对应关系。例如，通道1（CH1信号输入端）对应键钮区域的CH1按键，通道2（CH2信号输入端）对应键钮区域的CH2按键，如图2-30所示。

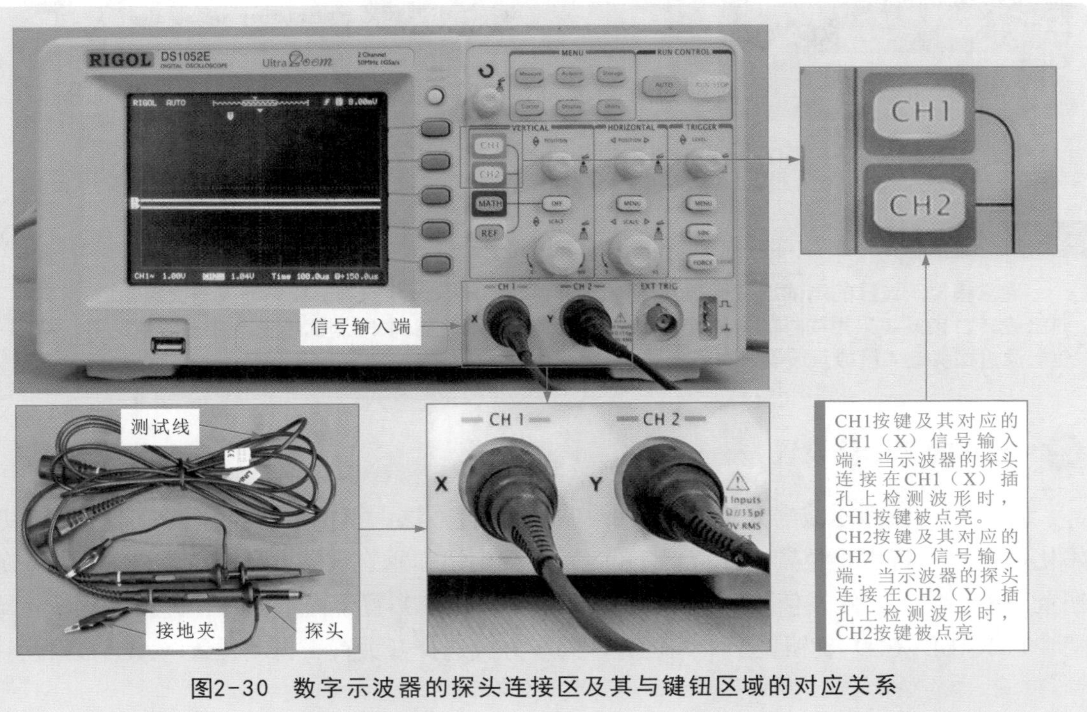
RIGOL DS1052E
信号输入端
CH1
CH2
测试线
接地夹
探头
CH 1
CH 2
X
Y
CH1按键及其对应的CH1（X）信号输入端：当示波器的探头连接在CH1（X）插孔上检测波形时，CH1按键被点亮。
CH2按键及其对应的CH2（Y）信号输入端：当示波器的探头连接在CH2（Y）插孔上检测波形时，CH2按键被点亮

图2-30 数字示波器的探头连接区及其与键钮区域的对应关系

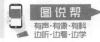

2.2 学用示波器

2.2.1 学用模拟示波器

使用模拟示波器前需要做好充足的准备工作，如连接电源及测试线、开机前键钮初始化设置、开机调整扫描线和探头自校正等。

1 模拟示波器的准备

① 连接电源及测试线

图2-31为模拟示波器电源及测试线的连接方法。使用模拟示波器前，先连接电源线，即将电源线的一端连接模拟示波器的供电插口，另一端连接市电插座；再将测试线及探头连接到模拟示波器的测试端插座上。

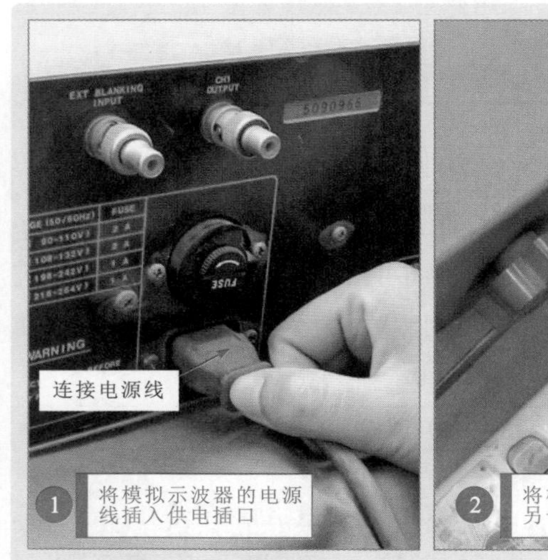
连接电源线
① 将模拟示波器的电源线插入供电插口
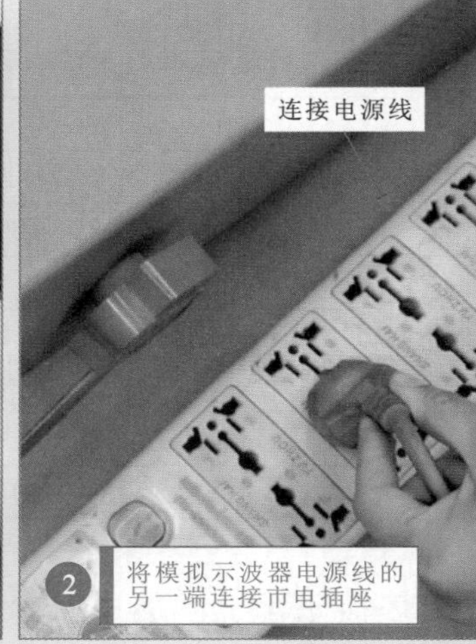
连接电源线
② 将模拟示波器电源线的另一端连接市电插座
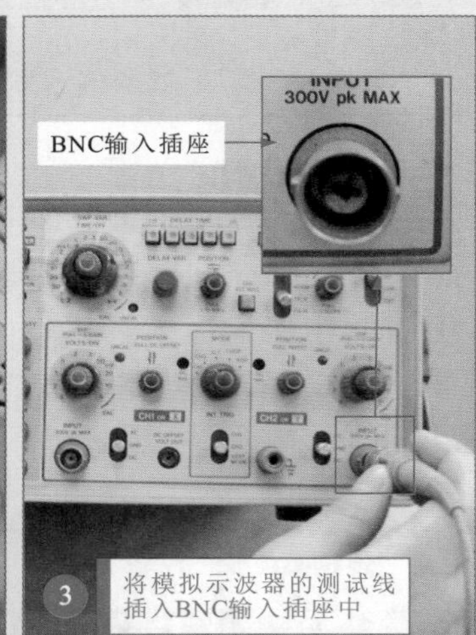
300V pk MAX
BNC输入插座
③ 将模拟示波器的测试线插入BNC输入插座中

图2-31　模拟示波器电源及测试线的连接方法

补充说明

通常模拟示波器的测试端采用BNC型插座，连接时，将示波器的测试线先插入测试端CH1，然后顺时针旋转，锁紧。采用同样的方法连接另一根测试线到示波器的CH2测试端上，在一般情况下，被测信号通过探头输入模拟示波器并在显示屏上显示出来。

② 键钮的初始化设置

图2-32为模拟示波器开机前键钮的初始化设置方法。模拟示波器开机前需要进行初始化设置，即将水平位置（H.POSITION）调整旋钮和垂直位置（V.POSITION）调整旋钮置于中心位置。触发信号切换开关（TRIG.SOURCE）置于内部位置，即INT。同步调整（TRIG.LEVEL）旋钮置于中间位置，同步方式选择开关置于自动位置（AUTO）。

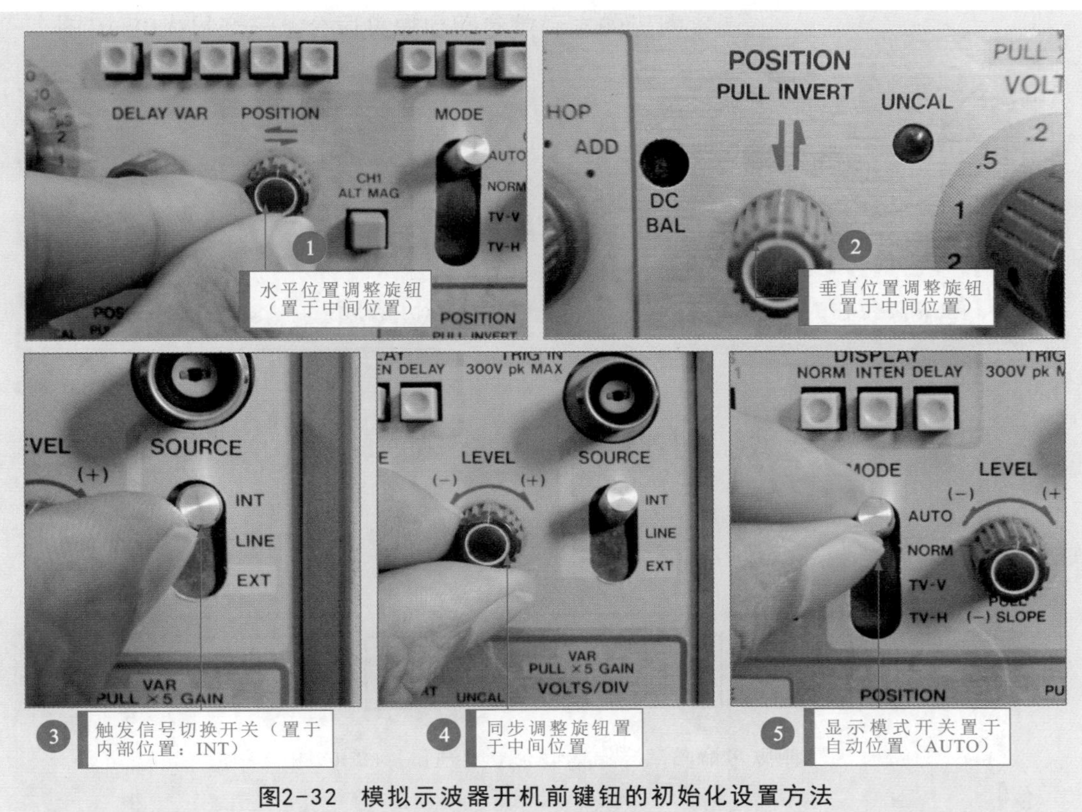
DELAY VAR
POSITION
MODE
CH1 ALT MAG
AUTO
NORM
TV-V
TV-H
1
水平位置调整旋钮（置于中间位置）
POSITION
PULL INVERT
UNCAL
ADD
DC BAL
2
垂直位置调整旋钮（置于中间位置）
SOURCE
INT
LINE
EXT
VAR PULL ×5 GAIN
3
触发信号切换开关（置于内部位置：INT）
TRIG IN 300V pk MAX
LEVEL
(−)
(+)
VOLTS/DIV
UNCAL
4
同步调整旋钮置于中间位置
DISPLAY
NORM INTEN DELAY
(−) SLOPE
5
显示模式开关置于自动位置（AUTO）

图2-32 模拟示波器开机前键钮的初始化设置方法

③ 开机调整扫描线

如图2-33所示，检测信号前，先使示波器进入准备状态，按下电源开关，电源指示灯亮，约10s后，显示屏上显示一条水平亮线。这条水平亮线就是扫描线。

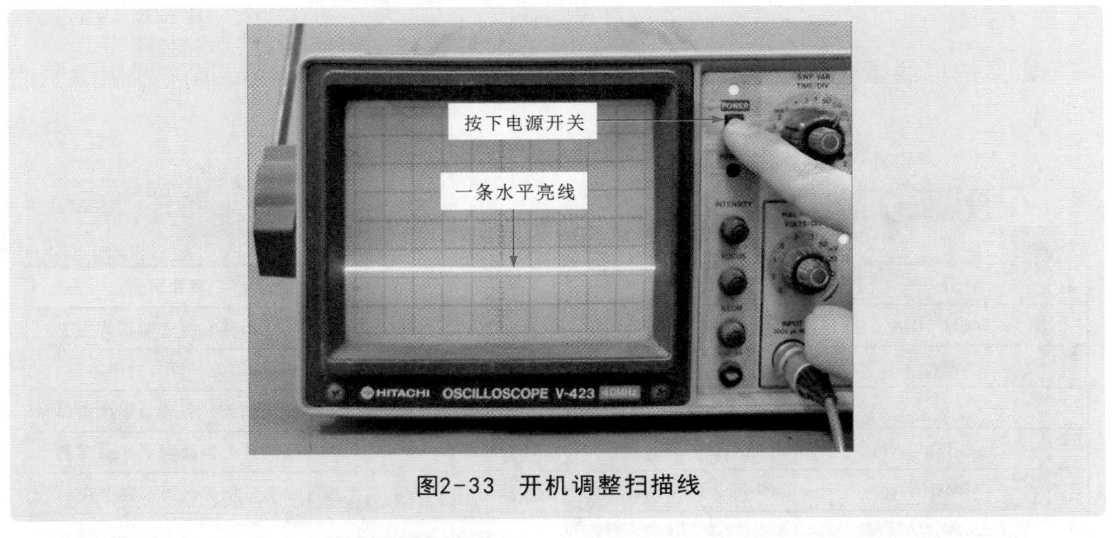
按下电源开关
一条水平亮线
POWER
INTENSITY
HITACHI OSCILLOSCOPE V-423

图2-33 开机调整扫描线

若扫描线不处在显示屏的垂直居中位置，则可以调节垂直位置调整旋钮将扫描线调至中间位置。图2-34为扫描线垂直位置的调整方法。

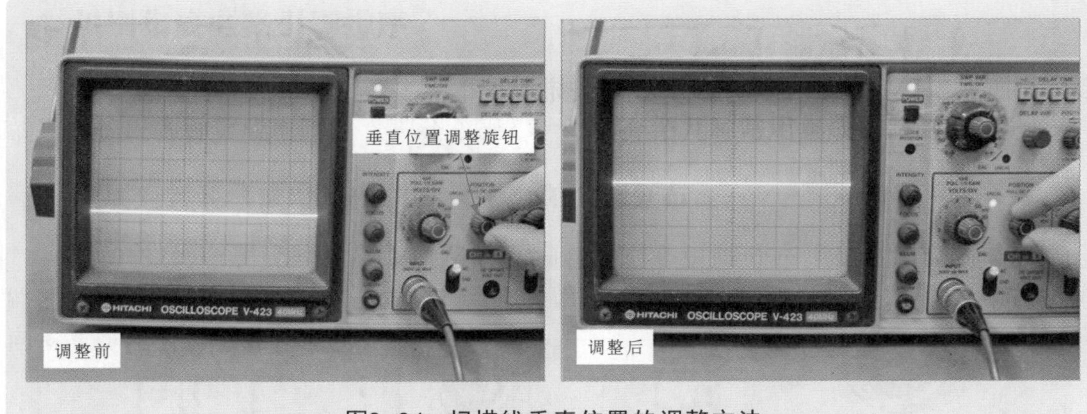
垂直位置调整旋钮
调整前
调整后

图2-34　扫描线垂直位置的调整方法

如果观察到扫描线的亮度不够或亮度过亮，则可调节亮度调整旋钮使亮度适中。图2-35为扫描线亮度的调整方法。

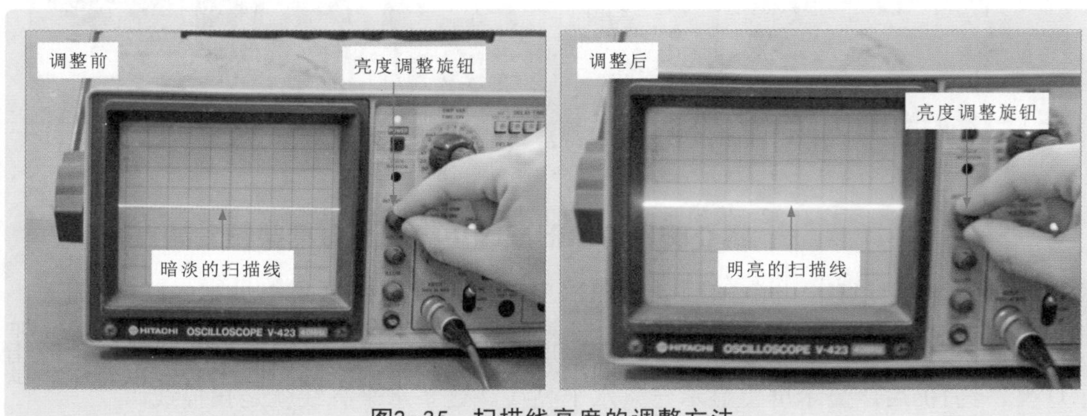
调整前
亮度调整旋钮
暗淡的扫描线
调整后
亮度调整旋钮
明亮的扫描线

图2-35　扫描线亮度的调整方法

如果扫描线聚焦不良，则需要调整聚焦调节旋钮。图2-36为扫描线聚焦调整的方法。

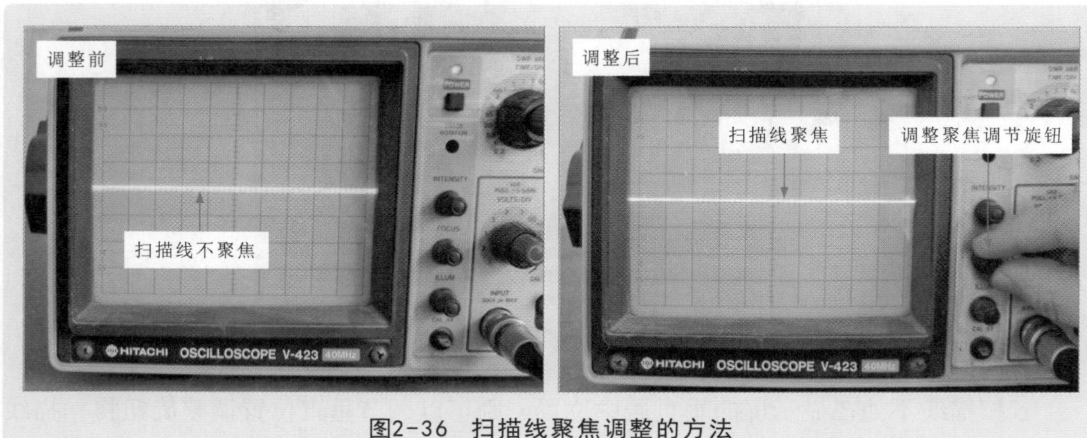
调整前
扫描线不聚焦
调整后
扫描线聚焦
调整聚焦调节旋钮

图2-36　扫描线聚焦调整的方法

通过刻度盘亮度调节旋钮可以对模拟示波器显示屏刻度盘的亮度进行调整。图2-37为显示屏刻度盘亮度的调整方法。

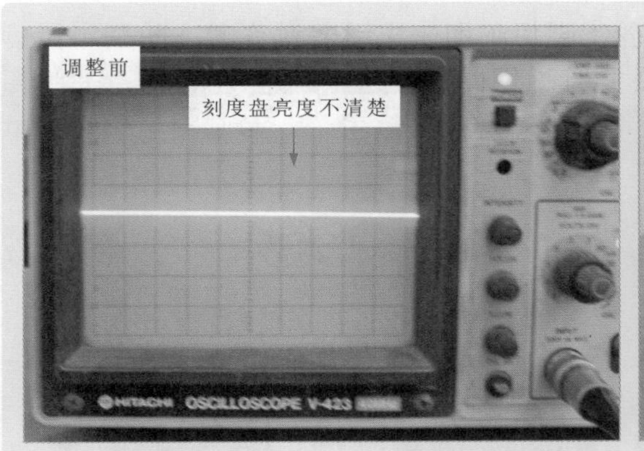
调整前
刻度盘亮度不清楚
HITACHI OSCILLOSCOPE V-423

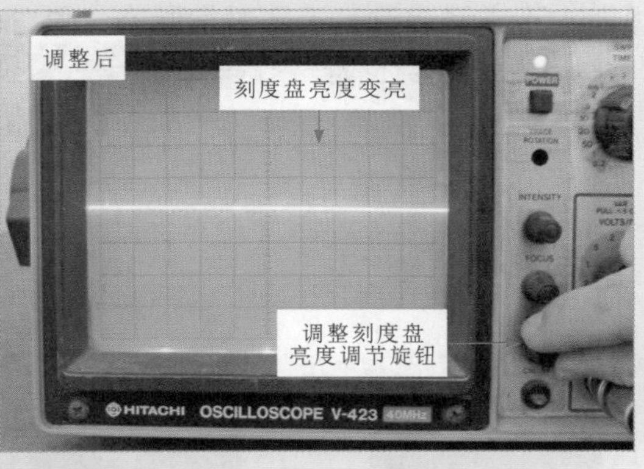
调整后
刻度盘亮度变亮
调整刻度盘
亮度调节旋钮
POWER
INTENSITY
HITACHI OSCILLOSCOPE V-423 40MHz

图2-37 显示屏刻度盘亮度的调整方法

④ 探头自校正

扫描线调节完成后，将模拟示波器探头连接在自身的基准信号输出端（1000Hz、0.5V方波信号），显示窗口会显示1000Hz的方波信号波形。若出现波形失真的情况，则可以使用螺钉旋具调整模拟示波器探头上的校正螺钉对探头进行校正，使显示屏显示的波形正常。图2-38为模拟示波器探头的自校正方法。

正常波形

一字螺钉旋具

补偿过度

探头校正端

探头校正端

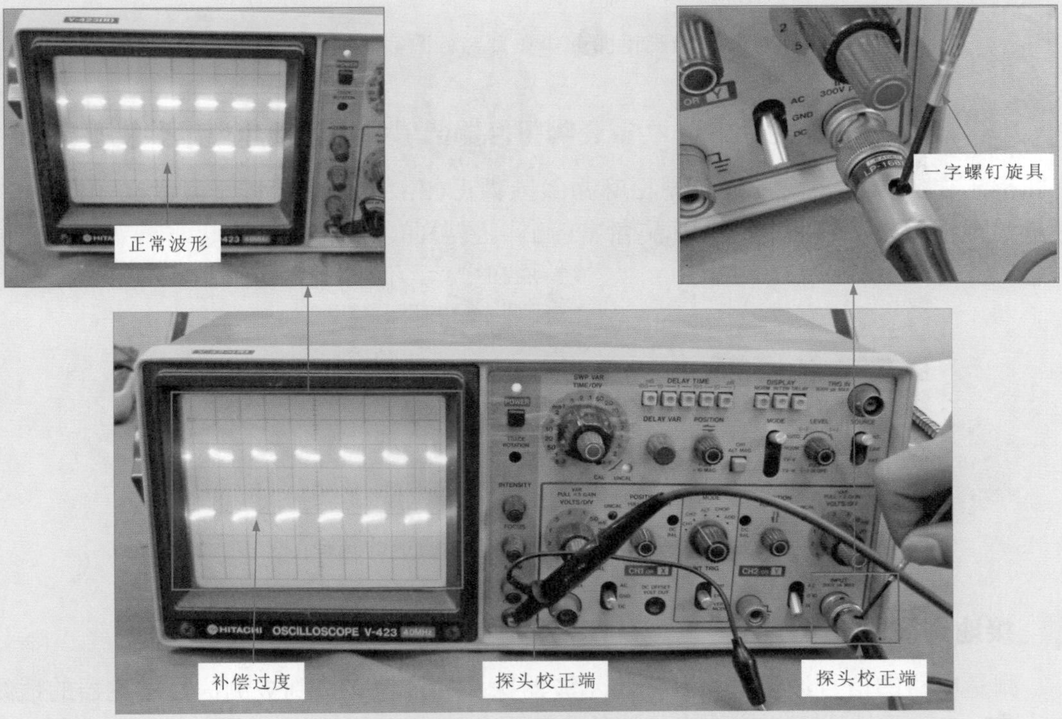

图2-38 模拟示波器探头的自校正方法

补充说明

在校正时，方波除可能出现上面的补偿过度而引起的失真外，还可能出现波形补偿不足的现象，如图2-39所示。

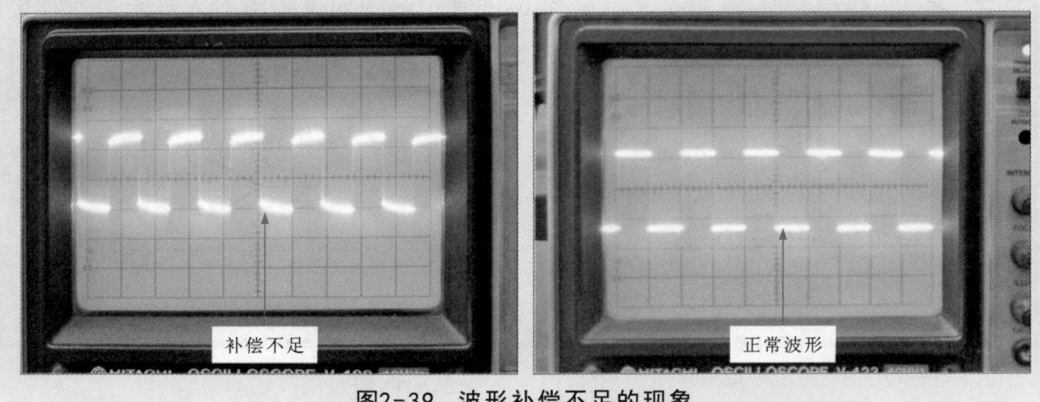

补偿不足
正常波形

图2-39　波形补偿不足的现象

2 信号测试方法

① 选择示波器测试线的连接通道

图2-40为示波器测试线连接通道的选择。这里使用CH2通道，将输入耦合方式开关拨到“AC”（测交流信号波形）或“DC”（测直流信号波形）的位置。

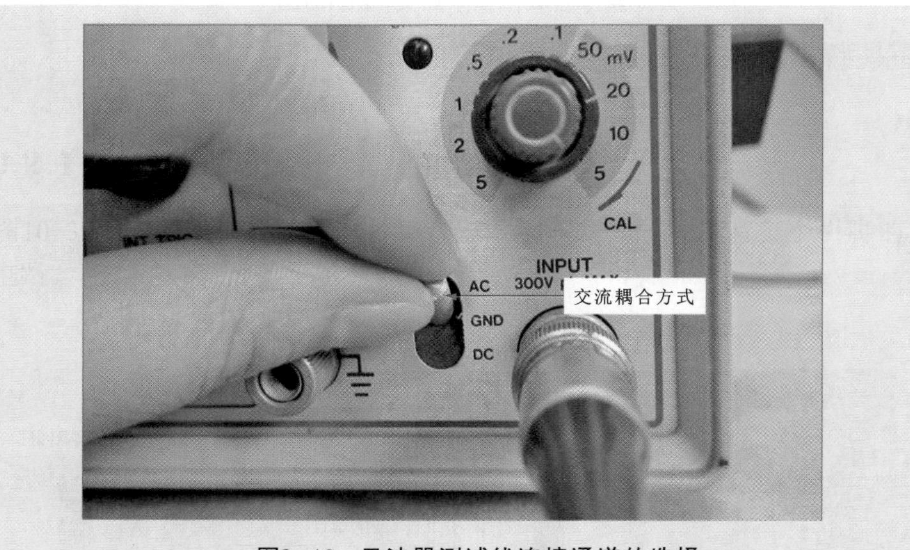

INPUT
AC
GND
DC
CAL
交流耦合方式

图2-40　示波器测试线连接通道的选择

② 接地夹接地

测量电路的信号波形时，首先将示波器探头的接地夹接到被测信号发生器的地线上，图2-41为示波器探头接地夹接地的方法。

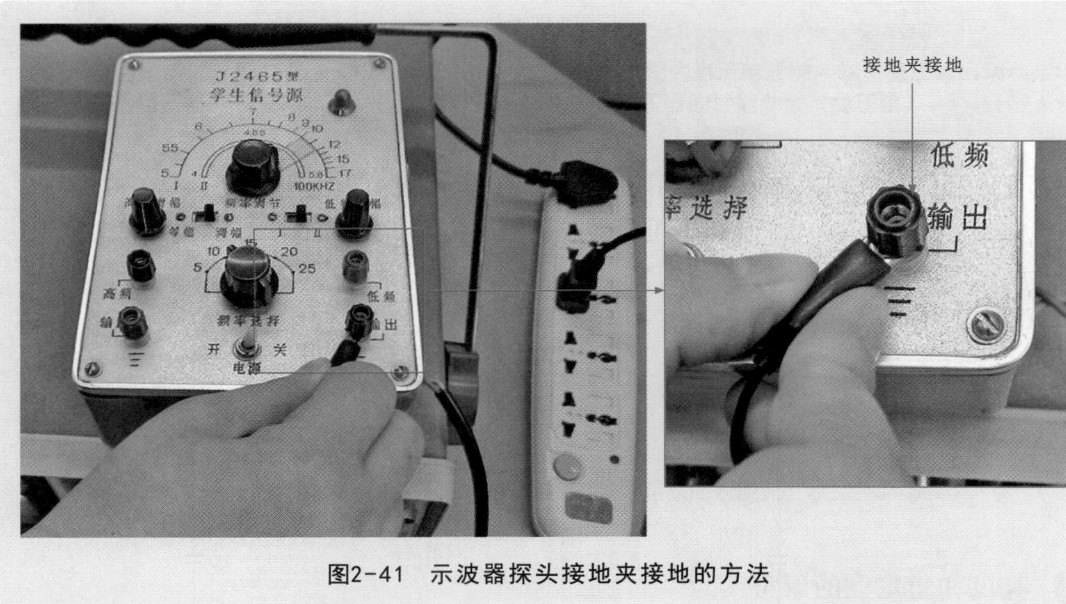

接地夹接地
J2465型
学生信号源
低频
输出
频率选择
开 关
电源

图2-41　示波器探头接地夹接地的方法

3 信号测量

在信号测量时，将示波器的探头（带挂钩端）接到被测信号发生器的高频调幅信号的输出端。图2-42为使用模拟示波器测量信号的方法。

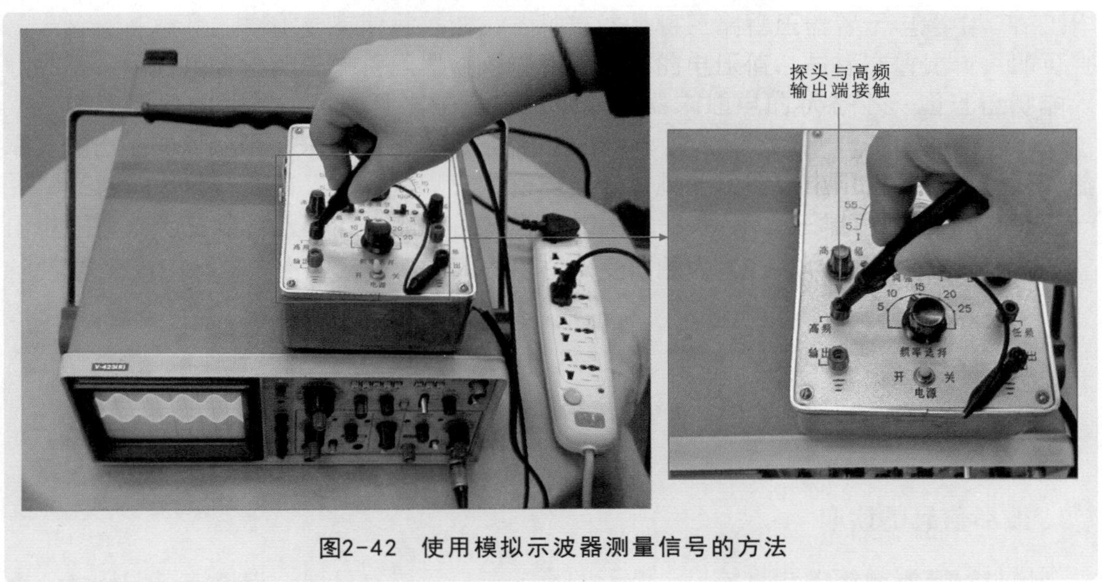

探头与高频
输出端接触

图2-42　使用模拟示波器测量信号的方法

4 波形调整

通常，测量到的信号往往并不能清晰、规范地显现。若信号波形聚集在一起无法清晰辨识，可通过调节扫描时间（水平轴）微调钮使波形变清晰。图2-43为波形扫描时间和水平轴的调整方法。

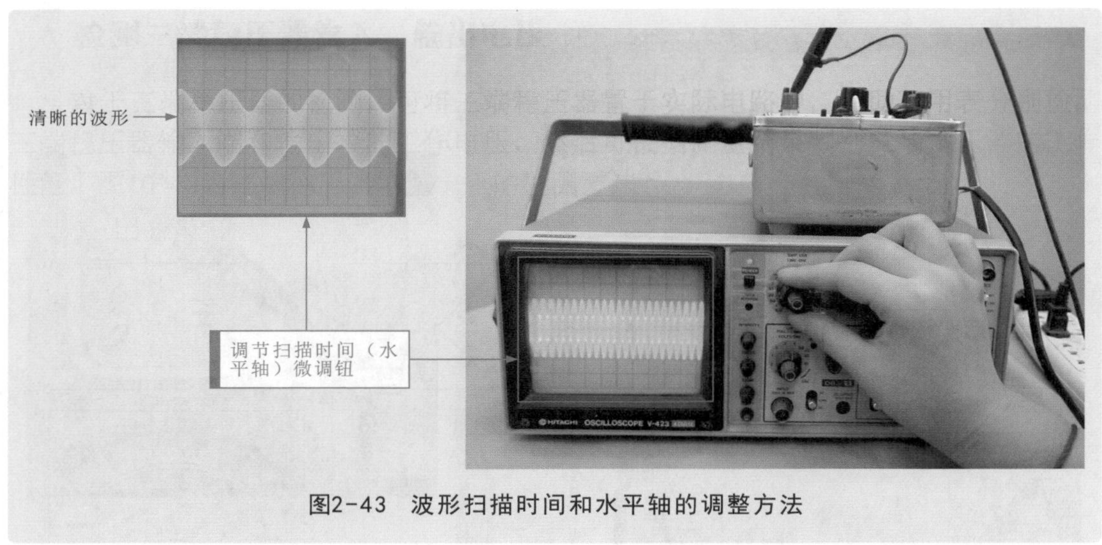
清晰的波形
调节扫描时间（水平轴）微调钮
图2-43　波形扫描时间和水平轴的调整方法

5 亮度和稳定度的调整

若波形暗淡不清晰，可以适当调节亮度调整旋钮，使波形明亮清楚。

若波形不同步（跳跃闪烁），可调节同步调整旋钮，使波形稳定。图2-44为信号波形亮度和稳定度的调整方法。

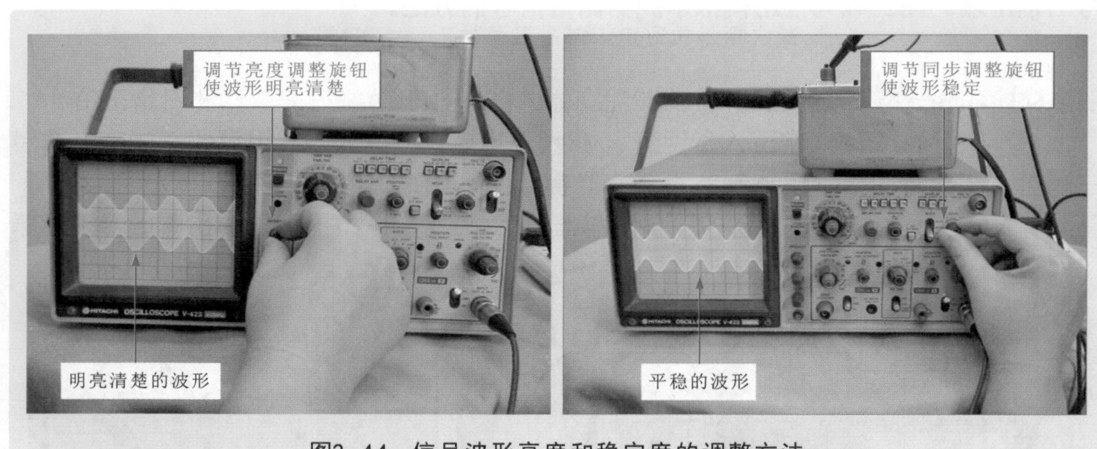
调节亮度调整旋钮
使波形明亮清楚
明亮清楚的波形
调节同步调整旋钮
使波形稳定
平稳的波形
图2-44　信号波形亮度和稳定度的调整方法

6 波形信息的读取

模拟示波器最终的测量结果以波形的形式在显示屏上呈现。识读波形信息是分析波形的状态和参数的重要环节。

模拟示波器波形信息与扫描时间（用字母*H*标志）、垂直轴灵敏度（用字母*V*标志）以及探头衰减倍数有关。

一个完整的波形垂直方向等效为电压值U_{DC}、水平方向等效为时间值（周期）T（实际波形受微调钮影响，与理论值有一定偏差）。

$$U_{DC}=\text{垂直幅度}\times\text{垂直轴灵敏度}V\times\text{探头衰减倍数}$$

$$T=\text{水平幅度}\times\text{扫描时间}H\times\text{探头衰减倍数}$$

例如，图2-45为使用模拟示波器测量的一个波形，其扫描时间（水平轴）微调钮的位置指示为20μs（即扫描时间H=20μs/DIV），CH1垂直轴灵敏度微调和垂直轴灵敏度切换旋钮的位置为50mV（即垂直轴灵敏度V=50mV/DIV），探头衰减倍数为10。

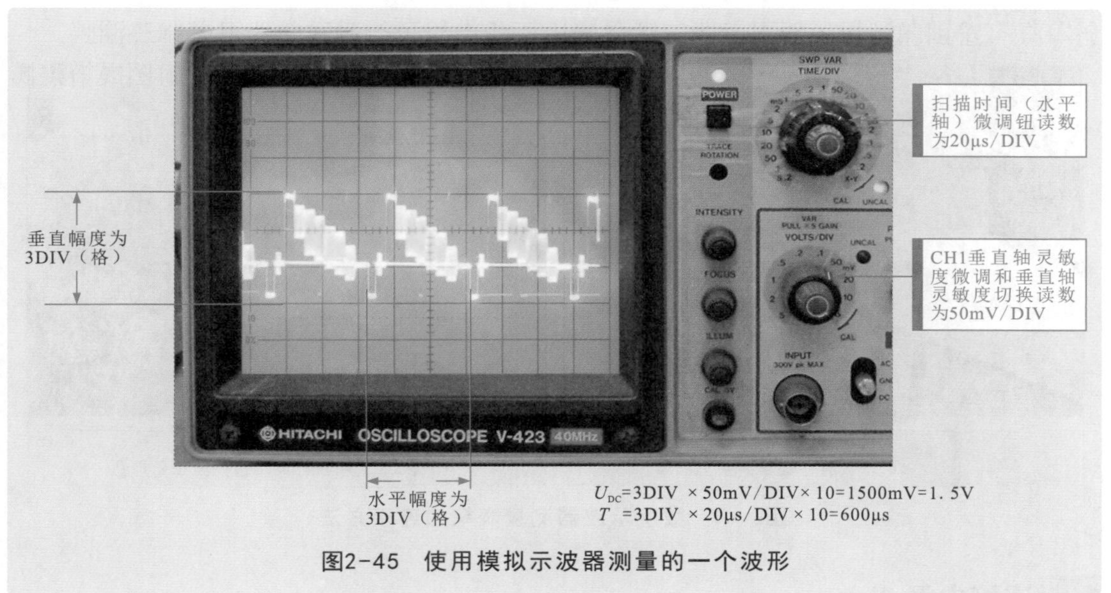

扫描时间（水平轴）微调钮读数为20μs/DIV
垂直幅度为3DIV（格）
CH1垂直轴灵敏度微调和垂直轴灵敏度切换读数为50mV/DIV
HITACHI OSCILLOSCOPE V-423 40MHz
水平幅度为3DIV（格）
U_{DC}=3DIV ×50mV/DIV×10=1500mV=1.5V
T =3DIV ×20μs/DIV×10=600μs

图2-45 使用模拟示波器测量的一个波形

图2-46为使用模拟示波器测量的正弦信号波形，其扫描时间（水平轴）微调钮的位置指示为50μs（即扫描时间H=50μs/DIV），CH1垂直轴灵敏度微调和垂直轴灵敏度切换旋钮的位置为0.2V（即垂直轴灵敏度V=0.2V/DIV），探头衰减倍数为10。

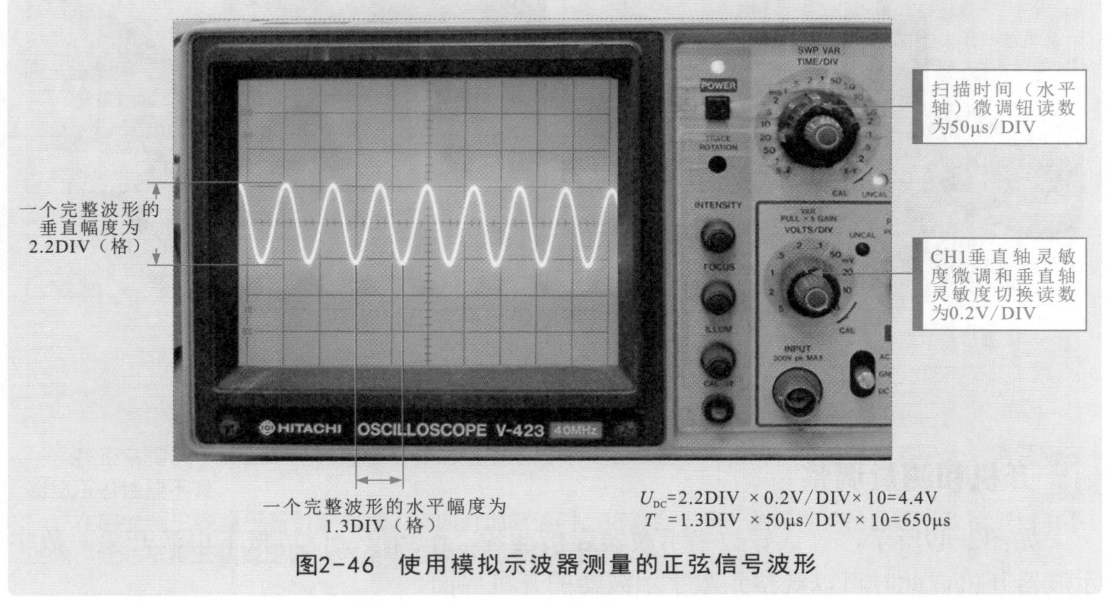

扫描时间（水平轴）微调钮读数为50μs/DIV
一个完整波形的垂直幅度为2.2DIV（格）
CH1垂直轴灵敏度微调和垂直轴灵敏度切换读数为0.2V/DIV
HITACHI OSCILLOSCOPE V-423 40MHz
一个完整波形的水平幅度为1.3DIV（格）
U_{DC}=2.2DIV ×0.2V/DIV×10=4.4V
T =1.3DIV ×50μs/DIV×10=650μs

图2-46 使用模拟示波器测量的正弦信号波形

2.2.2 学用数字示波器

1 连接测量表笔

图2-47为数字示波器测量表笔的连接方法。数字示波器探头接口采用旋紧锁扣式设计，插接时，将测试线的接头座对应插入探头接口后，顺时针旋动接头座，即可将其旋紧在接口上。

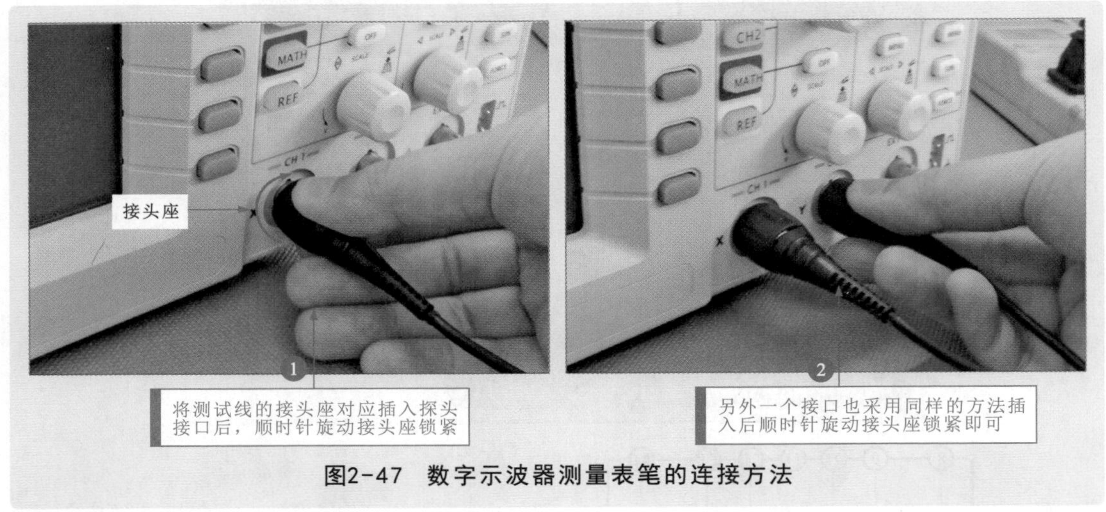
接头座
将测试线的接头座对应插入探头接口后，顺时针旋动接头座锁紧
另外一个接口也采用同样的方法插入后顺时针旋动接头座锁紧即可

图2-47 数字示波器测量表笔的连接方法

2 连接电源

数字示波器正常工作需要市电电源供电，因此连接测量表笔后，还需要将数字示波器的供电端与市电插座连接。图2-48为数字示波器电源线的连接方法。

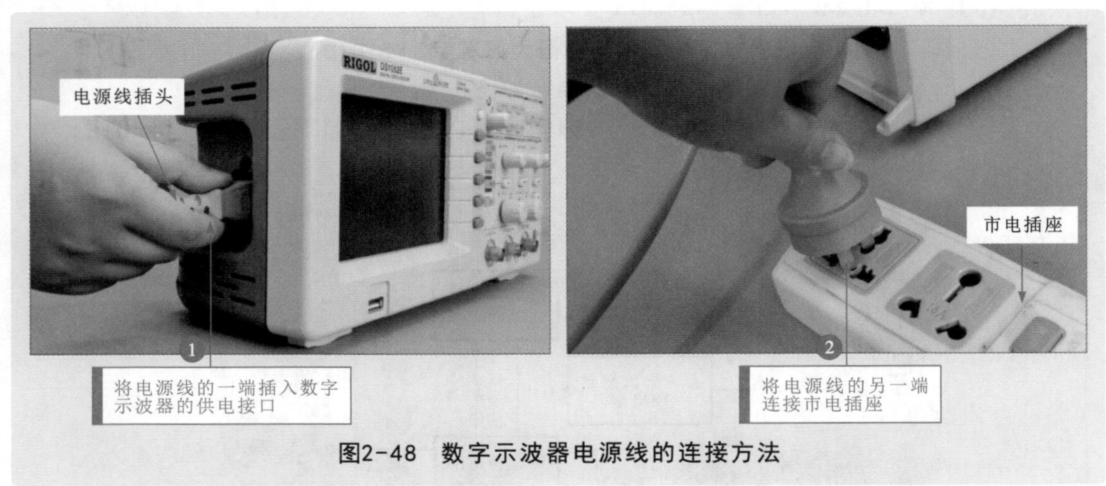
电源线插头
RIGOL
将电源线的一端插入数字示波器的供电接口
市电插座
将电源线的另一端连接市电插座

图2-48 数字示波器电源线的连接方法

3 开机和测量调整

如图2-49所示，确认好数字示波器连接准备工作到位，便可按下电源开关，数字示波器开机，此时可以观察到数字示波器的开机界面。

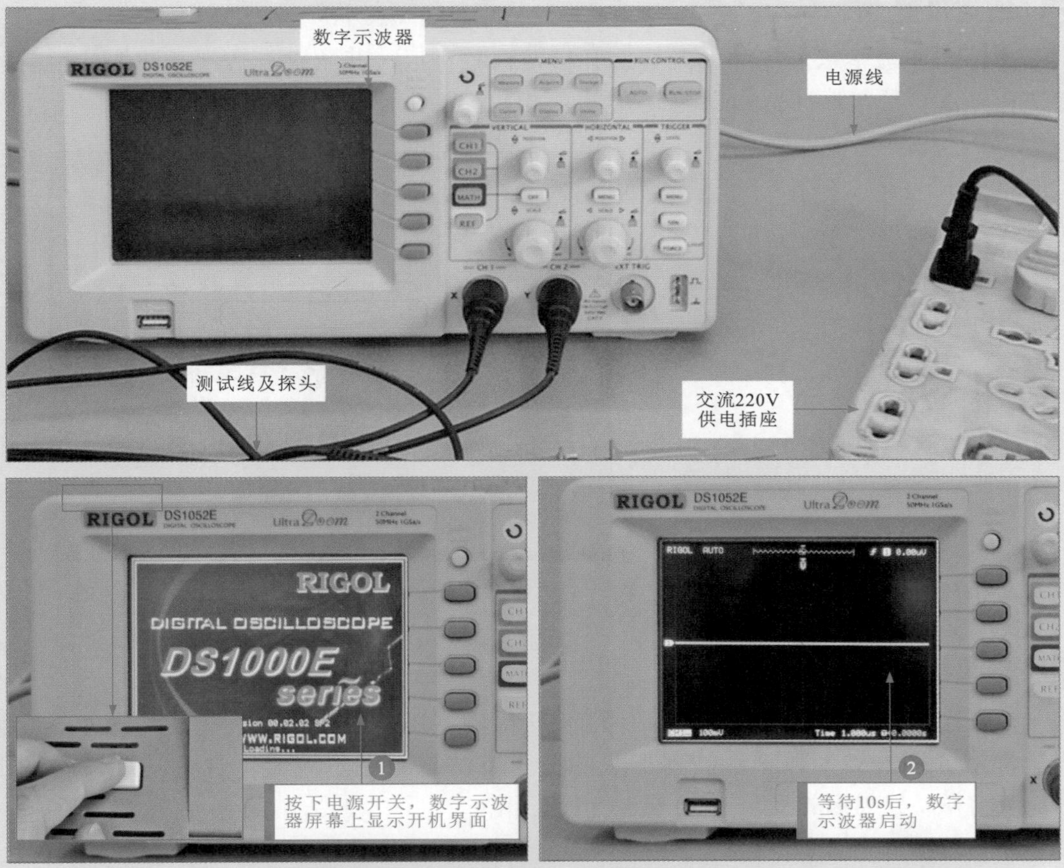

数字示波器
电源线
测试线及探头
交流220V
供电插座
① 按下电源开关，数字示波器屏幕上显示开机界面
② 等待10s后，数字示波器启动

图2-49　按下数字示波器电源开关开机

① 数字示波器的自校正

数字示波器接通电源并开机后，还需要进一步调整才可进行检测操作。若第一次使用数字示波器或长时间没有使用，则应进行自校正。图2-50为数字示波器的自校正方法。

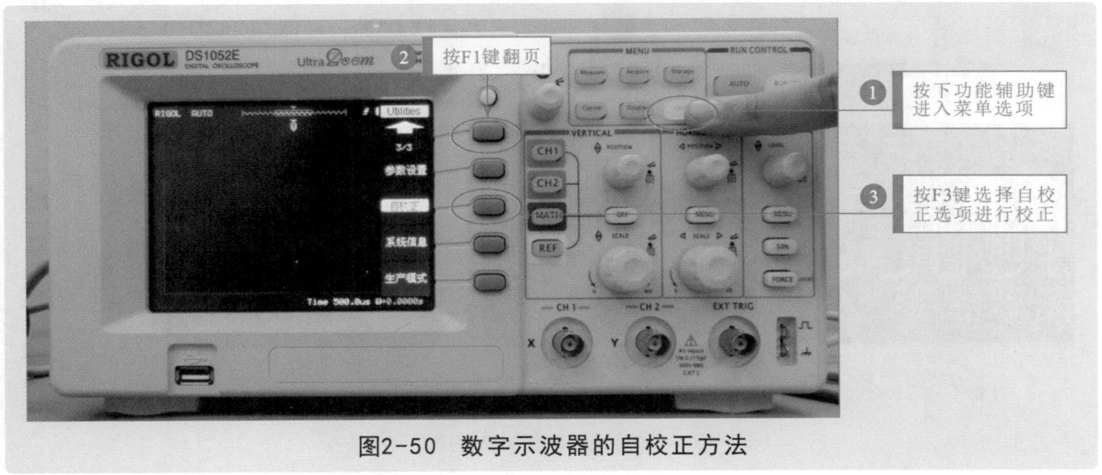
② 按F1键翻页
① 按下功能辅助键进入菜单选项
③ 按F3键选择自校正选项进行校正
RIGOL DS1052E

图2-50　数字示波器的自校正方法

2 通道设置

连接完成数字示波器的电源线、开机及自校正后，开始进行数字示波器使用前的调整和操作。数字示波器通道的设置方法如图2-51所示。

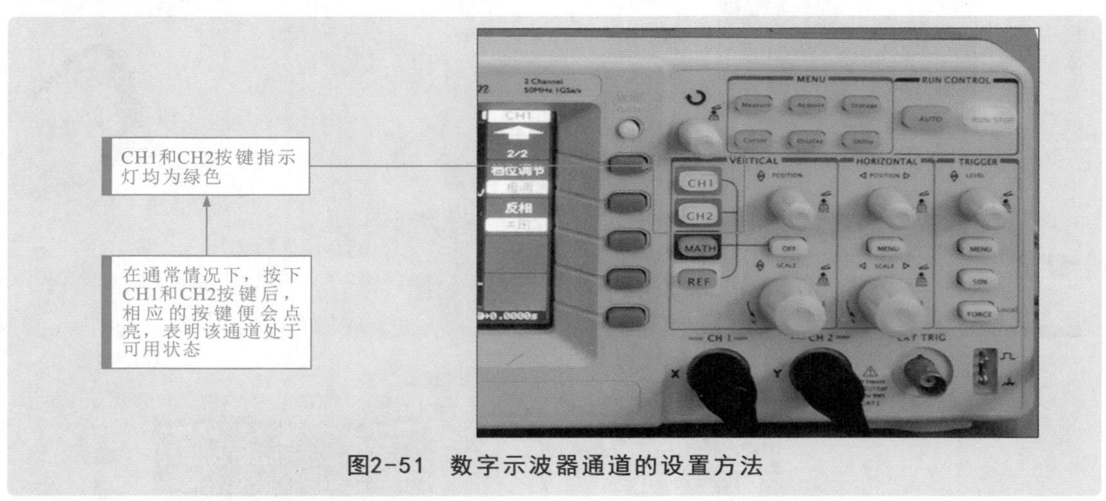
CH1和CH2按键指示灯均为绿色
在通常情况下，按下CH1和CH2按键后，相应的按键便会点亮，表明该通道处于可用状态

图2-51 数字示波器通道的设置方法

3 探头校正

数字示波器整机自校正完成后不能直接检测，还需要校正探头，使整机处于最佳测量状态。图2-52为数字示波器探头的校正方法。数字示波器本身有基准信号输出端，可将探头连接基准信号输出端进行校正。

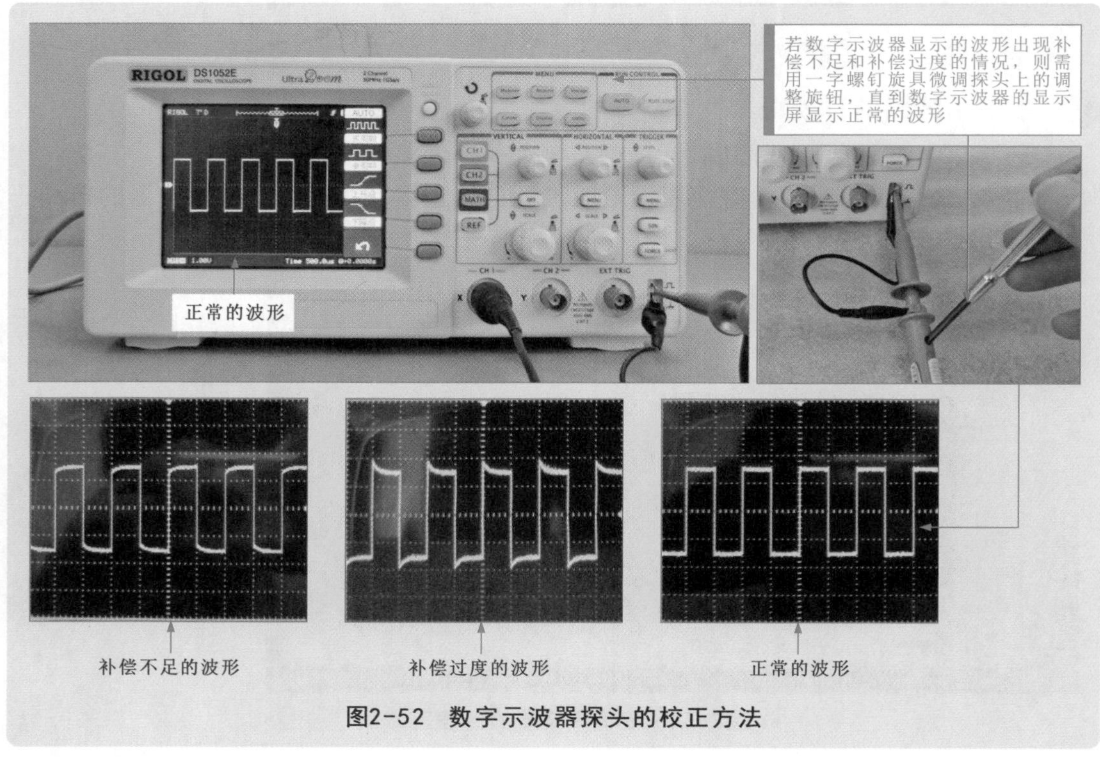
若数字示波器显示的波形出现补偿不足和补偿过度的情况，则需用一字螺钉旋具微调探头上的调整旋钮，直到数字示波器的显示屏显示正常的波形
正常的波形
补偿不足的波形
补偿过度的波形
正常的波形

图2-52 数字示波器探头的校正方法

4 信号测量

以测量基准信号为例。数字示波器测量基准信号实际上就是数字示波器对本身输出信号的自我检测，如图2-53所示。数字示波器开机后，将探头与校正信号输出端连接，探头的接地夹夹在数字示波器的接地端上即可检测到基准信号。

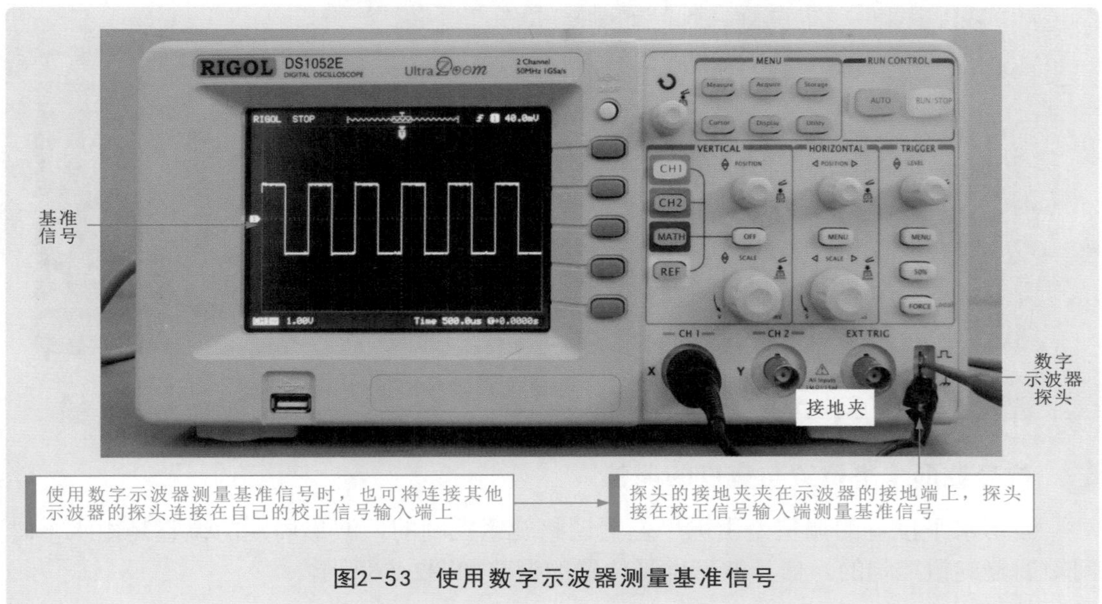
基准信号
数字示波器探头
接地夹
使用数字示波器测量基准信号时，也可将连接其他示波器的探头连接在自己的校正信号输入端上
探头的接地夹夹在示波器的接地端上，探头接在校正信号输入端测量基准信号
RIGOL DS1052E

图2-53　使用数字示波器测量基准信号

1 信号波形垂直位置与幅度的调整

数字示波器显示波形垂直位置的调整是由垂直位置调整旋钮控制的，垂直幅度的调整是由垂直幅度调整旋钮控制的。

图2-54为信号波形垂直位置和垂直幅度的调整方法。

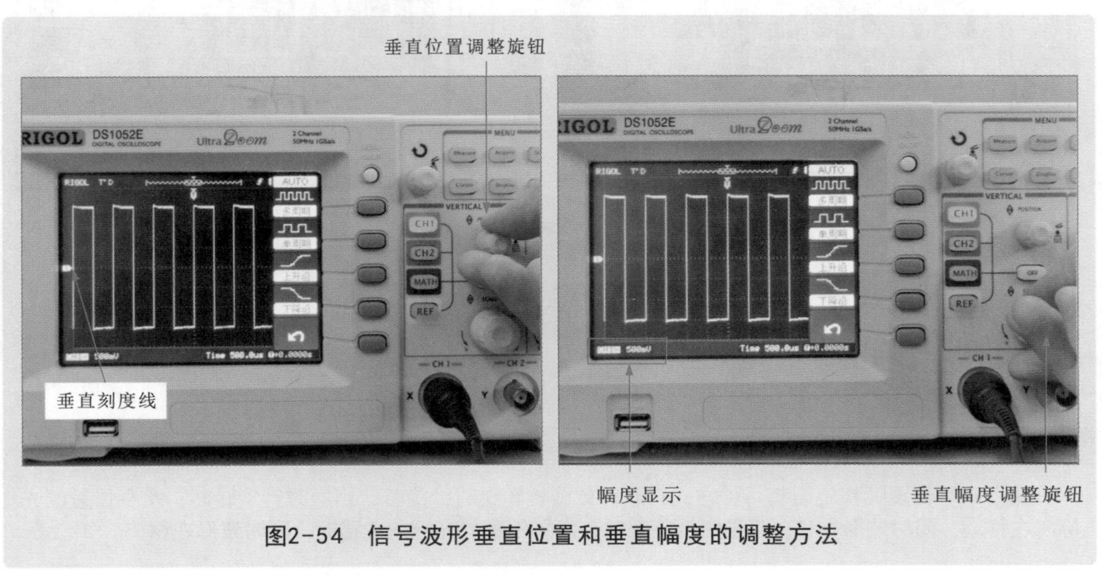
垂直位置调整旋钮
垂直刻度线
幅度显示
垂直幅度调整旋钮

图2-54　信号波形垂直位置和垂直幅度的调整方法

补充说明

使用垂直位置调整旋钮可以改变波形在垂直方向的位置，使其上下移动，调整垂直幅度旋钮可以改变波形幅度的大小，旋钮的量程为2mV～5V，调整方法与水平位置的调整方法基本相同。

在波形的调整过程中，若波形的水平位置和垂直位置都不能调整到中间位置，则可使用数字示波器自带的归零按键将波形调整到中间位置。数字示波器自带归零按键的使用如图2-55所示。

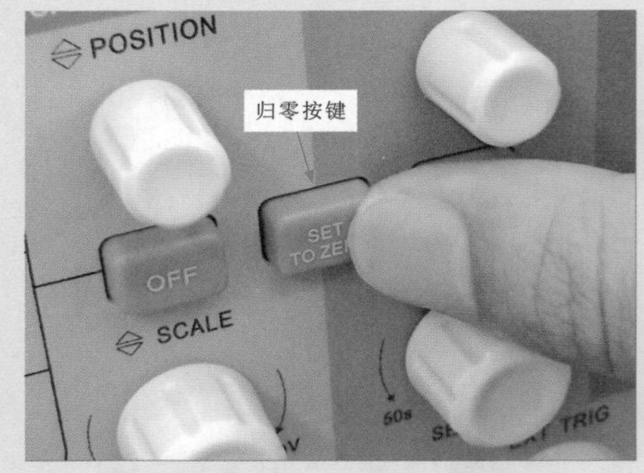
POSITION
归零按键
SET TO ZE
OFF
SCALE
50s

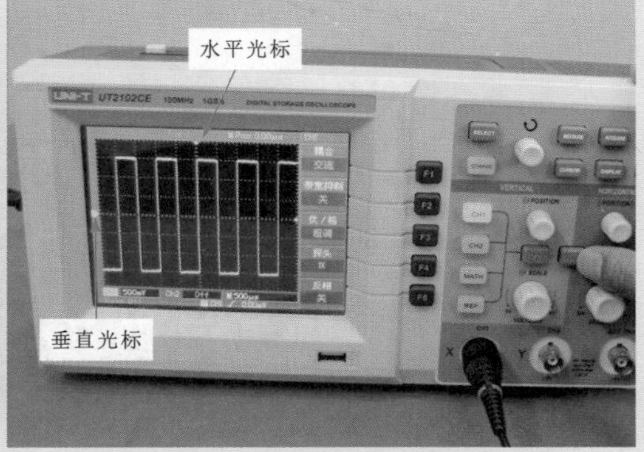
水平光标
UNI-T UT2102CE
垂直光标

图2-55 数字示波器自带归零按键的使用

2 信号波形水平位置与宽度的调整

波形水平位置的调整是由水平位置调整旋钮控制的，波形周期的调整是由水平时间轴调整旋钮控制的。信号波形水平位置的调整如图2-56所示。

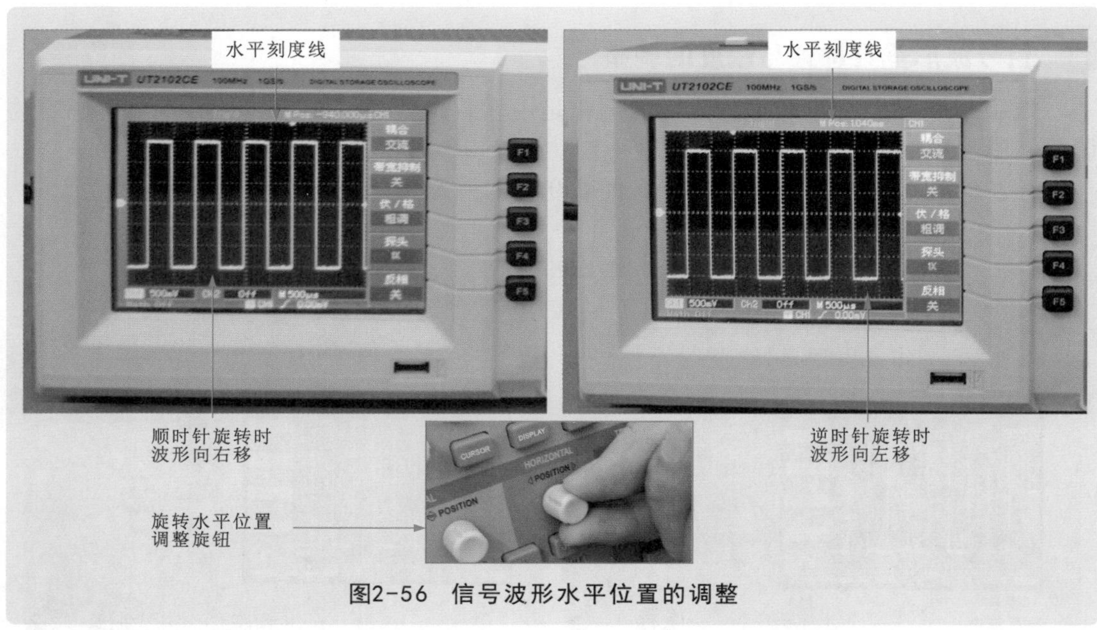
水平刻度线
UNI-T UT2102CE
水平刻度线
UNI-T UT2102CE
顺时针旋转时
波形向右移
逆时针旋转时
波形向左移
旋转水平位置
调整旋钮
POSITION

图2-56 信号波形水平位置的调整

补充说明

使用水平位置调整旋钮有两种方式：顺时针旋转和逆时针旋转。当顺时针旋转时，水平位置的光标向右移动，同时波形右移；当逆时针旋转时，水平位置的光标向左移动，同时波形左移。

若波形的宽度（周期）过宽或过窄，则可使用水平时间轴调整旋钮进行调整。信号波形周期的调整如图2-57所示。

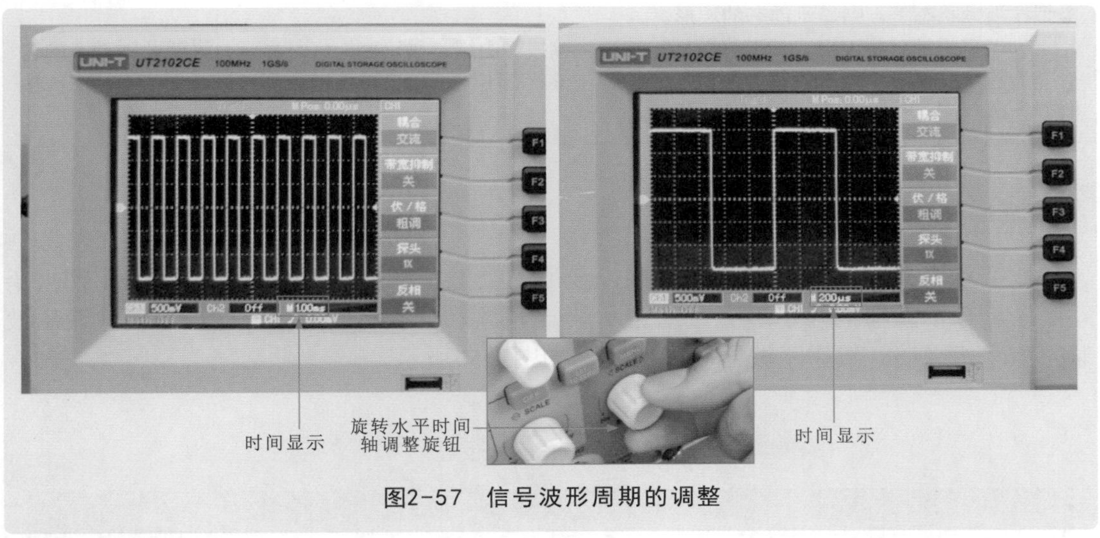
时间显示
旋转水平时间轴调整旋钮
时间显示

图2-57 信号波形周期的调整

补充说明

使用水平时间轴调整旋钮可以改变波形的周期，逆时针旋转可将时间轴变大，即周期变大；顺时针旋转，可将时间轴变小，即周期变小。

3 信号波形的捕捉

数字示波器带有屏幕捕捉功能，可以将瞬时变化的波形及时捕捉下来并显示。这项功能在观测变化的信号时非常实用。数字示波器信号波形的捕捉如图2-58所示。

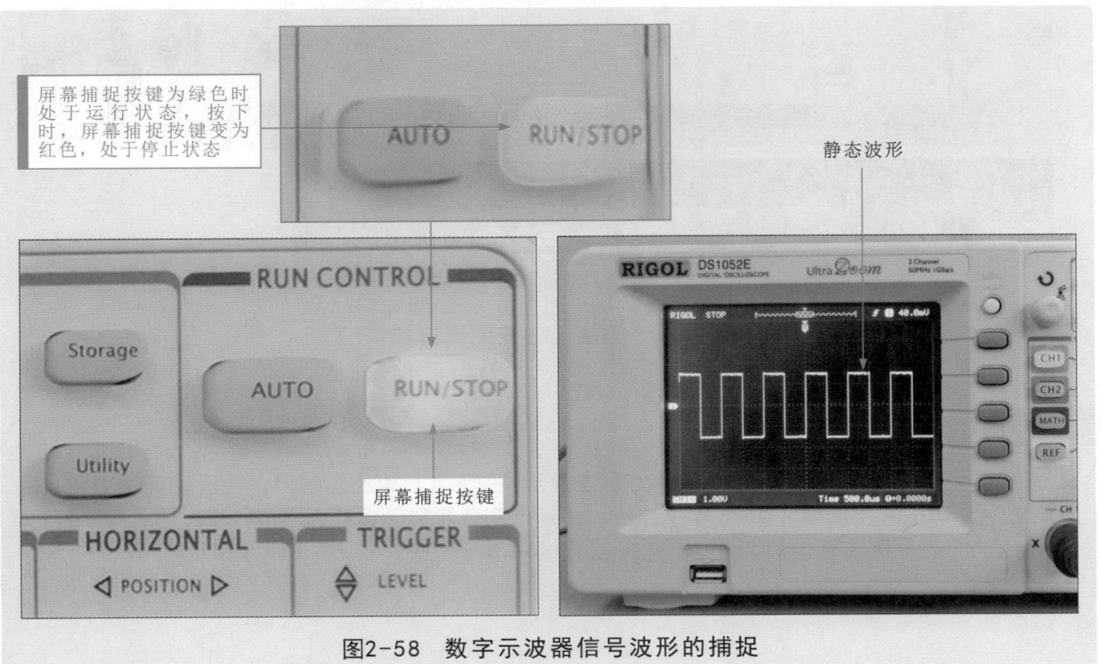
屏幕捕捉按键为绿色时处于运行状态，按下时，屏幕捕捉按键变为红色，处于停止状态
AUTO
RUN/STOP
静态波形
RUN CONTROL
Storage
Utility
屏幕捕捉按键
HORIZONTAL
POSITION
TRIGGER
LEVEL
RIGOL
DS1052E

图2-58 数字示波器信号波形的捕捉

补充说明

屏幕捕捉按键显示绿灯亮，表示正在运行，此时，可以从显示屏的显示区观察到检测的波形。若类型在视频状态下，则显示动态的波形。

为了更好地分析波形，按下屏幕捕捉按键，该按键由绿灯显示变为红灯显示，说明此时动态的波形变为静止的波形，便于对该波形进行分析。在该状态下，再按下该按键，则波形再次变为动态，按键变为绿色。

5 波形信息读取

数字示波器显示的波形比较直接，波形的类型，屏幕每格表示的幅度、周期大小直接显示在示波器的显示屏上，通过示波器屏幕上显示的数据，可以很方便地读出波形的幅度和周期。数字示波器的识读实例如图2-59所示。

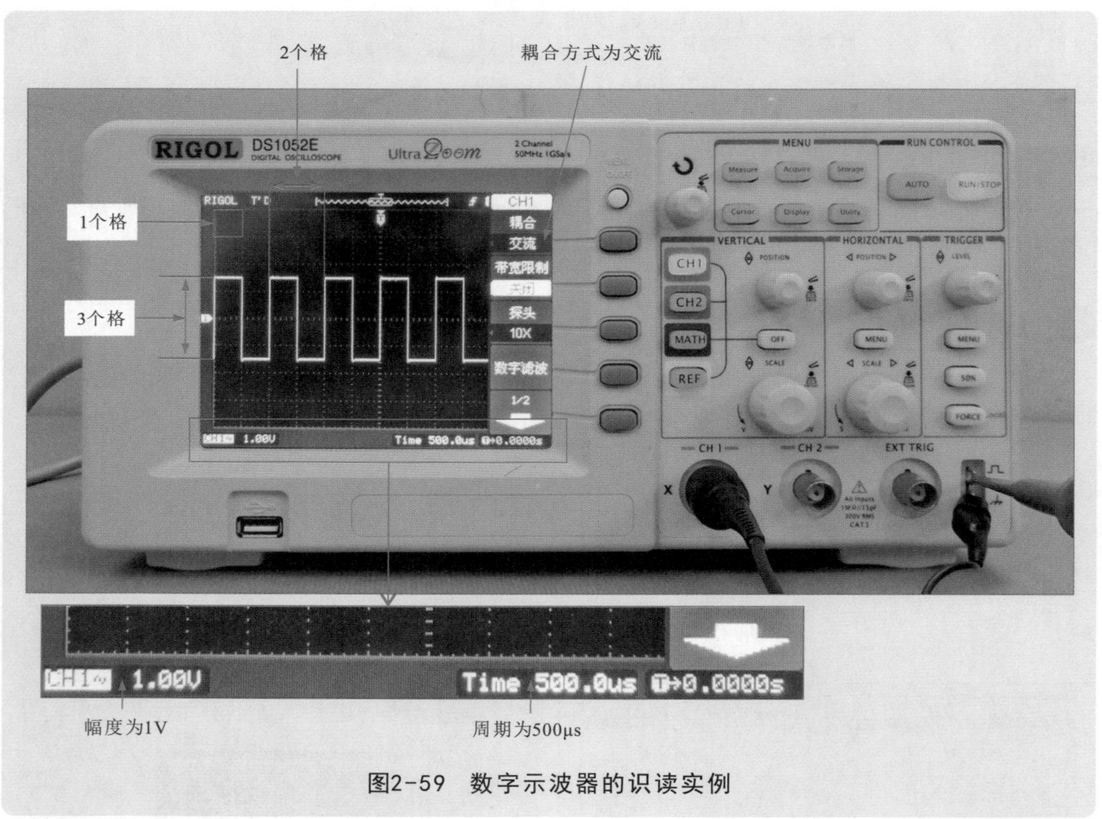
2个格
耦合方式为交流
1个格
3个格
RIGOL
DS1052E
DIGITAL OSCILLOSCOPE
CH1
耦合
交流
带宽限制
关闭
探头
10X
数字滤波
1/2
CH1 1.00V
Time 500.0us
幅度为1V
周期为500μs

图2-59 数字示波器的识读实例

补充说明

通过显示屏观察波形，可以看到，识读区在显示屏的下方，其通道为CH1，显示幅度为1V/格（垂直位置），每格的周期为500μs（水平位置），则该测试波形的幅度为3×1V=3V，它的周期为2×500μs=1000μs。在屏幕的右边栏中，还显示出波形的类型为交流。

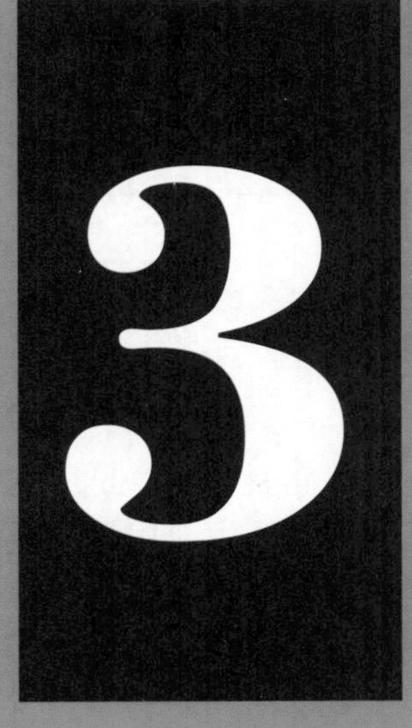

本章系统介绍常用电阻器的功能特点、检测及应用技能。

- ● 认识电阻器
  - ◇ 辨别电阻器类型
  - ◇ 了解电阻器功能
  - ◇ 识读电阻器参数
- ● 检测电阻器
  - ◇ 检测色环电阻器
  - ◇ 检测贴片电阻器
  - ◇ 检测光敏电阻器
  - ◇ 检测湿敏电阻器
  - ◇ 检测热敏电阻器
  - ◇ 检测压敏电阻器
  - ◇ 检测气敏电阻器
  - ◇ 检测可调电阻器

第3章

电阻器的功能特点与检测应用

3.1 认识电阻器

3.1.1 辨别电阻器类型

电阻器是一种限制电流的元件，通常简称为电阻，是电子电路中应用最广泛的基础电子元器件。

图3-1为实际电路板上的电阻器。可以看到，电阻器的种类多种多样。

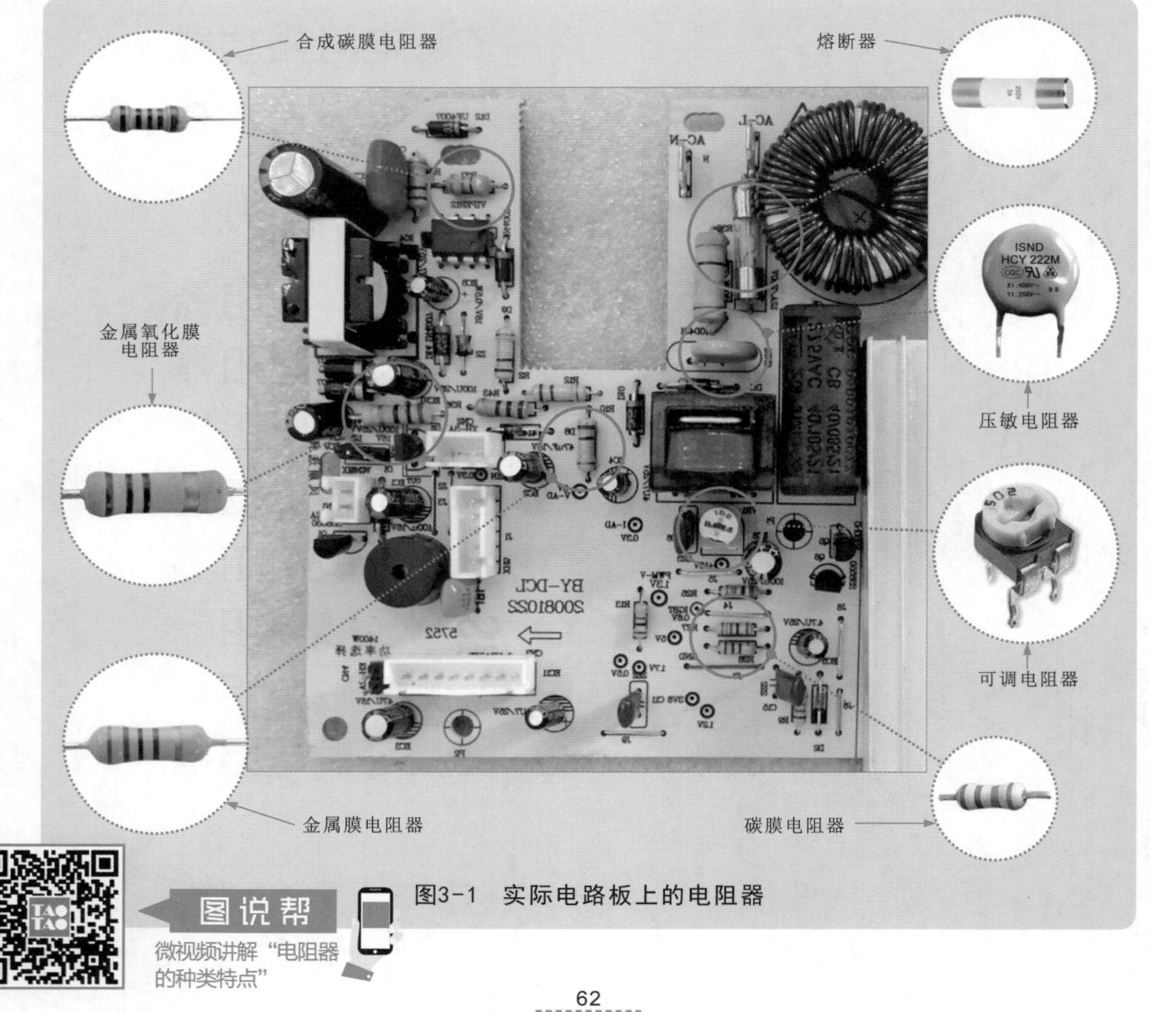

合成碳膜电阻器
熔断器
金属氧化膜电阻器
压敏电阻器
可调电阻器
金属膜电阻器
碳膜电阻器
ISND
HCY 222M
BY-DCL
20081022

图3-1 实际电路板上的电阻器

图说帮

微视频讲解“电阻器的种类特点”

一般来说，电阻器主要可分为固定电阻器和可变电阻器两大类。

1 固定电阻器

固定电阻器即为阻值固定的一类电阻器，主要包括碳膜电阻器、金属膜电阻器、金属氧化膜电阻器、合成碳膜电阻器、玻璃釉膜电阻器、水泥电阻器、熔断器等。

① 碳膜电阻器

图3-2为典型的碳膜电阻器。碳膜电阻器是将碳在真空高温的条件下分解的结晶碳蒸镀沉积在陶瓷骨架上制成的。这种电阻器电压稳定性好，造价低，额定功率较小。

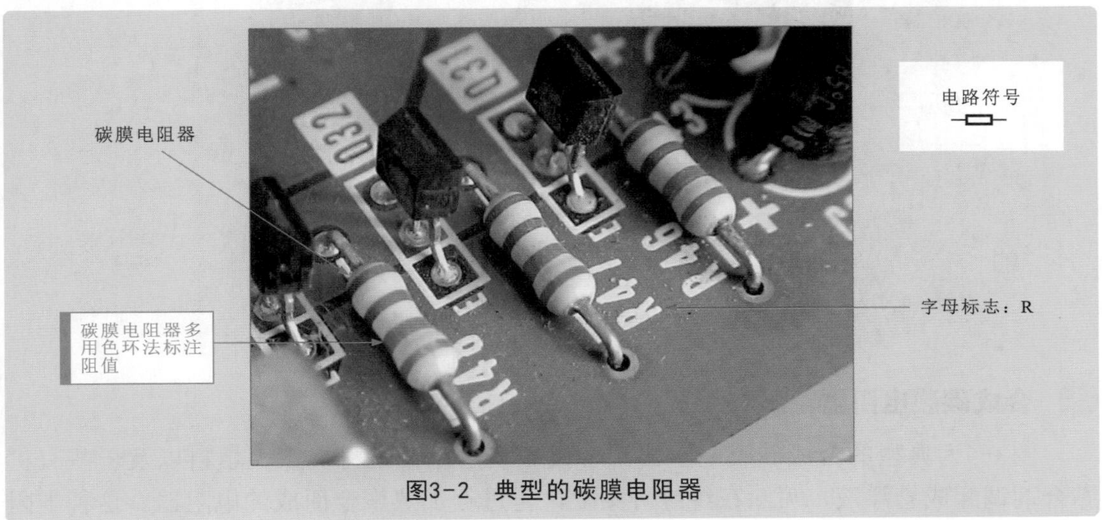
碳膜电阻器
碳膜电阻器多用色环法标注阻值
电路符号
字母标志：R
032
031
R48
R41
R46

图3-2 典型的碳膜电阻器

② 金属膜电阻器

图3-3为典型的金属膜电阻器。金属膜电阻器是用真空蒸镀、化学沉积或高温分解等方法将合金材料沉积在陶瓷骨架表面制成的电阻器。这种电阻器具有耐高温性能高、温度系数小、热稳定性好、噪声小、精度高等特点。

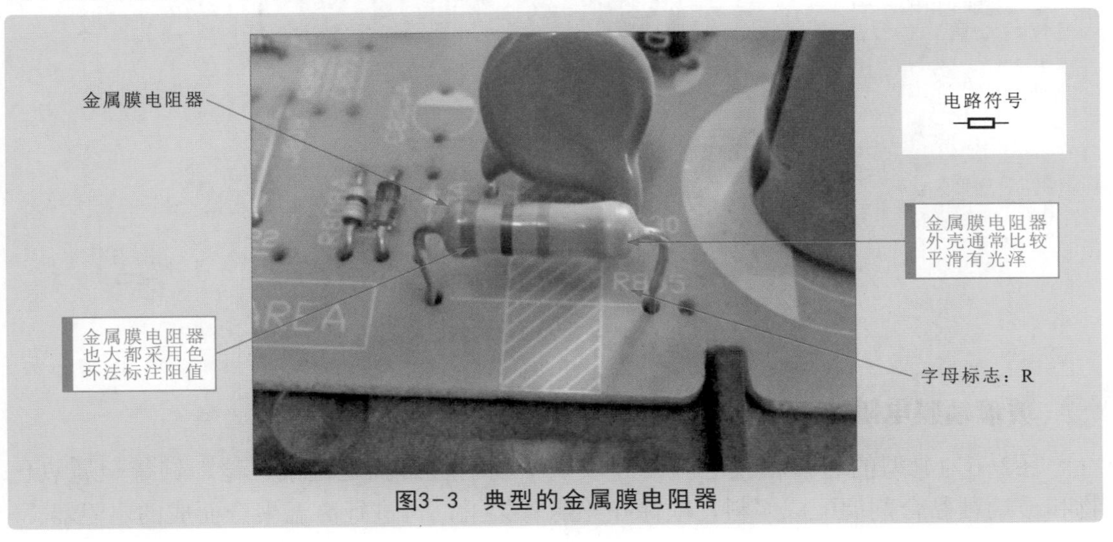
金属膜电阻器
金属膜电阻器也大都采用色环法标注阻值
电路符号
金属膜电阻器外壳通常比较平滑有光泽
字母标志：R

图3-3 典型的金属膜电阻器

3 金属氧化膜电阻器

图3-4为典型的金属氧化膜电阻器。金属氧化膜电阻器就是将锡和锑的金属盐溶液进行高温喷雾沉积在陶瓷骨架上制成的电阻器。这种电阻器具有抗氧化、耐酸、抗高温、成本低等特点。

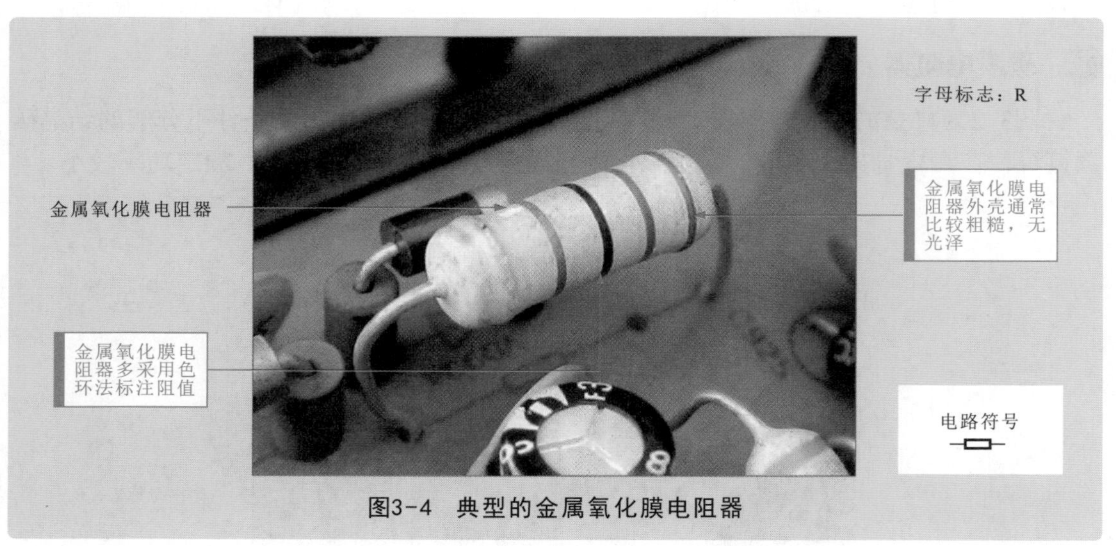
字母标志：R
金属氧化膜电阻器
金属氧化膜电阻器外壳通常比较粗糙，无光泽
金属氧化膜电阻器多采用色环法标注阻值
电路符号

图3-4　典型的金属氧化膜电阻器

4 合成碳膜电阻器

图3-5为典型的合成碳膜电阻器。合成碳膜电阻器是将炭黑、填料以及一些有机黏合剂调配成悬浮液，喷涂在绝缘骨架上，再进行加热聚合而成的电阻器。这种电阻器是一种高压、高阻的电阻器。

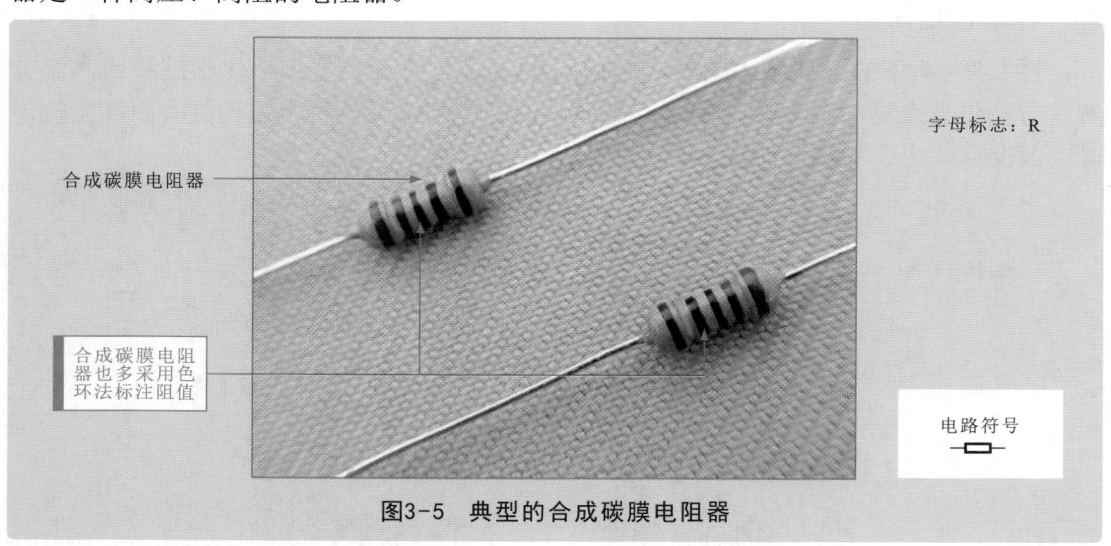
字母标志：R
合成碳膜电阻器
合成碳膜电阻器也多采用色环法标注阻值
电路符号

图3-5　典型的合成碳膜电阻器

5 玻璃釉膜电阻器

图3-6为典型的玻璃釉膜电阻器。玻璃釉膜电阻器就是将银、铑、钌等金属氧化物和玻璃釉黏合剂调配成浆料，喷涂在绝缘骨架上，再进行高温聚合而成的电阻器。

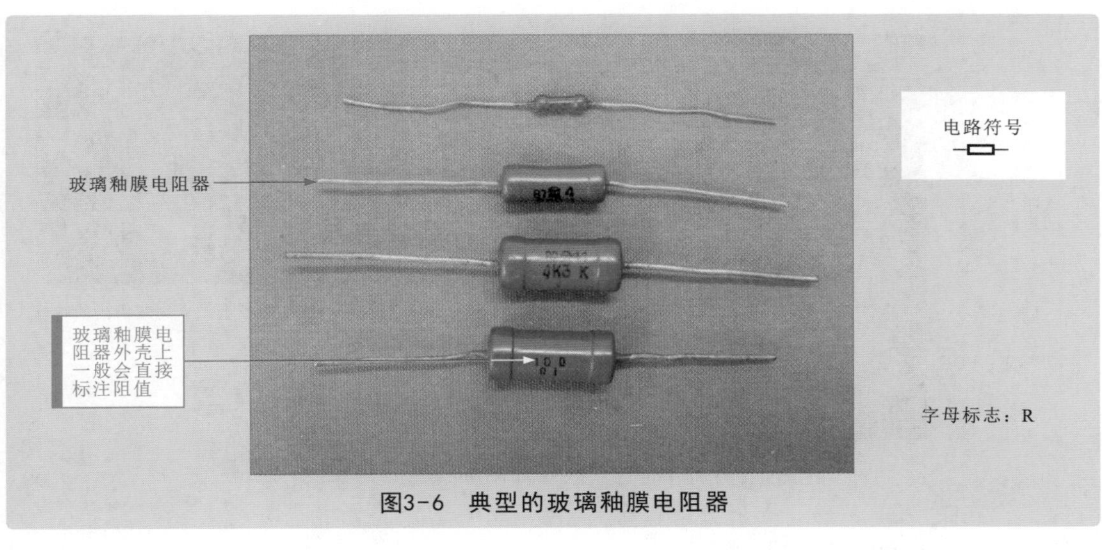
玻璃釉膜电阻器
玻璃釉膜电阻器外壳上一般会直接标注阻值
电路符号
字母标志：R
4K3 K

图3-6 典型的玻璃釉膜电阻器

这种电阻器具有耐高温、耐潮湿、稳定、噪声小、阻值范围大等特点。

6 水泥电阻器

图3-7为典型的水泥电阻器。水泥电阻器是一种将电阻丝用陶瓷绝缘材料进行包封制成的电阻器。这种电阻器具有绝缘性能良好、功率大等特点。

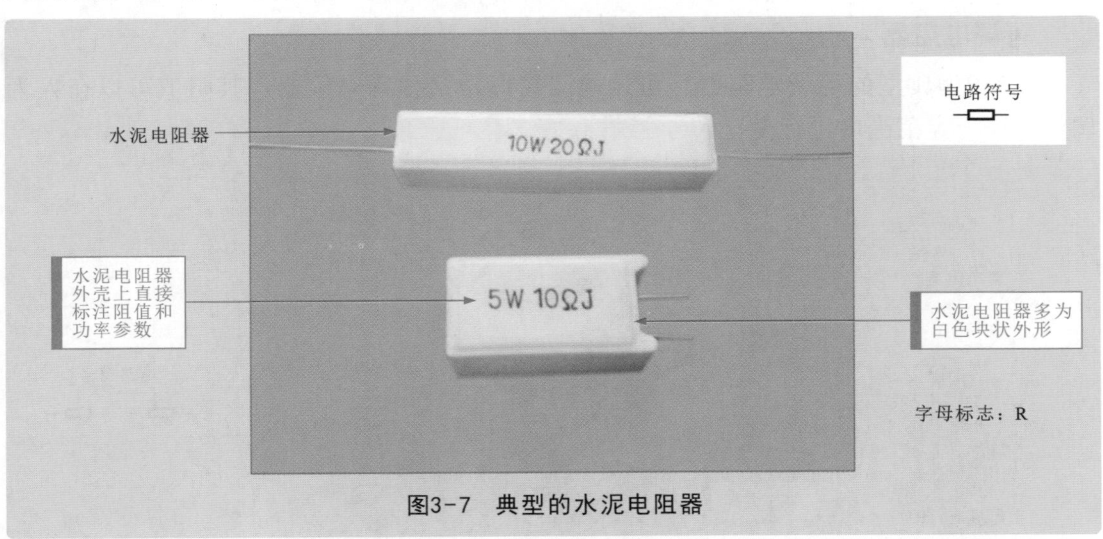
水泥电阻器
10W 20ΩJ
电路符号
水泥电阻器外壳上直接标注阻值和功率参数
5W 10ΩJ
水泥电阻器多为白色块状外形
字母标志：R

图3-7 典型的水泥电阻器

补充说明

水泥电阻器电阻丝同焊脚引线之间采用压接方式，当负载短路时，电阻丝与焊脚间的压接处会迅速熔断，起到一定的保护作用。

7 熔断器

图3-8为典型的熔断器。熔断器又称保险丝，是一种阻值接近零的电阻器，多用于保证电路安全运行。

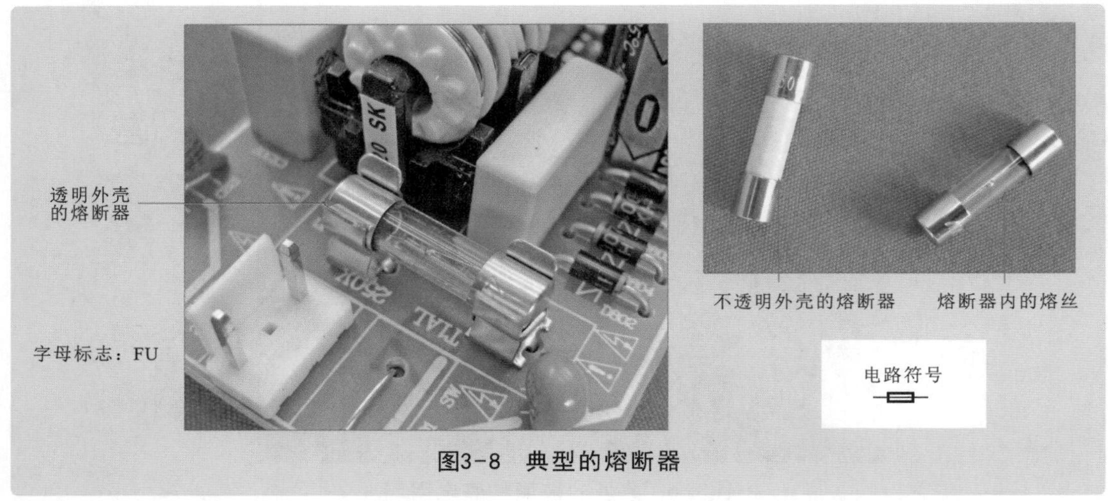
透明外壳的熔断器
字母标志：FU
不透明外壳的熔断器
熔断器内的熔丝
电路符号
图3-8　典型的熔断器

2 可变电阻器

可变电阻器是指阻值可以变化的电阻器：一种是可调电阻器，这种电阻器的阻值可以根据需要人为调整；另一种是敏感电阻器，这种电阻器的阻值会随周围环境的变化而变化，常见的主要有热敏电阻器、光敏电阻器、湿敏电阻器、压敏电阻器、气敏电阻器等。

1 可调电阻器

图3-9为典型的可调电阻器。可调电阻器通常又称为电位器，其阻值可以在人为调整，在一定范围内进行变化。

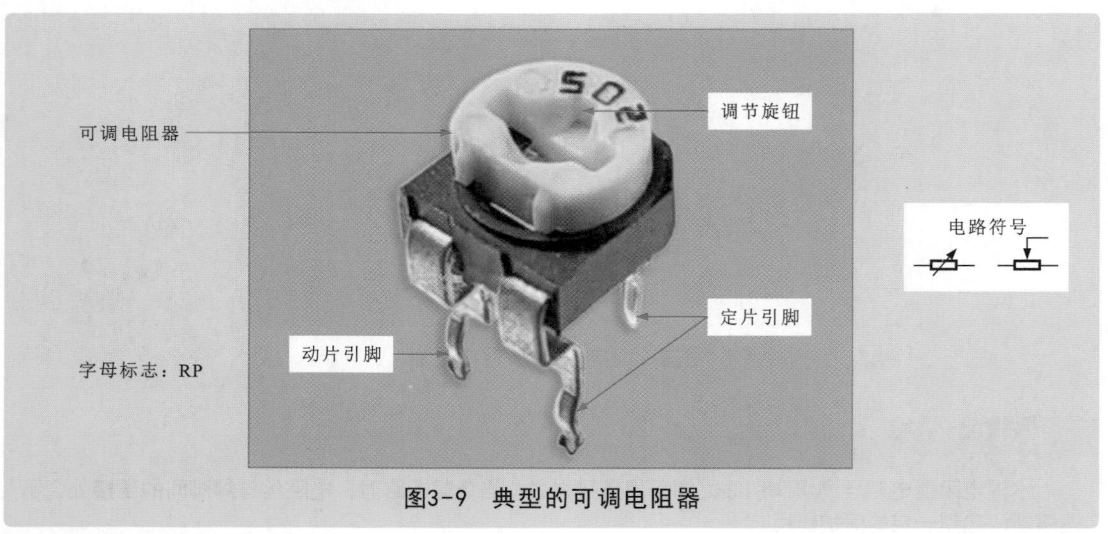
可调电阻器
调节旋钮
502
电路符号
定片引脚
动片引脚
字母标志：RP
图3-9　典型的可调电阻器

补充说明

可调电阻器一般有3个引脚，其中有2个定片引脚和1个动片引脚，还有一个调节旋钮，可以通过它改变动片，从而改变可变电阻的阻值。常用在电阻值需要调整的电路中，如电视机的亮度调节器件或收音机的音量调节器件等。

② 热敏电阻器

图3-10为典型的热敏电阻器。热敏电阻器是一种阻值会随温度的变化而自动发生变化的电阻器，有正温度系数（PTC）和负温度系数（NTC）两种。

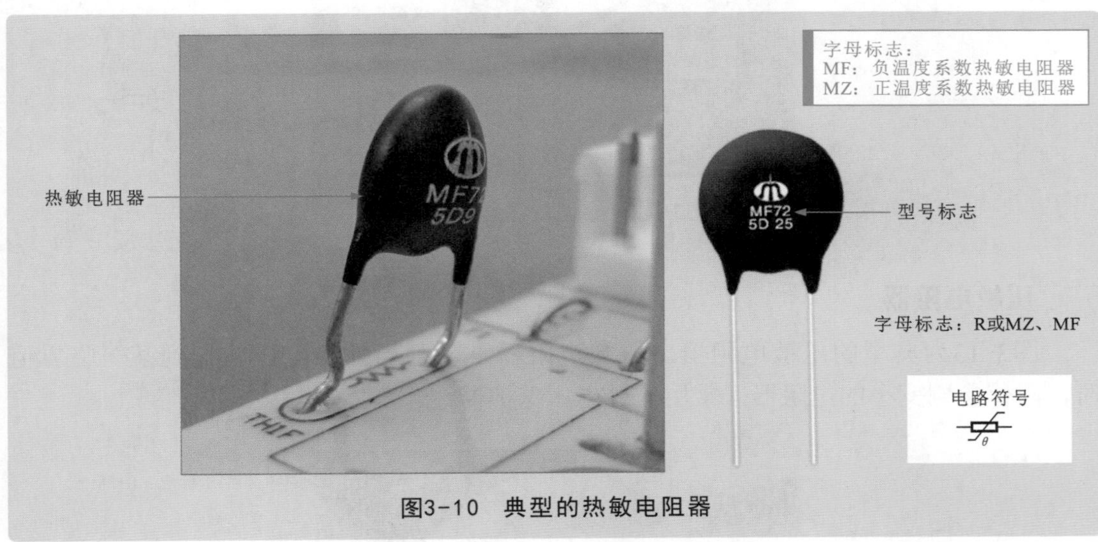
字母标志：
MF：负温度系数热敏电阻器
MZ：正温度系数热敏电阻器
热敏电阻器
MF72
5D9
MF72
5D 25
型号标志
字母标志：R或MZ、MF
电路符号

图3-10　典型的热敏电阻器

③ 光敏电阻器

图3-11为典型的光敏电阻器。光敏电阻器是一种对光敏感的元件，它的阻值会随光照强度的变化而自动发生变化。

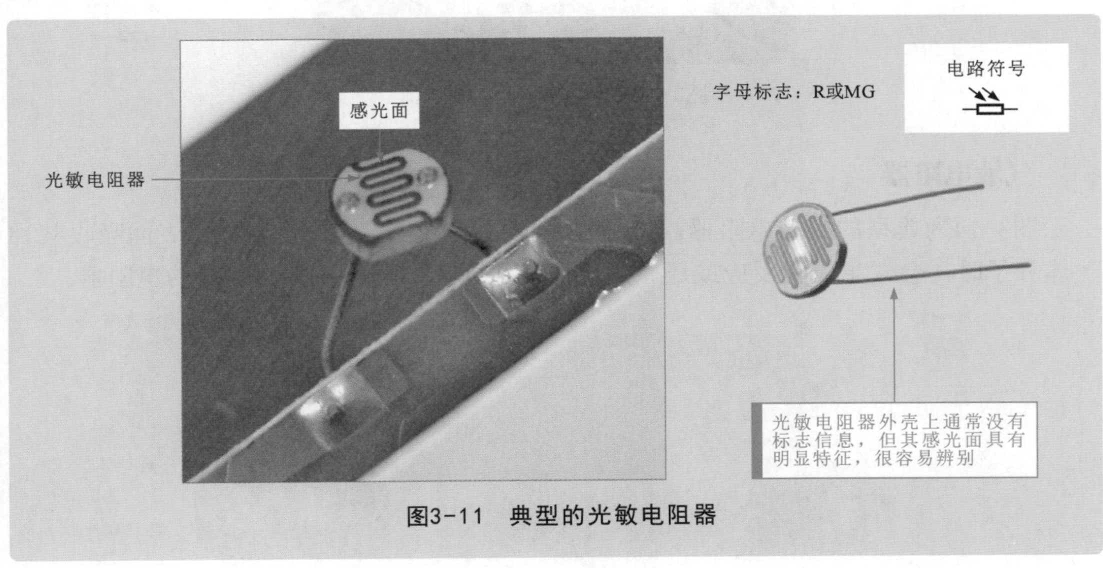
感光面
光敏电阻器
字母标志：R或MG
电路符号
光敏电阻器外壳上通常没有标志信息，但其感光面具有明显特征，很容易辨别

图3-11　典型的光敏电阻器

④ 湿敏电阻器

图3-12为典型的湿敏电阻器。湿敏电阻器的阻值随周围环境湿度的变化而发生变化（一般湿度越高，阻值越小），常用作湿度检测元件。

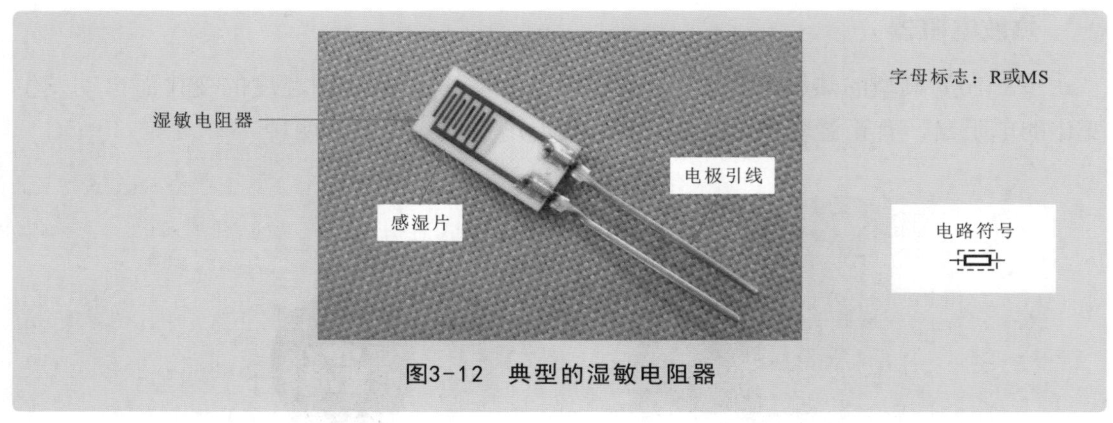
湿敏电阻器
感湿片
电极引线
字母标志：R或MS
电路符号

图3-12　典型的湿敏电阻器

5 压敏电阻器

图3-13为典型的压敏电阻器。压敏电阻器是一种当外加电压施加到某一临界值时，阻值急剧变小的电阻器，常用作过电压保护器件。

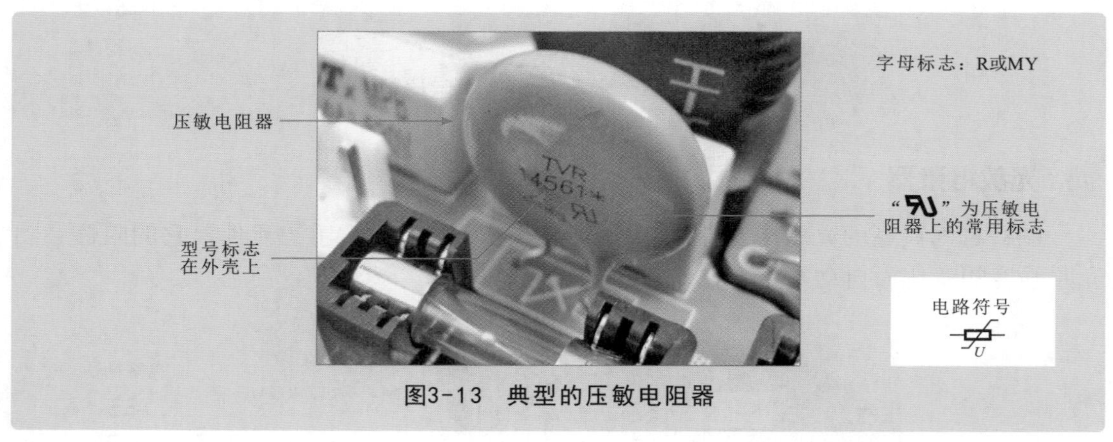
压敏电阻器
型号标志在外壳上
TVR
14561
字母标志：R或MY
"RU"为压敏电阻器上的常用标志
电路符号
U

图3-13　典型的压敏电阻器

6 气敏电阻器

图3-14为典型的气敏电阻器。气敏电阻器是利用金属氧化物半导体表面吸收某种气体分子时，会发生氧化反应或还原反应而使电阻值改变的特性而制成的电阻器。

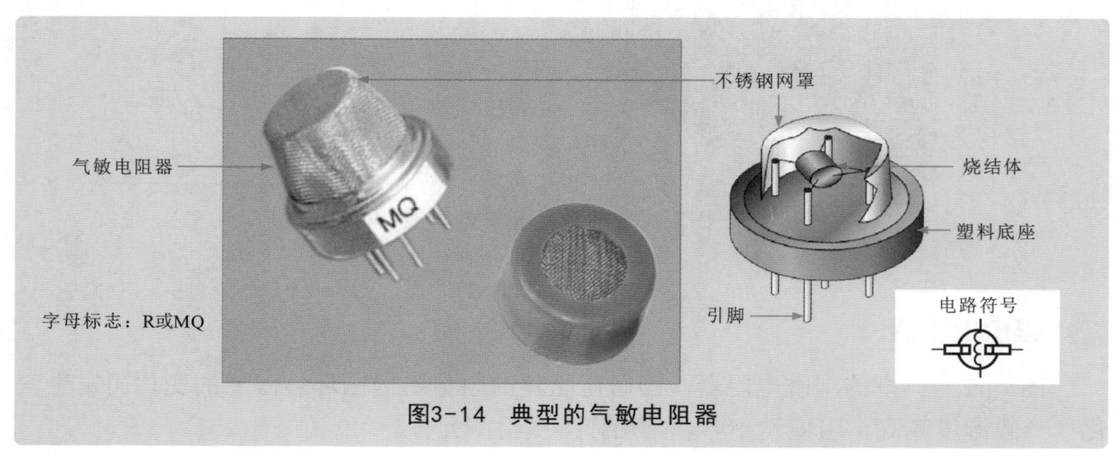
气敏电阻器
MQ
字母标志：R或MQ
不锈钢网罩
烧结体
塑料底座
引脚
电路符号

图3-14　典型的气敏电阻器

3.1.2 了解电阻器功能

电阻器在电路中主要用来调节、稳定电流和电压，可作为分流器、分压器，也可作为电路的匹配负载，在电路中可用于放大电路的负反馈或正反馈电压/电流转换，输入过载时的电压或电流保护元件又可组成RC电路，作为振荡、滤波、微分、积分及时间常数元器件等。

1 电阻器的限流功能

电阻器阻碍电流的流动是最基本的功能。根据欧姆定律，当电阻器两端的电压固定时，电阻值越大，流过的电流越小，因而电阻器常用作限流器件，如图3-15所示。

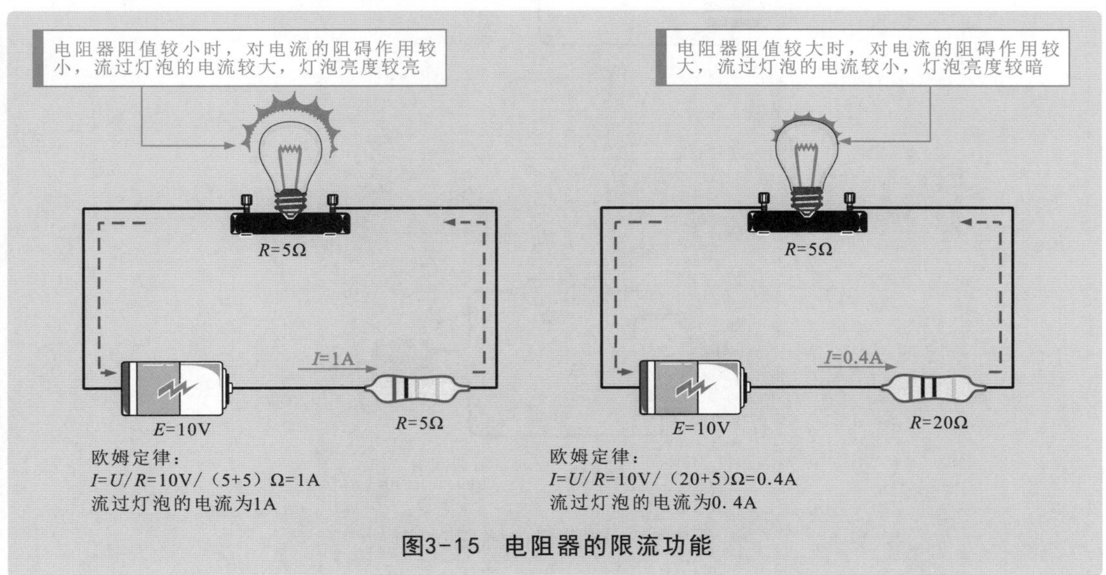
电阻器阻值较小时，对电流的阻碍作用较小，流过灯泡的电流较大，灯泡亮度较亮
R=5Ω
I=1A
E=10V
R=5Ω
欧姆定律：
I=U/R=10V/（5+5）Ω=1A
流过灯泡的电流为1A
电阻器阻值较大时，对电流的阻碍作用较大，流过灯泡的电流较小，灯泡亮度较暗
R=5Ω
I=0.4A
E=10V
R=20Ω
欧姆定律：
I=U/R=10V/（20+5）Ω=0.4A
流过灯泡的电流为0. 4A

图3-15 电阻器的限流功能

图3-16为电阻器限流功能的实际应用。鱼缸加热器仅需很小的电流，适度加热即可满足鱼缸水温的加热需求。在电路中设置一个较大的电阻器，即可将加热器的电流控制为小电流。

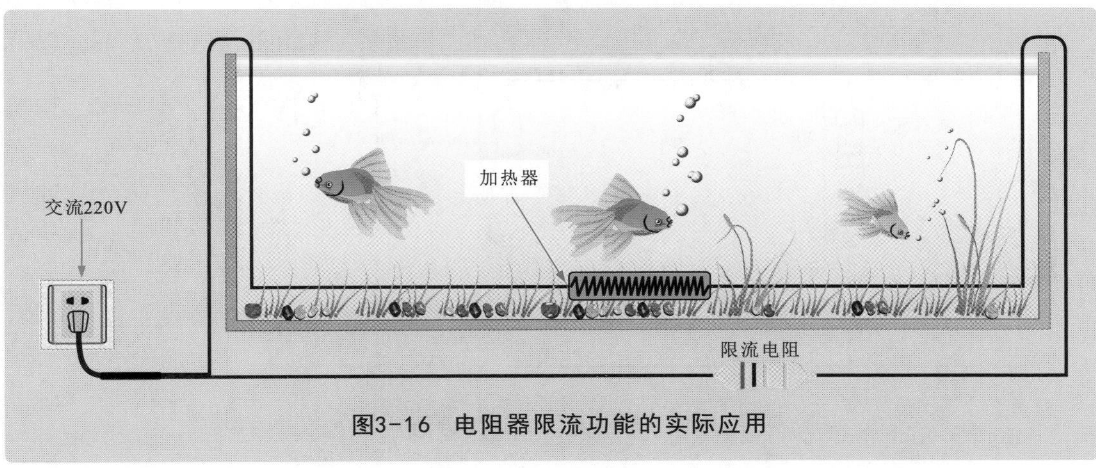
加热器
交流220V
限流电阻

图3-16 电阻器限流功能的实际应用

2 电阻器的降压功能

电阻器的降压功能是通过自身的阻值产生一定的压降，将送入的电压降低后再为其他部件供电，以满足电路中低压的供电需求，如图3-17所示。

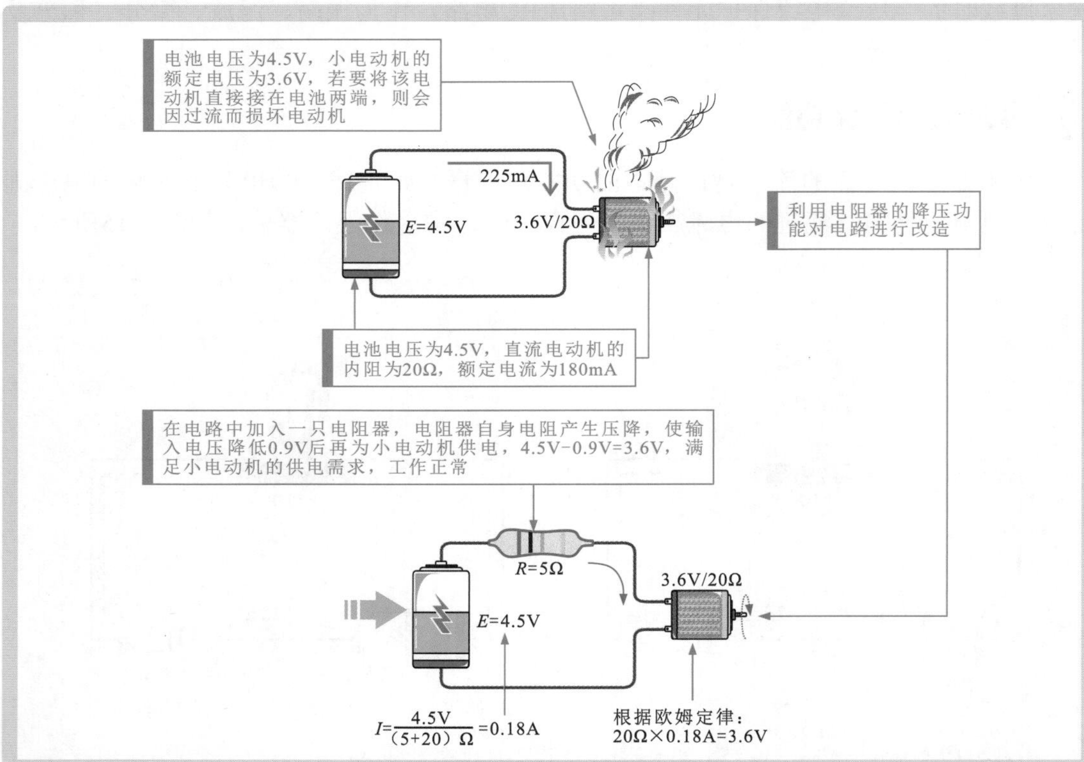

电池电压为4.5V，小电动机的额定电压为3.6V，若要将该电动机直接接在电池两端，则会因过流而损坏电动机

225mA

E=4.5V

3.6V/20Ω

利用电阻器的降压功能对电路进行改造

电池电压为4.5V，直流电动机的内阻为20Ω，额定电流为180mA

在电路中加入一只电阻器，电阻器自身电阻产生压降，使输入电压降低0.9V后再为小电动机供电，4.5V−0.9V=3.6V，满足小电动机的供电需求，工作正常

R=5Ω

3.6V/20Ω

E=4.5V

$I=\frac{4.5V}{(5+20)\ \Omega}=0.18A$

根据欧姆定律：20Ω×0.18A=3.6V

图3-17 电阻器的降压功能

3 电阻器的分流与分压功能

采用两个或两个以上的电阻器并联接在电路中，即可将送入的电流分流，电阻器之间分别为不同的分流点，如图3-18所示。

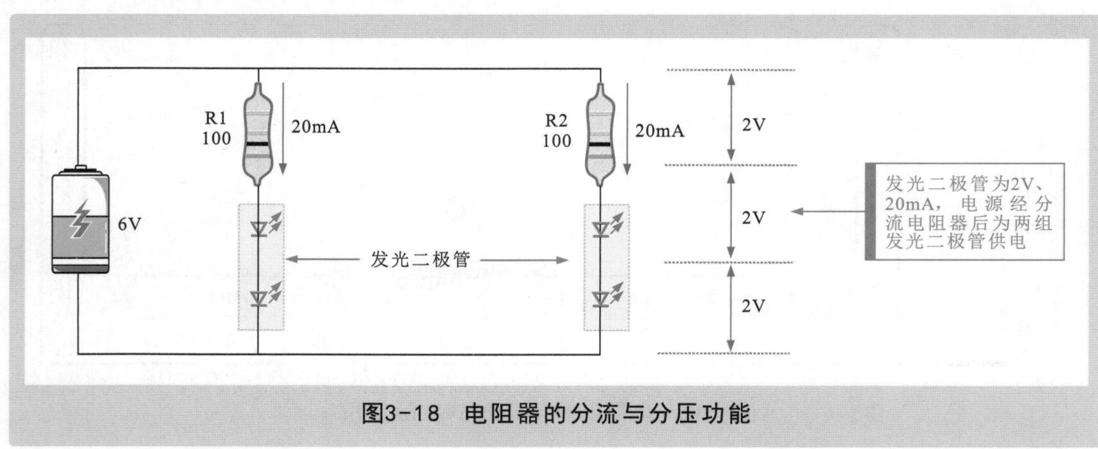
R1
100
20mA
R2
100
20mA
6V
发光二极管
2V
2V
2V
发光二极管为2V、20mA，电源经分流电阻器后为两组发光二极管供电

图3-18 电阻器的分流与分压功能

图3-19为电阻器的分压功能。在小信号放大电路中，三极管要处于线性放大状态，静态时的基极电流、集电极电流及偏置电压应满足要求，基极电压为2.8V，为此要设置一个电阻器分压电路R1和R2，将9V分压成2.8V为三极管基极供电。

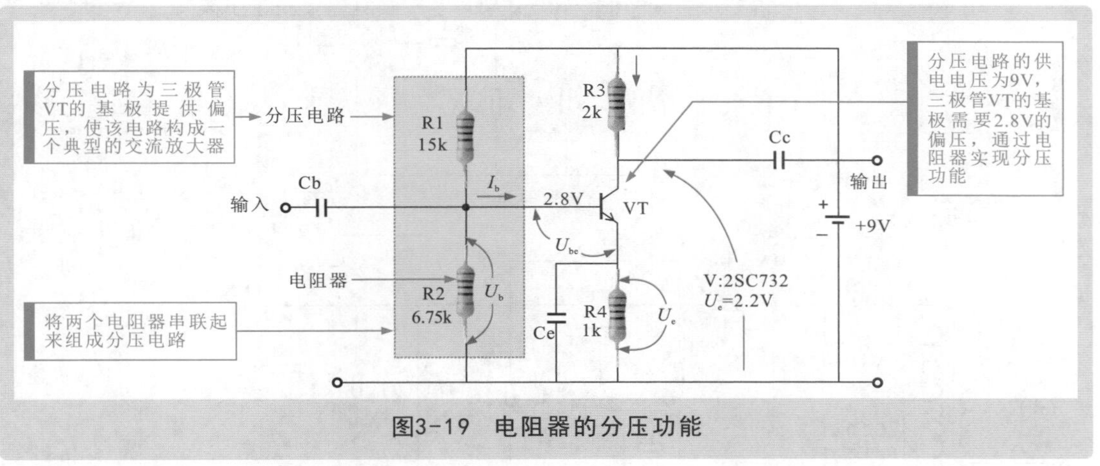
分压电路为三极管VT的基极提供偏压，使该电路构成一个典型的交流放大器
分压电路
R1
15k
R3
2k
分压电路的供电电压为9V，三极管VT的基极需要2.8V的偏压，通过电阻器实现分压功能
Cc
输出
Cb
输入
2.8V
VT
+9V
电阻器
R2
6.75k
V:2SC732
U_e=2.2V
将两个电阻器串联起来组成分压电路
Ce
R4
1k

图3-19 电阻器的分压功能

3.1.3 识读电阻器参数

1 识读电阻器电路标志

电阻器在电路中的标志通常分为两部分：一部分是电路图形符号，表示电阻器的类型；另一部分是字母+数字的标志，表示该电阻器的名称、在电路中的序号及电阻值等主要参数。

图3-20为电路中电阻器的电路图形符号和标志。

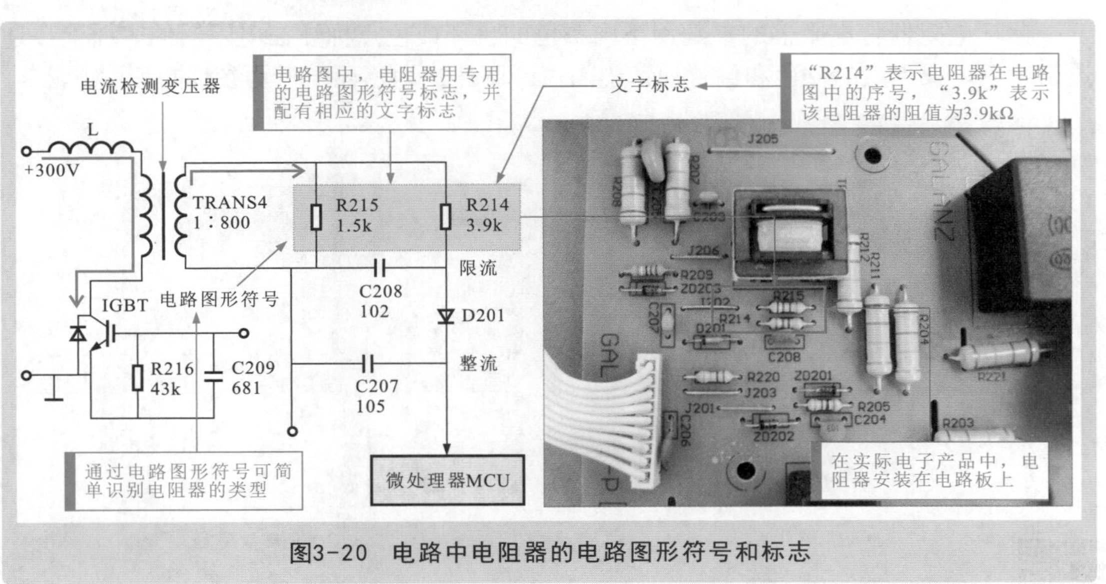
电流检测变压器
电路图中，电阻器用专用的电路图形符号标志，并配有相应的文字标志
文字标志
"R214"表示电阻器在电路图中的序号，"3.9k"表示该电阻器的阻值为3.9kΩ
L
+300V
TRANS4
1：800
R215
1.5k
R214
3.9k
限流
C208
102
IGBT
电路图形符号
D201
R216
43k
C209
681
整流
C207
105
通过电路图形符号可简单识别电阻器的类型
微处理器MCU
在实际电子产品中，电阻器安装在电路板上

图3-20 电路中电阻器的电路图形符号和标志

图3-21为电路中电阻器的标志信息。标志信息一般体现电阻器在电路图中的序号、参数值等内容。

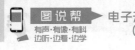

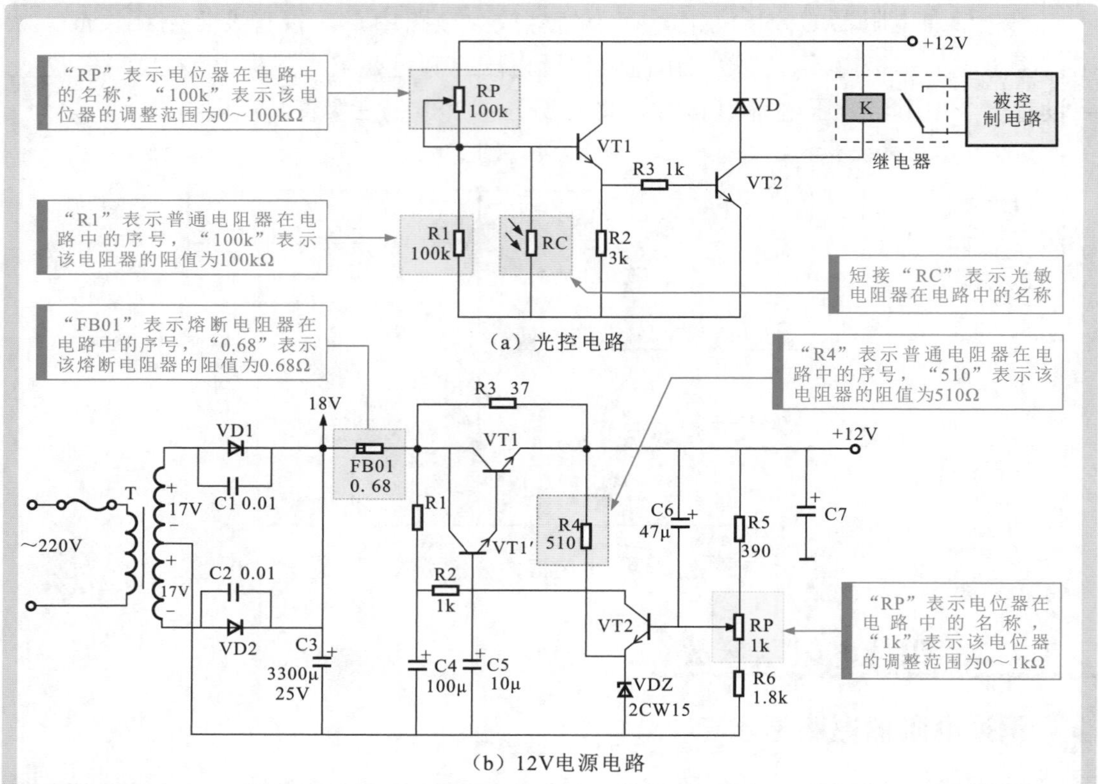

“RP”表示电位器在电路中的名称，“100k”表示该电位器的调整范围为0～100kΩ

“R1”表示普通电阻器在电路中的序号，“100k”表示该电阻器的阻值为100kΩ

短接“RC”表示光敏电阻器在电路中的名称

（a）光控电路

“FB01”表示熔断电阻器在电路中的序号，“0.68”表示该熔断电阻器的阻值为0.68Ω

“R4”表示普通电阻器在电路中的序号，“510”表示该电阻器的阻值为510Ω

“RP”表示电位器在电路中的名称，“1k”表示该电位器的调整范围为0～1kΩ

（b）12V电源电路

图3-21　电路中电阻器的标志信息

2 识读色环电阻器参数标志

色环电阻器将电阻器的参数用不同颜色的色环或色点标注在电阻器的表面上，通过识读色环或色点的颜色和位置识读出阻值。图3-22为色环电阻器参数的识读方法。

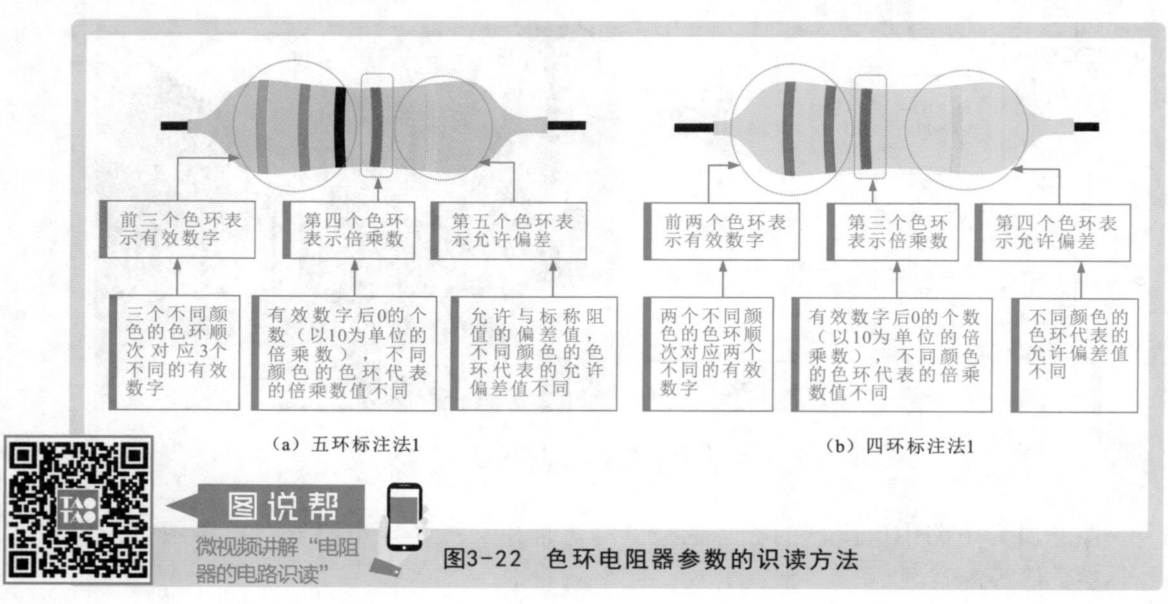
前三个色环表示有效数字
第四个色环表示倍乘数
第五个色环表示允许偏差
三个不同颜色的色环顺次对应3个不同的有效数字
有效数字后0的个数（以10为单位的倍乘数），不同颜色的色环代表的倍乘数值不同
允许与标称阻值的偏差值，不同颜色的色环代表的允许偏差值不同
（a）五环标注法1
前两个色环表示有效数字
第三个色环表示倍乘数
第四个色环表示允许偏差
两个不同颜色的色环顺次对应两个不同的有效数字
有效数字后0的个数（以10为单位的倍乘数），不同颜色的色环代表的倍乘数值不同
不同颜色的色环代表的允许偏差值不同
（b）四环标注法1
图说帮
微视频讲解“电阻器的电路识读”
图3-22　色环电阻器参数的识读方法

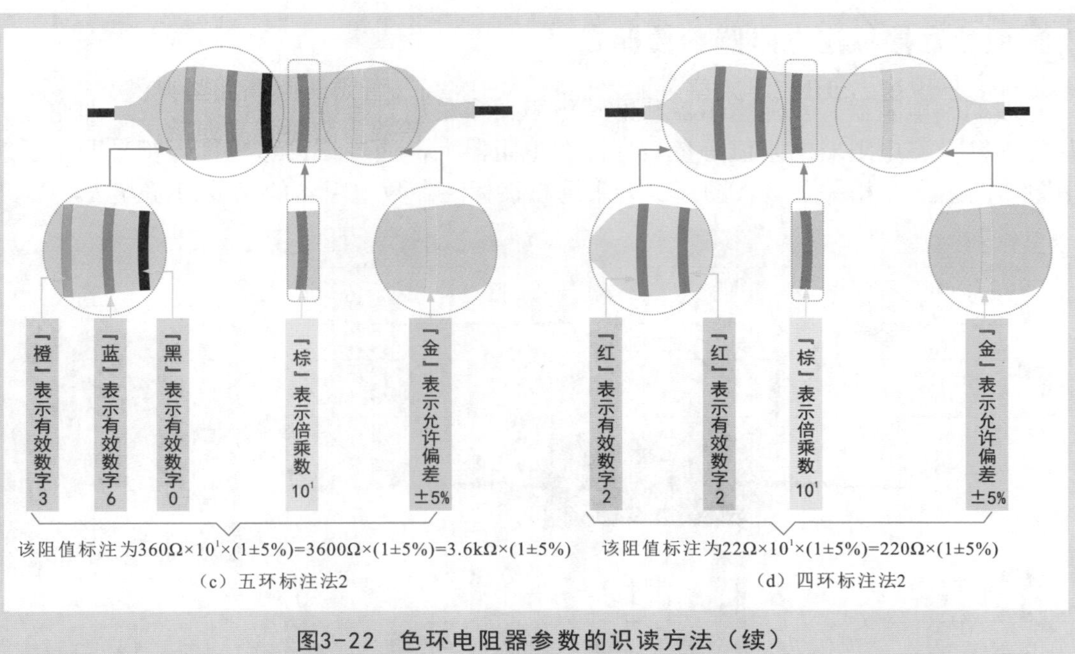
「橙」表示有效数字3
「蓝」表示有效数字6
「黑」表示有效数字0
「棕」表示倍乘数10^1
「金」表示允许偏差±5%
该阻值标注为360Ω×10^1×(1±5%)=3600Ω×(1±5%)=3.6kΩ×(1±5%)
「红」表示有效数字2
「红」表示有效数字2
「棕」表示倍乘数10^1
「金」表示允许偏差±5%
该阻值标注为22Ω×10^1×(1±5%)=220Ω×(1±5%)

（c）五环标注法2 （d）四环标注法2

图3-22 色环电阻器参数的识读方法（续）

补充说明

电阻器的色环标注主要是以不同的颜色来表示的，不同颜色代表不同的有效数字和倍乘数，不同位置的色环颜色所表示的含义见表3-1。

表3-1 不同位置的色环颜色所表示的含义

色环颜色	色环所处的排列位			色环颜色	色环所处的排列位		
	有效数字	倍乘数	允许偏差		有效数字	倍乘数	允许偏差
银色	—	10^{-2}	±10%	绿色	5	10^5	±0.5%
金色	—	10^{-1}	±5%	蓝色	6	10^6	±0.25%
黑色	0	10^0	—	紫色	7	10^7	±0.1%
棕色	1	10^1	±1%	灰色	8	10^8	—
红色	2	10^2	±2%	白色	9	10^9	±20%
橙色	3	10^3	—	无色	—	—	—
黄色	4	10^4	—				

图3-23为色环电阻器色环起始端的识读方法。

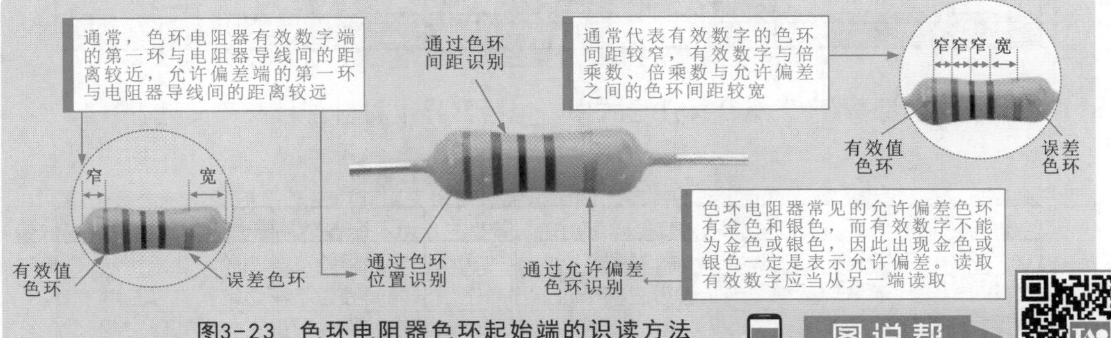
通常，色环电阻器有效数字端的第一环与电阻器导线间的距离较近，允许偏差端的第一环与电阻器导线间的距离较远
窄
宽
有效值色环
误差色环
通过色环间距识别
通过色环位置识别
通过允许偏差色环识别
通常代表有效数字的色环间距较窄，有效数字与倍乘数、倍乘数与允许偏差之间的色环间距较宽
窄 窄 窄 宽
有效值色环
误差色环
色环电阻器常见的允许偏差色环有金色和银色，而有效数字不能为金色或银色，因此出现金色或银色一定是表示允许偏差。读取有效数字应当从另一端读取

图3-23 色环电阻器色环起始端的识读方法

图说帮
微视频讲解“色环电阻器的参数识读”

3 识读直接标注电阻器参数标志

玻璃釉电阻器、水泥电阻器和贴片电阻器多采用直接标注法标注参数，即通过一些代码符号将电阻器的阻值等参数标注在电阻器上，通过识读这些代码符号即可了解电阻器的阻值及相关参数。图3-24为采用直接标注参数电阻器的参数识读方法。

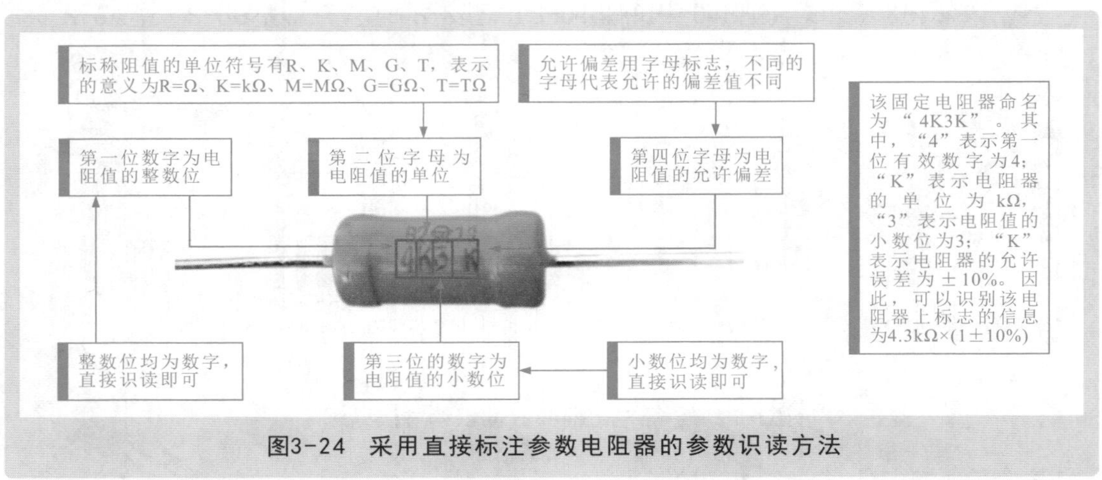

标称阻值的单位符号有R、K、M、G、T，表示的意义为R=Ω、K=kΩ、M=MΩ、G=GΩ、T=TΩ
允许偏差用字母标志，不同的字母代表允许的偏差值不同
第一位数字为电阻值的整数位
第二位字母为电阻值的单位
第四位字母为电阻值的允许偏差
该固定电阻器命名为“4K3K”。其中，“4”表示第一位有效数字为4；“K”表示电阻器的单位为kΩ，“3”表示电阻值的小数位为3；“K”表示电阻器的允许误差为±10%。因此，可以识别该电阻器上标志的信息为4.3kΩ×(1±10%)
整数位均为数字，直接识读即可
第三位的数字为电阻值的小数位
小数位均为数字，直接识读即可

图3-24 采用直接标注参数电阻器的参数识读方法

电阻器名称部分的含义见表3-2。

表3-2 电阻器名称部分的含义

型号	意 义	型号	意 义	型号	意 义	型号	意 义
Y	±0.001%	P	±0.02%	D	±0.5%	K	±10%
X	±0.002%	W	±0.05%	F	±1%	M	±20%
E	±0.005%	B	±0.1%	G	±2%	N	±30%
L	±0.01%	C	±0.25%	J	±5%		

在“数字+字母+数字”组合标注形式中，电阻器字母符号的含义见表3-3。

表3-3 电阻器字母符号的含义

符号	意 义	符号	意 义	符号	意 义	符号	意 义
R	普通电阻	MZ	正温度系数热敏电阻	MG	光敏电阻	MQ	气敏电阻
MY	压敏电阻	MF	负温度系数热敏电阻	MS	湿敏电阻	MC	磁敏电阻
ML	力敏电阻						

“数字+字母+数字”组合标注形式中，电阻器导电材料符号及意义见表3-4。

表3-4 电阻器导电材料符号及意义

符号	意 义	符号	意 义	符号	意 义	符号	意 义
H	合成碳膜	N	无机实芯	T	碳膜	Y	氧化膜
I	玻璃釉膜	G	沉积膜	X	线绕	F	复合膜
J	金属膜	S	有机实芯				

“数字+字母+数字”组合标注形式中，电阻器类别符号及具体意义见表3-5。

表3-5 电阻器类别符号及具体意义

符号	意 义	符号	意 义	符号	意 义	符号	意 义
1	普通	5	高温	G	高功率	C	防潮
2	普通或阻燃	6	精密	L	测量	Y	被釉
3	超高频	7	高压	T	可调	B	不燃性
4	高阻	8	特殊（如熔断型等）	X	小型		

由于贴片式元器件的体积比较小，因此采用直接标注法标注阻值。贴片式元器件的直接标注法通常采用数字直接标注法、数字+字母直接标注法。

图3-25为贴片式电阻器几种常见标注的识读方法。

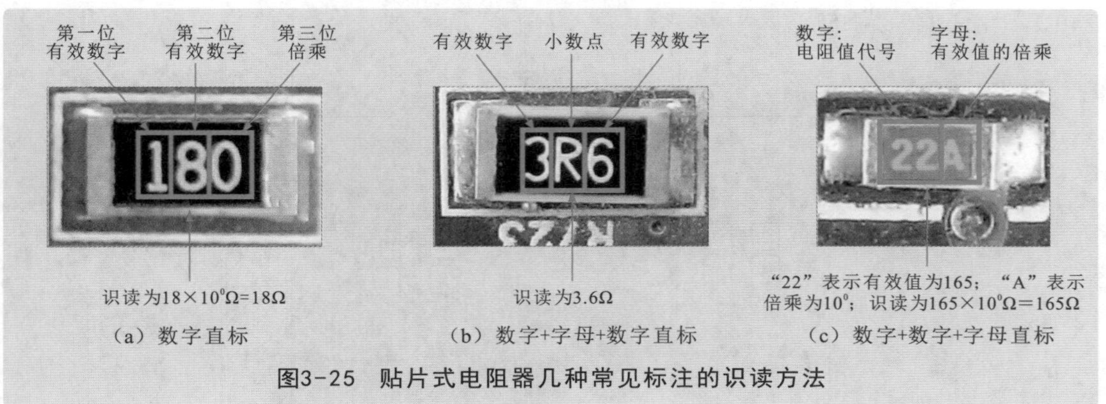
第一位
有效数字
第二位
有效数字
第三位
倍乘
180
识读为$18\times10^0\Omega=18\Omega$
有效数字
小数点
有效数字
3R6
识读为3.6Ω
数字:
电阻值代号
字母:
有效值的倍乘
22A
“22”表示有效值为165；“A”表示倍乘为10^0；识读为$165\times10^0\Omega=165\Omega$

（a）数字直标　（b）数字+字母+数字直标　（c）数字+数字+字母直标

图3-25 贴片式电阻器几种常见标注的识读方法

前两种标注方法的识读比较简单、直观，第三种标注方法需要了解不同数字所代表的有效值，以及不同字母对应的倍乘数，见表3-6、表3-7。

表3-6 贴片式电阻器数字+数字+字母直标法中不同数字所代表的有效值

代码	有效值	代码	有效值	代码	有效值	代码	有效值	代码	有效值	代码	有效值
01_	100	17_	147	33_	215	49_	316	65_	464	81_	681
02_	102	18_	150	34_	221	50_	324	66_	475	82_	698
03_	105	19_	154	35_	226	51_	332	67_	487	83_	715
04_	107	20_	158	36_	232	52_	340	68_	499	84_	732
05_	110	21_	162	37_	237	53_	348	69_	511	85_	750
06_	113	22_	165	38_	243	54_	357	70_	523	86_	768
07_	115	23_	169	39_	249	55_	365	71_	536	87_	787
08_	118	24_	174	40_	255	56_	374	72_	549	88_	806
09_	121	25_	178	41_	261	57_	383	73_	562	89_	825
10_	124	26_	182	42_	267	58_	392	74_	576	90_	845
11_	127	27_	187	43_	274	59_	402	75_	590	91_	866
12_	130	28_	191	44_	280	60_	412	76_	604	92_	887
13_	133	29_	196	45_	287	61_	422	77_	619	93_	909
14_	137	30_	200	46_	294	62_	432	78_	634	94_	931
15_	140	31_	205	47_	301	63_	442	79_	649	95_	953
16_	143	32_	210	48_	309	64_	453	80_	665	96_	976

表3-7　不同字母对应的倍乘数

字母	A	B	C	D	E	F	G	H	X	Y	Z
倍乘数	10^0	10^1	10^2	10^3	10^4	10^5	10^6	10^7	10^{-1}	10^{-2}	10^{-3}

3.2　检测电阻器

3.2.1　检测色环电阻器

图3-26为待测的色环电阻器。该电阻器是采用色环标注法。色环从左向右依次为“红”“黄”“棕”“金”。根据前面所学的知识可以识读出该电阻器的阻值为240Ω，允许偏差为±5%。

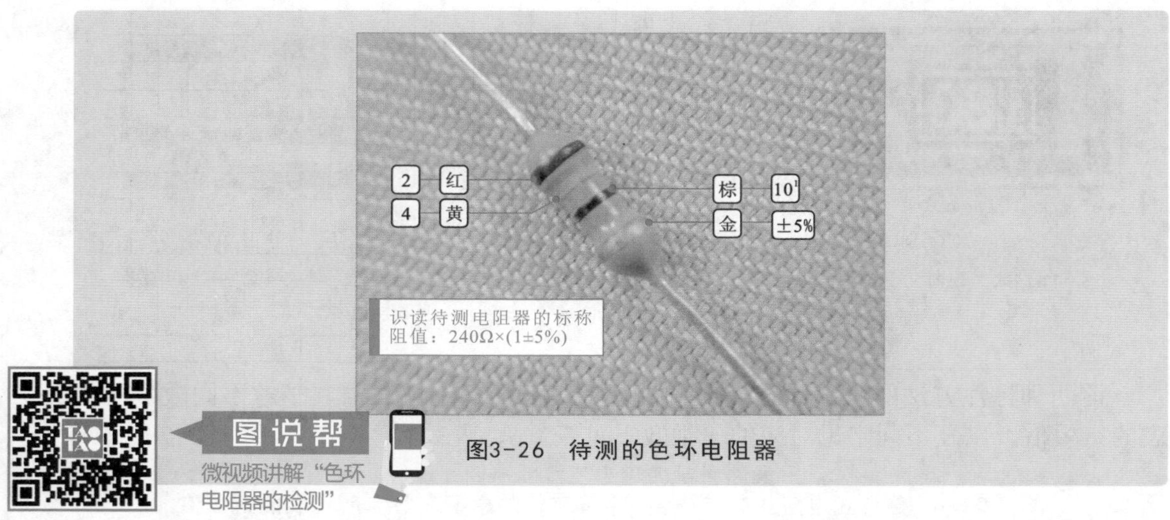

2
红
4
黄
棕
10^1
金
±5%
识读待测电阻器的标称阻值：240Ω×(1±5%)
图说帮
微视频讲解“色环电阻器的检测”

图3-26　待测的色环电阻器

如图3-27所示，使用数字万用表进行测量，接通电源开关，将数字万用表的挡位调整至欧姆挡，根据电阻值的标称值，将量程调整为“2k”欧姆挡。

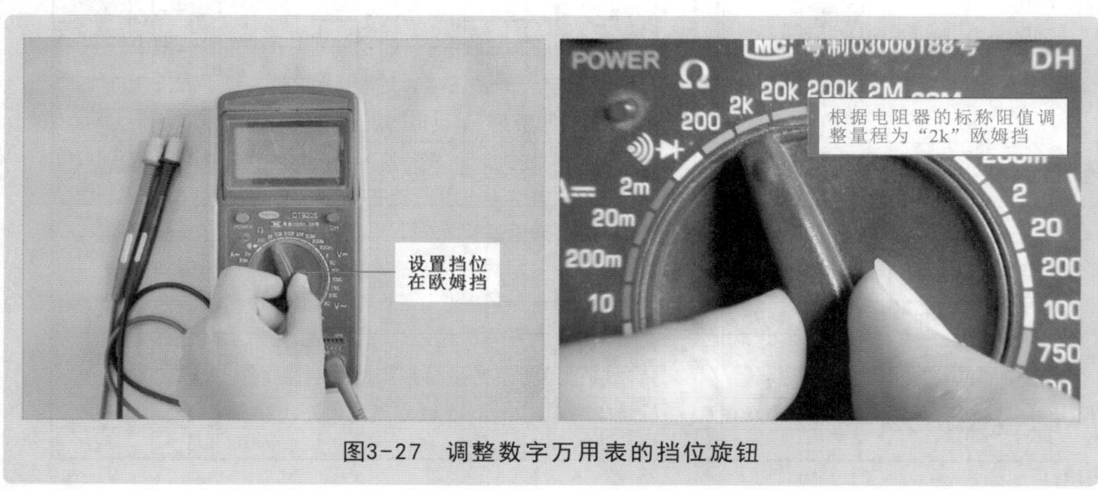

设置挡位在欧姆挡
POWER
DH
200
2k
20K
200K
2M
根据电阻器的标称阻值调整量程为“2k”欧姆挡
2m
20m
200m
10
2
20

图3-27　调整数字万用表的挡位旋钮

图3-28为色环电阻器的检测方法。电阻的引脚是无极性的，将万用表的红、黑表笔分别搭在待测电阻器两端的引脚上，观察数字万用表的读数变化，并与电阻自身的标称阻值进行对照，如果阻值相近（在允许误差的范围内），则表明电阻器正常；如果所测的阻值与待测阻值差距较大，则说明电阻器不良。

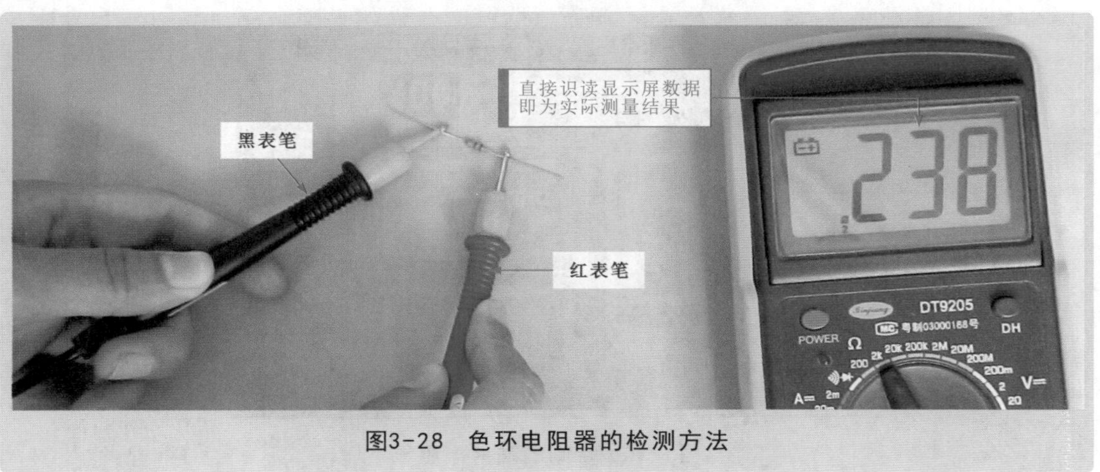
直接识读显示屏数据
即为实际测量结果
黑表笔
红表笔
238
DT9205
POWER
DH

图3-28 色环电阻器的检测方法

图3-29为使用指针万用表检测色环电阻器。调整指针万用表的量程在“×10”欧姆挡。然后调零校正后便可将两表笔分别接待测色环电阻器两引脚端，对其阻值进行检测。

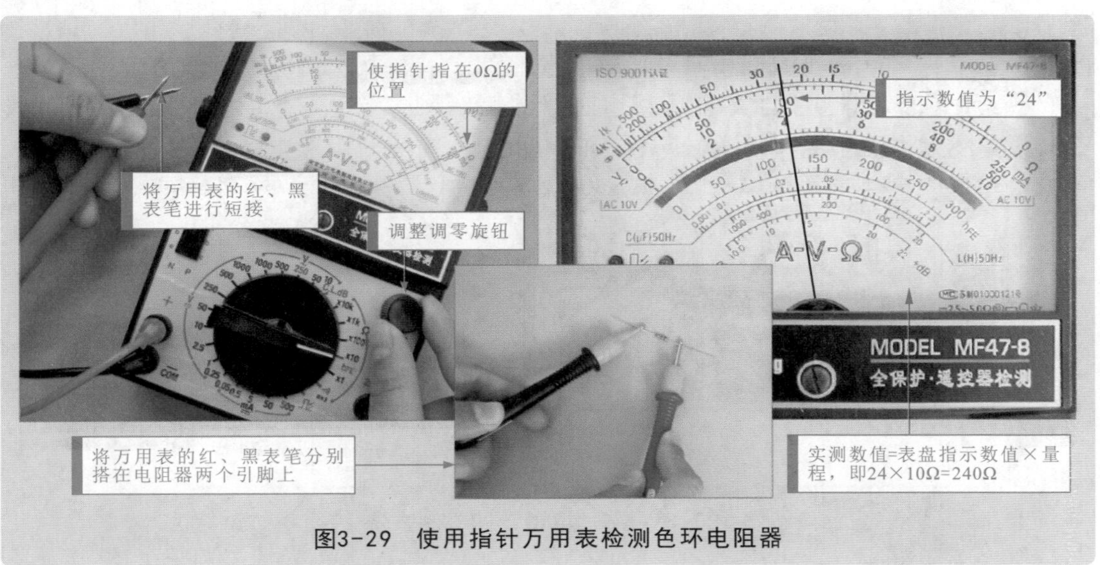
使指针指在0Ω的位置
将万用表的红、黑表笔进行短接
调整调零旋钮
将万用表的红、黑表笔分别搭在电阻器两个引脚上
指示数值为“24”
MODEL MF47-8
全保护·遥控器检测
实测数值=表盘指示数值×量程，即24×10Ω=240Ω

图3-29 使用指针万用表检测色环电阻器

补充说明

借助万用表检测电阻器的注意事项和对测量结果的判断：测量时，手不要碰到表笔的金属部分，也不要碰到电阻器的两只引脚；否则人体电阻并联在待测电阻器上会影响测量的准确性。

3.2.2 检测贴片电阻器

图3-30为待测的贴片电阻器。检测前首先根据表面标志识读待测贴片电阻器的标称阻值。

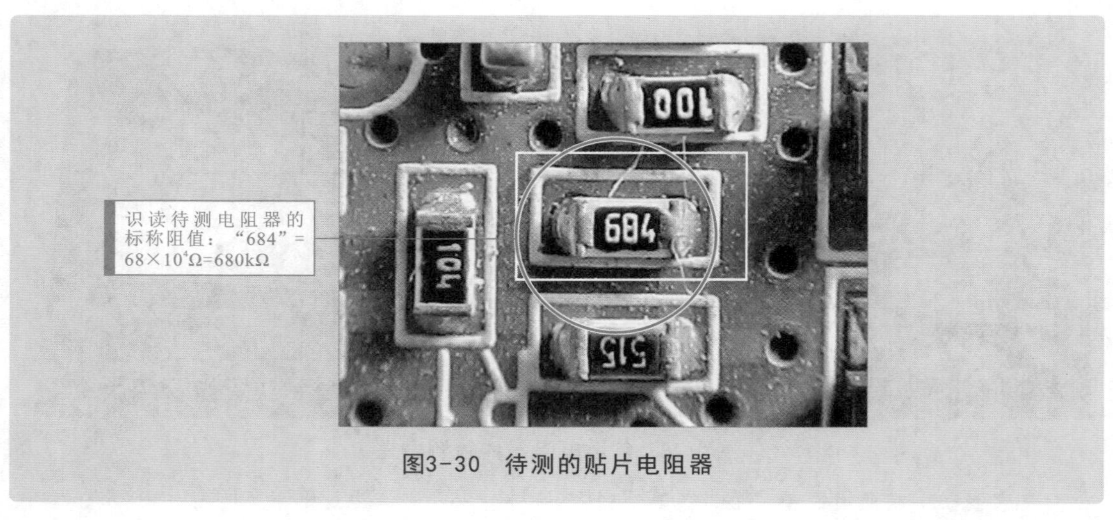
识读待测电阻器的标称阻值："684"=68×10⁴Ω=680kΩ
100
684
104
515

图3-30　待测的贴片电阻器

图3-31为贴片电阻器的检测方法。使用万用表直接进行检测，最后对照标称阻值来判断电阻器是否正常。

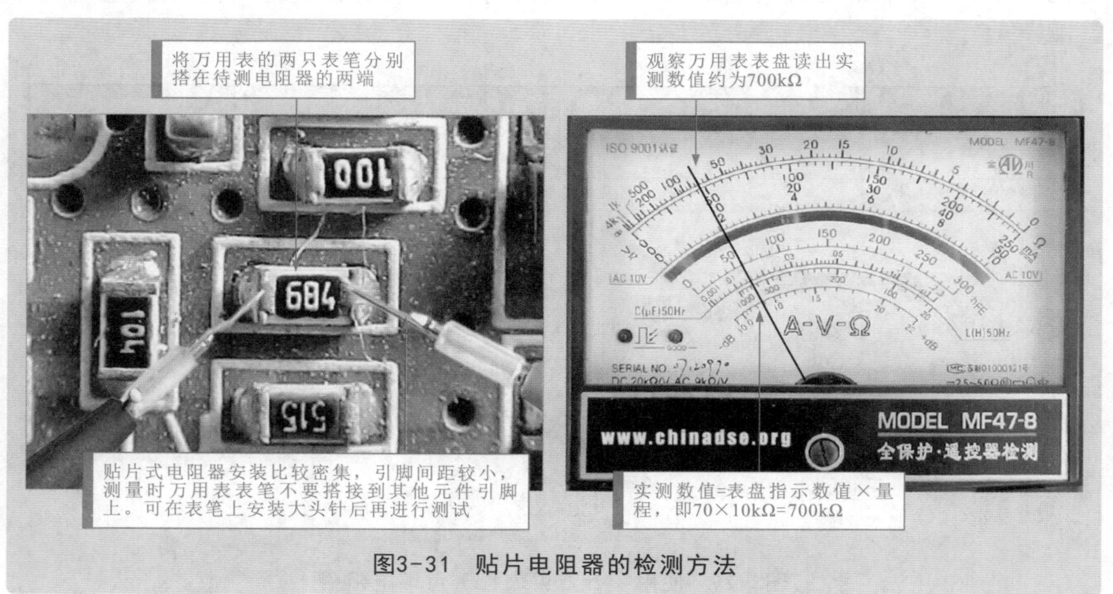
将万用表的两只表笔分别搭在待测电阻器的两端
观察万用表表盘读出实测数值约为700kΩ
贴片式电阻器安装比较密集，引脚间距较小，测量时万用表表笔不要搭接到其他元件引脚上。可在表笔上安装大头针后再进行测试
实测数值=表盘指示数值×量程，即70×10kΩ=700kΩ
MODEL MF47-8
全保护·遥控器检测
www.chinadse.org
A-V-Ω

图3-31　贴片电阻器的检测方法

补充说明

在路测量电阻器时，有时会因电路中其他元器件的干扰而造成测量值的偏差。若实测结果大于所测量电阻器的标称阻值，一般可直接判断该电阻器损坏。若实测结果等于或十分接近所测量电阻器的标称阻值，基本表明电阻器正常。若所测阻值为零，一般情况下还不能判定电阻器故障，应采取开路检测的方法验证。

3.2.3 检测光敏电阻器

光敏电阻器的阻值会随外界光照强度的变化而变化。检测光敏电阻器时，可通过万用表测量待测光敏电阻器在不同光线下的阻值判断光敏电阻器是否损坏。图3-32为正常光照情况下检测光敏电阻器的阻值。

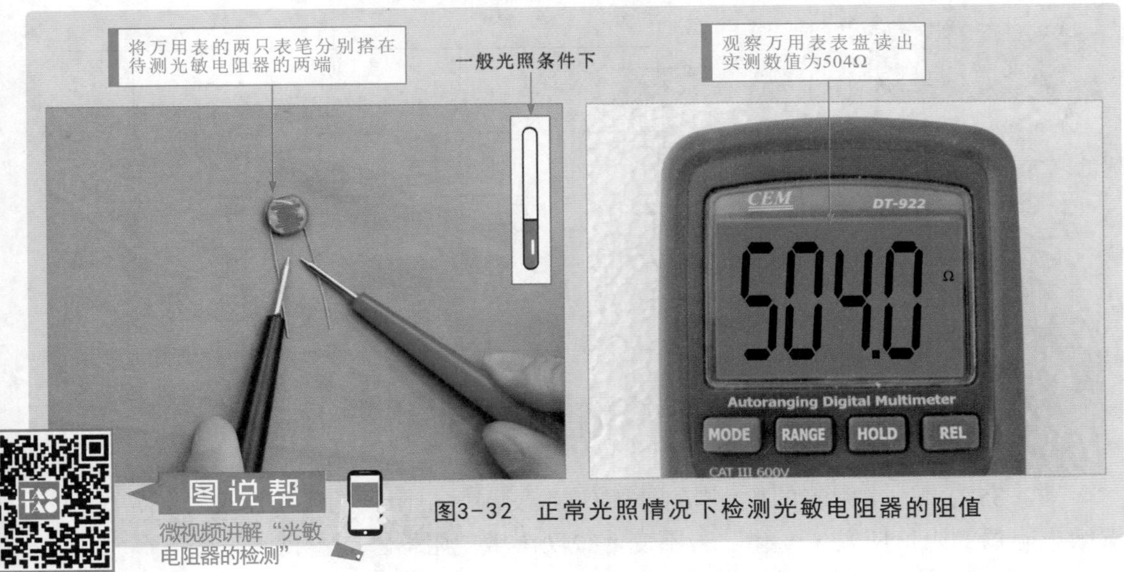
将万用表的两只表笔分别搭在待测光敏电阻器的两端
一般光照条件下
观察万用表表盘读出实测数值为504Ω
CEM
DT-922
504.0
Ω
Autoranging Digital Multimeter
MODE
RANGE
HOLD
REL
CAT III 600V
图说帮
微视频讲解"光敏电阻器的检测"

图3-32 正常光照情况下检测光敏电阻器的阻值

图3-33为遮挡光敏电阻器感光面时测量光敏电阻器阻值的方法。正常情况下，当光线被遮挡时，光敏电阻器的阻值会发生变化。

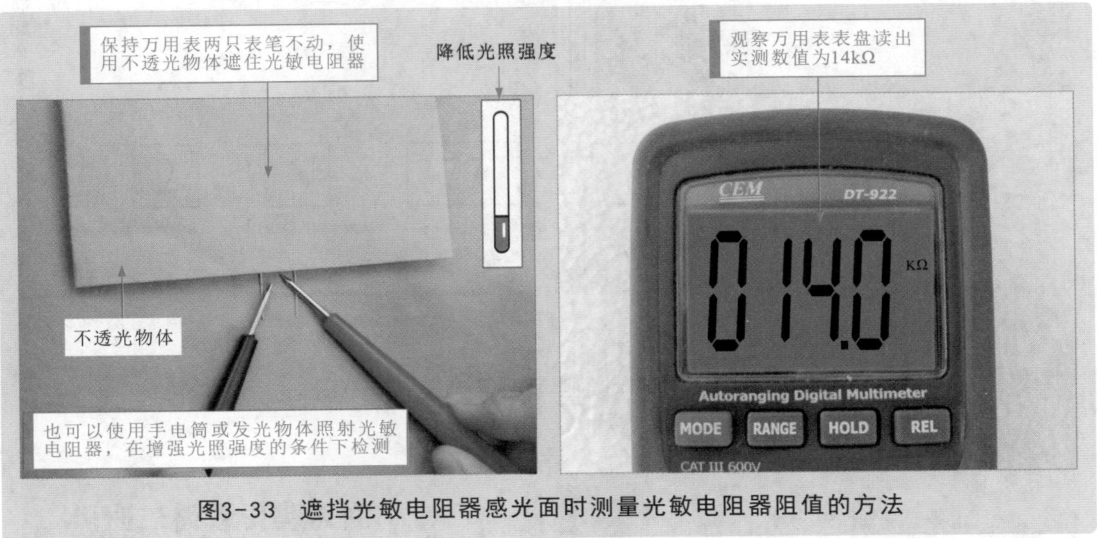
保持万用表两只表笔不动，使用不透光物体遮住光敏电阻器
降低光照强度
观察万用表表盘读出实测数值为14kΩ
不透光物体
也可以使用手电筒或发光物体照射光敏电阻器，在增强光照强度的条件下检测
CEM
DT-922
014.0
kΩ
Autoranging Digital Multimeter
MODE
RANGE
HOLD
REL
CAT III 600V

图3-33 遮挡光敏电阻器感光面时测量光敏电阻器阻值的方法

补充说明

如果使用指针万用表测量，指针万用表的指针明显摆动会更加直观地展现阻值的变化。在正常情况下，光敏电阻器应有一个固定阻值，所在环境光线变化时，阻值随之变化；否则多为光敏电阻器异常。

3.2.4 检测湿敏电阻器

图3-34为待测的湿敏电阻器。湿敏电阻器的阻值会随环境湿度的变化而变化。检测湿敏电阻器时，可通过万用表测量待测湿敏电阻器在不同湿度环境下的阻值来判别湿敏电阻器是否损坏。

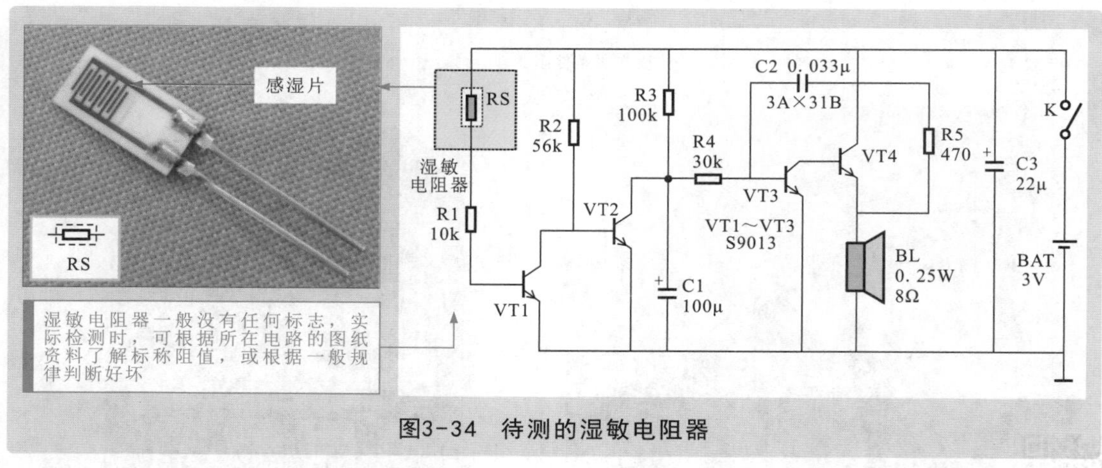
感湿片
RS
湿敏电阻器一般没有任何标志，实际检测时，可根据所在电路的图纸资料了解标称阻值，或根据一般规律判断好坏
RS
湿敏
电阻器
R1
10k
R2
56k
R3
100k
R4
30k
C2 0.033μ
3A×31B
R5
470
C3
22μ
K
VT1
VT2
VT3
VT4
VT1～VT3
S9013
C1
100μ
BL
0.25W
8Ω
BAT
3V

图3-34 待测的湿敏电阻器

图3-35为湿敏电阻器的检测方法。通过改变湿敏电阻器的环境湿度，正常情况下湿敏电阻器的阻值应发生变化。若不变，说明湿敏电阻器性能不良。

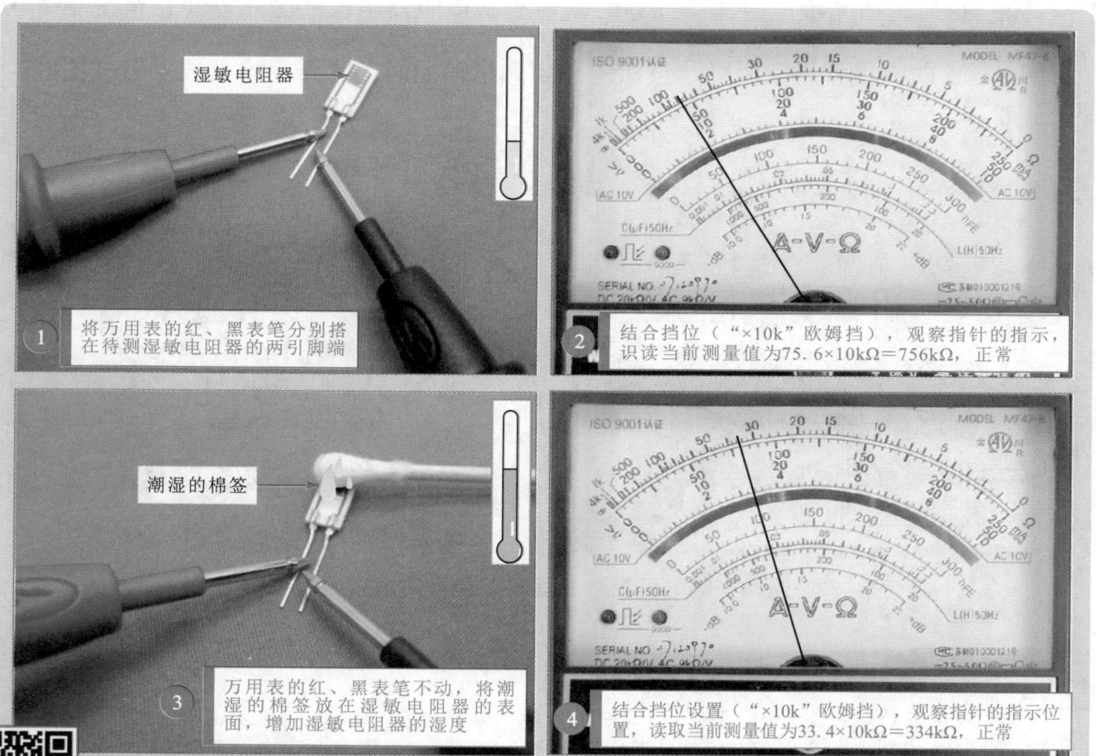

湿敏电阻器

1 将万用表的红、黑表笔分别搭在待测湿敏电阻器的两引脚端

2 结合挡位（“×10k”欧姆挡），观察指针的指示，识读当前测量值为75.6×10kΩ=756kΩ，正常

潮湿的棉签

3 万用表的红、黑表笔不动，将潮湿的棉签放在湿敏电阻器的表面，增加湿敏电阻器的湿度

4 结合挡位设置（“×10k”欧姆挡），观察指针的指示位置，读取当前测量值为33.4×10kΩ=334kΩ，正常

图3-35 湿敏电阻器的检测方法

图说帮

微视频讲解“湿敏电阻器的检测”

3.2.5 检测热敏电阻器

检测热敏电阻器时，可使用万用表检测在不同温度下热敏电阻器的阻值，根据检测结果判断热敏电阻器是否正常。检测前，先识读热敏电阻器上的基本标志作为检测结果的对照依据。图3-36为待测的热敏电阻器。

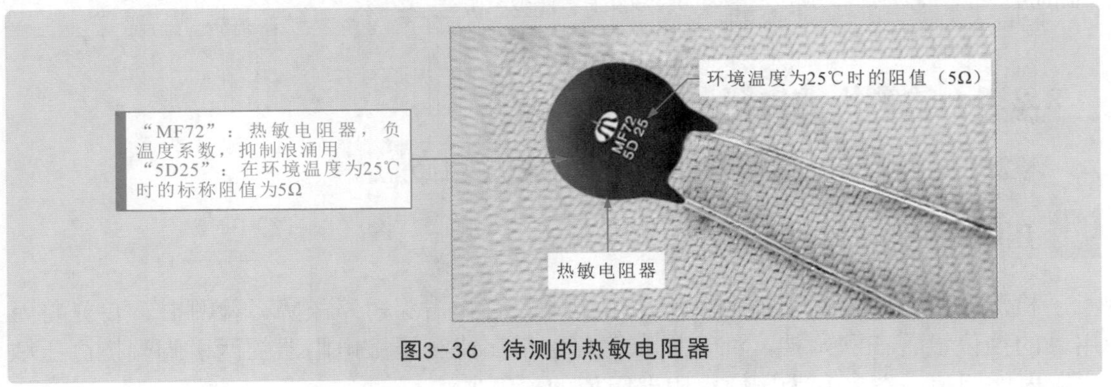
环境温度为25℃时的阻值（5Ω）
"MF72"：热敏电阻器，负温度系数，抑制浪涌用
"5D25"：在环境温度为25℃时的标称阻值为5Ω
MF72
5D 25
热敏电阻器

图3-36 待测的热敏电阻器

图3-37为常温状态下检测热敏电阻器的阻值。常温状态下，热敏电阻器的阻值应接近其表面的标称值。

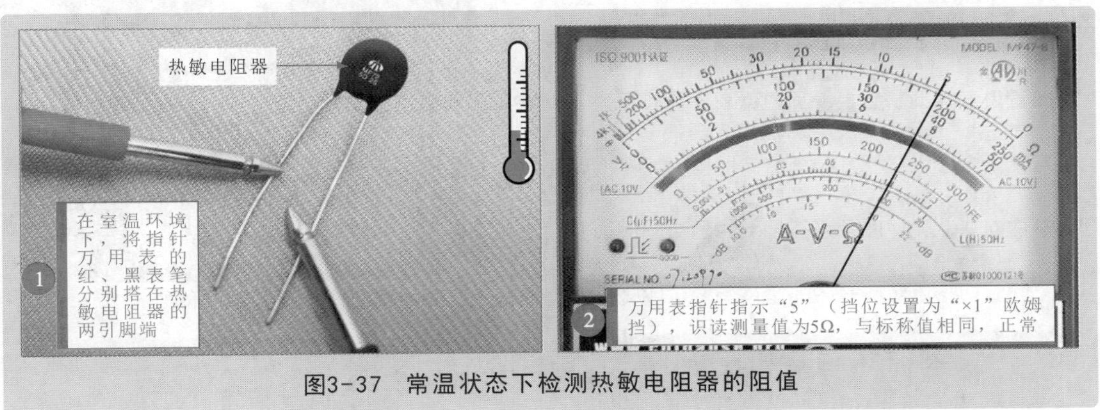
热敏电阻器
在室温环境下，将指针万用表的红、黑表笔分别搭在热敏电阻器的两引脚端
万用表指针指示"5"（挡位设置为"×1"欧姆挡），识读测量值为5Ω，与标称值相同，正常
A-V-Ω
MODEL MF47-6

图3-37 常温状态下检测热敏电阻器的阻值

图3-38为改变环境温度后检测热敏电阻器的阻值。

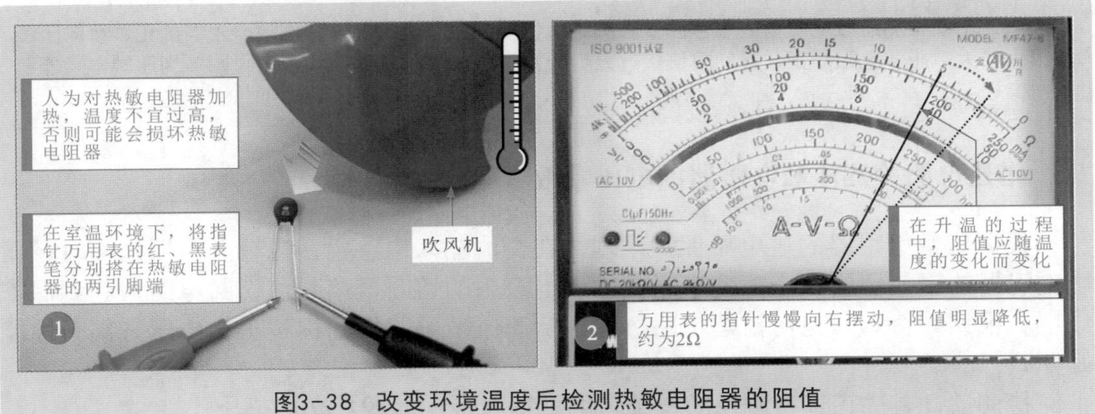
人为对热敏电阻器加热，温度不宜过高，否则可能会损坏热敏电阻器
在室温环境下，将指针万用表的红、黑表笔分别搭在热敏电阻器的两引脚端
吹风机
在升温的过程中，阻值应随温度的变化而变化
万用表的指针慢慢向右摆动，阻值明显降低，约为2Ω
A-V-Ω
MODEL MF47-6

图3-38 改变环境温度后检测热敏电阻器的阻值

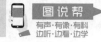

补充说明

在常温下，实测热敏电阻器的阻值接近标称值或与标称值相同，表明该热敏电阻器在常温下正常。红、黑表笔不动，使用吹风机或电烙铁加热热敏电阻器时，万用表的指针随温度的变化而摆动，表明热敏电阻器基本正常；若温度变化，阻值不变，则说明热敏电阻器的性能不良。

若在测试过程中阻值随温度的升高而增大，则该电阻器为正温度系数热敏电阻器（PTC）；若阻值随温度的升高而降低，则该电阻器为负温度系数热敏电阻器（NTC）。

3.2.6 检测压敏电阻器

检测压敏电阻器一般有阻值检测和电路检测两种方法。

1 压敏电阻器阻值的检测方法

检测压敏电阻器的阻值可判断压敏电阻器有无击穿短路故障。检测时，首先将万用表的挡位设置在欧姆挡，红、黑表笔分别搭在待测压敏电阻器的两引脚端检测压敏电阻器的阻值。图3-39为压敏电阻器阻值的检测方法。

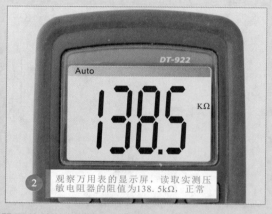

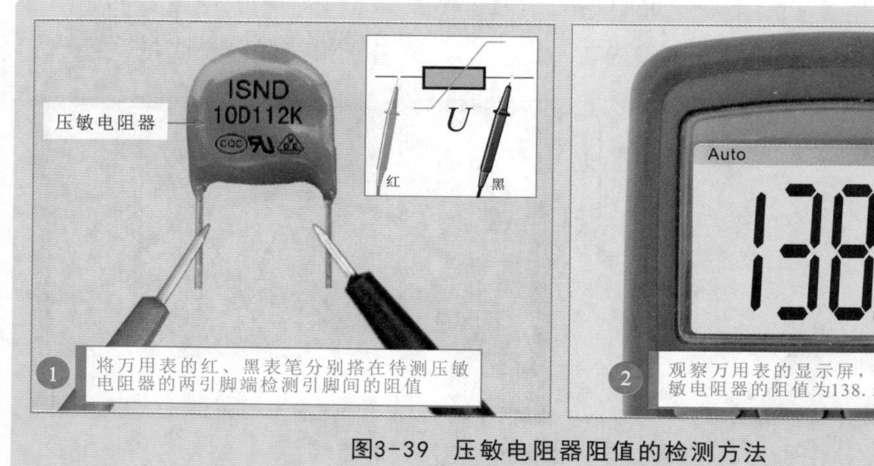
ISND
10D112K
压敏电阻器
U
红
黑
① 将万用表的红、黑表笔分别搭在待测压敏电阻器的两引脚端检测引脚间的阻值
DT-922
Auto
138.5
KΩ
② 观察万用表的显示屏，读取实测压敏电阻器的阻值为138.5kΩ，正常

图3-39 压敏电阻器阻值的检测方法

补充说明

用万用表检测压敏电阻器的阻值属于检测绝缘性能。在正常情况下，压敏电阻器的正、反向阻值均很大（大多压敏电阻器正、反向阻值接近无穷大），若出现阻值偏小的现象，则多为压敏电阻器已被击穿损坏。

2 搭建电路检测压敏电阻器的电压参数

根据压敏电阻器的过电压保护原理，在交流输入电路中，当输入电压过高时，压敏电阻器的阻值急剧减小，使串联在输入电路中的熔断器熔断，切断电路，起到保护作用。根据此特点，也可搭建电路，通过检测压敏电阻器的标称工作电压来判断性能好坏。

检测前，首先识读待测压敏电阻器的标称参数，如图3-40所示。

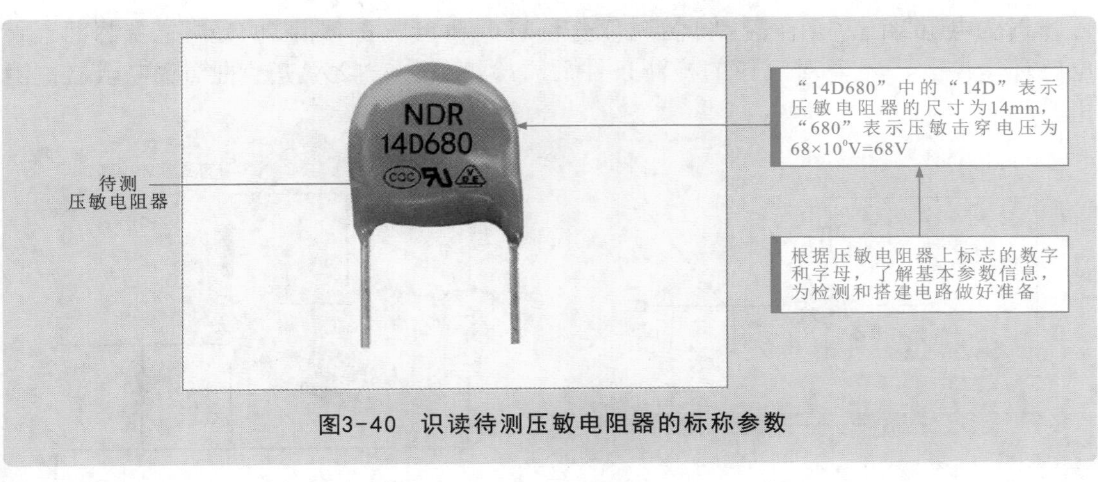
NDR
14D680
待测
压敏电阻器
"14D680"中的"14D"表示压敏电阻器的尺寸为14mm，"680"表示压敏击穿电压为68×10⁰V=68V
根据压敏电阻器上标志的数字和字母，了解基本参数信息，为检测和搭建电路做好准备

图3-40 识读待测压敏电阻器的标称参数

图3-41为搭建电路检测压敏电阻器的电压参数。

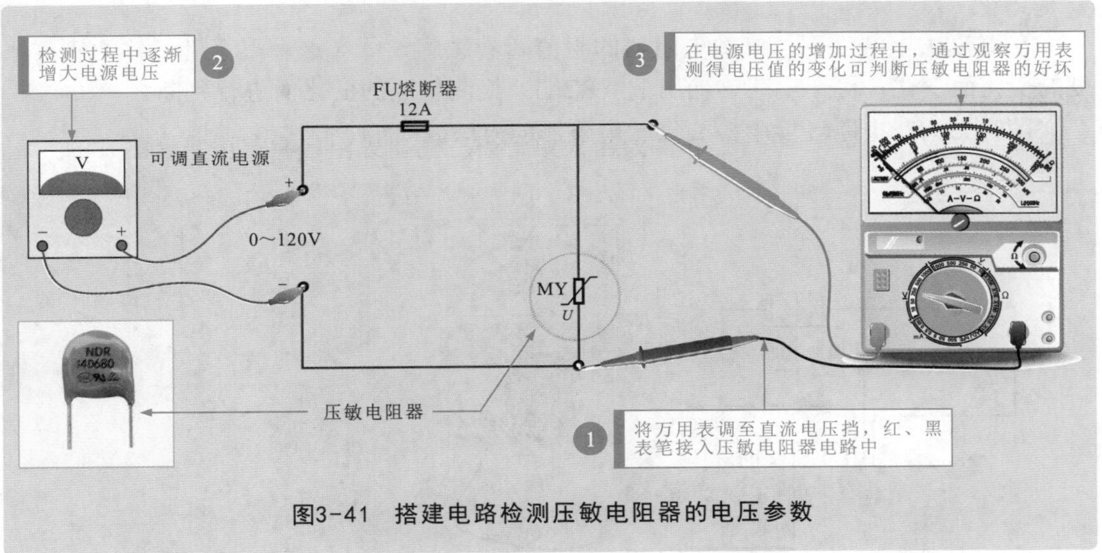
检测过程中逐渐增大电源电压
2
3
在电源电压的增加过程中，通过观察万用表测得电压值的变化可判断压敏电阻器的好坏
FU熔断器
12A
V
可调直流电源
0～120V
MY
U
NDR
14D680
压敏电阻器
1
将万用表调至直流电压挡，红、黑表笔接入压敏电阻器电路中

图3-41 搭建电路检测压敏电阻器的电压参数

补充说明

在图3-41所示的检测过程中，逐渐加大供电电压时，通过万用表指示电压的变化即可判断所测压敏电阻器的性能好坏。

当电源电压低于或等于68V时，压敏电阻呈高阻状态，万用表指针指示电压值，此时电路中的电压值等于输出电压。

当电源电压大于68V时，压敏电阻呈低阻状态，万用表显示电路输出电压突然变为零，表明电阻值急剧变小，熔断器熔断，对电路进行保护。

3.2.7 检测气敏电阻器

不同类型气敏电阻器可检测的气体类别不同。检测时，应根据气敏电阻器的具体功能改变其周围可测气体的浓度，同时用万用表检测气敏电阻器，根据数据变化的情况判断其好坏。

气敏电阻器正常工作需要一定的工作环境，判断气敏电阻器的好坏需要将其置于电路环境中，满足其对气体的检测条件后再检测。图3-42为搭建的气敏电阻器检测电路。

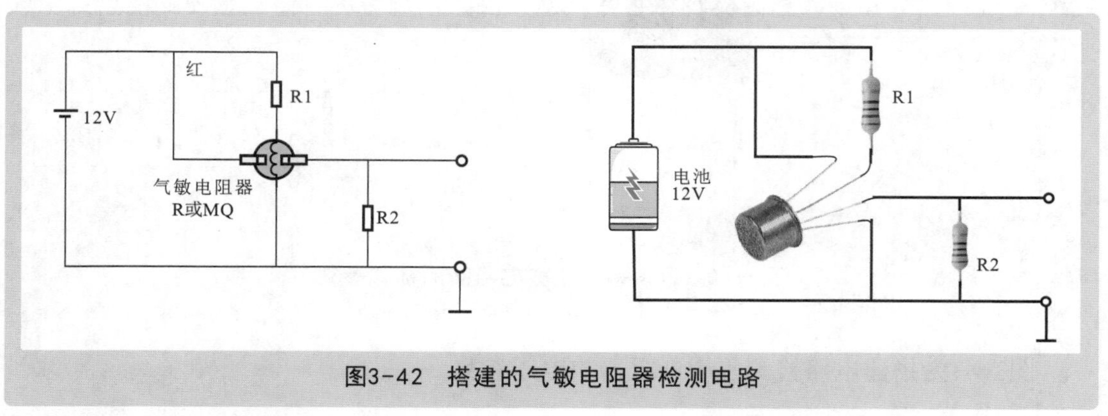
红
R1
12V
气敏电阻器
R或MQ
R2
R1
电池
12V
R2
图3-42　搭建的气敏电阻器检测电路

在直流供电条件下，气敏电阻器的阻值随着敏感气体（这里以丁烷气体为例）浓度的变化而变化，可在电路的输出端（R2端）检测电压的变化而进行判断。

图3-43为在电路环境中检测气敏电阻器的方法。

将气敏电阻器接入电路中，将万用表的黑表笔搭在接地端，红表笔搭在电路输出端，观察万用表的指针指示位置，识读当前测量值为直流6.5V，正常

R1
电池
12V
R2
气敏电阻器

万用表的红、黑表笔不动，按下打火机（内装丁烷气体）按钮，使打火机气体出口对准气敏电阻器，观察指针万用表指针的指示位置，读取当前测量值为直流7.6V，正常

R1
电池
12V
R2
打火机

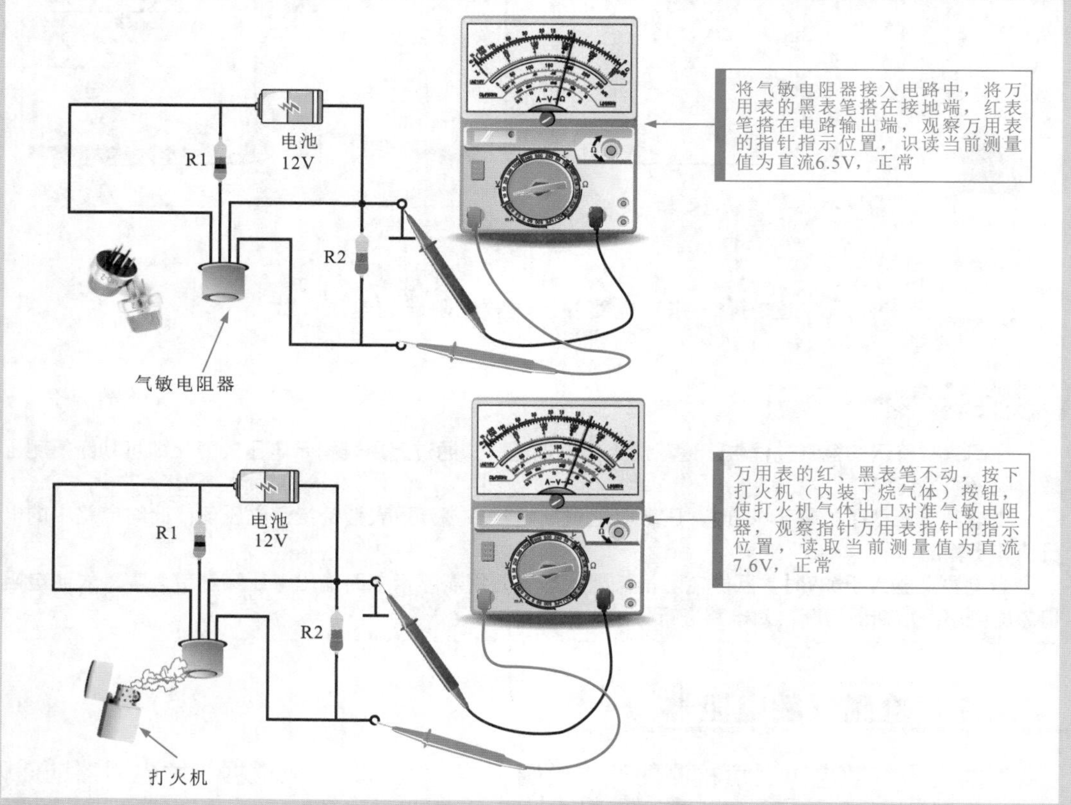

图3-43　在电路环境中检测气敏电阻器的方法

3.2.8 检测可调电阻器

检测可调电阻器的阻值之前，应首先区分待测可调电阻器的引脚，为可调电阻器的检测提供参照标准。

图3-44为识别待测可调电阻器的引脚功能。

型号标志
调节旋钮
使用工具调节旋钮可以改变电阻器阻值的大小
定片引脚
定片引脚

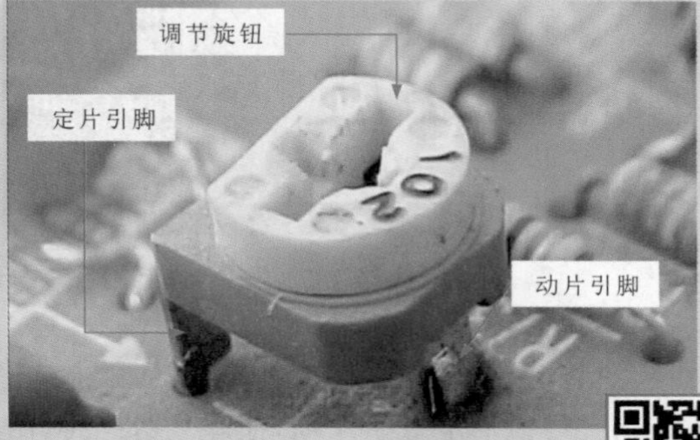
调节旋钮
定片引脚
动片引脚

图3-44 识别待测可调电阻器的引脚功能

图说帮
微视频讲解“可调电阻器的检测”

图3-45为检测可调电阻器两定片引脚间的阻值。

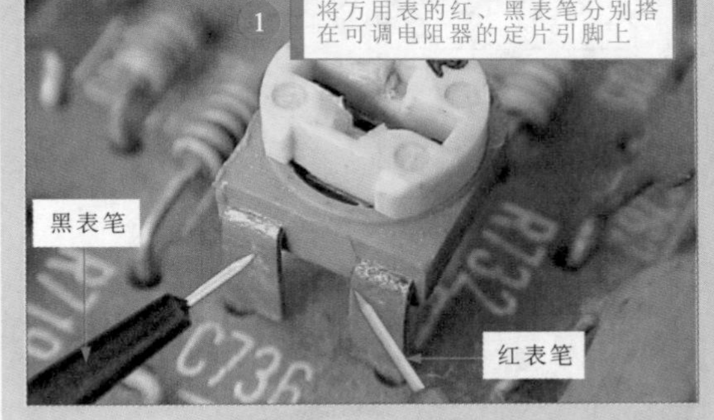
1 将万用表的红、黑表笔分别搭在可调电阻器的定片引脚上
黑表笔
红表笔

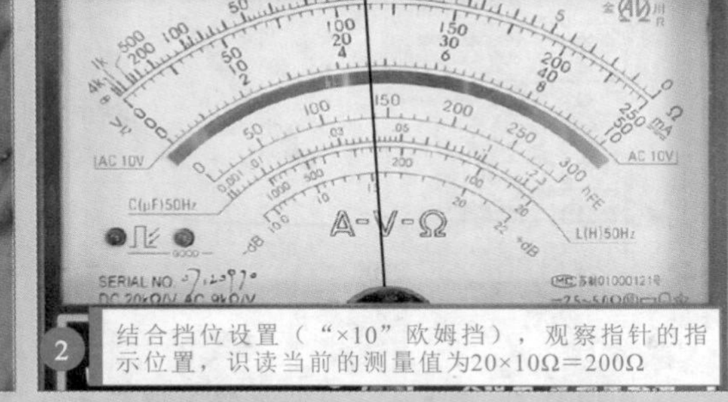
2 结合挡位设置（“×10”欧姆挡），观察指针的指示位置，识读当前的测量值为20×10Ω=200Ω

图3-45 检测可调电阻器两定片引脚间的阻值

图3-46为检测可调电阻器一定片引脚与动片引脚间的阻值。

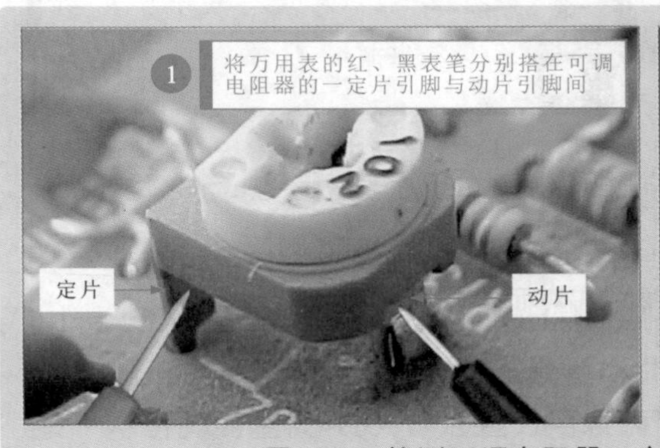
1 将万用表的红、黑表笔分别搭在可调电阻器的一定片引脚与动片引脚间
定片
动片

2 结合挡位设置（“×10”欧姆挡），观察指针的指示位置，识读当前的测量值为6×10Ω=60Ω

图3-46 检测可调电阻器一定片引脚与动片引脚间的阻值

图3-47为检测可调电阻器另一定片引脚与动片引脚间的阻值。

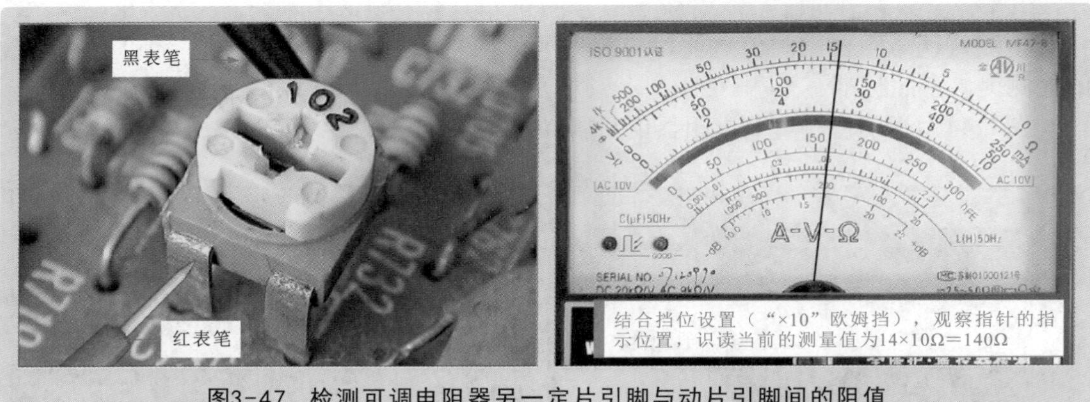
黑表笔
红表笔
结合挡位设置（“×10”欧姆挡），观察指针的指示位置，识读当前的测量值为14×10Ω=140Ω

图3-47 检测可调电阻器另一定片引脚与动片引脚间的阻值

图3-48为检测可调电阻器阻值的调整变化能力。检测时，将红、黑表笔分别搭接在一个定片引脚和动片引脚端。然后使用螺钉旋具对可调电阻器进行调整，观察万用表指针，阻值应在一定范围内变化。

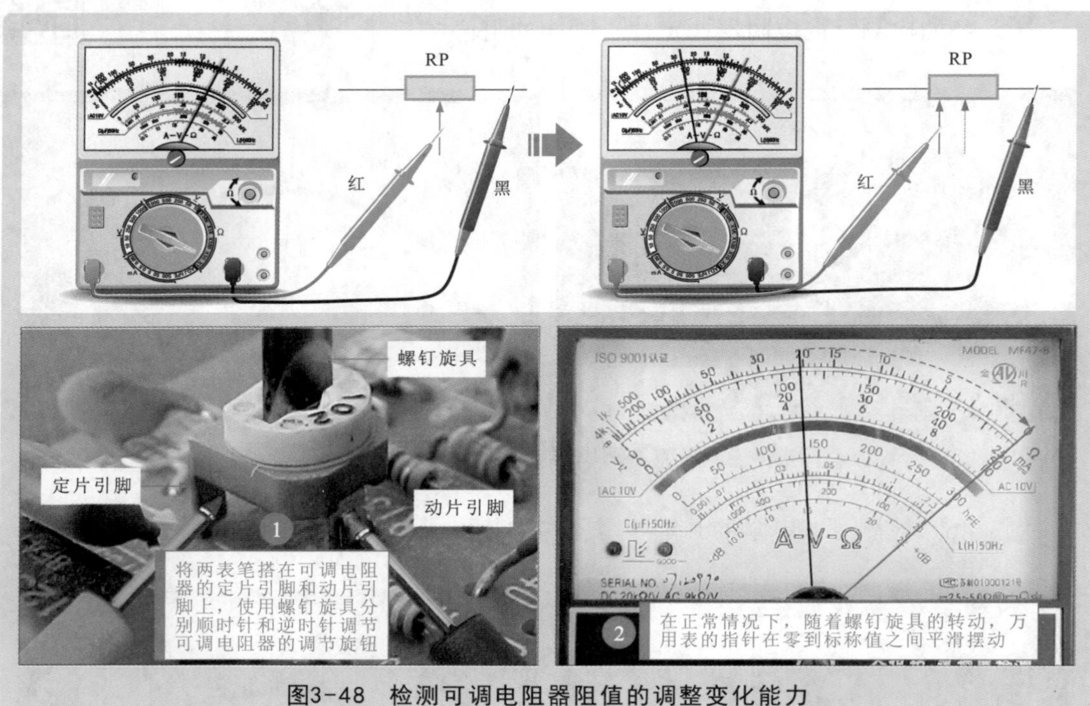
RP
红
黑
RP
红
黑
螺钉旋具
定片引脚
动片引脚
1
将两表笔搭在可调电阻器的定片引脚和动片引脚上，使用螺钉旋具分别顺时针和逆时针调节可调电阻器的调节旋钮
2
在正常情况下，随着螺钉旋具的转动，万用表的指针在零到标称值之间平滑摆动

图3-48 检测可调电阻器阻值的调整变化能力

补充说明

在路测量时应注意外围元器件的影响，根据实测结果对可调电阻器的好坏做出判断。

◆ 若两定片之间的阻值趋近于0或无穷大，则该可调电阻器已经损坏。

◆ 在正常情况下，定片与动片之间的阻值应小于标称值。

◆ 若定片与动片之间的最大阻值和定片与动片之间的最小阻值十分接近，则说明该可调电阻器已失去调节功能。

本章系统介绍常用电容器的功能特点、检测及应用技能。

- ● 认识电容器
  - ◇ 辨别电容器类型
  - ◇ 了解电容器功能
  - ◇ 识读电容器参数
- ● 检测电容器
  - ◇ 检测普通电容器
  - ◇ 检测电解电容器

第4章 电容器的功能特点与检测应用

4.1 认识电容器

4.1.1 辨别电容器类型

电容器是一种可储存电能的元件（储能元件），通常简称为电容。与电阻器一样，几乎每种电子产品中都应用有电容器，是十分常见的电子元器件之一。图4-1为实际电路板上的电容器。

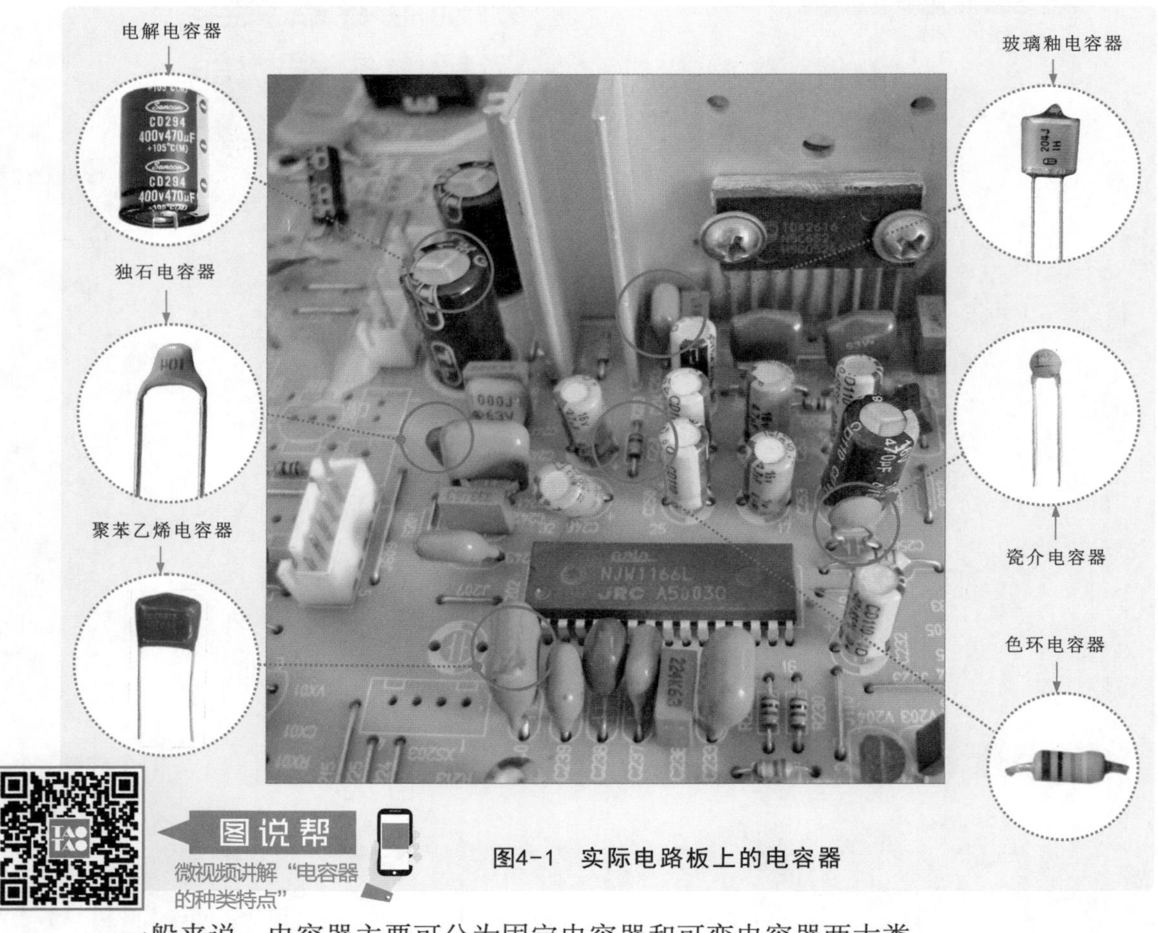
电解电容器
独石电容器
聚苯乙烯电容器
玻璃釉电容器
瓷介电容器
色环电容器
NJW1166L
图说帮
微视频讲解“电容器的种类特点”

图4-1 实际电路板上的电容器

一般来说，电容器主要可分为固定电容器和可变电容器两大类。

1 固定电容器

固定电容器即为电容量固定的一类电容器，其中电子产品中最常见的固定电容器主要有纸介电容器、瓷介电容器、云母电容器、涤纶电容器、玻璃釉电容器、聚苯乙烯电容器等。

① 纸介电容器

图4-2为典型的纸介电容器。纸介电容器是以纸为介质的电容器。它是用两层带状的铝或锡箔中间垫上浸过石蜡的纸卷成筒状，再装入绝缘纸壳或陶瓷壳中，引出端用绝缘材料封装而制成的。这种电容器的价格低、体积大、损耗大且稳定性较差。常用于电动机起动电路中。

纸介电容器
CJ41-1
2μF±5%
160V_86.
电路符号
纸介电容器外壳上标志有电容量等参数信息
字母标志：C
既是在电路中的名称标志信息，也是区分其他元器件的重要信息

图4-2 典型的纸介电容器

② 瓷介电容器

图4-3为典型的瓷介电容器。瓷介电容器是以陶瓷材料作为介质，在其外层常涂以各种颜色的保护漆，并在陶瓷片上覆银制成电极。这种电容器的损耗小，稳定性好。

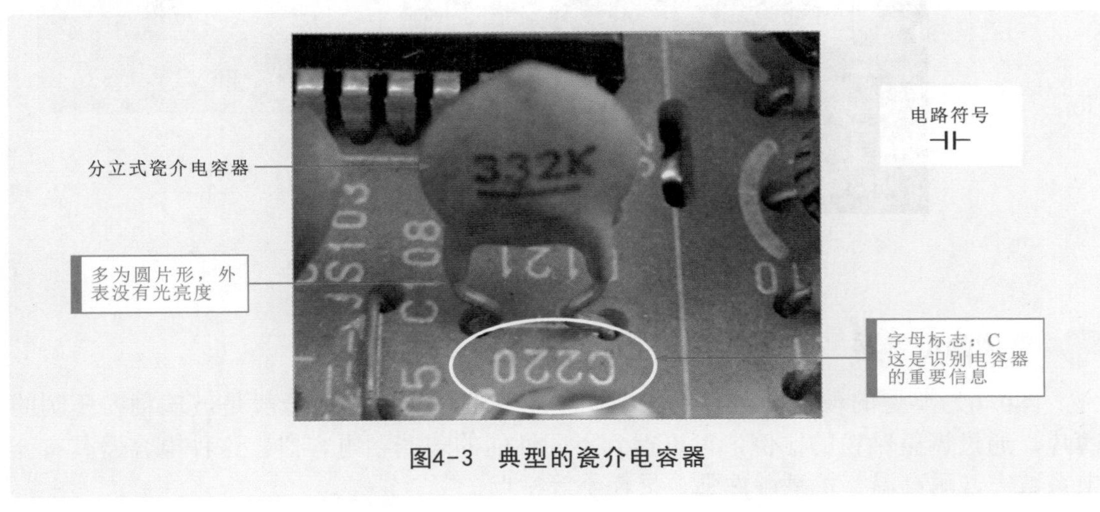
分立式瓷介电容器
332K
C220
电路符号
多为圆片形，外表没有光亮度
字母标志：C
这是识别电容器的重要信息

图4-3 典型的瓷介电容器

3 云母电容器

图4-4为典型的云母电容器。云母电容器是以云母作为介质的电容器，它通常以金属箔为电极，外形多为矩形。这种电容器的电容量较小，具有可靠性高、频率特性好等特点。

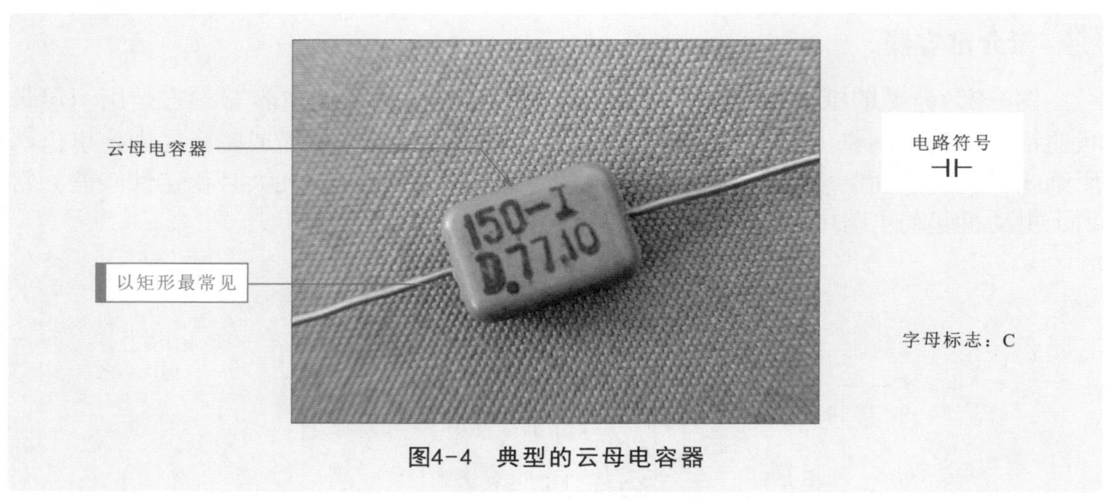
云母电容器
以矩形最常见
150-I
D.77.10
电路符号
字母标志：C

图4-4　典型的云母电容器

4 涤纶电容器

图4-5为典型的涤纶电容器。涤纶电容器是一种采用涤纶薄膜为介质的电容器。这种电容器的成本较低，耐热、耐压和耐潮湿的性能都很好，但稳定性较差，适用于稳定性要求不高的电路。

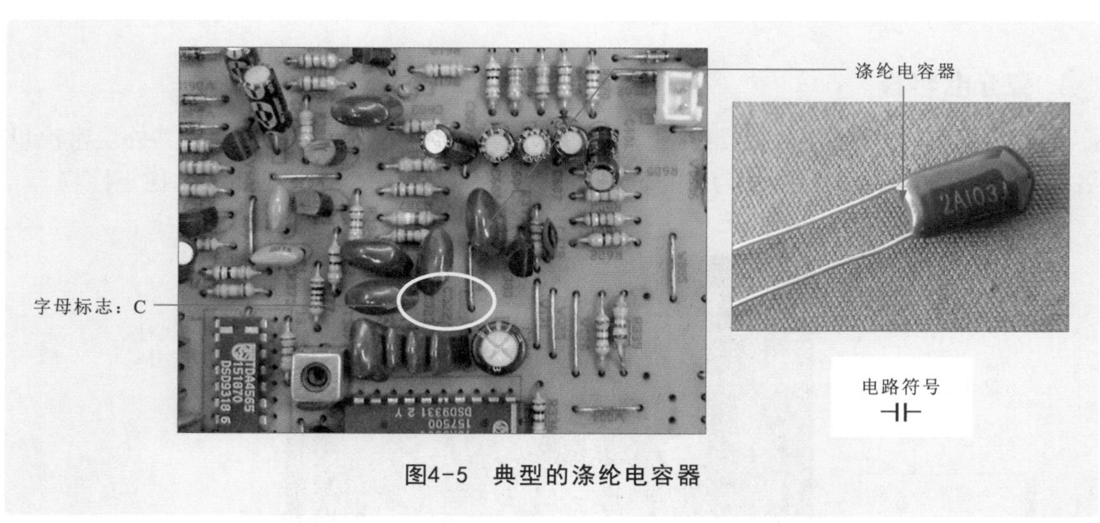
涤纶电容器
2A103
字母标志：C
电路符号

图4-5　典型的涤纶电容器

5 玻璃釉电容器

图4-6为典型的玻璃釉电容器。玻璃釉电容器使用的介质一般是玻璃釉粉压制的薄片，通过调整釉粉的比例，可以得到不同性能的玻璃釉电容器。这种电容器具有介电系数大、耐高温、抗潮湿性强、损耗小等特点。

电路符号
玻璃釉电容器
字母标志：C（C后面的数字表示在电路中的顺序号）
C1025
多为长方体，外表具有明显的玻璃亮度和光泽

图4-6　典型的玻璃釉电容器

6 聚苯乙烯电容器

图4-7为典型的聚苯乙烯电容器。聚苯乙烯电容器是以非极性的聚苯乙烯薄膜为介质制成的电容器。这种电容器的成本低、损耗小、绝缘电阻高、电容量稳定。

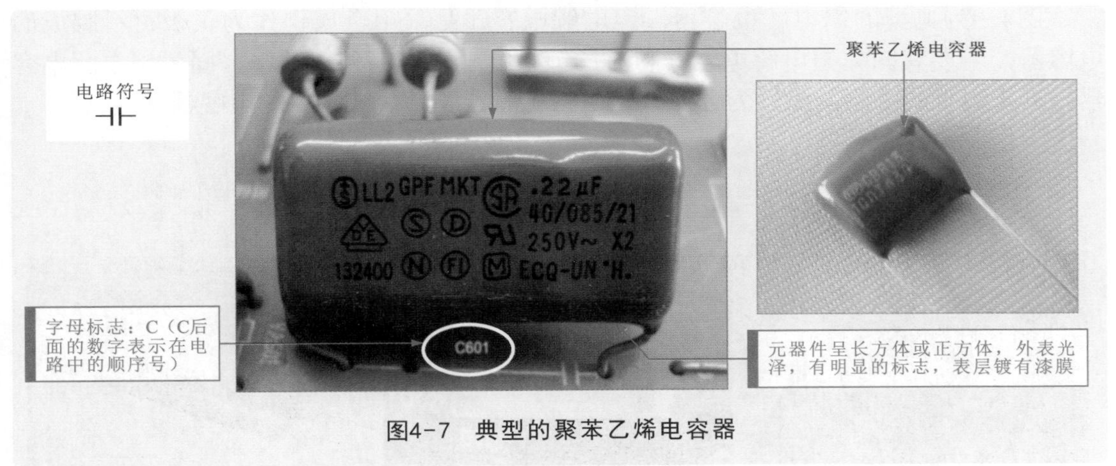
电路符号
聚苯乙烯电容器
字母标志：C（C后面的数字表示在电路中的顺序号）
C601
元器件呈长方体或正方体，外表光泽，有明显的标志，表层镀有漆膜

图4-7　典型的聚苯乙烯电容器

2 电解电容器

电解电容器也是固定电容器的一种，但它与上述几种普通固定电容器不同，这种电容器的引脚有明确的正、负极之分，在安装、使用、检测、代换时，应注意引脚的极性。

常见的电解电容器按电极材料的不同，主要有铝电解电容器和钽电解电容器两种。

1 铝电解电容器

图4-8为典型的铝电解电容器。铝电解电容器是一种液体电解质电容器，它的负极为铝圆筒，正极为浸入液体电解质的弯曲铝带，是目前电子电路中应用最广泛的电容器。

铝电解电容器
有明显的正负引脚需要区分
电路符号
多为圆柱体，体积较大

图4-8 典型的铝电解电容器

② 钽电解电容器

图4-9为典型的钽电解电容器。钽电解电容器是采用金属钽作为正极材料制成的电容器，主要有固体钽电解电容器和液体钽电解电容器两种。其中，固体钽电解电容器根据安装形式不同，又分为分立式钽电解电容器和贴片式钽电解电容器。

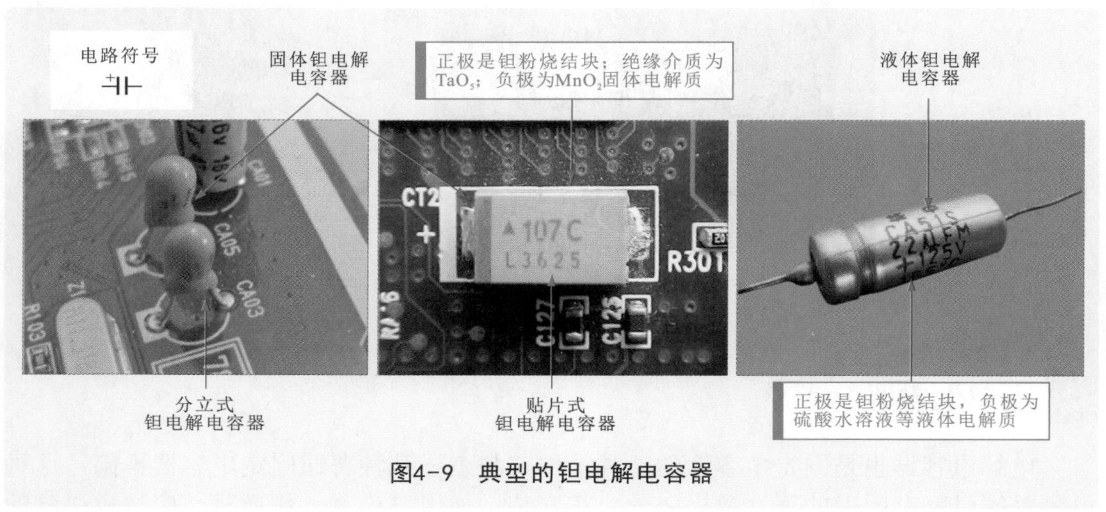
电路符号
固体钽电解电容器
正极是钽粉烧结块；绝缘介质为TaO_5；负极为MnO_2固体电解质
液体钽电解电容器
分立式钽电解电容器
贴片式钽电解电容器
正极是钽粉烧结块，负极为硫酸水溶液等液体电解质

图4-9 典型的钽电解电容器

3 可变电容器

可变电容器是指电容量在一定范围内可调节的电容器，一般由相互绝缘的两组极片组成。其中，固定不动的一组极片被称为定片，可动的一组极片被称为动片，可通过改变极片间的相对有效面积或片间距离，使电容量相应地变化。

可变电容器按照结构的不同又可分为微调可变电容器、单联可变电容器、双联可变电容器和四联可变电容器。

1 微调可变电容器

图4-10为典型的微调可变电容器。微调可变电容器又叫半可调电容器，电容量调整范围小，主要用于收音机的调谐电路中。

微调可变电容器
电路符号
微调可变电容器通常应用在调谐电路中
J1
T2

图4-10　典型的微调可变电容器

2 单联可变电容器

图4-11为典型的单联可变电容器。单联可变电容器是用相互绝缘的两组金属铝片对应组成的。其中，一组为动片，另一组为定片，中间以空气为介质。调整单联可变电容器上的转轴可带动内部动片转动，由此可以改变定片与动片的相对位置，使电容量相应地变化。

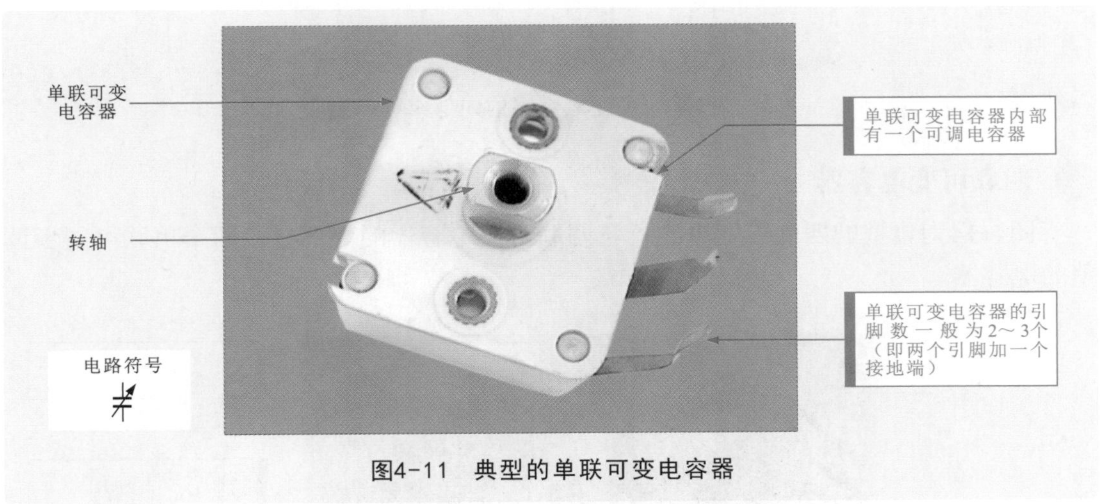
单联可变电容器
转轴
电路符号
单联可变电容器内部有一个可调电容器
单联可变电容器的引脚数一般为2～3个（即两个引脚加一个接地端）

图4-11　典型的单联可变电容器

3 双联可变电容器

图4-12为典型的双联可变电容器。双联可变电容器可以简单理解为由两个单联可变电容器组合而成。调整时，两联电容同步变化。这种电容器的内部结构与单联可变电容器相似，只是一根转轴带动两个电容器的动片同步转动。

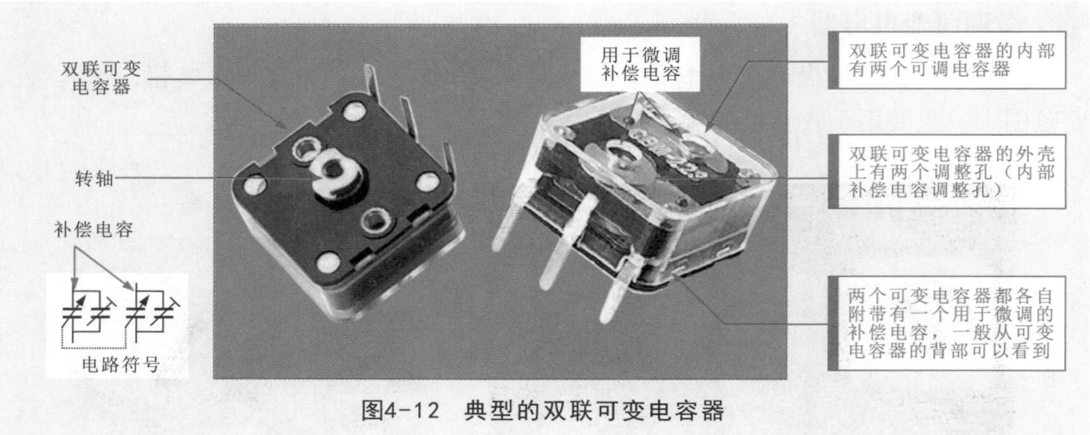
双联可变
电容器
用于微调
补偿电容
双联可变电容器的内部有两个可调电容器
转轴
双联可变电容器的外壳上有两个调整孔（内部补偿电容调整孔）
补偿电容
电路符号
两个可变电容器都各自附带有一个用于微调的补偿电容，一般从可变电容器的背部可以看到
图4-12　典型的双联可变电容器

图4-13为双联可变电容器的内部结构示意图。双联可变电容器中的两个可变电容器都各自附带有一个补偿电容。该补偿电容可以单独微调。一般在双联可变电容器背部可以看到两个补偿电容。

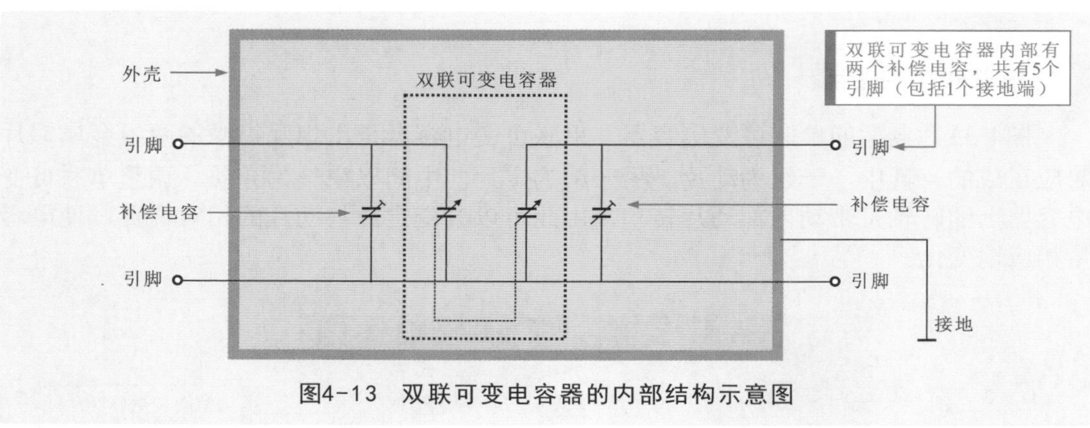
外壳
双联可变电容器
双联可变电容器内部有两个补偿电容，共有5个引脚（包括1个接地端）
引脚
补偿电容
引脚
引脚
补偿电容
引脚
接地
图4-13　双联可变电容器的内部结构示意图

4　四联可变电容器

图4-14为典型的四联可变电容器。四联可变电容器的内部包含四个单联可同步调整的电容器。

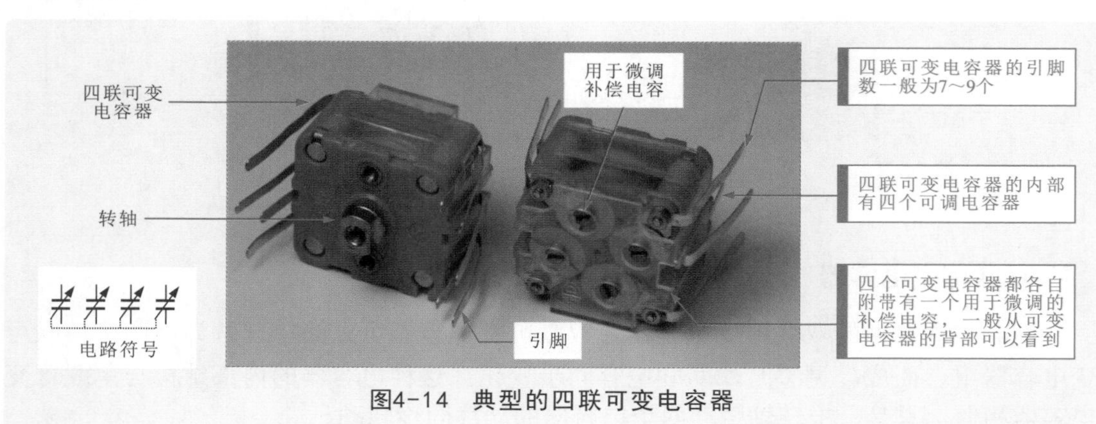
四联可变
电容器
用于微调
补偿电容
四联可变电容器的引脚数一般为7～9个
转轴
四联可变电容器的内部有四个可调电容器
电路符号
引脚
四个可变电容器都各自附带有一个用于微调的补偿电容，一般从可变电容器的背部可以看到
图4-14　典型的四联可变电容器

补充说明

值得注意的是，由于生产工艺的不同，可变电容器的引脚数并不完全统一。通常，单联可变电容器的引脚数一般为2～3个（2个引脚和1个接地端），双联电容器的引脚数不超过7个，四联电容器的引脚数为7～9个。这些引脚除了可变电容的引脚外，其余的引脚都为接地端，方便与电路连接。

4.1.2 了解电容器功能

电容器的结构非常简单，主要是由两个互相靠近的导体，中间夹一层不导电的绝缘介质构成的。两块金属板相对平行放置，不相接触，就可构成一个最简单的电容器。电容器具有隔直流、通交流的特点。

图4-15为电容器的充、放电原理。

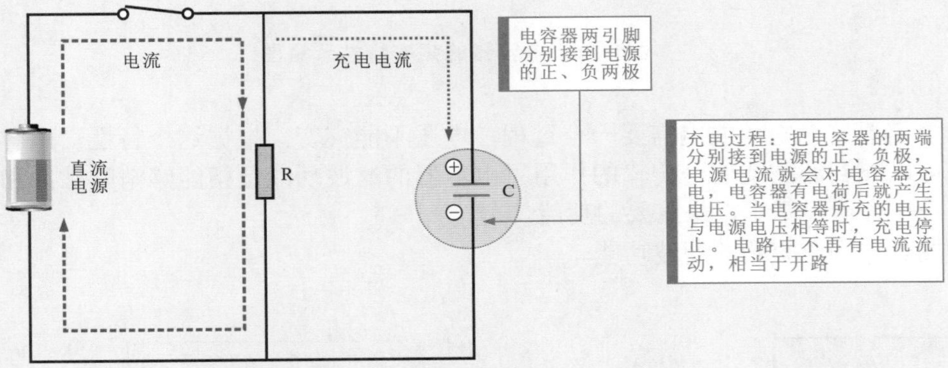

电流
充电电流
电容器两引脚分别接到电源的正、负两极
直流电源
R
C
充电过程：把电容器的两端分别接到电源的正、负极，电源电流就会对电容器充电，电容器有电荷后就产生电压。当电容器所充的电压与电源电压相等时，充电停止。电路中不再有电流流动，相当于开路

（a）电容器的充电过程（积累电荷的过程）

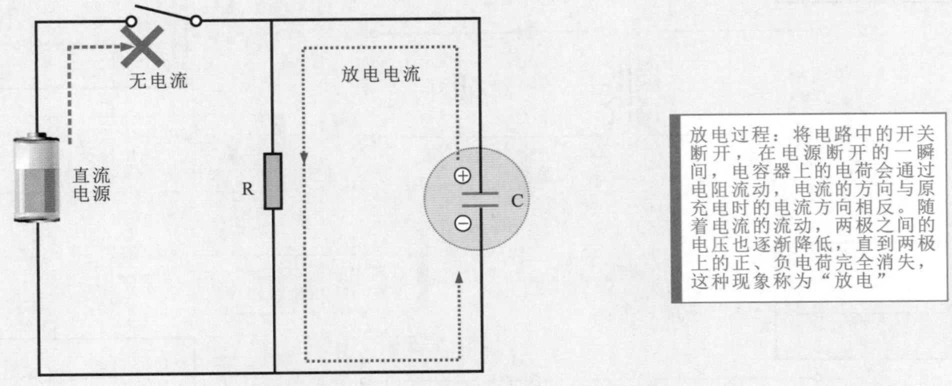

无电流
放电电流
直流电源
R
C
放电过程：将电路中的开关断开，在电源断开的一瞬间，电容器上的电荷会通过电阻流动，电流的方向与原充电时的电流方向相反。随着电流的流动，两极之间的电压也逐渐降低，直到两极上的正、负电荷完全消失，这种现象称为“放电”

（b）电容器的放电过程（相当于一个电源）

图4-15 电容器的充、放电原理

图4-16为电容器的频率特性示意图。首先，电容器能够阻止直流电流通过，允许交流电流通过。其次，电容器的阻抗与传输的信号频率有关，信号的频率越高，电容器的阻抗越小。

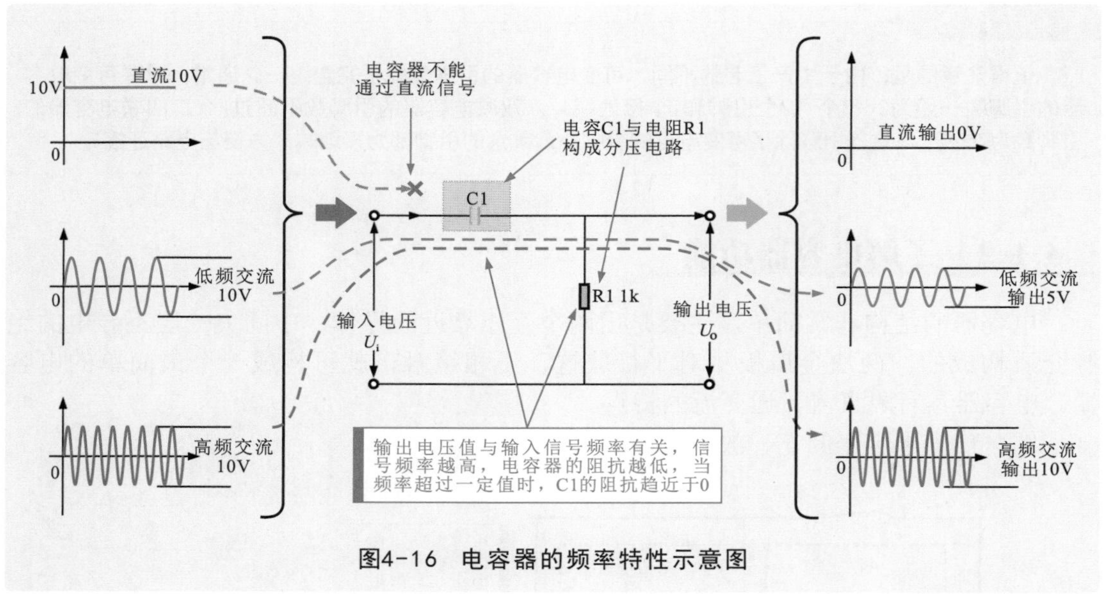
直流10V
10V
0
电容器不能
通过直流信号
电容C1与电阻R1
构成分压电路
C1
直流输出0V
低频交流
10V
输入电压
U_i
R1 1k
输出电压
U_o
低频交流
输出5V
高频交流
10V
输出电压值与输入信号频率有关，信号频率越高，电容器的阻抗越低，当频率超过一定值时，C1的阻抗趋近于0
高频交流
输出10V

图4-16　电容器的频率特性示意图

电容器的充电和放电需要一个过程，电压不能突变。根据这个特性，电容器在电路中可以起到滤波或信号传输的作用。电容器的滤波功能是指能够消除脉冲和噪波功能，是电容器最基本、最重要的功能。

图4-17为电容器的滤波功能。

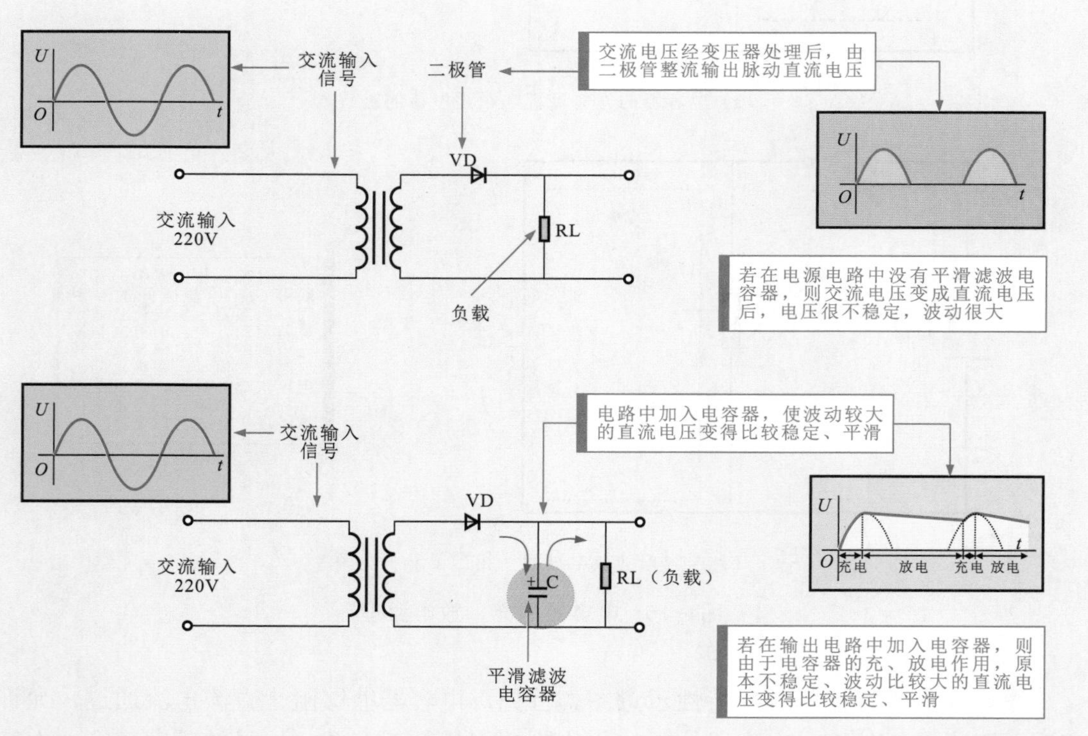

交流输入信号
二极管
交流电压经变压器处理后，由二极管整流输出脉动直流电压
VD
交流输入220V
RL
负载
若在电源电路中没有平滑滤波电容器，则交流电压变成直流电压后，电压很不稳定，波动很大
电路中加入电容器，使波动较大的直流电压变得比较稳定、平滑
交流输入信号
VD
交流输入220V
C
RL（负载）
充电　放电　充电　放电
平滑滤波电容器
若在输出电路中加入电容器，则由于电容器的充、放电作用，原本不稳定、波动比较大的直流电压变得比较稳定、平滑

图4-17　电容器的滤波功能

电容器对交流信号的阻抗较小，易于通过，而对直流信号的阻抗很大，可视为断路。在放大器中，电容器常作为交流信号输入和输出传输的耦合器件。图4-18为电容器的耦合作用。

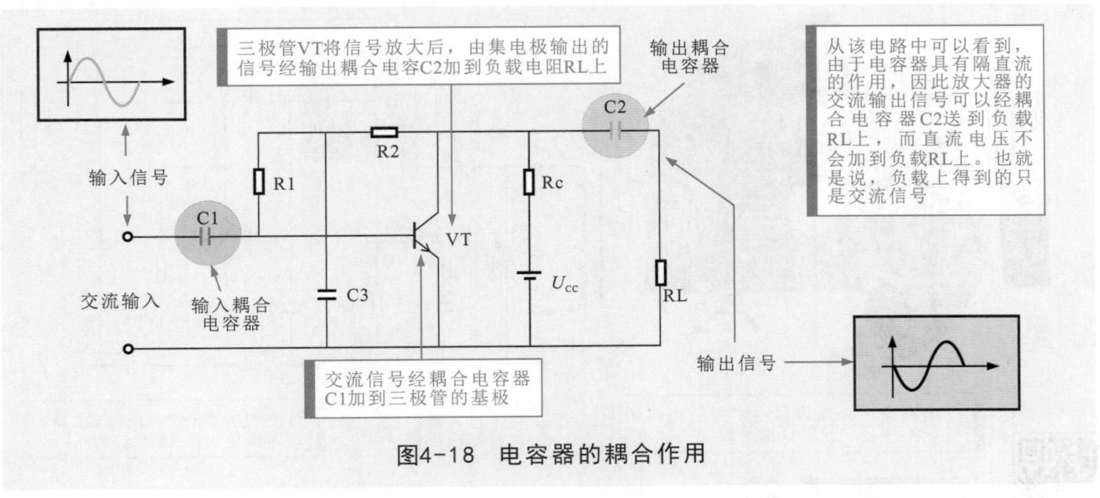
三极管VT将信号放大后，由集电极输出的信号经输出耦合电容C2加到负载电阻RL上
输出耦合电容器
从该电路中可以看到，由于电容器具有隔直流的作用，因此放大器的交流输出信号可以经耦合电容器C2送到负载RL上，而直流电压不会加到负载RL上。也就是说，负载上得到的只是交流信号
输入信号
C2
R2
R1
Rc
C1
VT
C3
U_{cc}
RL
交流输入
输入耦合电容器
交流信号经耦合电容器C1加到三极管的基极
输出信号

图4-18 电容器的耦合作用

4.1.3 识读电容器参数

电容器是一种可存储电能的元件（储能元件），通常简称为电容。它与电阻器一样几乎每种电子产品中都应用了电容器，是十分常见的电子元器件之一。

1 识读电容器电路标志

图4-19为电路中电容器的电路图形符号标志。电路图形符号可以体现电容器的基本类型；文字标志通常提供电容器的名称、序号及电容量等参数信息。

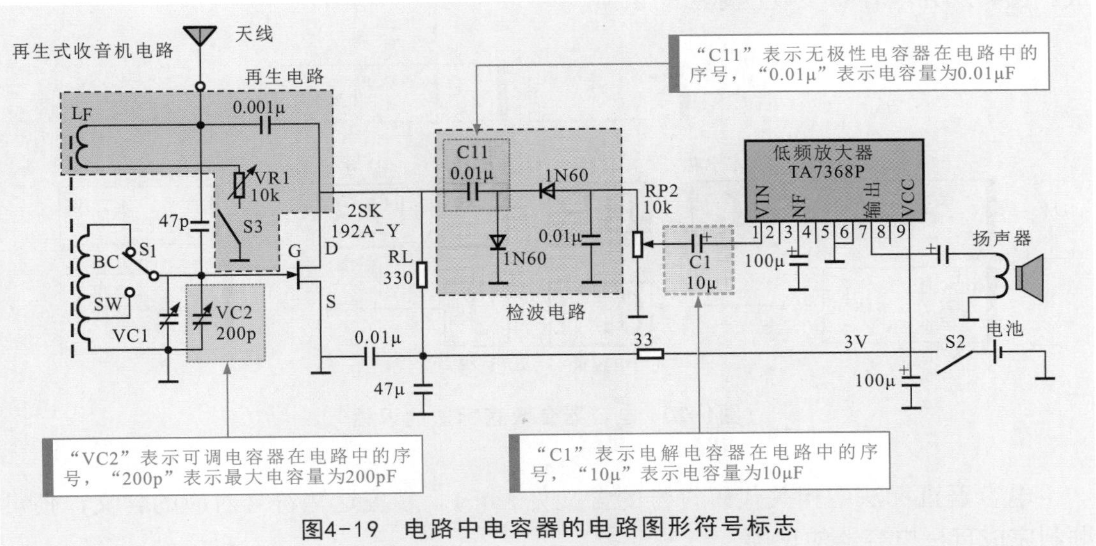
再生式收音机电路
天线
再生电路
"C11"表示无极性电容器在电路中的序号，"0.01μ"表示电容量为0.01μF
LF
0.001μ
VR1
10k
47p
S3
S1
BC
SW
VC1
VC2
200p
2SK
192A-Y
G
D
S
RL
330
C11
0.01μ
1N60
1N60
0.01μ
检波电路
RP2
10k
C1
10μ
低频放大器
TA7368P
VIN
NF
输出
VCC
100μ
扬声器
0.01μ
47μ
33
3V
S2
电池
100μ
"VC2"表示可调电容器在电路中的序号，"200p"表示最大电容量为200pF
"C1"表示电解电容器在电路中的序号，"10μ"表示电容量为10μF

图4-19 电路中电容器的电路图形符号标志

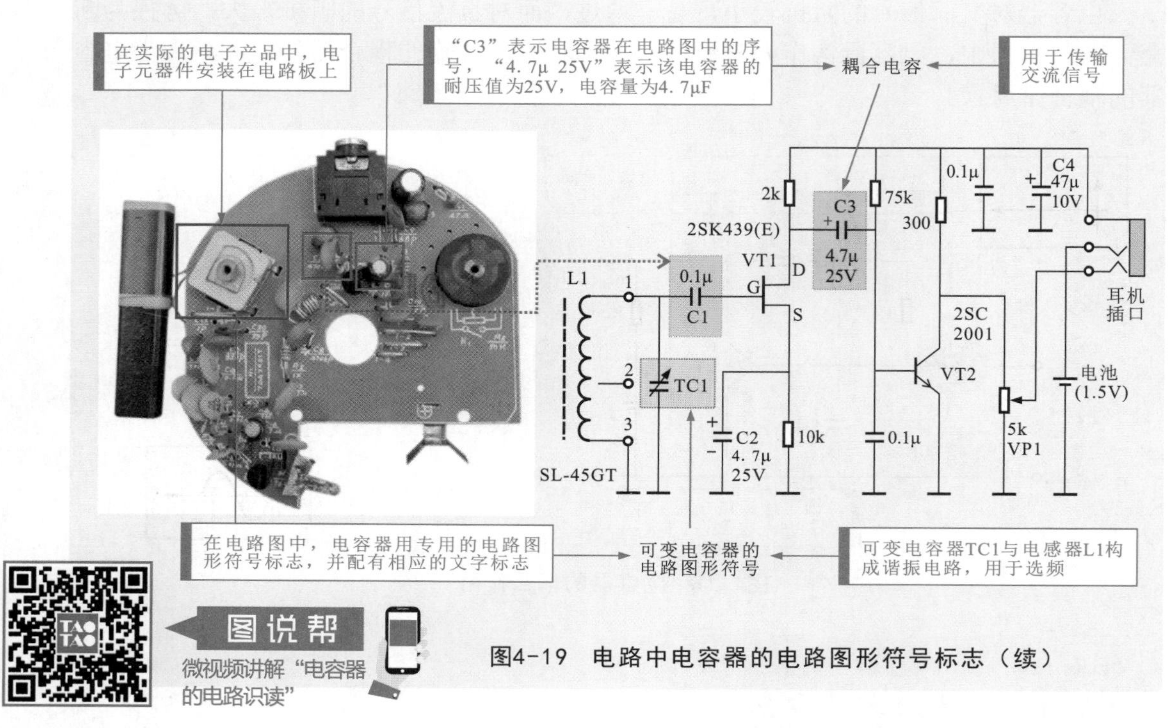
在实际的电子产品中，电子元器件安装在电路板上
"C3"表示电容器在电路图中的序号，"4.7μ 25V"表示该电容器的耐压值为25V，电容量为4.7μF
耦合电容
用于传输交流信号
2k
C3
4.7μ
25V
75k
300
0.1μ
C4
47μ
10V
2SK439(E)
VT1
D
G
S
L1
0.1μ
C1
TC1
C2
4.7μ
25V
10k
0.1μ
2SC
2001
VT2
5k
VP1
耳机插口
电池
(1.5V)
SL-45GT
在电路图中，电容器用专用的电路图形符号标志，并配有相应的文字标志
可变电容器的电路图形符号
可变电容器TC1与电感器L1构成谐振电路，用于选频
图说帮
微视频讲解"电容器的电路识读"

图4-19　电路中电容器的电路图形符号标志（续）

2 识读电容器参数标志

电容器标注参数通常采用直标法、数字标注法及色环标注法。

1 电容器电容量直标法的识读

电容器通常使用直标法将一些代码符号标注在电容器的外壳上，通过不同的数字和字母表示容量值及主要参数。根据我国国家标准规定，电容器型号标志由6部分构成。图4-20为电容器参数直标法的识读。

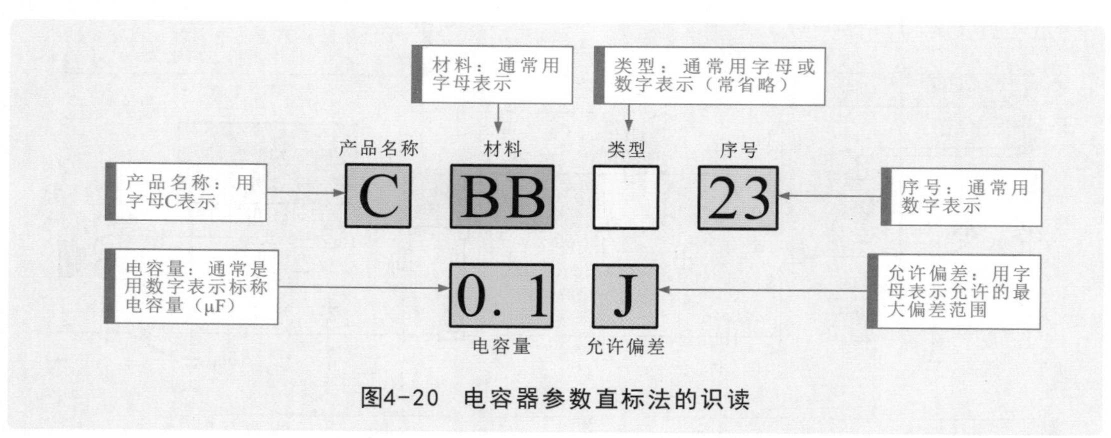
材料：通常用字母表示
类型：通常用字母或数字表示（常省略）
产品名称
材料
类型
序号
产品名称：用字母C表示
C
BB
23
序号：通常用数字表示
电容量：通常是用数字表示标称电容量（μF）
0.1
J
允许偏差：用字母表示允许的最大偏差范围
电容量
允许偏差

图4-20　电容器参数直标法的识读

电容器直标法中相关代码符号的含义见表4-1。掌握这些符号对应的含义，便可顺利完成直标电容器的识读。

表4-1 电容器直标法中相关代码符号的含义

材料				允许偏差			
符号	含义	符号	含义	符号	含义	符号	含义
A	钽电解	N	铌电解	Y	±0.001%	J	±5%
B	聚苯乙烯等，非极性有机薄膜	O	玻璃膜	X	±0.002%	K	±10%
BB	聚丙烯	Q	漆膜	E	±0.005%	M	±20%
C	高频陶瓷	T	低频陶瓷	L	±0.01%	N	±30%
D	铝、铝电解	V	云母纸	P	±0.02%	H	+100% -0%
E	其他材料	Y	云母	W	±0.05%	R	+100% -0%
G	合金	Z	纸介	B	±0.1%	T	+50% -10%
H	纸膜复合			C	±0.25%	Q	+30% -10%
I	玻璃釉			D	±0.5%	S	+50% -20%
J	金属化纸介			F	±1%	Z	+80% -20%
L	聚酯等，极性有机薄膜			G	±2%		

② 电容器参数数字标注法的识读

数字标注法是指用数字或数字与字母相结合的方式标注电容器的主要参数值。图4-21为电容器参数数字标注法的识读。

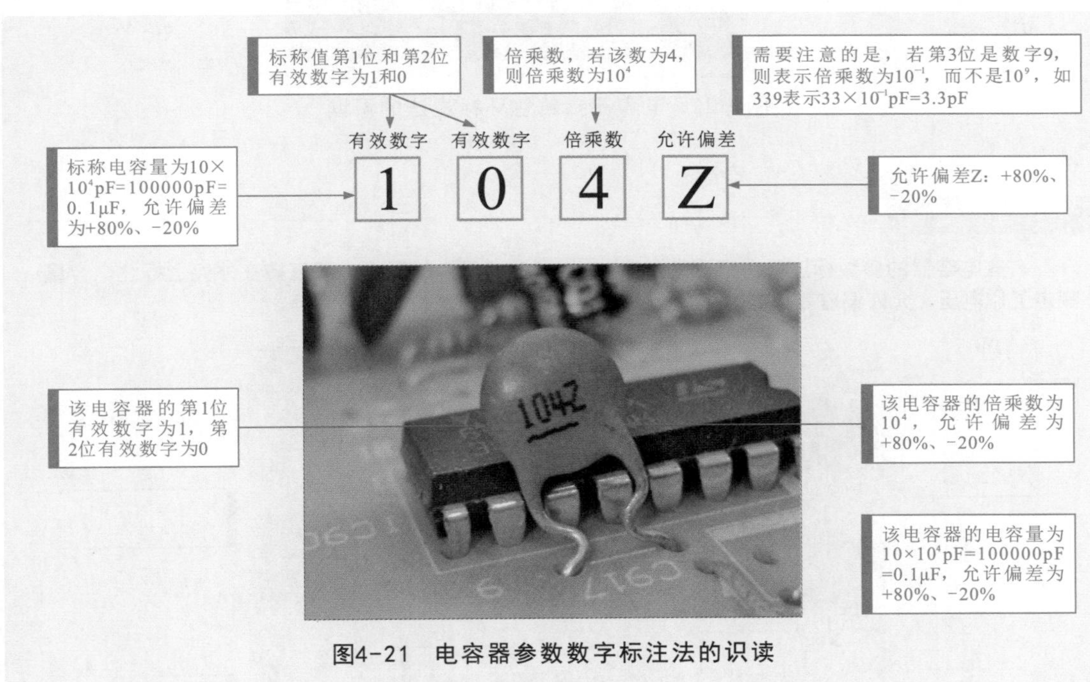

标称值第1位和第2位有效数字为1和0
倍乘数，若该数为4，则倍乘数为10^4
需要注意的是，若第3位是数字9，则表示倍乘数为10^{-1}，而不是10^9，如339表示33×10^{-1}pF=3.3pF
有效数字
有效数字
倍乘数
允许偏差
标称电容量为10×10^4pF=100000pF=0.1μF，允许偏差为+80%、-20%
1
0
4
Z
允许偏差Z：+80%、-20%
该电容器的第1位有效数字为1，第2位有效数字为0
104Z
该电容器的倍乘数为10^4，允许偏差为+80%、-20%
该电容器的电容量为10×10^4pF=100000pF=0.1μF，允许偏差为+80%、-20%

图4-21 电容器参数数字标注法的识读

补充说明

电容器的数字标注法与电阻器的直接标注法相似。其中，前两位数字为有效数字，第3位数字为倍乘数，后面的字母为允许偏差，默认单位为pF。具体允许偏差中字母所表示的含义可参考前面电阻器允许偏差。

③ 电容器参数色环标注法的识读

图4-22为电容器参数色环标注法的识读。在一般情况下，不同颜色的色环代表的含义不同，相同颜色的色环标注在不同位置上的含义也不同。

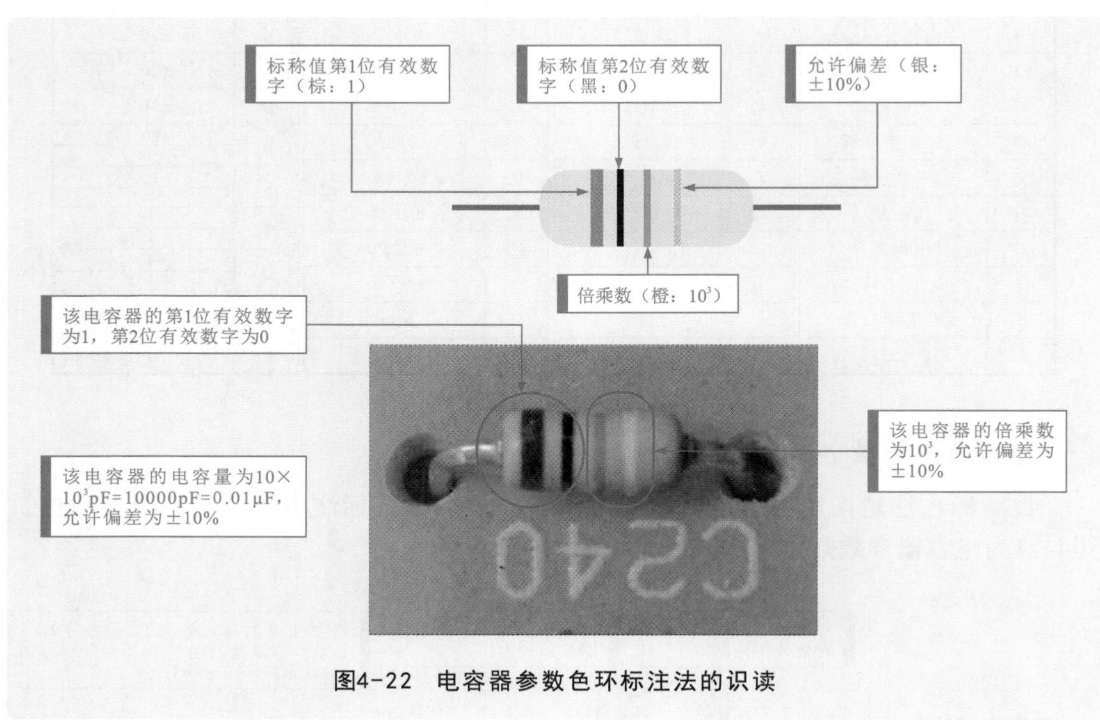
标称值第1位有效数字（棕：1）
标称值第2位有效数字（黑：0）
允许偏差（银：±10%）
倍乘数（橙：10³）
该电容器的第1位有效数字为1，第2位有效数字为0
该电容器的倍乘数为10³，允许偏差为±10%
该电容器的电容量为10×10³pF=10000pF=0.01μF，允许偏差为±10%
C240

图4-22　电容器参数色环标注法的识读

补充说明

有些电容器的参数标注采用直观的数字+单位（无字母）的形式，即直接在外壳上标注电容量、额定工作电压、允许偏差等参数，可直接根据标注识读即可，如图4-23所示。

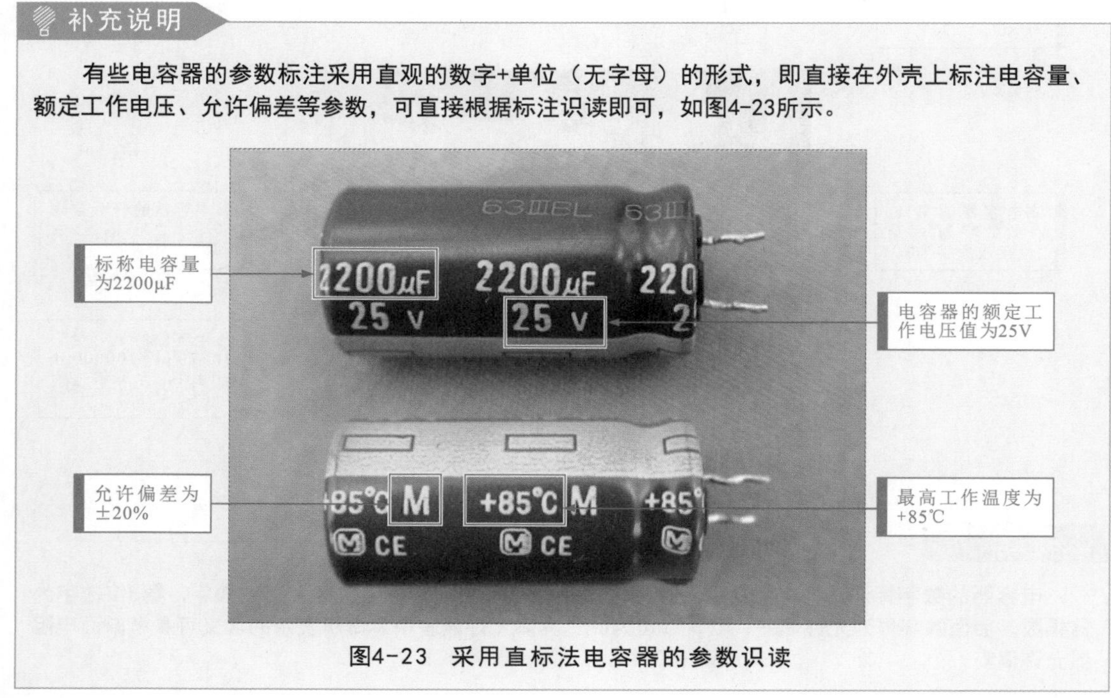
标称电容量为2200μF
2200μF
25 V
电容器的额定工作电压值为25V
允许偏差为±20%
+85℃ M
CE
最高工作温度为+85℃

图4-23　采用直标法电容器的参数识读

3 识读电解电容器引脚极性

区分电解电容器的引脚极性一般可以从三个方面入手：第一种是根据外壳上的颜色或符号标志识别；第二种是根据电容器引脚长短或外部明显标志识别；第三种是根据电路板符号或电路图形符号识别。

一些电解电容器外壳上明显标注有负极性引脚标志，如“－”符号或黑色标记，通常带有这些标志的一端为电解电容器的负极性引脚，如图4-24所示。

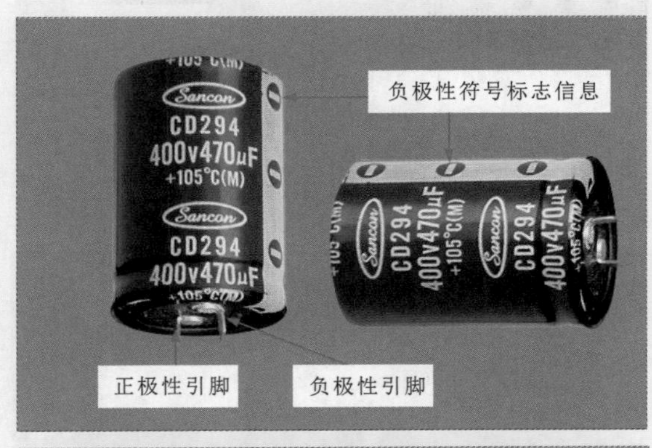
负极性符号标志信息
正极性引脚
负极性引脚
CD294
400v470μF
+105°C(M)

负极性颜色标志信息
正极性引脚
062
4R7
50E
8A
1
50V

图4-24　根据颜色和符号区分电解电容器的引脚极性

电解电容器未安装之前，其引脚长度并不一致，其中引脚较长的为正极性引脚。有些电解电容器在正极性引脚附近会有明显的缺口，根据该类特征区别电容器的引脚极性十分简单。图4-25为根据引脚长短区分电解电容器引脚极性的方法。

引脚长的一端为正极
正极性引脚
负极性引脚
AiSHi
CD50S
50V22μF

图4-25　根据引脚长短区分电解电容器引脚极性的方法

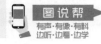

若电解电容器安装在电路板上，则在其附近通常会印有极性符号或电路图形符号，根据电路图形符号标志很容易识别引脚极性。图4-26为根据电路板符号或电路图形符号识别电解电容器引脚极性。

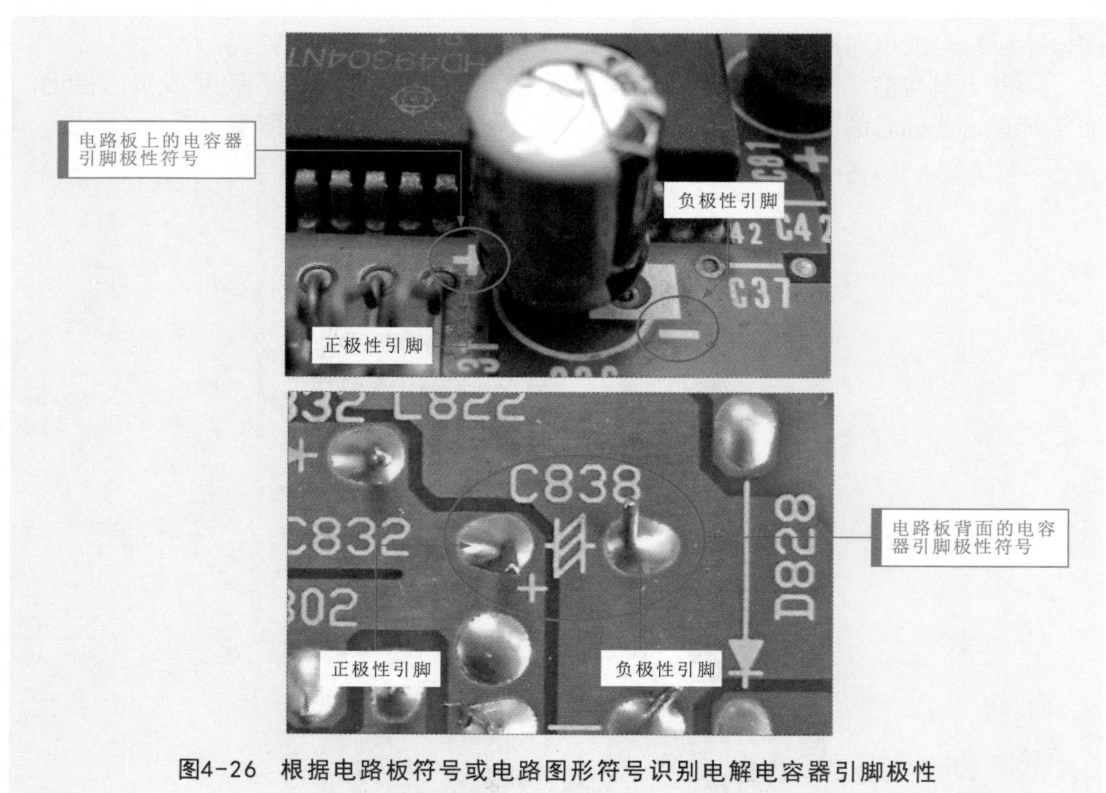
电路板上的电容器引脚极性符号
负极性引脚
正极性引脚
C81
C42
C37
L822
C838
C832
D828
正极性引脚
负极性引脚
电路板背面的电容器引脚极性符号

图4-26 根据电路板符号或电路图形符号识别电解电容器引脚极性

4.2 检测电容器

4.2.1 检测普通电容器

图4-27为待测的普通电容器。

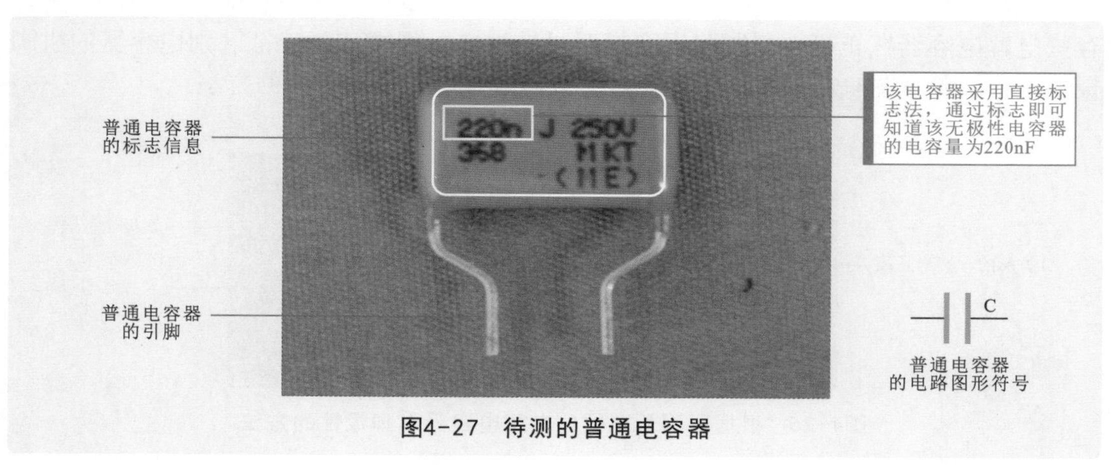
普通电容器的标志信息
220n J 250V
368 MKT
(11E)
该电容器采用直接标志法，通过标志即可知道该无极性电容器的电容量为220nF
普通电容器的引脚
C
普通电容器的电路图形符号

图4-27 待测的普通电容器

检测普通电容器时，可先根据普通电容器的标志信息识读出待测普通电容器的标称电容量，然后使用万用表检测待测普通电容器的实际电容量，最后将实际测量值与标称值比较，从而判别出普通电容器的好坏。

图4-28为数字万用表检测普通电容器电容量的方法。

① 根据待测普通电容器的电容量将万用表的量程调整至“2μF”电容测量挡

② 将附加测试器插座按照极性插入万用表相应的表笔插孔中

③ 将待测普通电容器的引脚插入附加测试器的“Cx”电容测量插孔中

待测普通电容器

“Cx”电容测量插孔标志

根据计算$1\mu F=10^3 nF=10^6 pF$，即$0.231\mu F=231nF$，与普通电容器标称容量值基本相符

④ 观察万用表表盘读出实测数值为0. 231μF=231nF

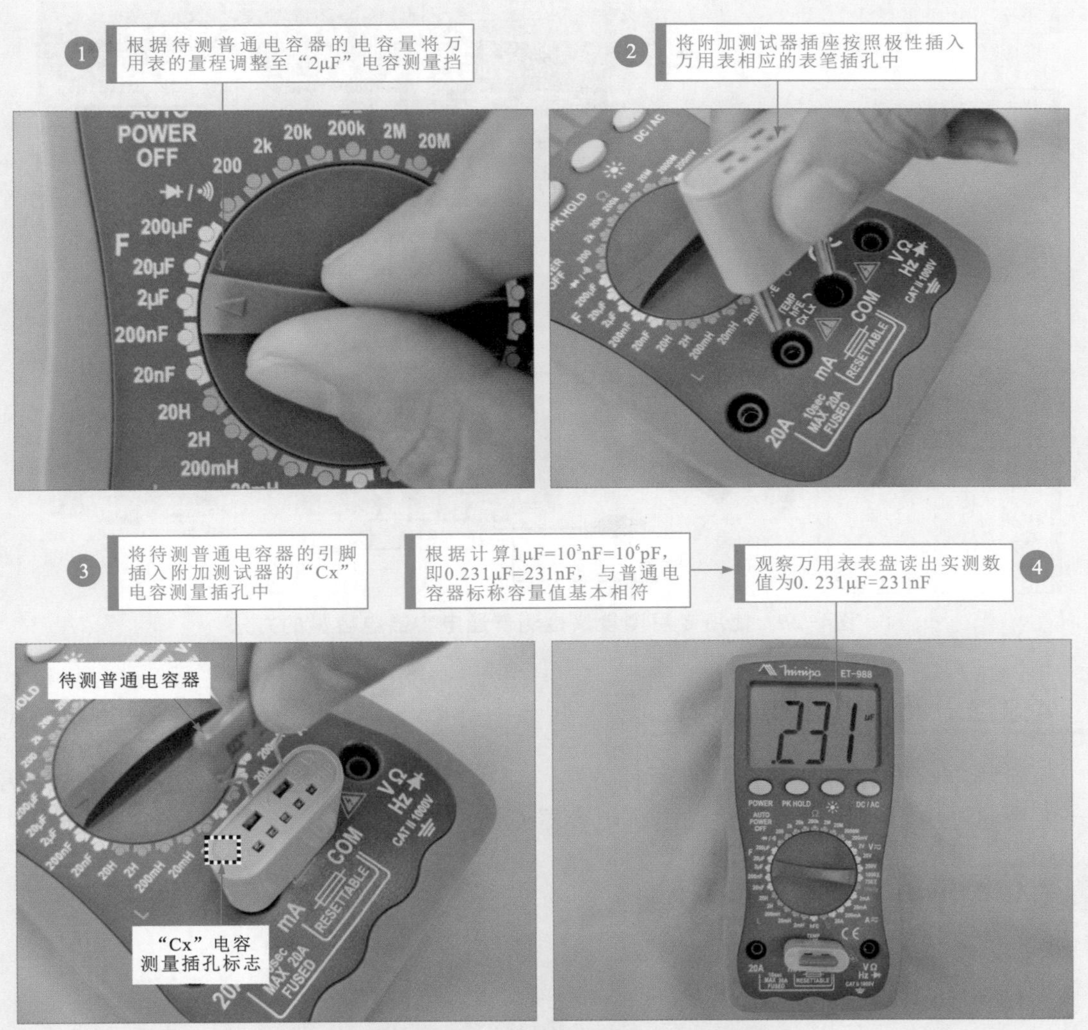

图4-28 数字万用表检测普通电容器电容量的方法

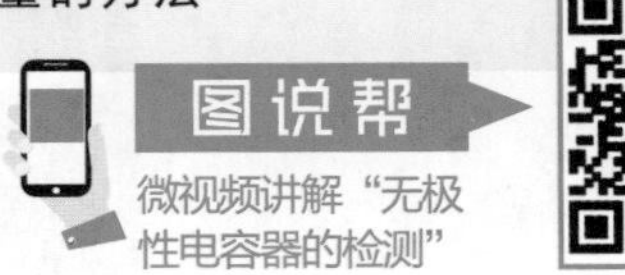
图说帮
微视频讲解“无极性电容器的检测”

补充说明

在正常情况下，用万用表检测电容器时应有一固定的电容量，并且接近标称值。若实测电容量与标称值相差较大，则说明所测电容器损坏。

另外需要注意，在用万用表检测电容器的电容量时，所测电容器的电容量不可超过万用表的量程范围，否则测量结果不准确，无法判断好坏。

如果需要精确测量电容器的电容量（万用表只能粗略测量），则需使用专用的“电感/电容测量仪”。图4-29为使用专用测量仪检测普通电容器电容量的方法。

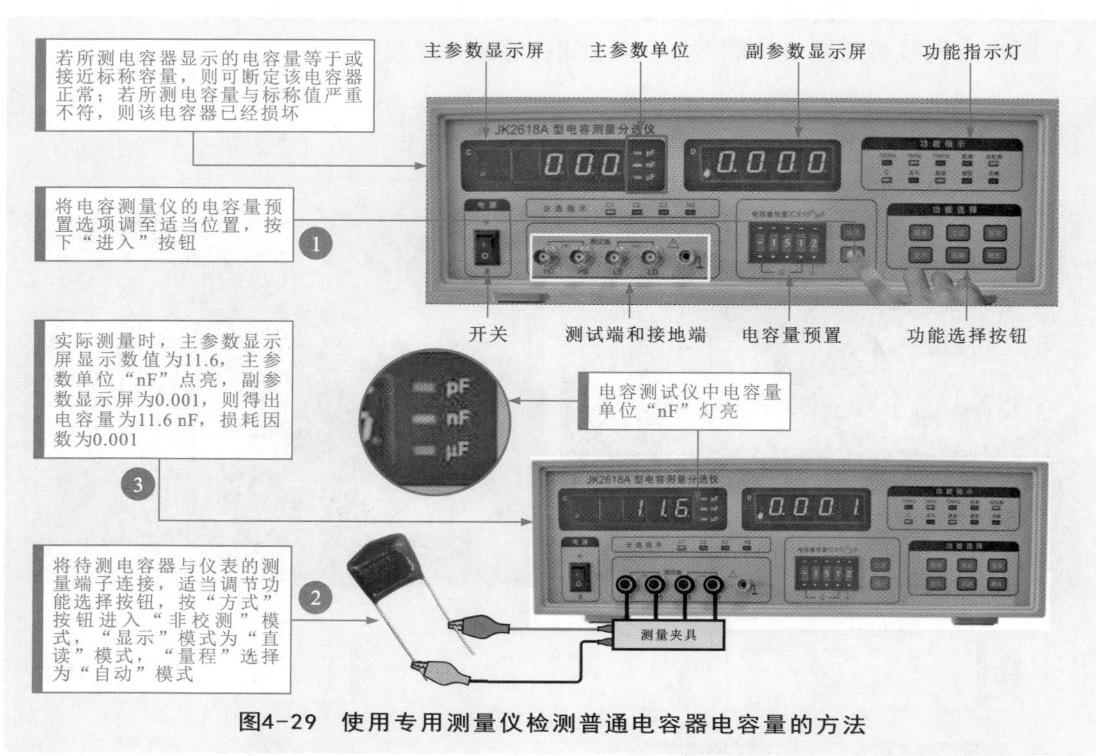
若所测电容器显示的电容量等于或接近标称容量，则可断定该电容器正常；若所测电容量与标称值严重不符，则该电容器已经损坏
主参数显示屏
主参数单位
副参数显示屏
功能指示灯
将电容测量仪的电容量预置选项调至适当位置，按下“进入”按钮
1
开关
测试端和接地端
电容量预置
功能选择按钮
实际测量时，主参数显示屏显示数值为11.6，主参数单位“nF”点亮，副参数显示屏为0.001，则得出电容量为11.6 nF，损耗因数为0.001
电容测试仪中电容量单位“nF”灯亮
3
将待测电容器与仪表的测量端子连接，适当调节功能选择按钮，按“方式”按钮进入“非校测”模式，“显示”模式为“直读”模式，“量程”选择为“自动”模式
2
测量夹具

图4-29　使用专用测量仪检测普通电容器电容量的方法

4.2.2 检测电解电容器

检测电解电容器是否正常有两种方法：一种是直接检测电解电容器的电容量；另一种是通过电阻测量的方法检测电解电容器充放电的性能。

1 检测电解电容器的电容量

图4-30为待测的电解电容器。

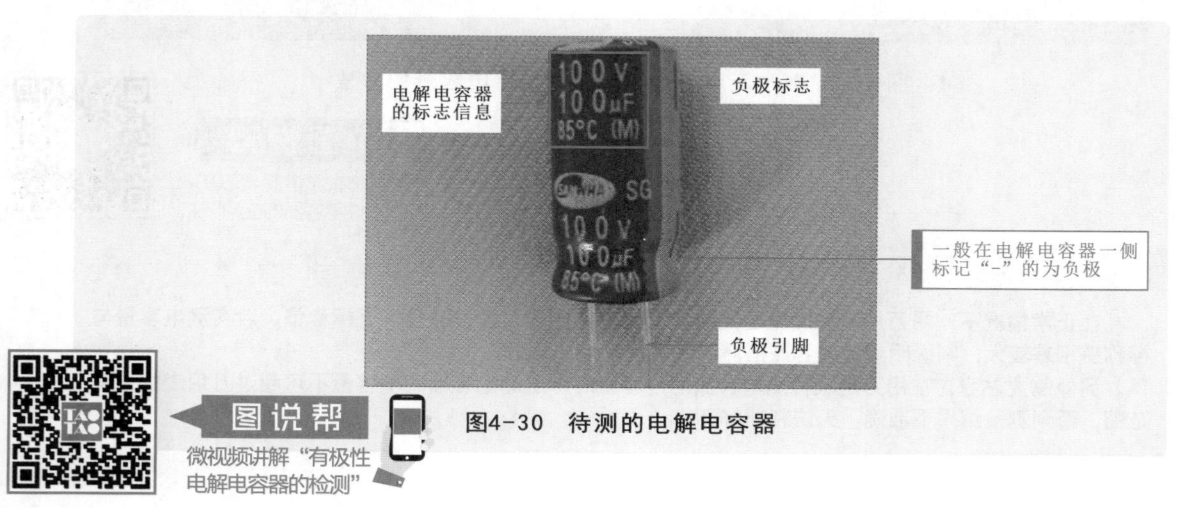
电解电容器的标志信息
负极标志
一般在电解电容器一侧标记“-”的为负极
负极引脚
图说帮
微视频讲解“有极性电解电容器的检测”

图4-30　待测的电解电容器

检测前，首先识别待测电解电容器的引脚极性，然后用电阻器对电解电容器进行放电操作，以避免电解电容器中存有残留电荷而影响检测结果，如图4-31所示。

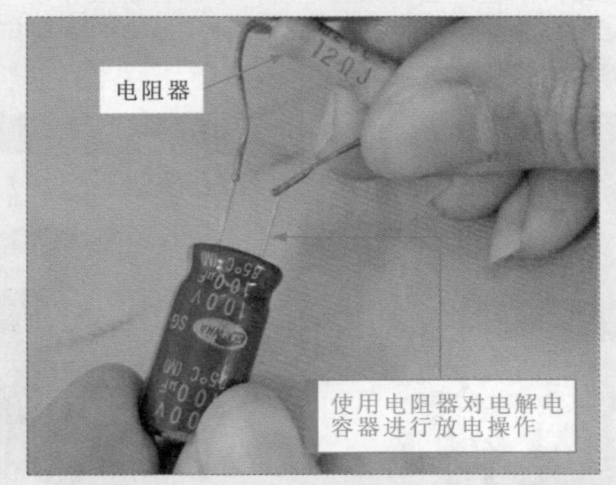
电阻器
使用电阻器对电解电容器进行放电操作

图4-31 识别待测电解电容器的引脚极性并进行放电操作

放电操作完成后，使用数字万用表检测电解电容器的电容量，即可判断待测电解电容器性能的好坏，如图4-32所示。

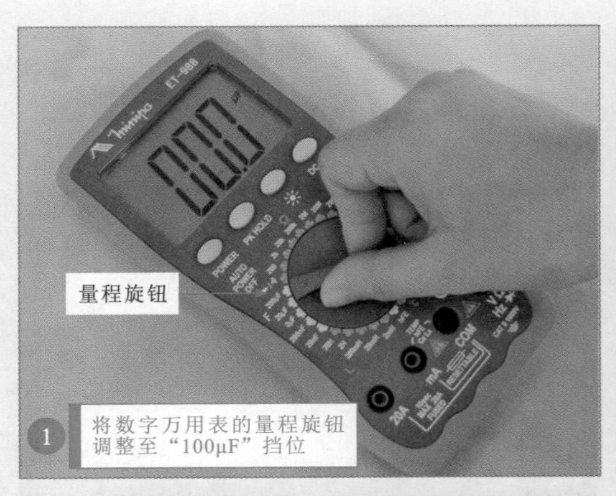
量程旋钮
1 将数字万用表的量程旋钮调整至“100μF”挡位

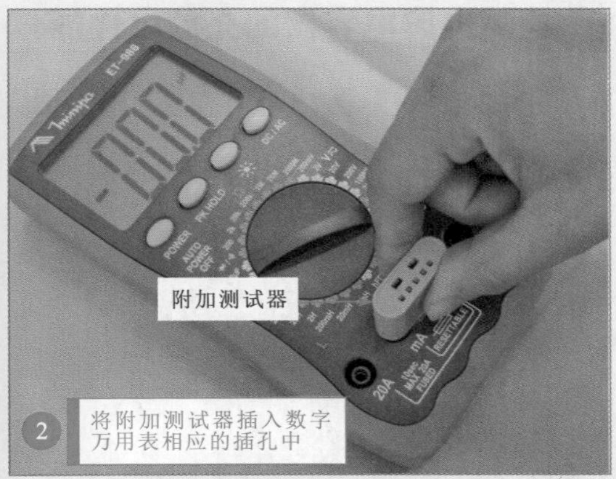
附加测试器
2 将附加测试器插入数字万用表相应的插孔中

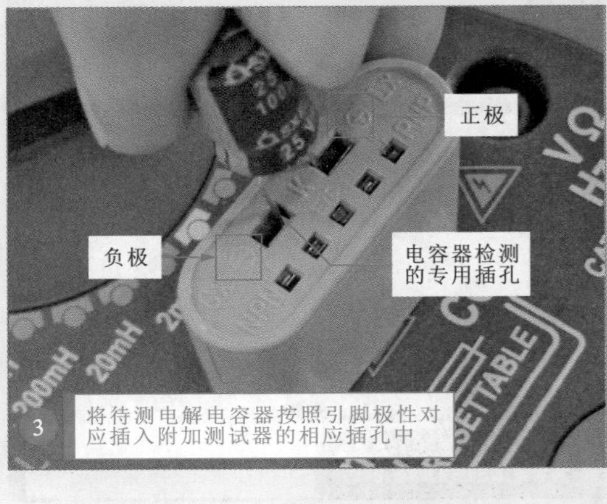
正极
负极
电容器检测的专用插孔
3 将待测电解电容器按照引脚极性对应插入附加测试器的相应插孔中

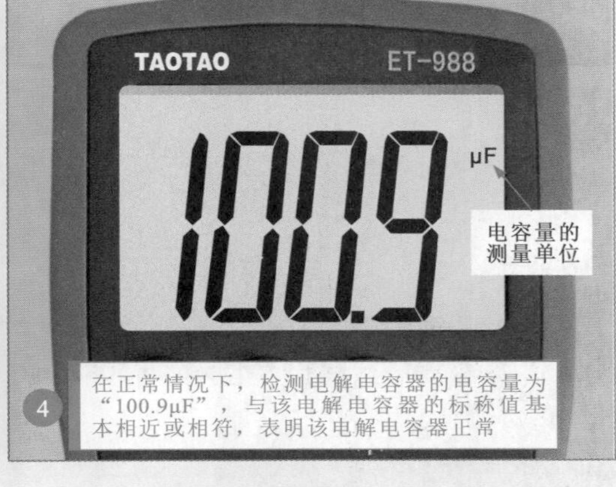
TAOTAO
ET-988
100.9
μF
电容量的测量单位
4 在正常情况下，检测电解电容器的电容量为“100.9μF”，与该电解电容器的标称值基本相近或相符，表明该电解电容器正常

图4-32 使用数字万用表检测电解电容器的电容量

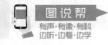

补充说明

如图4-33所示，电解电容器的放电操作主要是针对大容量电解电容器，由于大容量电解电容器在工作中可能会有很多电荷，如短路，则会产生很强的电流，不仅容易损坏检测仪表，严重时还会引发电击事故。因此，通常在检测电解电容器之前应先进行放电操作。放电时一般可选用阻值较小的电阻，将电阻的引脚与电解电容器的引脚相连即可放电。

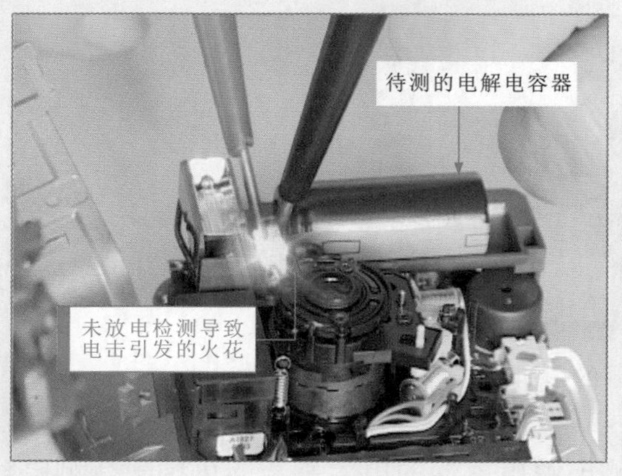
待测的电解电容器
未放电检测导致
电击引发的火花

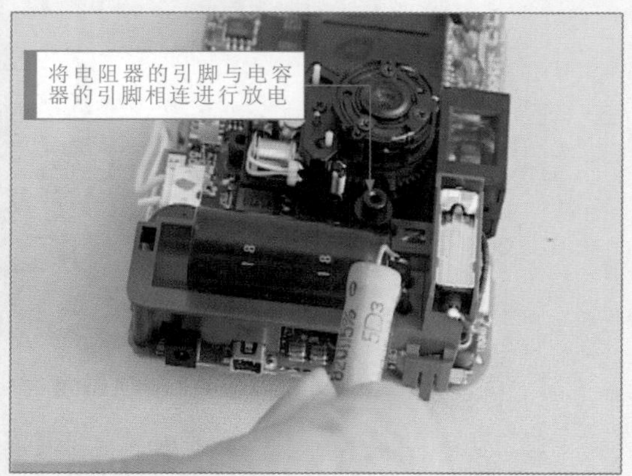
将电阻器的引脚与电容
器的引脚相连进行放电

图4-33　大容量电解电容器的放电操作

2　检测电解电容器的充放电性能

图4-34为使用指针万用表检测电解电容器充放电性能的方法。

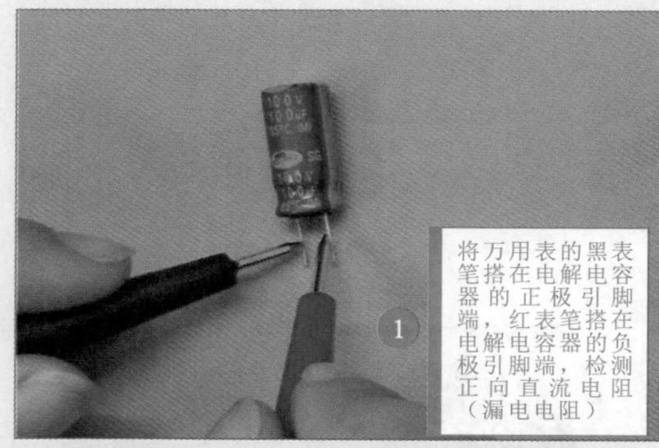
1
将万用表的黑表笔搭在电解电容器的正极引脚端，红表笔搭在电解电容器的负极引脚端，检测正向直流电阻（漏电电阻）

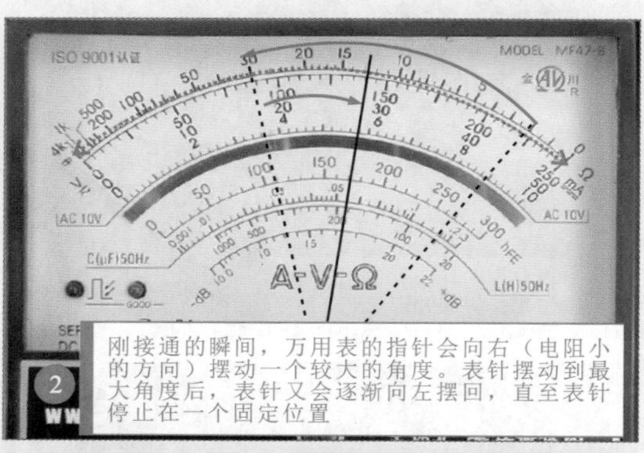
2
刚接通的瞬间，万用表的指针会向右（电阻小的方向）摆动一个较大的角度。表针摆动到最大角度后，表针又会逐渐向左摆回，直至表针停止在一个固定位置

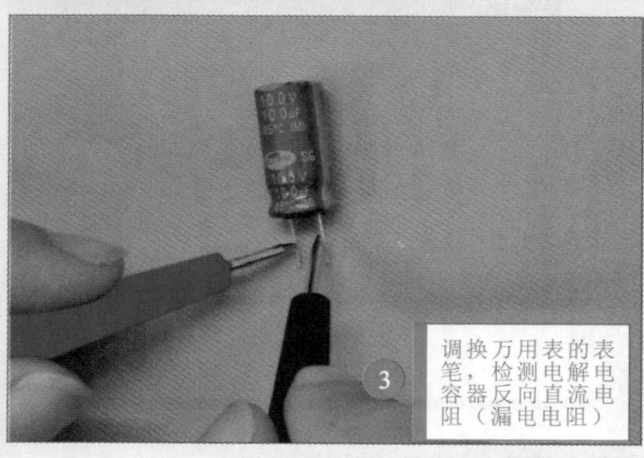
3
调换万用表的表笔，检测电解电容器反向直流电阻（漏电电阻）

4
在正常情况下，反向漏电电阻小于正向漏电电阻

图4-34　使用指针万用表检测电解电容器充放电性能的方法

补充说明

检测电解电容器的正向直流电阻时，指针万用表的指针摆动速度较快，检测时应注意观察。若万用表的指针没有摆动，则表明该电解电容器已经失去电容量。

对于较大的电解电容器，可使用万用表检测充、放电过程；对于较小的电容器，无须使用该方法检测电解电容器的充、放电过程。

通常，在检测电解电容器的直流电阻时会遇到几种不同的检测结果，通过不同的检测结果可以大致判断电解电容器损坏的原因，如图4-35所示。

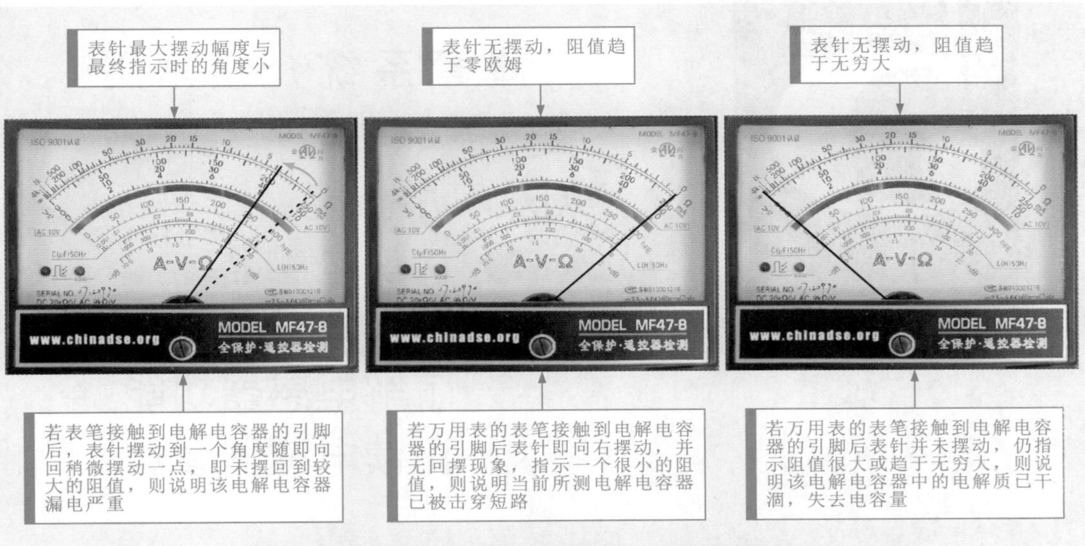
表针最大摆动幅度与最终指示时的角度小
表针无摆动，阻值趋于零欧姆
表针无摆动，阻值趋于无穷大
若表笔接触到电解电容器的引脚后，表针摆动到一个角度随即向回稍微摆动一点，即未摆回到较大的阻值，则说明该电解电容器漏电严重
若万用表的表笔接触到电解电容器的引脚后表针即向右摆动，并无回摆现象，指示一个很小的阻值，则说明当前所测电解电容器已被击穿短路
若万用表的表笔接触到电解电容器的引脚后表针并未摆动，仍指示阻值很大或趋于无穷大，则说明该电解电容器中的电解质已干涸，失去电容量
MODEL MF47-8
www.chinadse.org
全保护·遥控器检测

图4-35 通过检测结果判断电解电容器损坏的原因

补充说明

钽电解电容器为贴片式，安装在电路板中，检测时，通常使用万用表检测电容量，通过检测的电容量与标称值对比判断性能好坏。图4-36为钽电解电容器的检测方法。

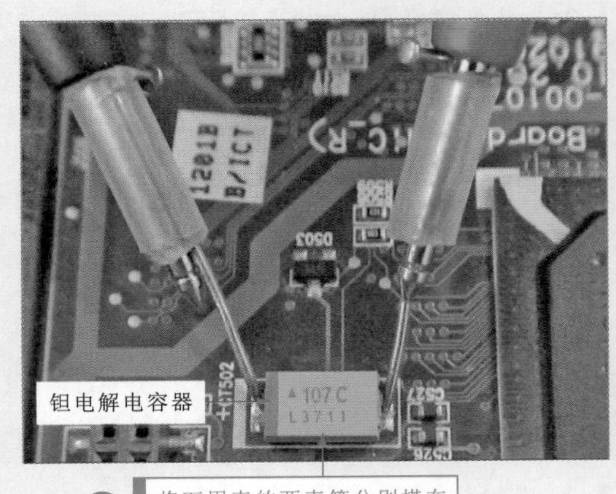
钽电解电容器
107C
L3711
① 将万用表的两表笔分别搭在钽电解电容器的两引脚端

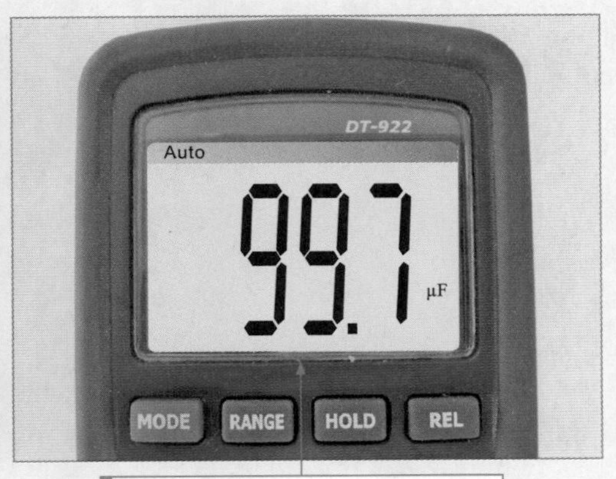
DT-922
Auto
99.7 μF
MODE
RANGE
HOLD
REL
② 在正常情况下，可以检测出当前电容器的电容量，从而判断是否正常

图4-36 钽电解电容器的检测方法

本章系统介绍常用电感器的功能特点、检测及应用技能。

- ● 认识电感器
  - ◇ 辨别电感器类型
  - ◇ 了解电感器功能
  - ◇ 识读电感器参数

- ● 检测电感器
  - ◇ 检测色环电感器
  - ◇ 检测色码电感器
  - ◇ 检测电感线圈
  - ◇ 检测贴片电感器
  - ◇ 检测微调电感器

第5章

电感器的功能特点与检测应用

5.1 认识电感器

5.1.1 辨别电感器类型

电感器简称为电感。它在电路中具有阻碍电流变化的特性。图5-1为实际电路板上的电感。

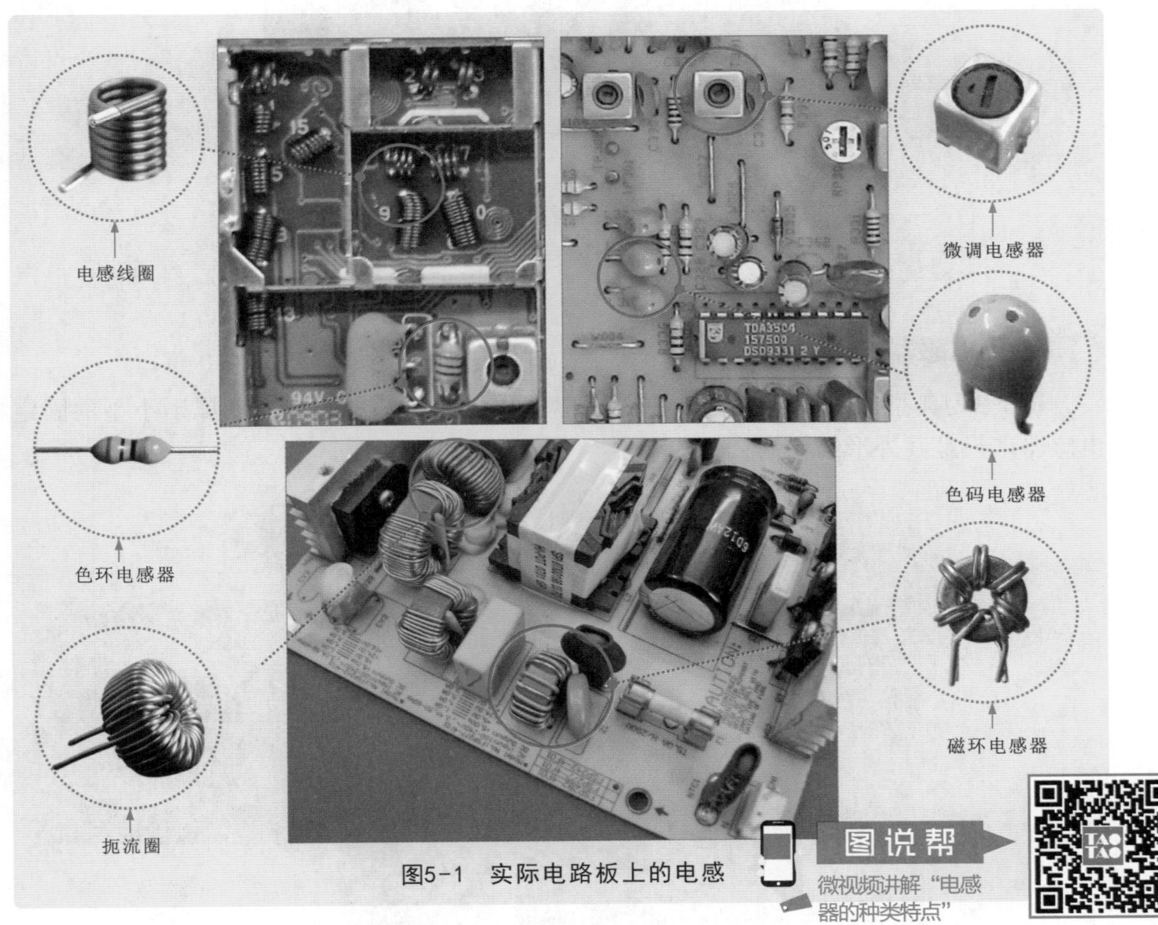

电感线圈
色环电感器
扼流圈
微调电感器
色码电感器
磁环电感器

图5-1 实际电路板上的电感

图说帮

微视频讲解“电感器的种类特点”

电感器的种类繁多，分类方式也多种多样，根据电感量是否可变，主要可将其分为固定电感器和可调电感器两大类。

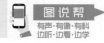

1 固定电感器

固定电感器即为电感量固定的一类电感器。较常见的固定电感器主要有色环电感器、色码电感器、贴片电感器等。

1 色环电感器

图5-2为典型的色环电感器。色环电感器的电感量固定，是一种具有磁心的线圈。它是将线圈绕制在软磁性铁氧体的基体上，再用环氧树脂或塑料封装而成的，在其外壳上标以色环表明电感量的数值。

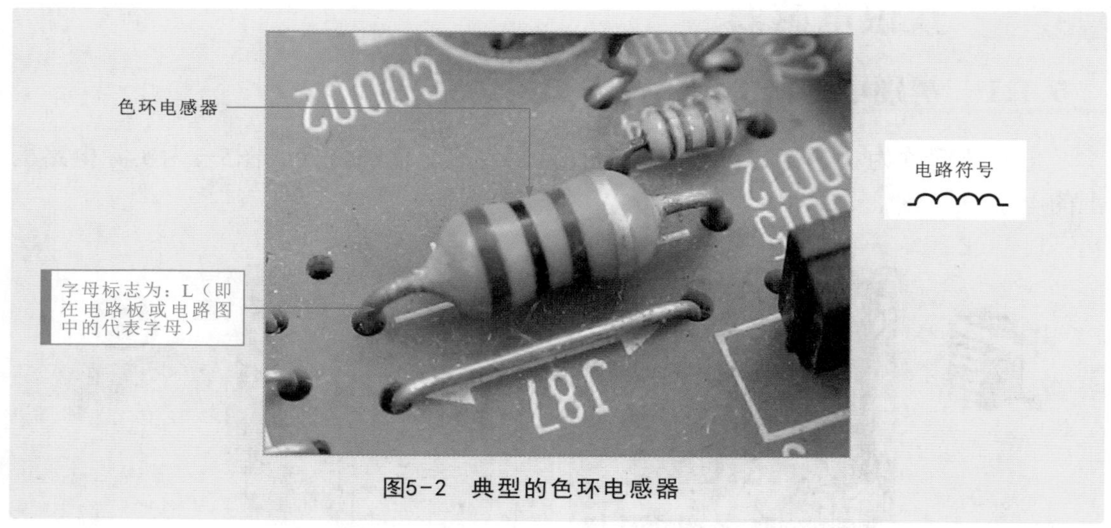
色环电感器
字母标志为：L（即在电路板或电路图中的代表字母）
电路符号
C0002
J87
图5-2 典型的色环电感器

2 色码电感器

图5-3为典型的色码电感器。色码电感器与色环电感器类似，都属于小型的固定电感器，只是其外形结构为直立式。

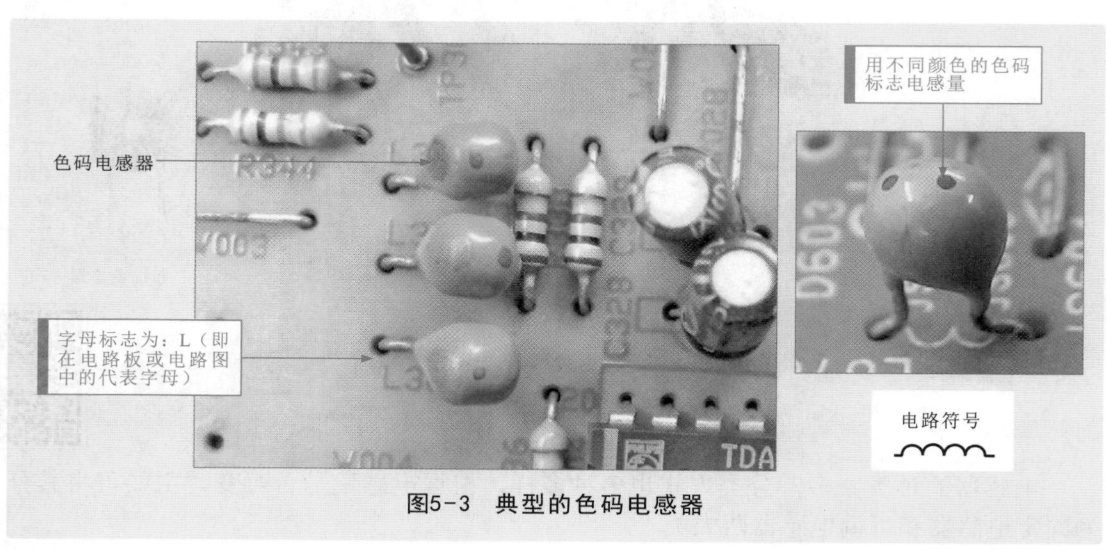
色码电感器
字母标志为：L（即在电路板或电路图中的代表字母）
用不同颜色的色码标志电感量
电路符号
R344
TDA
图5-3 典型的色码电感器

③ 贴片电感器

图5-4为典型的贴片电感器。贴片电感器是指采用表面贴装方式安装在电路板上的一类电感器，这种电感器一般应用于体积小、集成度高的数码类电子产品中。

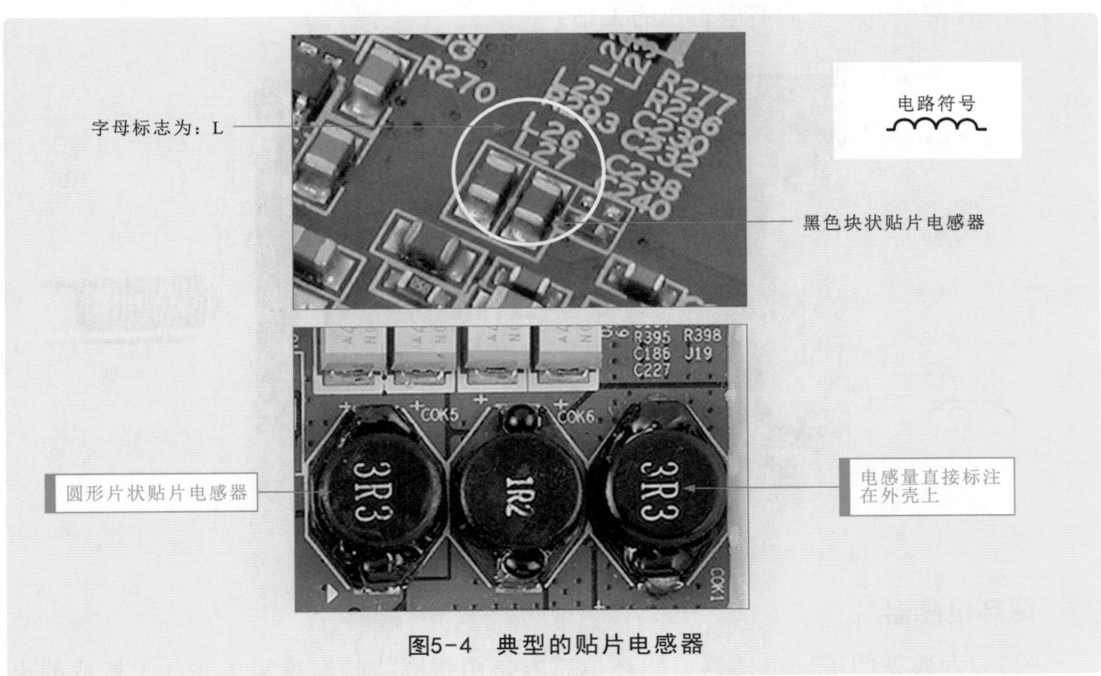
字母标志为：L
电路符号
黑色块状贴片电感器
圆形片状贴片电感器
电感量直接标注在外壳上
3R3
1R2
3R3

图5-4 典型的贴片电感器

2 可调电感器

可调电感器即为电感量可改变的一类电感器或电感线圈。较常见的可调电感器主要有空心电感线圈、磁心电感器、磁环电感器、扼流圈、微调电感器等。

① 空心电感线圈

图5-5为典型的空心电感线圈。空心电感线圈没有磁心，通常线圈绕的匝数较少，电感量小，可通过改变电感线圈的疏密程度改变电感量的大小。

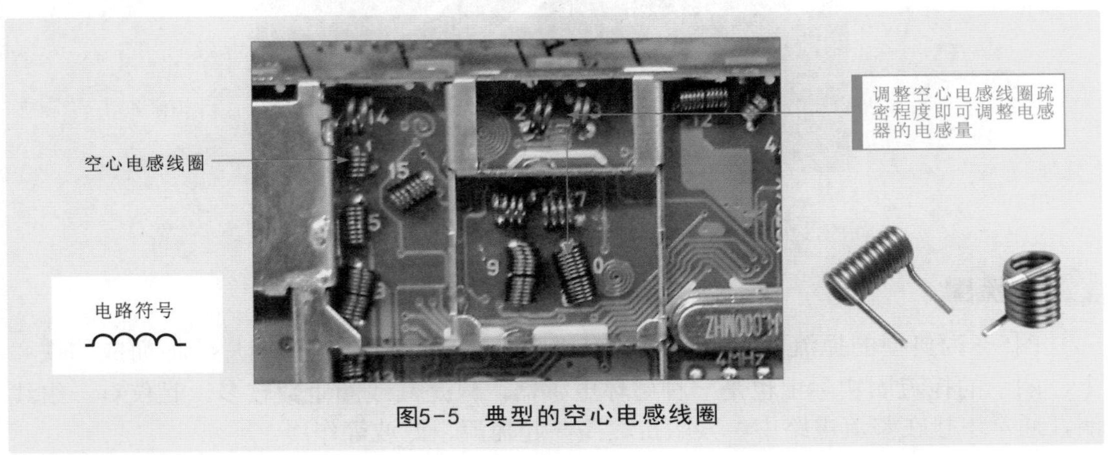
空心电感线圈
调整空心电感线圈疏密程度即可调整电感器的电感量
电路符号

图5-5 典型的空心电感线圈

2 磁心电感器

图5-6为典型的磁心电感器。磁心电感器是指在磁心上绕制线圈制成的电感器，这样的绕制方法会大大增加线圈的电感量。可以通过线圈在磁心上的左右移动（调整线圈间的疏密程度）来调整电感量的大小。

磁心电感器
改变绕制在磁心上线圈的疏密程度即可调整电感器的电感量
电路符号
字母标志：L
L1F
COLD

图5-6 典型的磁心电感器

3 磁环电感器

图5-7为典型的磁环电感器。磁环电感器是由线圈绕制在铁氧体磁环上构成的电感器，可通过改变磁环上线圈的匝数和疏密程度来改变电感器的电感量。

磁环电感器
可通过改变磁环上线圈的匝数和疏密程度来改变电感器的电感量
电路符号
字母标志：L

图5-7 典型的磁环电感器

4 扼流圈

图5-8为典型的扼流圈。扼流圈也有很多是将线圈绕在由矽钢片叠加而成的铁心上，图示的扼流圈实际上也是一种磁环电感器，只是其线圈匝数较多，且仅有一组线圈，通常串接在整流电路中，其阻抗较高，起扼流、滤波等作用。

扼流圈
扼流圈一般为一组线圈
电路符号
字母标志：L

图5-8 典型的扼流圈

5 微调电感器

图5-9为典型的微调电感器。微调电感器就是可以对电感量进行细微调整的电感器。该类电感器一般设有屏蔽外壳，磁心上设有条形槽口，以便调整。

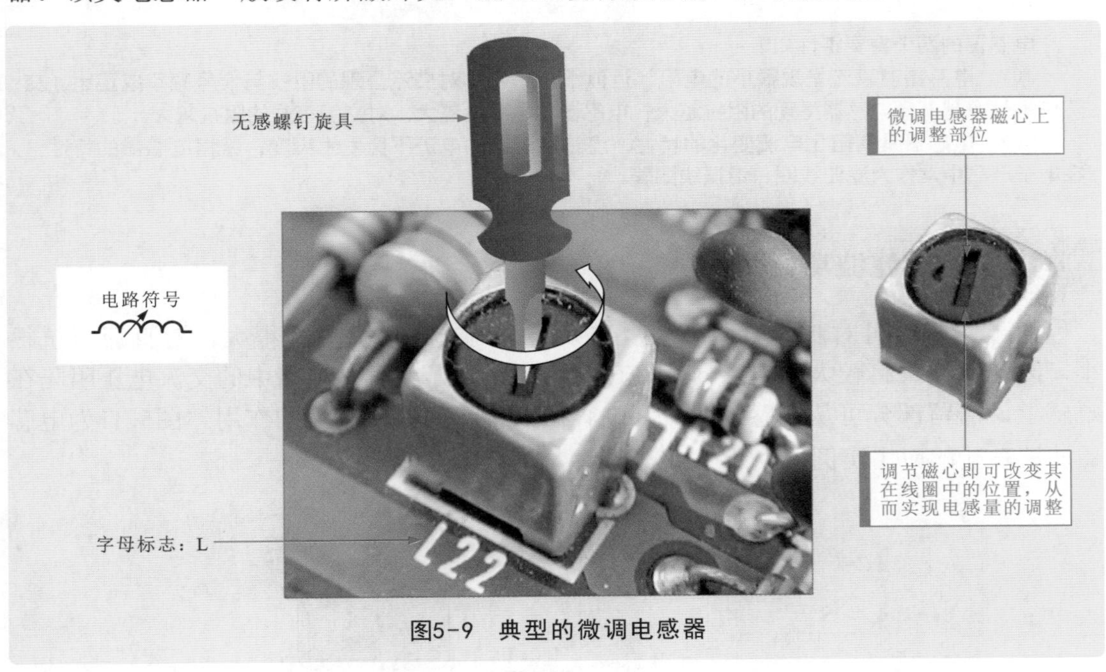
无感螺钉旋具
微调电感器磁心上的调整部位
电路符号
调节磁心即可改变其在线圈中的位置，从而实现电感量的调整
字母标志：L
L22

图5-9 典型的微调电感器

5.1.2 了解电感器功能

电感器就是将导线绕制成线圈状而制成的，当电流流过时，在线圈（电感）的两端就会形成较强的磁场。由于电磁感应的作用，它会对电流的变化起阻碍作用。因此，电感对直流呈现很小的电阻（近似于短路），而对交流呈现阻抗较高，其阻值的大小与所通过的交流信号的频率有关。同一电感元件，通过的交流电流的频率越高，则呈现的电阻值越大。

图5-10为电感器的基本工作特性示意图。

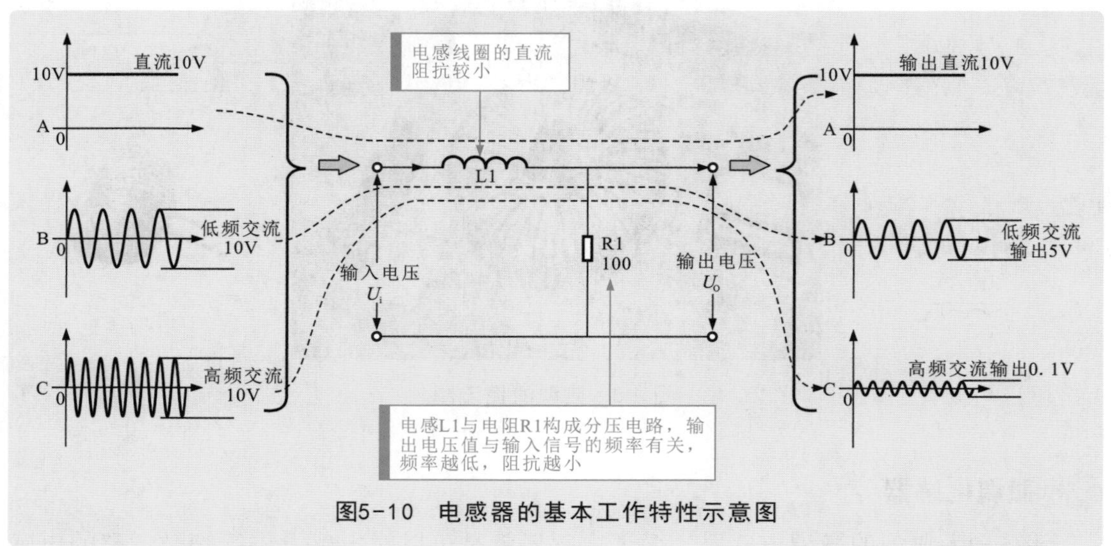
10V
直流10V
A
0
电感线圈的直流
阻抗较小
L1
B
低频交流
10V
R1
100
输入电压
U_i
输出电压
U_o
C
高频交流
10V
电感L1与电阻R1构成分压电路，输
出电压值与输入信号的频率有关，
频率越低，阻抗越小
输出直流10V
低频交流
输出5V
高频交流输出0. 1V

图5-10　电感器的基本工作特性示意图

补充说明

电感器的两个重要特性如下：

（1）电感器对直流呈现很小的电阻（近似于短路），对交流呈现的阻抗与信号频率成正比，交流信号频率越高，电感器呈现的阻抗越大；电感器的电感量越大，对交流信号的阻抗越大。

（2）电感器具有阻止电流变化的特性，流过电感器的电流不会发生突变，根据电感器的特性，在电子产品中常作为滤波线圈、谐振线圈等。

1　电感器的滤波功能

由于电感器可对脉动电流产生反电动势，对交流电流阻抗很大，对直流阻抗很小，因此，如果将较大的电感器串接在整流电路中，就可使电路中的交流电压阻隔在电感上，滞留部分可从电感线圈流到电容器上，起到滤除交流的作用。图5-11为电感器滤波功能的应用实例。

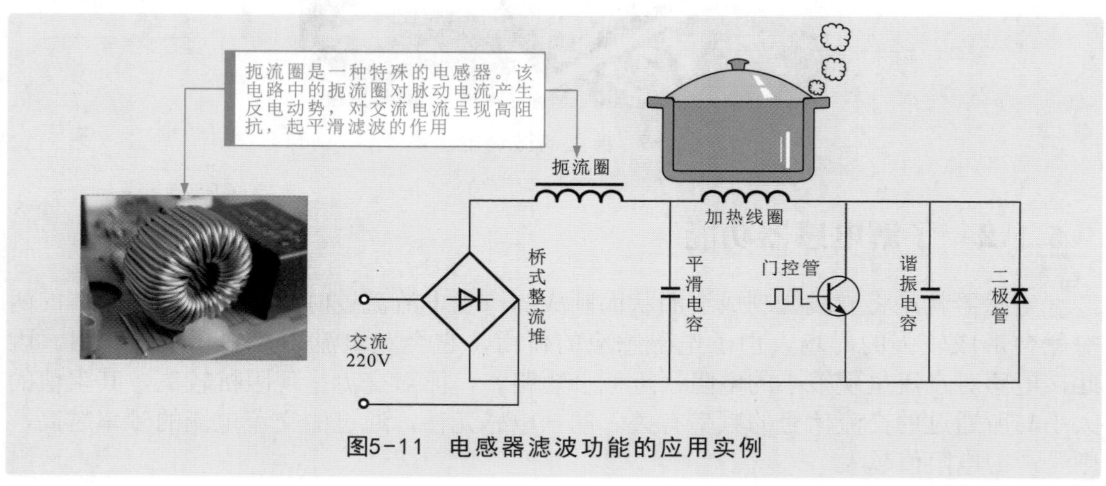
扼流圈是一种特殊的电感器。该
电路中的扼流圈对脉动电流产生
反电动势，对交流电流呈现高阻
抗，起平滑滤波的作用
扼流圈
加热线圈
桥式整流堆
平滑电容
门控管
谐振电容
二极管
交流
220V

图5-11　电感器滤波功能的应用实例

补充说明

交流220V输入，经桥式整流堆整流后输出的直流300V，然后经扼流圈及平滑电容为加热线圈供电。电路中的电感器，即扼流圈的主要作用就是阻止直流电压中的交流分量和脉冲干扰。

2 电感器的谐振功能

电感器通常可与电容器并联构成LC谐振电路，主要用来阻止一定频率的信号干扰。图5-12为电感器谐振功能示意图。

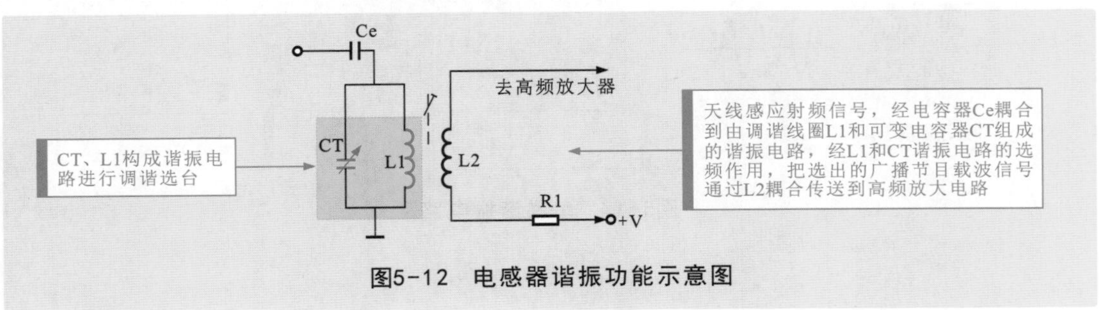
Ce
去高频放大器
CT、L1构成谐振电路进行调谐选台
CT
L1
L2
R1
+V
天线感应射频信号，经电容器Ce耦合到由调谐线圈L1和可变电容器CT组成的谐振电路，经L1和CT谐振电路的选频作用，把选出的广播节目载波信号通过L2耦合传送到高频放大电路

图5-12 电感器谐振功能示意图

电感器对交流信号的阻抗随频率的升高而变大。电容器的阻抗随频率的升高而变小。电感器和电容器并联构成的LC并联谐振电路有一个固有谐振频率，即共谐频率。在该频率下，LC并联谐振电路呈现的阻抗最大。利用这种特性可以制成阻波电路，也可以制成选频电路。图5-13为LC并联谐振电路示意图。

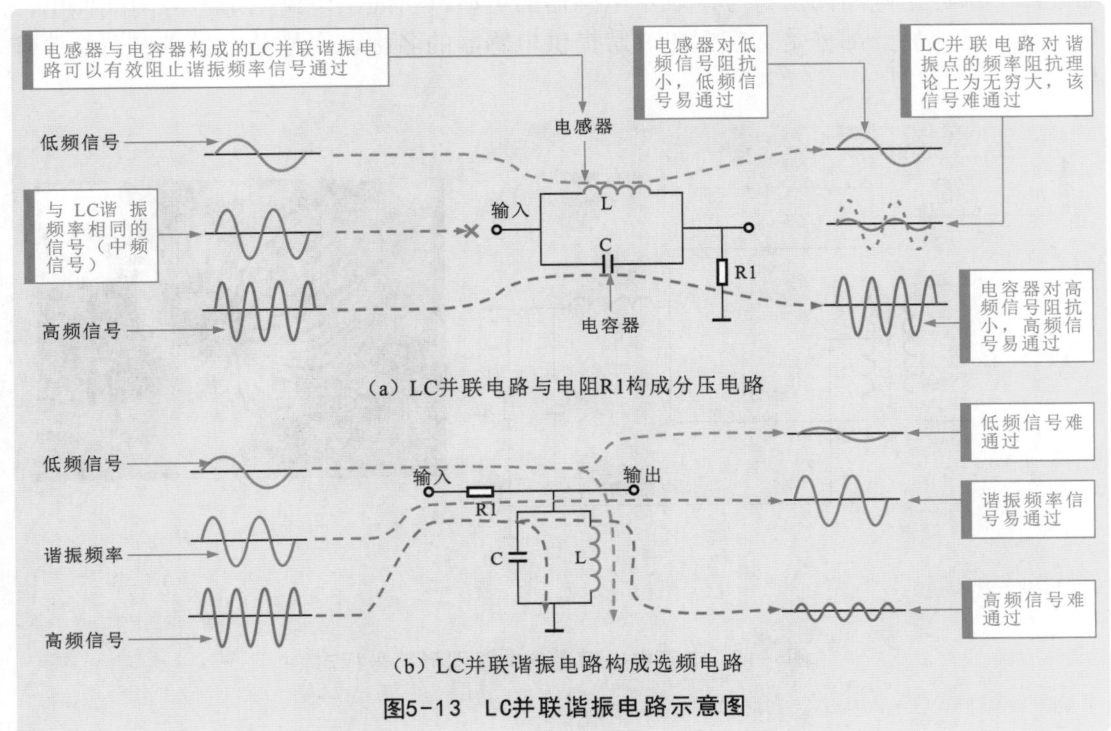
电感器与电容器构成的LC并联谐振电路可以有效阻止谐振频率信号通过
电感器对低频信号阻抗小，低频信号易通过
LC并联电路对谐振点的频率阻抗理论上为无穷大，该信号难通过
低频信号
电感器
与LC谐振频率相同的信号（中频信号）
输入
L
C
R1
高频信号
电容器
电容器对高频信号阻抗小，高频信号易通过
(a) LC并联电路与电阻R1构成分压电路
低频信号难通过
低频信号
输入
输出
R1
谐振频率信号易通过
谐振频率
C
L
高频信号
高频信号难通过
(b) LC并联谐振电路构成选频电路

图5-13 LC并联谐振电路示意图

若将电感器与电容器串联，则可构成串联谐振电路，如图5-14所示。该电路可简单理解为与LC并联电路相反。LC串联电路对谐振频率信号的阻抗几乎为0，阻抗最小，可实现选频功能。电感器和电容器的参数值不同，可选择的频率也不同。

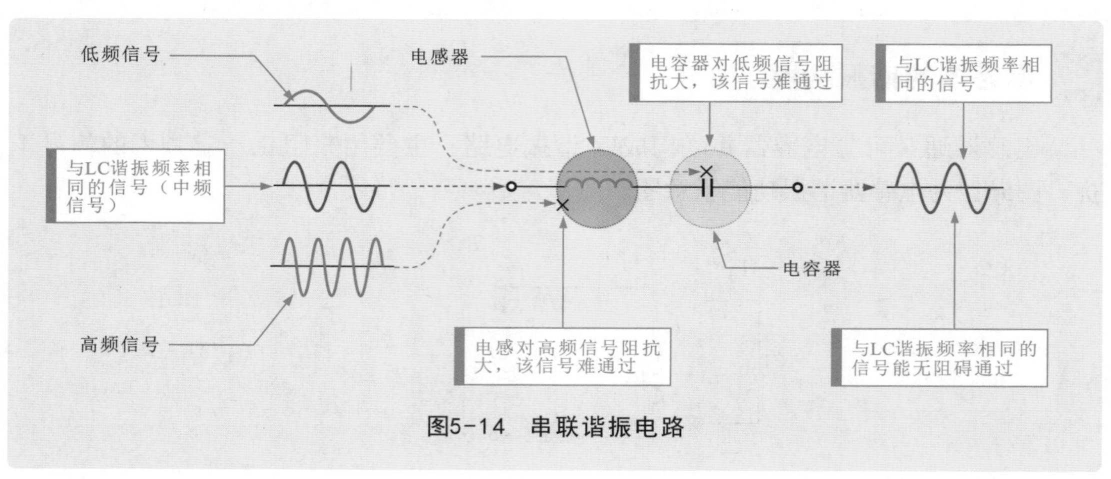
低频信号
电感器
电容器对低频信号阻抗大，该信号难通过
与LC谐振频率相同的信号
与LC谐振频率相同的信号（中频信号）
电容器
高频信号
电感对高频信号阻抗大，该信号难通过
与LC谐振频率相同的信号能无阻碍通过

图5-14　串联谐振电路

5.1.3　识读电感器参数

1　识读电感器电路标志

图5-15为电路中电感器的电路图形符号标志。电感器在电路中的标志通常分为两部分：一部分是电路图形符号，表示电感器的类型，引线由电路图形符号两端伸出，与电路连接；另一部分是文字标志，常提供电感器的名称、序号及电感量、型号等参数信息。

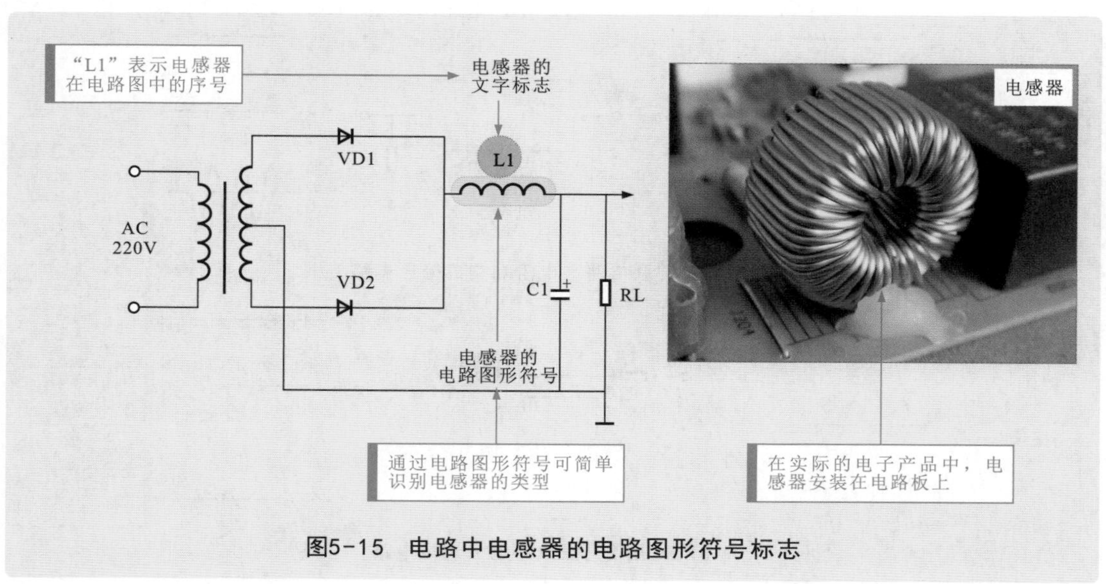
“L1”表示电感器在电路图中的序号
电感器的文字标志
L1
VD1
AC 220V
VD2
C1
RL
电感器的电路图形符号
通过电路图形符号可简单识别电感器的类型
电感器
在实际的电子产品中，电感器安装在电路板上

图5-15　电路中电感器的电路图形符号标志

2 识读色标法电感器参数

固定式电感器通常采用色标法标注参数信息。色标法是指将电感器的参数用不同颜色的色环或色码标注在电感器的表面上。图5-16为电感器参数色标法的识读。

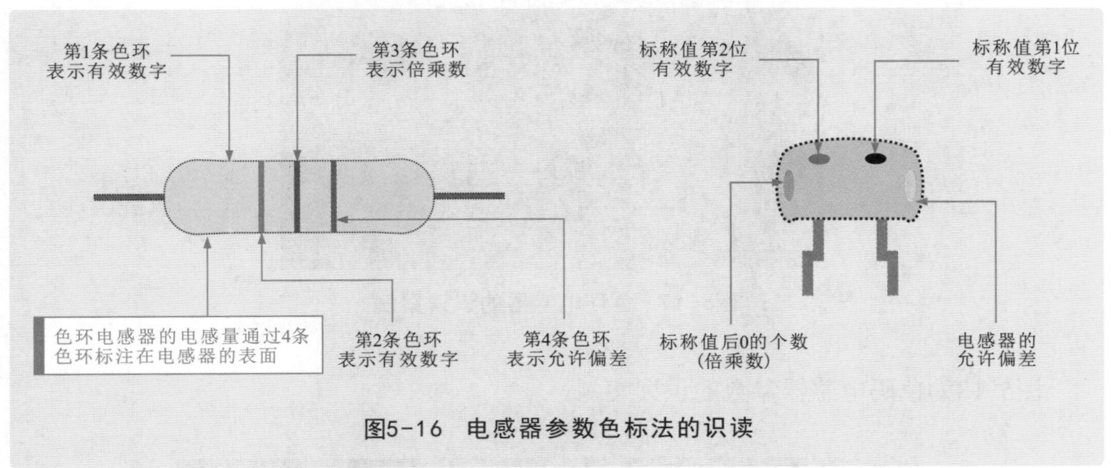
第1条色环
表示有效数字
第3条色环
表示倍乘数
标称值第2位
有效数字
标称值第1位
有效数字
色环电感器的电感量通过4条色环标注在电感器的表面
第2条色环
表示有效数字
第4条色环
表示允许偏差
标称值后0的个数
(倍乘数)
电感器的
允许偏差

图5-16 电感器参数色标法的识读

在电感器参数的色环和色码标注中，不同颜色的色环或色码均表示不同的参数，具体含义见表5-1。

表5-1 不同颜色的色环或色码均表示不同的参数

色环颜色	色环所处的排列位			色环颜色	色环所处的排列位		
	有效数字	倍乘数	允许偏差		有效数字	倍乘数	允许偏差
银色	—	10^{-2}	±10%	绿色	5	10^{5}	±0.5%
金色	—	10^{-1}	±5%	蓝色	6	10^{6}	±0.25%
黑色	0	10^{0}	—	紫色	7	10^{7}	±0.1%
棕色	1	10^{1}	±1%	灰色	8	10^{8}	—
红色	2	10^{2}	±2%	白色	9	10^{9}	±20%
橙色	3	10^{3}	—	无色	—	—	—
黄色	4	10^{4}	—				

在电子产品电路板中，识读色环电感器参数时，可根据不同颜色的不同含义识读。图5-17为色环电感器的识读案例。

补充说明

色环电感器上标志的色环颜色依次为“棕、蓝、金、银”。

其中，第1条色环“棕色”表示第1位有效数字为“1”；第2条色环“蓝色”表示第2位有效数字为“6”；第3条色环“金色”表示倍乘数为10^{-1}；第4条色环“银色”表示允许偏差为±10%。因此，该电感器的电感量为16×10^{-1}μH×(1±10%)=1.6μH×(1±10%)（识读电感器的电感量时，在未明确标注电感量的单位时，默认为μH）。

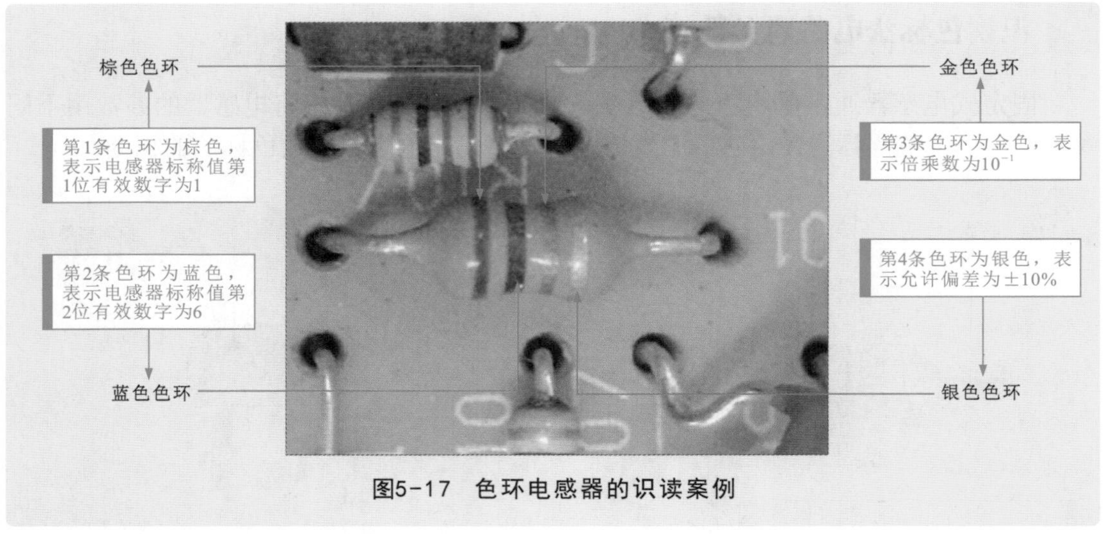
棕色色环
第1条色环为棕色，表示电感器标称值第1位有效数字为1
第2条色环为蓝色，表示电感器标称值第2位有效数字为6
蓝色色环
金色色环
第3条色环为金色，表示倍乘数为10^{-1}
第4条色环为银色，表示允许偏差为±10%
银色色环

图5-17　色环电感器的识读案例

图5-18为色码电感器参数的识读案例。

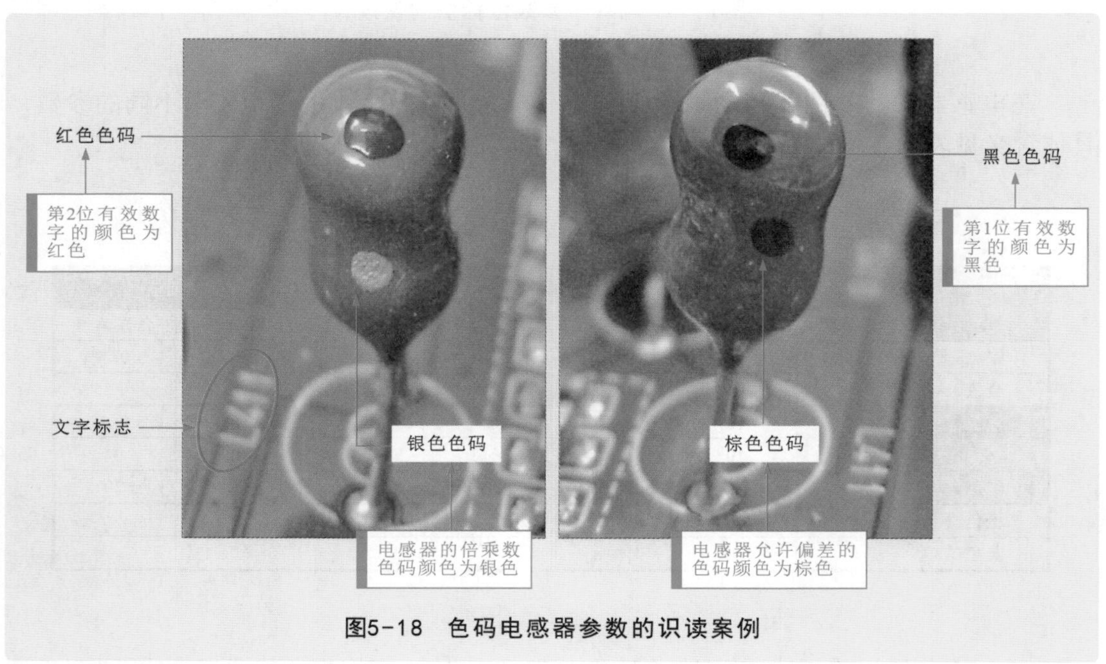
红色色码
第2位有效数字的颜色为红色
文字标志
银色色码
电感器的倍乘数色码颜色为银色
黑色色码
第1位有效数字的颜色为黑色
棕色色码
电感器允许偏差的色码颜色为棕色

图5-18　色码电感器参数的识读案例

补充说明

电感器顶部标志色码颜色从右向左依次为“黑、红”，分别表示第1位、第2位有效数字“0、2”，左侧面色码颜色为“银”，表示倍乘数为10^{-2}，右侧面色码颜色为“棕”，表示允许偏差为±1%。因此，该电感器的电感量为2×10^{-2}μH×(1±10%)=0.02μH×(1±10%)（识读电感器的电感量时，在未标注电感量的单位时，默认为μH）。

一般来说，由于色码电感器从外形上没有明显的正、反面区分，因此区分左、右侧面可根据在电路板中的文字标志进行区分，文字标志为正方向时，对应色码电感器的左侧为其左侧面。另外，由于色码的几种颜色中，无色通常不代表有效数字和倍乘数，因此当色码电感器左、右侧面中出现无色的一侧为右侧面。

3 识读直标法电感器参数

直标法是指通过一些代码符号将电感器的电感量等参数标注在电感器上。通常，电感器直标法采用的是简略方式，也就是说，只标注重要的信息，而不是将所有的信息都标注出来。

图5-19为直标法电感器参数的标注形式。直标法通常有三种形式：普通直接标注法、数字标注法和数字中间加字母标注法。其中，贴片电感器的参数多采用数字标注法和数字中间加字母标注法。

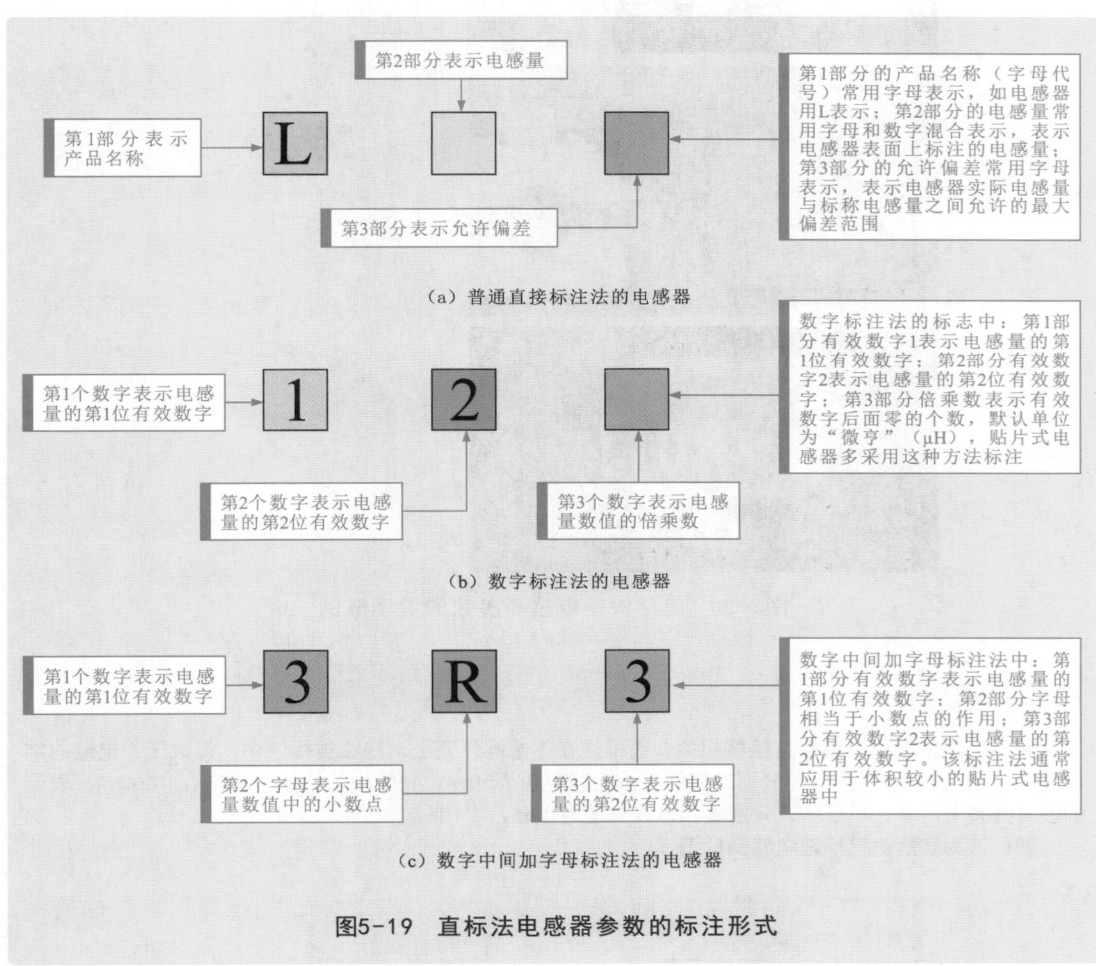
第2部分表示电感量
第1部分表示产品名称
L
第1部分的产品名称（字母代号）常用字母表示，如电感器用L表示；第2部分的电感量常用字母和数字混合表示，表示电感器表面上标注的电感量；第3部分的允许偏差常用字母表示，表示电感器实际电感量与标称电感量之间允许的最大偏差范围
第3部分表示允许偏差
（a）普通直接标注法的电感器
第1个数字表示电感量的第1位有效数字
1
2
数字标注法的标志中：第1部分有效数字1表示电感量的第1位有效数字；第2部分有效数字2表示电感量的第2位有效数字；第3部分倍乘数表示有效数字后面零的个数，默认单位为“微亨”（μH），贴片式电感器多采用这种方法标注
第2个数字表示电感量的第2位有效数字
第3个数字表示电感量数值的倍乘数
（b）数字标注法的电感器
第1个数字表示电感量的第1位有效数字
3
R
3
数字中间加字母标注法中：第1部分有效数字表示电感量的第1位有效数字；第2部分字母相当于小数点的作用；第3部分有效数字2表示电感量的第2位有效数字。该标注法通常应用于体积较小的贴片式电感器中
第2个字母表示电感量数值中的小数点
第3个数字表示电感量的第2位有效数字
（c）数字中间加字母标注法的电感器

图5-19 直标法电感器参数的标注形式

直标法电感器参数的不同字母在产品名称、允许偏差中所表示的含义见表5-2。

表5-2 直标法电感器参数的不同字母在产品名称、允许偏差中所表示的含义

产品名称		允许偏差			
符号	含义	符号	含义	符号	含义
L	电感器、线圈	J	±5%	M	±20%
ZL	阻流圈	K	±10%	L	±15%

图5-20为电路板中电感器参数的识读案例。

5L713
G
“5L713G”中的“L”表示电感器；“713G”表示电感量；“G”相当于小数点，该电感器的电感量为713μH
101
“101”的前两位表示有效值，即为“10”，第3位“1”表示倍乘数“10^1”，电感量为10×10^1μH=100μH
1R0
“1R0”中的“R”表示小数点，数字为有效值，该电感器的电感量为1.0μH

图5-20　电路板中电感器参数的识读案例

补充说明

我国早期生产的电感器直接将相关参数标注在电感器外壳上。在该类标注中，最大工作电流的字母共有A、B、C、D、E五个，分别对应的最大工作电流为50mA、150mA、300mA、700mA、1600mA，表示的型号共有Ⅰ、Ⅱ、Ⅲ三种，分别表示允许偏差为±5%、±10%、±20%。

图5-21为实际直接标注电感器的识读。

字母“D”表示该电感器的最大工作电流为700mA
符号“Ⅱ”表示允许偏差为±10%
D.Ⅱ
330μH
数字“330”表示电感量为330
符号“μH”为电感量的单位，即电感量为330μH×(1±10%)

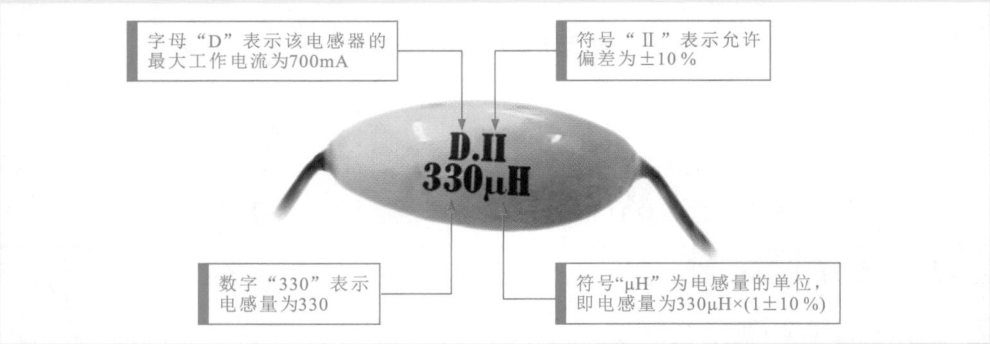

图5-21　实际直接标注电感器的识读

5.2 检测电感器

5.2.1 检测色环电感器

粗略检测色环电感器的电感量，即使用具有电感量测量功能的数字万用表大致测量其电感量，并将实测结果与标称值相比较，来判断待测电感器的好坏。

图5-22为待测的色环电感器。根据其色环标志识读其标称电感量。

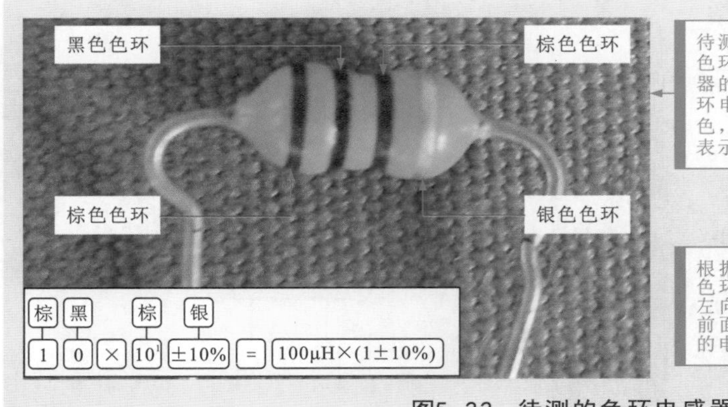

黑色色环
棕色色环
棕色色环
银色色环
棕 黑 棕 银
1 0 × 10¹ ±10% = 100μH×(1±10%)

待测色环电感器的第1条色环为棕色，第2条色环为黑色，第1条和第2条表示该色环电感器的有效数字，棕色为1，黑色为0，即该色环电感器的有效数字为10。第3条色环为棕色，表示倍乘数为10^1。第4条色环为银色，表示允许偏差为±10%

根据色环电感器上的色环标注便能识读该色环电感器的电感量。可以看到，色环从左向右依次为"棕、黑、棕、银"。根据前面所学的知识可以识读出该色环电感器的电感量为100μH，允许偏差为±10%

图5-22 待测的色环电感器

图5-23为色环电感器电感量的检测方法。调整万用表的量程，检测待测的色环电感器，通过测量值可判断该电感器是否正常。

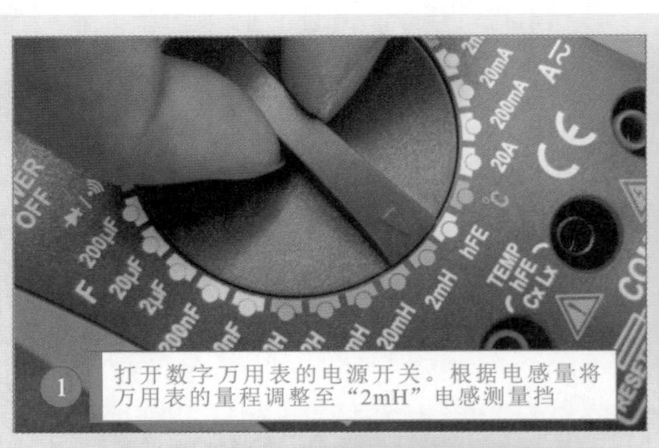

1 打开数字万用表的电源开关。根据电感量将万用表的量程调整至"2mH"电感测量挡

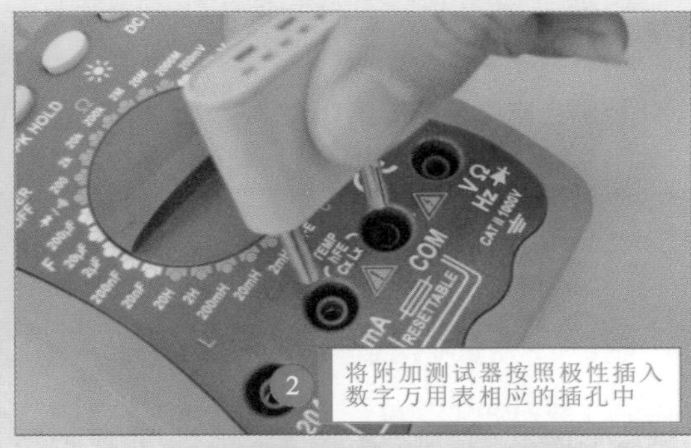

2 将附加测试器按照极性插入数字万用表相应的插孔中

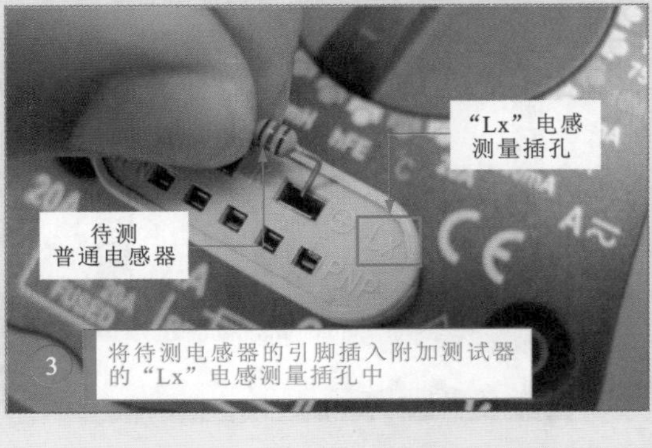

"Lx"电感测量插孔
待测普通电感器
3 将待测电感器的引脚插入附加测试器的"Lx"电感测量插孔中

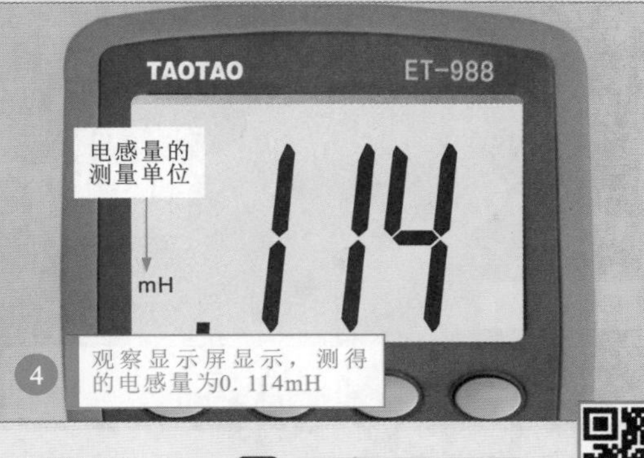

TAOTAO
ET-988
电感量的测量单位
mH
.114
4 观察显示屏显示，测得的电感量为0. 114mH

图5-23 色环电感器电感量的检测方法

图说帮

微视频讲解"色环电感器的检测"

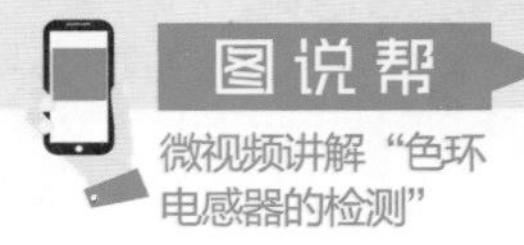

补充说明

在正常情况下，检测色环电感器得到的电感量为“0.114mH”，根据单位换算公式1mH=10^3μH，即0.114mH＝114μH，与该色环电感的标称容量值基本相符。若测得的电感量与电感器的标称电感量相差较大，则说明电感器性能不良，可能已损坏。

值得注意的是，在设置万用表的量程时，要尽量选择与测量值相近的量程，以保证测量值的准确。如果设置的量程范围与待测值相差过大，则不容易测出准确值，在测量时要特别注意。

5.2.2 检测色码电感器

图5-24为待测的色码电感器。在检测之前，先识别待测色码电感器的电感量。

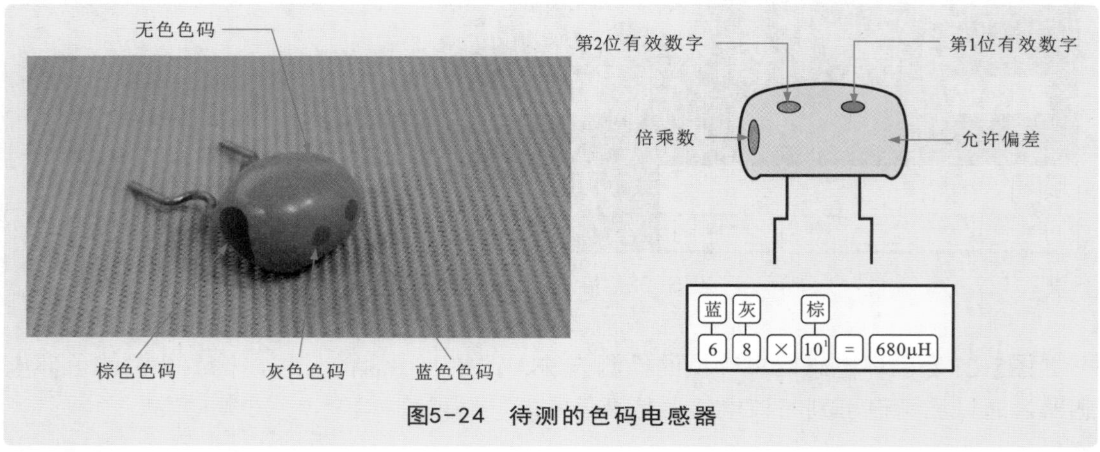
无色色码
棕色色码
灰色色码
蓝色色码
第2位有效数字
第1位有效数字
倍乘数
允许偏差
蓝 灰 棕
6 8 × 10^1 = 680μH

图5-24 待测的色码电感器

补充说明

待测色码电感器的第1个色码为蓝色，表示第1位有效数字为6。第2个色码为灰色，表示第2位有效数字为8。第3个色码为棕色，表示倍乘数为10^1。根据色码电感器上的色码标注便能识读该色码电感器的电感量。色码颜色依次为“蓝、灰、棕”。根据前面所学的知识可以识读出该色码电感器的电感量为680μH。

图5-25为色码电感器的检测方法。

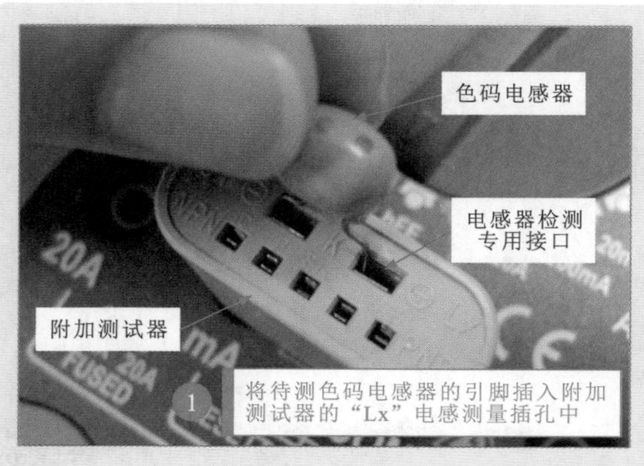
色码电感器
电感器检测专用接口
附加测试器
1 将待测色码电感器的引脚插入附加测试器的“Lx”电感测量插孔中

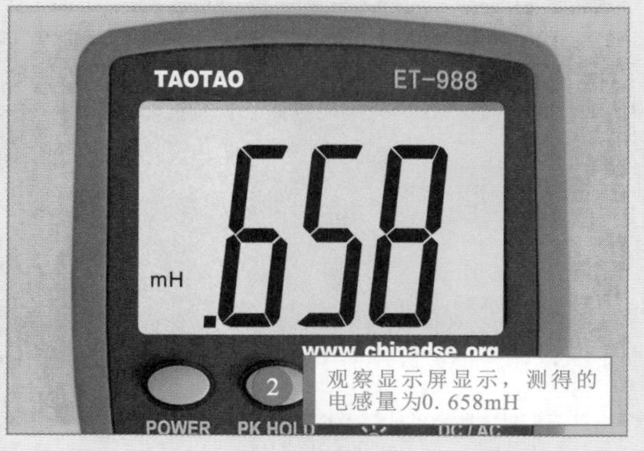
TAOTAO
ET-988
mH
.658
www.chinadse.org
2 观察显示屏显示，测得的电感量为0.658mH
POWER
PK HOLD

图5-25 色码电感器的检测方法

补充说明

检测色码电感器得到的电感量为“0.658mH”，根据单位换算公式，0.658mH=658μH，若与标称值基本相近或相符，则表明色码电感器正常。若测得的电感量与标称值相差过大，则色码电感器可能已损坏。

5.2.3 检测电感线圈

检测电感线圈是否正常时，可使用不同的仪器来检测，常用的有电感电容测试仪、频率特性测试仪。图5-26为使用电感电容测试仪检测电感线圈的操作方法。

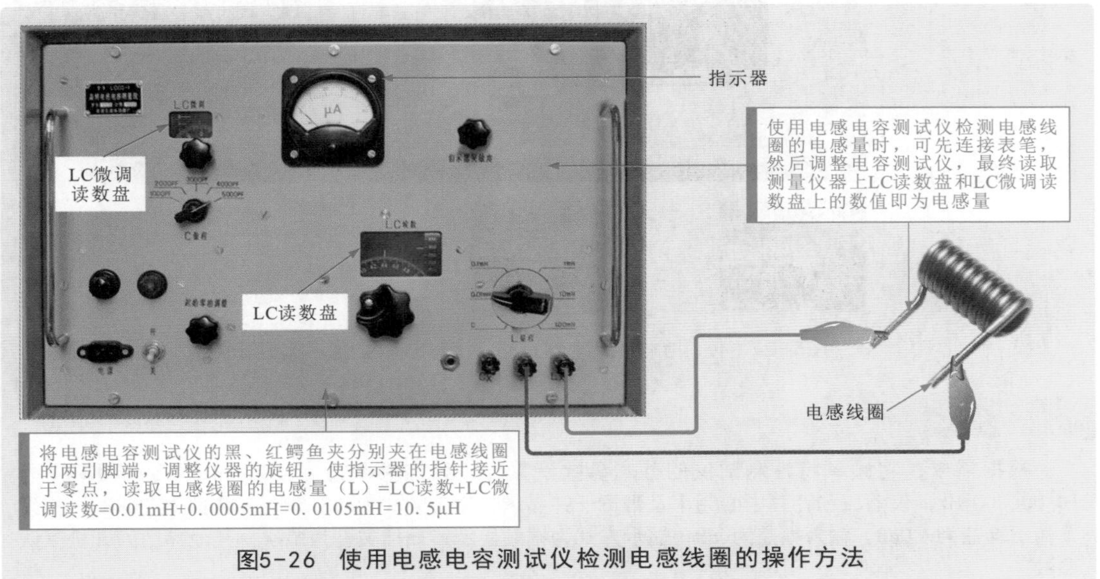
指示器
LC微调读数盘
LC读数盘
使用电感电容测试仪检测电感线圈的电感量时，可先连接表笔，然后调整电容测试仪，最终读取测量仪器上LC读数盘和LC微调读数盘上的数值即为电感量
电感线圈
将电感电容测试仪的黑、红鳄鱼夹分别夹在电感线圈的两引脚端，调整仪器的旋钮，使指示器的指针接近于零点，读取电感线圈的电感量（L）=LC读数+LC微调读数=0.01mH+0.0005mH=0.0105mH=10.5μH

图5-26 使用电感电容测试仪检测电感线圈的操作方法

图5-27为使用频率特性测试仪检测电感线圈。

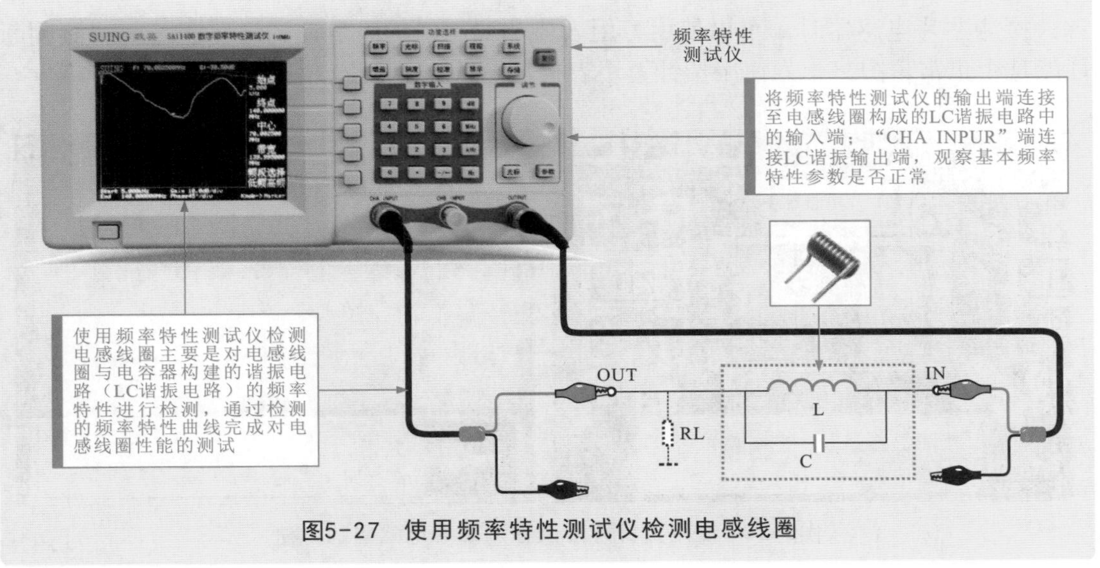
SUING
频率特性测试仪
将频率特性测试仪的输出端连接至电感线圈构成的LC谐振电路中的输入端；“CHA INPUR”端连接LC谐振输出端，观察基本频率特性参数是否正常
使用频率特性测试仪检测电感线圈主要是对电感线圈与电容器构建的谐振电路（LC谐振电路）的频率特性进行检测，通过检测的频率特性曲线完成对电感线圈性能的测试
OUT
IN
L
RL
C

图5-27 使用频率特性测试仪检测电感线圈

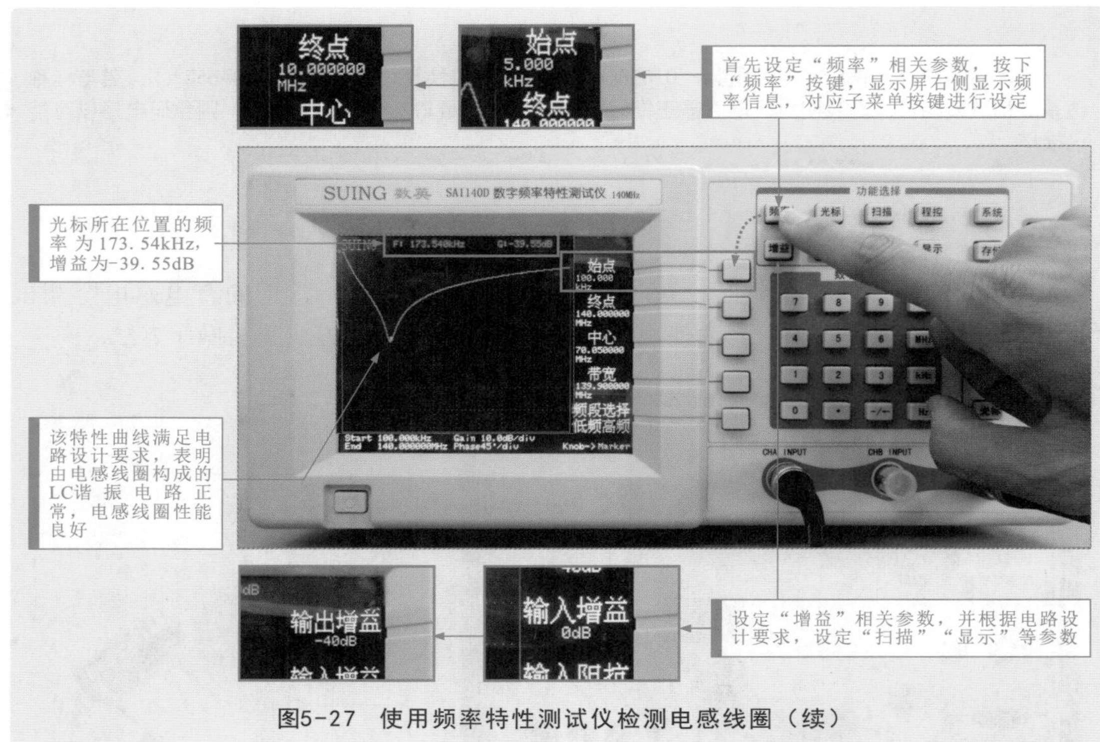

终点
10.000000 MHz
中心
始点
5.000 kHz
终点
首先设定“频率”相关参数，按下“频率”按键，显示屏右侧显示频率信息，对应子菜单按键进行设定
SUING 数英 SA1140D 数字频率特性测试仪
光标所在位置的频率为173.54kHz，增益为-39.55dB
该特性曲线满足电路设计要求，表明由电感线圈构成的LC谐振电路正常，电感线圈性能良好
输出增益
-40dB
输入增益
0dB
设定“增益”相关参数，并根据电路设计要求，设定“扫描”“显示”等参数

图5-27　使用频率特性测试仪检测电感线圈（续）

补充说明

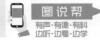

根据需求，将频率特性测试仪的基本参数设置为：始点频率设为5.000kHz，终点频率设为10.000000MHz，仪器自动计算中心频率及带宽一并显示（中心频率为402.5kHz，带宽为795kHz）；设置输出增益为-40dB，输入增益为0dB；显示方式为幅频显示；扫描类型为单次，其他参数为开机默认参数。

5.2.4 检测贴片电感器

检测贴片电感器时，可以使用万用表检测电感器的阻值，通过对阻值的检测判断性能是否正常。图5-28为使用指针万用表检测贴片电感器的方法。

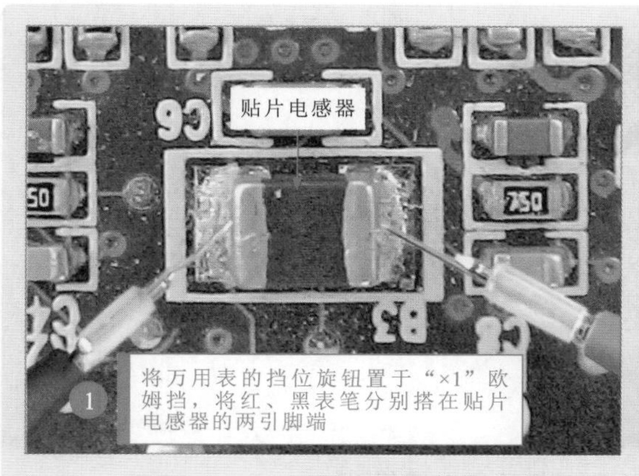

贴片电感器
1
将万用表的挡位旋钮置于“×1”欧姆挡，将红、黑表笔分别搭在贴片电感器的两引脚端

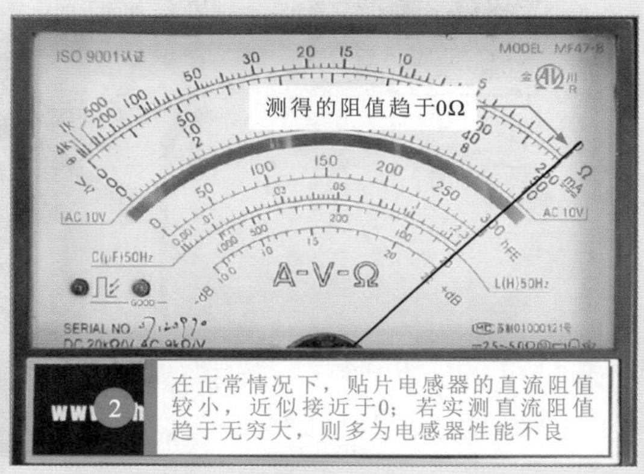

测得的阻值趋于0Ω
A-V-Ω
2
在正常情况下，贴片电感器的直流阻值较小，近似接近于0；若实测直流阻值趋于无穷大，则多为电感器性能不良

图5-28　使用指针万用表检测贴片电感器的方法

补充说明

贴片电感器体积较小，与其他元器件间距也较小。为确保检测准确，可在万用表的红、黑表笔的笔端绑扎大头针后再测量。

有些贴片电感器的表面标志电感量等参数，也可采用万用表检测电感量的方法判断电感器有无失效、损坏等情况。

5.2.5 检测微调电感器

微调电感器一般通过用万用表检测内部电感线圈直流电阻值的方法判断性能状态，即用万用表的电阻挡检测内部电感线圈的阻值。图5-29为微调电感器的检测方法。

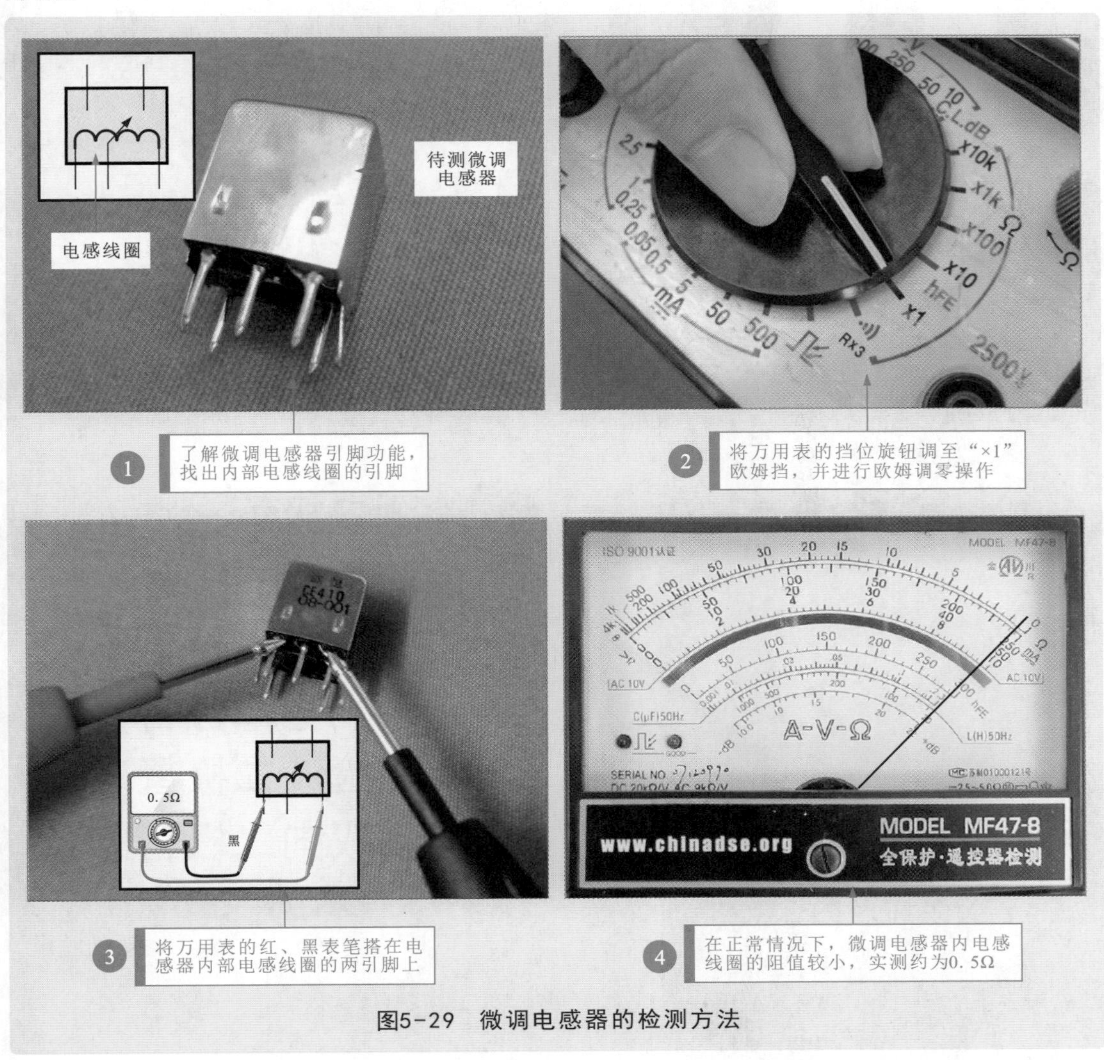
电感线圈
待测微调电感器
1 了解微调电感器引脚功能，找出内部电感线圈的引脚
2 将万用表的挡位旋钮调至“×1”欧姆挡，并进行欧姆调零操作
0.5Ω
黑
3 将万用表的红、黑表笔搭在电感器内部电感线圈的两引脚上
MODEL MF47-8
www.chinadse.org
全保护·遥控器检测
4 在正常情况下，微调电感器内电感线圈的阻值较小，实测约为0.5Ω

图5-29 微调电感器的检测方法

在正常情况下，微调电感器内部电感线圈的阻值较小，接近于0。这种测量方法可用来检查线圈是否有短路或断路的情况。在正常情况下，微调电感器线圈之间均有固定阻值，若检测的阻值趋于无穷大，则说明微调电感器已损坏。

本章系统介绍常用二极管的功能特点、检测及应用技能。

- ● 认识二极管
  - ◇ 辨别二极管类型
  - ◇ 了解二极管功能
  - ◇ 识读二极管参数
- ● 检测二极管
  - ◇ 检测整流二极管
  - ◇ 检测发光二极管
  - ◇ 检测光电二极管
  - ◇ 检测检波二极管
  - ◇ 检测双向二极管

第6章 二极管的功能特点与检测应用

6.1 认识二极管

6.1.1 辨别二极管类型

二极管是一种常用的半导体器件。它是由一个P型半导体和一个N型半导体形成的PN结，并在PN结两端引出相应的电极引线，再加上管壳密封制成的。二极管的共同特性是单向导电性。二极管种类有很多，可分为整流二极管、稳压二极管、检波二极管、开关二极管、发光二极管、光电二极管、变容二极管、快恢复二极管、双向二极管等。图6-1为常见的二极管类型。

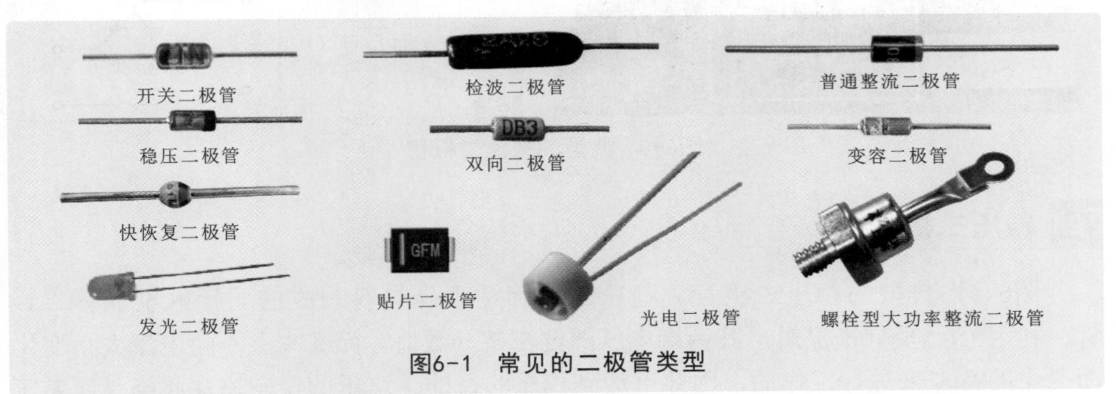
开关二极管
检波二极管
普通整流二极管
稳压二极管
DB3
双向二极管
变容二极管
快恢复二极管
GFM
贴片二极管
发光二极管
光电二极管
螺栓型大功率整流二极管

图6-1 常见的二极管类型

如图6-2所示，根据结构的不同，二极管又可以分为面接触型二极管和点接触型二极管。

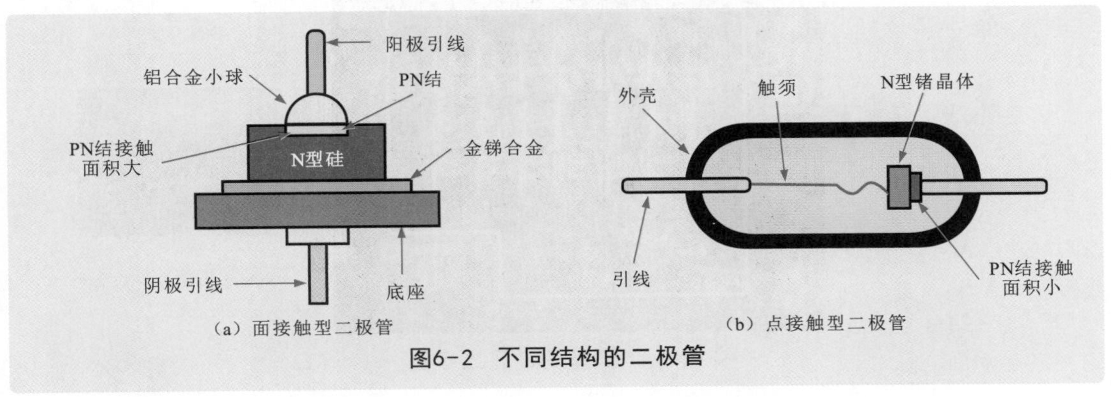
阳极引线
铝合金小球
PN结
PN结接触面积大
N型硅
金锑合金
阴极引线
底座
(a) 面接触型二极管
外壳
触须
N型锗晶体
引线
PN结接触面积小
(b) 点接触型二极管

图6-2 不同结构的二极管

补充说明

面接触型二极管是指内部PN结采用合金法或扩散法制成的二极管，PN结的面积较大，能通过较大的电流，工作频率较低，常用作整流元件。

相对于面接触型二极管而言，点接触型二极管的PN结面积较小，它是由一根很细的金属丝与一块N型半导体晶片的表面接触，使触点和半导体牢固熔接构成PN结。这样制成的PN结面积很小，只能通过较小的电流和承受较低的反向电压，高频特性好。点接触型二极管主要用于高频和小功率电路或用作数字电路中的开关元件。

1 整流二极管

图6-3为典型的整流二极管。整流二极管是一种具有整流作用的晶体二极管，即可将交流整流成直流，主要用于整流电路中。

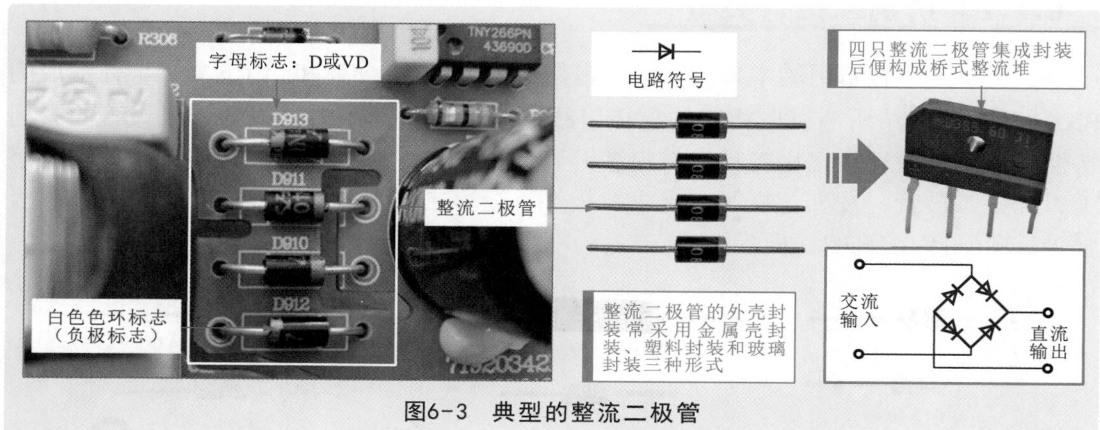

字母标志：D或VD
白色色环标志（负极标志）
整流二极管
电路符号
四只整流二极管集成封装后便构成桥式整流堆
整流二极管的外壳封装常采用金属壳封装、塑料封装和玻璃封装三种形式
交流输入
直流输出

图6-3　典型的整流二极管

2 稳压二极管

图6-4为典型的稳压二极管。稳压二极管是由硅材料制成的面接触型晶体二极管，利用PN结反向击穿时，其两端电压固定在某一数值，而基本上不随电流大小变化而变化的特点来进行工作的，因此可达到稳压的目的。这里的反向击穿状态是正常工作状态，并不损坏二极管。

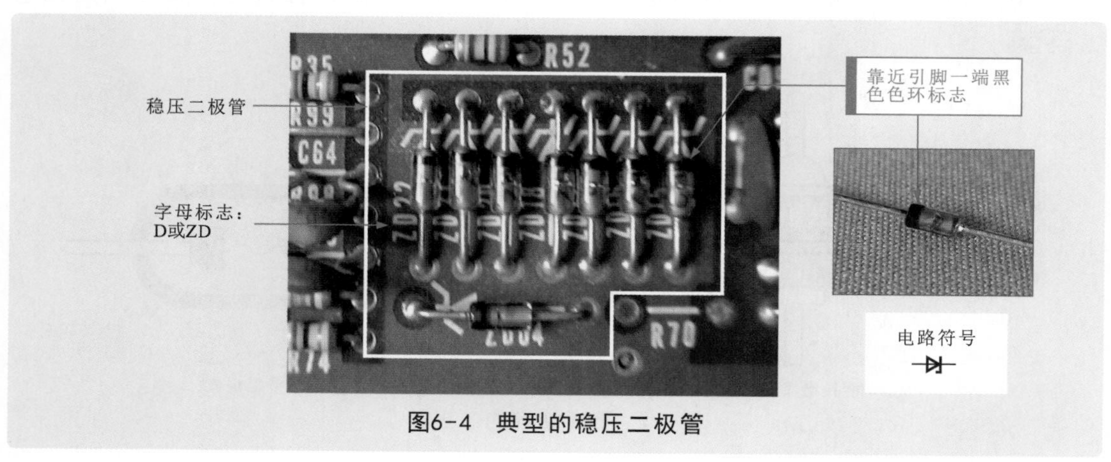

稳压二极管
字母标志：D或ZD
靠近引脚一端黑色色环标志
电路符号

图6-4　典型的稳压二极管

3 检波二极管

图6-5为典型的检波二极管。检波二极管是利用晶体二极管的单向导电性，再与滤波电容配合，可以把叠加在高频载波上的低频信号检出来的器件。这种二极管具有较高的检波效率和良好的频率特性，常用在收音机的检波电路中。

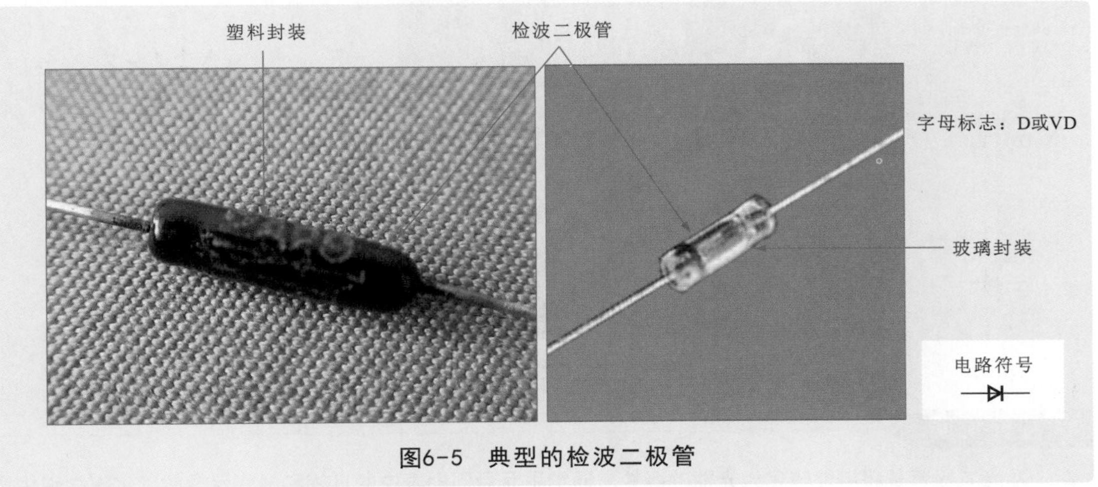
塑料封装
检波二极管
字母标志：D或VD
玻璃封装
电路符号

图6-5 典型的检波二极管

4 开关二极管

图6-6为典型的开关二极管。开关二极管利用单向导电性可对电路进行“开通”或“关断”控制，导通、截止速度非常快，能满足高频和超高频电路的需要，广泛应用于开关和自动控制等电路中。

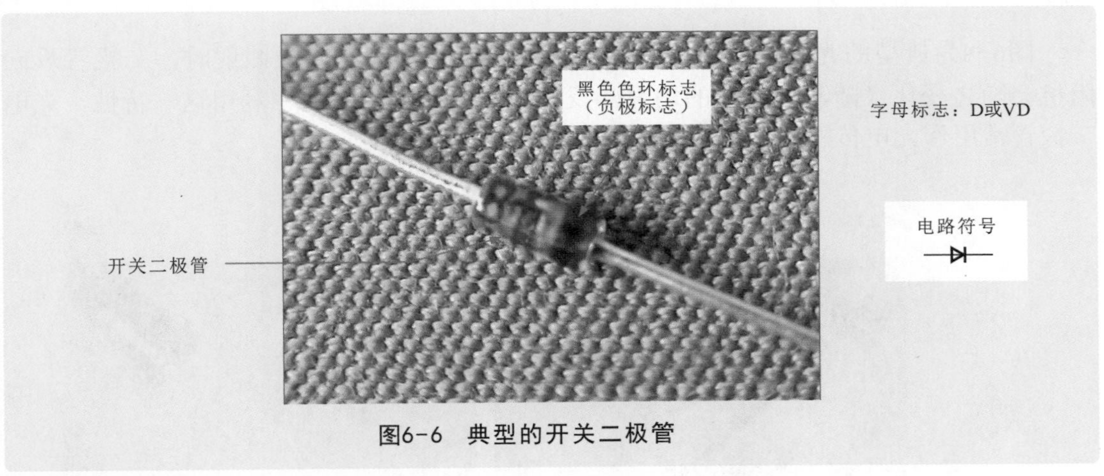
黑色色环标志
（负极标志）
字母标志：D或VD
开关二极管
电路符号

图6-6 典型的开关二极管

补充说明

开关二极管一般采用玻璃或陶瓷外壳封装，以减小管壳电容。通常，开关二极管从截止（高阻抗）到导通（低阻抗）的时间被称为“开通时间”；从导通到截止的时间被称为“反向恢复时间”；两个时间的总和被统称为“开关时间”。开关二极管的开关时间很短，是一种非常理想的电子开关，具有开关速度快、体积小、寿命长、可靠性高等特点。

5 发光二极管

图6-7为典型的发光二极管。发光二极管是指在工作时能够发出亮光的晶体二极管，简称LED，常用于显示器件或光电控制电路中的光源。

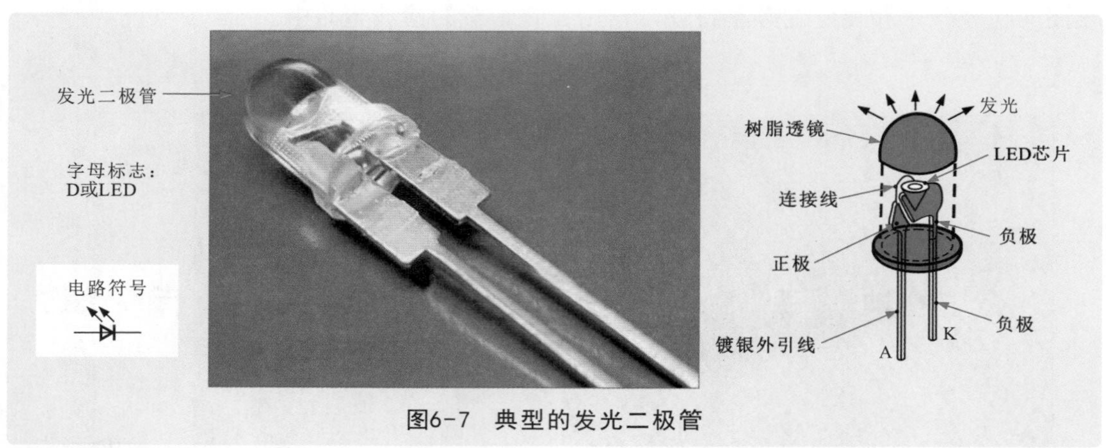

发光二极管
字母标志：D或LED
电路符号
发光
树脂透镜
LED芯片
连接线
负极
正极
负极
K
镀银外引线
A

图6-7 典型的发光二极管

补充说明

发光二极管是将电能转化为光能的器件，通常用元素周期表中的Ⅲ族和Ⅴ族元素的砷化镓、磷化镓等化合物制成。采用不同材料制成的发光二极管可以发出不同颜色的光，常见的有红光、黄光、绿光、橙光等。

发光二极管在正常工作时，处于正向偏置状态，在正向电流达到一定值时就发光。具有工作电压低、工作电流很小、抗冲击和抗振性能好、可靠性高、寿命长的特点。

6 光电二极管

图6-8为典型的光电二极管。光电二极管的特点是当受到光照射时，二极管反向阻抗会随之变化（随着光照射的增强，反向阻抗会由大变小），利用这一特性，光电二极管常用作光电传感器件使用。

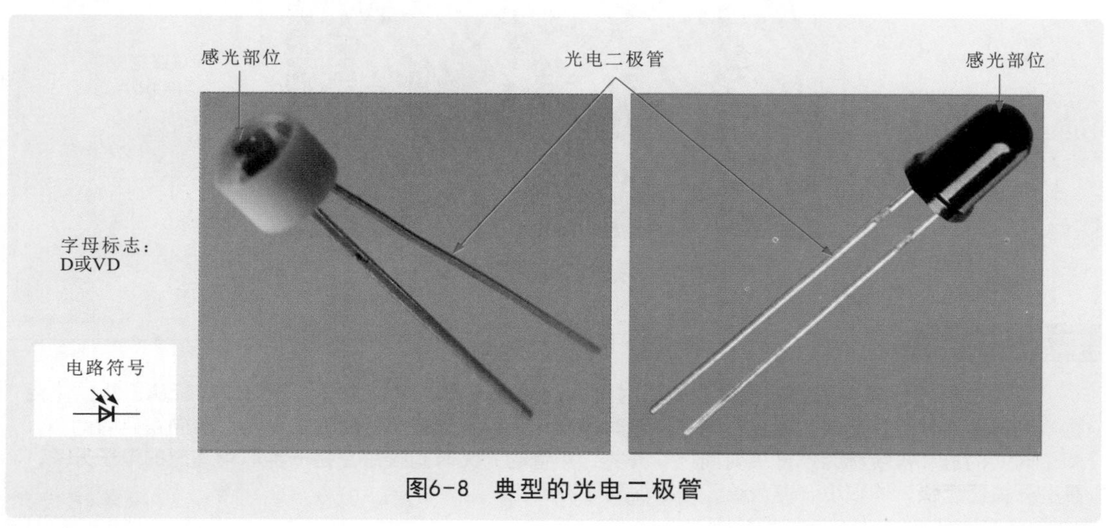

感光部位
光电二极管
感光部位
字母标志：D或VD
电路符号

图6-8 典型的光电二极管

7 变容二极管

图6-9为典型的变容二极管。变容二极管是利用PN结的电容随外加偏压而变化这一特性制成的非线性半导体元件，在电路中起电容器的作用，它被广泛地用于超高频电路中的参量放大器、电子调谐器及倍频器等高频和微波电路中。

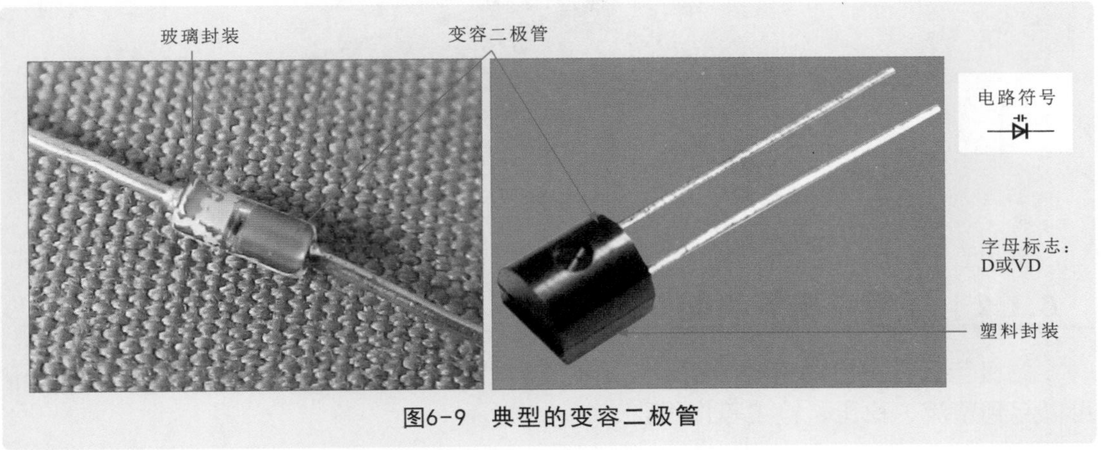
玻璃封装
变容二极管
电路符号
字母标志：
D或VD
塑料封装

图6-9 典型的变容二极管

8 快恢复二极管

图6-10为典型的快恢复二极管。快恢复二极管（FRD）也是一种高速开关二极管，这种二极管的开关特性好，反向恢复时间很短，正向压降低，反向击穿电压较高（耐压值较高）。主要应用于开关电源、PWM脉宽调制电路以及变频等电子电路中。

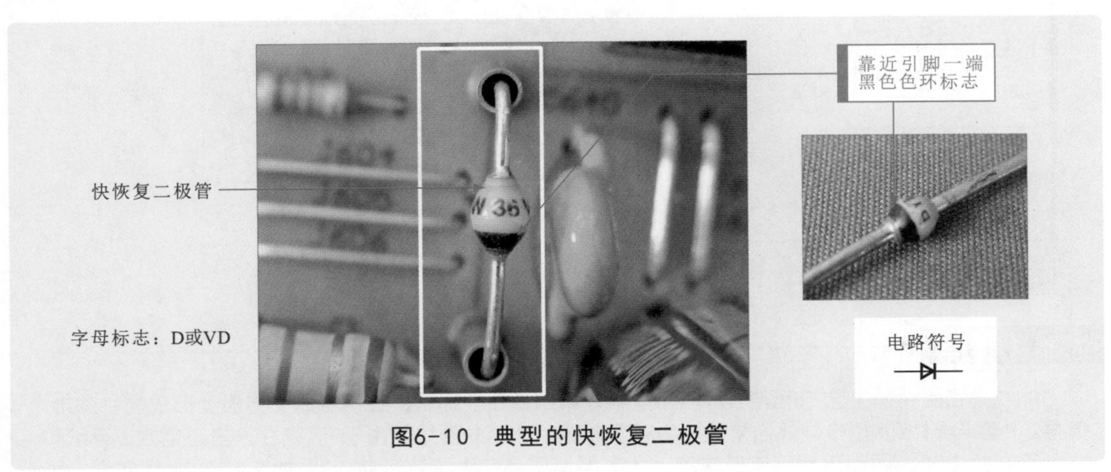
快恢复二极管
字母标志：D或VD
靠近引脚一端
黑色色环标志
电路符号

图6-10 典型的快恢复二极管

9 双向二极管

图6-11为典型的双向二极管。双向二极管又称二端交流器件，简称DIAC，是一种具有三层结构的对称两端半导体器件，常用来触发晶闸管或用于过电压保护、定时、移相电路。

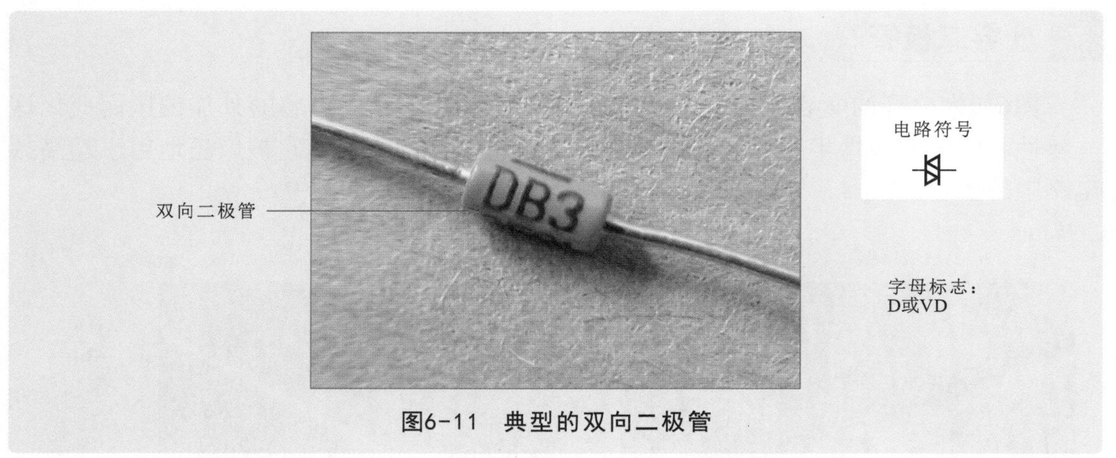
双向二极管
DB3
电路符号
字母标志：
D或VD
图6-11 典型的双向二极管

6.1.2 了解二极管功能

二极管具有突出的正向导通、反向截止特性，利用这一特性二极管在电子产品中可以起到整流、稳压、检波等作用。

1 二极管基本特性

图6-12为二极管内部的PN结结构。

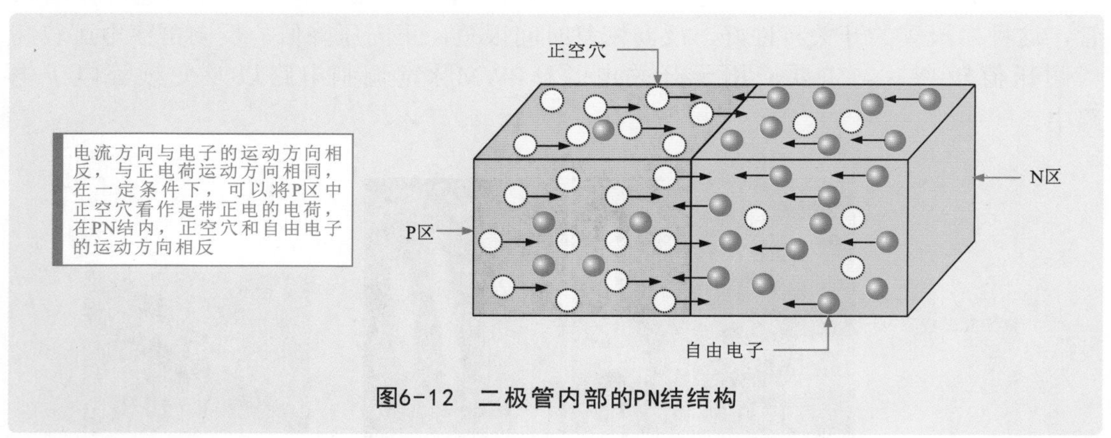
正空穴
电流方向与电子的运动方向相反，与正电荷运动方向相同，在一定条件下，可以将P区中正空穴看作是带正电的电荷，在PN结内，正空穴和自由电子的运动方向相反
P区
N区
自由电子
图6-12 二极管内部的PN结结构

补充说明

PN结是指用特殊工艺把P型半导体和N型半导体结合在一起后，在两者的交界面上形成的特殊带电薄层。P型半导体和N型半导体通常被称为P区和N区。PN结的形成是由于P区存在大量正空穴，而N区存在大量自由电子，因而出现载流子浓度上的差别，于是产生扩散运动。P区的正空穴向N区扩散，N区的自由电子向P区扩散，正空穴与自由电子运动的方向相反。

图6-13为二极管单向导电性的原理。根据二极管的内部结构，在一般情况下，只允许电流从正极流向负极，而不允许电流从负极流向正极，这就是二极管的单向导电性。

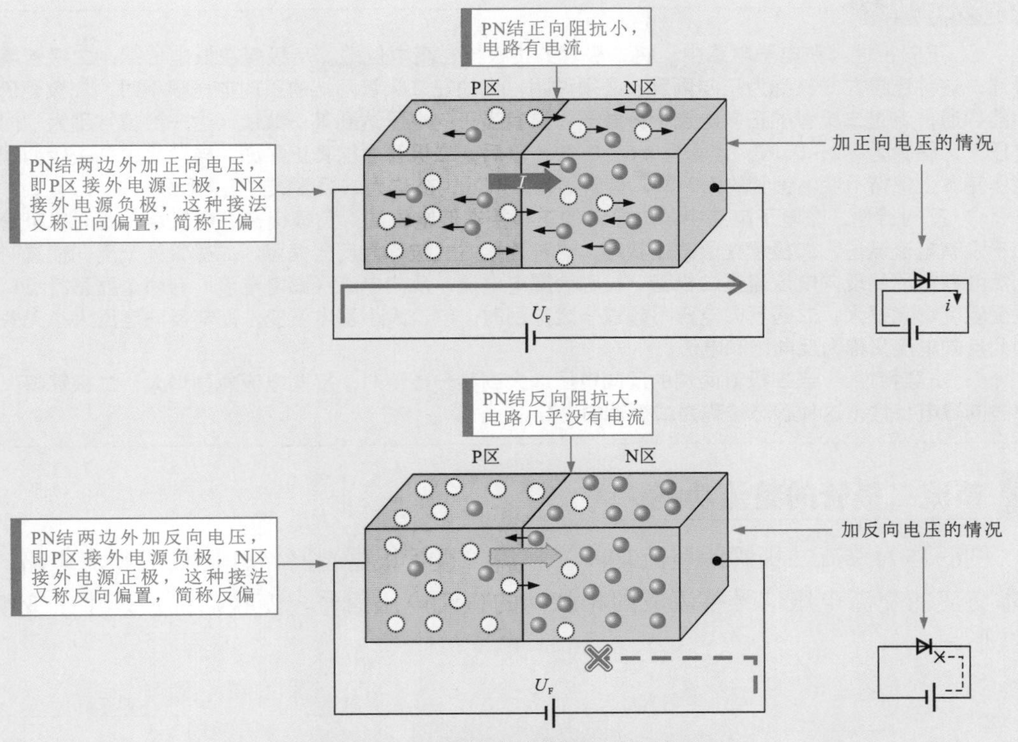

PN结正向阻抗小，电路有电流

P区 N区

PN结两边外加正向电压，即P区接外电源正极，N区接外电源负极，这种接法又称正向偏置，简称正偏

加正向电压的情况

I U_F i

PN结反向阻抗大，电路几乎没有电流

P区 N区

PN结两边外加反向电压，即P区接外电源负极，N区接外电源正极，这种接法又称反向偏置，简称反偏

加反向电压的情况

U_F

图6-13 二极管单向导电性的原理

补充说明

当PN结外加正向电压时，其内部的电流方向与电源提供的电流方向相同，电流很容易通过PN结形成电流回路。此时，PN结呈低阻状态（正偏状态的阻抗较小），电路为导通状态。

当PN结外加反向电压时，其内部的电流方向与电源提供的电流方向相反，电流不易通过PN结形成回路。此时，PN结呈高阻状态，电路为截止状态。

图6-14为二极管的伏安特性。

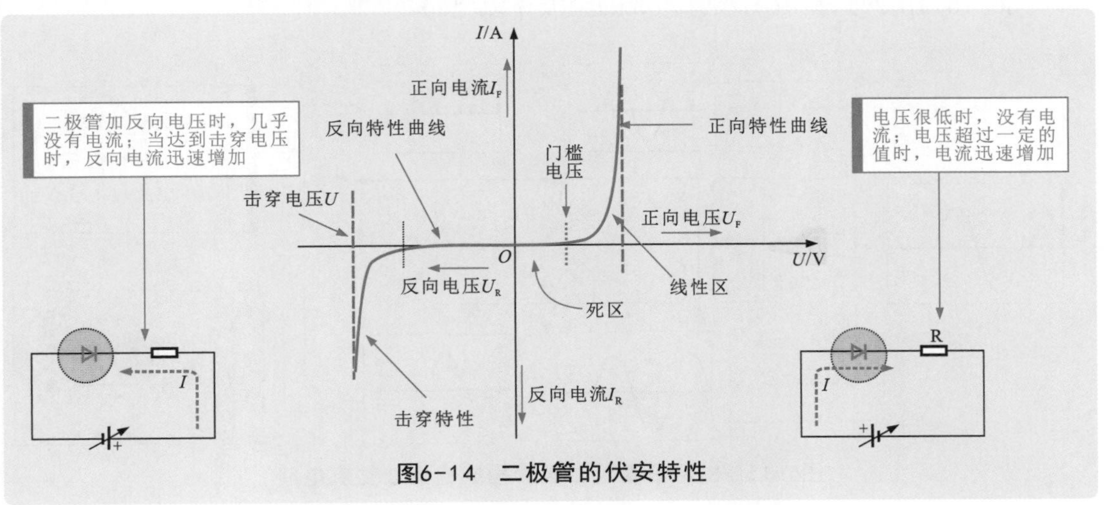
I/A
正向电流I_F
二极管加反向电压时，几乎没有电流；当达到击穿电压时，反向电流迅速增加
反向特性曲线
正向特性曲线
电压很低时，没有电流；电压超过一定的值时，电流迅速增加
门槛电压
击穿电压U
正向电压U_F
O
U/V
反向电压U_R
线性区
死区
击穿特性
反向电流I_R
I
R
I

图6-14 二极管的伏安特性

补充说明

◇ 正向特性。在电子电路中，将二极管的正极接在高电位端，负极接在低电位端，二极管就会导通，这种连接方式被称为正向偏置。必须说明，当加在二极管两端的正向电压很小时，二极管仍然不能导通，流过二极管的正向电流十分微弱。只有当正向电压达到某一数值（这一数值被称为“门槛电压”，锗管为0.2～0.3V，硅管为0.6～0.7V）以后，二极管才能真正导通。导通后，二极管两端的电压基本上保持不变（锗管约为0.3V，硅管约为0.7V），被称为二极管的“正向压降”。

◇ 反向特性。在电子电路中，二极管的正极接在低电位端，负极接在高电位端，此时二极管中几乎没有电流流过，二极管处于截止状态，这种连接方式被称为反向偏置。二极管处于反向偏置时，仍然会有微弱的反向电流流过二极管，被称为漏电电流。反向电流（漏电电流）有两个显著特点：一是受温度影响很大；二是反向电压不超过一定范围时，电流大小基本不变，即与反向电压大小无关，因此反向电流又称为反向饱和电流。

◇ 击穿特性。 当二极管两端的反向电压增大到某一数值时，反向电流急剧增大，二极管将失去单方向导电特性，这种状态被称为二极管的击穿。

2 整流二极管的整流功能

图6-15为整流二极管的整流功能。整流二极管根据自身特性可构成整流电路，将原本交变的交流电压信号整流成同相脉动的直流电压信号，变换后的波形小于变换前的波形。

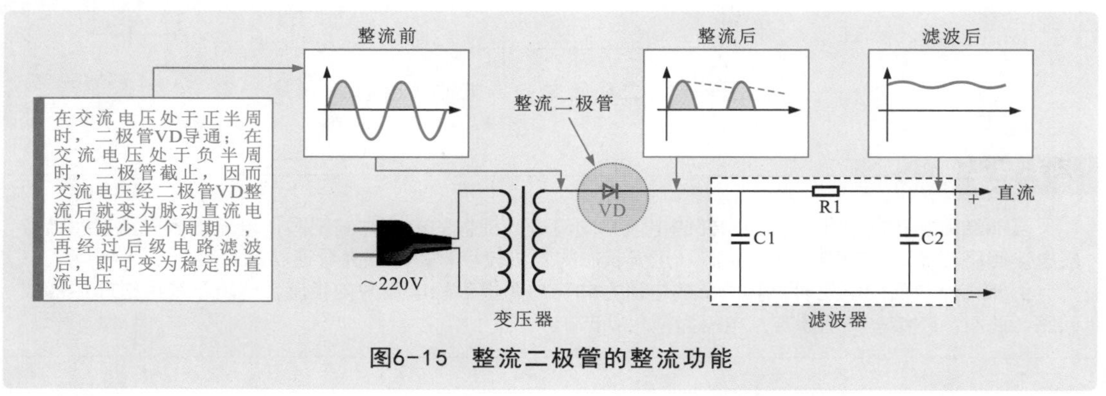
整流前
整流后
滤波后
整流二极管
在交流电压处于正半周时，二极管VD导通；在交流电压处于负半周时，二极管截止，因而交流电压经二极管VD整流后就变为脉动直流电压（缺少半个周期），再经过后级电路滤波后，即可变为稳定的直流电压
VD
R1
C1
C2
+
直流
−
~220V
变压器
滤波器
图6-15 整流二极管的整流功能

图6-16为由两只整流二极管构成的全波整流电路。

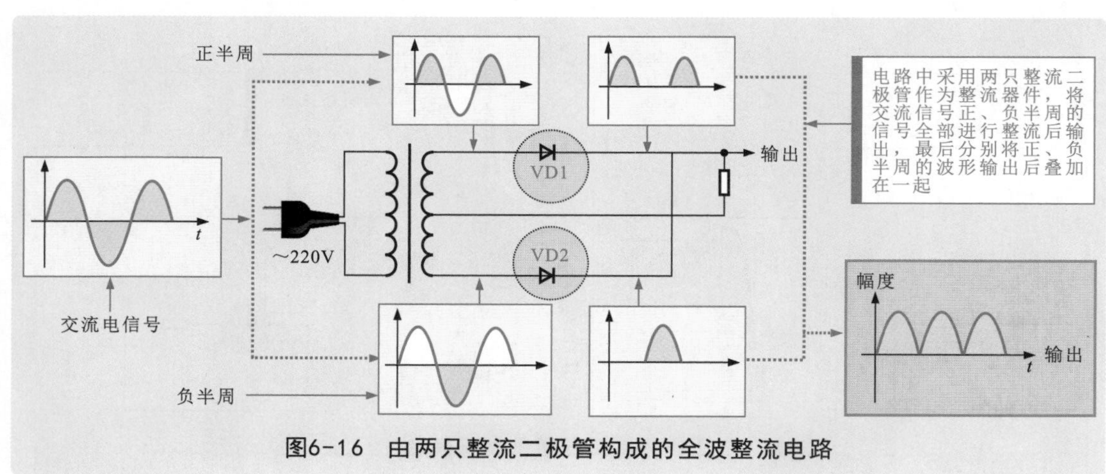
正半周
负半周
交流电信号
t
~220V
VD1
VD2
输出
电路中采用两只整流二极管作为整流器件，将交流信号正、负半周的信号全部进行整流后输出，最后分别将正、负半周的波形输出后叠加在一起
幅度
t
输出
图6-16 由两只整流二极管构成的全波整流电路

图6-17为由四只整流二极管构成的桥式整流电路。有些产品将四只整流二极管封装在一起构成一个独立器件，被称为桥式整流堆。

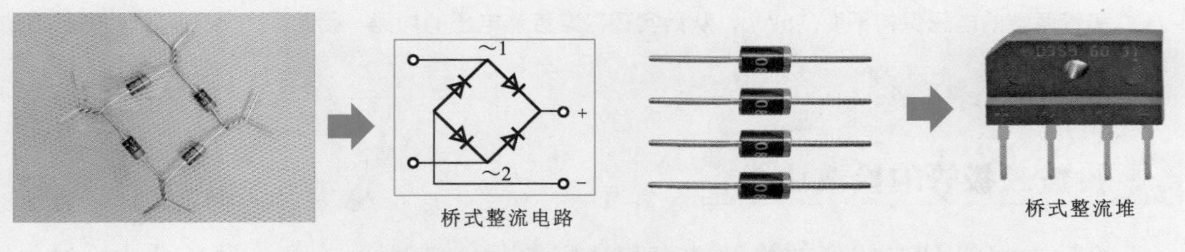
~1
+
~2
−
桥式整流电路
桥式整流堆

图6-17 由四只整流二极管构成的桥式整流电路

补充说明

整流二极管的整流作用利用的是二极管单向导通、反向截止的特性。打个比方，将整流二极管想象为一个只能单方向打开的闸门，将交流电流看作不同流向的水流。图6-18为整流二极管的整流原理。

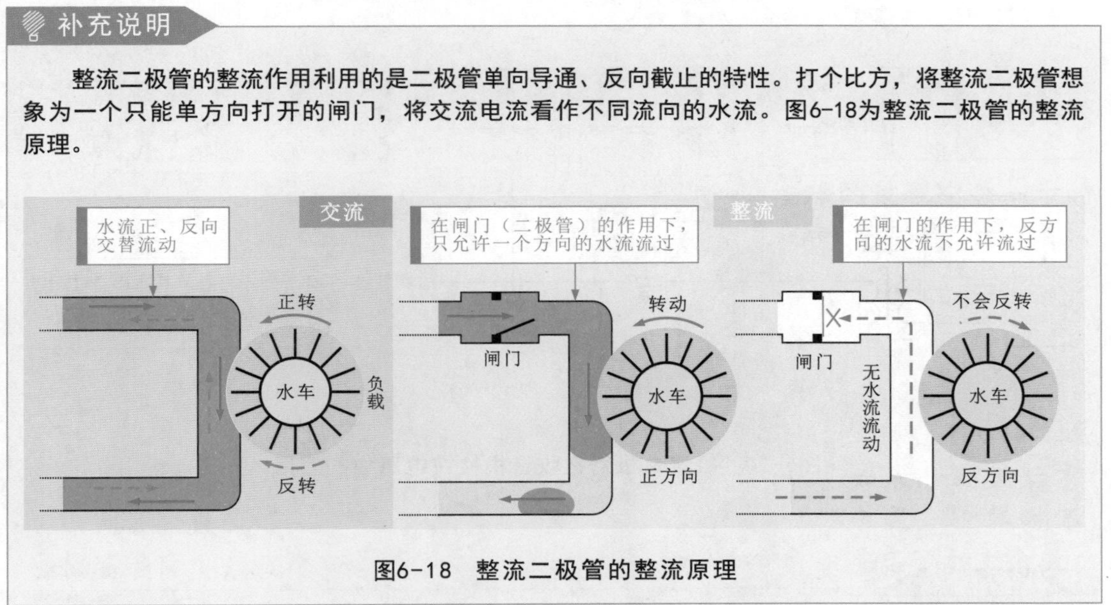
交流
水流正、反向交替流动
正转
水车
负载
反转
在闸门（二极管）的作用下，只允许一个方向的水流流过
转动
闸门
水车
正方向
整流
在闸门的作用下，反方向的水流不允许流过
不会反转
闸门
无水流流动
水车
反方向

图6-18 整流二极管的整流原理

3 稳压二极管的稳压功能

图6-19为稳压二极管构成的稳压电路。稳压二极管的稳压功能是指能够将电路中某一点的电压稳定维持在一个固定值。

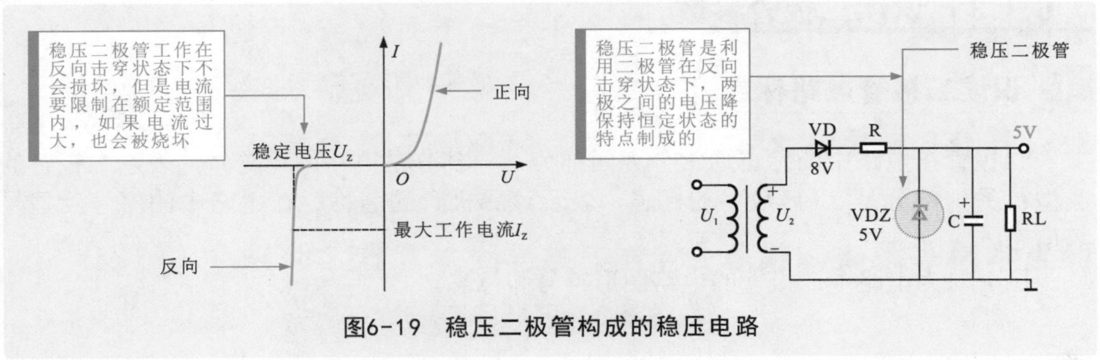
稳压二极管工作在反向击穿状态下不会损坏，但是电流要限制在额定范围内，如果电流过大，也会被烧坏
I
正向
稳定电压U_Z
O
U
最大工作电流I_Z
反向
稳压二极管是利用二极管在反向击穿状态下，两极之间的电压降保持恒定状态的特点制成的
稳压二极管
VD
8V
R
5V
U_1
U_2
VDZ
5V
C
RL

图6-19 稳压二极管构成的稳压电路

> 补充说明
>
> 稳压二极管VDZ的负极接外加电压的高端，正极接外加电压的低端。当稳压二极管VDZ反向电压接近稳压二极管VDZ的击穿电压（5V）时，电流急剧增大，稳压二极管VDZ呈击穿状态，在该状态下，稳压二极管两端的电压保持不变（5V），从而实现稳定直流电压的功能。因此，市场上有各种稳压值的稳压二极管。

4 检波二极管的检波功能

检波二极管具有较高的检波效率和良好的频率特性，常用在收音机的检波电路中。图6-20为检波二极管在收音机检波电路中的应用。

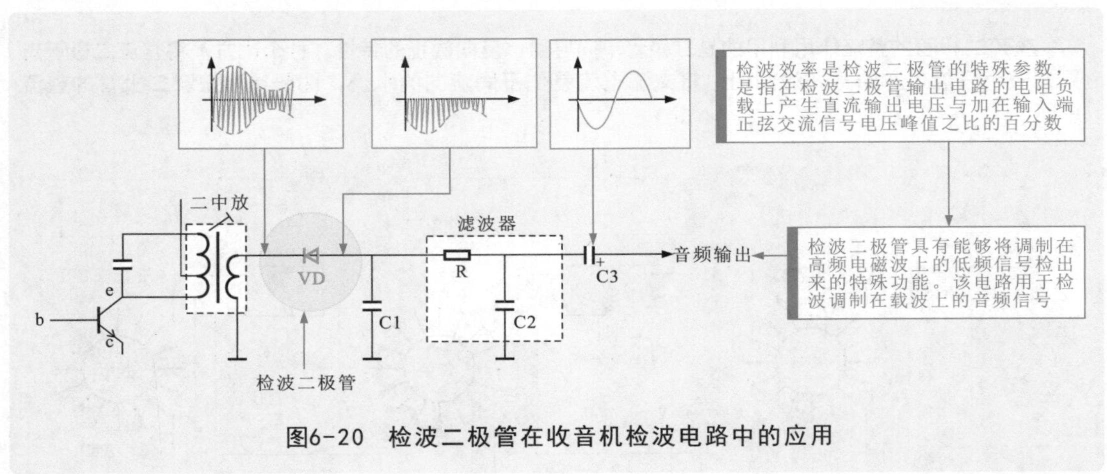
检波效率是检波二极管的特殊参数，是指在检波二极管输出电路的电阻负载上产生直流输出电压与加在输入端正弦交流信号电压峰值之比的百分数
二中放
滤波器
VD
R
C3
音频输出
检波二极管具有能够将调制在高频电磁波上的低频信号检出来的特殊功能。该电路用于检波调制在载波上的音频信号
e
b
c
C1
C2
检波二极管

图6-20　检波二极管在收音机检波电路中的应用

> 补充说明
>
> 图6-20的第二中放输出的调幅波加到检波二极管VD的负极，由于检波二极管的单向导电特性，因此负半周调幅波通过检波二极管，正半周被截止，通过检波二极管VD后，输出的调幅波只有负半周。负半周的调幅波再由RC滤波器滤除其中的高频成分，输出其中的低频成分，输出的就是调制在载波上的音频信号。这个过程被称为检波。

6.1.3 识读二极管参数

1 识读二极管电路标志

二极管在电路中的标志通常分为两部分：一部分是电路图形符号，表示二极管的类型；另一部分是字母+数字的标志，表示该二极管的名称、在电路中的序号及型号等信息。

图6-21为电路中二极管的电路图形符号和标志。

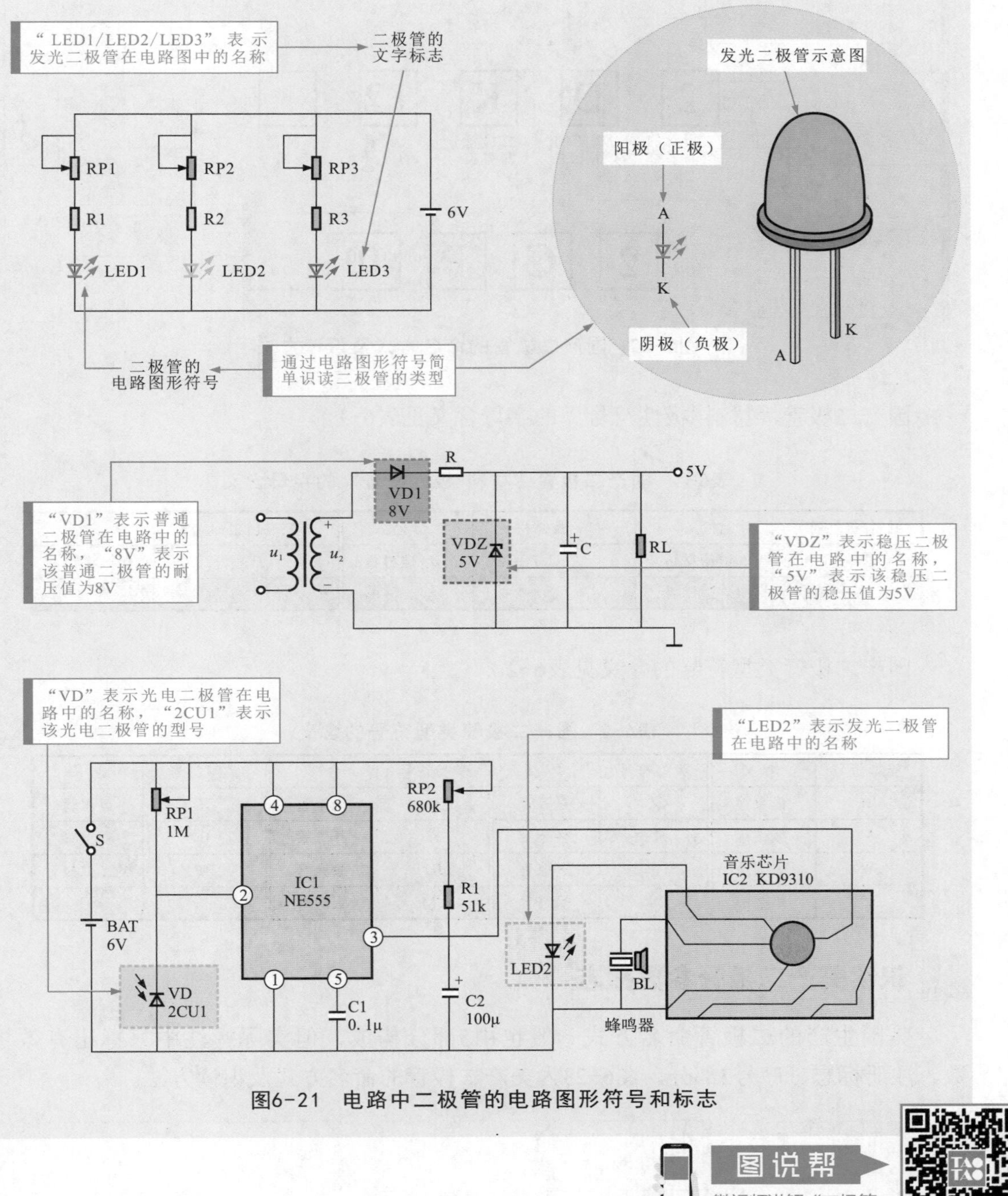
"LED1/LED2/LED3"表示发光二极管在电路图中的名称
二极管的文字标志
发光二极管示意图
阳极（正极）
阴极（负极）
二极管的电路图形符号
通过电路图形符号简单识读二极管的类型
RP1
RP2
RP3
R1
R2
R3
LED1
LED2
LED3
6V
A
K
"VD1"表示普通二极管在电路中的名称，"8V"表示该普通二极管的耐压值为8V
VD1 8V
R
5V
VDZ 5V
C
RL
"VDZ"表示稳压二极管在电路中的名称，"5V"表示该稳压二极管的稳压值为5V
"VD"表示光电二极管在电路中的名称，"2CU1"表示该光电二极管的型号
"LED2"表示发光二极管在电路中的名称
S
RP1 1M
IC1 NE555
RP2 680k
R1 51k
BAT 6V
VD 2CU1
C1 0.1μ
C2 100μ
LED2
BL
蜂鸣器
音乐芯片 IC2 KD9310

图6-21 电路中二极管的电路图形符号和标志

图说帮
微视频讲解"二极管的电路识读"

2 识读国产二极管参数标志

国产二极管的命名规格是将二极管的类别、材料及其他主要参数数值标注在二极管表面上。根据国家标准规定，二极管的型号命名由5部分构成。

图6-22为国产二极管的命名方式及识读方法。

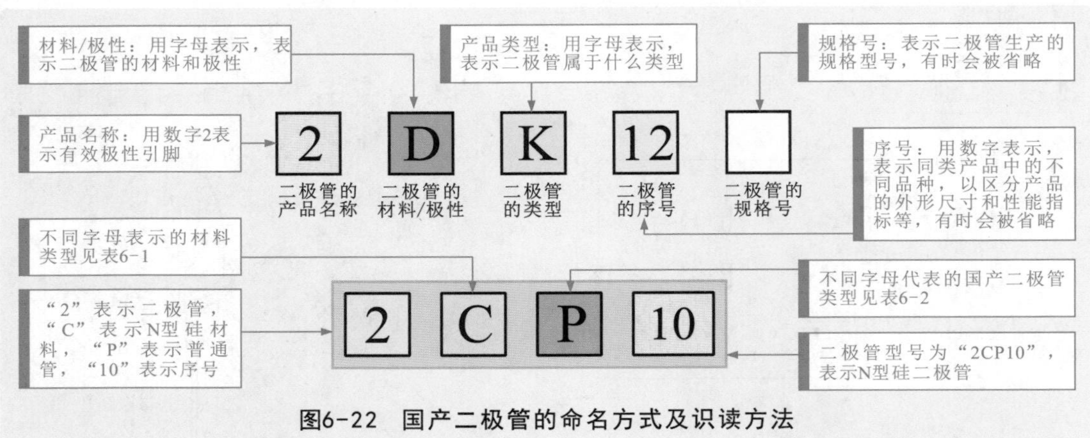
材料/极性：用字母表示，表示二极管的材料和极性
产品类型：用字母表示，表示二极管属于什么类型
规格号：表示二极管生产的规格型号，有时会被省略
产品名称：用数字2表示有效极性引脚
2
D
K
12
二极管的产品名称
二极管的材料/极性
二极管的类型
二极管的序号
二极管的规格号
序号：用数字表示，表示同类产品中的不同品种，以区分产品的外形尺寸和性能指标等，有时会被省略
不同字母表示的材料类型见表6-1
不同字母代表的国产二极管类型见表6-2
"2"表示二极管，"C"表示N型硅材料，"P"表示普通管，"10"表示序号
2
C
P
10
二极管型号为"2CP10"，表示N型硅二极管

图6-22　国产二极管的命名方式及识读方法

国产二极管"材料/极性符号"的字母含义见表6-1。

表6-1　国产二极管"材料/极性符号"的字母含义

材料/极性符号	含 义	材料/极性符号	含 义	材料/极性符号	含 义
A	N型锗材料	C	N型硅材料	E	化合物材料
B	P型锗材料	D	P型硅材料		

国产二极管类型符号的含义见表6-2。

表6-2　国产二极管类型符号的含义

类型符号	含 义	类型符号	含 义	类型符号	含 义	类型符号	含 义
P	普通管	Z	整流管	U	光电管	H	恒流管
V	微波管	L	整流堆	K	开关管	B	变容管
W	稳压管	S	隧道管	JD	激光管	BF	发光二极管
C	参量管	N	阻尼管	CM	磁敏管		

3　识读美产二极管参数标志

美国生产的二极管命名方式一般也由5部分构成，但实际标注中只标出有效极数、注册标志、序号3部分。图6-23为美产二极管的命名方式及识读方法。

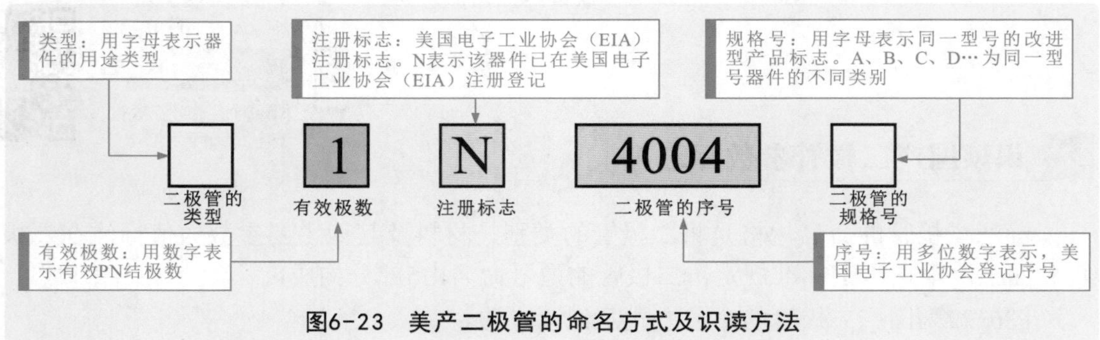
类型：用字母表示器件的用途类型
注册标志：美国电子工业协会（EIA）注册标志。N表示该器件已在美国电子工业协会（EIA）注册登记
规格号：用字母表示同一型号的改进型产品标志。A、B、C、D…为同一型号器件的不同类别
1
N
4004
二极管的类型
有效极数
注册标志
二极管的序号
二极管的规格号
有效极数：用数字表示有效PN结极数
序号：用多位数字表示，美国电子工业协会登记序号

图6-23　美产二极管的命名方式及识读方法

第1章 第2章 第3章 第4章 第5章 第6章 第7章 第8章 第9章 第10章 第11章 第12章 第13章 第14章

4 识读日产二极管参数标志

日本生产的二极管命名方式由5部分构成，包括有效极数或类型、注册标志、材料/极性、序号和规格号。图6-24为日产二极管的命名方式及识读方法。

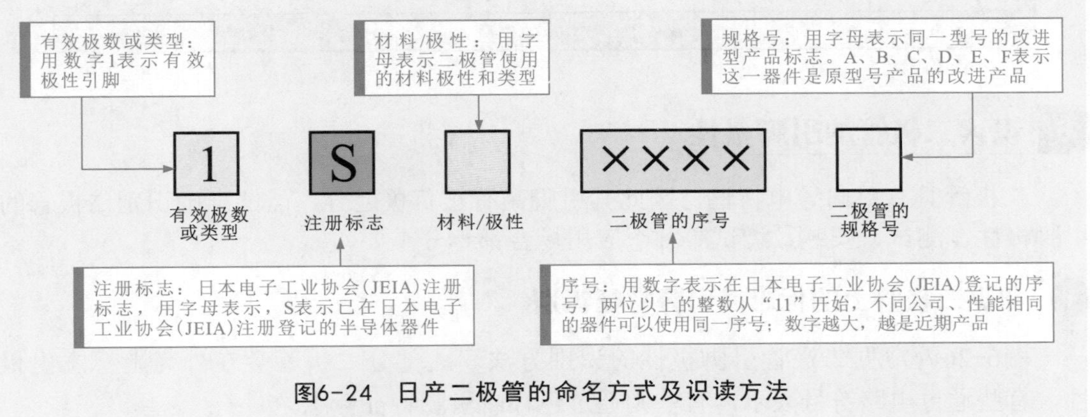
有效极数或类型：用数字1表示有效极性引脚
材料/极性：用字母表示二极管使用的材料极性和类型
规格号：用字母表示同一型号的改进型产品标志。A、B、C、D、E、F表示这一器件是原型号产品的改进产品
1
S
××××
有效极数或类型
注册标志
材料/极性
二极管的序号
二极管的规格号
注册标志：日本电子工业协会(JEIA)注册标志，用字母表示，S表示已在日本电子工业协会(JEIA)注册登记的半导体器件
序号：用数字表示在日本电子工业协会(JEIA)登记的序号，两位以上的整数从“11”开始，不同公司、性能相同的器件可以使用同一序号；数字越大，越是近期产品

图6-24 日产二极管的命名方式及识读方法

5 识读国际电子联合会二极管参数标志

国际电子联合会二极管的命名方式一般由4部分构成，包括材料、类别、序号和规格号。图6-25为国际电子联合会二极管的命名方式及识读方法。

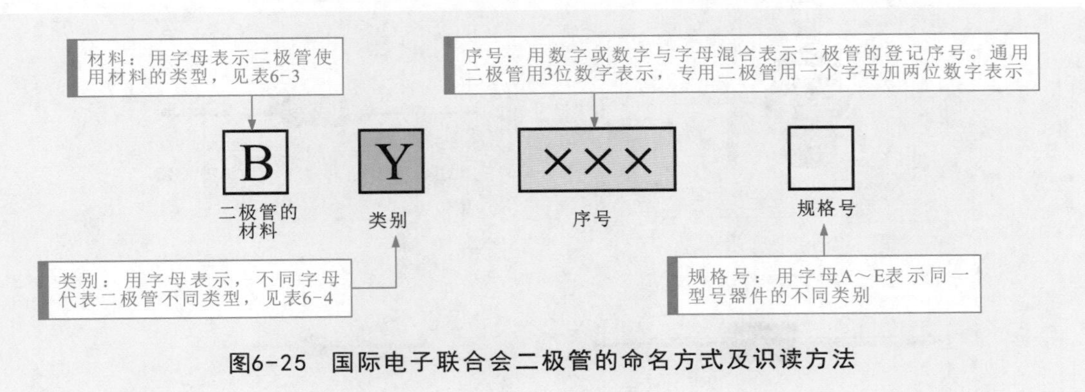
材料：用字母表示二极管使用材料的类型，见表6-3
序号：用数字或数字与字母混合表示二极管的登记序号。通用二极管用3位数字表示，专用二极管用一个字母加两位数字表示
B
Y
×××
二极管的材料
类别
序号
规格号
类别：用字母表示，不同字母代表二极管不同类型，见表6-4
规格号：用字母A～E表示同一型号器件的不同类别

图6-25 国际电子联合会二极管的命名方式及识读方法

国际电子联合会二极管的“材料”字母的含义见表6-3。

表6-3 国际电子联合会二极管的“材料”字母的含义

材料/极性符号	含 义	材料/极性符号	含 义	材料/极性符号	含 义
A	锗材料	C	砷化镓	R	复合材料
B	硅材料	D	锑化铟		

国际电子联合会二极管的“类别”字母的含义见表6-4。

表6-4　国际电子联合会二极管的“类别”字母的含义

类型符号	含义	类型符号	含义	类型符号	含义
A	检波管	H	磁敏管	X	倍压管
B	变容管	P	光电管	Y	整流管
E	隧道管	Q	发光管	Z	稳压管
G	复合管				

6 识读二极管的引脚极性

二极管具有单向导电特性，因此其引脚具有正负极之分，能够准确识别二极管的引脚极性在测试、安装、调试等各个应用场合都十分重要。

1 根据二极管上的标志或引脚特征识别

图6-26为常见二极管引脚极性的识别方法。大部分二极管会在外壳上标志出极性，有些通过电路符号表示，有些则通过色环或引脚特征标志。

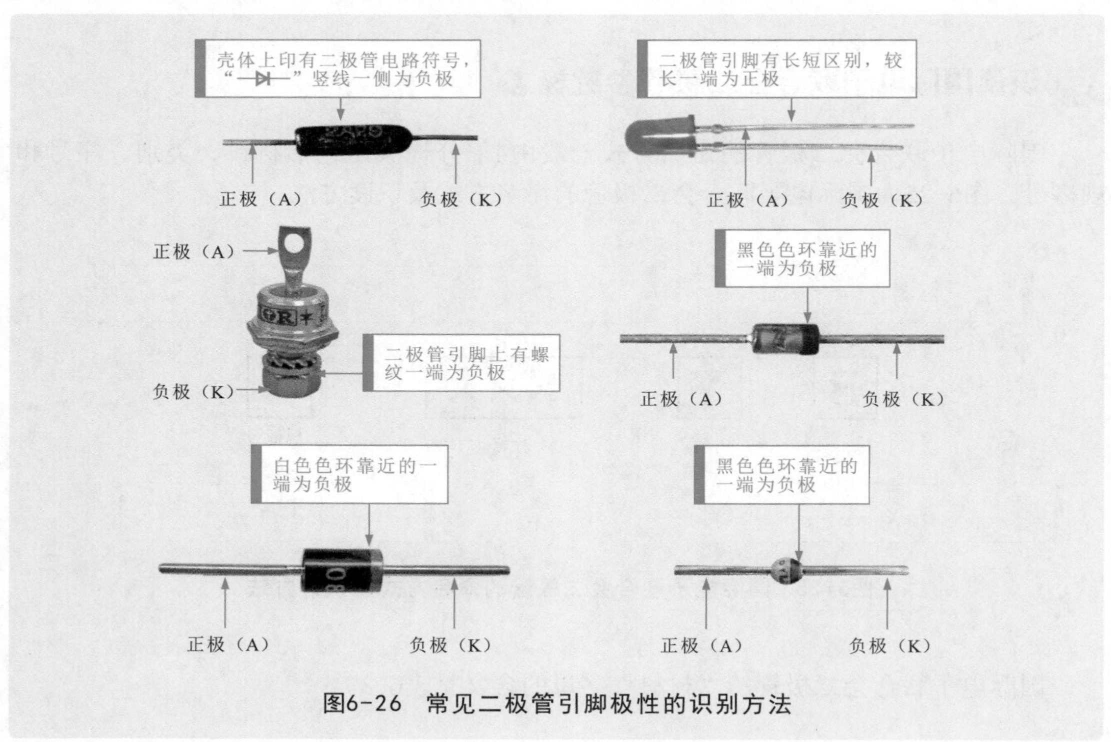
壳体上印有二极管电路符号，“—▶|—”竖线一侧为负极
正极（A）
负极（K）
二极管引脚有长短区别，较长一端为正极
正极（A）
负极（K）
正极（A）
二极管引脚上有螺纹一端为负极
负极（K）
黑色色环靠近的一端为负极
正极（A）
负极（K）
白色色环靠近的一端为负极
正极（A）
负极（K）
黑色色环靠近的一端为负极
正极（A）
负极（K）

图6-26　常见二极管引脚极性的识别方法

2 根据电路板上的标志信息或电路符号识别

识别安装在电路板上的二极管的引脚极性时，可观察电路板上二极管的周围或背面焊接面上有无标志信息，根据标志信息很容易识别引脚极性。也可以根据二极管所在电路找到对应的电路图纸，根据图纸中的电路符号识别二极管引脚极性，如图6-27所示。

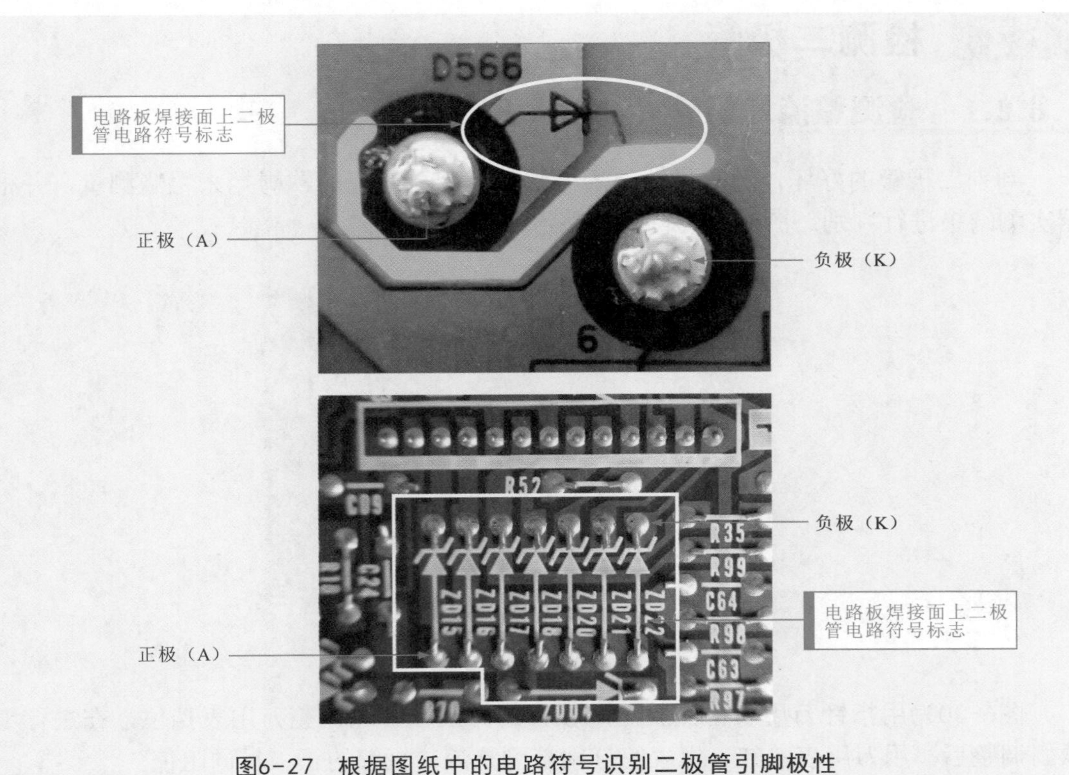
D566
电路板焊接面上二极管电路符号标志
正极（A）
负极（K）
负极（K）
电路板焊接面上二极管电路符号标志
正极（A）
ZD15
ZD16
ZD17
ZD18
ZD20
ZD21
ZD22
R52
R35
R99
C64
R98
C63
R97
ZD04

图6-27 根据图纸中的电路符号识别二极管引脚极性

补充说明

除上述方法外，对于一些没有明显标志信息的二极管，还可以通过使用万用表检测二极管正反向阻值的方法来判别二极管的引脚极性。图6-28为使用万用表判别二极管引脚极性的方法。

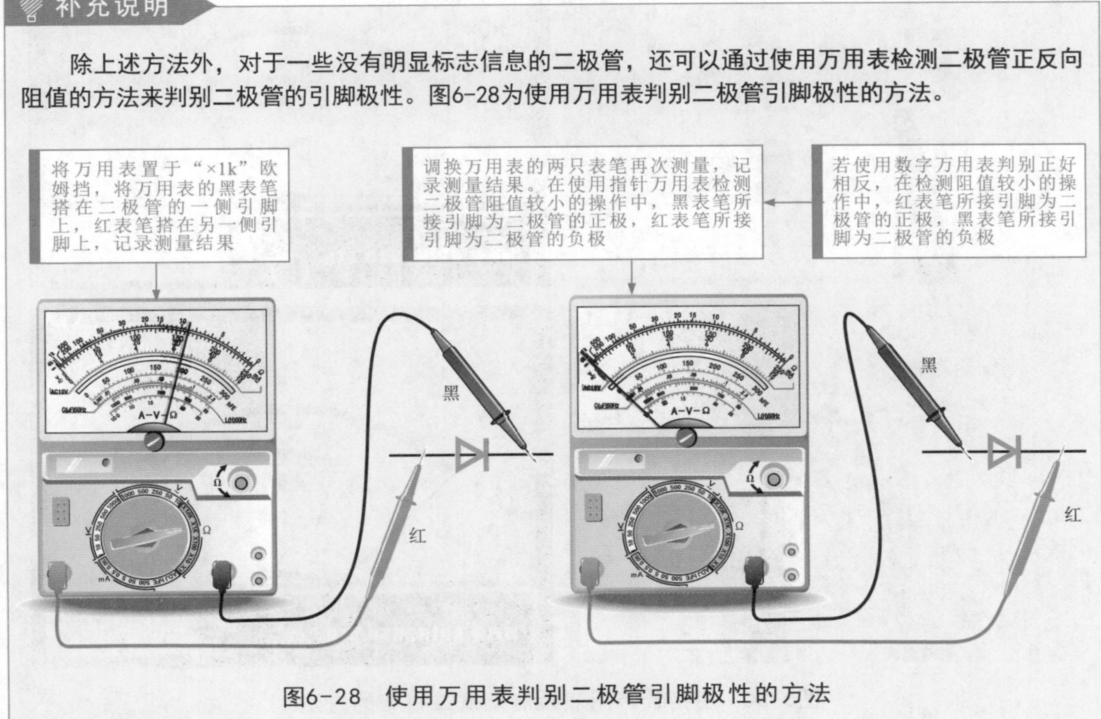
将万用表置于“×1k”欧姆挡，将万用表的黑表笔搭在二极管的一侧引脚上，红表笔搭在另一侧引脚上，记录测量结果
调换万用表的两只表笔再次测量，记录测量结果。在使用指针万用表检测二极管阻值较小的操作中，黑表笔所接引脚为二极管的正极，红表笔所接引脚为二极管的负极
若使用数字万用表判别正好相反，在检测阻值较小的操作中，红表笔所接引脚为二极管的正极，黑表笔所接引脚为二极管的负极
黑
红
黑
红

图6-28 使用万用表判别二极管引脚极性的方法

6.2 检测二极管

6.2.1 检测整流二极管

判别二极管的好坏，通常最简便的方法就是用万用表的欧姆挡来粗略测量，并根据实测结果进行判别。图6-29为待测的整流二极管。

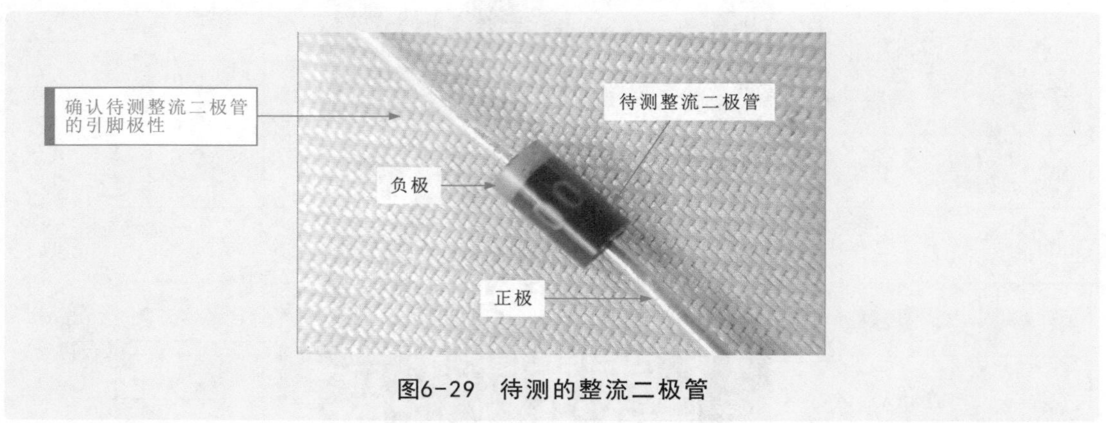
确认待测整流二极管的引脚极性
待测整流二极管
负极
正极

图6-29 待测的整流二极管

图6-30为用指针万用表检测整流二极管的方法。首先调整万用表挡位，在进行零欧姆调整后，用万用表的红、黑表笔分别检测整流二极管的正、反向阻值。

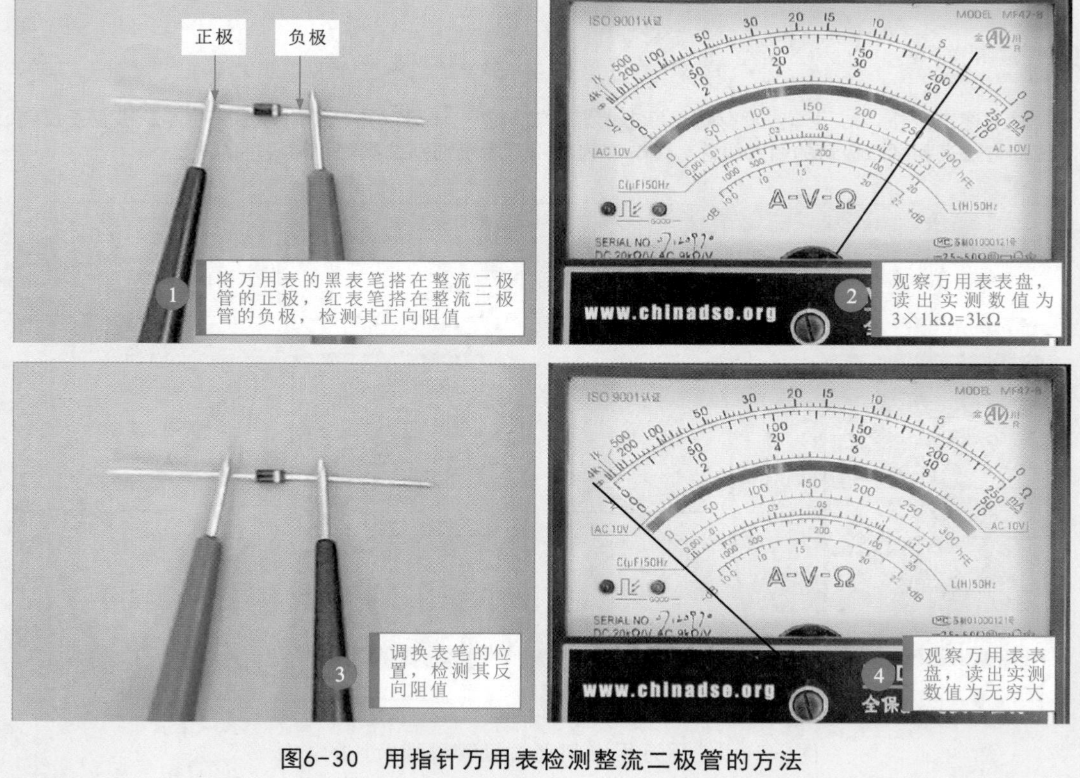
正极
负极
1 将万用表的黑表笔搭在整流二极管的正极，红表笔搭在整流二极管的负极，检测其正向阻值
2 观察万用表表盘，读出实测数值为3×1kΩ=3kΩ
3 调换表笔的位置，检测其反向阻值
4 观察万用表表盘，读出实测数值为无穷大
www.chinadse.org
A-V-Ω

图6-30 用指针万用表检测整流二极管的方法

补充说明

正常情况下，整流二极管正向阻值为几千欧姆，反向阻值趋于无穷大。

整流二极管的正、反向阻值相差越大越好，若测得正、反向阻值相近，说明整流二极管失效损坏。

当使用指针万用表检测整流二极管时，表针一直不断摆动，不能停止在某一阻值上，多是该整流二极管的热稳定性不好。

6.2.2 检测发光二极管

图6-31为待测的发光二极管。根据规定，引脚相对较长的是发光二极管的正极性引脚，引脚相对较短的是负极性引脚。

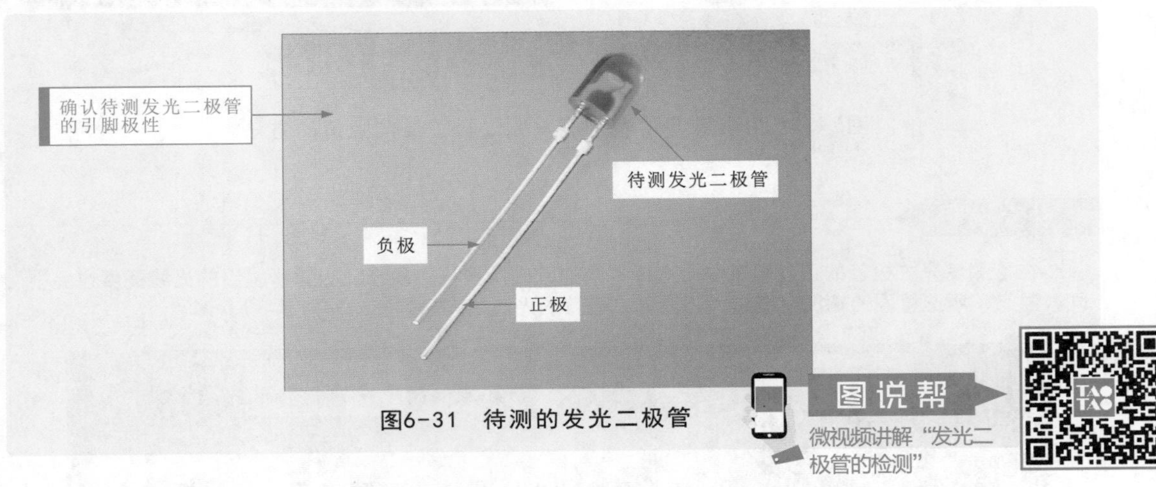
确认待测发光二极管的引脚极性
待测发光二极管
负极
正极
图说帮
微视频讲解"发光二极管的检测"

图6-31 待测的发光二极管

首先调整万用表挡位（发光二极管正向电阻较大，一般使用"×10k"欧姆挡），在进行零欧姆调整后，按图6-32所示使用指针万用表检测发光二极管的正向阻值。

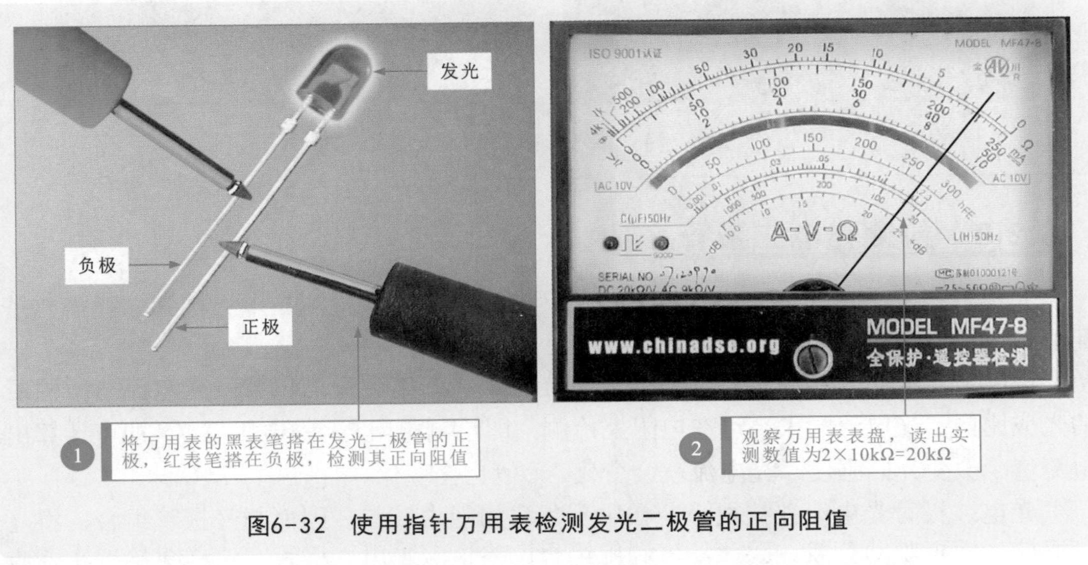
发光
负极
正极
MODEL MF47-8
www.chinadse.org
全保护·遥控器检测
A-V-Ω
1 将万用表的黑表笔搭在发光二极管的正极，红表笔搭在负极，检测其正向阻值
2 观察万用表表盘，读出实测数值为2×10kΩ=20kΩ

图6-32 使用指针万用表检测发光二极管的正向阻值

图6-33为用指针万用表检测发光二极管反向阻值的方法。

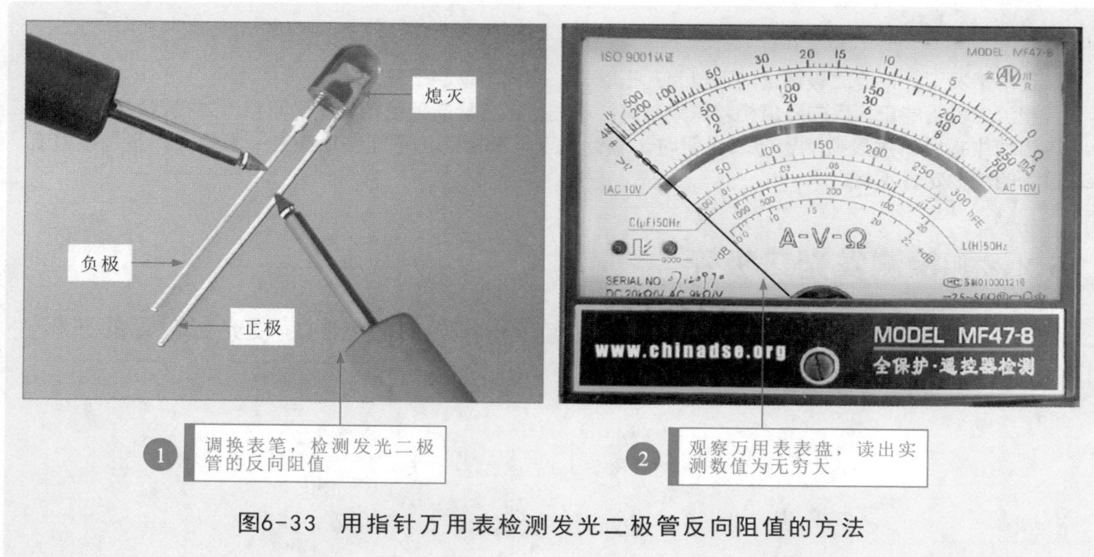
熄灭
负极
正极
1 调换表笔，检测发光二极管的反向阻值
2 观察万用表表盘，读出实测数值为无穷大
MODEL MF47-8
www.chinadse.org
全保护·遥控器检测
A-V-Ω

图6-33 用指针万用表检测发光二极管反向阻值的方法

补充说明

在检测发光二极管的正向阻值时，选择不同的欧姆挡量程，发光二极管所发出的光线亮度也会不同。通常，所选量程的输出电流越大，发光二极管的光线越亮，如图6-34所示。

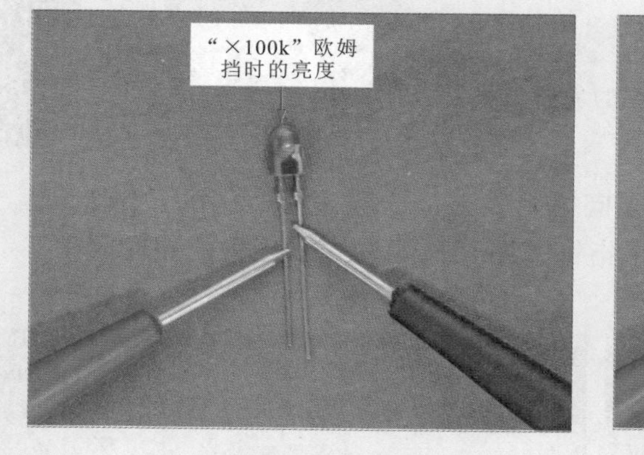
“×100k”欧姆挡时的亮度

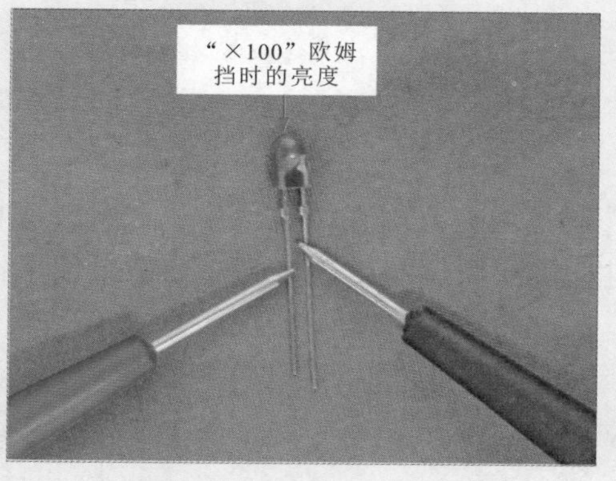
“×100”欧姆挡时的亮度

图6-34 发光二极管的发光状态

6.2.3 检测光电二极管

光电二极管通常作为光电传感器检测环境光线信息。检测光电二极管一般需要搭建测试电路检测光照与电流的关系或性能。

图6-35为光电二极管的检测方法。将光电二极管置于反向偏置。光电流与所照射的光成比例。光电流的大小可在电阻上检测，即检测电阻R上的电压值U，即可计算出电流值。改变光照强度，光电流就会变化，U值也会变化。

光电二极管光电流往往很小，作用于负载的能力较差，因而与三极管组合，将光电流放大后再驱动负载。因此，可利用组合电路检测光电二极管，这样更接近实际应用情况。

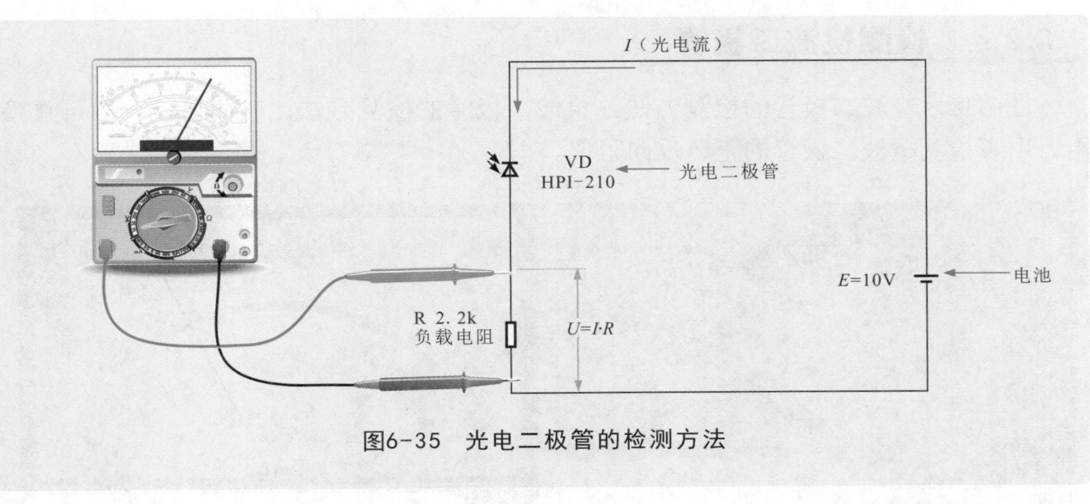
I（光电流）
VD
HPI-210
光电二极管
E=10V
电池
R 2.2k
负载电阻
U=I·R

图6-35 光电二极管的检测方法

图6-36是光电二极管与三极管组成的集电极输出电路。

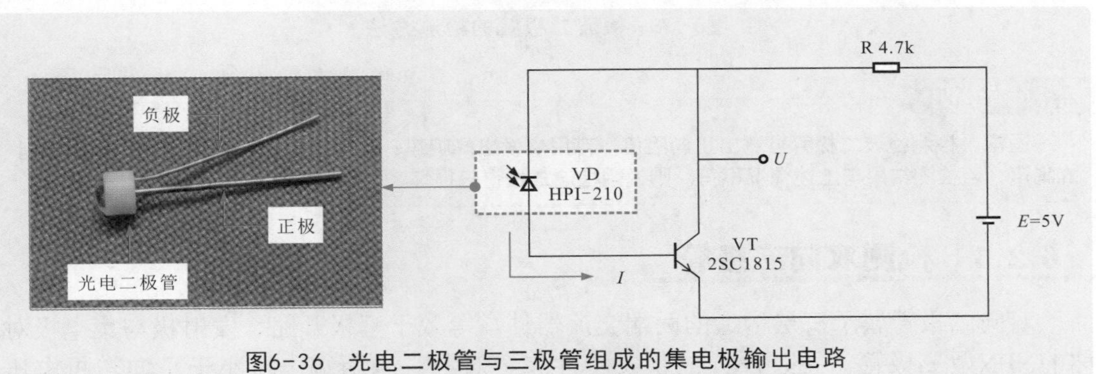
负极
正极
光电二极管
R 4.7k
U
VD
HPI-210
E=5V
VT
2SC1815
I

图6-36 光电二极管与三极管组成的集电极输出电路

补充说明

光电二极管接在三极管的基极电路中，光电流作为三极管的基极电流，集电极电流等于放大hFE倍的基极电流，通过检测集电极电阻压降即可计算出集电极电流，这样可将光电二极管与放大三极管的组合电路作为一个光电传感器的单元电路来使用，三极管有足够的信号强度去驱动负载。

图6-37是光电二极管与三极管组成的发射极输出电路，采用光电二极管与电阻器构成分压电路，为三极管的基极提供偏压，可有效抑制暗电流的影响。

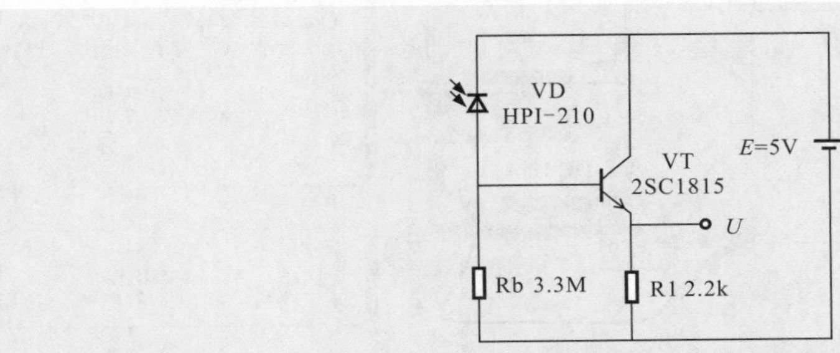
VD
HPI-210
VT
2SC1815
E=5V
U
Rb 3.3M
R1 2.2k

图6-37 光电二极管与三极管组成的发射极输出电路

6.2.4 检测检波二极管

图6-38为检波二极管的检测方法。检波二极管的检测方法比较简单，一般可直接用万用表检测检波二极管的正、反向阻值。

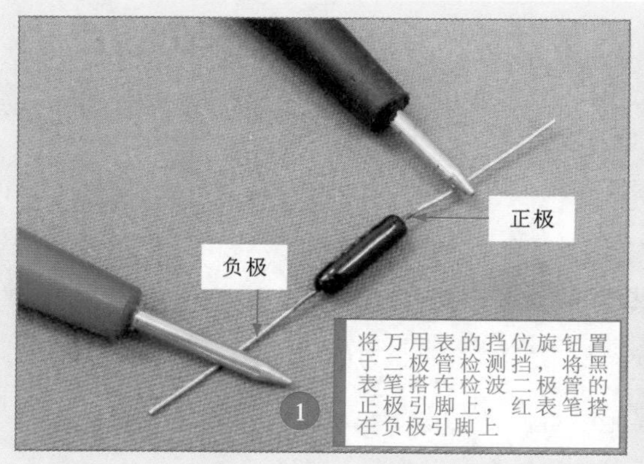
正极
负极
将万用表的挡位旋钮置于二极管检测挡，将黑表笔搭在检波二极管的正极引脚上，红表笔搭在负极引脚上
1

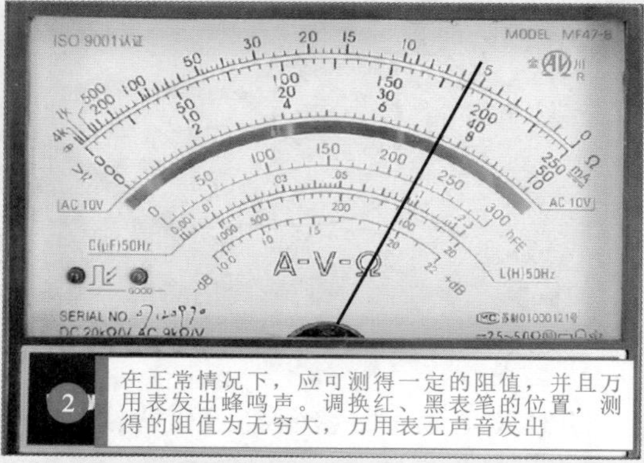
2
在正常情况下，应可测得一定的阻值，并且万用表发出蜂鸣声。调换红、黑表笔的位置，测得的阻值为无穷大，万用表无声音发出

图6-38　检波二极管的检测方法

补充说明

通常，检测检波二极管可测出正向阻值，万用表发出蜂鸣声；反向阻值一般为无穷大，不能听到蜂鸣声。若检测结果与上述情况不符，则说明检波二极管已损坏。

6.2.5 检测双向二极管

双向二极管属于三层构造的两端交流器件，等效于基极开路、发射极与集电极对称的NPN型三极管，正、反向的伏安特性完全对称。当两端电压小于正向转折电压$U_{(BO)}$时，呈高阻态；当两端电压大于转折电压时，被击穿（导通）进入负阻区；同样，当两端电压超过反向转折电压时，进入负阻区。

不同型号双向二极管的转折电压是不同的，如DB3的转折电压约为30V，DB4、DB5的转折电压要高一些。

检测双向二极管主要是检测转折电压，可搭建如图6-39所示的检测电路。

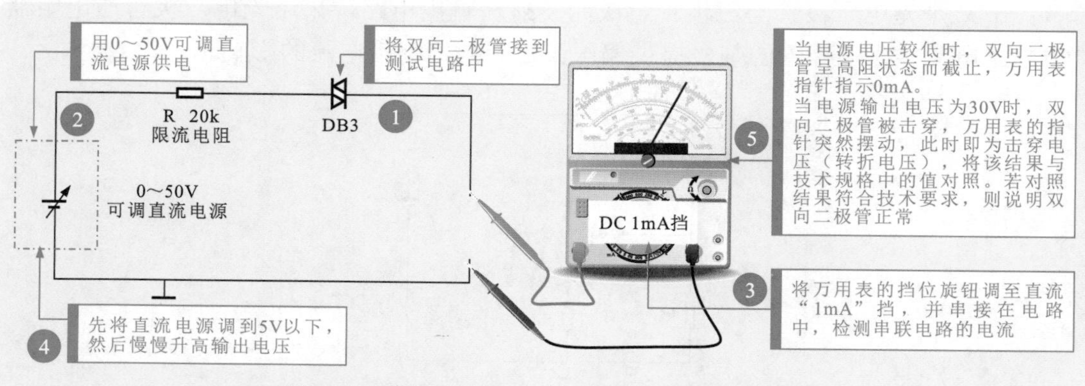
用0～50V可调直流电源供电
将双向二极管接到测试电路中
R 20k
限流电阻
DB3
1
2
0～50V
可调直流电源
当电源电压较低时，双向二极管呈高阻状态而截止，万用表指针指示0mA。
当电源输出电压为30V时，双向二极管被击穿，万用表的指针突然摆动，此时即为击穿电压（转折电压），将该结果与技术规格中的值对照。若对照结果符合技术要求，则说明双向二极管正常
5
DC 1mA挡
3
将万用表的挡位旋钮调至直流“1mA”挡，并串接在电路中，检测串联电路的电流
4
先将直流电源调到5V以下，然后慢慢升高输出电压

图6-39　检测双向二极管主要是检测转折电压

将双向二极管接入电路中，通过检测电路的电压值可判断双向二极管有无开路情况。图6-40为双向二极管开路状态的检测判别方法。

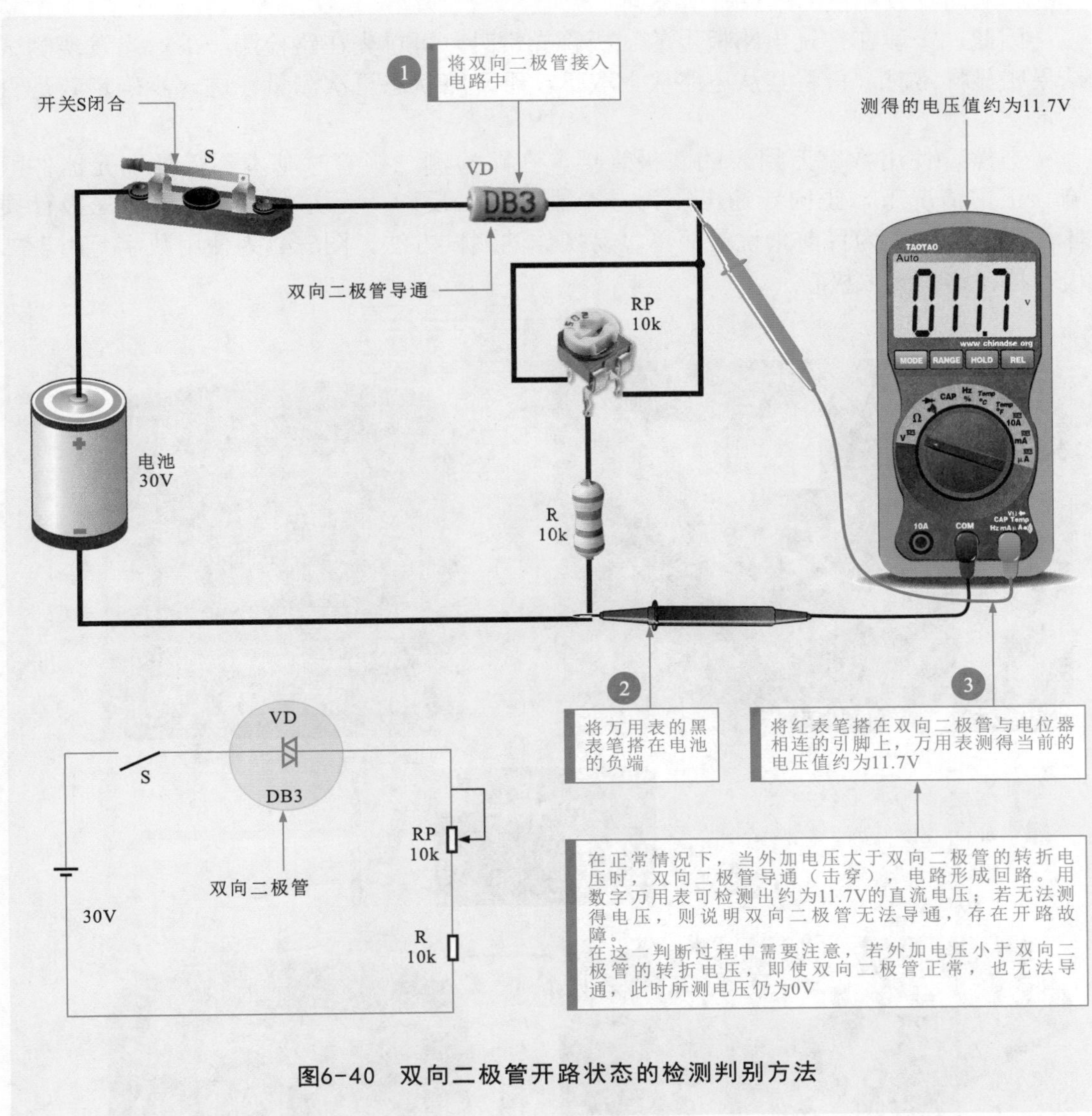
1 将双向二极管接入电路中
开关S闭合
S
VD
DB3
测得的电压值约为11.7V
双向二极管导通
RP 10k
电池 30V
R 10k
011.7
2 将万用表的黑表笔搭在电池的负端
3 将红表笔搭在双向二极管与电位器相连的引脚上，万用表测得当前的电压值约为11.7V
VD
DB3
S
双向二极管
RP 10k
30V
R 10k
在正常情况下，当外加电压大于双向二极管的转折电压时，双向二极管导通（击穿），电路形成回路。用数字万用表可检测出约为11.7V的直流电压；若无法测得电压，则说明双向二极管无法导通，存在开路故障。
在这一判断过程中需要注意，若外加电压小于双向二极管的转折电压，即使双向二极管正常，也无法导通，此时所测电压仍为0V

图6-40 双向二极管开路状态的检测判别方法

补充说明

检测双向二极管一般不采用直接检测正、反向阻值的方法，因为在没有足够（大于转折电压）的供电电压时，双向二极管本身呈高阻状态，用万用表检测阻值的结果也只能是无穷大，在这种情况下，无法判断双向二极管是正常还是开路，因此这种检测没有实质性的意义。

综上所述，普通二极管，如整流二极管、开关二极管、检波二极管等可通过检测正、反向阻值的方法判断好坏；稳压二极管、发光二极管、光电二极管和双向二极管需要搭建测试电路检测相应的特性参数；变容二极管实质是电压控制的电容器，在调谐电路中相当于小电容，检测正、反向阻值无实际意义。

检测安装在电路板上的二极管属于在路检测，检测的方法与前面介绍的方法相同，但由于在路的原因，晶体二极管处于某种电路关系中，因此，很容易受外围元器件的影响而导致测量的结果有所不同。

因此，一般在怀疑电路板上的二极管异常时，可首先在路检测一下，当发现测试结果明显异常时，再将其从电路板上取下，于开路状态再次测量，进一步确定其是否正常。

当然，使用数字万用表的二极管挡，在路检测二极管时基本不受外围元器件影响。正常情况下，正向导通电压为一个固定值；反向为无穷大，否则说明二极管损坏。该方法不失为目前来说最简单、易操作的测试方法。图6-41为使用数字万用表二极管挡在路检测二极管。

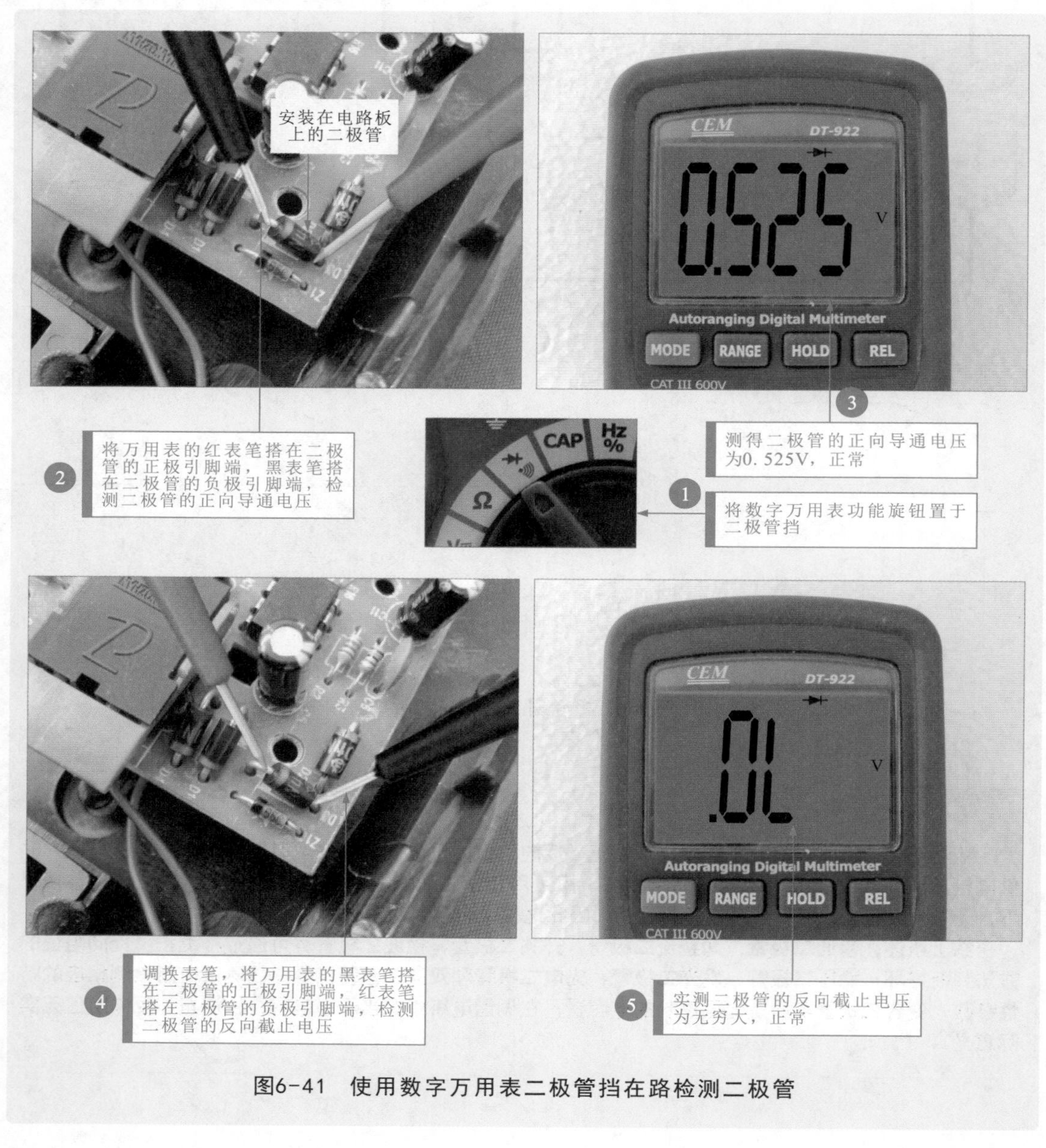
安装在电路板上的二极管
CEM
DT-922
0.525
V
Autoranging Digital Multimeter
MODE
RANGE
HOLD
REL
CAT III 600V
3
测得二极管的正向导通电压为0. 525V，正常
2
将万用表的红表笔搭在二极管的正极引脚端，黑表笔搭在二极管的负极引脚端，检测二极管的正向导通电压
CAP
Hz %
Ω
1
将数字万用表功能旋钮置于二极管挡
CEM
DT-922
.0L
V
Autoranging Digital Multimeter
MODE
RANGE
HOLD
REL
CAT III 600V
4
调换表笔，将万用表的黑表笔搭在二极管的正极引脚端，红表笔搭在二极管的负极引脚端，检测二极管的反向截止电压
5
实测二极管的反向截止电压为无穷大，正常

图6-41　使用数字万用表二极管挡在路检测二极管

本章系统介绍常用三极管的功能特点、检测及应用技能。

- 认识三极管
  - ◇ 辨别三极管类型
  - ◇ 了解三极管功能
  - ◇ 识读三极管参数
- 检测三极管
  - ◇ 检测三极管放大倍数
  - ◇ 检测判别NPN型三极管的引脚极性
  - ◇ 检测判别PNP型三极管的引脚极性
  - ◇ 阻值测量法检测NPN型三极管
  - ◇ 阻值测量法检测PNP型三极管
  - ◇ 检测三极管特性参数
  - ◇ 检测光电三极管

第7章 三极管的功能特点与检测应用

7.1 认识三极管

7.1.1 辨别三极管类型

三极管是在一块半导体基片上制作两个距离很近的PN结，这两个PN结把整块半导体分成三部分，中间部分称为基极（b），两侧部分是集电极（c）和发射极（e），排列方式有NPN和PNP两种。图7-1为三极管的基本结构。

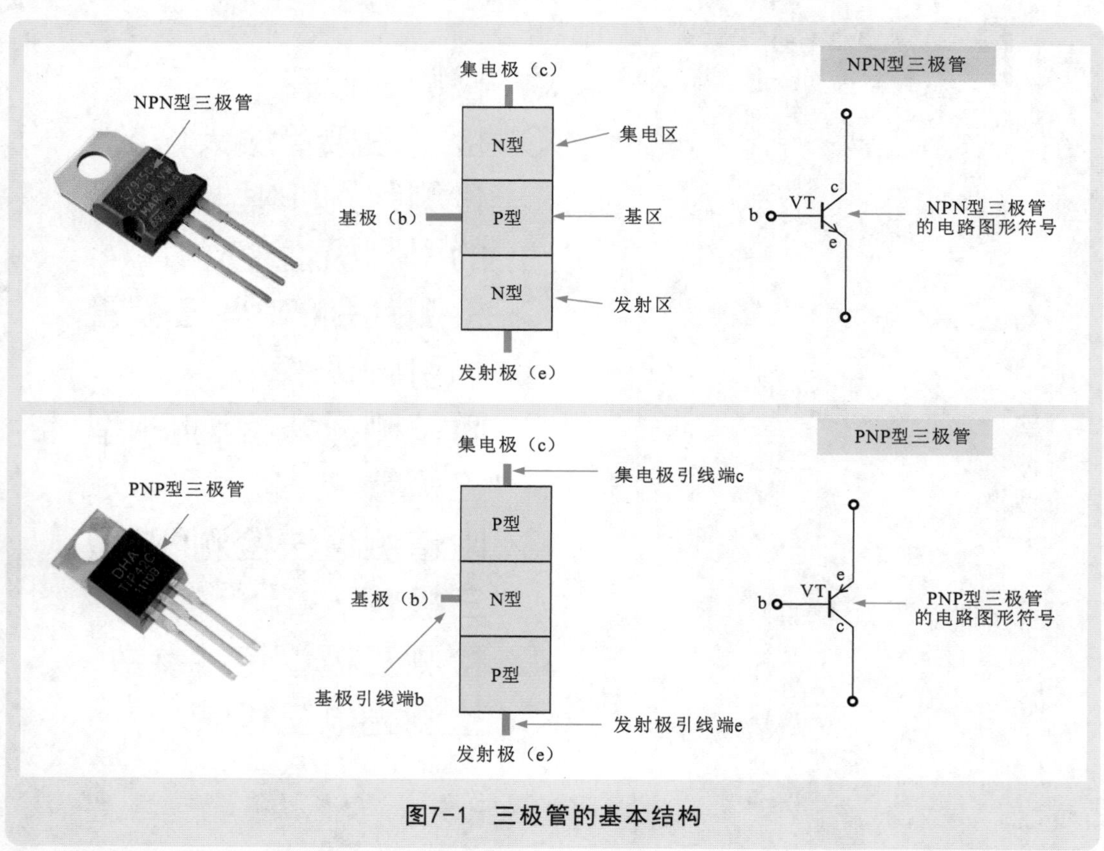

NPN型三极管
集电极（c）
N型
集电区
基极（b）
P型
基区
N型
发射区
发射极（e）
NPN型三极管
b
VT
c
e
NPN型三极管
的电路图形符号
PNP型三极管
集电极（c）
集电极引线端c
P型
基极（b）
N型
P型
基极引线端b
发射极引线端e
发射极（e）
PNP型三极管
b
VT
e
c
PNP型三极管
的电路图形符号

图7-1 三极管的基本结构

三极管的应用十分广泛、种类繁多，分类方式也多种多样。其中，根据功率的不同，可以分为小功率三极管、中功率三极管和大功率三极管。

根据工作频率的不同，可以分为低频三极管和高频三极管等。

根据制造材料的不同，可以分为锗三极管和硅三极管。

根据封装形式的不同，可分为金属封装型三极管和塑料封装型三极管。

1 按功率分类

① 小功率三极管

图7-2为典型的小功率三极管。小功率三极管的功率一般小于0.3W。

C1815
Y 61
R20
小功率三极管

图7-2 典型的小功率三极管

② 中功率三极管

图7-3为典型的中功率三极管。中功率三极管的功率一般在0.3～1W之间。

C4544
3D H
中功率三极管

图7-3 典型的中功率三极管

③ 大功率三极管

图7-4为典型的大功率三极管。大功率三极管的功率一般在1W以上，通常需要安装在散热片上。

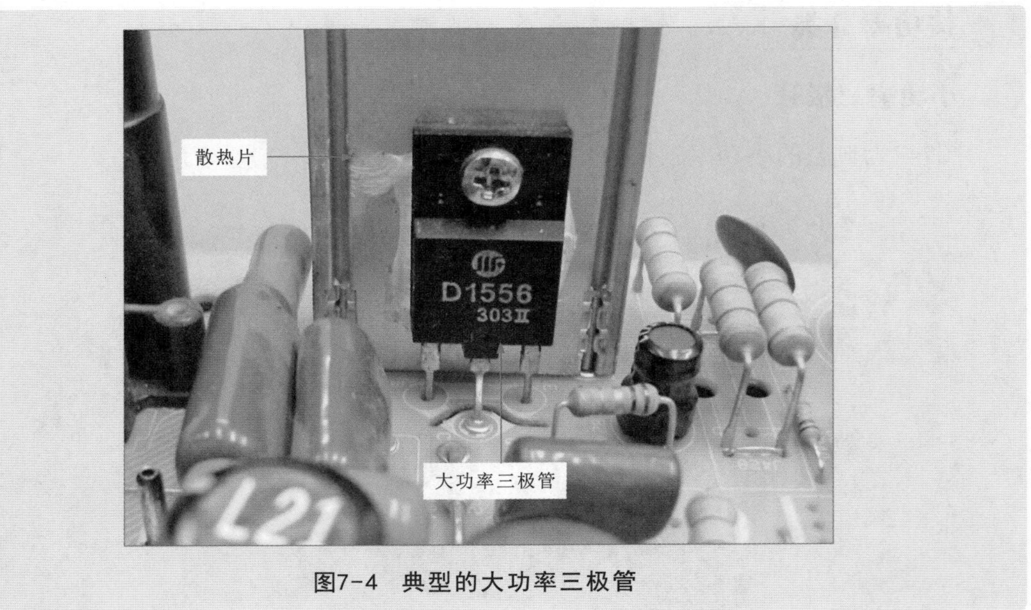
散热片
D1556
303Ⅱ
大功率三极管
L21

图7-4　典型的大功率三极管

2 按工作频率分类

① 低频三极管

图7-5为典型的低频三极管。低频三极管的特征频率小于3MHz，多用于低频放大电路。

D1402
4C3
低频三极管

图7-5　典型的低频三极管

2 高频三极管

图7-6为典型的高频三极管。高频三极管的特征频率大于3MHz，多用于高频放大电路、混频电路或高频振荡电路等。

高频三极管
C1983
92O
SME
25 V
470μF

图7-6 典型的高频三极管

3 按制造材料分类

三极管是由两个PN结构成的，根据PN结材料的不同可分为锗三极管和硅三极管，如图7-7所示。从外形上看，这两种三极管并没有明显的区别。

锗三极管

硅三极管
3DG130C
82.12 J

图7-7 锗三极管和硅三极管

补充说明

不论是锗三极管还是硅三极管，工作原理完全相同，都有PNP和NPN两种结构类型，都有高频三极管和低频三极管、大功率三极管和小功率三极管。但由于制造材料不同，因此电气性能有一定的差异。

◇ 锗材料制作的PN结正向导通电压为0.2～0.3V，硅材料制作的PN结正向导通电压为0.6～0.7V，锗三极管发射极与基极之间的起始工作电压低于硅三极管。

◇ 锗三极管比硅三极管具有较低的饱和压降。

4 按封装形式分类

根据封装形式不同，三极管的外形结构和尺寸有很多种。从封装材料上来说，可分为金属封装型三极管和塑料封装型三极管两种。金属封装型三极管主要有B型、C型、D型、E型、F型和G型；塑料封装型三极管主要有S-1型、S-2型、S-4型、S-5型、S-6A型、S-6B型、S-7型、S-8型、F3-04型和F3-04B型，如图7-8所示。

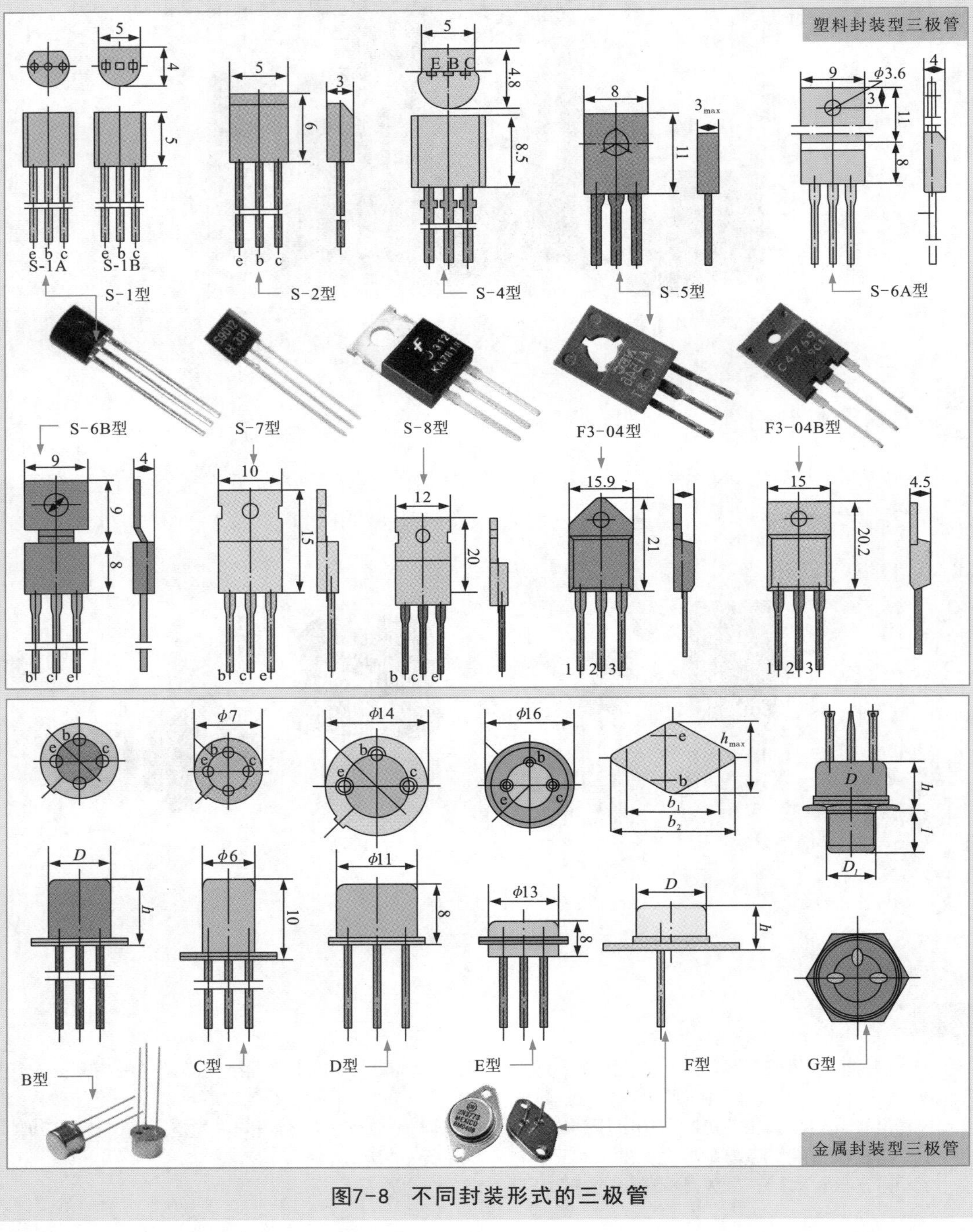

塑料封装型三极管
S-1A
S-1B
S-1型
S-2型
S-4型
S-5型
S-6A型
S-6B型
S-7型
S-8型
F3-04型
F3-04B型
金属封装型三极管
B型
C型
D型
E型
F型
G型

图7-8 不同封装形式的三极管

7.1.2 了解三极管功能

1 三极管的电流放大功能

三极管是一种电流放大器件，可制成交流或直流信号放大器，由基极输入一个很小的电流，从而控制集电极输出很大的电流，如图7-9所示。

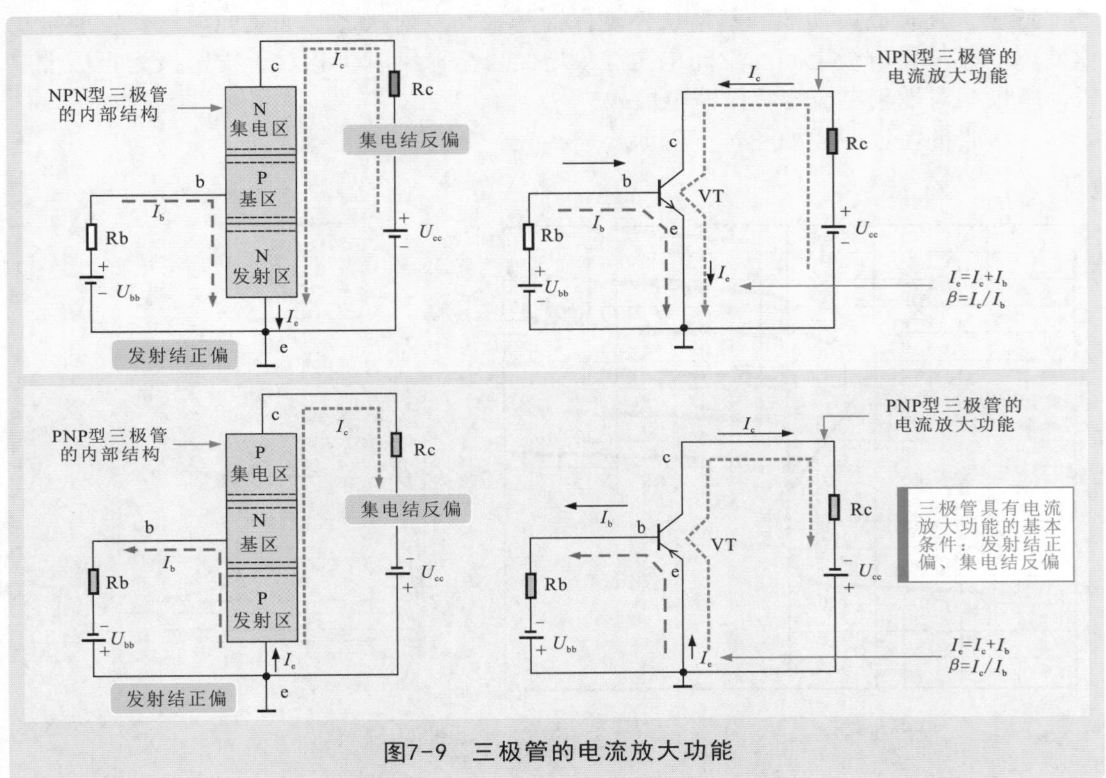
NPN型三极管的内部结构
N 集电区
P 基区
N 发射区
集电结反偏
发射结正偏
Rb
Rc
NPN型三极管的电流放大功能
VT
$I_e=I_c+I_b$
$\beta=I_c/I_b$
PNP型三极管的内部结构
P 集电区
N 基区
P 发射区
集电结反偏
发射结正偏
PNP型三极管的电流放大功能
三极管具有电流放大功能的基本条件：发射结正偏、集电结反偏
$I_e=I_c+I_b$
$\beta=I_c/I_b$

图7-9 三极管的电流放大功能

三极管基极（b）电流最小，且远小于另两个引脚的电流；发射极（e）电流最大（等于集电极电流和基极电流之和）；集电极（c）电流与基极（b）电流之比即为三极管的放大倍数。图7-10为三极管放大原理示意图。

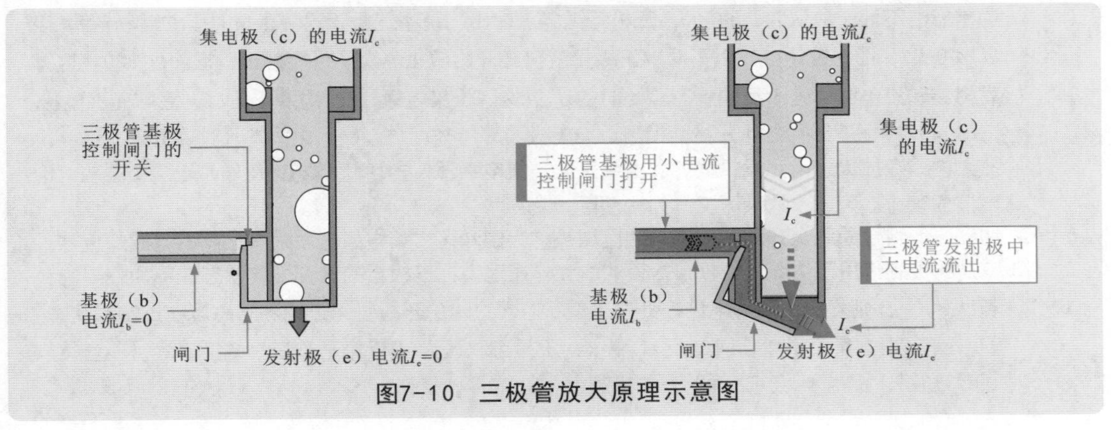
集电极（c）的电流I_c
三极管基极控制闸门的开关
基极（b）电流I_b=0
闸门
发射极（e）电流I_e=0
集电极（c）的电流I_c
三极管基极用小电流控制闸门打开
集电极（c）的电流I_c
三极管发射极中大电流流出
基极（b）电流I_b
闸门
发射极（e）电流I_e

图7-10 三极管放大原理示意图

补充说明

三极管的放大作用可以理解为一个水闸。水闸上方存储有水，存在水压，相当于集电极上的电压。水闸侧面流入的水流相当于基极电流I_b。当水闸侧面有水流流过，冲击闸门时，闸门便会开启，这样水闸侧面很小的水流流量（相当于电流I_b）与水闸上方的大水流流量（相当于电流I_c）就汇集到一起流下（相当于发射极e的电流I_e），相当于三极管的放大作用。

三极管具有放大功能的基本条件是保证基极和发射极之间加正向电压（发射结正偏），基极与集电极之间加反向电压（集电结反偏）。基极相对于发射极为正极性电压，基极相对于集电极为负极性电压。

三极管的特性曲线如图7-11所示。

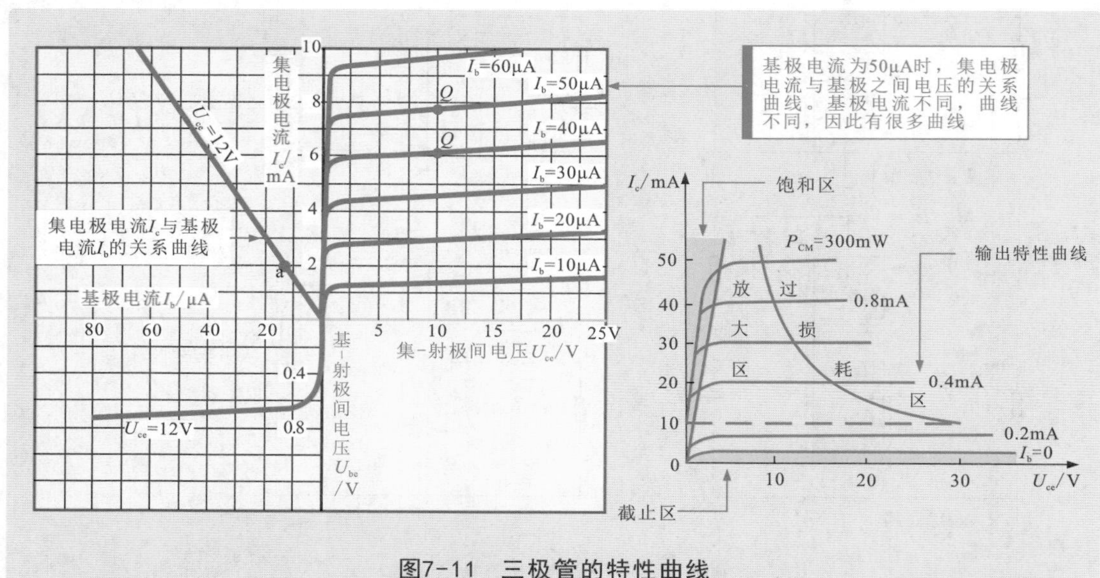
集电极电流I_c/mA
U_{ce}=12V
I_b=60μA
I_b=50μA
I_b=40μA
I_b=30μA
I_b=20μA
I_b=10μA
Q
Q
a
集电极电流I_c与基极电流I_b的关系曲线
基极电流I_b/μA
80 60 40 20
5 10 15 20 25V
集-射极间电压U_{ce}/V
基-射极间电压U_{be}/V
0.4
0.8
U_{ce}=12V
基极电流为50μA时，集电极电流与基极之间电压的关系曲线。基极电流不同，曲线不同，因此有很多曲线
I_c/mA
饱和区
P_{CM}=300mW
输出特性曲线
放大区
过损耗区
0.8mA
0.4mA
0.2mA
I_b=0
U_{ce}/V
截止区

图7-11　三极管的特性曲线

补充说明

根据三极管不同的工作状态，输出特性曲线分为3个工作区。

◇ 截止区：I_b=0曲线以下的区域被称为截止区。I_b=0时，I_c=I_{CEO}，该电流被称为穿透电流，其值极小，通常忽略不计，故认为此时I_c=0，三极管无电流输出，说明三极管已截止。对于NPN型硅管，当U_{be}<0.5V，即在死区电压以下时，三极管就已经开始截止。为了可靠截止，常使U_{ce}<0。这样，发射结和集电结都处于反偏状态。此时的U_{ce}近似等于集电极（c）电源电压U_c，意味着集电极（c）与发射极（e）之间开路，相当于集电极（c）与发射极（e）之间的开关断开。

◇ 放大区：在放大区内，三极管的发射结正偏，集电结反偏；I_c=I_b，集电极（c）电流与基极（b）电流成正比。因此，放大区又称为线性区。

◇ 饱和区：特性曲线上升和弯曲部分的区域被称为饱和区，集电极与发射极之间的电压趋近零。I_b对I_c的控制作用已达最大值，三极管的放大作用消失，三极管的这种工作状态被称为临界饱和；若U_{ce}<U_{be}，则发射结和集电结都处在正偏状态，这时的三极管为过饱和状态。在过饱和状态下，因为U_{be}本身小于1V，而U_{ce}比U_{be}更小，于是可以认为U_{ce}近似于零。集电极（c）与发射极（e）短路，相当于c与e之间的开关接通。

2 三极管的开关功能

三极管的集电极电流在一定范围内随基极电流呈线性变化，这就是放大特性。当基极电流高过此范围时，三极管集电极电流会达到饱和值（导通），基极电流低于此范围时，三极管会进入截止状态（断路），这种导通或截止的特性在电路中还可起到开关作用。图7-12为三极管的开关功能原理图。

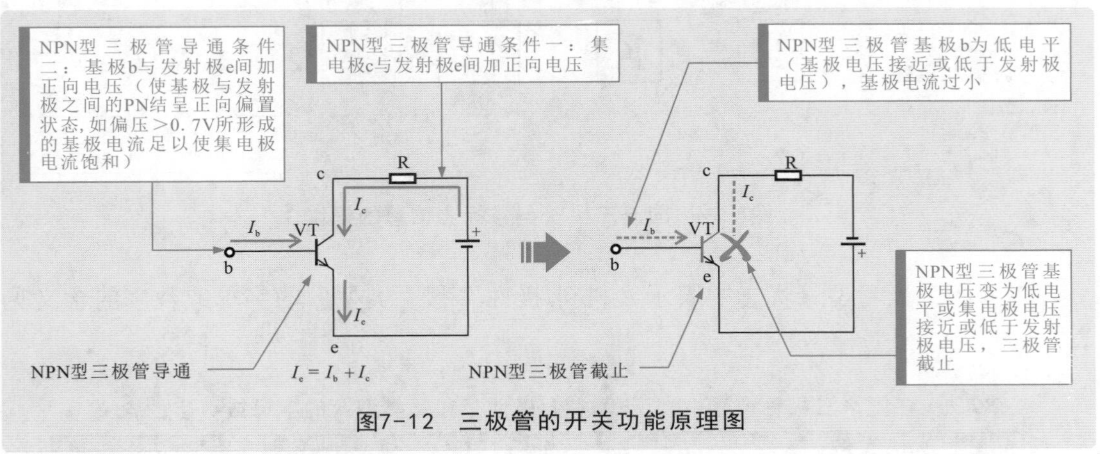
NPN型三极管导通条件二：基极b与发射极e间加正向电压（使基极与发射极之间的PN结呈正向偏置状态，如偏压＞0.7V所形成的基极电流足以使集电极电流饱和）
NPN型三极管导通条件一：集电极c与发射极e间加正向电压
NPN型三极管基极b为低电平（基极电压接近或低于发射极电压），基极电流过小
NPN型三极管基极电压变为低电平或集电极电压接近或低于发射极电压，三极管截止
NPN型三极管导通
$I_e = I_b + I_c$
NPN型三极管截止

图7-12 三极管的开关功能原理图

7.1.3 识读三极管参数

1 识读三极管电路标志

三极管在电路中的标志通常分为两部分：一部分是电路图形符号，表示三极管的类型；另一部分是字母+数字，表示该三极管在电路中的序号及型号。

图7-13为三极管电路识读案例。电路中的图形符号可以体现出三极管的类型，三根引线分别代表基极（b）、集电极（c）和发射极（e），文字标志通常提供三极管的名称、序号及型号等信息。

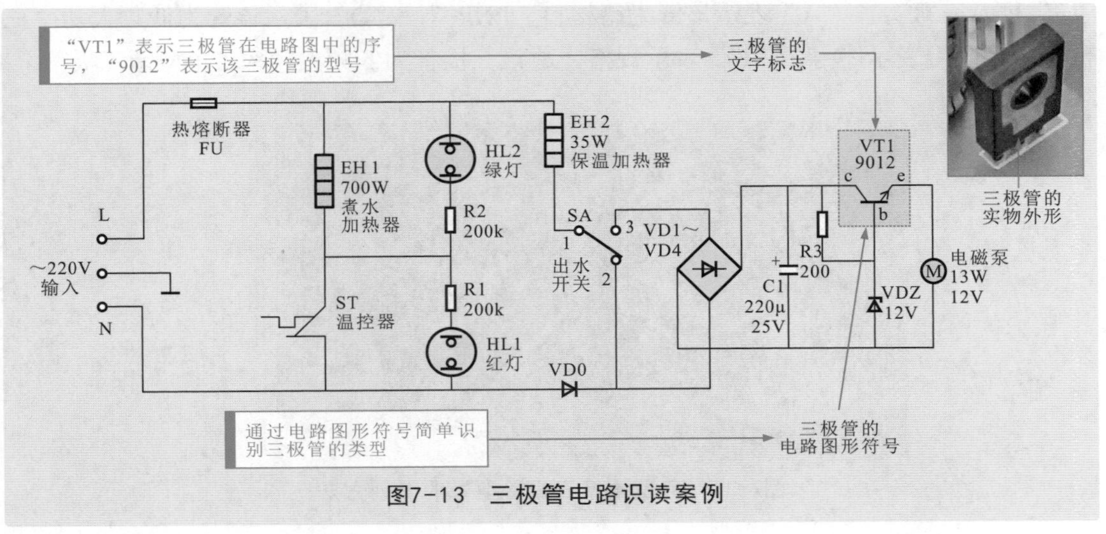
"VT1"表示三极管在电路图中的序号，"9012"表示该三极管的型号
三极管的文字标志
三极管的实物外形
通过电路图形符号简单识别三极管的类型
三极管的电路图形符号
热熔断器 FU
EH1 700W 煮水加热器
HL2 绿灯
R2 200k
R1 200k
HL1 红灯
EH2 35W 保温加热器
SA 出水开关
VD1～VD4
C1 220μ 25V
R3 200
VDZ 12V
VT1 9012
电磁泵 13W 12V
ST 温控器
~220V 输入
VD0

图7-13 三极管电路识读案例

2 识读国产三极管参数标志

图7-14为国产三极管型号标志信息的识读。

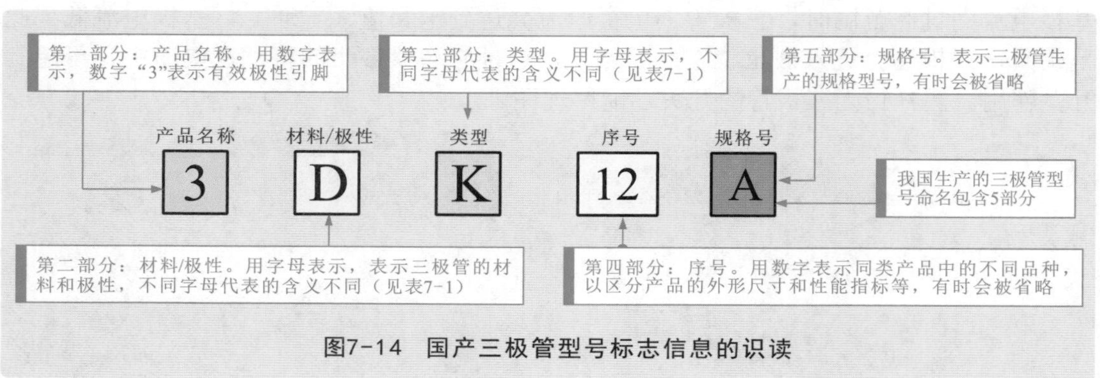
第一部分：产品名称。用数字表示，数字“3”表示有效极性引脚
第三部分：类型。用字母表示，不同字母代表的含义不同（见表7-1）
第五部分：规格号。表示三极管生产的规格型号，有时会被省略
产品名称
材料/极性
类型
序号
规格号
3
D
K
12
A
我国生产的三极管型号命名包含5部分
第二部分：材料/极性。用字母表示，表示三极管的材料和极性，不同字母代表的含义不同（见表7-1）
第四部分：序号。用数字表示同类产品中的不同品种，以区分产品的外形尺寸和性能指标等，有时会被省略

图7-14 国产三极管型号标志信息的识读

在国产三极管型号标志中表示“材料/极性”和“类型”的字母或数字的含义见表7-1。

表7-1 在国产三极管型号中表示“材料/极性”和“类型”的字母或数字的含义

材料/极性符号	含 义	材料/极性符号	含 义
A	锗材料、PNP型	D	硅材料、NPN型
B	锗材料、NPN型	E	化合物材料
C	硅材料、PNP型		
类型符号	含义	类型符号	含义
G	高频小功率三极管	K	开关管
X	低频小功率三极管	V	微波管
A	高频大功率三极管	B	雪崩管
D	低频大功率三极管	J	阶跃恢复管
T	闸流管	U	光敏管（光电管）

图7-15为典型国产三极管型号的识别方法。图中标志为“3AD50C”。其中，“3”表示三极管；“A”表示该管为锗材料、PNP型；“D”表示该管为低频大功率三极管；“50”表示序号；“C”表示规格。故该三极管为低频大功率PNP型锗三极管。

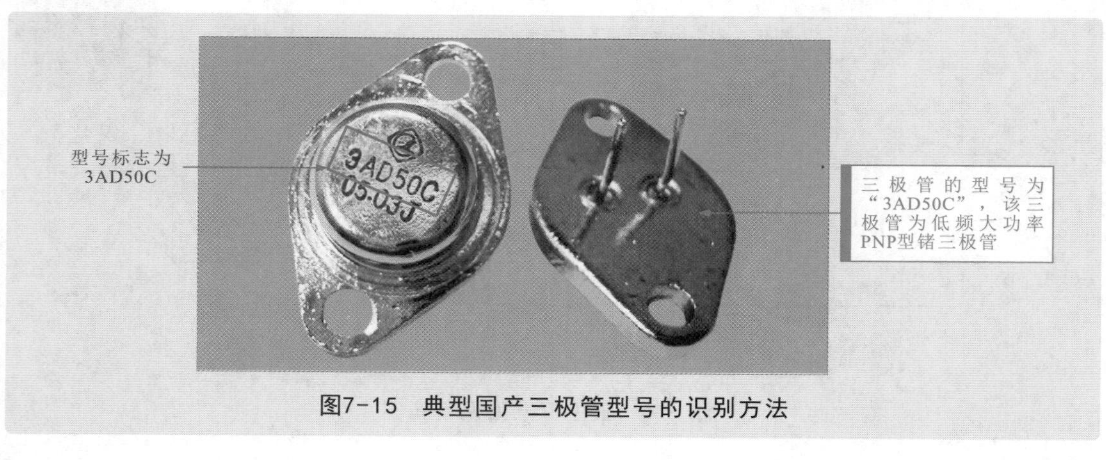
型号标志为3AD50C
3AD50C
05-03J
三极管的型号为“3AD50C”，该三极管为低频大功率PNP型锗三极管

图7-15 典型国产三极管型号的识别方法

3 识读日产三极管参数标志

图7-16为日产三极管型号标志信息的识读。

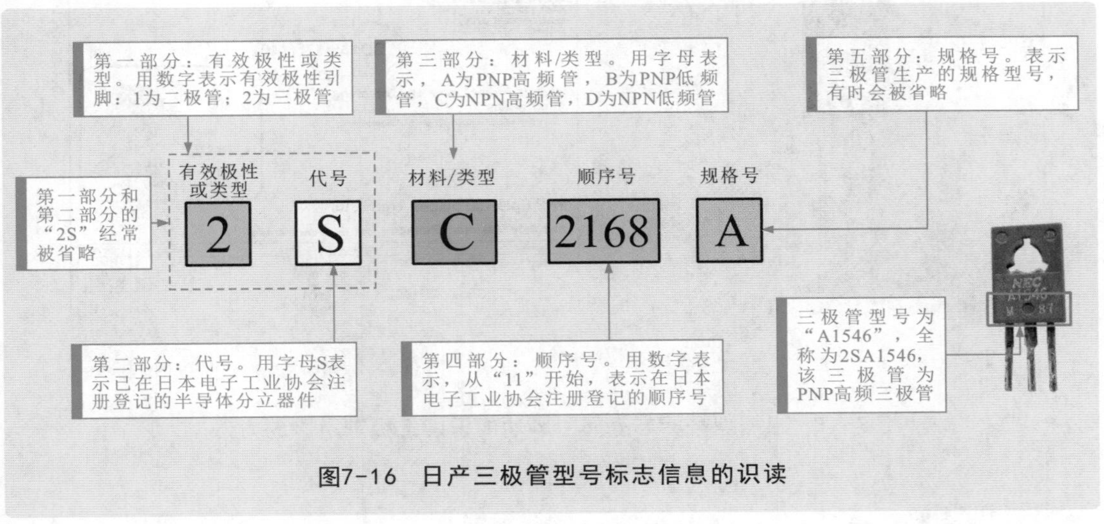
第一部分：有效极性或类型。用数字表示有效极性引脚：1为二极管；2为三极管
第三部分：材料/类型。用字母表示，A为PNP高频管，B为PNP低频管，C为NPN高频管，D为NPN低频管
第五部分：规格号。表示三极管生产的规格型号，有时会被省略
第一部分和第二部分的“2S”经常被省略
有效极性或类型
代号
材料/类型
顺序号
规格号
2
S
C
2168
A
三极管型号为“A1546”，全称为2SA1546，该三极管为PNP高频三极管
第二部分：代号。用字母S表示已在日本电子工业协会注册登记的半导体分立器件
第四部分：顺序号。用数字表示，从“11”开始，表示在日本电子工业协会注册登记的顺序号

图7-16　日产三极管型号标志信息的识读

4 识读美产三极管参数标志

图7-17为美产三极管型号标志信息的识读。

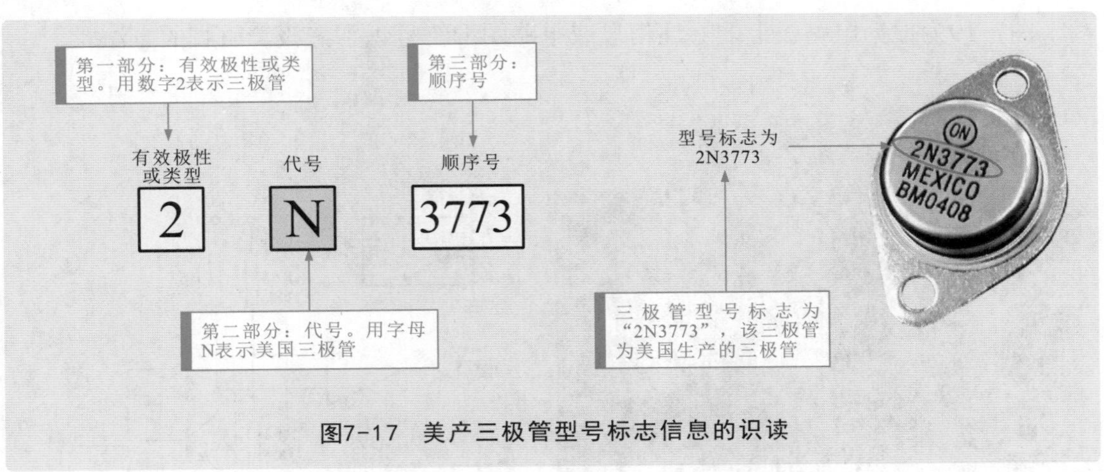
第一部分：有效极性或类型。用数字2表示三极管
第三部分：顺序号
有效极性或类型
代号
顺序号
2
N
3773
型号标志为2N3773
2N3773
MEXICO
BM0408
第二部分：代号。用字母N表示美国三极管
三极管型号标志为“2N3773”，该三极管为美国生产的三极管

图7-17　美产三极管型号标志信息的识读

5 识别三极管引脚极性

三极管有三个电极，分别是基极b、集电极c和发射极e。三极管的引脚排列位置根据品种、型号及功能的不同而不同，识别三极管的引脚极性在测试、安装、调试等各个应用场合都十分重要。

图7-18为根据型号标志查阅引脚功能识别三极管引脚的方法。

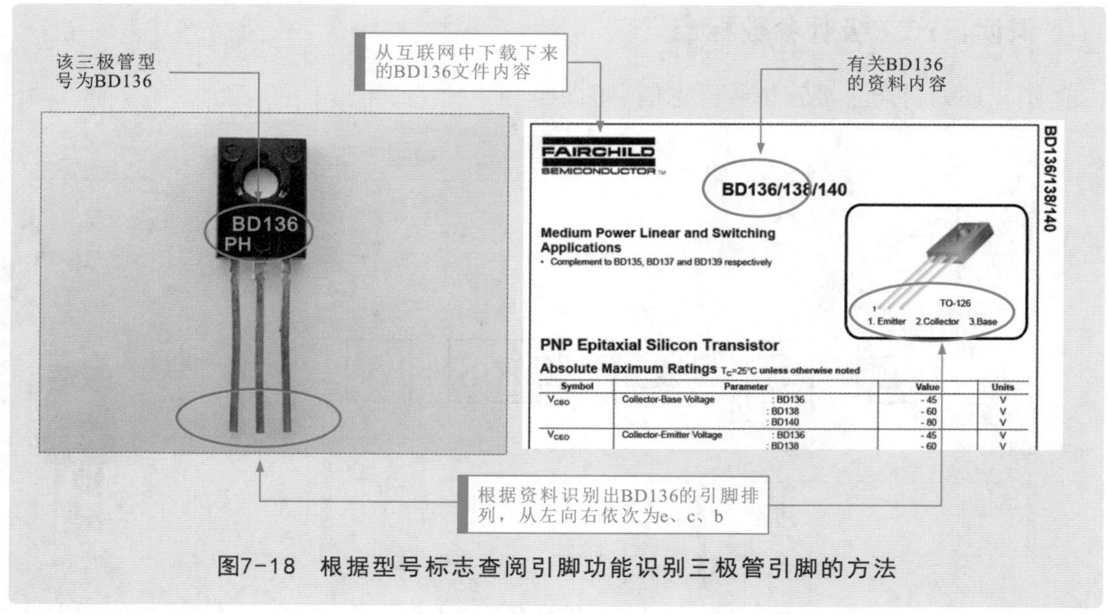
该三极管型号为BD136
从互联网中下载下来的BD136文件内容
有关BD136的资料内容
BD136
PH
FAIRCHILD
SEMICONDUCTOR
BD136/138/140
Medium Power Linear and Switching Applications
• Complement to BD135, BD137 and BD139 respectively
TO-126
1. Emitter 2.Collector 3.Base
PNP Epitaxial Silicon Transistor
Absolute Maximum Ratings T_C=25°C unless otherwise noted
根据资料识别出BD136的引脚排列，从左向右依次为e、c、b

图7-18 根据型号标志查阅引脚功能识别三极管引脚的方法

补充说明

确定三极管的型号后，在有互联网的计算机中搜索三极管型号的相关信息，可找到很多该型号三极管的产品说明资料（PDF文件），从这些资料中便可找到相应的三极管引脚极性示意图及各种参数信息。

图7-19为根据电路板上的标注信息或电路图形符号识别三极管引脚的方法。

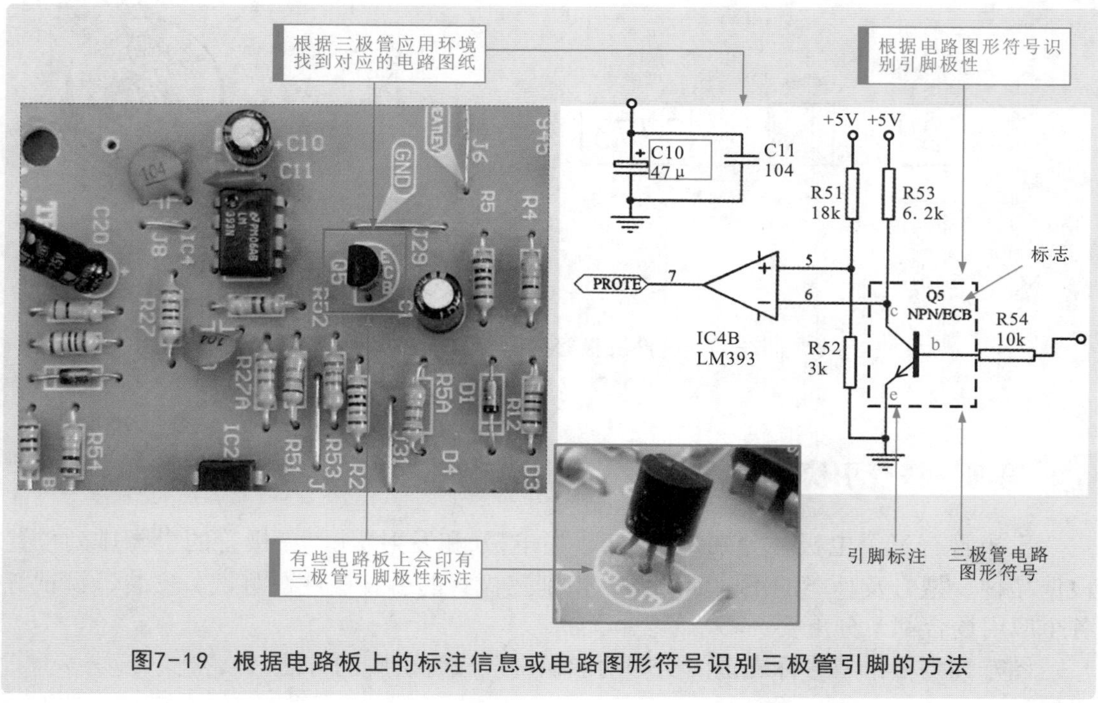
根据三极管应用环境找到对应的电路图纸
根据电路图形符号识别引脚极性
C10 47μ
C11 104
+5V +5V
R51 18k
R53 6.2k
PROTE
IC4B LM393
Q5 NPN/ECB
标志
R52 3k
R54 10k
有些电路板上会印有三极管引脚极性标注
引脚标注
三极管电路图形符号

图7-19 根据电路板上的标注信息或电路图形符号识别三极管引脚的方法

图7-20为根据一般规律识别塑料封装三极管引脚的方法。

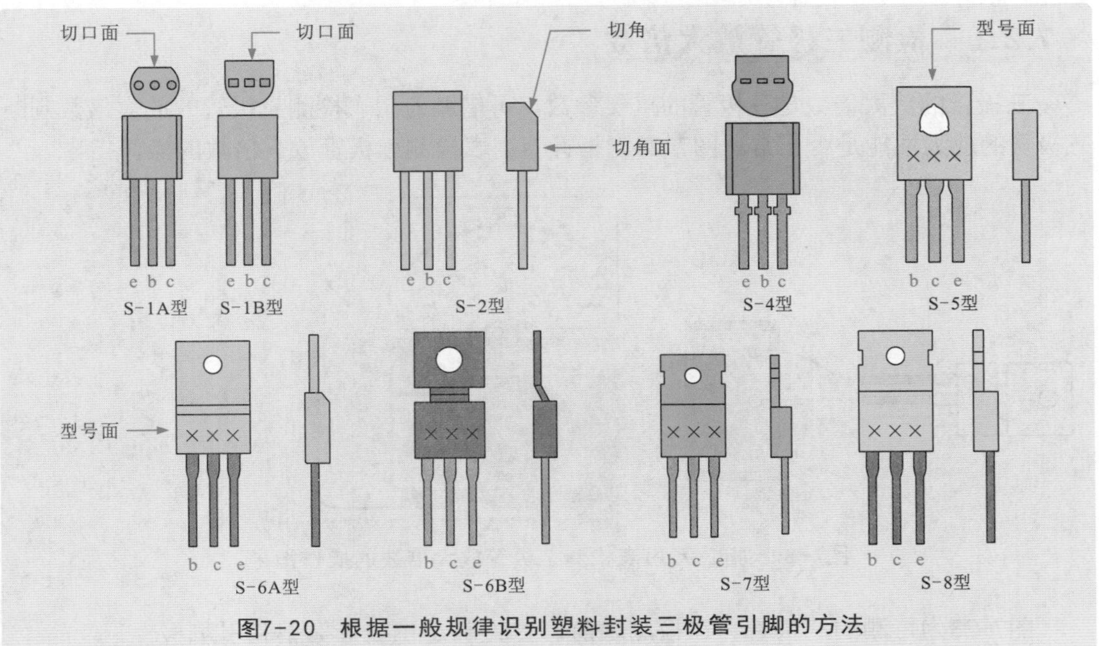
切口面
切口面
切角
切角面
型号面
e b c
e b c
e b c
e b c
b c e
S-1A型
S-1B型
S-2型
S-4型
S-5型
型号面
b c e
b c e
b c e
b c e
S-6A型
S-6B型
S-7型
S-8型

图7-20 根据一般规律识别塑料封装三极管引脚的方法

补充说明

S-1（S-1A、S-1B）型都有半圆形底面，识别时，将引脚朝下，切口面朝自己，此时三极管的引脚从左向右依次为e、b、c。

S-2型为顶面有切角的块状外形，识别时，将引脚朝下，切角朝向自己，此时三极管的引脚从左向右依次为e、b、c。

S-4型引脚识别较特殊，识别时，将引脚朝上，圆面朝向自己，此时三极管的引脚从左向右依次为e、b、c。

S-5型三极管的中间有一个三角形孔，识别时，将引脚朝下，印有型号的一面朝自己，此时从左向右依次为b、c、e。

S-6A型、S-6B型、S-7型、S-8型一般都有散热面，识别时，将引脚朝下，印有型号的一面朝自己，此时从左向右依次为b、c、e。

图7-21为根据一般规律识别金属封装型三极管引脚的方法。

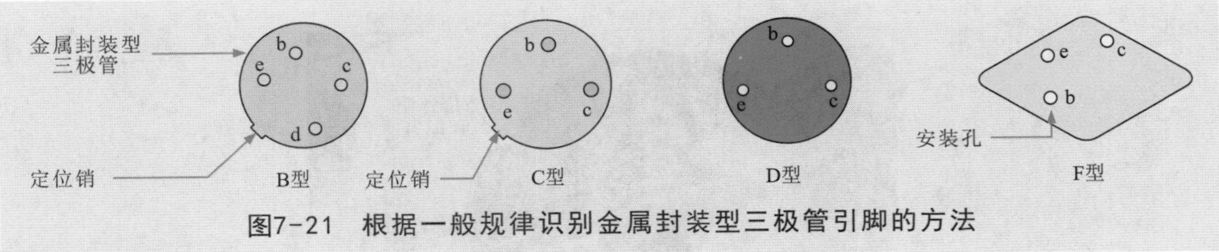
金属封装型
三极管
定位销
B型
定位销
C型
D型
安装孔
F型

图7-21 根据一般规律识别金属封装型三极管引脚的方法

补充说明

将B型三极管引脚朝上，从定位销开始顺时针依次为e、b、c、d。其中，d脚为外壳的引脚。

将C型、D型三极管引脚朝上，三角形底边两引脚分别为e、c，顶部为b。

将F型三极管引脚朝上，按图中方式放置，上面的引脚为e极，下面的引脚为b极，管壳为集电极。

7.2 检测三极管

7.2.1 检测三极管放大倍数

三极管的放大倍数是三极管的重要参数，可借助万用表检测三极管的放大倍数判断三极管的放大性能是否正常。图7-22为指针万用表检测三极管放大倍数的操作指导。

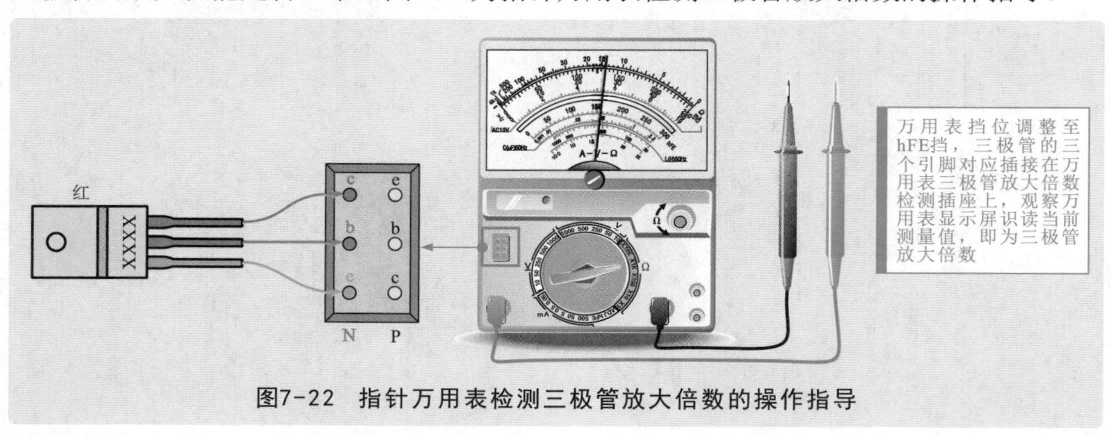
红
XXX
c e
b b
e c
N P
万用表挡位调整至hFE挡，三极管的三个引脚对应插接在万用表三极管放大倍数检测插座上，观察万用表显示屏识读当前测量值，即为三极管放大倍数

图7-22 指针万用表检测三极管放大倍数的操作指导

图7-23为待测的三极管。在检测之前，首先确定三极管类型和引脚极性。

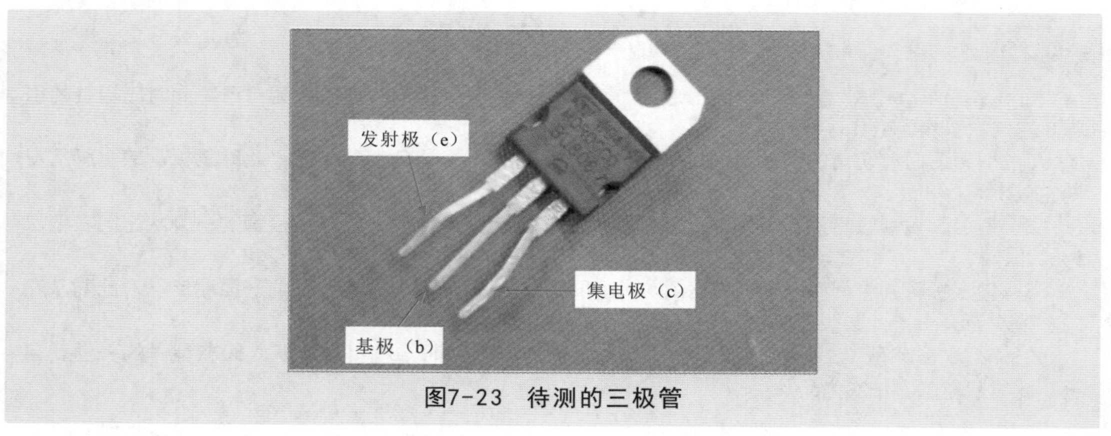
发射极（e）
集电极（c）
基极（b）

图7-23 待测的三极管

按图7-24所示，将万用表的量程调整至三极管放大倍数测量挡位。

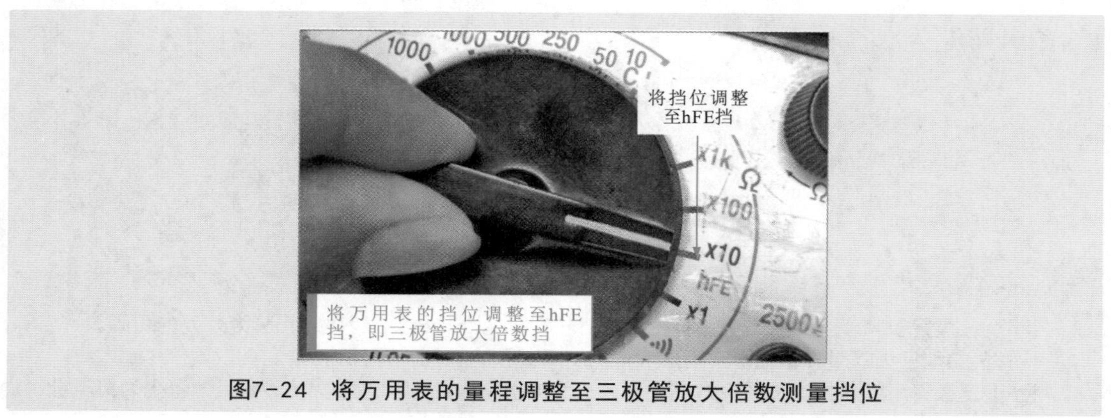
将挡位调整至hFE挡
x1k
x100
x10
hFE
x1
将万用表的挡位调整至hFE挡，即三极管放大倍数挡

图7-24 将万用表的量程调整至三极管放大倍数测量挡位

将待测三极管的引脚插入到指针万用表对应的检测插孔中，即可完成检测。图7-25为三极管放大倍数的检测方法。

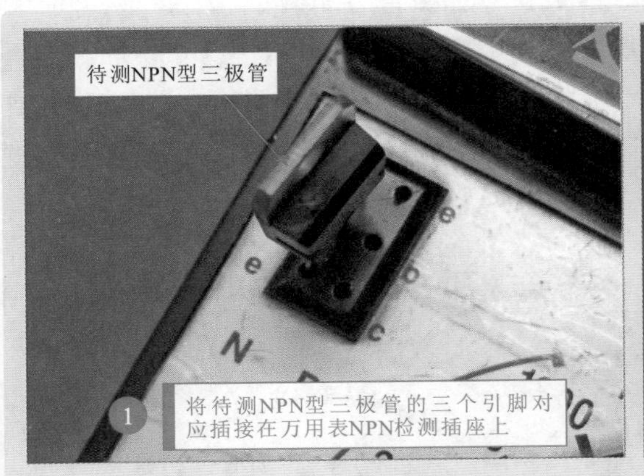
待测NPN型三极管
1 将待测NPN型三极管的三个引脚对应插接在万用表NPN检测插座上

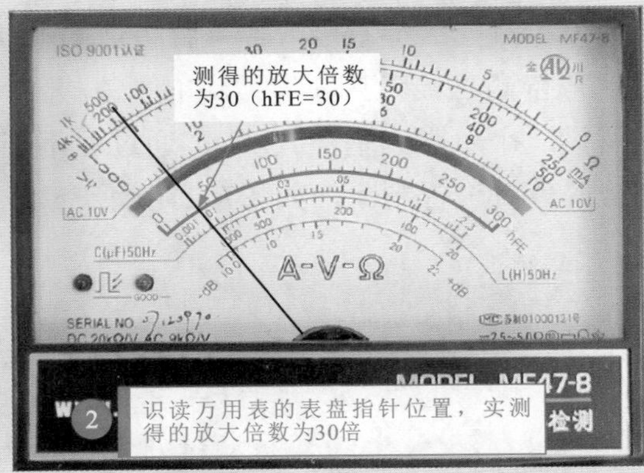
测得的放大倍数为30（hFE=30）
2 识读万用表的表盘指针位置，实测得的放大倍数为30倍

图7-25 三极管放大倍数的检测方法

图说帮

微视频讲解“三极管放大倍数的检测”

图7-26为使用数字万用表检测三极管放大倍数的方法。

在数字万用表相应插孔中安装附加测试器
将待测三极管插入附加测试器对应插孔中
检测NPN型三极管时，按附加测试器NPN一侧标志的引脚插孔对应插入

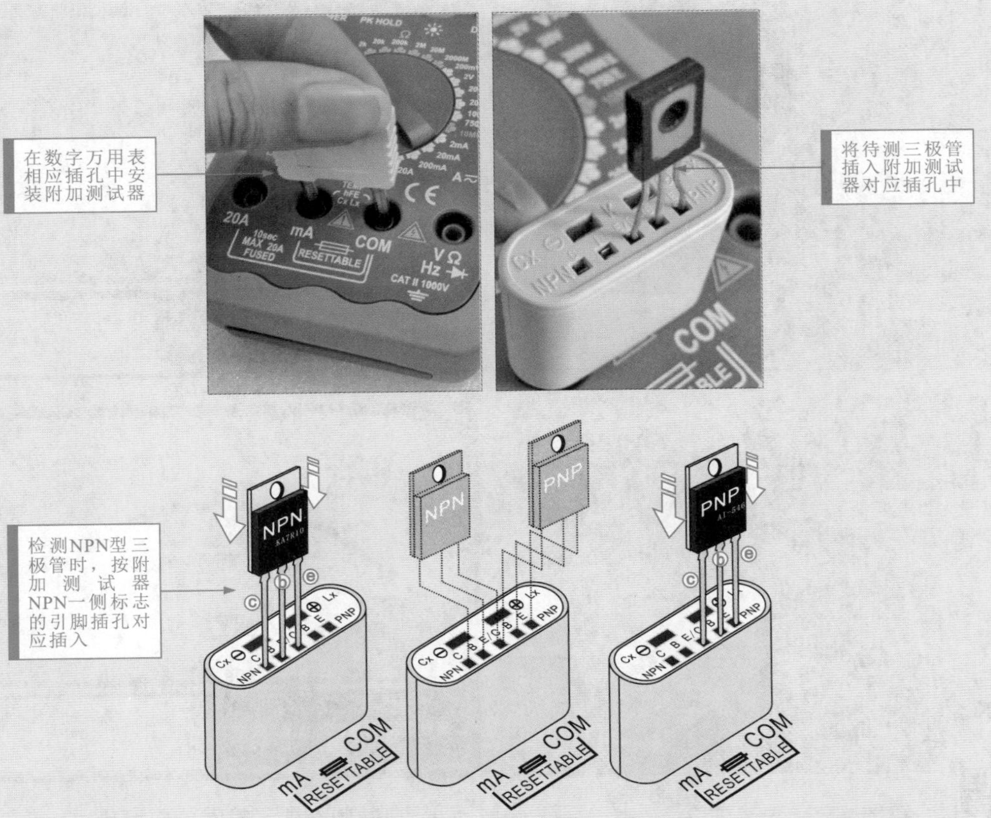

图7-26 使用数字万用表检测三极管放大倍数的方法

7.2.2 检测判别NPN型三极管的引脚极性

在检测NPN型三极管时，若无法确定待测NPN型三极管各引脚的极性，则可借助万用表检测NPN型三极管各引脚阻值的方法判别各引脚的极性。

若待测三极管只知道是NPN型三极管，引脚极性不明，在判别引脚极性时，需要先假设一个引脚为基极（b），通过万用表确认基极（b）的位置，然后对集电极和发射极的位置进行判断，如图7-27所示。

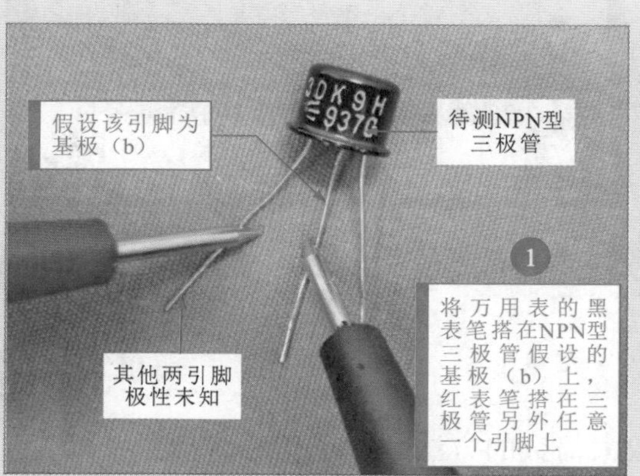
假设该引脚为基极（b）
待测NPN型三极管
其他两引脚极性未知
1
将万用表的黑表笔搭在NPN型三极管假设的基极（b）上，红表笔搭在三极管另外任意一个引脚上

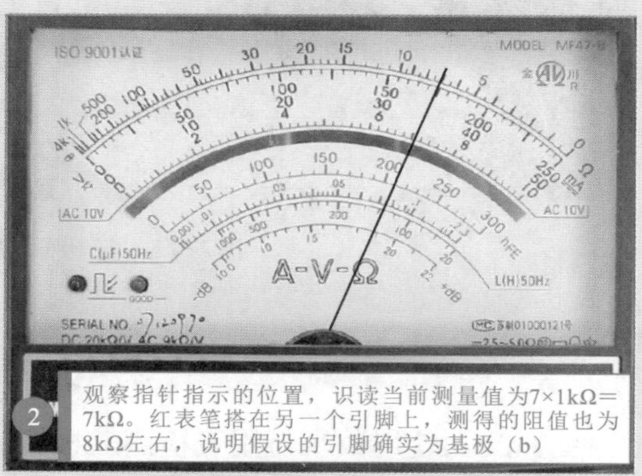
2
观察指针指示的位置，识读当前测量值为7×1kΩ=7kΩ。红表笔搭在另一个引脚上，测得的阻值也为8kΩ左右，说明假设的引脚确实为基极（b）

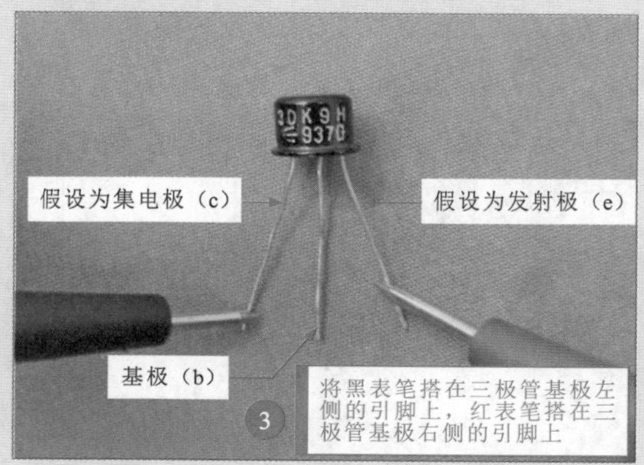
假设为集电极（c）
假设为发射极（e）
基极（b）
3
将黑表笔搭在三极管基极左侧的引脚上，红表笔搭在三极管基极右侧的引脚上

www.chinadse.org
4
观察指针指示的位置，识读当前的测量值为无穷大

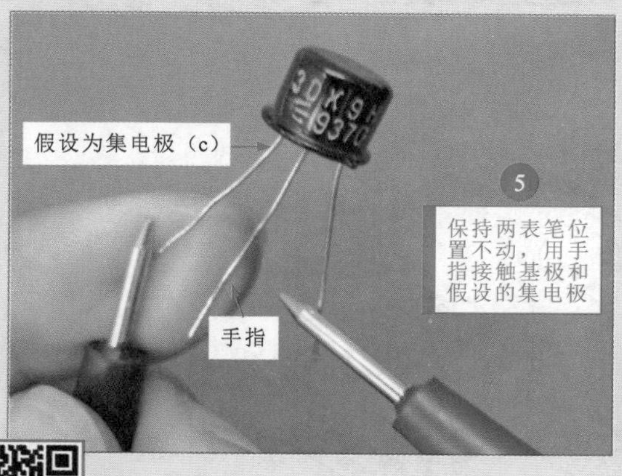
假设为集电极（c）
5
保持两表笔位置不动，用手指接触基极和假设的集电极
手指

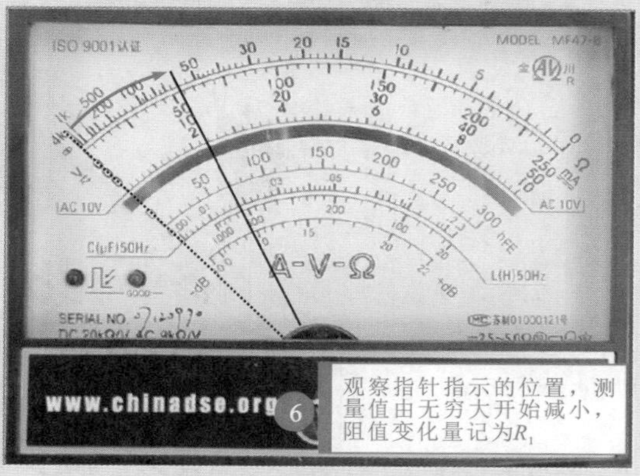
www.chinadse.org
6
观察指针指示的位置，测量值由无穷大开始减小，阻值变化量记为R1

图7-27　通过万用表判别NPN型三极管的引脚极性

图说帮
微视频讲解“NPN型三极管引脚极性的判别”

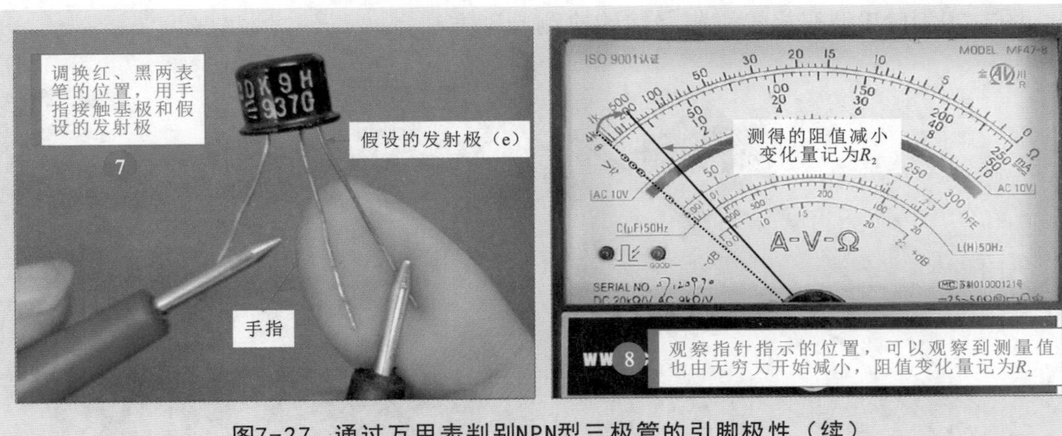
调换红、黑两表笔的位置，用手指接触基极和假设的发射极
7
假设的发射极（e）
手指
测得的阻值减小变化量记为R_2
8
观察指针指示的位置，可以观察到测量值也由无穷大开始减小，阻值变化量记为R_2

图7-27 通过万用表判别NPN型三极管的引脚极性（续）

根据检测结果$R_1 > R_2$可知：

测得R_1时，万用表黑表笔所搭引脚为集电极，红表笔所搭引脚为发射极。

测得R_2时，万用表黑表笔所搭引脚为发射极，红表笔所搭引脚为集电极。

补充说明

当三极管基极无偏压（手指无触碰）时，c、b间正、反向阻值很大。当用手指触碰两个引脚时，相当于给基极加了一个偏压（手指电阻），c、b间阻值变小，有电流流过。

图7-28为三极管引脚极性的检测判别机理。

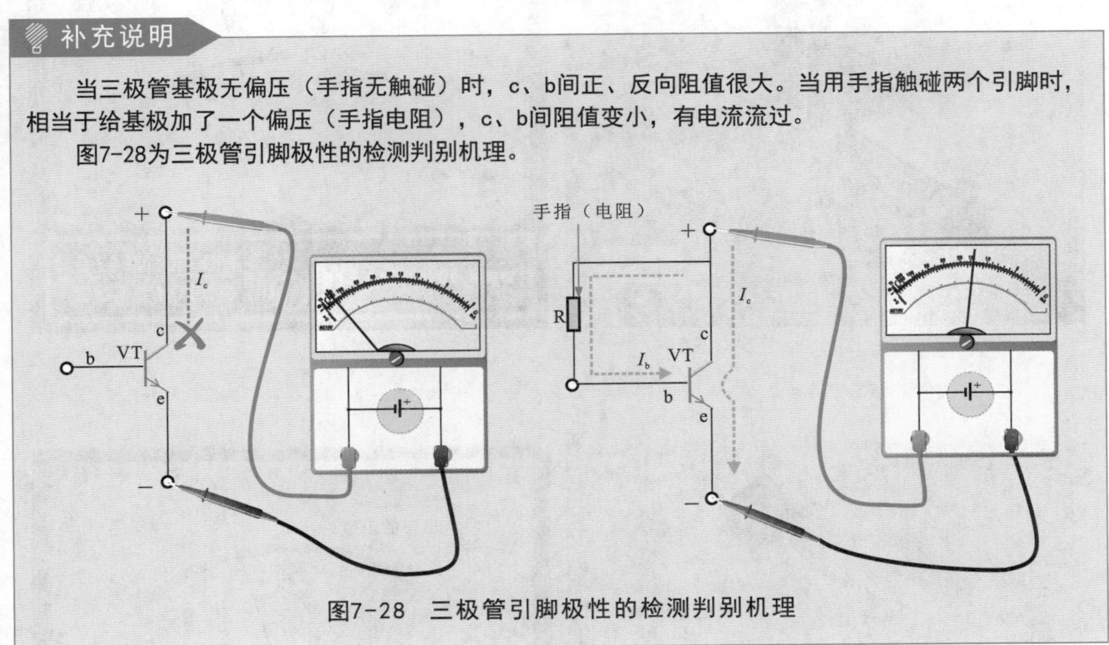
+
I_c
c
b
VT
e
−
手指（电阻）
R
I_b

图7-28 三极管引脚极性的检测判别机理

7.2.3 检测判别PNP型三极管的引脚极性

在检测PNP型三极管时，若无法确定待测PNP型三极管各引脚的极性，则可通过万用表对PNP型三极管各引脚阻值的测量判别各引脚的极性。

待测三极管只知道是PNP型三极管，引脚极性不明，在判别引脚极性时，需要先假设一个引脚为基极（b），通过万用表确认基极（b）的位置，然后对集电极和发射极的位置进行判断。

图7-29为PNP型三极管引脚极性的检测判别方法。

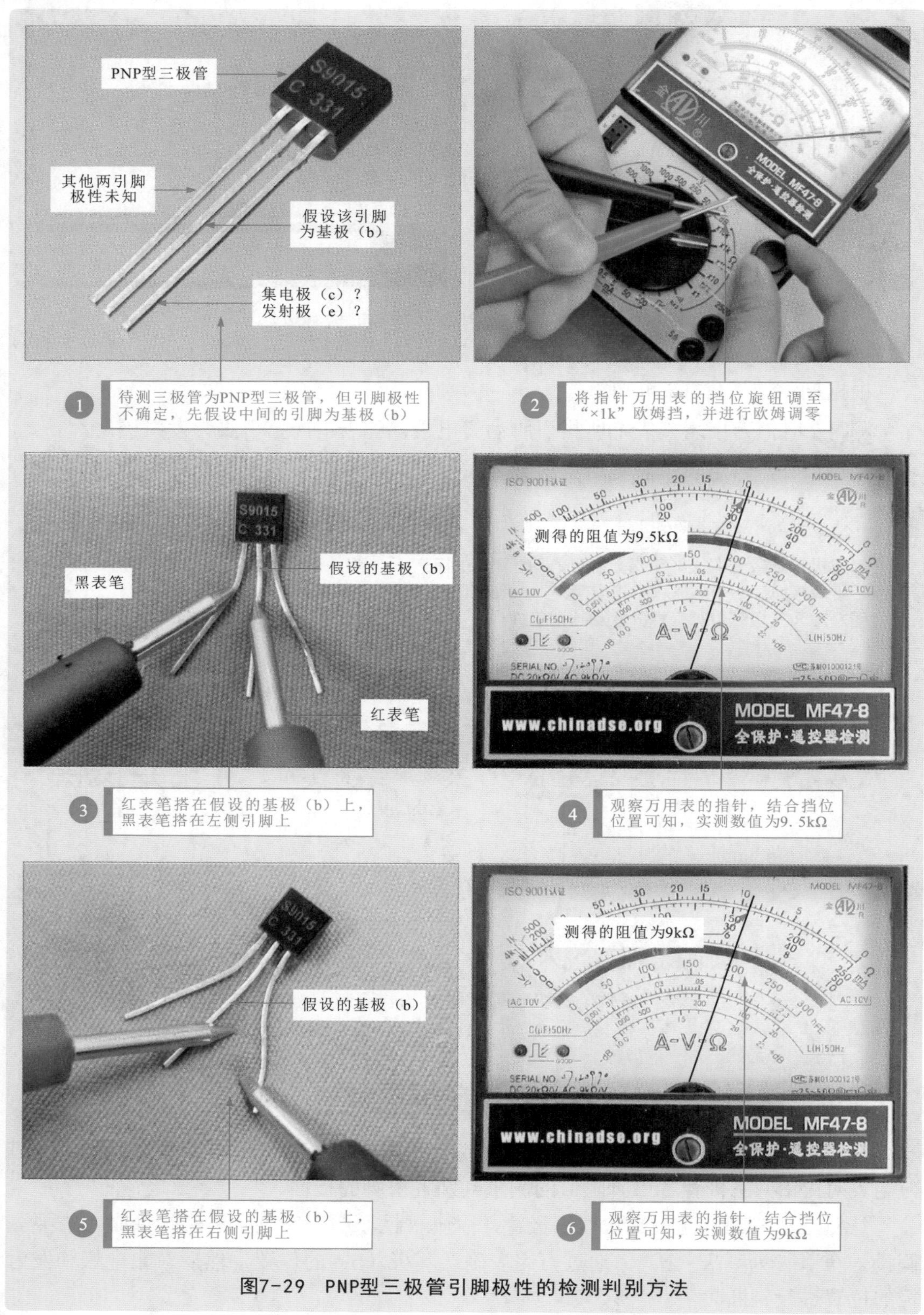
PNP型三极管
S9015
C 331
其他两引脚
极性未知
假设该引脚
为基极（b）
集电极（c）？
发射极（e）？
1 待测三极管为PNP型三极管，但引脚极性不确定，先假设中间的引脚为基极（b）
MODEL MF47-8
全保护·遥控器检测
2 将指针万用表的挡位旋钮调至“×1k”欧姆挡，并进行欧姆调零
黑表笔
假设的基极（b）
红表笔
3 红表笔搭在假设的基极（b）上，黑表笔搭在左侧引脚上
测得的阻值为9.5kΩ
www.chinadse.org
4 观察万用表的指针，结合挡位位置可知，实测数值为9. 5kΩ
假设的基极（b）
5 红表笔搭在假设的基极（b）上，黑表笔搭在右侧引脚上
测得的阻值为9kΩ
6 观察万用表的指针，结合挡位位置可知，实测数值为9kΩ

图7-29　PNP型三极管引脚极性的检测判别方法

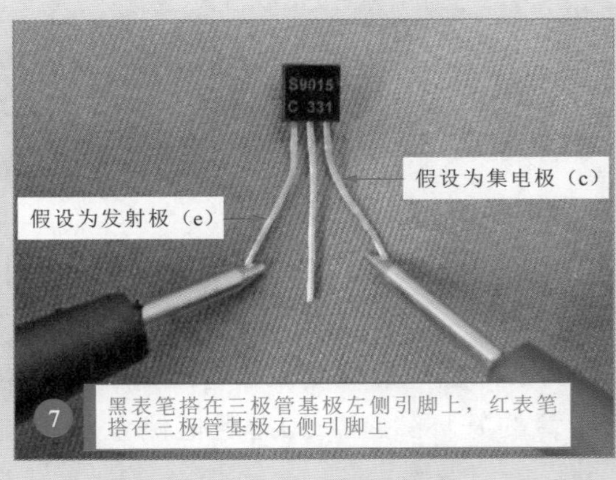
S9015
C 331
假设为集电极（c）
假设为发射极（e）
7 黑表笔搭在三极管基极左侧引脚上，红表笔搭在三极管基极右侧引脚上

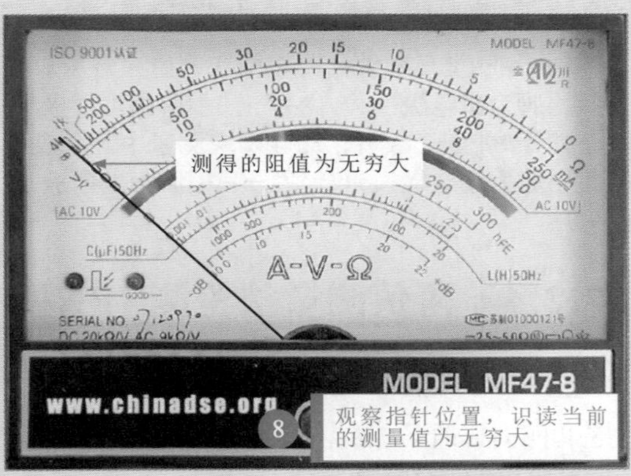
测得的阻值为无穷大
MODEL MF47-8
www.chinadse.org
8 观察指针位置，识读当前的测量值为无穷大

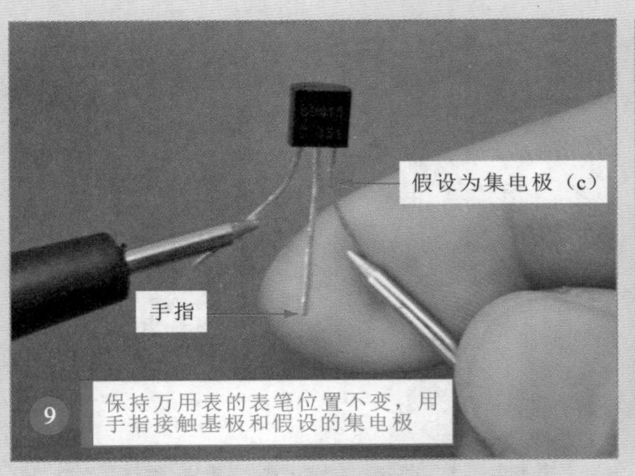
假设为集电极（c）
手指
9 保持万用表的表笔位置不变，用手指接触基极和假设的集电极

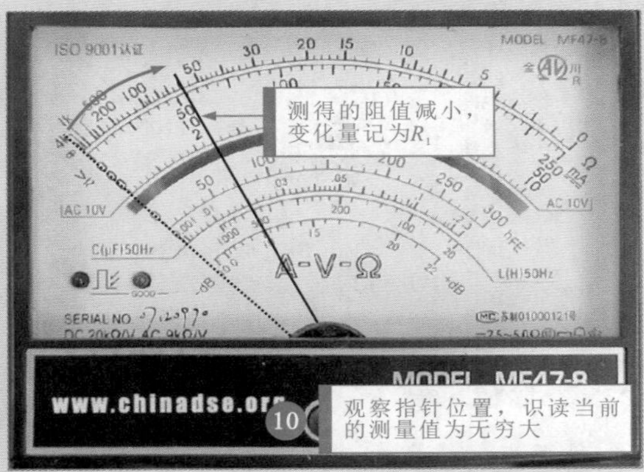
测得的阻值减小，变化量记为R_1
www.chinadse.org
10 观察指针位置，识读当前的测量值为无穷大

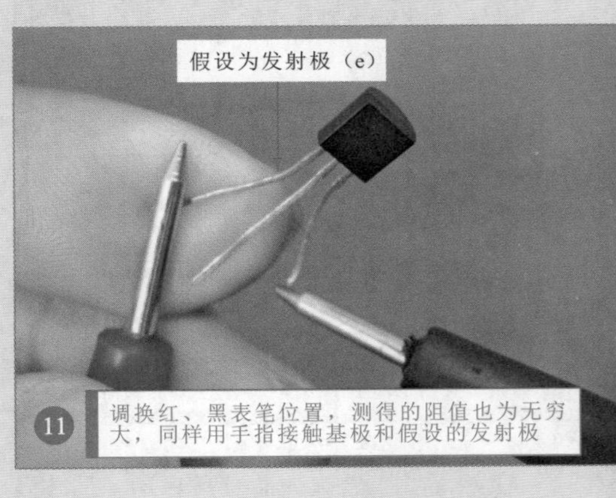
假设为发射极（e）
11 调换红、黑表笔位置，测得的阻值也为无穷大，同样用手指接触基极和假设的发射极

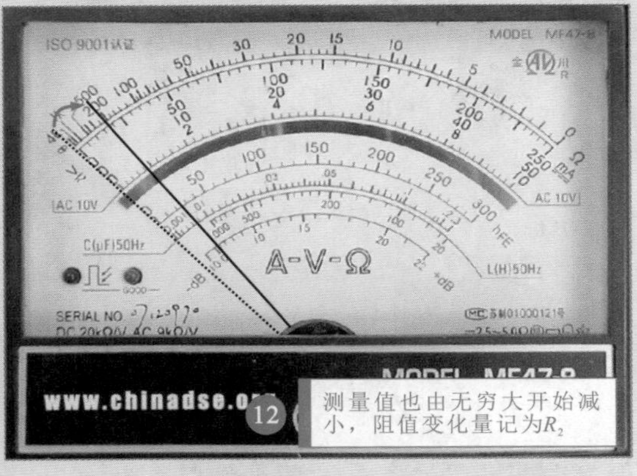
www.chinadse.org
12 测量值也由无穷大开始减小，阻值变化量记为R_2

图7-29 PNP型三极管引脚极性的检测判别方法（续）

根据实测结果可知，两次测量结果都有一个较小的数值，对照前述关于PNP型三极管引脚间阻值的检测结果可知，假设的引脚确实为基极（b）。

根据检测结果$R_1>R_2$可知，测得R_1时，万用表黑表笔所搭引脚为发射极，红表笔所搭引脚为集电极；测得R_2时，万用表黑表笔所搭引脚为集电极，红表笔所搭引脚为发射极。

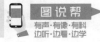

补充说明

对于NPN型三极管，比较两次测量中万用表指针的摆动幅度，以摆动幅度大的一次为准，黑表笔所接引脚为集电极（c），另一只引脚为发射极（e）。

对于PNP型三极管，比较两次测量中万用表指针的摆动幅度，以摆动幅度大的一次为准，红表笔所接引脚为集电极（c），另一只引脚为发射极（e）。

7.2.4 阻值测量法检测NPN型三极管

判断NPN型三极管的好坏可以通过万用表的欧姆挡分别检测三极管三只引脚中两两之间的阻值，根据检测结果即可判断三极管的好坏。图7-30为阻值测量法检测NPN型三极管的操作。

NPN型三极管
发射极（e）
集电极（c）
基极（b）

① 待测三极管为一只NPN型三极管，检测前明确其三只引脚的极性

红、黑表笔短接

② 将万用表的挡位旋钮置于“×1k”欧姆挡，并进行欧姆调零

发射极（e）
集电极（c）
基极（b）

③ 将黑表笔搭在NPN型三极管的基极（b）上，红表笔搭在集电极（c）上，检测b-c极之间的正向阻值

④ 实测b-c极之间的正向阻值为4.5kΩ，属于正常范围。调换表笔位置，检测b-c极之间的反向阻值，在正常情况下，反向阻值应为无穷大

发射极（e）
集电极（c）
基极（b）

⑤ 将黑表笔搭在NPN型三极管的基极（b）上，红表笔搭在发射极（e）上，检测b-e极之间的正向阻值

⑥ 实测NPN型三极管b-e极之间的正向阻值为8kΩ，正常。调换表笔测其反向阻值时，正常应为无穷大

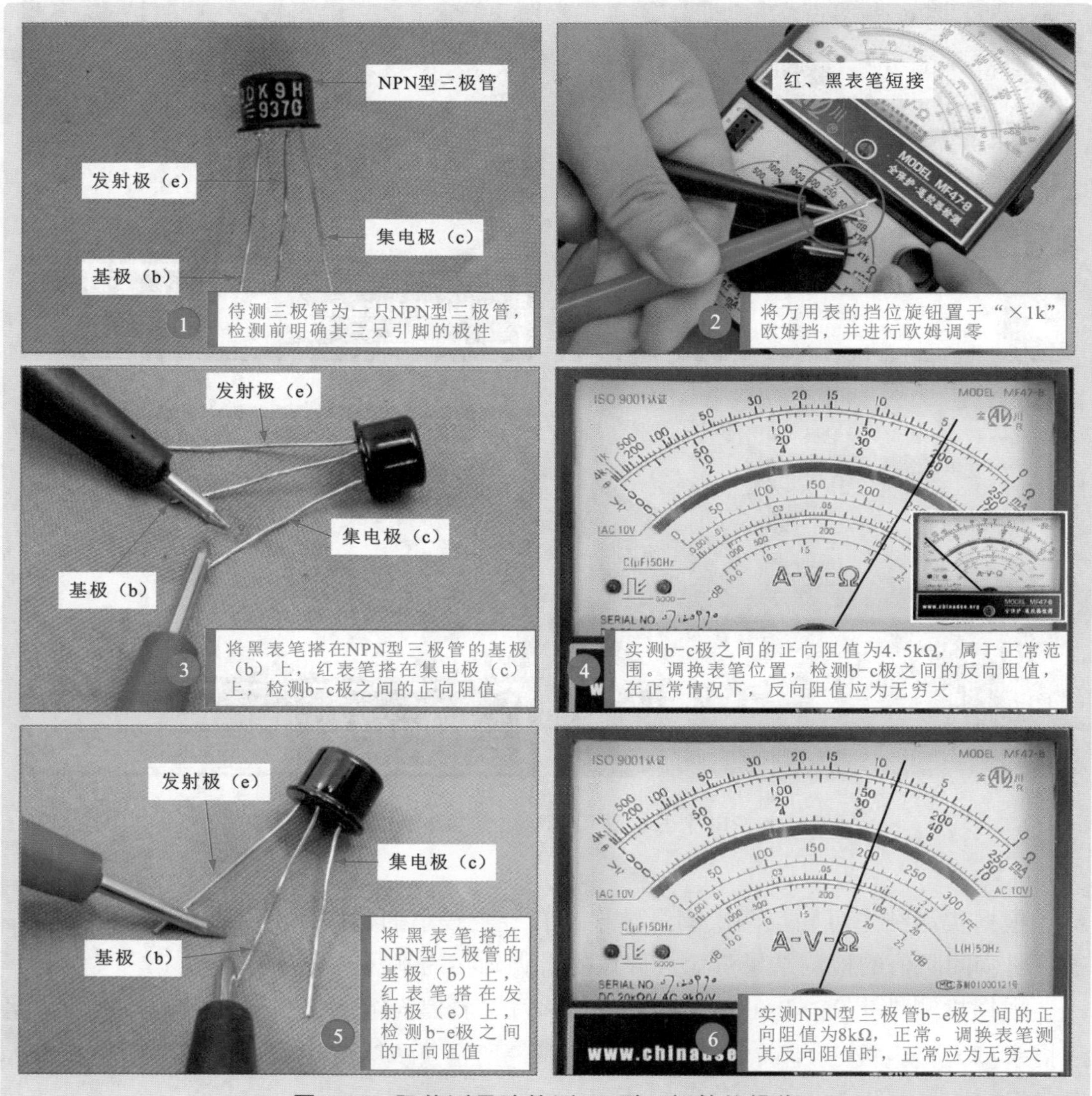

图7-30 阻值测量法检测NPN型三极管的操作

补充说明

通常，NPN型三极管基极与集电极之间有一定的正向阻值，反向阻值为无穷大；基极与发射极之间有一定的正向阻值，反向阻值为无穷大；集电极与发射极之间的正、反向阻值均为无穷大。

7.2.5 阻值测量法检测PNP型三极管

判断PNP型三极管好坏的方法与NPN型三极管的方法相同，也是通过用万用表检测三极管引脚阻值的方法进行判断。不同的是，万用表检测PNP型三极管时的正、反向阻值方向与NPN型三极管不同。图7-31为阻值测量法检测PNP型三极管的操作。

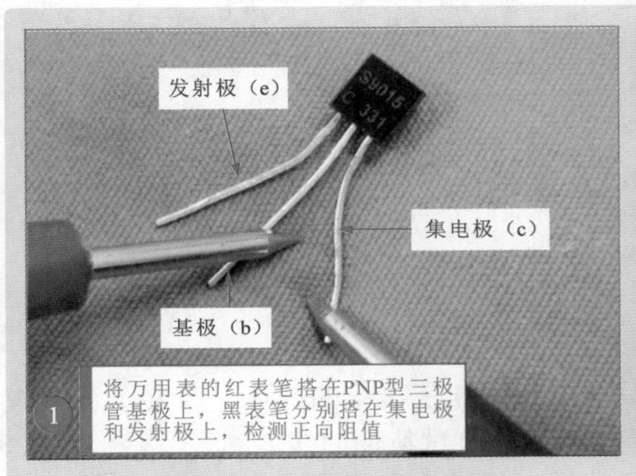
发射极（e）
S9015
集电极（c）
基极（b）
1
将万用表的红表笔搭在PNP型三极管基极上，黑表笔分别搭在集电极和发射极上，检测正向阻值

ISO 9001认证
MODEL MF47
A-V-Ω
2
万用表实测得基极与集电极之间的正向阻值为9kΩ。调换表笔测得基极与集电极之间的反向阻值为无穷大

图7-31 阻值测量法检测PNP型三极管的操作

黑表笔搭在PNP型三极管的集电极（c）上，红表笔搭在基极（b）上，检测b与c之间的正向阻值为$9\times1\text{k}\Omega=9\text{k}\Omega$；调换表笔后，测得反向阻值为无穷大。

黑表笔搭在PNP型三极管的发射极（e）上，红表笔搭在基极（b）上，检测b与e之间的正向阻值为$9.5\times1\text{k}\Omega=9.5\text{k}\Omega$；调换表笔后，测得反向阻值为无穷大。

红、黑表笔分别搭在PNP型三极管的集电极（c）和发射极（e）上，检测c与e之间的正、反向阻值均为无穷大。

补充说明

判断三极管好坏时，一般借助指针万用表检测，检测机理如图7-32所示。

◇ 指针万用表检测NPN型三极管

- 黑表笔接基极（b）、红表笔分别接集电极（c）和发射极（e）时，检测基极与集电极的正向阻值、基极与发射极的正向阻值；调换表笔检测反向阻值。
- 基极与集电极、基极与发射极之间的正向阻值为3～10kΩ，且两值较接近，其他引脚间阻值均为无穷大。

◇ 指针万用表检测PNP型三极管

- 红表笔接基极（b）、黑表笔分别接集电极（c）和发射极（e）时，检测基极与集电极的正向阻值、基极与发射极的正向阻值；调换表笔检测反向阻值。
- 基极与集电极、基极与发射极之间的正向阻值为3～8kΩ，且两值较接近，其他引脚间阻值均为无穷大。

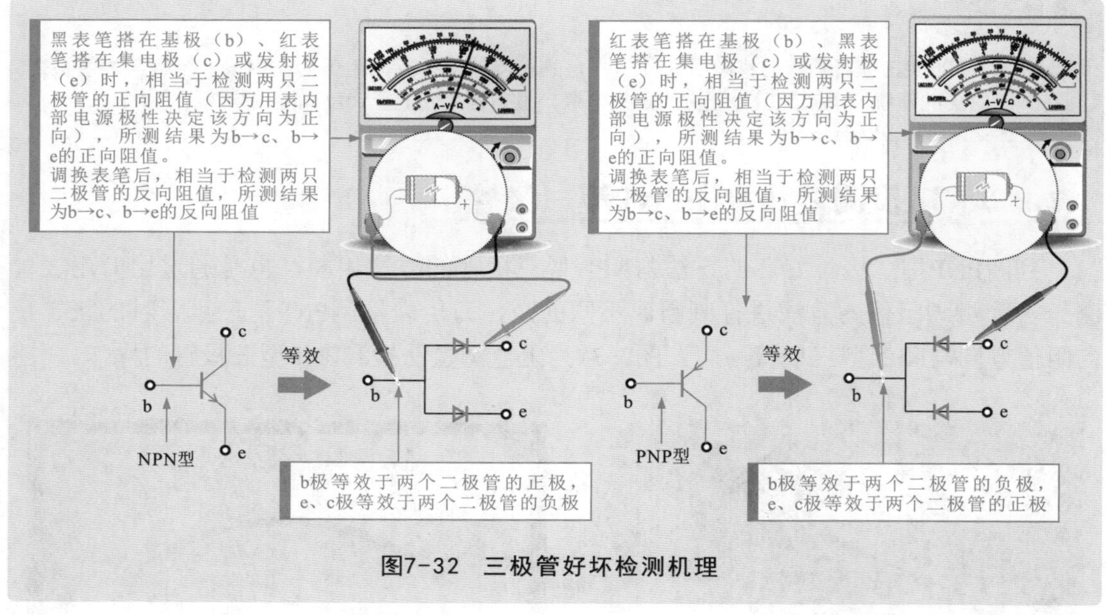
黑表笔搭在基极（b）、红表笔搭在集电极（c）或发射极（e）时，相当于检测两只二极管的正向阻值（因万用表内部电源极性决定该方向为正向），所测结果为b→c、b→e的正向阻值。
调换表笔后，相当于检测两只二极管的反向阻值，所测结果为b→c、b→e的反向阻值
红表笔搭在基极（b）、黑表笔搭在集电极（c）或发射极（e）时，相当于检测两只二极管的正向阻值（因万用表内部电源极性决定该方向为正向），所测结果为b→c、b→e的正向阻值。
调换表笔后，相当于检测两只二极管的反向阻值，所测结果为b→c、b→e的反向阻值
等效
NPN型
PNP型
b
c
e
b极等效于两个二极管的正极，e、c极等效于两个二极管的负极
b极等效于两个二极管的负极，e、c极等效于两个二极管的正极

图7-32　三极管好坏检测机理

7.2.6 检测三极管特性参数

使用万用表检测三极管引脚间的阻值只能大致判断三极管的好坏，若要了解一些具体特性参数，则需要使用专用的半导体特性图示仪测试特性曲线。

根据待测三极管确定半导体特性图示仪旋钮、按键设定范围，将待测三极管按照极性插接到半导体特性图示仪检测插孔中，屏幕上即可显示相应的特性曲线。图7-33为三极管特性曲线的检测方法。

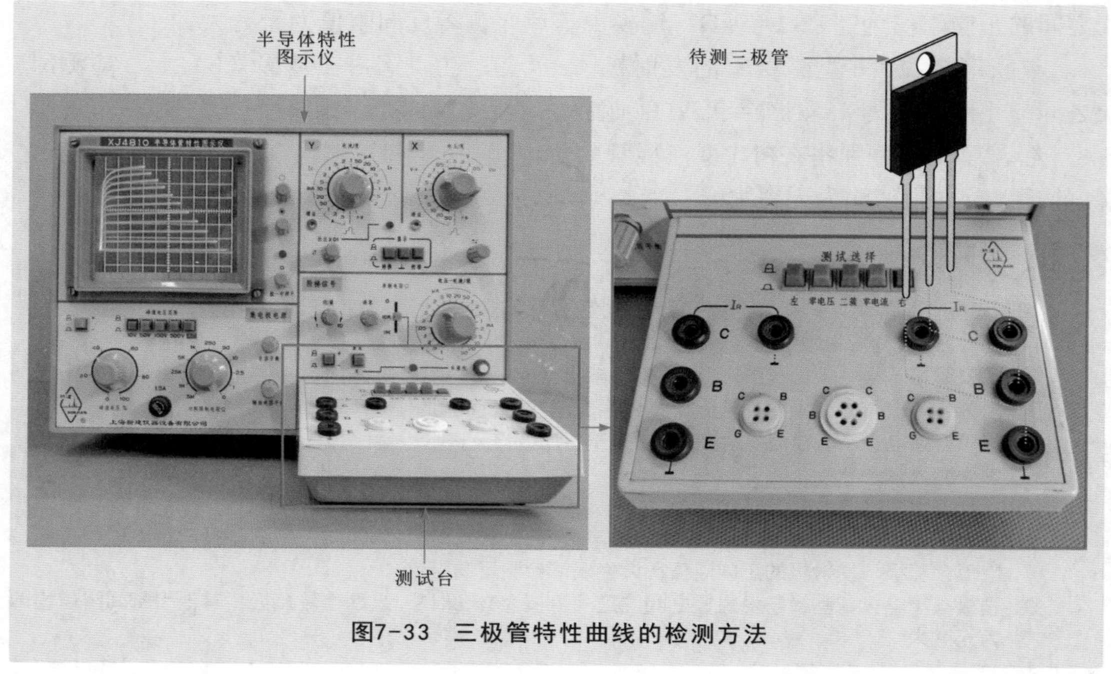
半导体特性图示仪
待测三极管
测试台
XJ4810
测试选择
C
B
E

图7-33　三极管特性曲线的检测方法

图7-34为NPN型三极管特性曲线的检测实例。

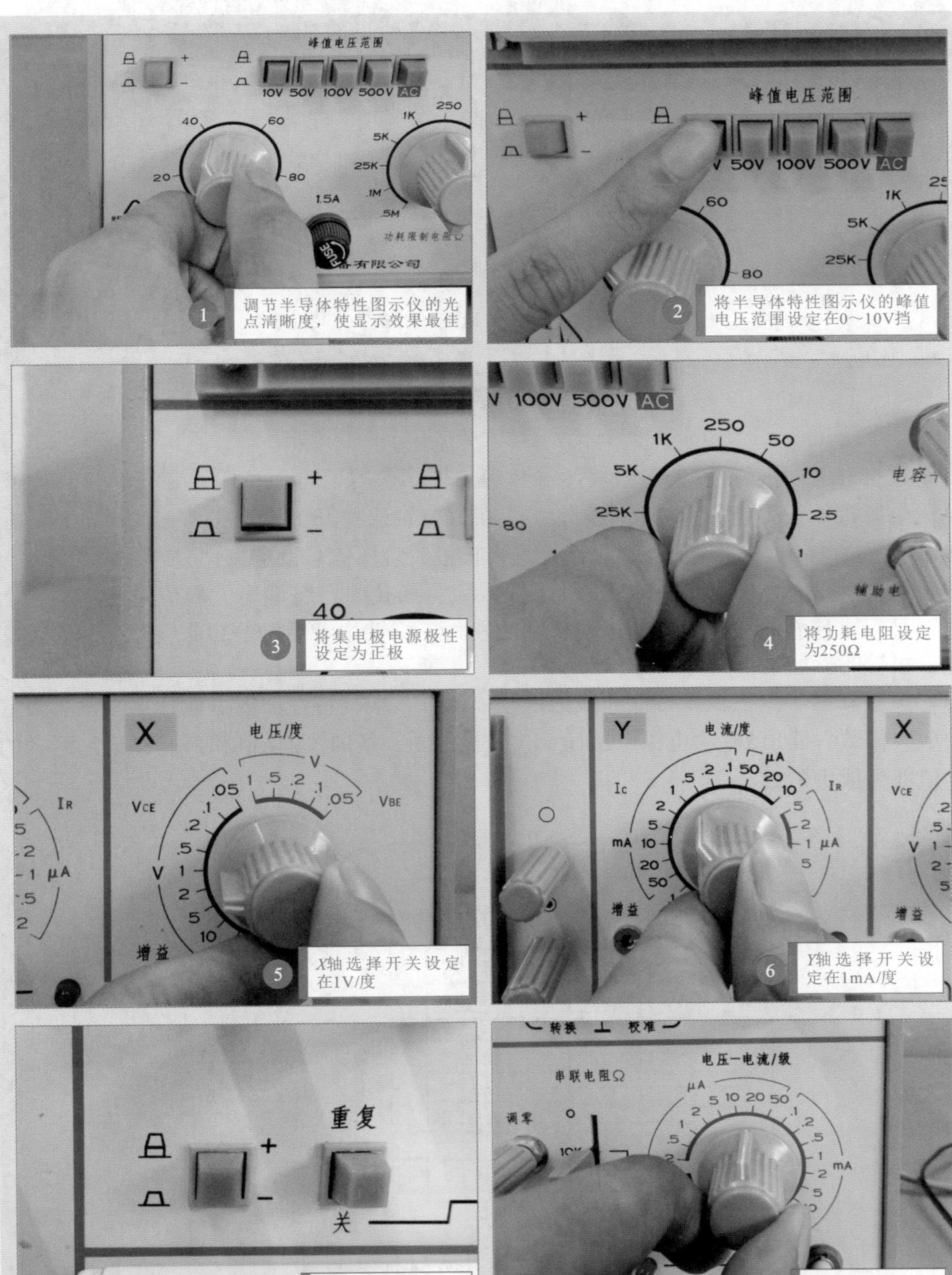
1 调节半导体特性图示仪的光点清晰度，使显示效果最佳
2 将半导体特性图示仪的峰值电压范围设定在0～10V挡
3 将集电极电源极性设定为正极
4 将功耗电阻设定为250Ω
5 X轴选择开关设定在1V/度
6 Y轴选择开关设定在1mA/度
7 将极性按键设置为正极
8 将阶梯信号设定在10μA/级

图7-34 NPN型三极管特性曲线的检测实例

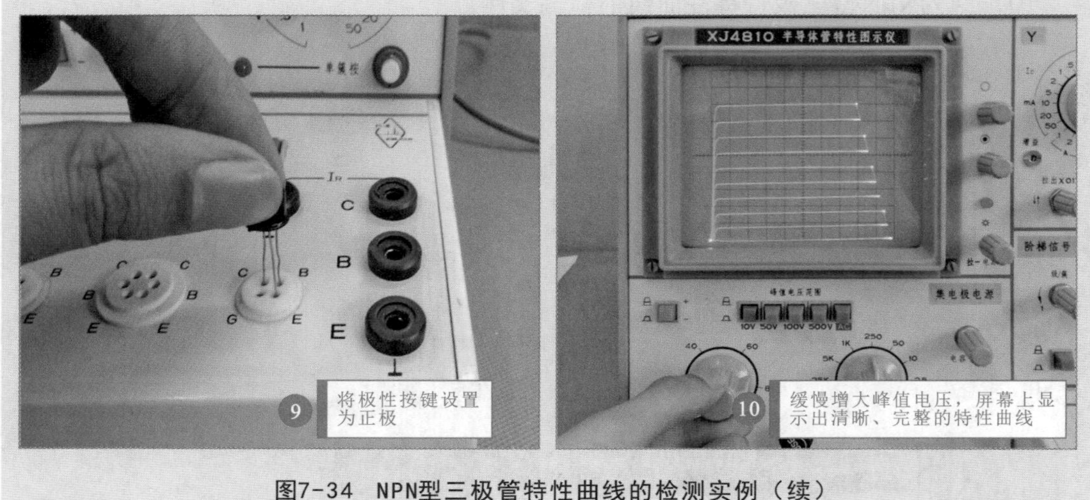
XJ4810 半导体管特性图示仪
将极性按键设置为正极
缓慢增大峰值电压，屏幕上显示出清晰、完整的特性曲线

图7-34 NPN型三极管特性曲线的检测实例（续）

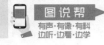

根据3DK9型三极管的参数将半导体特性图示仪峰值电压范围设定在0～10V、集电极电源极性设为正极、功耗电阻设为250Ω、*X*轴选择开关设定在1V/度、*Y*轴设定在1mA/度、阶梯信号为10级/簇、极性设置为正极、阶梯信号设定在10μA/级。

设定完成，将三极管3DK9按极性插入检测插孔中，缓慢增大峰值电压，屏幕上便会显示出特性曲线。将检测出的特性曲线与三极管技术手册上的曲线对比，即可确定三极管的性能是否良好。

图7-35为实测三极管特性曲线的识读。此外，根据特性曲线也能计算出该三极管的放大倍数。读出*X*轴集电极电压U_{ce}=1V时最上面一条曲线的I_b值和*Y*轴的I_c值，两者的比值即为放大倍数。

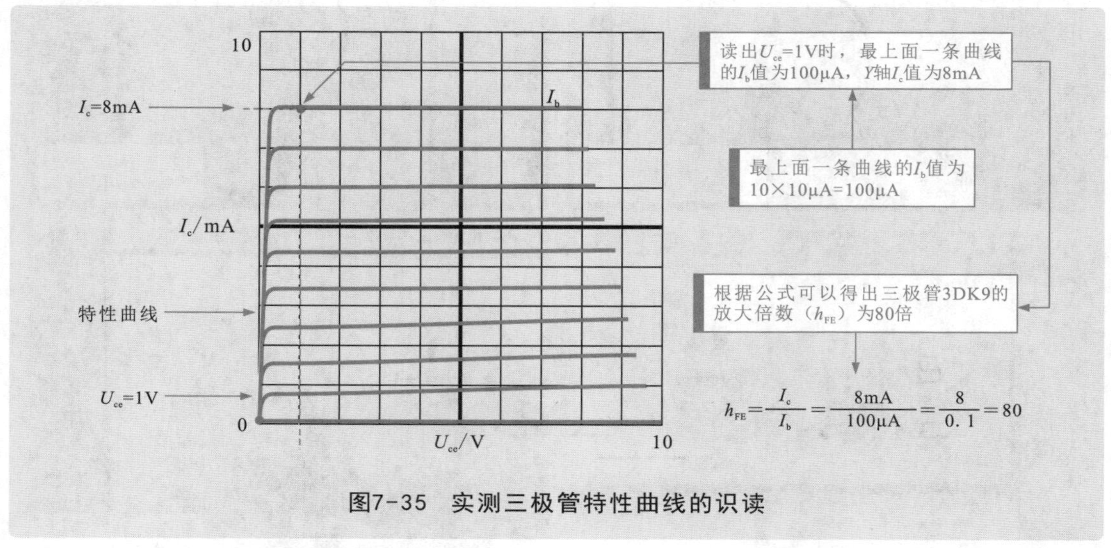
读出U_{ce}=1V时，最上面一条曲线的I_b值为100μA，Y轴I_c值为8mA
最上面一条曲线的I_b值为10×10μA=100μA
根据公式可以得出三极管3DK9的放大倍数（h_{FE}）为80倍
$h_{FE}=\frac{I_c}{I_b}=\frac{8mA}{100\mu A}=\frac{8}{0.1}=80$
I_c=8mA
I_b
I_c/mA
特性曲线
U_{ce}=1V
10
0
U_{ce}/V
10

图7-35 实测三极管特性曲线的识读

NPN型三极管与PNP型三极管性能（特性曲线）的检测方法相同，只是两种类型三极管的特性曲线正好相反，如图7-36所示。

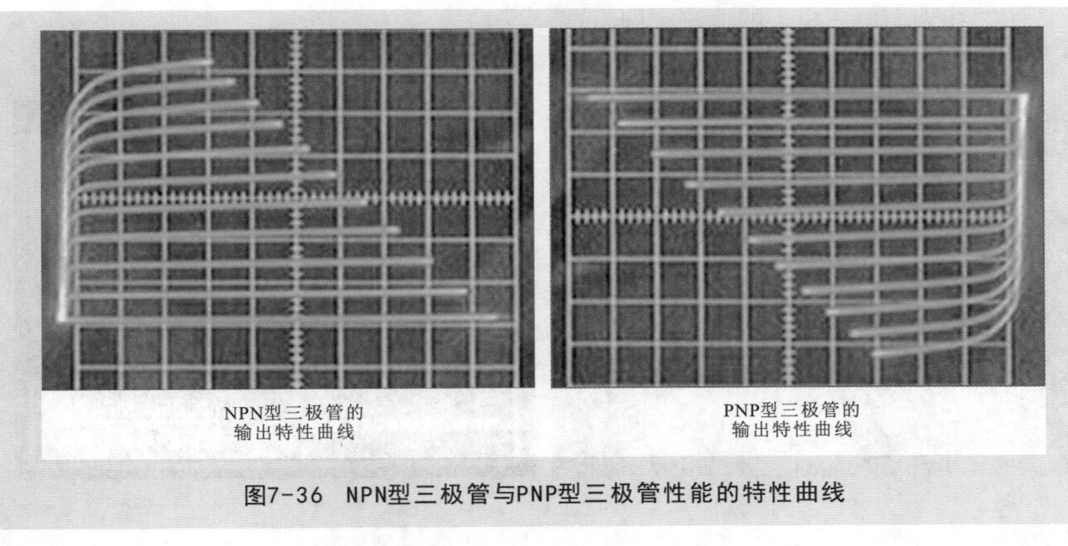
NPN型三极管的
输出特性曲线
PNP型三极管的
输出特性曲线

图7-36 NPN型三极管与PNP型三极管性能的特性曲线

7.2.7 检测光电三极管

光电三极管受光照时引脚间阻值会发生变化，因此可根据在不同光照条件下阻值会发生变化的特性判断性能好坏。

检测光电三极管引脚间阻值判断好坏时，可分别在无光照条件下、一般光照条件下、较强光照条件下，用万用表的红、黑表笔分别检测光电三极管c极与e极之间的阻值变化。图7-37为光电三极管的检测指导。

遮挡物

通常，在无光照条件时，光电三极管集电极与发射极之间的阻值接近无穷大

通常，在一般光照条件下，光电三极管集电极与发射极之间的电阻值较大

光源

红

黑

通常，在有光源照射的条件下，光电三极管集电极与发射极之间的正向阻值偏小

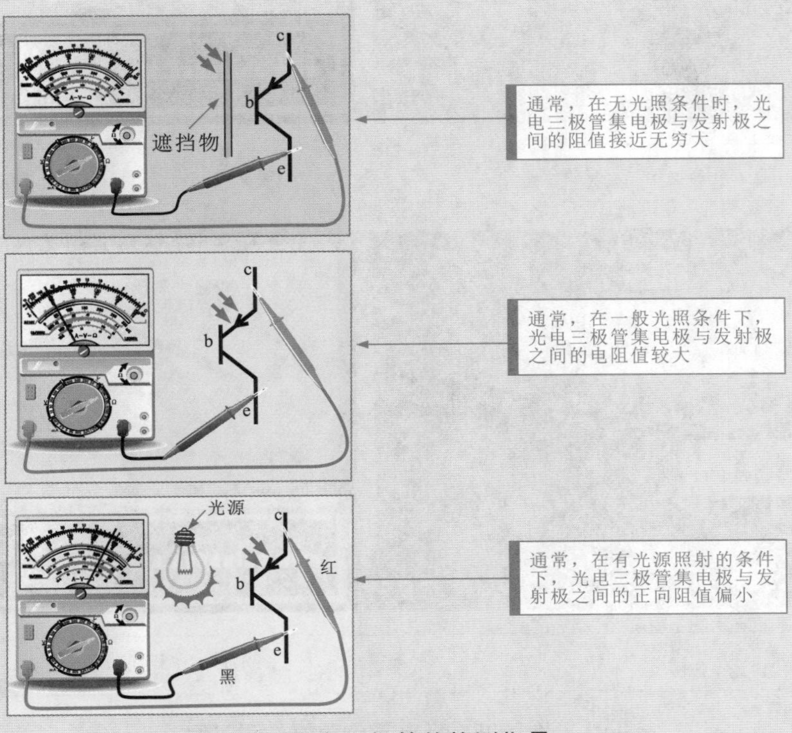

图7-37 光电三极管的检测指导

图7-38为光电三极管的检测实例。

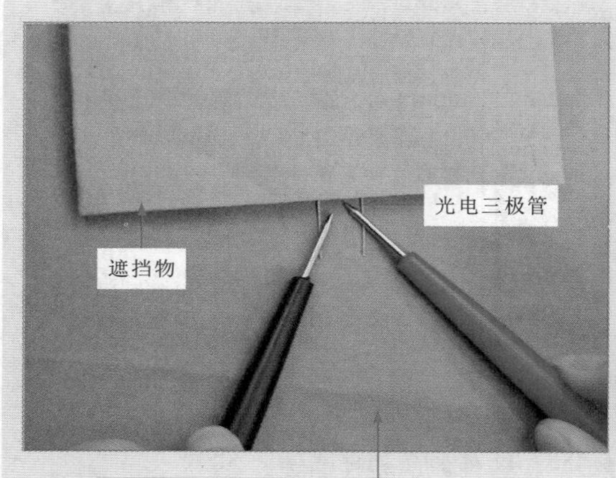
光电三极管
遮挡物

① 光电三极管用遮挡物遮挡，将万用表的红、黑表笔分别搭在发射极（e）和集电极（c）上

无光照条件测得
阻值为无穷大
A-V-Ω
MODEL MF47-8
www.chinadse.org
全保护·遥控器检测

② 在无光照条件下，测得e-c之间的阻值为无穷大，正常

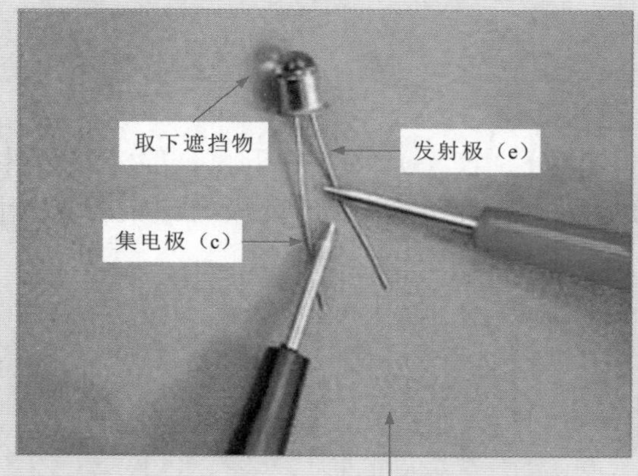
取下遮挡物
发射极（e）
集电极（c）

③ 将遮挡物取下，保持万用表红、黑表笔不动，将光电三极管置于一般光照条件下

一般光照条件下
测得阻值为650kΩ
A-V-Ω
MODEL MF47-8
www.chinadse.org
全保护·遥控器检测

④ 实测在一般光照条件下，光电三极管e-c之间的阻值为650kΩ，正常

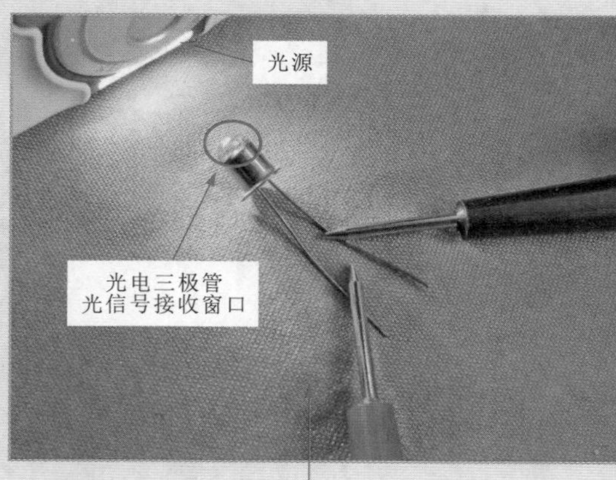
光源
光电三极管
光信号接收窗口

⑤ 使用光源照射光电三极管的光信号接收窗口，在较强光照条件下，检测光电三极管发射极（e）和集电极（c）之间的阻值

较强光照条件下
测得阻值为60kΩ

⑥ 实测在较强光照条件下，光电三极管e-c之间的阻值为60kΩ，正常

图7-38　光电三极管的检测实例

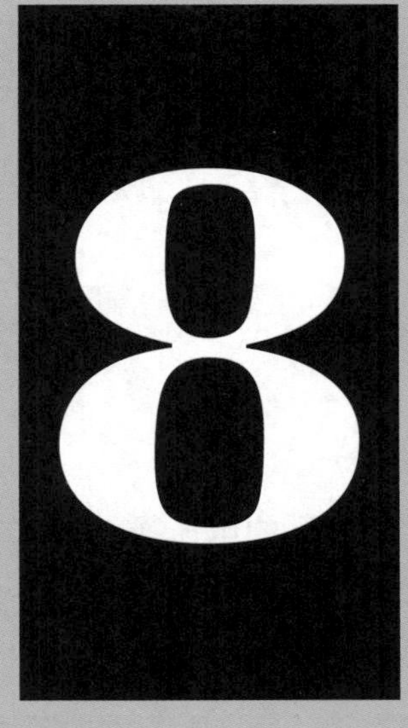

本章系统介绍常用场效应晶体管的功能特点、检测及应用技能。

- ● 认识场效应晶体管
  - ◇ 辨别场效应晶体管类型
  - ◇ 了解场效应晶体管功能
  - ◇ 识读场效应晶体管参数

- ● 检测场效应晶体管
  - ◇ 检测结型场效应晶体管
  - ◇ 检测绝缘栅型场效应晶体管

第8章

场效应晶体管的功能特点与检测应用

8.1 认识场效应晶体管

8.1.1 辨别场效应晶体管类型

场效应晶体管（Field-Effect Transistor，FET），是一种典型的电压控制型半导体器件。场效应晶体管是电压控制器件，具有输入阻抗高、噪声小、热稳定性好、便于集成等特点。图8-1为常见场效应晶体管的实物外形。

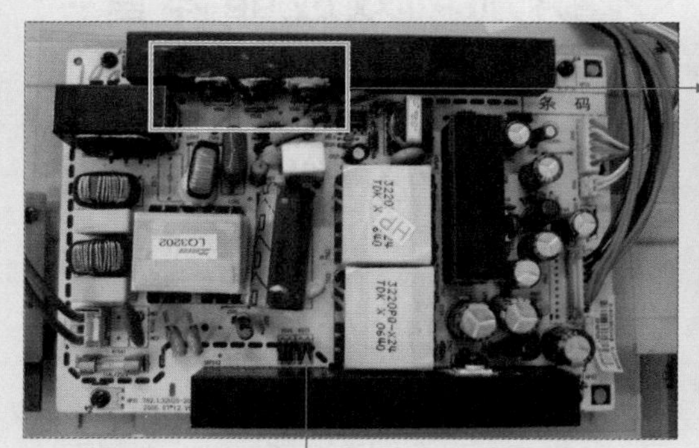

电子电路板

场效应晶体管

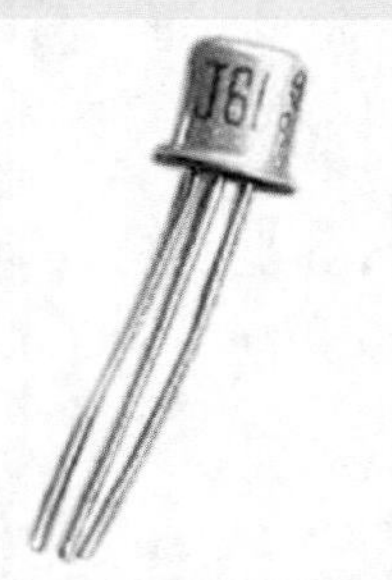

图8-1 常见场效应晶体管的实物外形

补充说明

场效应晶体管有三只引脚，分别为漏极（D）、源极（S）、栅极（G），与普通三极管做一对照，分别对应三极管的集电极（c）、发射极（e）、基极（b）。两者的区别是：三极管是电流控制器件，而场效应晶体管是电压控制器件。

场效应晶体管根据内部构造的不同可以分为结型场效应晶体管和绝缘栅型场效应晶体管。

1 结型场效应晶体管

结型场效应晶体管（JFET）是在一块N型（或P型）半导体材料两边制作P型（或N型）区形成PN结所构成的，根据导电沟道的不同可分为N沟道和P沟道两种。结型场效应晶体管的外形特点及内部结构如图8-2所示。

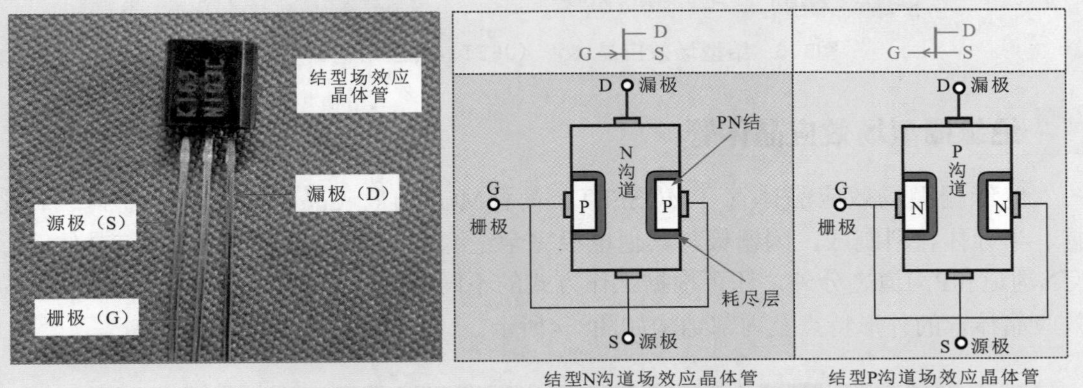
结型场效应晶体管
漏极（D）
源极（S）
栅极（G）
D
G
S
D 漏极
PN结
N沟道
G
栅极
P
P
耗尽层
S 源极
D 漏极
P沟道
N
N
S 源极
结型N沟道场效应晶体管
结型P沟道场效应晶体管

图8-2 结型场效应晶体管的外形特点及内部结构

图8-3为结型场效应晶体管（JFET）的应用电路。

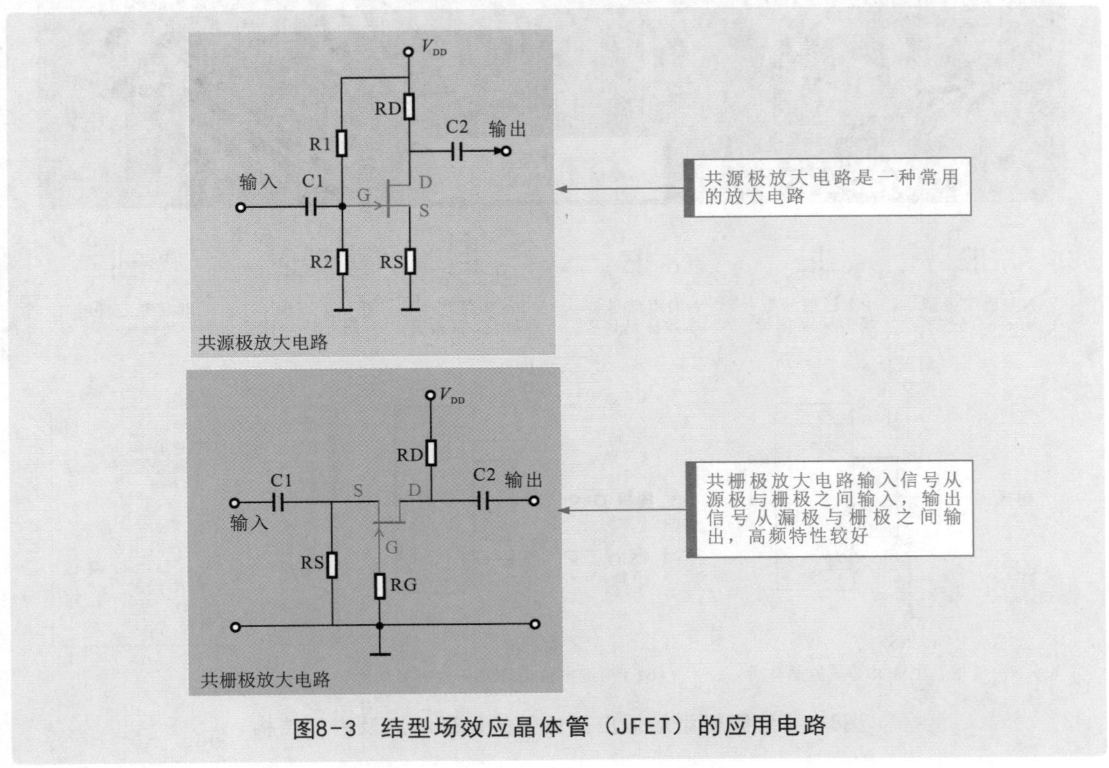
V_{DD}
RD
C2
输出
R1
输入
C1
G
D
S
R2
RS
共源极放大电路
共源极放大电路是一种常用的放大电路
V_{DD}
RD
C1
S
D
C2 输出
输入
G
RS
RG
共栅极放大电路
共栅极放大电路输入信号从源极与栅极之间输入，输出信号从漏极与栅极之间输出，高频特性较好

图8-3 结型场效应晶体管（JFET）的应用电路

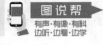

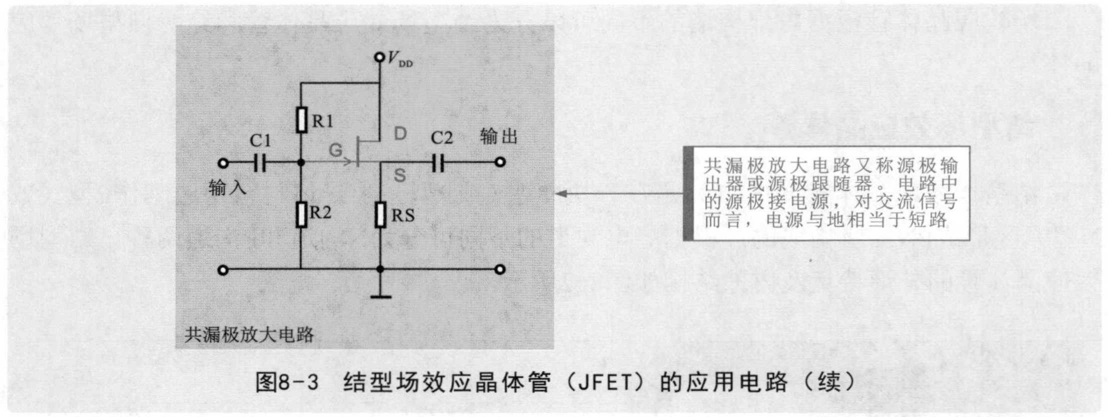
V_{DD}
R1
C1
G
D
C2
输出
输入
S
R2
RS
共漏极放大电路又称源极输出器或源极跟随器。电路中的源极接电源，对交流信号而言，电源与地相当于短路
共漏极放大电路

图8-3　结型场效应晶体管（JFET）的应用电路（续）

2　绝缘栅型场效应晶体管

绝缘栅型场效应晶体管（MOSFET，简称MOS场效应晶体管），由金属、氧化物、半导体材料制成，因栅极与其他电极完全绝缘而得名。绝缘栅型场效应晶体管除有N沟道和P沟道之分外，还可根据工作方式的不同分为增强型与耗尽型。绝缘栅型场效应晶体管的外形特点及内部结构如图8-4所示。

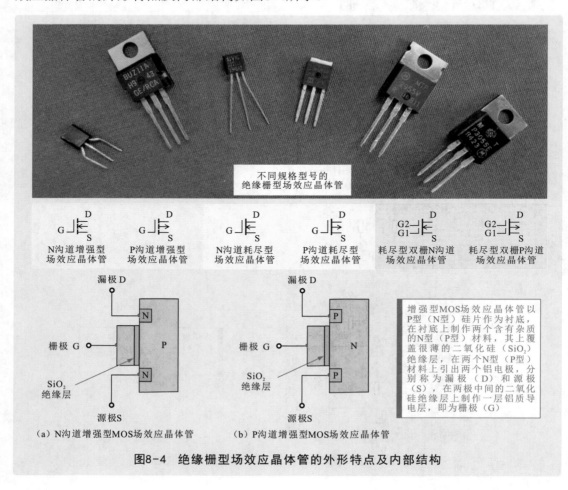

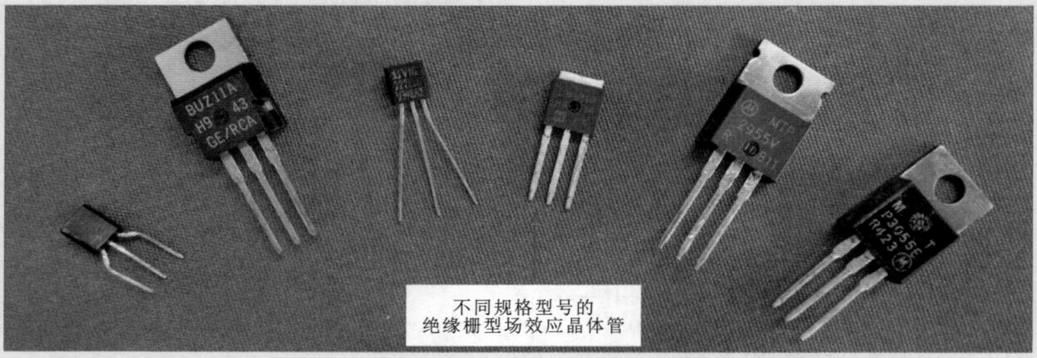

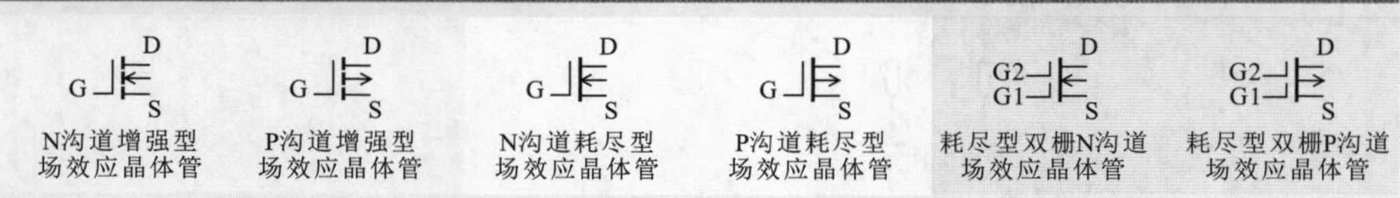

不同规格型号的绝缘栅型场效应晶体管

N沟道增强型场效应晶体管　P沟道增强型场效应晶体管　N沟道耗尽型场效应晶体管　P沟道耗尽型场效应晶体管　耗尽型双栅N沟道场效应晶体管　耗尽型双栅P沟道场效应晶体管

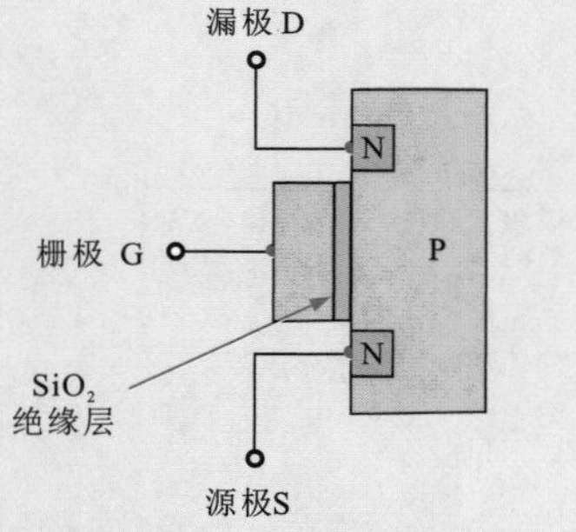

漏极D　栅极G　源极S　N　N　P　SiO_2绝缘层

（a）N沟道增强型MOS场效应晶体管

漏极D　栅极G　源极S　P　P　N　SiO_2绝缘层

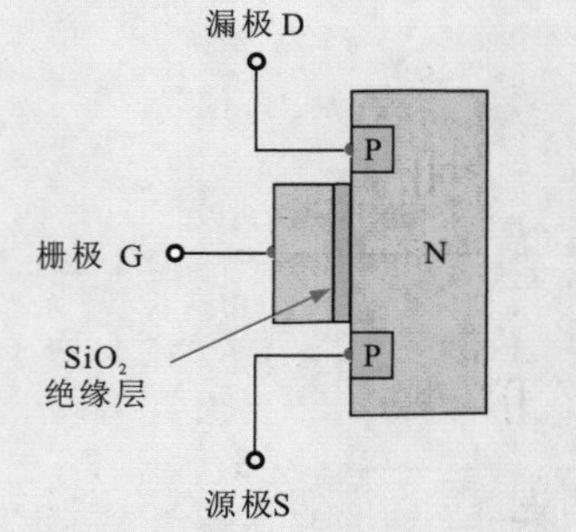

（b）P沟道增强型MOS场效应晶体管

增强型MOS场效应晶体管以P型（N型）硅片作为衬底，在衬底上制作两个含有杂质的N型（P型）材料，其上覆盖很薄的二氧化硅（SiO_2）绝缘层，在两个N型（P型）材料上引出两个铝电极，分别称为漏极（D）和源极（S），在两极中间的二氧化硅绝缘层上制作一层铝质导电层，即为栅极（G）

图8-4　绝缘栅型场效应晶体管的外形特点及内部结构

8.1.2 了解场效应晶体管功能

场效应晶体管是一种电压控制器件，栅极不需要控制电流，只需要有一个控制电压就可以控制漏极和源极之间的电流，在电路中常作为放大器件使用。

1 结型场效应晶体管的功能

结型场效应晶体管是利用沟道两边的耗尽层宽窄，改变沟道导电特性来控制漏极电流实现放大功能的。图8-5为结型场效应晶体管的放大原理。

DS电流最大
PN结
宽度窄
D
N
G
P
P
S
U_D
U_{GS}=0
当场效应晶体管G、S间不加反向电压（U_{GS}=0）时，PN结的宽度窄，导电沟道宽，沟道电阻小，I_D电流大
DS电流变小
PN结
宽度增加
D
N
G
P
P
S
U_D
$|U_{GS}|$>0
U_G小
当场效应晶体管G、S间加负电压时，PN结的宽度增加，导电沟道宽度减小，沟道电阻增大，I_D电流变小
DS电流切断
PN结
宽度增加
D
N
G
P
P
S
U_D
$|U_{GS}|$=$|U_P|$
U_G大
当场效应晶体管G、S间负向电压进一步增加时，PN结宽度进一步加宽，两边PN结合拢（夹断），没有导电沟道，即沟道电阻很大，电流I_D为0

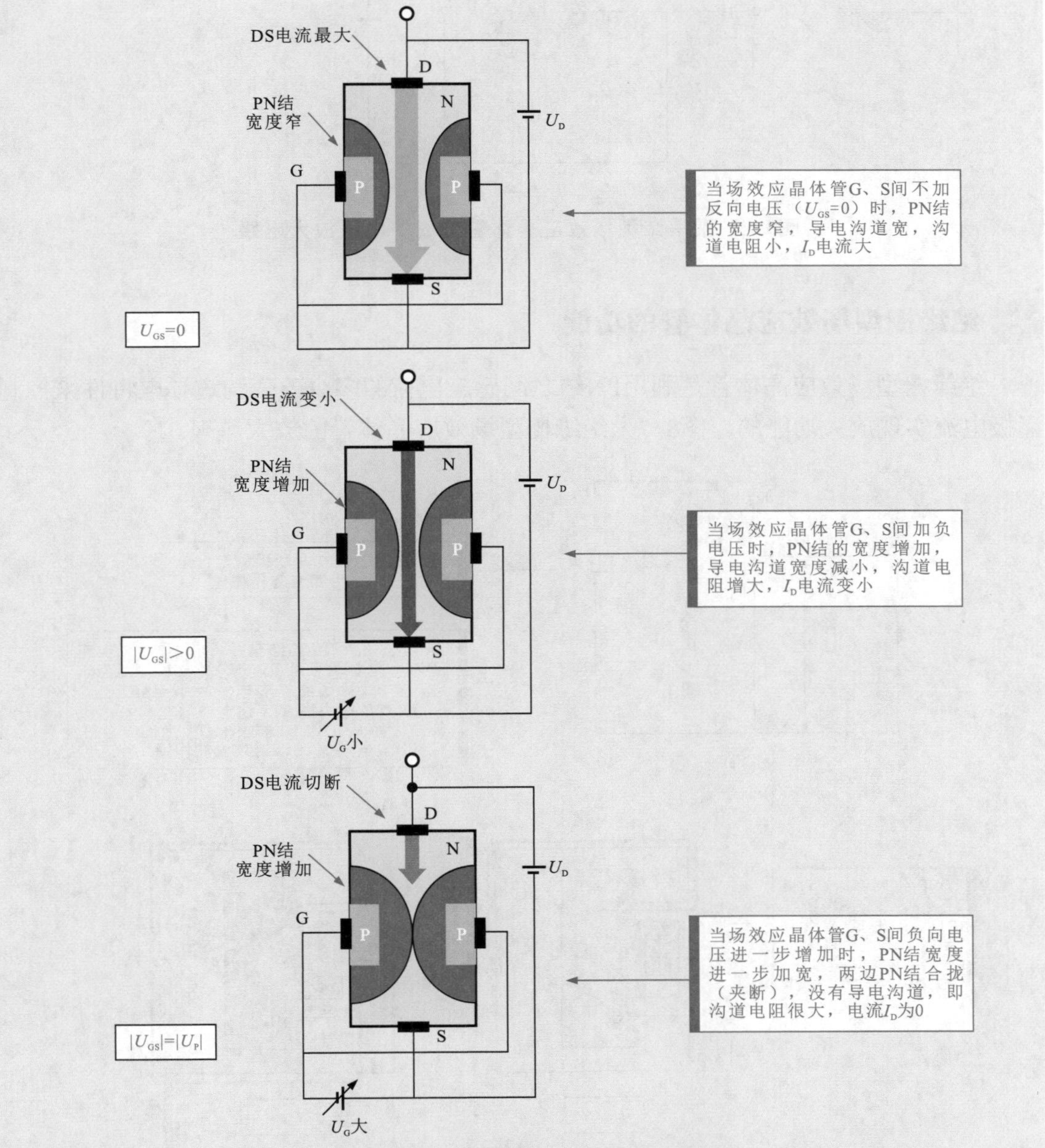

图8-5 结型场效应晶体管的放大原理

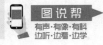

结型场效应晶体管一般用于音频放大器的差分输入电路及调制、放大、阻抗变换、稳流、限流、自动保护等电路中。

图8-6为采用结型场效应晶体管构成的电压放大电路。在该电路中，结型场效应晶体管可实现对输出信号的放大。

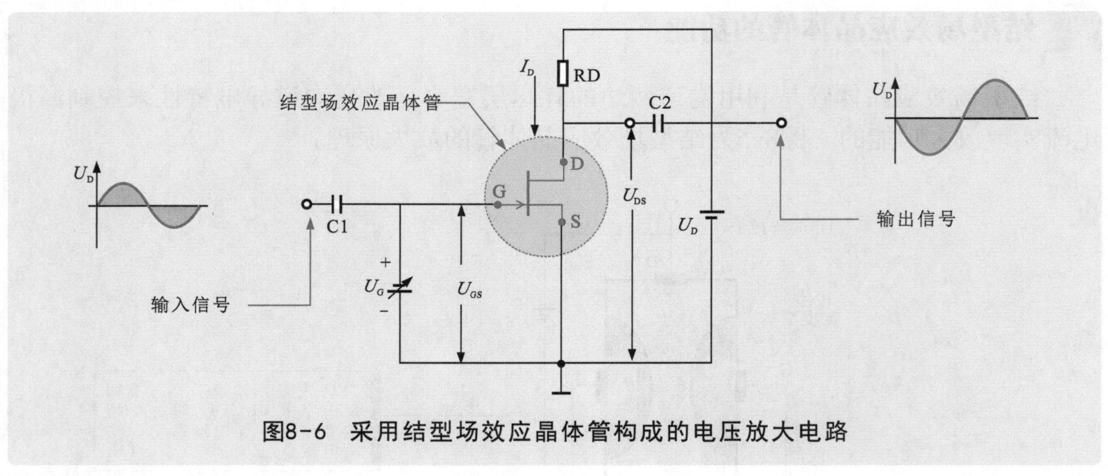

I_D
RD
结型场效应晶体管
C2
U_D
D
G
S
C1
U_{DS}
U_D
输出信号
+
U_G
−
U_{GS}
输入信号

图8-6 采用结型场效应晶体管构成的电压放大电路

2 绝缘栅型场效应晶体管的功能

绝缘栅型场效应晶体管是利用PN结之间感应电荷的多少改变沟道导电特性来控制漏极电流实现放大功能的。图8-7为绝缘栅型场效应晶体管的放大原理。

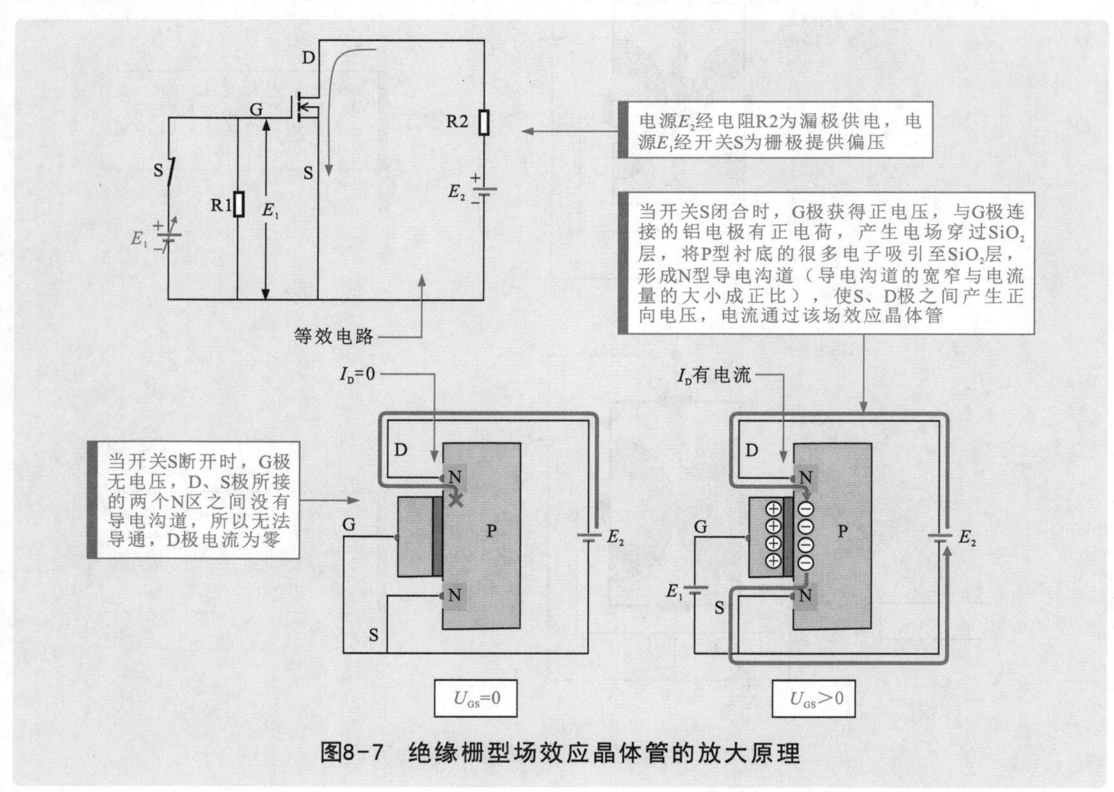

D
G
R2
S
S
R1
E_1
E_2
E_1
电源E_2经电阻R2为漏极供电，电源E_1经开关S为栅极提供偏压
当开关S闭合时，G极获得正电压，与G极连接的铝电极有正电荷，产生电场穿过SiO_2层，将P型衬底的很多电子吸引至SiO_2层，形成N型导电沟道（导电沟道的宽窄与电流量的大小成正比），使S、D极之间产生正向电压，电流通过该场效应晶体管
等效电路
I_D=0
I_D有电流
当开关S断开时，G极无电压，D、S极所接的两个N区之间没有导电沟道，所以无法导通，D极电流为零
D
N
G
P
N
S
E_2
D
N
G
P
E_1
S
N
E_2
U_{GS}=0
U_{GS}>0

图8-7 绝缘栅型场效应晶体管的放大原理

绝缘栅型场效应晶体管常用于音频功率放大、开关电源、逆变器、电源转换器、镇流器、充电器、电动机驱动、继电器驱动等电路中。

图8-8为绝缘栅型场效应晶体管在收音机高频放大电路中的应用。在电路中，绝缘栅型场效应晶体管可实现高频放大作用。

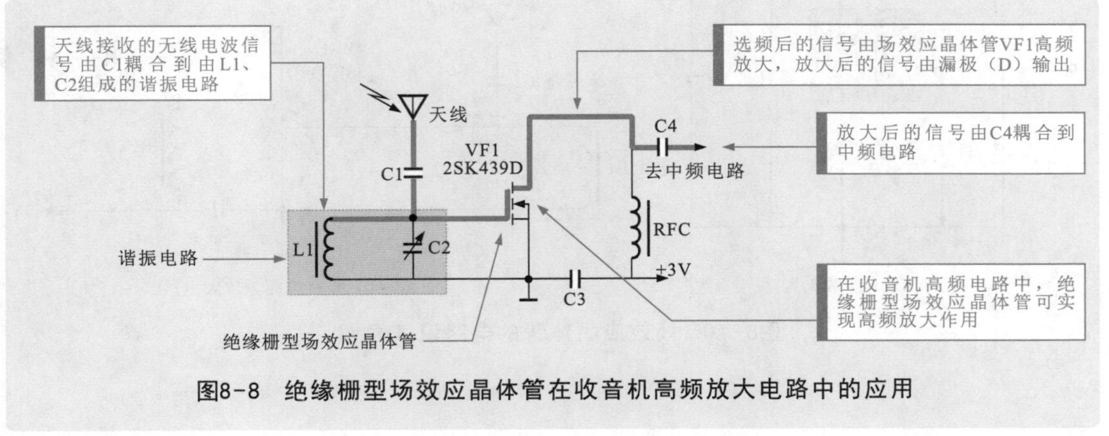
天线接收的无线电波信号由C1耦合到由L1、C2组成的谐振电路
选频后的信号由场效应晶体管VF1高频放大，放大后的信号由漏极（D）输出
天线
C4
放大后的信号由C4耦合到中频电路
VF1
2SK439D
C1
去中频电路
RFC
谐振电路
L1
C2
+3V
C3
在收音机高频电路中，绝缘栅型场效应晶体管可实现高频放大作用
绝缘栅型场效应晶体管

图8-8 绝缘栅型场效应晶体管在收音机高频放大电路中的应用

8.1.3 识读场效应晶体管参数

1 识读场效应晶体管电路标志

场效应晶体管在电路中的标志通常分为两部分：一部分是电路图形符号，表示场效应晶体管的类型；另一部分是字母+数字，表示该场效应晶体管在电路中的序号及型号。图8-9为场效应晶体管的电路标志。

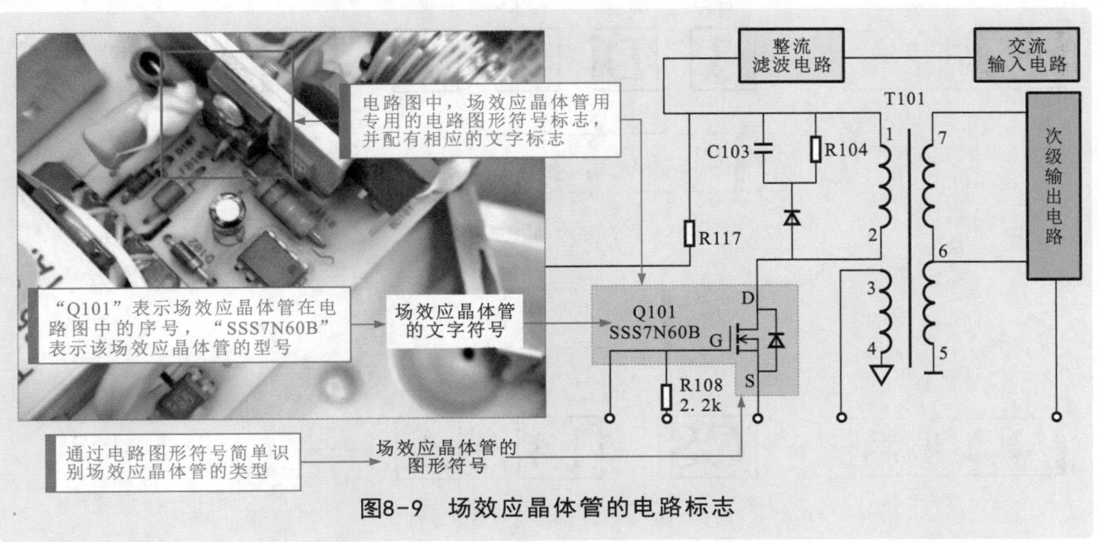
整流
滤波电路
交流
输入电路
T101
电路图中，场效应晶体管用专用的电路图形符号标志，并配有相应的文字标志
C103
R104
次级输出电路
R117
"Q101"表示场效应晶体管在电路图中的序号，"SSS7N60B"表示该场效应晶体管的型号
场效应晶体管的文字符号
Q101
SSS7N60B
G
D
S
R108
2.2k
通过电路图形符号简单识别场效应晶体管的类型
场效应晶体管的图形符号

图8-9 场效应晶体管的电路标志

电路中的电路图形符号可以体现出场效应晶体管的类型，三根引线分别代表栅极（G）、漏极（D）和源极（S），文字标志通常提供场效应晶体管的名称、序号及型号等信息。

图8-10为场效应晶体管的电路识读案例。

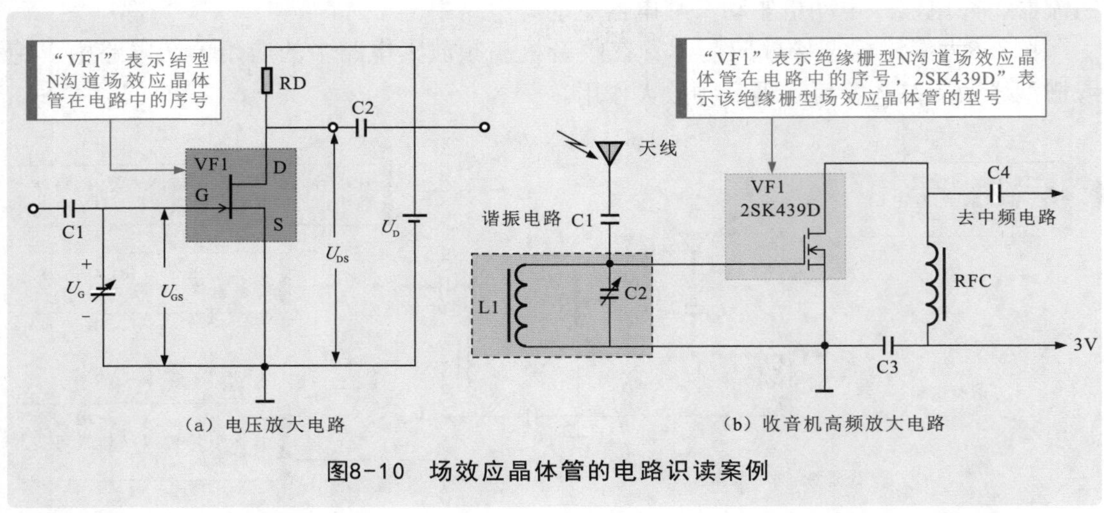
"VF1"表示结型N沟道场效应晶体管在电路中的序号
RD
C2
VF1
D
G
S
C1
U_D
U_{DS}
U_G
U_{GS}
"VF1"表示绝缘栅型N沟道场效应晶体管在电路中的序号，2SK439D"表示该绝缘栅型场效应晶体管的型号
天线
VF1
2SK439D
C4
去中频电路
谐振电路 C1
L1
C2
RFC
C3
3V

（a）电压放大电路　（b）收音机高频放大电路

图8-10　场效应晶体管的电路识读案例

2 识读国产场效应晶体管参数标志

国产场效应晶体管的命名方式主要有两种，包含的信息不同。国产场效应晶体管的命名方式如图8-11所示。

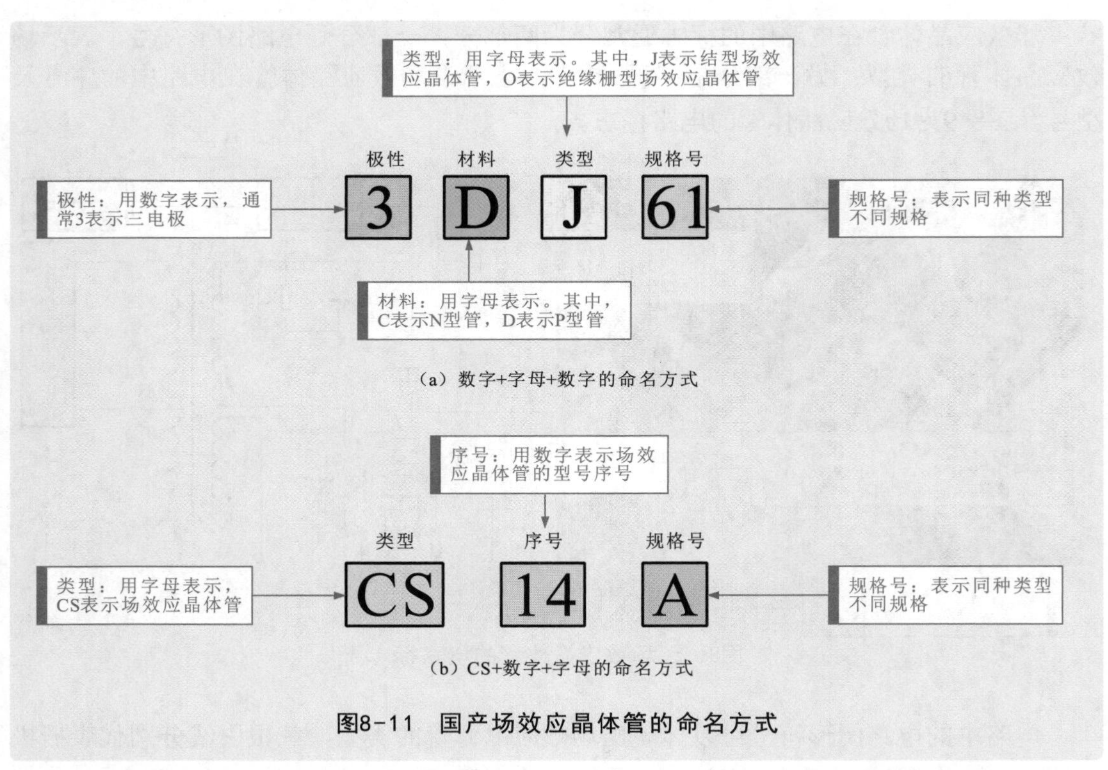
类型：用字母表示。其中，J表示结型场效应晶体管，O表示绝缘栅型场效应晶体管
极性
材料
类型
规格号
极性：用数字表示，通常3表示三电极
3
D
J
61
规格号：表示同种类型不同规格
材料：用字母表示。其中，C表示N型管，D表示P型管
序号：用数字表示场效应晶体管的型号序号
类型
序号
规格号
类型：用字母表示，CS表示场效应晶体管
CS
14
A
规格号：表示同种类型不同规格

（a）数字+字母+数字的命名方式

（b）CS+数字+字母的命名方式

图8-11　国产场效应晶体管的命名方式

图8-12为典型国产场效应晶体管的外形及标志识读方法。

场效应晶体管型号为“3DJ61”，是P沟道结型场效应晶体管，规格号为61

场效应晶体管外壳标志

3 D J 61

“3”表示3个电极；“D”表示P型管；“J”表示结型场效应晶体管；“61”表示规格号

图8-12 典型国产场效应晶体管的外形及标志识读方法

3 识读日产场效应晶体管参数标志

日产场效应晶体管的命名方式与国产场效应晶体管不同，图8-13为日产场效应晶体管的命名方式。日产场效应晶体管的型号标志信息一般由5部分构成，包括名称、代号、类型、顺序号、改进类型等。

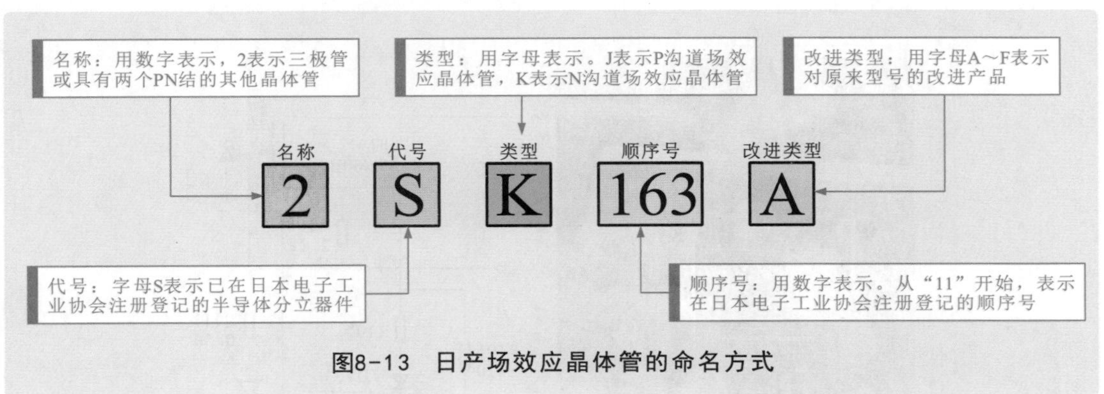
名称：用数字表示，2表示三极管或具有两个PN结的其他晶体管
类型：用字母表示。J表示P沟道场效应晶体管，K表示N沟道场效应晶体管
改进类型：用字母A～F表示对原来型号的改进产品
名称 代号 类型 顺序号 改进类型
2 S K 163 A
代号：字母S表示已在日本电子工业协会注册登记的半导体分立器件
顺序号：用数字表示。从“11”开始，表示在日本电子工业协会注册登记的顺序号

图8-13 日产场效应晶体管的命名方式

图8-14为典型日产场效应晶体管的外形及标志识读方法。

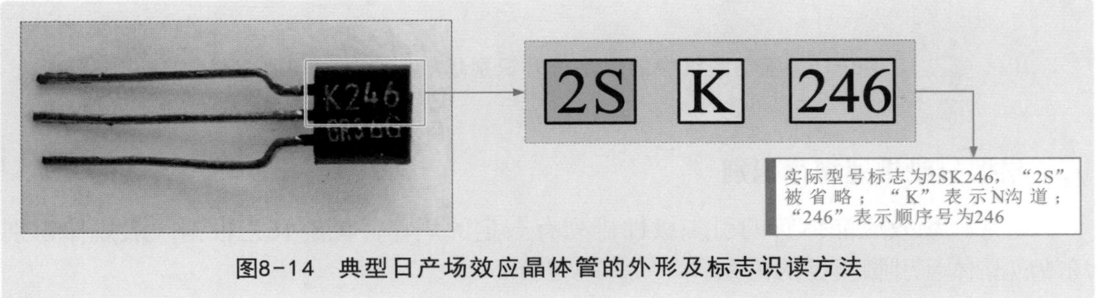
K246
2S K 246
实际型号标志为2SK246，“2S”被省略；“K”表示N沟道；“246”表示顺序号为246

图8-14 典型日产场效应晶体管的外形及标志识读方法

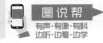

4 识别场效应晶体管的引脚极性

与三极管一样，场效应晶体管也有三个电极，分别是栅极G、源极S和漏极D。场效应晶体管的引脚排列位置根据品种、型号及功能的不同而不同。识别场效应晶体管的引脚极性在测试、安装、调试等各个应用场合都十分重要。

1 根据电路板上的标志信息或电路符号识别

识别安装在电路板上场效应晶体管的引脚时，可观察电路板上场效应晶体管的周围或背面焊接面上有无标志信息，根据标志信息可以很容易识别引脚极性。也可以根据场效应晶体管所在电路，找到对应的电路图纸，根据图纸中的电路符号识别引脚极性，如图8-15所示。

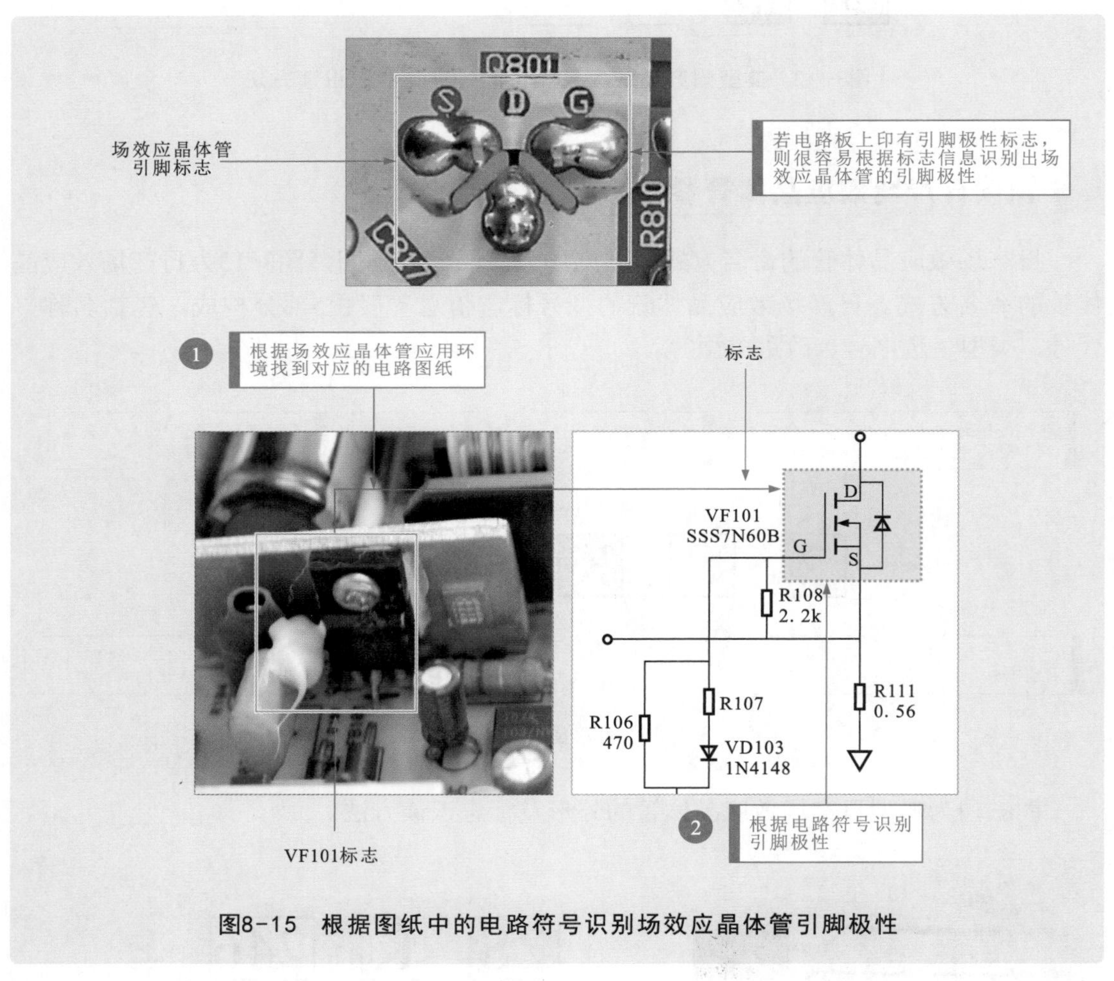
Q801
S
D
G
场效应晶体管引脚标志
若电路板上印有引脚极性标志，则很容易根据标志信息识别出场效应晶体管的引脚极性
R810
C817
1
根据场效应晶体管应用环境找到对应的电路图纸
标志
VF101
SSS7N60B
D
G
S
R108
2. 2k
R106
470
R107
VD103
1N4148
R111
0. 56
2
根据电路符号识别引脚极性
VF101标志

图8-15 根据图纸中的电路符号识别场效应晶体管引脚极性

2 根据一般排列规律识别

通常，场效应晶体管的引脚极性排列有一定的规律。图8-16为根据一般规律识别场效应晶体管引脚极性的方法。

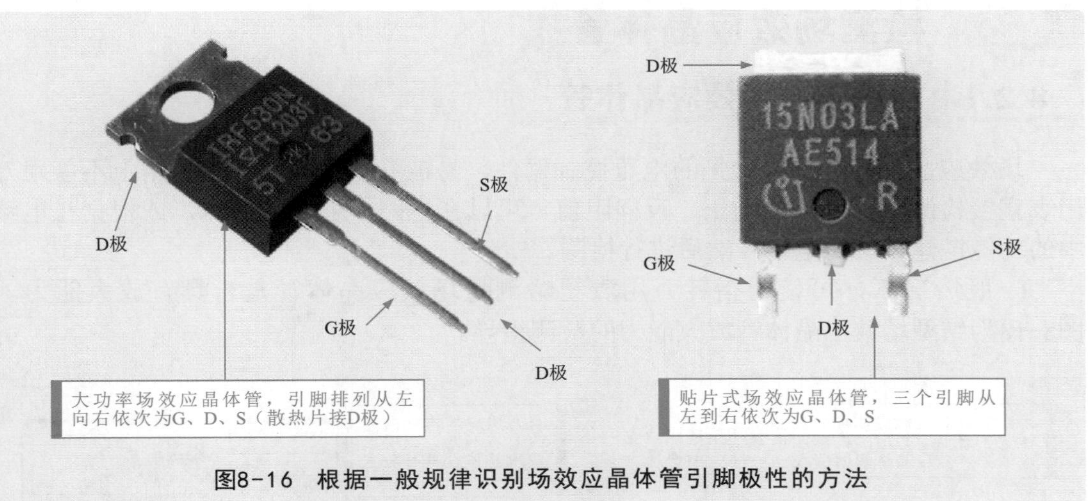
IRF630N
D极
S极
G极
D极
大功率场效应晶体管，引脚排列从左向右依次为G、D、S（散热片接D极）
D极
15N03LA
AE514
R
G极
S极
D极
贴片式场效应晶体管，三个引脚从左到右依次为G、D、S

图8-16 根据一般规律识别场效应晶体管引脚极性的方法

补充说明

对于大功率场效应晶体管，在一般情况下，将印有型号标志的一面朝上放置，从左至右，引脚排列依次为G、D、S（散热片接D极）；采用贴片封装的场效应晶体管，将印有型号标志的一面朝上放置，散热片（上面的宽引脚）是D极，下面的三个引脚从左到右依次为G、D、S。

3 根据型号标志查阅引脚功能

一般场效应晶体管的引脚识别主要是根据型号信息查阅相关资料。首先识别出场效应晶体管的型号，然后查阅半导体手册或在互联网上搜索该型号场效应晶体管的引脚排列。

图8-17为通过技术手册辨别场效应晶体管引脚极性的方法。

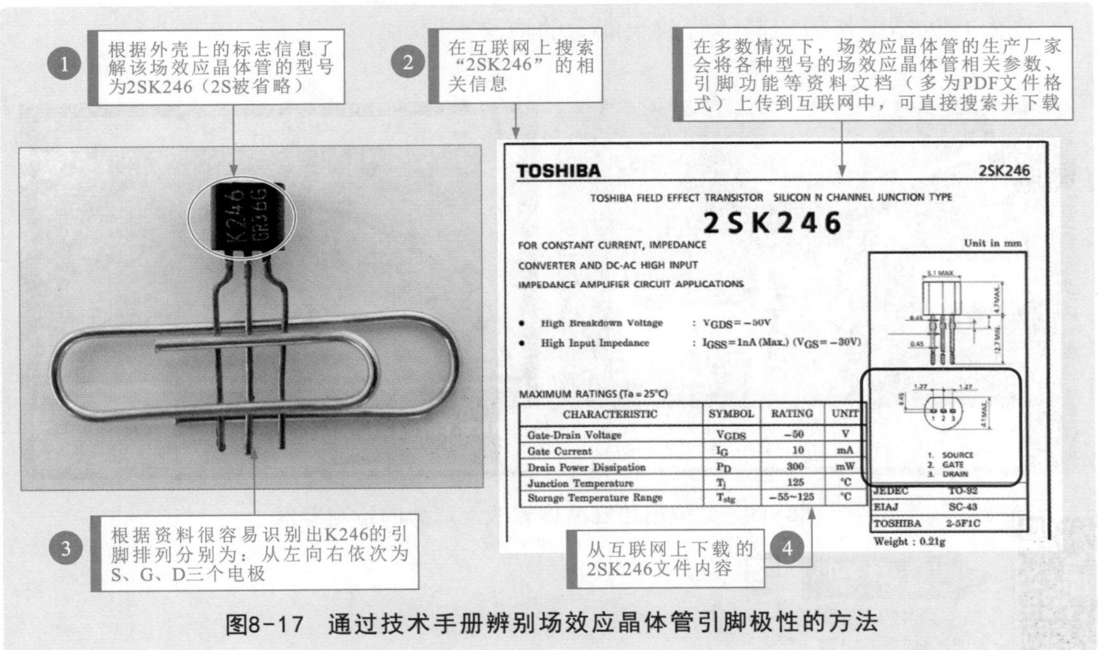
① 根据外壳上的标志信息了解该场效应晶体管的型号为2SK246（2S被省略）
② 在互联网上搜索“2SK246”的相关信息
在多数情况下，场效应晶体管的生产厂家会将各种型号的场效应晶体管相关参数、引脚功能等资料文档（多为PDF文件格式）上传到互联网中，可直接搜索并下载
K246
③ 根据资料很容易识别出K246的引脚排列分别为：从左向右依次为S、G、D三个电极
从互联网上下载的2SK246文件内容 ④

TOSHIBA 2SK246

TOSHIBA FIELD EFFECT TRANSISTOR SILICON N CHANNEL JUNCTION TYPE

2SK246

FOR CONSTANT CURRENT, IMPEDANCE CONVERTER AND DC-AC HIGH INPUT IMPEDANCE AMPLIFIER CIRCUIT APPLICATIONS

Unit in mm

- High Breakdown Voltage : $V_{GDS}=-50V$
- High Input Impedance : $I_{GSS}=1nA$ (Max.) ($V_{GS}=-30V$)

MAXIMUM RATINGS (Ta = 25°C)

CHARACTERISTIC	SYMBOL	RATING	UNIT
Gate-Drain Voltage	V_{GDS}	−50	V
Gate Current	I_G	10	mA
Drain Power Dissipation	P_D	300	mW
Junction Temperature	T_j	125	°C
Storage Temperature Range	T_{stg}	−55~125	°C

1. SOURCE
2. GATE
3. DRAIN

JEDEC	TO-92
EIAJ	SC-43
TOSHIBA	2-5F1C

Weight : 0.21g

图8-17 通过技术手册辨别场效应晶体管引脚极性的方法

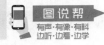

8.2 检测场效应晶体管

8.2.1 检测结型场效应晶体管

场效应晶体管是一种常见的电压控制器件，易被静电击穿损坏，原则上不能用万用表直接检测各引脚之间的正、反向阻值，可以在电路板上在路检测，或根据在电路中的功能搭建相应的电路，然后进行检测。

一般情况下，可使用指针万用表粗略测量场效应晶体管是否具有放大能力。图8-18为结型场效应晶体管放大能力的检测指导。

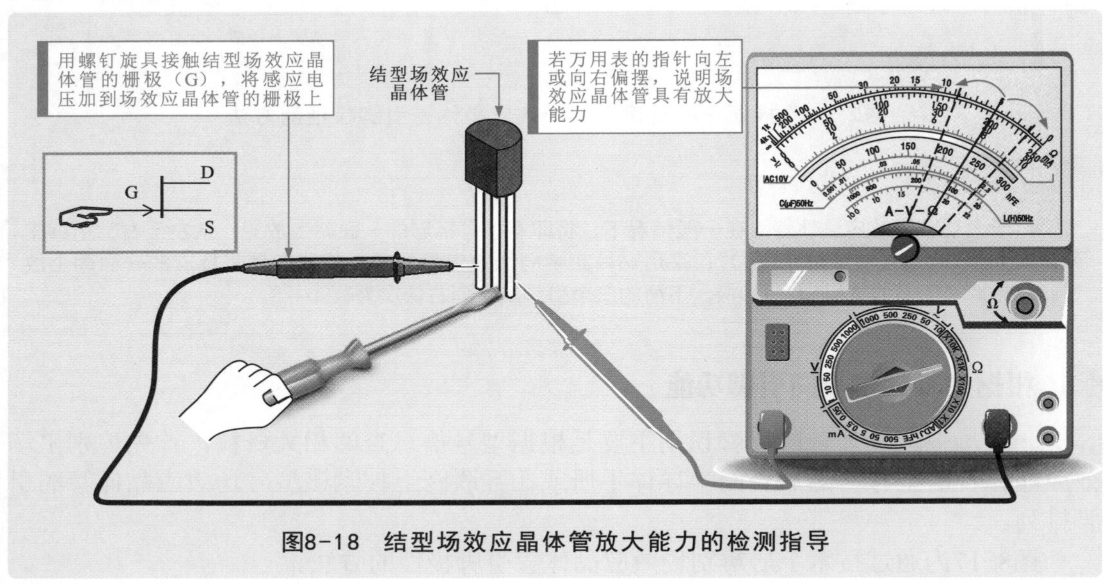
用螺钉旋具接触结型场效应晶体管的栅极（G），将感应电压加到场效应晶体管的栅极上
结型场效应晶体管
若万用表的指针向左或向右偏摆，说明场效应晶体管具有放大能力
G
D
S

图8-18 结型场效应晶体管放大能力的检测指导

图8-19为结型场效应晶体管放大能力的检测案例。

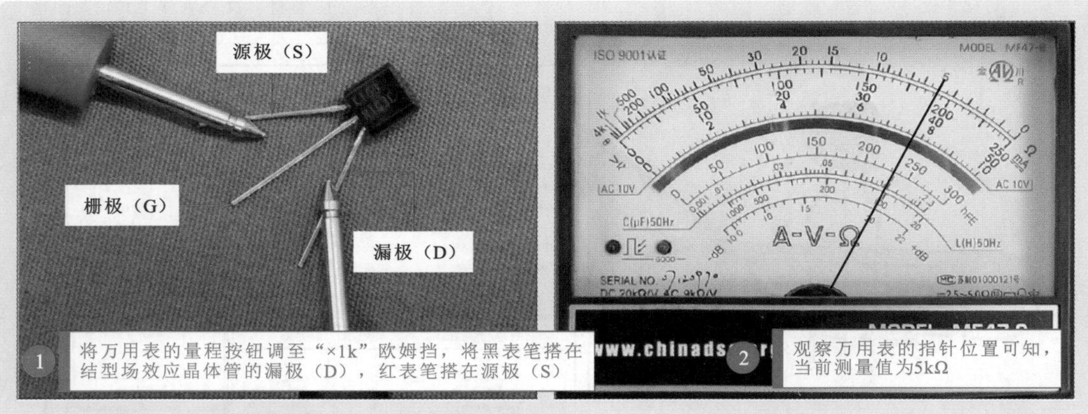
源极（S）
栅极（G）
漏极（D）
1
将万用表的量程按钮调至“×1k”欧姆挡，将黑表笔搭在结型场效应晶体管的漏极（D），红表笔搭在源极（S）
2
观察万用表的指针位置可知，当前测量值为5kΩ

图8-19 结型场效应晶体管放大能力的检测案例

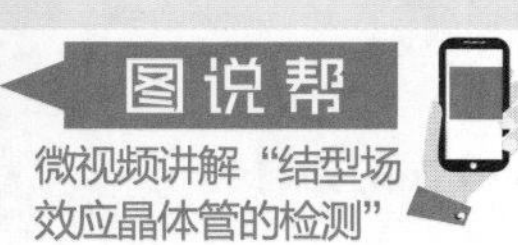
图说帮
微视频讲解“结型场效应晶体管的检测”

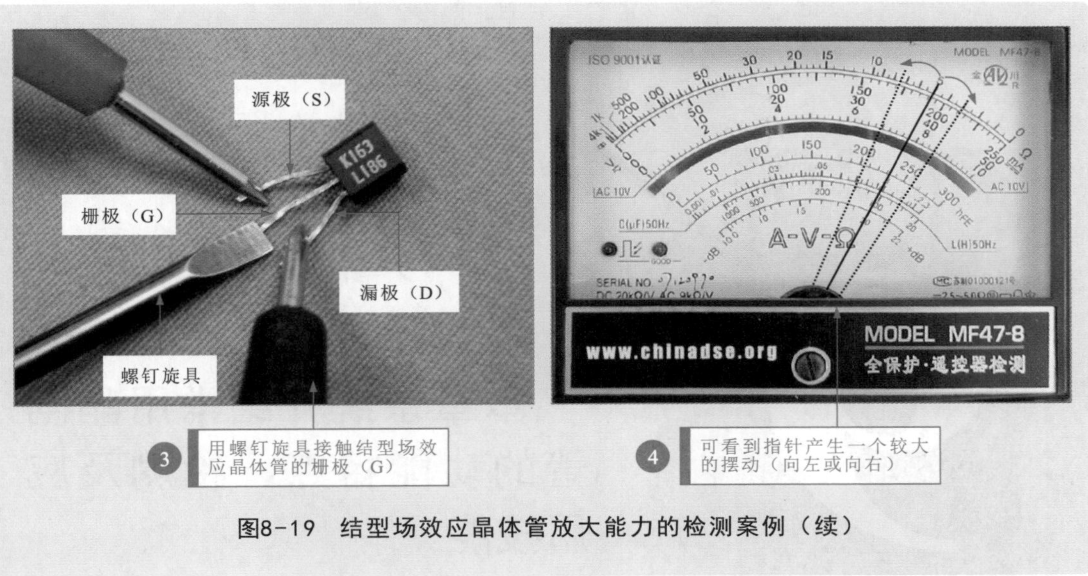
源极（S）
栅极（G）
漏极（D）
螺钉旋具
3 用螺钉旋具接触结型场效应晶体管的栅极（G）
4 可看到指针产生一个较大的摆动（向左或向右）
MODEL MF47-8
www.chinadse.org
全保护·遥控器检测

图8-19 结型场效应晶体管放大能力的检测案例（续）

补充说明

在正常情况下，万用表指针摆动的幅度越大，表明结型场效应晶体管的放大能力越好；反之，表明放大能力越差。若螺钉旋具接触栅极（G）时指针不摆动，则表明结型场效应晶体管已失去放大能力。

测量一次后再次测量，表针可能不动，这是正常现象。可能是因为在第一次测量时，G、S之间的结电容积累了电荷。为了能够使万用表的表针再次摆动，可在测量后短接一下G、S。

8.2.2 检测绝缘栅型场效应晶体管

绝缘栅型场效应晶体管放大能力的检测方法与结型场效应晶体管相同。需要注意，检测时尽量不要用手触碰绝缘栅型场效应晶体管的引脚，可借助螺钉旋具碰触栅极引脚完成检测。图8-20为绝缘栅型场效应晶体管的检测指导。

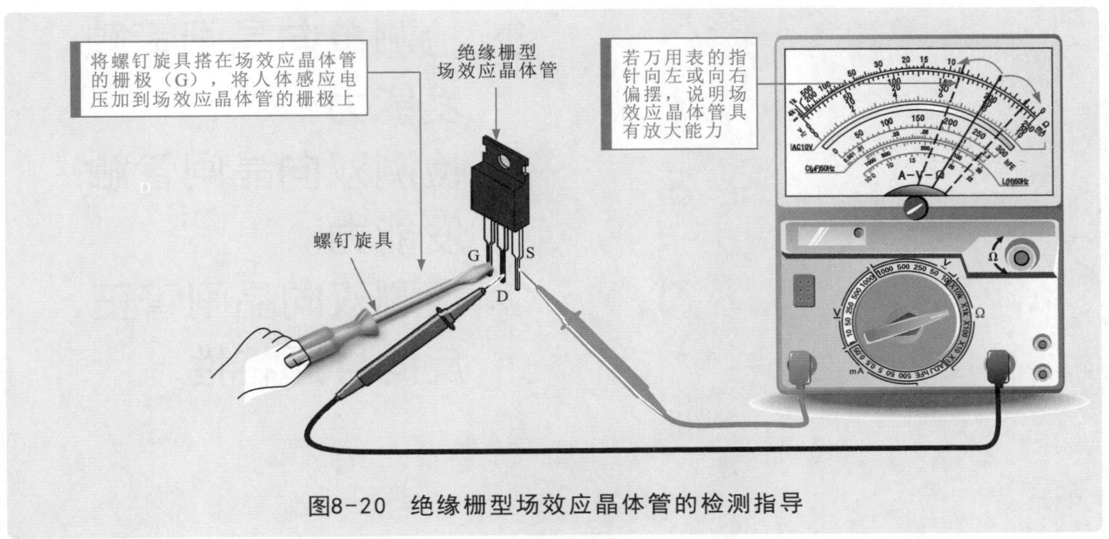
将螺钉旋具搭在场效应晶体管的栅极（G），将人体感应电压加到场效应晶体管的栅极上
绝缘栅型场效应晶体管
若万用表的指针向左或向右偏摆，说明场效应晶体管具有放大能力
螺钉旋具
G
D
S

图8-20 绝缘栅型场效应晶体管的检测指导

本章系统介绍常用晶闸管的功能特点、检测及应用技能。

- ● 认识晶闸管
- ◇ 辨别晶闸管类型
- ◇ 了解晶闸管功能
- ◇ 识读晶闸管参数

- ● 检测晶闸管
- ◇ 检测判别单向晶闸管引脚极性
- ◇ 检测单向晶闸管触发能力
- ◇ 检测双向晶闸管触发能力
- ◇ 检测双向晶闸管正、反向导通特性

第9章 晶闸管的功能特点与检测应用

9.1 认识晶闸管

9.1.1 辨别晶闸管类型

晶闸管是闸流晶体管的简称，是一种可控整流器件，也称可控硅元件。晶闸管常作为电动机驱动控制、电动机调速控制、电量通/断、调压、控温等的控制器件，广泛应用于电子电器产品、工业控制及自动化生产领域。图9-1为电路中常见的晶闸管。

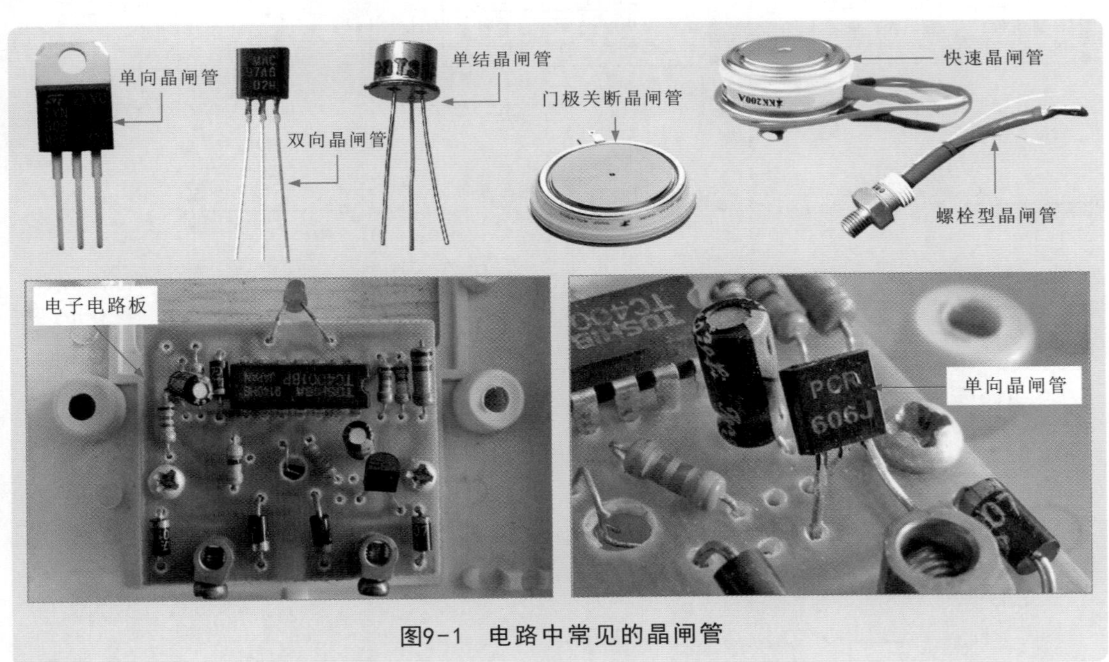
单向晶闸管
双向晶闸管
单结晶闸管
门极关断晶闸管
快速晶闸管
螺栓型晶闸管
电子电路板
单向晶闸管

图9-1 电路中常见的晶闸管

晶闸管的类型较多，分类方式也多种多样。

◇ 按关断、导通及控制方式可分为普通单向晶闸管、双向晶闸管、逆导晶闸管、门极关断晶闸管、BTG晶闸管、温控晶闸管及光控晶闸管等多种。

◇ 按引脚和极性可分为二极晶闸管、三极晶闸管和四极晶闸管。

◇ 按封装形式可分为金属封装晶闸管、塑封封装晶闸管及陶瓷封装晶闸管。其中，金属封装晶闸管又分为螺栓型、平板型、圆壳型等；塑封封装晶闸管又分为带散热片型和不带散热片型两种。

◇ 按电流容量可分为大功率晶闸管、中功率晶闸管和小功率晶闸管。

◇ 按关断速度可分为普通晶闸管和快速晶闸管。

1 单向晶闸管

图9-2为典型的单向晶闸管。单向晶闸管（SCR）是指其触发后只允许一个方向的电流流过的半导体器件，相当于一个可控的整流二极管。它是由P-N-P-N共4层3个PN结组成的，被广泛应用于可控整流、交流调压、逆变器和开关电源电路中。

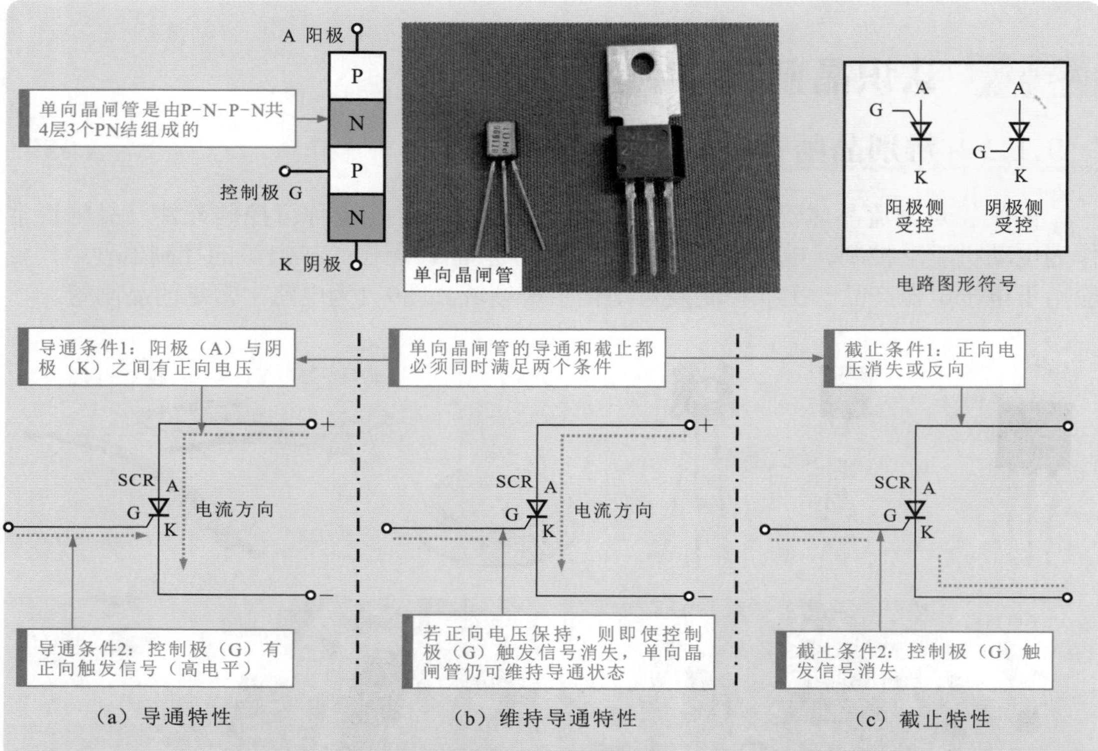

A 阳极
单向晶闸管是由P-N-P-N共4层3个PN结组成的
P
N
P
N
控制极 G
K 阴极
单向晶闸管
A
G
K
阳极侧受控
A
G
K
阴极侧受控
电路图形符号

单向晶闸管的导通和截止都必须同时满足两个条件

导通条件1：阳极（A）与阴极（K）之间有正向电压
SCR A G K 电流方向 + −
导通条件2：控制极（G）有正向触发信号（高电平）
（a）导通特性

SCR A G K 电流方向 + −
若正向电压保持，则即使控制极（G）触发信号消失，单向晶闸管仍可维持导通状态
（b）维持导通特性

截止条件1：正向电压消失或反向
SCR A G K
截止条件2：控制极（G）触发信号消失
（c）截止特性

图9-2　典型的单向晶闸管

图9-3为单向晶闸管的内部结构及控制原理。

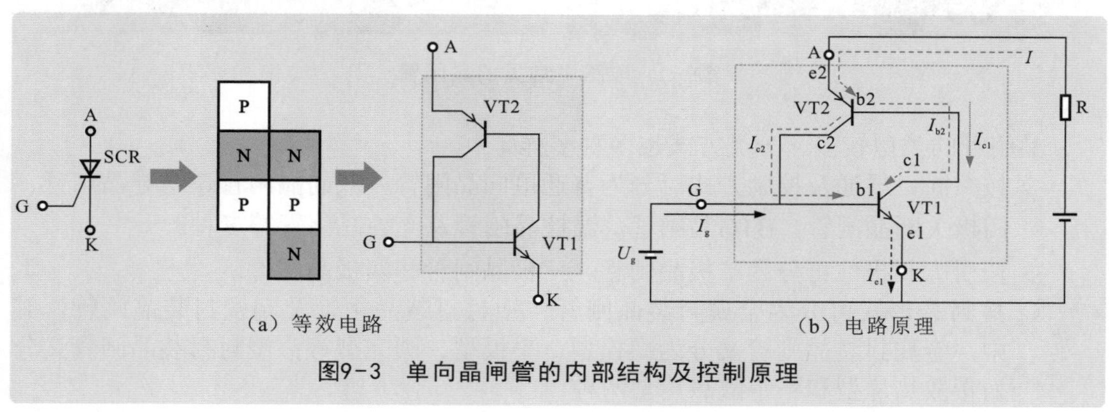
A
SCR
G
K
P
N N
P P
N
A
VT2
G
VT1
K
A
e2
VT2
b2
I_{c2}
c2
I_{b2}
I_{c1}
c1
G
b1
VT1
I_g
e1
U_g
I_{e1}
K
I
R
（a）等效电路　（b）电路原理

图9-3　单向晶闸管的内部结构及控制原理

补充说明

给单向晶闸管的阳极（A）加正向电压，三极管VT1和VT2都承受正向电压，VT2发射极正偏，VT1集电极反偏。

如果这时在控制极（G）加上较小的正向控制电压U_g（触发信号），则有控制电流I_g送入VT1的基极。经过放大，VT1的集电极便有$I_{c1}=\beta_1 I_g$的电流，将此电流送入VT2的基极，经VT2放大，VT2的集电极便有$I_{c1}=\beta_1\beta_2 I_g$的电流。该电流又送入VT1的基极。如此反复，两个三极管便很快导通。导通后，VT1的基极始终有比I_g大得多的电流，即使触发信号消失，仍能保持导通状态。

2 双向晶闸管

双向晶闸管又称双向可控硅元件，属于N-P-N-P-N共5层半导体器件，有第一电极（T1）、第二电极（T2）、控制极（G）3个电极，在结构上相当于两个单向晶闸管反极性并联，常用在交流电路调节电压、电流或作为交流无触头开关。图9-4为典型双向晶闸管的外形结构。

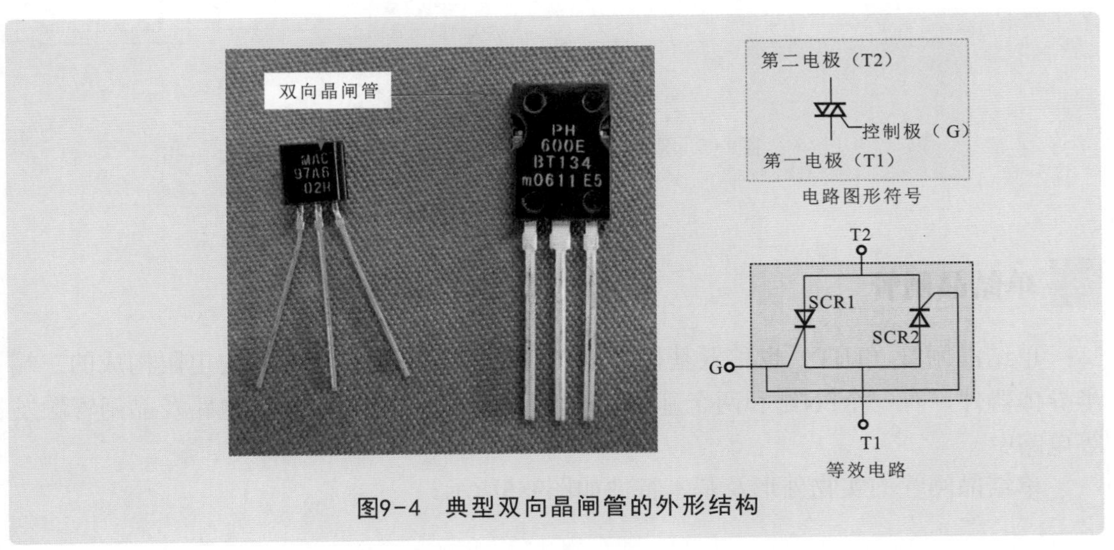
双向晶闸管
MAC
97A6
02H
PH
600E
BT134
m0611 E5
第二电极（T2）
控制极（G）
第一电极（T1）
电路图形符号
T2
SCR1
SCR2
G
T1
等效电路

图9-4 典型双向晶闸管的外形结构

图9-5为双向晶闸管的基本特性。

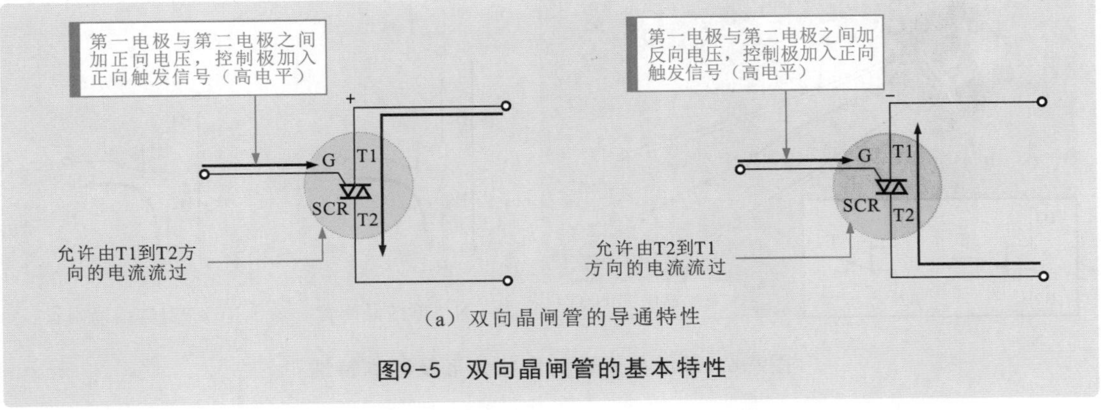
第一电极与第二电极之间加正向电压，控制极加入正向触发信号（高电平）
+
G
T1
SCR
T2
允许由T1到T2方向的电流流过
第一电极与第二电极之间加反向电压，控制极加入正向触发信号（高电平）
−
G
T1
SCR
T2
允许由T2到T1方向的电流流过

（a）双向晶闸管的导通特性

图9-5 双向晶闸管的基本特性

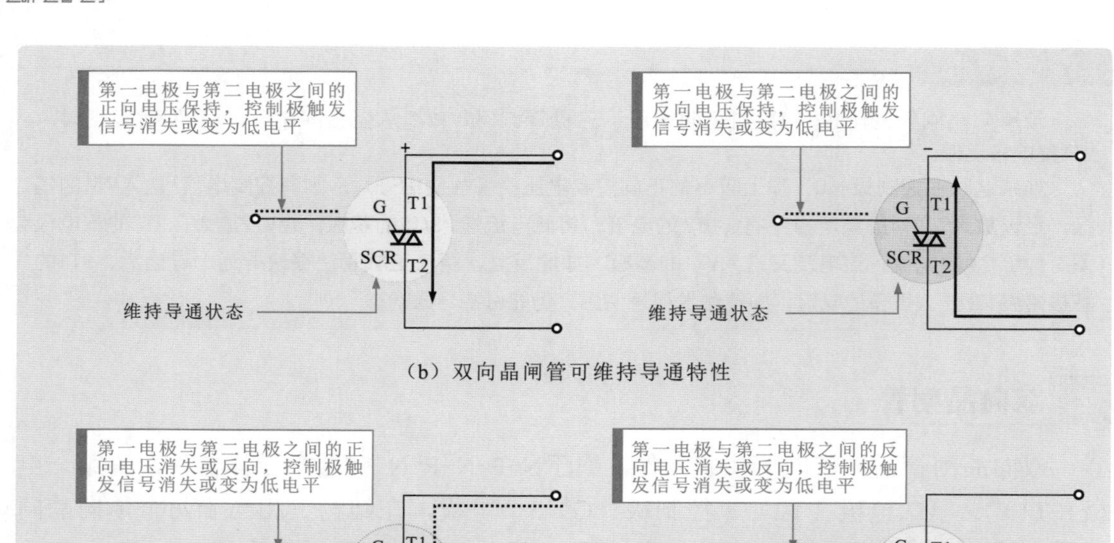
第一电极与第二电极之间的正向电压保持，控制极触发信号消失或变为低电平
G
T1
SCR
T2
维持导通状态
第一电极与第二电极之间的反向电压保持，控制极触发信号消失或变为低电平
G
T1
SCR
T2
维持导通状态
第一电极与第二电极之间的正向电压消失或反向，控制极触发信号消失或变为低电平
G
T1
SCR
T2
双向晶闸管截止
第一电极与第二电极之间的反向电压消失或反向，控制极触发信号消失或变为低电平
G
T1
SCR
T2
双向晶闸管截止

（b）双向晶闸管可维持导通特性

（c）双向晶闸管的截止条件

图9-5　双向晶闸管的基本特性（续）

3 单结晶闸管

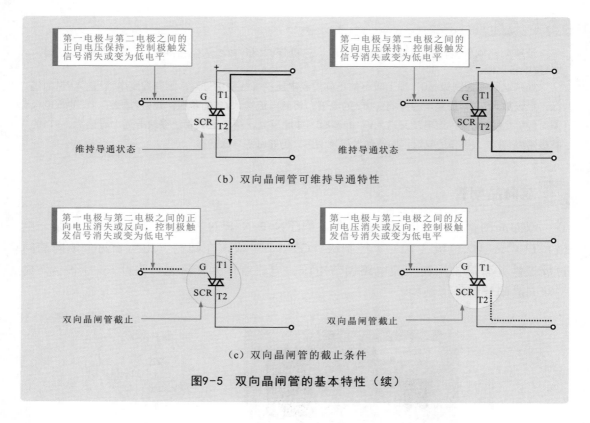

单结晶闸管（UJT）也称双基极二极管，是由一个PN结和两个内电阻构成的三端半导体器件，有一个PN结和两个基极，广泛用于振荡、定时、双稳电路及晶闸管触发等电路中。

单结晶闸管的实物外形及基本特性如图9-6所示。

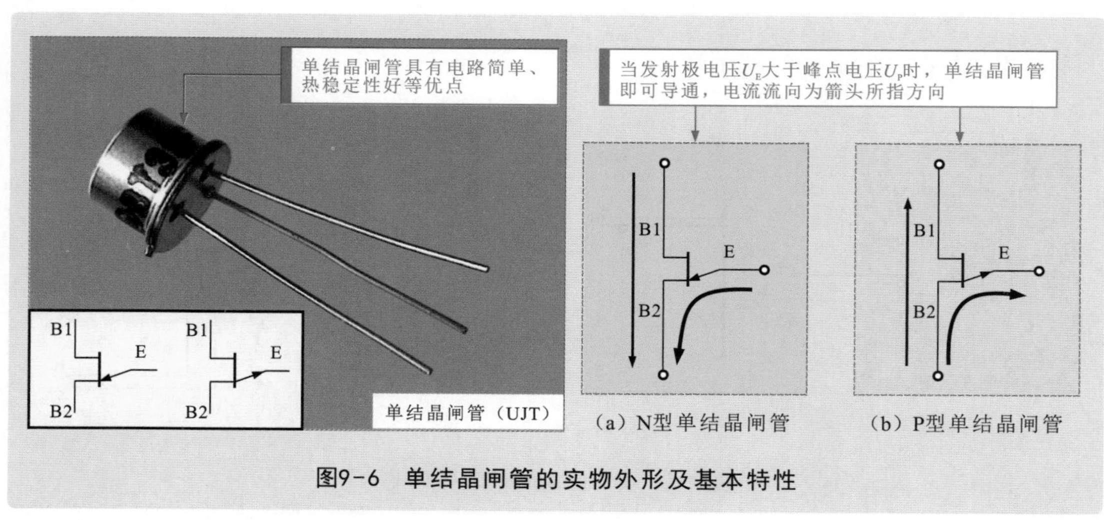
单结晶闸管具有电路简单、热稳定性好等优点
B1
E
B2
B1
E
B2
单结晶闸管（UJT）
当发射极电压U_E大于峰点电压U_P时，单结晶闸管即可导通，电流流向为箭头所指方向
B1
E
B2
B1
E
B2

（a）N型单结晶闸管　（b）P型单结晶闸管

图9-6　单结晶闸管的实物外形及基本特性

4 门极关断晶闸管

门极关断GTO（Gate Turn-Off Thyristor）晶闸管俗称门控晶闸管。

门极关断晶闸管的主要特点是当门极加负向触发信号时能自行关断，实物外形及基本特性如图9-7所示。

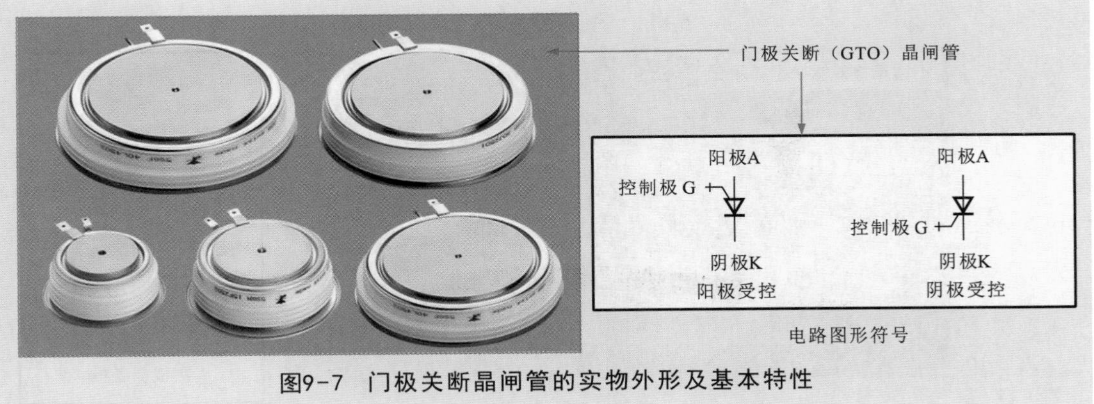
门极关断（GTO）晶闸管
阳极A
控制极G
阴极K
阳极受控
阳极A
控制极G
阴极K
阴极受控
电路图形符号

图9-7 门极关断晶闸管的实物外形及基本特性

补充说明

门极关断晶闸管与普通晶闸管的区别：普通晶闸管受门极正信号触发后，撤掉信号也能维持通态，欲使之关断，必须切断电源，使正向电流低于维持电流或施以反向电压强行关断。这就需要增加换向电路，不仅设备的体积、重量增大，而且会降低效率，产生波形失真和噪声。

门极关断晶闸管克服了普通晶闸管的上述缺陷，既保留了普通晶闸管的耐压高、电流大等优点，又具有自关断能力，使用方便，是理想的高压、大电流开关器件。大功率门极关断晶闸管已广泛用于斩波调速、变频调速、逆变电源等领域。

5 快速晶闸管

快速晶闸管是一个P-N-P-N共4层三端器件，符号与普通晶闸管一样，主要用于较高频率的整流、斩波、逆变和变频电路。图9-8为快速晶闸管的外形特点。

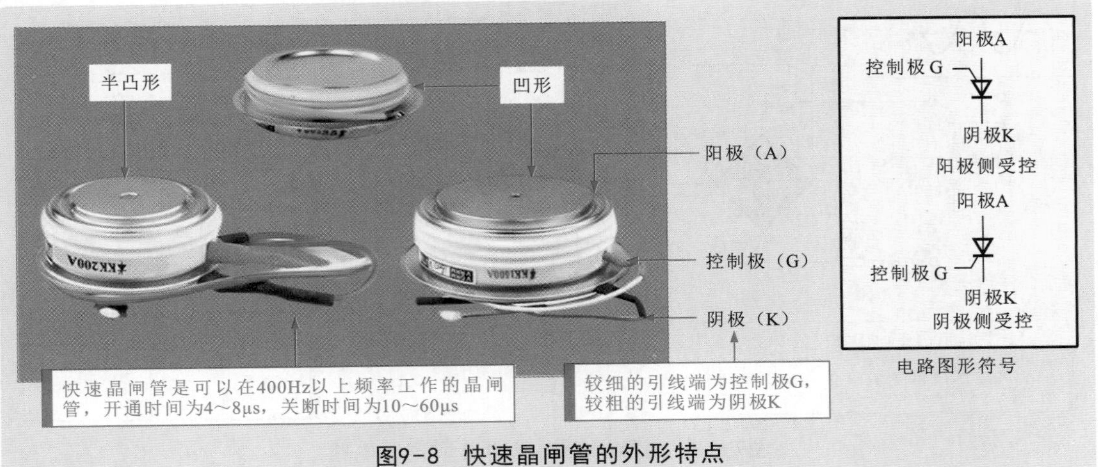
半凸形
凹形
阳极（A）
控制极（G）
阴极（K）
KK200A
快速晶闸管是可以在400Hz以上频率工作的晶闸管，开通时间为4～8μs，关断时间为10～60μs
较细的引线端为控制极G，较粗的引线端为阴极K
阳极A
控制极G
阴极K
阳极侧受控
阳极A
控制极G
阴极K
阴极侧受控
电路图形符号

图9-8 快速晶闸管的外形特点

6 螺栓型晶闸管

螺栓型晶闸管与普通单向晶闸管相同，只是封装形式不同，便于安装在散热片上，工作电流较大的晶闸管多采用这种结构形式。

图9-9为螺栓型晶闸管的外形特点。

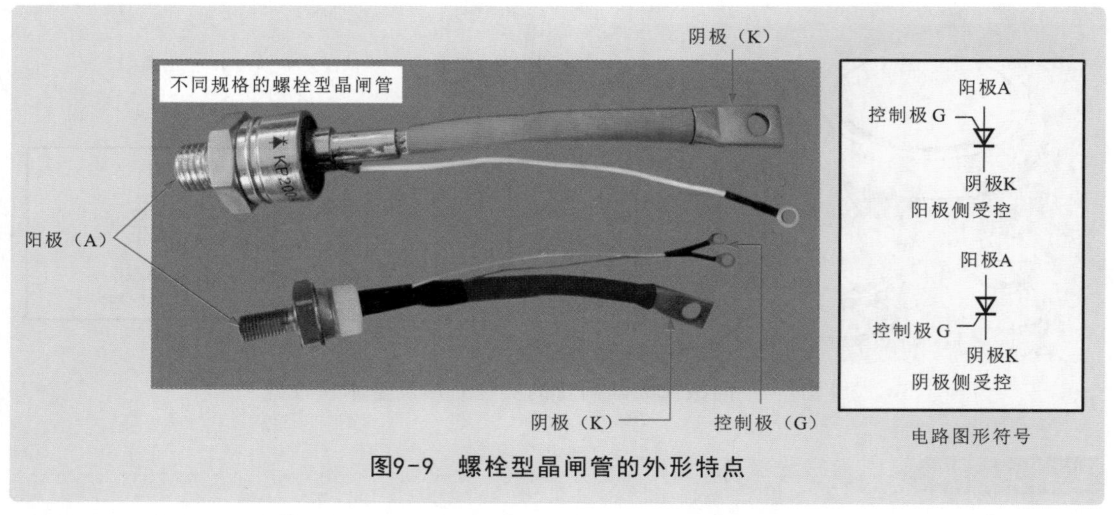
阴极（K）
不同规格的螺栓型晶闸管
阳极（A）
阴极（K）
控制极（G）
阳极A
控制极G
阴极K
阳极侧受控
阳极A
控制极G
阴极K
阴极侧受控
电路图形符号

图9-9 螺栓型晶闸管的外形特点

9.1.2 了解晶闸管功能

晶闸管是非常重要的功率器件，主要特点是通过小电流实现高电压、高电流的控制，在实际应用中主要作为可控整流器件和可控电子开关使用。

1 晶闸管作为可控整流器件使用

晶闸管可与整流器件构成调压电路，使整流电路的输出电压具有可调性。

图9-10为由晶闸管构成的典型调压电路。

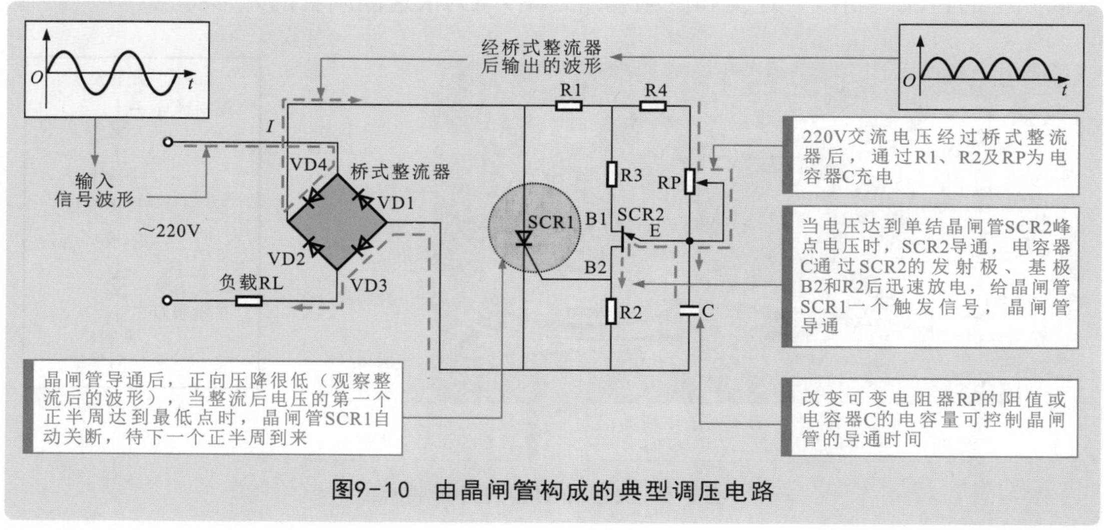
经桥式整流器后输出的波形
输入信号波形
~220V
桥式整流器
VD4
VD1
VD2
VD3
负载RL
R1
R4
R3
RP
SCR1
B1
SCR2
E
B2
R2
C
220V交流电压经过桥式整流器后，通过R1、R2及RP为电容器C充电
当电压达到单结晶闸管SCR2峰点电压时，SCR2导通，电容器C通过SCR2的发射极、基极B2和R2后迅速放电，给晶闸管SCR1一个触发信号，晶闸管导通
晶闸管导通后，正向压降很低（观察整流后的波形），当整流后电压的第一个正半周达到最低点时，晶闸管SCR1自动关断，待下一个正半周到来
改变可变电阻器RP的阻值或电容器C的电容量可控制晶闸管的导通时间

图9-10 由晶闸管构成的典型调压电路

2 晶闸管作为可控电子开关使用

图9-11为晶闸管作为可控电子开关在电路中的应用。在电路中由其自身的导通和截止控制电路的接通、断开。

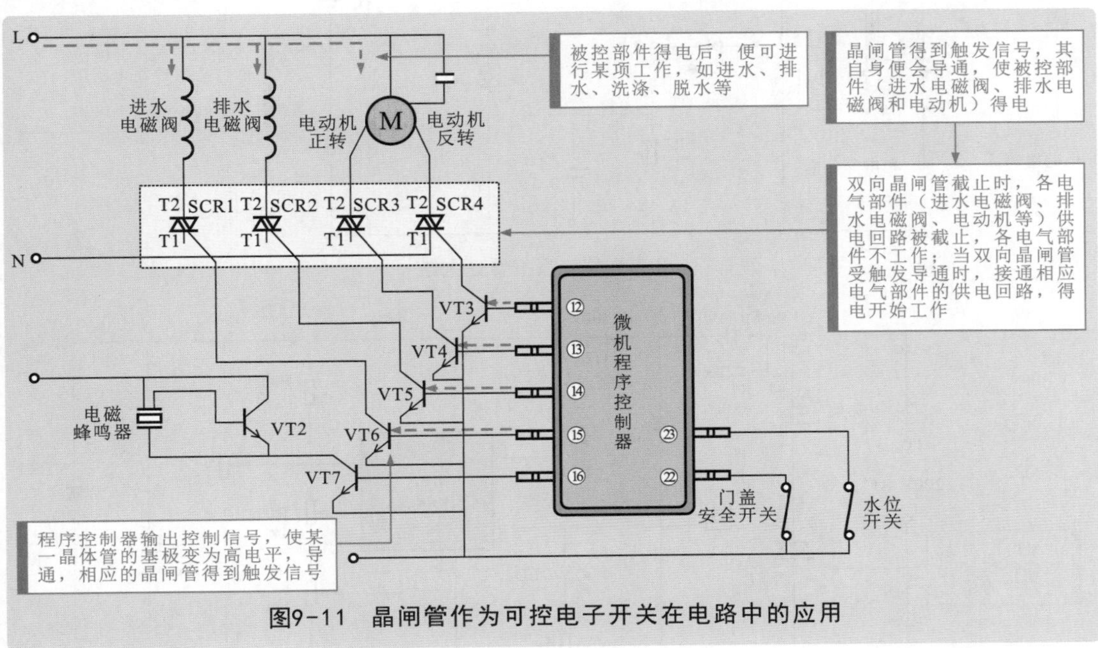
被控部件得电后，便可进行某项工作，如进水、排水、洗涤、脱水等
晶闸管得到触发信号，其自身便会导通，使被控部件（进水电磁阀、排水电磁阀和电动机）得电
双向晶闸管截止时，各电气部件（进水电磁阀、排水电磁阀、电动机等）供电回路被截止，各电气部件不工作；当双向晶闸管受触发导通时，接通相应电气部件的供电回路，得电开始工作
进水电磁阀
排水电磁阀
电动机正转
电动机反转
M
SCR1
SCR2
SCR3
SCR4
微机程序控制器
电磁蜂鸣器
VT2
VT3
VT4
VT5
VT6
VT7
门盖安全开关
水位开关
程序控制器输出控制信号，使某一晶体管的基极变为高电平，导通，相应的晶闸管得到触发信号

图9-11 晶闸管作为可控电子开关在电路中的应用

9.1.3 识读晶闸管参数

1 晶闸管电路标志

晶闸管在电路中的标志通常分为两部分：一部分是电路图形符号，表示晶闸管的类型；另一部分是字母+数字，表示该晶闸管在电路中的序号及型号。图9-12为电路中晶闸管的电路图形符号。

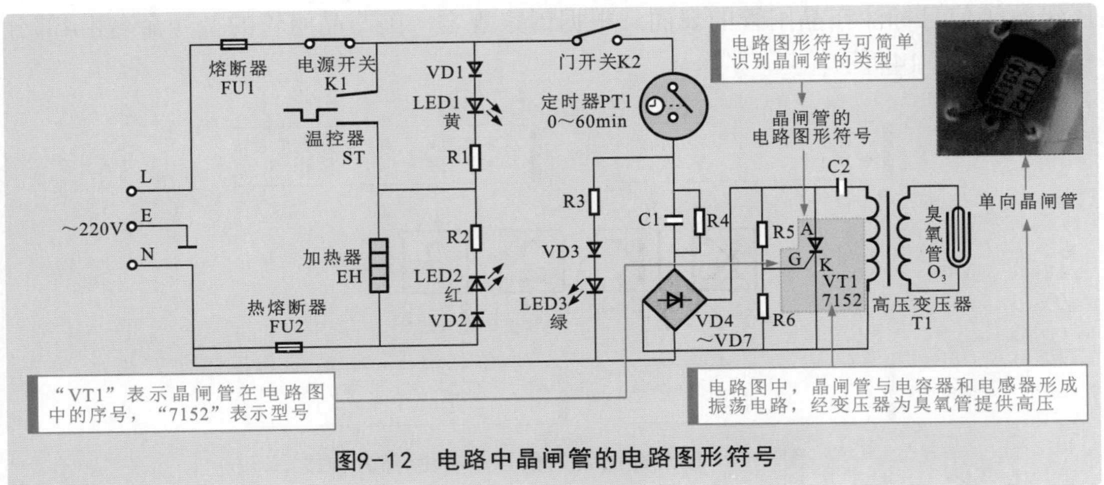
熔断器 FU1
电源开关 K1
温控器 ST
门开关K2
定时器PT1 0～60min
~220V
加热器 EH
热熔断器 FU2
LED1 黄
LED2 红
LED3 绿
VD4～VD7
电路图形符号可简单识别晶闸管的类型
晶闸管的电路图形符号
单向晶闸管
臭氧管 O3
高压变压器 T1
VT1 7152
"VT1"表示晶闸管在电路图中的序号，"7152"表示型号
电路图中，晶闸管与电容器和电感器形成振荡电路，经变压器为臭氧管提供高压

图9-12 电路中晶闸管的电路图形符号

图9-13为晶闸管电路标志的识读案例。

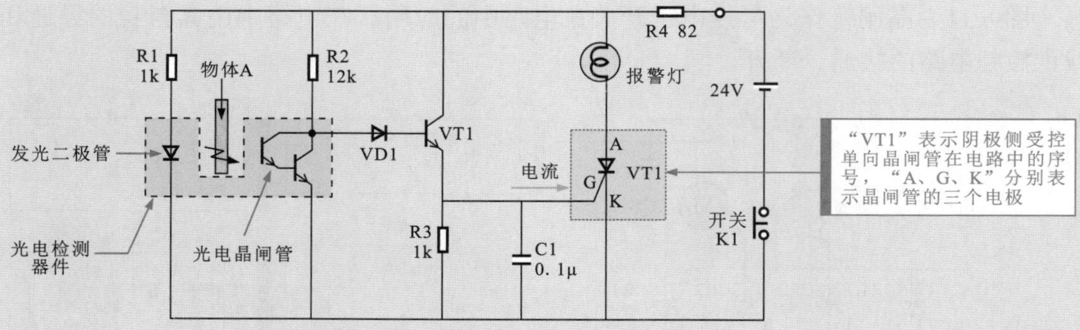

（a）光控防盗报警灯电路

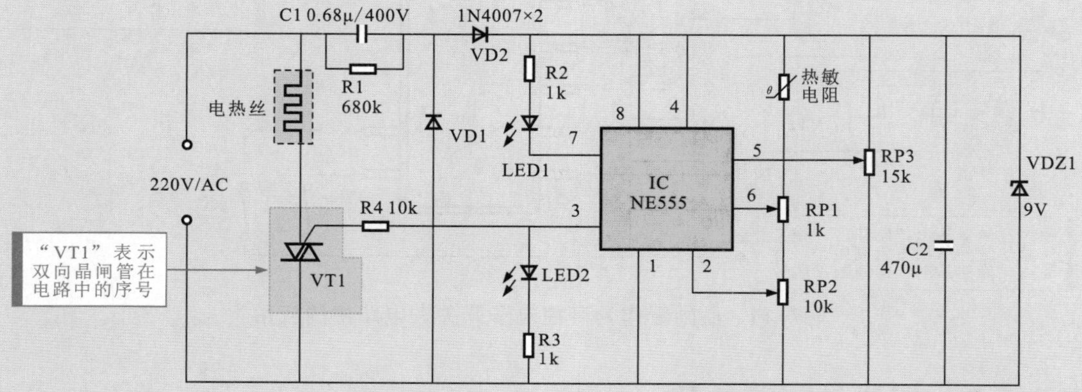

（b）电热毯温控电路

图9-13　晶闸管电路标志的识读案例

2 识读国产晶闸管参数标志

国产晶闸管的命名通常会将晶闸管的名称、类型、额定通态电流值及重复峰值电压级数等信息标注在晶闸管的表面。根据国家规定，国产晶闸管的型号命名由4部分构成，如图9-14所示。

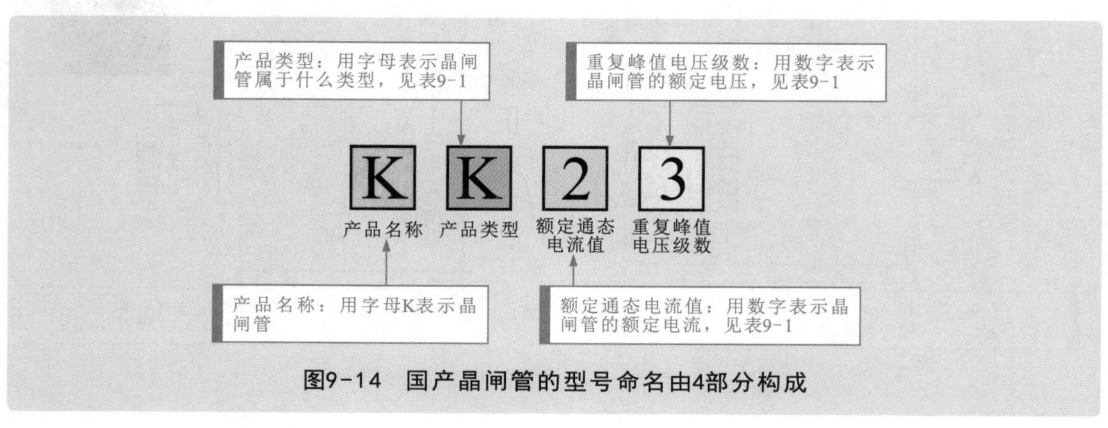
产品类型：用字母表示晶闸管属于什么类型，见表9-1
重复峰值电压级数：用数字表示晶闸管的额定电压，见表9-1
K
K
2
3
产品名称
产品类型
额定通态电流值
重复峰值电压级数
产品名称：用字母K表示晶闸管
额定通态电流值：用数字表示晶闸管的额定电流，见表9-1

图9-14　国产晶闸管的型号命名由4部分构成

3 识读日产晶闸管参数标志

日产晶闸管的型号命名由3部分构成，即将晶闸管的额定通态电流值、类型及重复峰值电压级数等信息标注在晶闸管的表面，如图9-15所示。

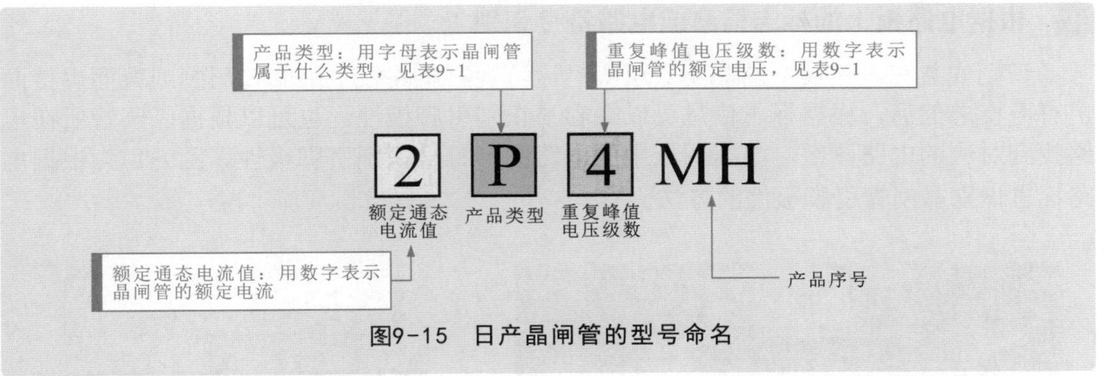

产品类型：用字母表示晶闸管属于什么类型，见表9-1
重复峰值电压级数：用数字表示晶闸管的额定电压，见表9-1
2
P
4
MH
额定通态电流值
产品类型
重复峰值电压级数
额定通态电流值：用数字表示晶闸管的额定电流
产品序号

图9-15 日产晶闸管的型号命名

晶闸管类型、额定通态电流、重复峰值电压级数的符号含义见表9-1。

表9-1 晶闸管类型、额定通态电流、重复峰值电压级数的符号含义

额定通态电流表示数字	含义	额定通态电流表示数字	含义	重复峰值电压级数	含义	重复峰值电压级数	含义	类型字母	含义
1	1A	50	50A	1	100V	7	700V	P	普通反向阻断型
2	2A	100	100A	2	200V	8	800V		
5	5A	200	200A	3	300V	9	900V	K	快速反向阻断型
10	10A	300	300A	4	400V	10	1000V	S	双向型
20	20A	400	400A	5	500V	12	1200V		
30	30A	500	500A	6	600V	14	1400V		

4 识读国际电子联合会晶闸管参数标志

国际电子联合会晶闸管分立器件的命名方式如图9-16所示。

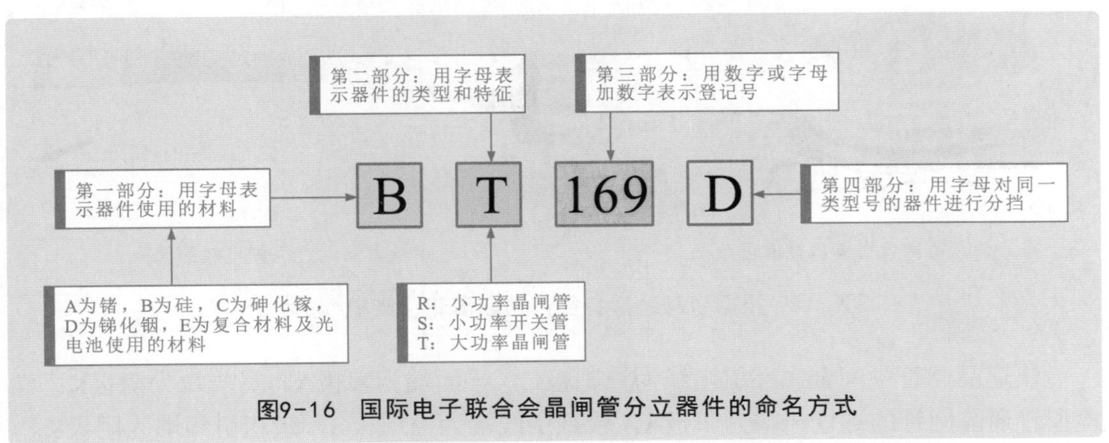

第二部分：用字母表示器件的类型和特征
第三部分：用数字或字母加数字表示登记号
第一部分：用字母表示器件使用的材料
B
T
169
D
第四部分：用字母对同一类型号的器件进行分挡
A为锗，B为硅，C为砷化镓，D为锑化铟，E为复合材料及光电池使用的材料
R：小功率晶闸管
S：小功率开关管
T：大功率晶闸管

图9-16 国际电子联合会晶闸管分立器件的命名方式

5 识别晶闸管的引脚极性

晶闸管的引脚排列位置根据品种、型号及功能的不同而不同，识别晶闸管的引脚极性在测试、安装、调试等各个应用场合都十分重要。

1 根据电路板上的标志信息或电路符号识别

识别安装在电路板上的晶闸管引脚时，可观察电路板上晶闸管周围或背面焊接面上有无标志信息，根据标志信息可以很容易识别引脚极性。也可以根据晶闸管所在电路找到对应的电路图纸，根据图纸中的电路图形符号识别引脚极性。图9-17为根据电路标志识别晶闸管引脚极性的方法。

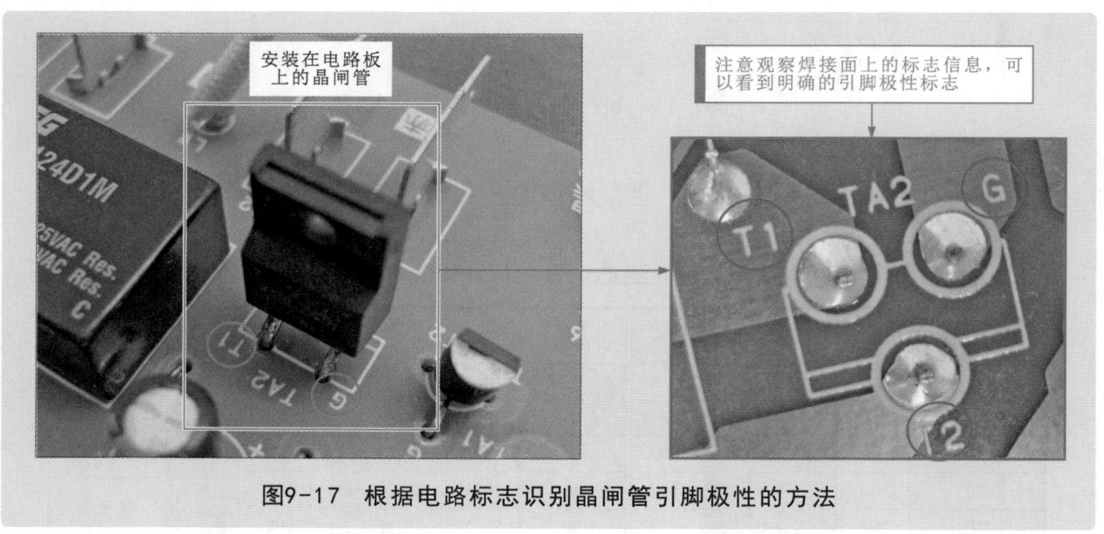
安装在电路板上的晶闸管
注意观察焊接面上的标志信息，可以看到明确的引脚极性标志
T1
TA2
G
T2

图9-17 根据电路标志识别晶闸管引脚极性的方法

2 根据一般排列规律识别

快速晶闸管和螺栓型晶闸管的引脚具有很明显的外形特征，可以根据引脚外形特征进行识别。图9-18为根据引脚外形特征识别晶闸管引脚极性的方法。

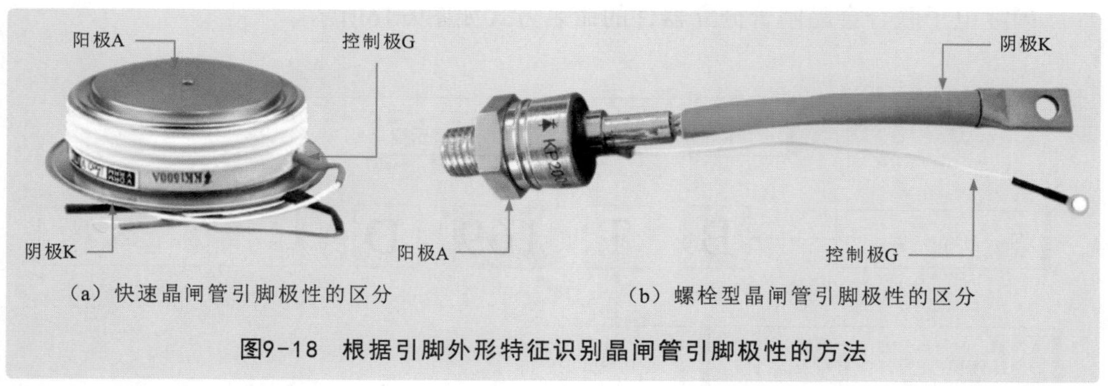
阳极A
控制极G
阴极K
阳极A
阴极K
控制极G

（a）快速晶闸管引脚极性的区分　（b）螺栓型晶闸管引脚极性的区分

图9-18 根据引脚外形特征识别晶闸管引脚极性的方法

快速晶闸管中间金属环引出线为控制极G，平面端为阳极A，另一端为阴极K；螺栓型普通晶闸管的螺栓一端为阳极A，较细引线端为控制极G，较粗引线端为阴极K。

3 根据型号标志查阅引脚功能

普通单向晶闸管、双向晶闸管等各引脚外形无明显的特征，目前主要根据其型号信息查阅相关资料进行识读，即首先识别出晶闸管的型号后，查阅半导体手册或在互联网上搜索该型号晶闸管的引脚功能。

图9-19为通过技术手册辨别晶闸管引脚极性的方法。

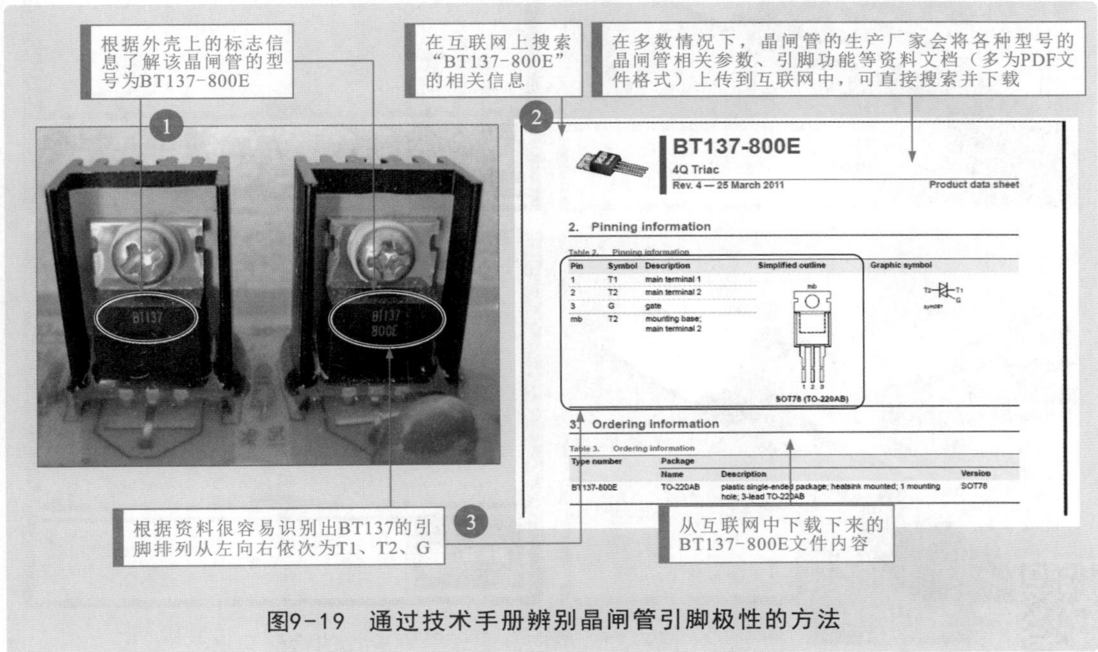
根据外壳上的标志信息了解该晶闸管的型号为BT137-800E
在互联网上搜索"BT137-800E"的相关信息
在多数情况下，晶闸管的生产厂家会将各种型号的晶闸管相关参数、引脚功能等资料文档（多为PDF文件格式）上传到互联网中，可直接搜索并下载
1
2
BT137-800E
4Q Triac
Rev. 4 — 25 March 2011
Product data sheet
2. Pinning information
Pin | Symbol | Description | Simplified outline | Graphic symbol
1 | T1 | main terminal 1
2 | T2 | main terminal 2
3 | G | gate
mb | T2 | mounting base; main terminal 2
SOT78 (TO-220AB)
3. Ordering information
Type number | Package | Name | Description | Version
BT137-800E | TO-220AB | plastic single-ended package; heatsink mounted; 1 mounting hole; 3-lead TO-220AB | SOT78
根据资料很容易识别出BT137的引脚排列从左向右依次为T1、T2、G
3
从互联网中下载下来的BT137-800E文件内容

图9-19 通过技术手册辨别晶闸管引脚极性的方法

9.2 检测晶闸管

9.2.1 检测判别单向晶闸管引脚极性

识别单向晶闸管引脚极性时，除了根据标志信息和数据资料外，对于一些未知引脚的晶闸管，可以使用万用表的欧姆挡（电阻挡）进行简单判别。图9-20为检测判别单向晶闸管引脚极性的操作指导。

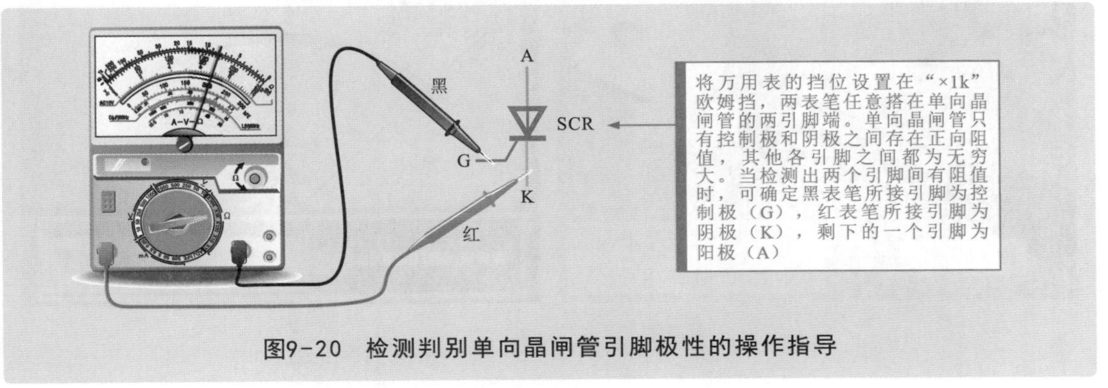
黑
红
A
G
K
SCR
将万用表的挡位设置在"×1k"欧姆挡，两表笔任意搭在单向晶闸管的两引脚端。单向晶闸管只有控制极和阴极之间存在正向阻值，其他各引脚之间都为无穷大。当检测出两个引脚间有阻值时，可确定黑表笔所接引脚为控制极（G），红表笔所接引脚为阴极（K），剩下的一个引脚为阳极（A）

图9-20 检测判别单向晶闸管引脚极性的操作指导

图9-21为单向晶闸管引脚极性的检测案例。

引脚未知的单向晶闸管

1 将万用表的黑表笔搭在单向晶闸管的中间引脚上，红表笔搭在单向晶闸管的左侧引脚上

2 万用表实测阻值为无穷大

引脚未知的单向晶闸管

测得阻值为8kΩ

3 将万用表的黑表笔搭在单向晶闸管的右侧引脚上，红表笔不动

4 万用表实测阻值为8kΩ，可确定黑表笔所接引脚为控制极G，红表笔所接引脚为阴极K，剩下的一个引脚为阳极A

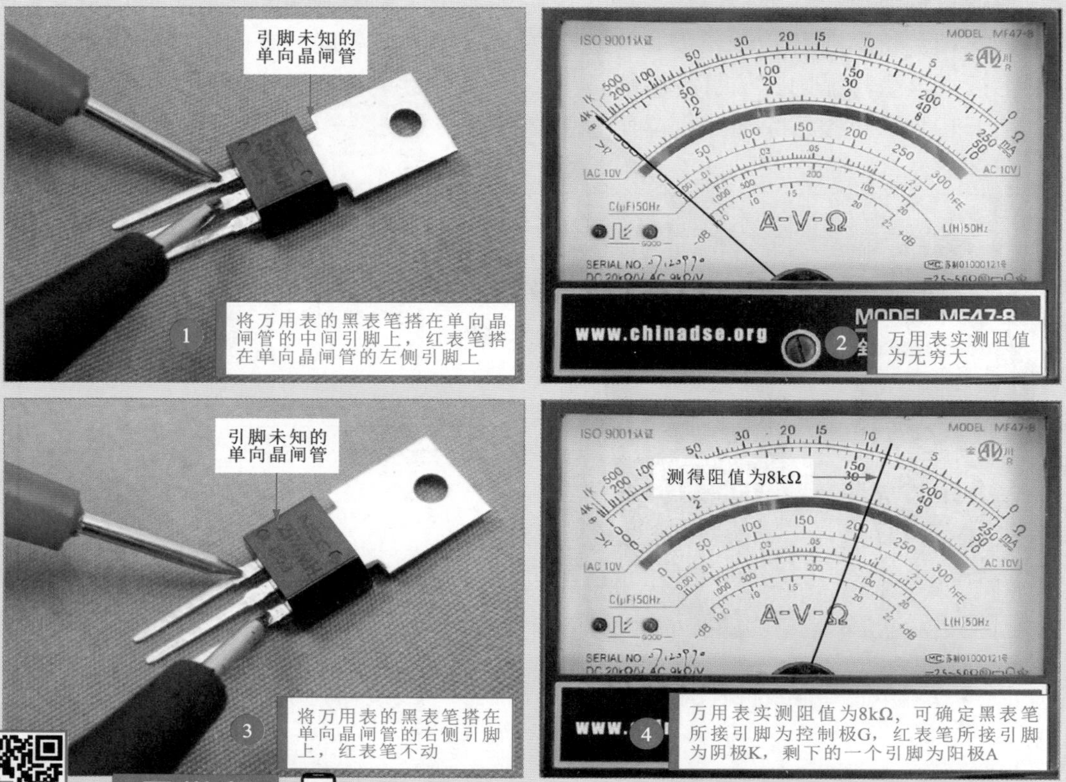

图说帮 微视频讲解“单向晶闸管引脚极性的判别”

图9-21　单向晶闸管引脚极性的检测案例

9.2.2 检测单向晶闸管触发能力

单向晶闸管作为一种可控整流器件，一般不直接用万用表检测好坏，但可借助万用表检测单向晶闸管的触发能力。图9-22为检测单向晶闸管触发能力的操作演示。

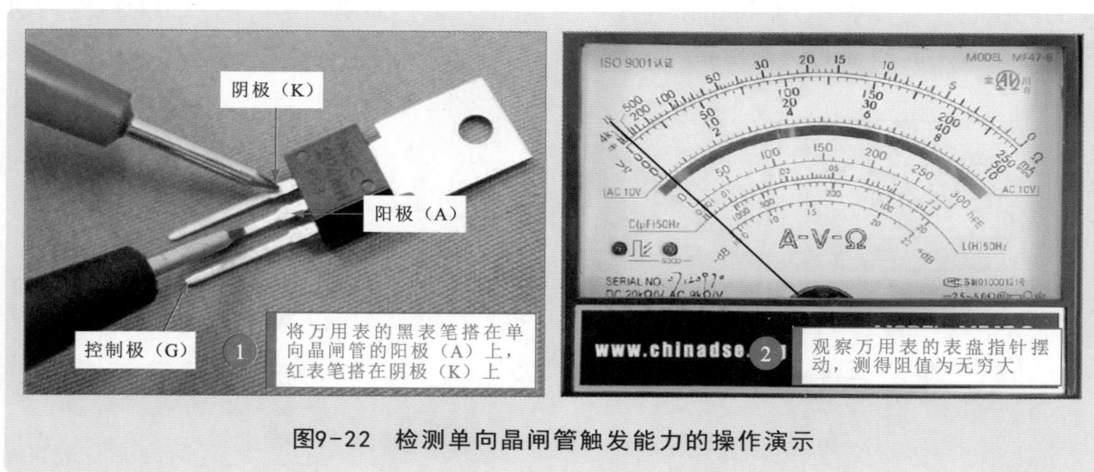
阴极（K）
阳极（A）
控制极（G）
1 将万用表的黑表笔搭在单向晶闸管的阳极（A）上，红表笔搭在阴极（K）上
2 观察万用表的表盘指针摆动，测得阻值为无穷大

图9-22　检测单向晶闸管触发能力的操作演示

第1章 第2章 第3章 第4章 第5章 第6章 第7章 第8章 第9章 第10章 第11章 第12章 第13章 第14章

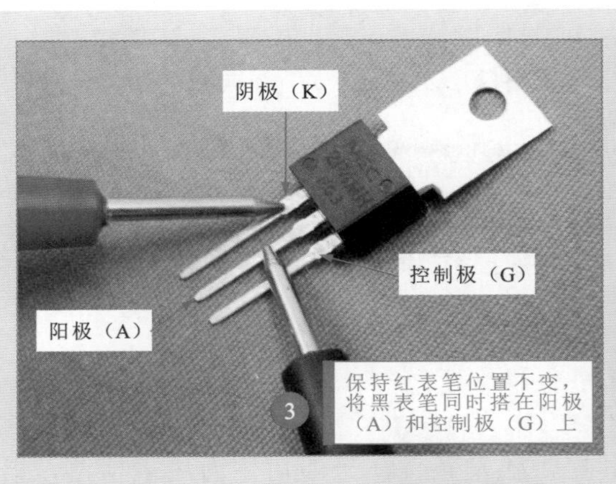

阴极（K）
控制极（G）
阳极（A）
3
保持红表笔位置不变，将黑表笔同时搭在阳极（A）和控制极（G）上

4
万用表的指针向右侧大范围摆动，表明晶闸管已经导通
MODEL MF47-8
全保护·遥控器检测

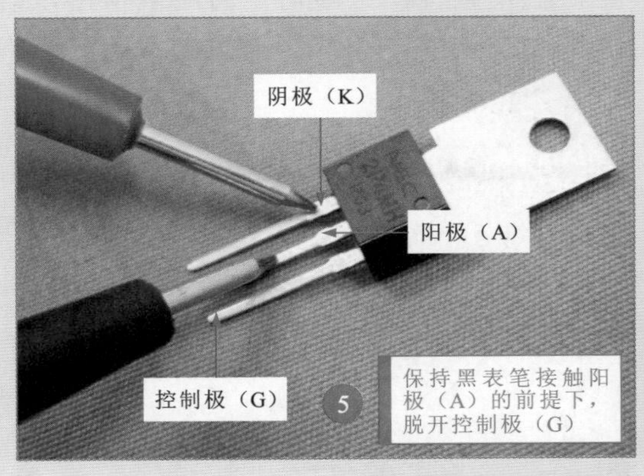

阴极（K）
阳极（A）
控制极（G）
5
保持黑表笔接触阳极（A）的前提下，脱开控制极（G）

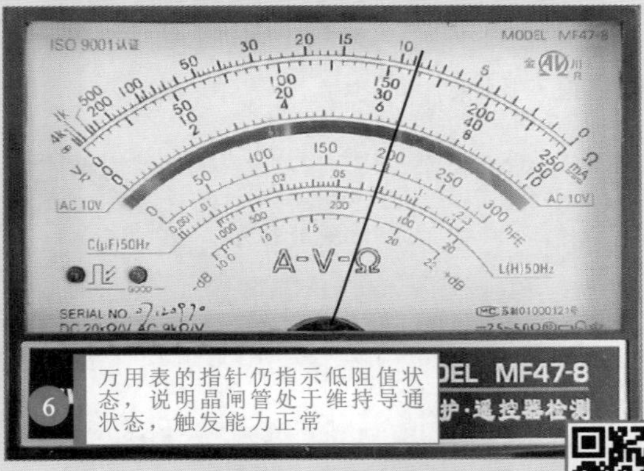

6
万用表的指针仍指示低阻值状态，说明晶闸管处于维持导通状态，触发能力正常

图9-22 检测单向晶闸管触发能力的操作演示（续）

图说帮
微视频讲解“单向晶闸管触发能力的检测”

上述检测方法由指针万用表内电池产生的电流维持单向晶闸管的导通状态，但有些大电流单相晶闸管需要较大的电流才能维持导通状态，因此黑表笔脱离控制极（G）后，单相晶闸管不能维持导通状态是正常的。在这种情况下需要搭建电路进行检测。图9-23为使用指针万用表检测单向晶闸管在电路中的触发能力。

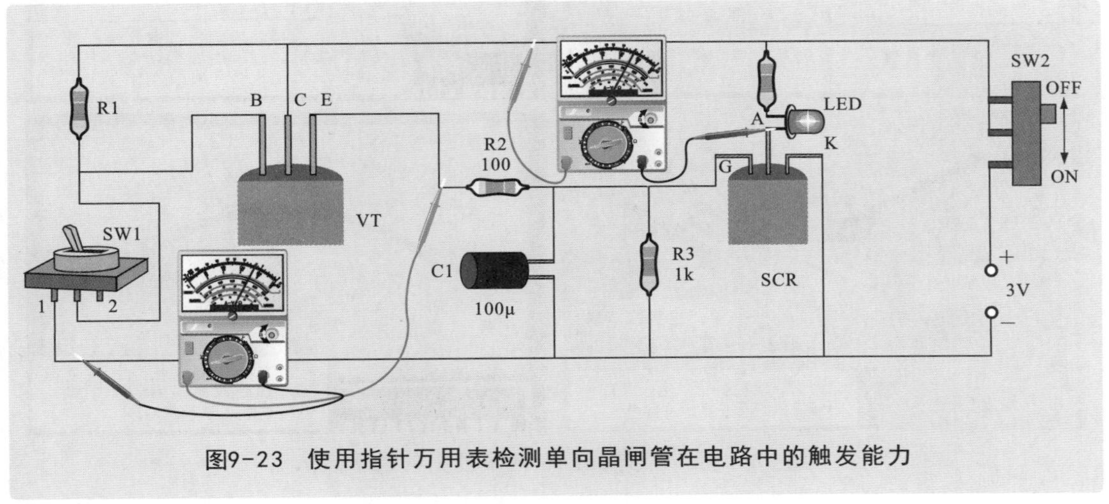

R1
B C E
VT
SW1
1 2
R2
100
C1
100μ
R3
1k
A
LED
K
G
SCR
SW2
OFF
ON
+
3V
−

图9-23 使用指针万用表检测单向晶闸管在电路中的触发能力

补充说明

（1）将SW2置于ON，SW1置于2端，三极管VT导通，发射极（e）电压为3V，单向晶闸管SCR导通，阳极（A）与电源端电压为3V，LED发光。

（2）保持上述状态，将SW1置于1端，三极管VT截止，发射极（e）电压为0V，单向晶闸管SCR仍维持导通，阳极（A）与电源端电压为3V，LED发光。

（3）保持上述状态，将SW2置于OFF，电路断开，LED熄灭。

（4）再将SW2置于ON，电路处于等待状态，又可以重复上述工作状态。

这种情况表明，电路中单向晶闸管工作正常。

9.2.3 检测双向晶闸管触发能力

检测双向晶闸管的触发能力时需要为其提供触发条件，一般可用万用表检测，既可作为检测仪表，又可利用内电压为晶闸管提供触发条件。图9-24为检测双向晶闸管触发能力的操作演示。

第一电极T1
第二电极T2

1 将万用表的黑表笔搭在双向晶闸管的第二电极（T2）上，红表笔搭在第一电极（T1）上

2 观察万用表的表盘指针位置，实测得的阻值为无穷大

第一电极T1
控制极G
第二电极T2
用表笔短接G和T2

3 保持红表笔位置不动，将黑表笔同时搭在第二电极（T2）和控制极（G）上

4 万用表的指针向右侧大范围摆动（若将表笔调换后，则万用表指针也向右侧大范围摆动），表明双向晶闸管已经导通

第一电极T1
控制极G
第二电极T2

5 保持黑表笔接触第二电极（T2）的前提下脱开控制极（G）

6 万用表的指针仍指示低阻值状态，说明双向晶闸管处于维持导通状态，触发能力正常

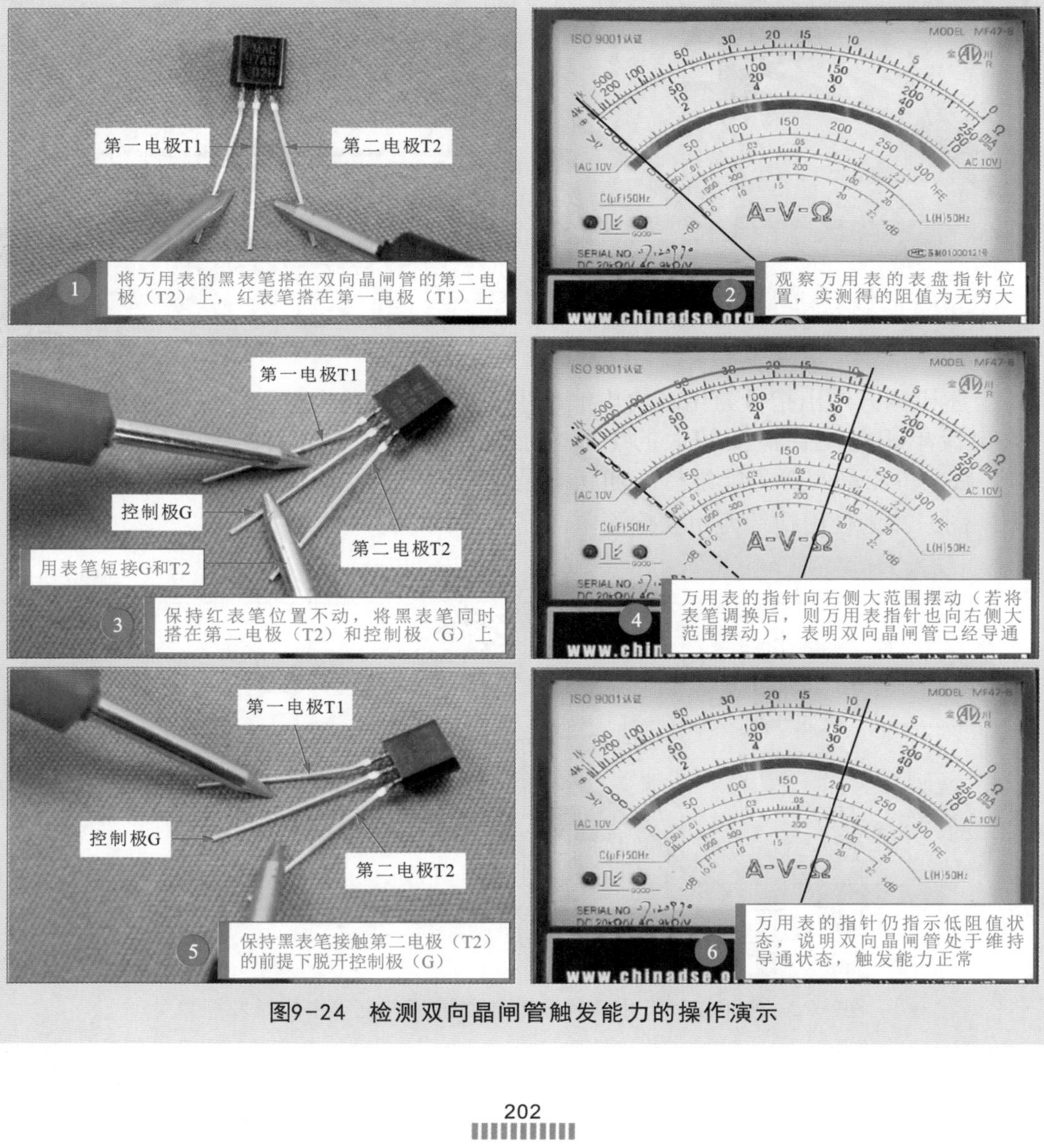

图9-24 检测双向晶闸管触发能力的操作演示

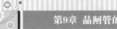

上述检测方法由万用表内电池产生的电流维持双向晶闸管的导通状态，有些大电流双向晶闸管需要较大的电流才能维持导通状态，黑表笔脱离控制极（G）后，双向晶闸管不能维持导通状态是正常的。在这种情况下需要借助电路进行检测。

图9-25为在路检测双向晶闸管的触发能力的方法。

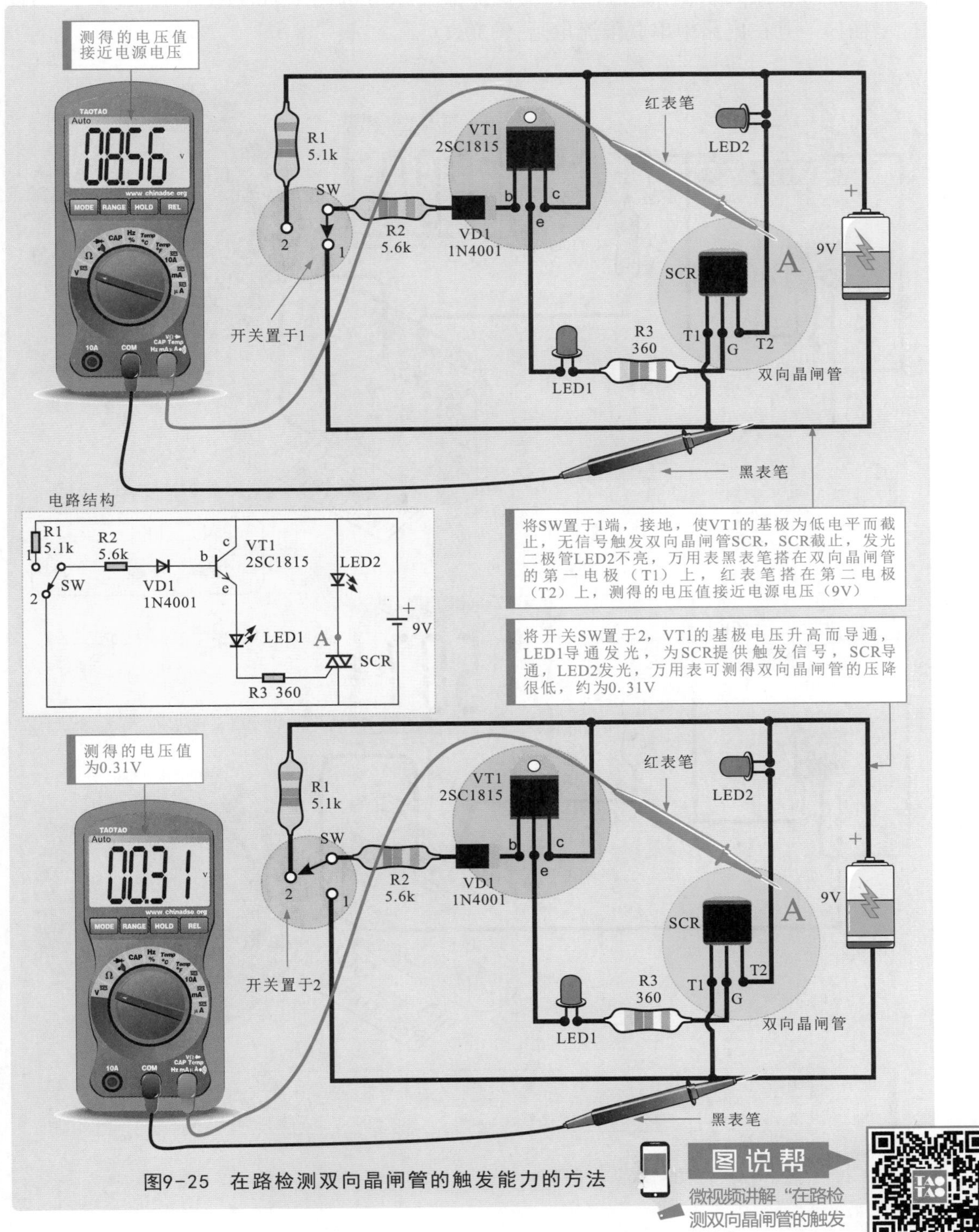
测得的电压值接近电源电压
08.56
R1
5.1k
SW
2
1
R2
5.6k
VD1
1N4001
VT1
2SC1815
b
c
e
红表笔
LED2
9V
SCR
A
T1
G
T2
R3
360
LED1
双向晶闸管
开关置于1
黑表笔
电路结构
将SW置于1端，接地，使VT1的基极为低电平而截止，无信号触发双向晶闸管SCR，SCR截止，发光二极管LED2不亮，万用表黑表笔搭在双向晶闸管的第一电极（T1）上，红表笔搭在第二电极（T2）上，测得的电压值接近电源电压（9V）
将开关SW置于2，VT1的基极电压升高而导通，LED1导通发光，为SCR提供触发信号，SCR导通，LED2发光，万用表可测得双向晶闸管的压降很低，约为0.31V
测得的电压值为0.31V
00.31
开关置于2
图说帮
微视频讲解“在路检测双向晶闸管的触发能力”

图9-25 在路检测双向晶闸管的触发能力的方法

9.2.4 检测双向晶闸管正、反向导通特性

除了使用指针万用表对双向晶闸管的触发能力进行检测外，还可以使用安装有附加测试器的数字万用表对双向晶闸管的正、反向导通特性进行检测。如图9-26所示，将双向晶闸管接到数字万用表附加测试器的三极管检测接口（NPN管）上，只插接E、C插口，并在电路中串联限流电阻（330Ω）。

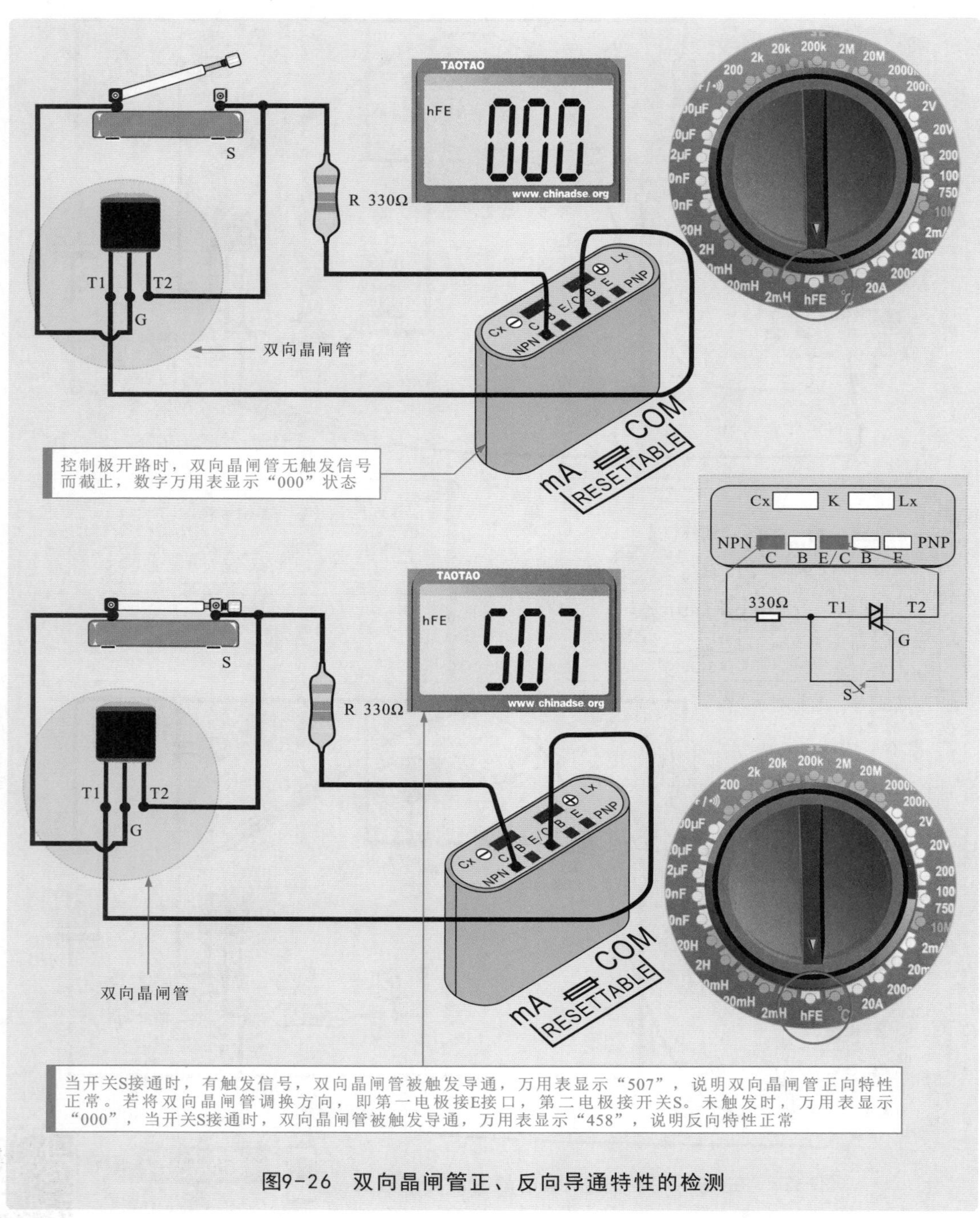
S
R 330Ω
T1
T2
G
双向晶闸管
hFE
000
控制极开路时，双向晶闸管无触发信号而截止，数字万用表显示“000”状态
507
双向晶闸管
Cx K Lx
NPN C B E/C B E PNP
330Ω
S
当开关S接通时，有触发信号，双向晶闸管被触发导通，万用表显示“507”，说明双向晶闸管正向特性正常。若将双向晶闸管调换方向，即第一电极接E接口，第二电极接开关S。未触发时，万用表显示“000”，当开关S接通时，双向晶闸管被触发导通，万用表显示“458”，说明反向特性正常

图9-26 双向晶闸管正、反向导通特性的检测

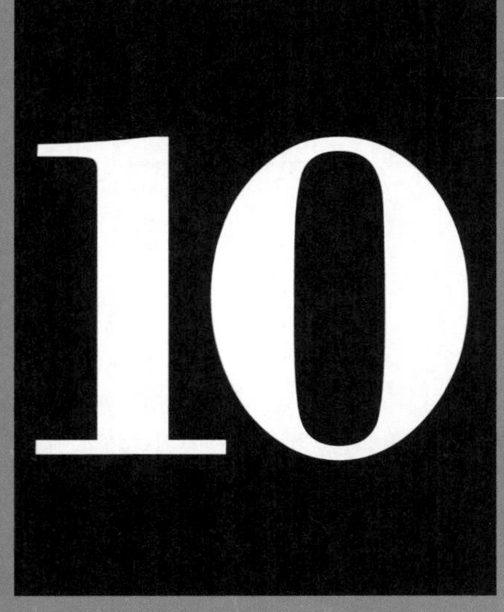

本章系统介绍常用集成电路的功能特点、检测及应用技能。

● 认识集成电路
◇ 辨别集成电路类型
◇ 了解集成电路功能
◇ 识读集成电路参数标志

● 检测集成电路
◇ 检测三端稳压器
◇ 检测运算放大器
◇ 检测音频功率放大器
◇ 检测微处理器

第10章 集成电路的功能特点与检测应用

10.1 认识集成电路

10.1.1 辨别集成电路类型

集成电路是利用半导体工艺将电阻器、电容器、晶体管及连线制作在很小的半导体材料或绝缘基板上，形成一个完整的电路，并封装在特制的外壳中，具有体积小、重量轻、电路稳定、集成度高等特点，在电子产品中应用十分广泛。

图10-1为集成电路的结构特点。

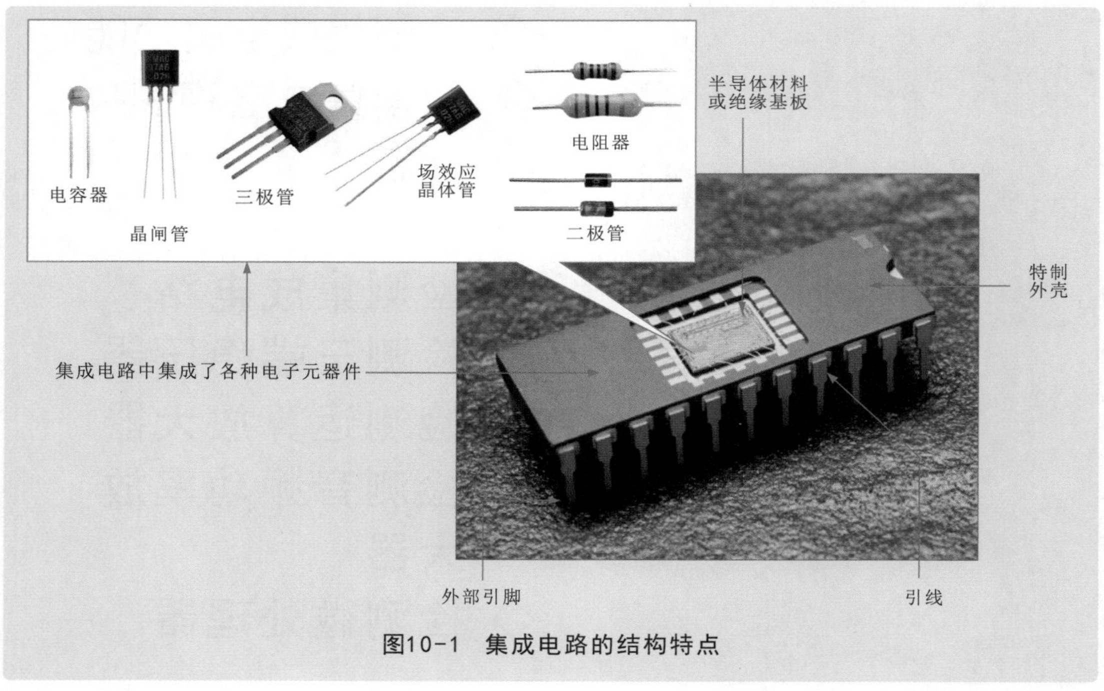

电容器
晶闸管
三极管
场效应晶体管
电阻器
二极管
半导体材料或绝缘基板
特制外壳
集成电路中集成了各种电子元器件
外部引脚
引线

图10-1 集成电路的结构特点

集成电路的种类繁多，根据外形和封装形式的不同主要可分为金属壳封装（CAN）集成电路、单列直插式封装（SIP）集成电路、双列直插式封装（DIP）集成电路、扁平封装（PFP、QFP）集成电路、插针网格阵列封装（PGA）集成电路、球栅阵列封装（BGA）集成电路、无引线塑料封装（PLCC）集成电路、芯片缩放式封装（CSP）集成电路、多芯片模块封装（MCM）集成电路等。

1 金属壳封装（CAN）集成电路

图10-2为典型的金属壳封装（CAN）集成电路。金属壳封装（CAN）集成电路一般为金属圆帽形，功能较为单一，引脚数较少。

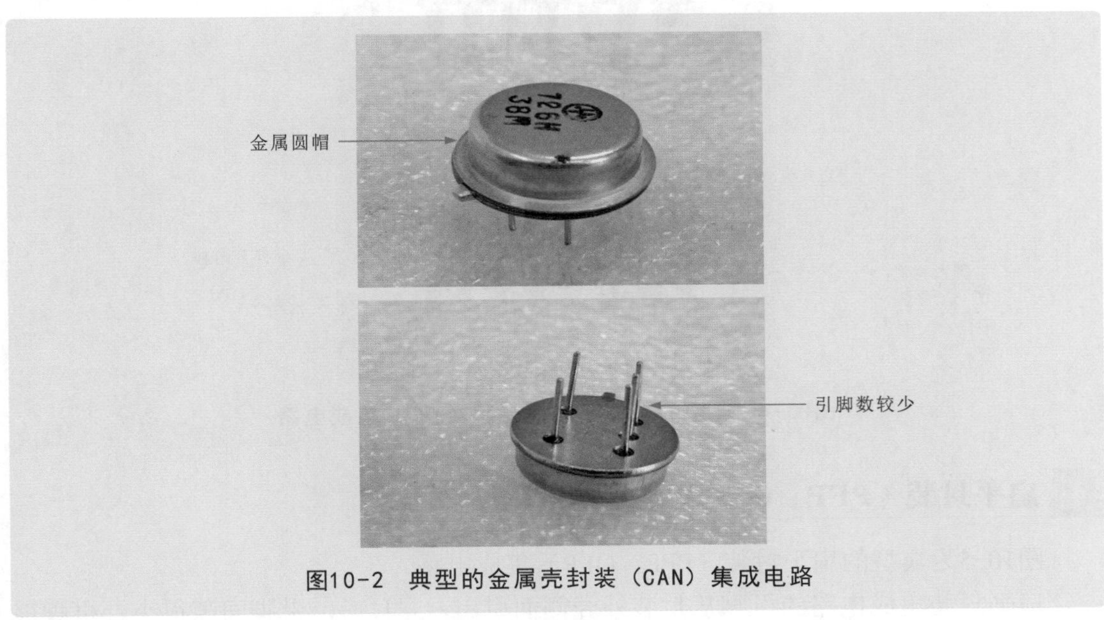
金属圆帽
引脚数较少

图10-2 典型的金属壳封装（CAN）集成电路

2 单列直插式封装（SIP）集成电路

图10-3为典型的单列直插式封装（SIP）集成电路。单列直插式封装集成电路的引脚只有一列，内部电路比较简单，引脚数较少，小型集成电路多采用这种封装形式。

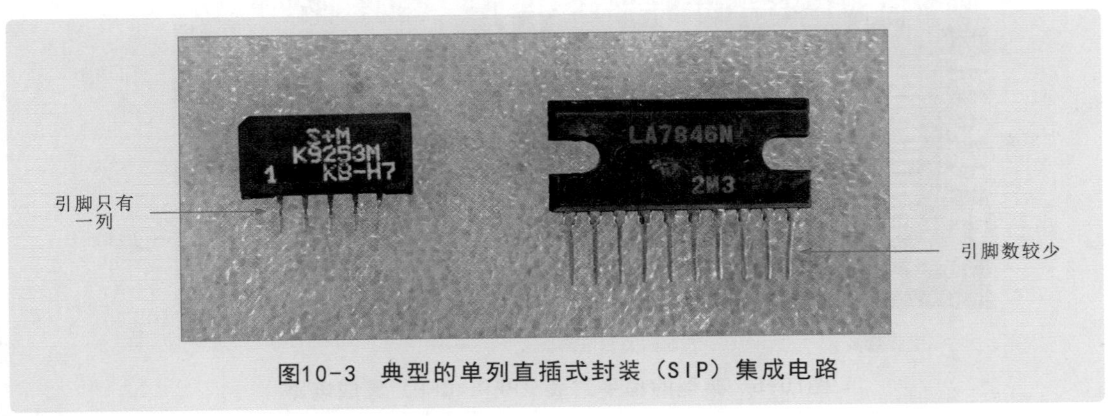
S+M
K9253M
KB-H7
1
LA7846N
2M3
引脚只有一列
引脚数较少

图10-3 典型的单列直插式封装（SIP）集成电路

3 双列直插式封装（DIP）集成电路

图10-4为典型的双列直插式封装（DIP）集成电路。双列直插式封装集成电路的引脚有两列，且多为长方形结构。大多数中小规模的集成电路均采用这种封装形式，引脚数一般不超过100个。

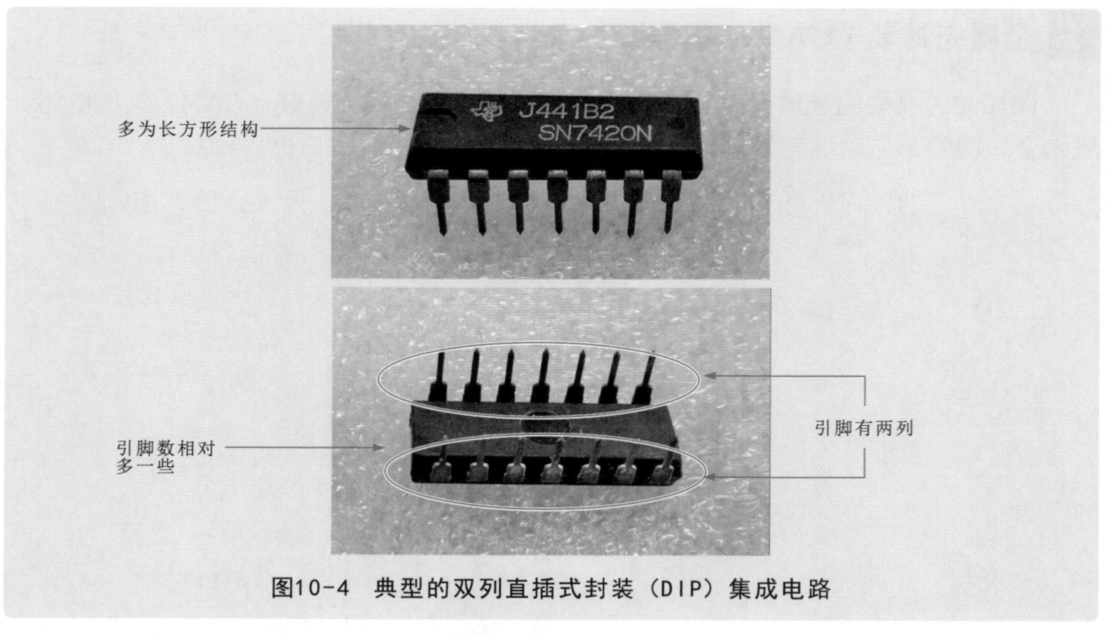
多为长方形结构
J441B2
SN7420N
引脚有两列
引脚数相对多一些
图10-4　典型的双列直插式封装（DIP）集成电路

4 扁平封装（PFP、QFP）集成电路

图10-5为典型的扁平封装（PFP、QFP）集成电路。

扁平封装集成电路的引脚从封装外壳侧面引出，呈L形，引脚间隙很小，引脚很细，一般大规模或超大型集成电路都采用这种封装形式，引脚数一般在100个以上，主要采用表面安装技术安装在电路板上。

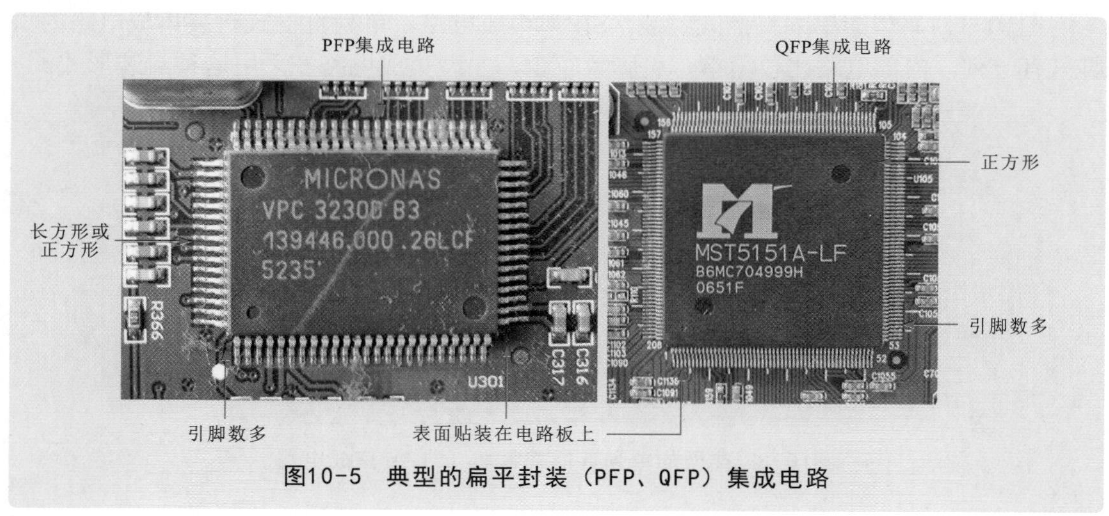
PFP集成电路
QFP集成电路
MICRONAS
VPC 3230D B3
139446.000.26LCF
5235
MST5151A-LF
B6MC704999H
0651F
长方形或正方形
正方形
引脚数多
引脚数多
表面贴装在电路板上
图10-5　典型的扁平封装（PFP、QFP）集成电路

5 插针网格阵列封装（PGA）集成电路

图10-6为典型的插针网格阵列封装（PGA）集成电路。插针网格阵列封装（PGA）集成电路在芯片外有多个方阵形插针，每个方阵形插针沿芯片四周间隔一定的距离排列，根据引脚数目的多少可以围成2～5圈，多应用在高智能化数字产品中。

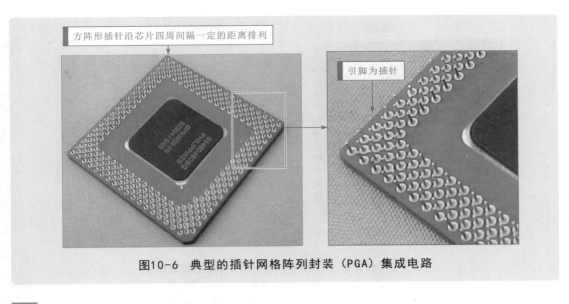

方阵形插针沿芯片四周间隔一定的距离排列

引脚为插针

图10-6 典型的插针网格阵列封装（PGA）集成电路

6 球栅阵列封装（BGA）集成电路

图10-7为典型的球栅阵列封装（BGA）集成电路。球栅阵列封装集成电路的引脚为球形端子，而不是针脚引脚，引脚数一般大于208个，采用表面贴装焊装技术，广泛应用在小型数码产品中，如新型手机的信号处理集成电路、主板上的南/北桥芯片、CPU等。

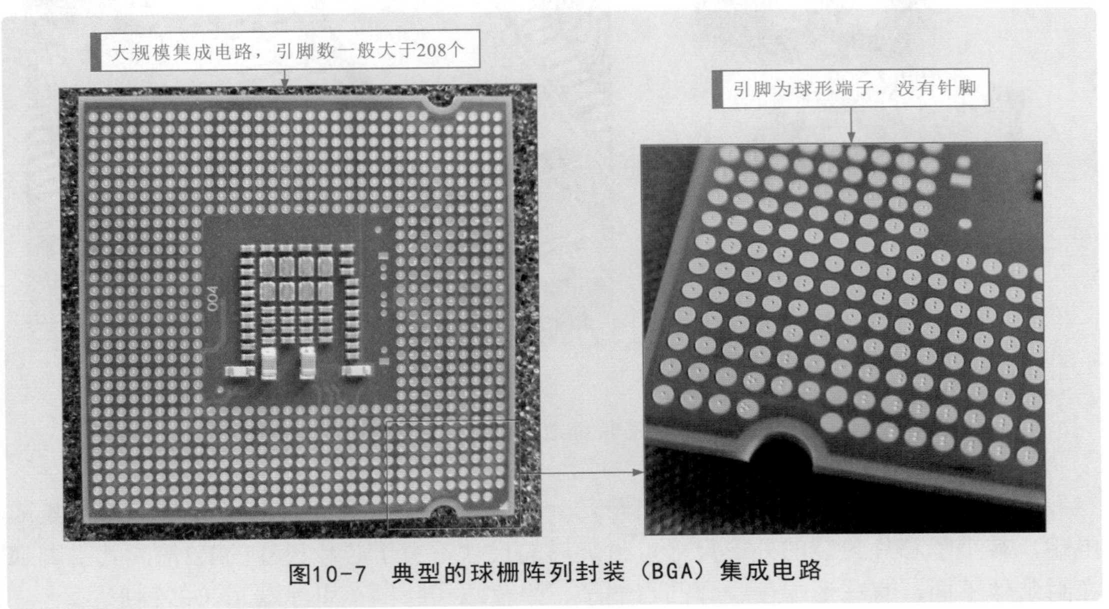
大规模集成电路，引脚数一般大于208个
引脚为球形端子，没有针脚

图10-7 典型的球栅阵列封装（BGA）集成电路

7 无引线塑料封装（PLCC）集成电路

图10-8为典型的无引线塑料封装（PLCC）集成电路。PLCC集成电路是在基板的四个侧面都设有电极焊盘，无引脚表面贴装型封装。

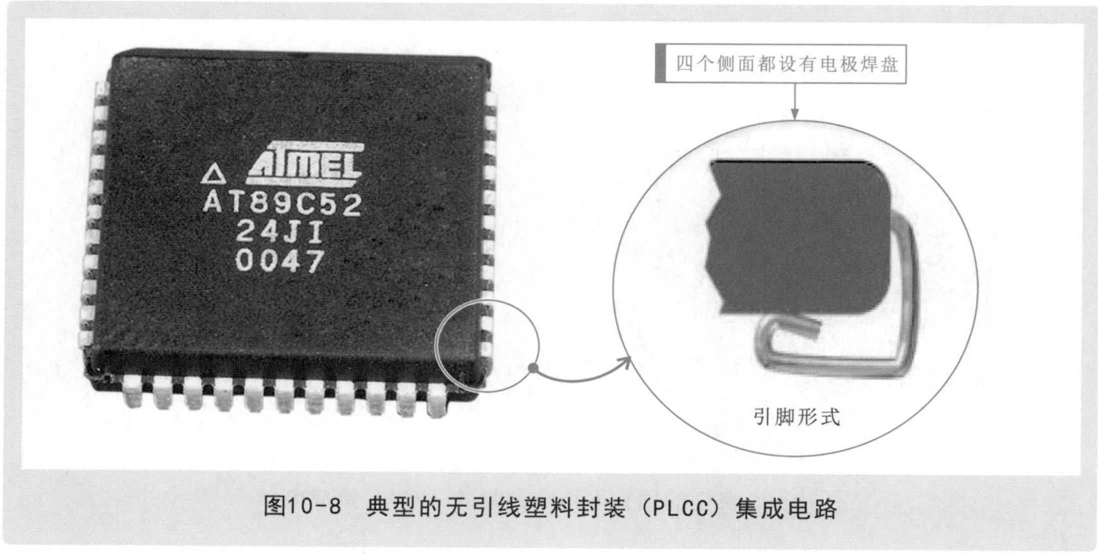
AT89C52
24JI
0047
四个侧面都设有电极焊盘
引脚形式
图10-8　典型的无引线塑料封装（PLCC）集成电路

8　芯片缩放式封装（CSP）集成电路

图10-9为典型的芯片缩放式封装（CSP）集成电路。

CSP超低压差
稳压器
SOT886
集成电路尺寸较小，边长不大于内部芯片的1.2倍
内存条上的CSP芯片
图10-9　典型的芯片缩放式封装（CSP）集成电路

芯片缩放式封装（CSP）集成电路是一种采用超小型表面贴装型封装形式的集成电路，减小了芯片封装的外形尺寸，封装后的尺寸不大于芯片尺寸的1.2倍。其引脚都在封装体下面，有球形端子、焊凸点端子、焊盘端子、框架引线端子等多种形式。

9　多芯片模块封装（MCM）集成电路

图10-10为典型的多芯片模块封装（MCM）集成电路。多芯片模块封装（MCM）集成电路是将多个高集成度、高性能、高可靠性的芯片封装在高密度多层互连基板上。

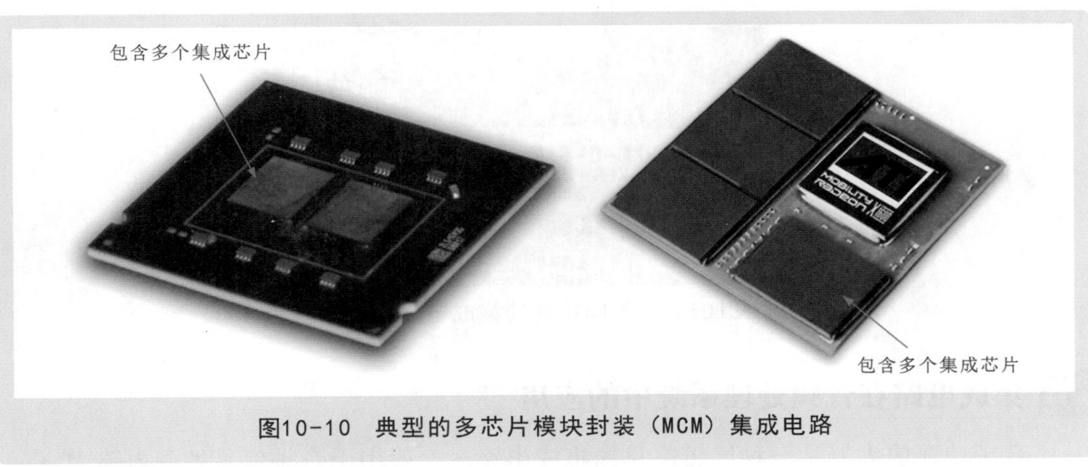
包含多个集成芯片
包含多个集成芯片

图10-10 典型的多芯片模块封装（MCM）集成电路

10.1.2 了解集成电路功能

集成电路是利用半导体工艺将电阻器、电容器、电感器、晶体管以及连线制作在很小的半导体材料或绝缘基板上，形成一个完整的电路，并封装在特制的外壳之中。它具有体积小、重量轻、电路稳定、集成度高等特点。

由于集成电路是由多种元器件组合而成的，不仅大大提高了集成度，降低了成本，而且进一步扩展了功能，使整个电子产品的电路得到了大大的简化。在电路中，集成电路在控制系统、驱动放大系统、信号处理系统、开关电源中的应用非常广泛。图10-11为不同功能的集成电路。在实际应用中，集成电路多以功能命名，如常见的三端稳压器、运算放大器、音频功率放大器、视频解码器、微处理器等。

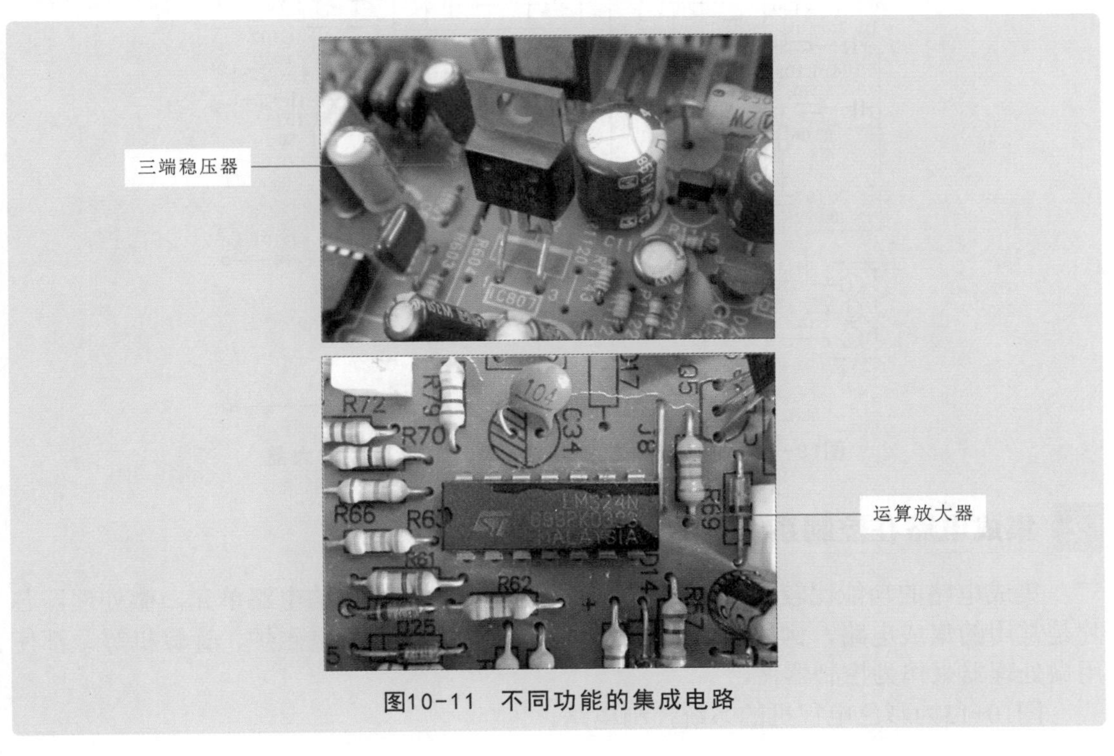
三端稳压器
运算放大器

图10-11 不同功能的集成电路

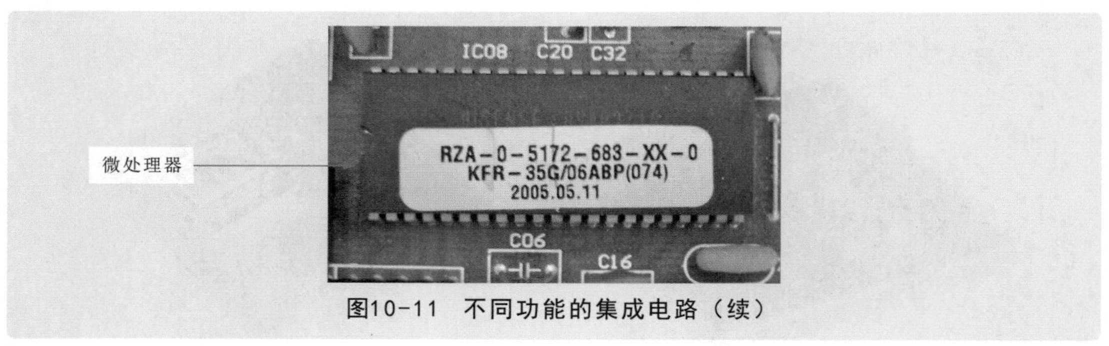
微处理器
IC08
C20
C32
RZA-0-5172-683-XX-0
KFR-35G/06ABP(074)
2005.05.11
C06
C16

图10-11　不同功能的集成电路（续）

1　集成电路在音频处理系统中的应用

音频功率放大器是一种比较常见的集成电路，一般用于音频信号处理电路中。

图10-12为彩色电视机中的TDA7057AQ型音频放大器，该集成电路是一个典型的双声道音频信号放大器，主要用来放大音频信号。

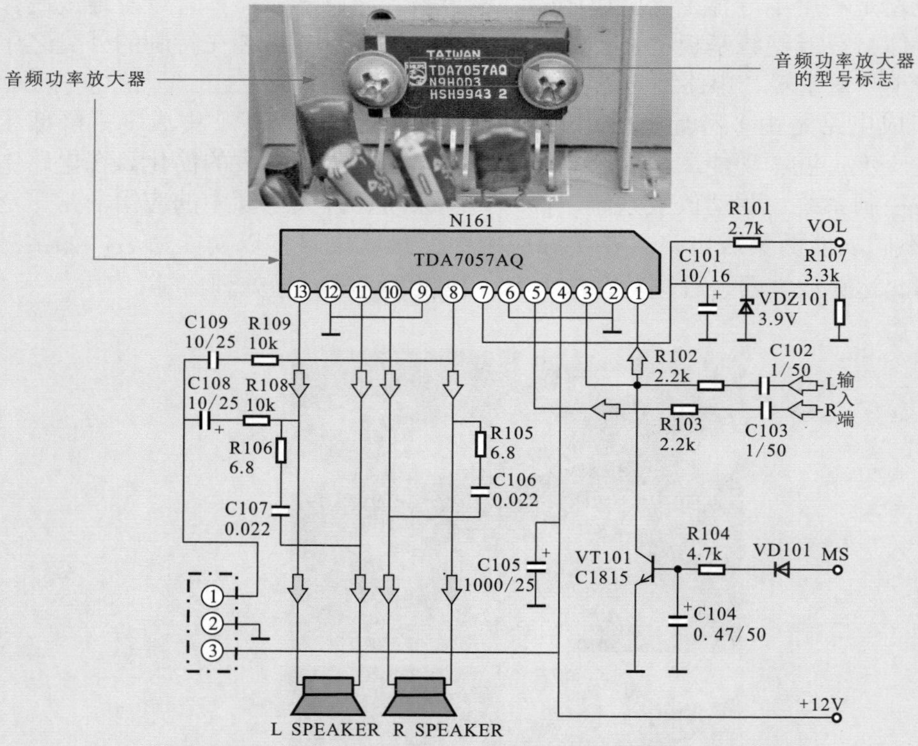

图10-12　彩色电视机中的TDA7057AQ型音频放大器

2　集成电路在控制系统中的应用

集成电路的功能比较强大，它可以制成各种专用或通用的电路单元，微处理器芯片是常用的集成电路，例如彩色电视机、影碟机、空调器、电磁炉、计算机等，都使用微处理器来作为控制器件。

图10-13为彩色电视机的系统控制电路。

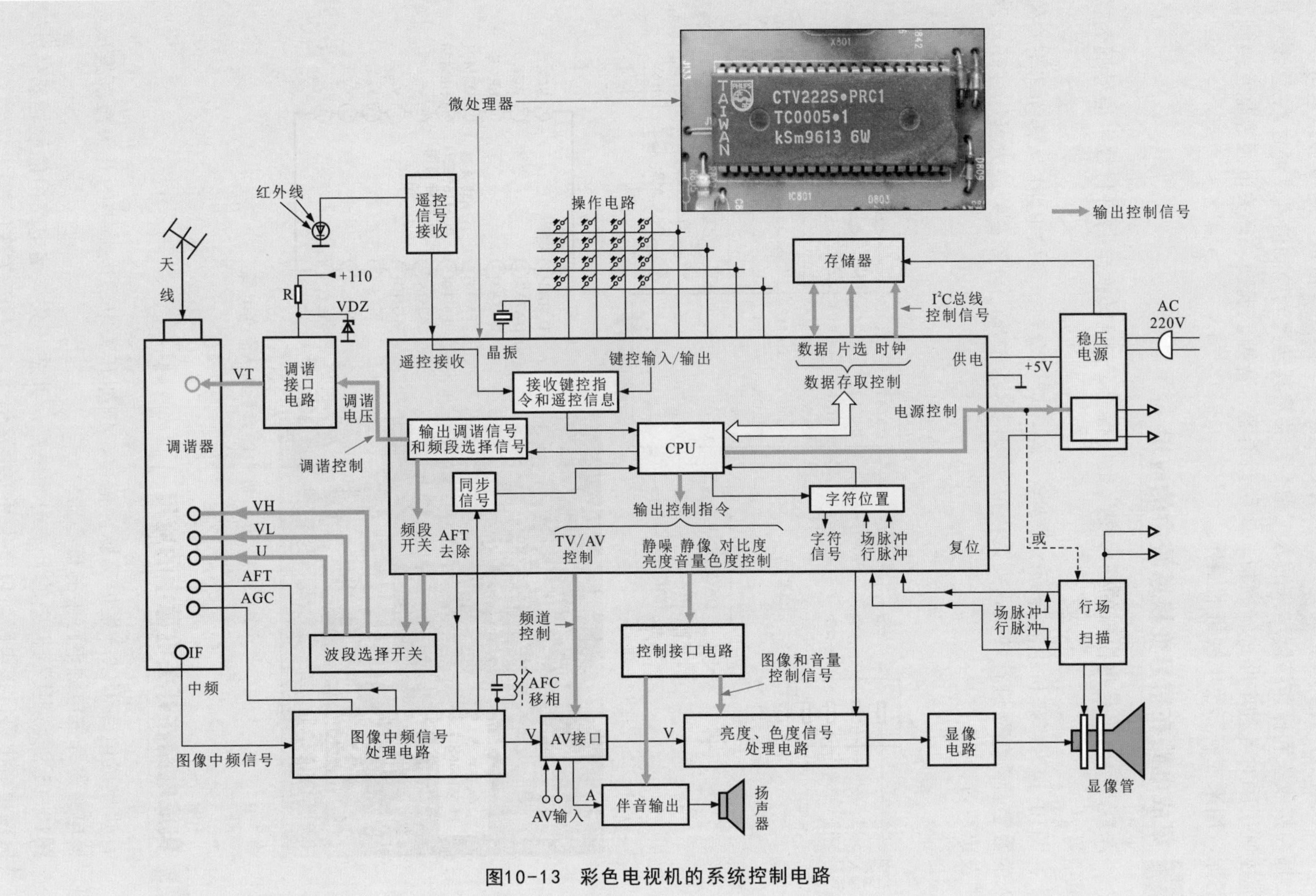

微处理器
CTV222S•PRC1
TC0005•1
kSm9613 6W
输出控制信号
红外线
遥控信号接收
操作电路
存储器
天线
+110
R
VDZ
I²C总线控制信号
AC 220V
稳压电源
遥控接收
晶振
键控输入/输出
数据 片选 时钟
供电
+5V
VT
调谐接口电路
接收键控指令和遥控信息
数据存取控制
电源控制
调谐器
调谐电压
输出调谐信号和频段选择信号
CPU
调谐控制
同步信号
字符位置
输出控制指令
VH
VL
U
AFT
AGC
频段开关
AFT去除
TV/AV控制
静噪 静像 对比度
亮度音量色度控制
字符信号
场脉冲
行脉冲
复位
或
频道控制
控制接口电路
场脉冲
行脉冲
行场扫描
IF
波段选择开关
中频
AFC移相
图像和音量控制信号
图像中频信号处理电路
V
AV接口
V
亮度、色度信号处理电路
显像电路
显像管
图像中频信号
A
AV输入
伴音输出
扬声器

图10-13 彩色电视机的系统控制电路

可以看到，在典型的彩色电视机控制电路中，微处理器是控制核心。它可以接收由遥控接收头和操作按键送来的人工指令，并将其转换为控制信号，通过I^2C总线或其他控制引脚对各种电路进行控制，例如调谐器、音频、视频、开关电源等是它控制的对象，用来控制彩色电视机的工作。

3 集成电路在信号变换系统中的应用

A/D转换电路是将模拟的信号变为数字信号，D/A转换电路可将数字信号变为模拟信号。

图10-14为影碟机中的音频D/A转换电路。可以看到，集成电路D/A转换器可将输入的数字音频信号进行转换，变为模拟音频信号后输出，再经音频放大器送往扬声器中发出声音。

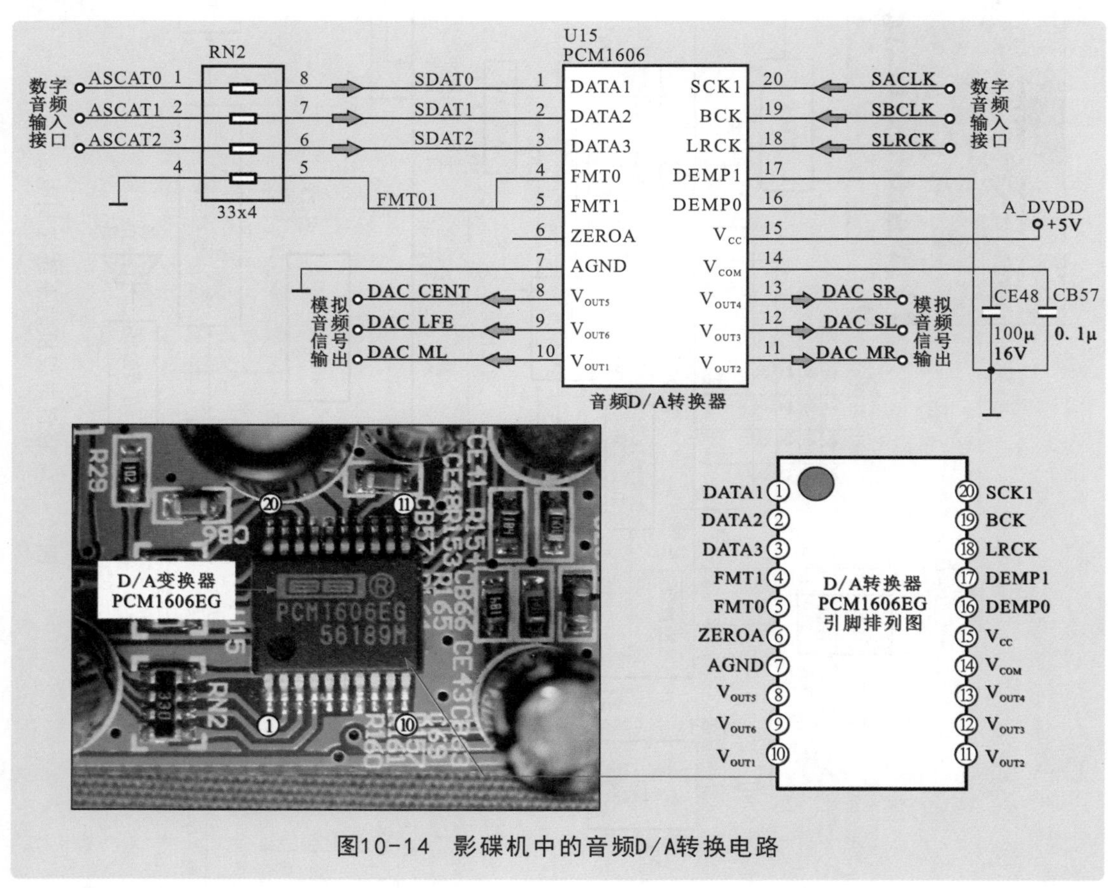
RN2
33x4
U15
PCM1606
数字音频输入接口
ASCAT0
ASCAT1
ASCAT2
SDAT0
SDAT1
SDAT2
FMT01
DATA1
DATA2
DATA3
FMT0
FMT1
ZEROA
AGND
SCK1
BCK
LRCK
DEMP1
DEMP0
SACLK
SBCLK
SLRCK
A_DVDD
+5V
模拟音频信号输出
DAC CENT
DAC LFE
DAC ML
DAC SR
DAC SL
DAC MR
CE48
CB57
100μ
16V
0. 1μ
音频D/A转换器
D/A变换器
PCM1606EG
D/A转换器
PCM1606EG
引脚排列图

图10-14　影碟机中的音频D/A转换电路

4 集成电路在开关电源中的应用

有些集成电路可以产生振荡脉冲信号，例如开关电源电路中的开关振荡集成电路，该电路是开关电源电路中的核心器件。

图10-15为典型影碟机中的开关电源电路，其中开关振荡电路中的核心器件就是开关振荡集成电路，该电路可以产生开关振荡信号，送往开关变压器中。

第1章 第2章 第3章 第4章 第5章 第6章 第7章 第8章 第9章 第10章 第11章 第12章 第13章 第14章

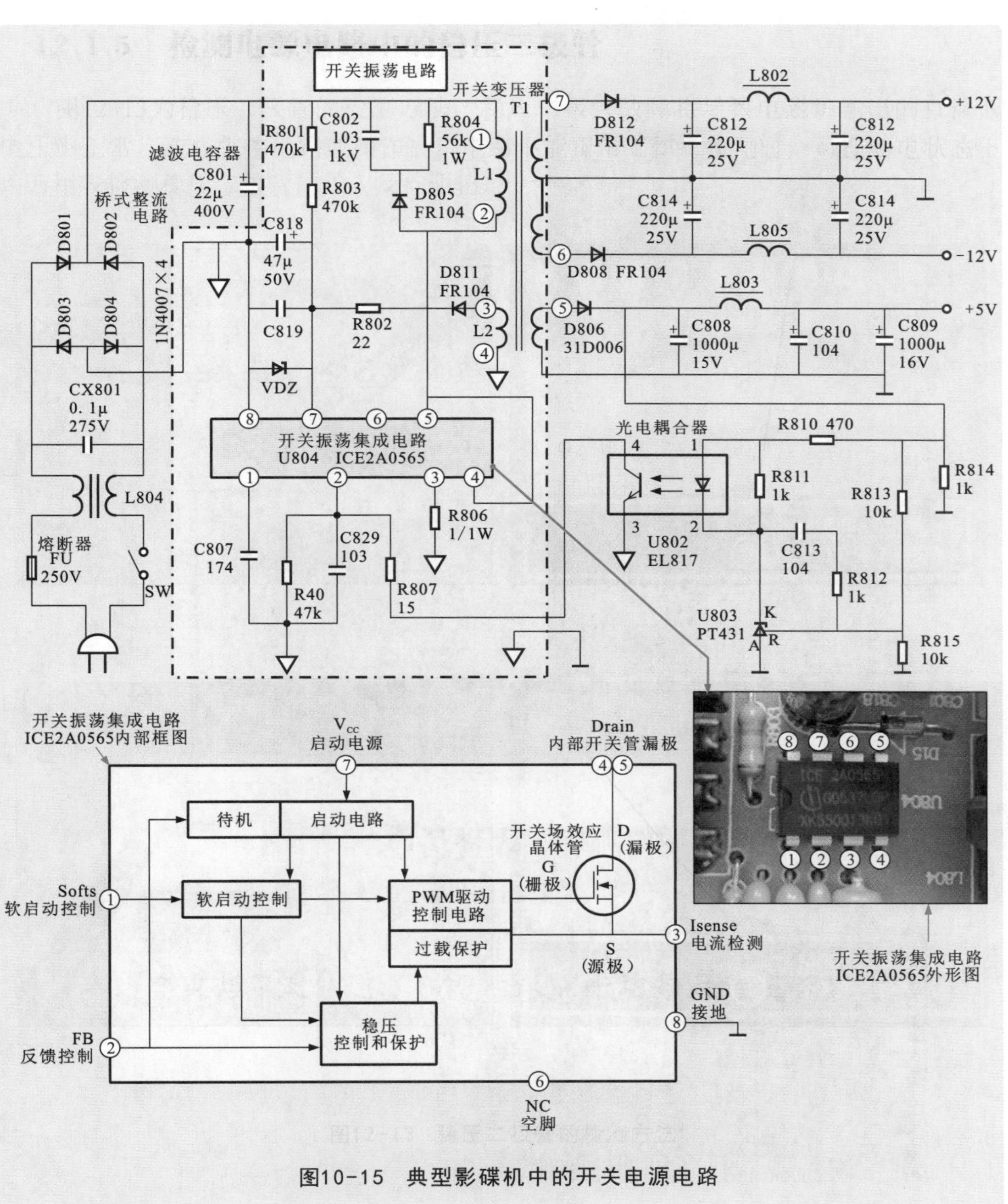
开关振荡电路
开关变压器 T1
滤波电容器
桥式整流电路
开关振荡集成电路 U804 ICE2A0565
光电耦合器
U802 EL817
U803 PT431
熔断器 FU 250V
+12V
-12V
+5V
开关振荡集成电路 ICE2A0565内部框图
Vcc 启动电源
Drain 内部开关管漏极
待机
启动电路
软启动控制
PWM驱动控制电路
过载保护
稳压控制和保护
开关场效应晶体管
Softs 软启动控制
FB 反馈控制
Isense 电流检测
GND 接地
NC 空脚
开关振荡集成电路 ICE2A0565外形图

图10-15 典型影碟机中的开关电源电路

10.1.3 识读集成电路参数标志

集成电路的参数标志主要标注集成电路的型号、引脚功能、引脚起始端及排列顺序等。

1 识读集成电路型号标志

图10-16为集成电路型号标志的识读方法。

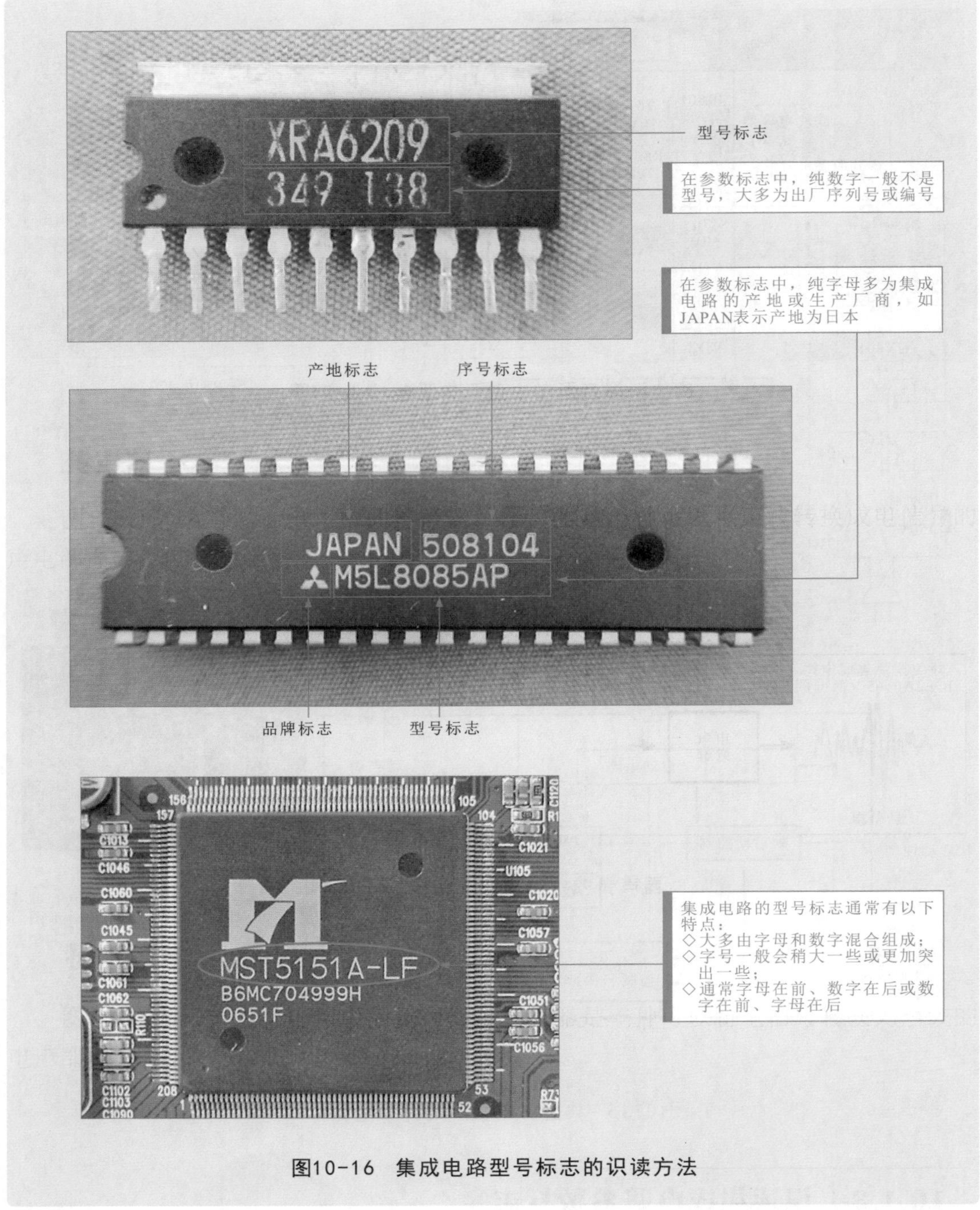
XRA6209
349 138
型号标志
在参数标志中，纯数字一般不是型号，大多为出厂序列号或编号
在参数标志中，纯字母多为集成电路的产地或生产厂商，如JAPAN表示产地为日本
产地标志
序号标志
JAPAN 508104
M5L8085AP
品牌标志
型号标志
MST5151A-LF
B6MC704999H
0651F
集成电路的型号标志通常有以下特点：
◇大多由字母和数字混合组成；
◇字号一般会稍大一些或更加突出一些；
◇通常字母在前、数字在后或数字在前、字母在后

图10-16 集成电路型号标志的识读方法

识读集成电路型号标志时，纯字母系列的标志多为该集成电路的编号；国别或地区的缩写则标注该集成电路的产地。而位于醒目位置处的字母与数字组合的标志一般是该集成电路的型号标志。识读该信息，可对应查找该集成电路的技术资料，从而进一步了解该集成电路的功能、各引脚的输入/输出关系及集成电路内部的工作原理等重要信息。

图10-17为典型影音产品中常用的集成电路。根据其表面型号标志，我们可以知道该集成电路为PCM1606EG。

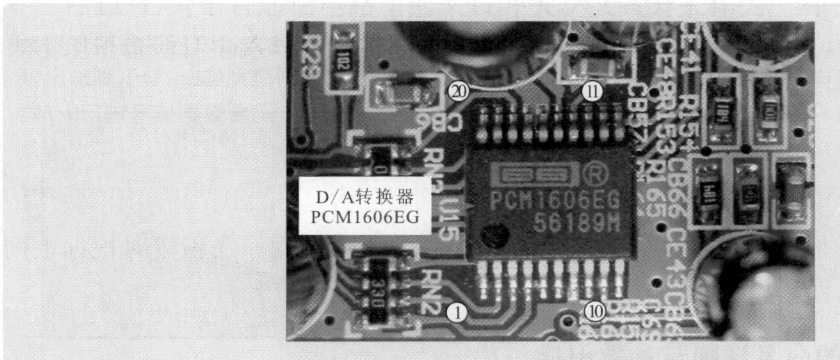
D/A转换器
PCM1606EG
PCM1606EG
56189M

图10-17 典型影音产品中常用的集成电路

根据其型号标志，我们可以对照查找该集成电路的技术手册了解其引脚功能和内部结构。图10-18为集成电路PCM1606EG的引脚排列及内部电路功能框图。

DATA1 ① ⑳ SCK1
DATA2 ② ⑲ BCK
DATA3 ③ ⑱ LRCK
FMT1 ④ ⑰ DEMP1
FMT0 ⑤ ⑯ DEMP0
ZEROA ⑥ ⑮ V_{CC}
AGND ⑦ ⑭ V_{COM}
V_{OUT5} ⑧ ⑬ V_{OUT4}
V_{OUT6} ⑨ ⑫ V_{OUT3}
V_{OUT1} ⑩ ⑪ V_{OUT2}

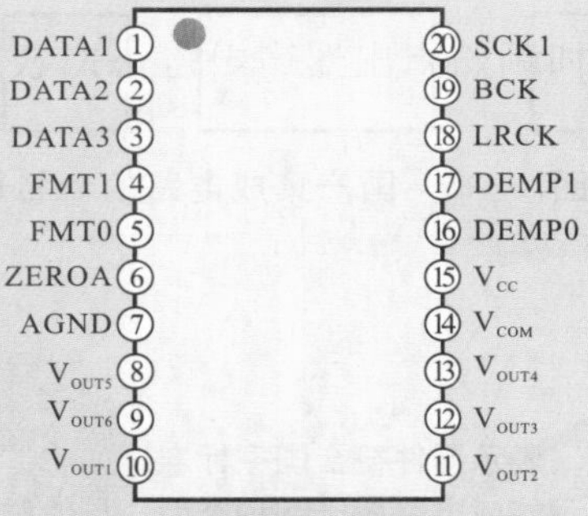

（a）PCM1606EG的引脚排列及功能图

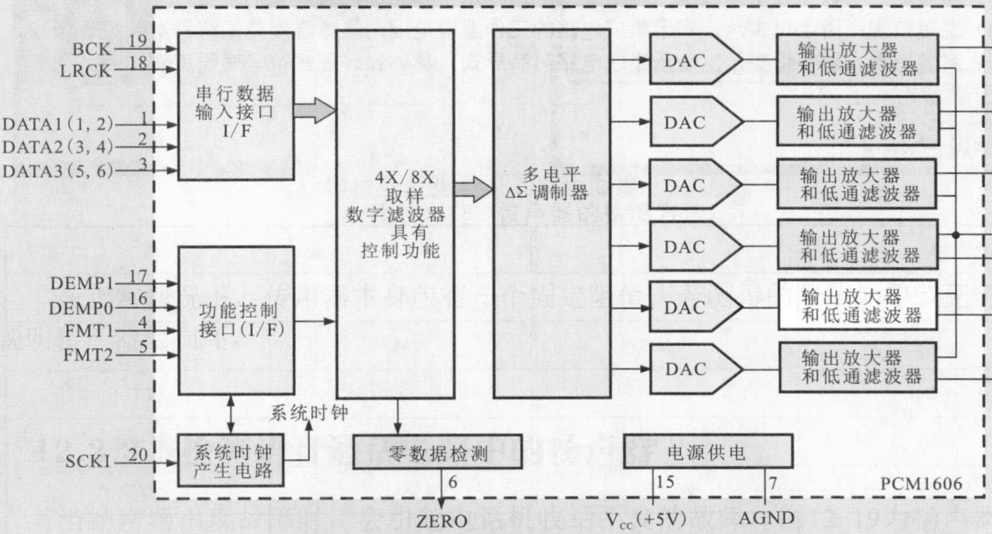

BCK 19
LRCK 18
DATA1（1，2） 1
DATA2（3，4） 2
DATA3（5，6） 3
串行数据输入接口I/F
4X/8X取样数字滤波器具有控制功能
多电平ΔΣ调制器
DAC
输出放大器和低通滤波器
10 V_{OUT1}
11 V_{OUT2}
12 V_{OUT3}
14 V_{COM}
13 V_{OUT4}
8 V_{OUT5}
9 V_{OUT6}
DEMP1 17
DEMP0 16
FMT1 4
FMT2 5
功能控制接口（I/F）
系统时钟
SCKI 20
系统时钟产生电路
零数据检测
6 ZERO
电源供电
15 V_{CC}（+5V）
7 AGND
PCM1606

（b）PCM1606EG内部电路功能框图

图10-18 集成电路PCM1606EG的引脚排列及内部电路功能框图

补充说明

通过技术资料中的引脚排列及内部功能框图可知，该集成电路的主要功能就是将输入的串行音频数据信号进行处理，变为6路多声道环绕立体声模拟信号后输出。

其中，PCM1606的1、2、3脚为数据信号输入端，数据信号经串行数据输入接口后送往取样和数字滤波器电路，再经多电平调整、DAC电路后，由输出放大器和低通滤波器分别经8～14引脚输出模拟信号。PCM1606的18、19脚分别为左、右分离时钟信号和数据时钟信号，配合数据信号进行D/A转换处理。

集成电路产地不同、品牌不同，其型号标注信息也不尽相同。在识读时根据不同类型的集成电路标注方式进行识读。

① 国产集成电路的命名规则与参数识读

图10-19为国产集成电路的命名规则。

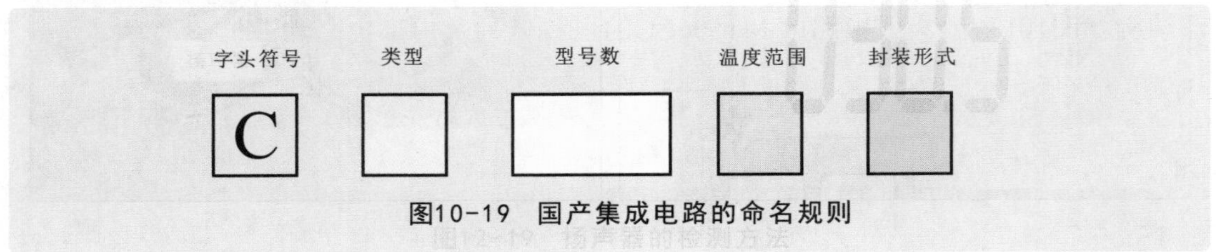
字头符号
类型
型号数
温度范围
封装形式
C

图10-19　国产集成电路的命名规则

补充说明

（1）字头符号：用字母表示，表示器件符合国家标准。如“C”表示中国制造。
（2）类型：用字母表示，表示集成电路属于哪种类型，具体类型符号对照见表10-1。
（3）型号数：用数字或字母表示，表示集成电路的系列和品种代号。
（4）温度范围：用字母表示，表示集成电路的工作温度范围，具体温度范围符号对照见表10-2。
（5）封装形式：用字母表示，表示集成电路封装形式，具体封装形式符号对照见表10-3。

表10-1　集成电路具体类型符号对照

符号	意 义	符号	意 义
B	非线性电路	J	接口器件
C	CMOS	M	存储器
D	音响、电视	T	TTL
E	ECL	W	稳压器
F	放大器	U	微机
H	HTL		

表10-2 集成电路具体温度范围符号对照

符号	意 义	符号	意 义
C	0～70℃	R	-55～+85℃
E	-40～+85℃	M	-55～+125℃

表10-3 集成电路具体封装形式符号对照

符号	意 义	符号	意 义
B	塑料扁平	K	金属菱形
D	陶瓷直插	P	塑料直插
F	全密封扁平	W	陶瓷扁平
J	黑陶瓷直插	T	金属圆形

图10-20为国产集成电路参数标志的识读案例。

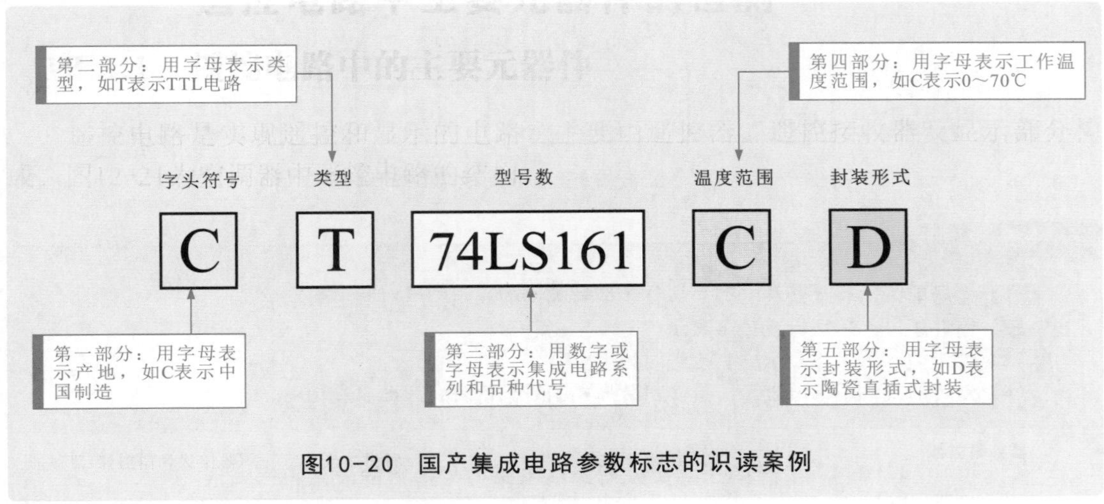
第二部分：用字母表示类型，如T表示TTL电路
第四部分：用字母表示工作温度范围，如C表示0～70℃
字头符号
类型
型号数
温度范围
封装形式
C
T
74LS161
C
D
第一部分：用字母表示产地，如C表示中国制造
第三部分：用数字或字母表示集成电路系列和品种代号
第五部分：用字母表示封装形式，如D表示陶瓷直插式封装

图10-20 国产集成电路参数标志的识读案例

2 美产集成电路的命名规则与参数识读

图10-21为美产太阳微系统公司集成电路的命名规则。

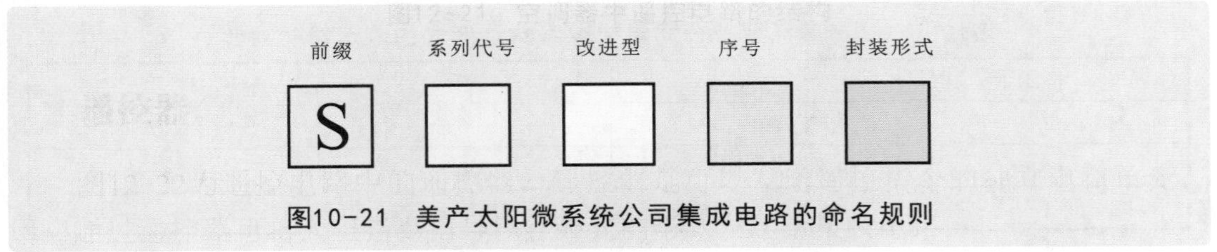
前缀
系列代号
改进型
序号
封装形式
S

图10-21 美产太阳微系统公司集成电路的命名规则

补充说明

（1）前缀，S代表标准系列。
（2）系列代号。
（3）改进型，可分A、B、无号。
（4）序号。
（5）封装形式，其中：P—塑料；D—陶瓷浸渍；C—陶瓷；L—无引线芯片载体。

图10-22为美产太阳微系统公司集成电路参数标志的识读案例。

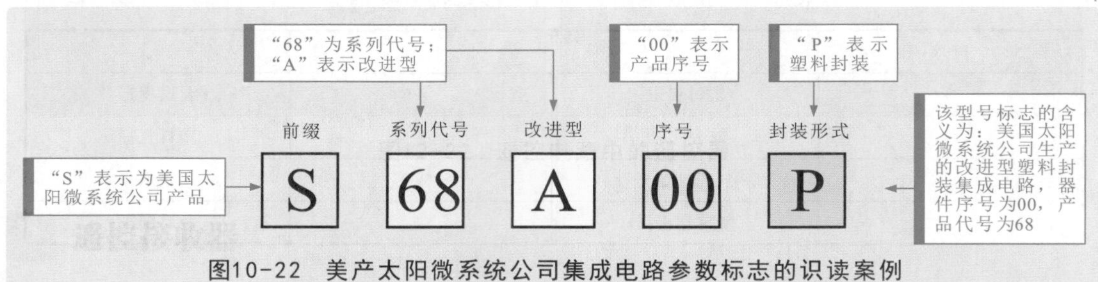
"68"为系列代号；
"A"表示改进型
"00"表示产品序号
"P"表示塑料封装
前缀
系列代号
改进型
序号
封装形式
"S"表示为美国太阳微系统公司产品
S
68
A
00
P
该型号标志的含义为：美国太阳微系统公司生产的改进型塑料封装集成电路，器件序号为00，产品代号为68
图10-22　美产太阳微系统公司集成电路参数标志的识读案例

图10-23为美产摩托罗拉公司集成电路的命名规则。

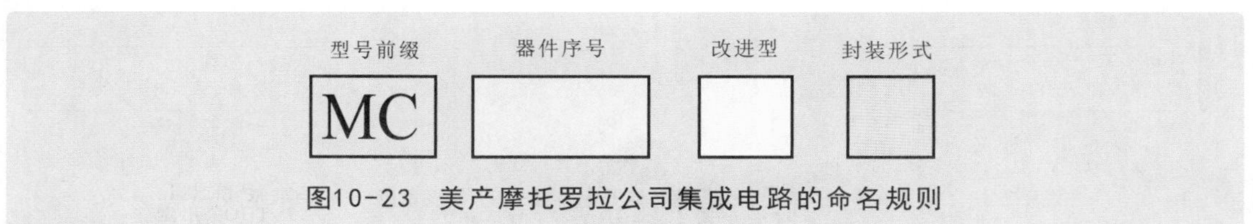
型号前缀
器件序号
改进型
封装形式
MC
图10-23　美产摩托罗拉公司集成电路的命名规则

补充说明

（1）型号前缀，表示器件的型号，具体型号前缀的表示符号对照见表10-4。
（2）器件序号，用字母或数字表示。
（3）改进型，用字母表示，有改进时加上X字。
（4）封装形式，用字母表示，具体封装形式的表示符号对照参见表10-5。

表10-4　美产摩托罗拉公司集成电路型号前缀的表示符号对照

符号	意义	符号	意义
MC	密封类型器件	MCC	不密封类型
MCCF	线性芯片	MCM	存储器
MMS	存储器系列		

表10-5　美产摩托罗拉公司集成电路封装形式的表示符号对照

符号	意义	符号	意义
L	陶瓷双列直插	G	金属壳
K	金属封装（TO-3型）	F	扁平封装
P	塑料封装（P1代表8脚双列直插，P2代表14脚双列直插）		

图10-24为美产摩托罗拉公司集成电路参数标志的识读案例。

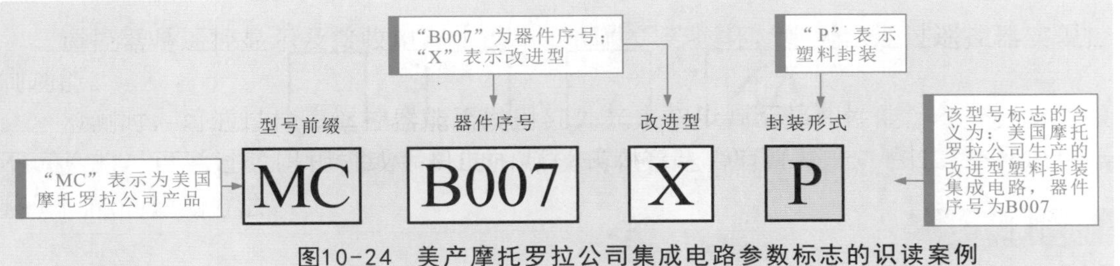
"B007"为器件序号；
"X"表示改进型
"P"表示
塑料封装
型号前缀
器件序号
改进型
封装形式
"MC"表示为美国
摩托罗拉公司产品
MC
B007
X
P
该型号标志的含义为：美国摩托罗拉公司生产的改进型塑料封装集成电路，器件序号为B007

图10-24 美产摩托罗拉公司集成电路参数标志的识读案例

3 日产集成电路的命名规则与参数识读

图10-25为日产索尼公司集成电路的命名规则。

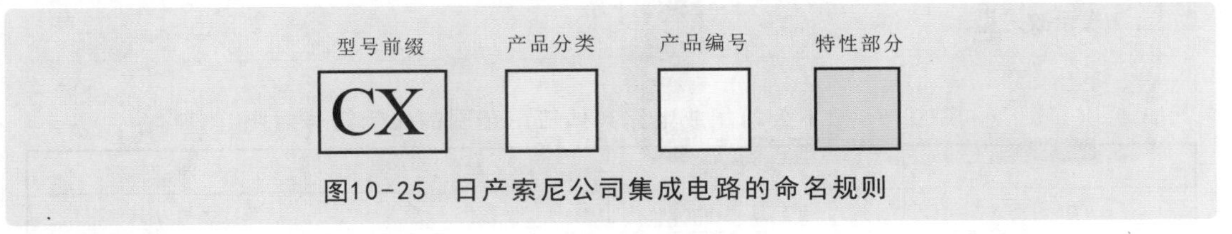
型号前缀
产品分类
产品编号
特性部分
CX

图10-25 日产索尼公司集成电路的命名规则

补充说明

（1）型号前缀，索尼公司集成电路标志。

（2）产品分类，用1～2位数字表示产品分类；0、1、8、10、20、22表示双极型集成电路；5、7、23、79表示MOS型集成电路。

（3）产品编号，表示单个产品编号。

（4）特性部分，有特性部分改进时加上A字。

图10-26为日产索尼公司集成电路参数标志的识读案例。

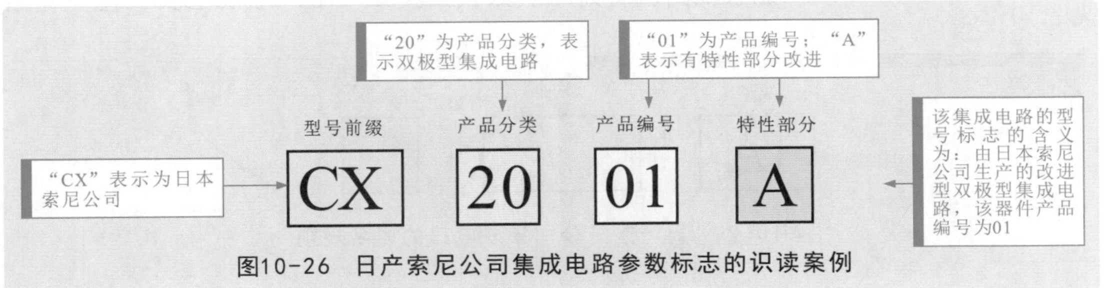
"20"为产品分类，表示双极型集成电路
"01"为产品编号；"A"表示有特性部分改进
型号前缀
产品分类
产品编号
特性部分
"CX"表示为日本索尼公司
CX
20
01
A
该集成电路的型号标志的含义为：由日本索尼公司生产的改进型双极型集成电路，该器件产品编号为01

图10-26 日产索尼公司集成电路参数标志的识读案例

图10-27为日产三洋公司集成电路的命名规则。

LA：单块双极线性集成电路
LB：双极数字集成电路
LC：CMOS 集成电路
LE：MNMOS集成电路
LM：PMOS、NMOS集成电路
STK：厚膜集成电路
类型
序号
STK

图10-27 日产三洋公司集成电路的命名规则

图10-28为日产松下公司集成电路的命名规则。

类型 应用范围 序号 封装形式

AN

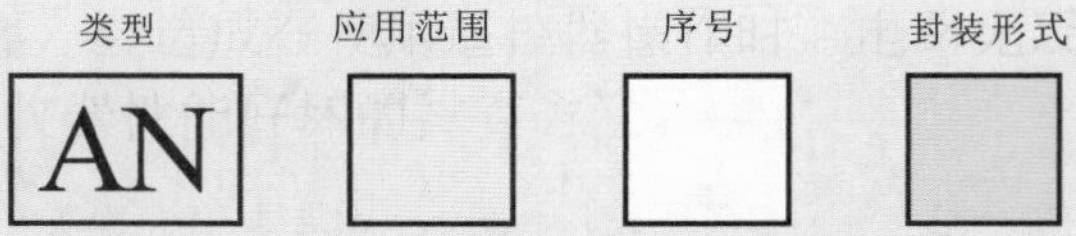

图10-28　日产松下公司集成电路的命名规则

补充说明

（1）类型，松下公司集成电路类型，AN：模拟集成电路；DN：数字集成电路；MN：MOS集成电路；OM：助听器。

（2）应用范围，用数字表示，具体应用范围的表示符号对照见表10-6。

（3）序号，用数字表示集成电路的序号。

（4）封装形式，用字母表示，K表示缩小型双列直插封装；P表示普通塑料封装；S表示小型扁平封装；N表示改进型。

表10-6　松下公司集成电路具体应用范围的表示符号对照

数字	含 义	数字	含 义
10～19	非线性电路	65	运算放大器及其他电路
20～25	摄像机电路	66～68	工业电路及家用电器
26～29	影碟机	69	比较器及其他电路
30～39	录像机电路	70～76	音响电路
40～49	运算放大器电路	78～80	稳压器电路
50～59	电视机电路	81～83	工业及家电电路
60～64	录像机、音响电路	90	三极管系列

图10-29为日产东芝公司集成电路的命名规则。其中，类型及封装形式参数对照见表10-7。

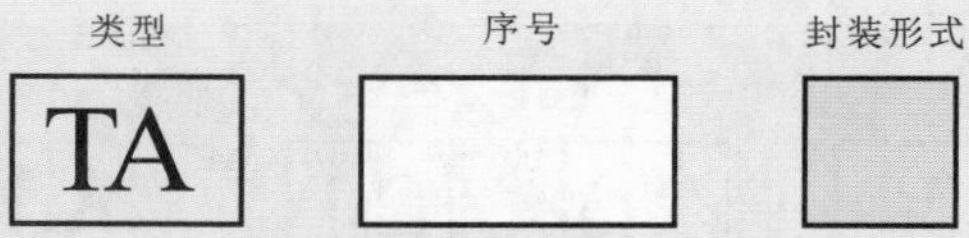

类型 序号 封装形式

TA

图10-29　日产东芝公司集成电路的命名规则

表10-7　日产东芝公司集成电路类型及封装形式参数对照

类型	含 义	封装形式	含 义
TA	双极线性集成电路	A	改进型
TC	CMOS集成电路	C	陶瓷封装
TD	双极数字集成电路	M	金属封装
TM	MOS集成电路	P	塑料封装

图10-30为日产东芝公司集成电路参数标志的识读案例。

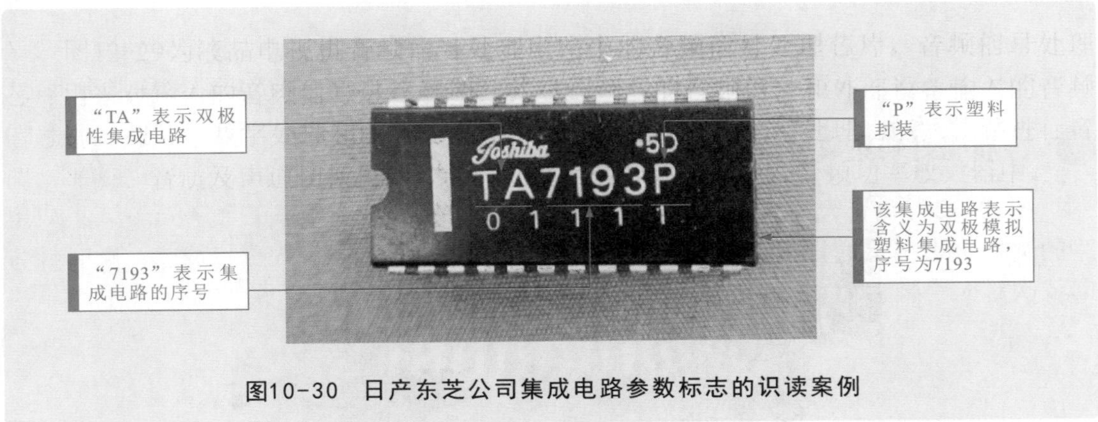
"TA"表示双极性集成电路
"P"表示塑料封装
Toshiba •5D
TA7193P
0 1 1 1 1
该集成电路表示含义为双极模拟塑料集成电路，序号为7193
"7193"表示集成电路的序号

图10-30 日产东芝公司集成电路参数标志的识读案例

图10-31为日产日立公司集成电路的命名规则。

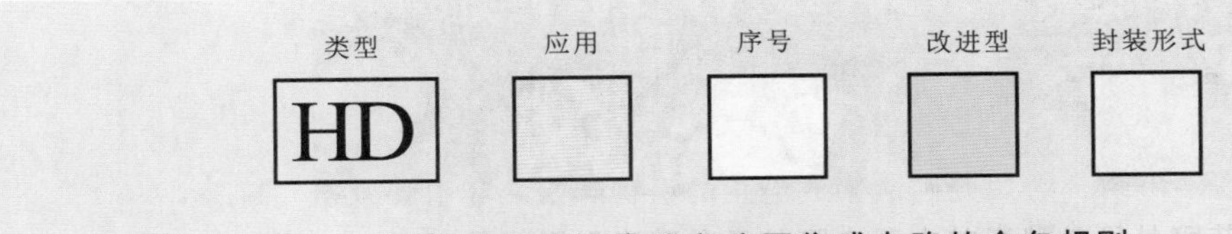
类型
应用
序号
改进型
封装形式
HD

图10-31 日产日立公司集成电路的命名规则

补充说明

（1）类型，用字母表示。HA：模拟集成电路；HD：数字集成电路；HM：存储器（RAM）集成电路；HN：存储器（ROM）集成电路。

（2）应用，用数字表示，11、12表示高频用；13、14表示音频用。

（3）序号，用数字表示集成电路的序号。

（4）改进型，字母A。

（5）封装形式，用字母表示，P：塑料封装。

补充说明

常见集成电路公司型号命名方式中的字头符号见表10-8。

表10-8 常见集成电路公司型号命名方式中的字头符号

公司名称	字头符号	公司名称	字头符号
先进微器件公司（美国）	AM	富士通公司（日本）	MB、MBM
模拟器件公司（美国）	AD	松下电子公司（日本）	AN
仙童半导体公司（美国）	F、μA	三菱电气公司（日本）	M
摩托罗拉半导体公司（美国）	MC、MLM、MMS	日本电气有限公司（日本）	μPA、μPB、μPC
英特尔公司（美国）	I	新日本无线电有限公司（日本）	NJM
英特西尔公司（美国）	ICL、ICM、IM	日立公司（日本）	HA、HD、HM、HN
史普拉格电气公司（日本）	ULN、UCN、TDA	国家半导体公司（美国）	LM、LF、LH、LP、AD、DA、CD

2 识别集成电路引脚排序

集成电路的种类和型号繁多，不可能根据型号记忆引脚的起始端和排列顺序，这就需要找出各种集成电路的引脚分布规律。下面介绍几种常用集成电路的引脚分布。

1 金属壳封装集成电路的引脚起始端和引脚分布

图10-32为金属壳封装集成电路的引脚起始端和引脚分布。在金属壳封装集成电路的圆形金属帽上通常有一个凸起，将集成电路的引脚朝上，从凸起端起，顺时针方向依次对应引脚①②③④⑤……

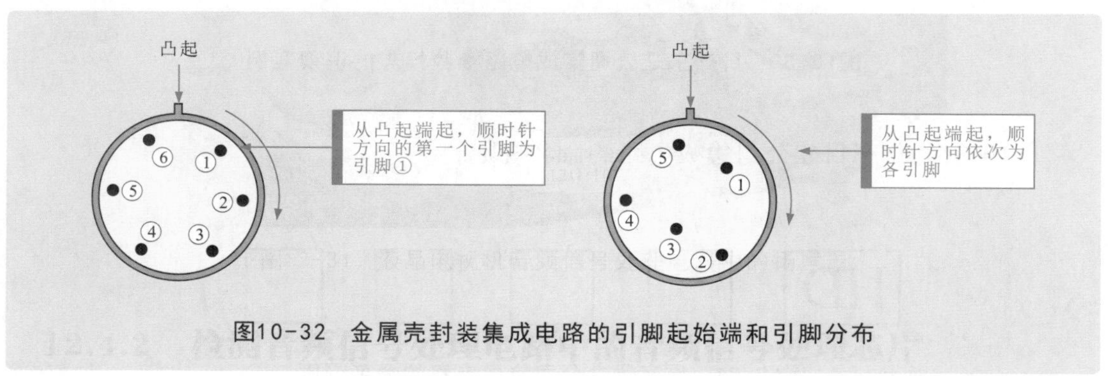
凸起
从凸起端起，顺时针方向的第一个引脚为引脚①
凸起
从凸起端起，顺时针方向依次为各引脚

图10-32 金属壳封装集成电路的引脚起始端和引脚分布

2 单列直插式封装集成电路的引脚起始端和引脚分布

图10-33为常见单列直插式封装集成电路的引脚起始端和引脚分布。在通常情况下，单列直插式封装集成电路的左侧有特殊标志来明确引脚①的位置，特殊标志可能是一个缺角、一个凹坑、一个半圆缺、一个小圆点、一个色点等。

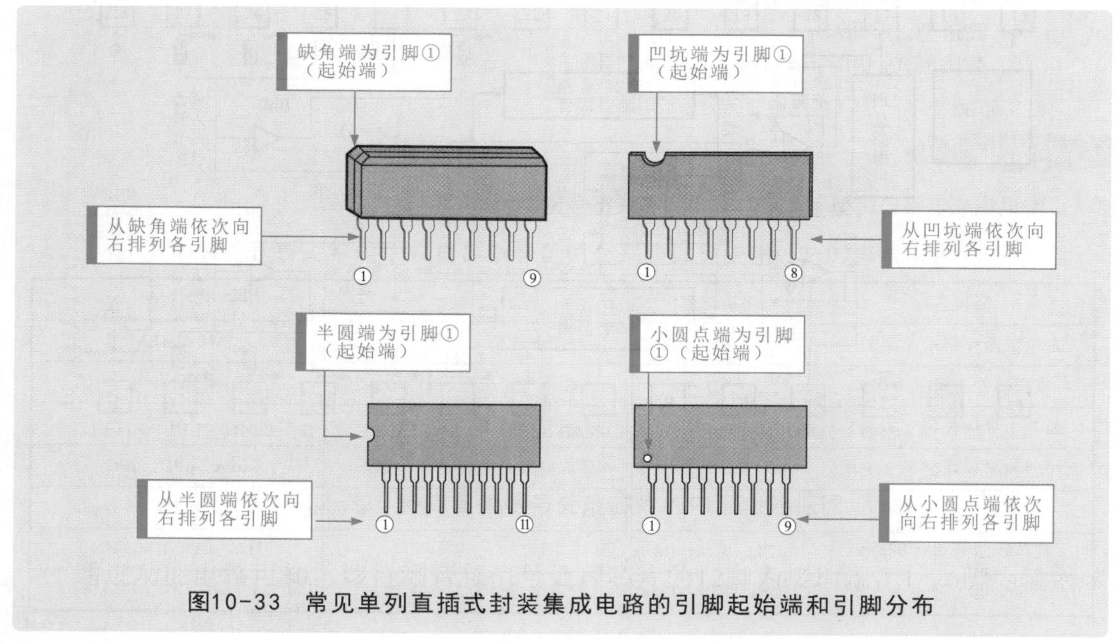
缺角端为引脚①（起始端）
从缺角端依次向右排列各引脚
凹坑端为引脚①（起始端）
从凹坑端依次向右排列各引脚
半圆端为引脚①（起始端）
从半圆端依次向右排列各引脚
小圆点端为引脚①（起始端）
从小圆点端依次向右排列各引脚

图10-33 常见单列直插式封装集成电路的引脚起始端和引脚分布

③ 双列直插式封装集成电路的引脚起始端和引脚分布

图10-34为双列直插式封装集成电路的引脚起始端和引脚分布。双列直插式封装集成电路的左侧有特殊标志来明确引脚①的位置。在通常情况下，特殊标志下方的引脚就是引脚①，特殊标志上方的引脚往往是最后一个引脚。特殊标志可能是一个凹坑、一个半圆缺、一个色点、条状标记等。

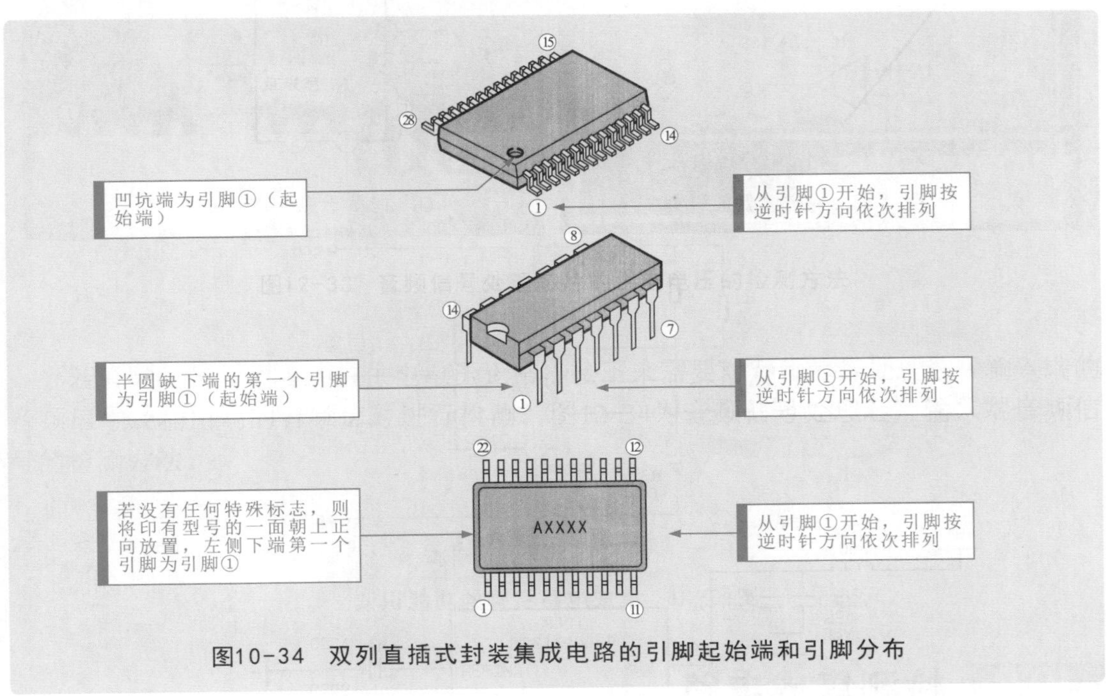
⑮
㉘
⑭
凹坑端为引脚①（起始端）
①
从引脚①开始，引脚按逆时针方向依次排列
⑧
⑭
⑦
半圆缺下端的第一个引脚为引脚①（起始端）
①
从引脚①开始，引脚按逆时针方向依次排列
㉒
⑫
若没有任何特殊标志，则将印有型号的一面朝上正向放置，左侧下端第一个引脚为引脚①
AXXXX
从引脚①开始，引脚按逆时针方向依次排列
①
⑪

图10-34 双列直插式封装集成电路的引脚起始端和引脚分布

④ 扁平封装集成电路的引脚起始端和引脚分布

图10-35为扁平封装集成电路的引脚起始端和引脚分布。扁平封装集成电路的左侧一角有特殊标志来明确引脚①的位置。在通常情况下，特殊标志下方的引脚就是引脚①。特殊标志可能是一个凹坑、一个色点等。

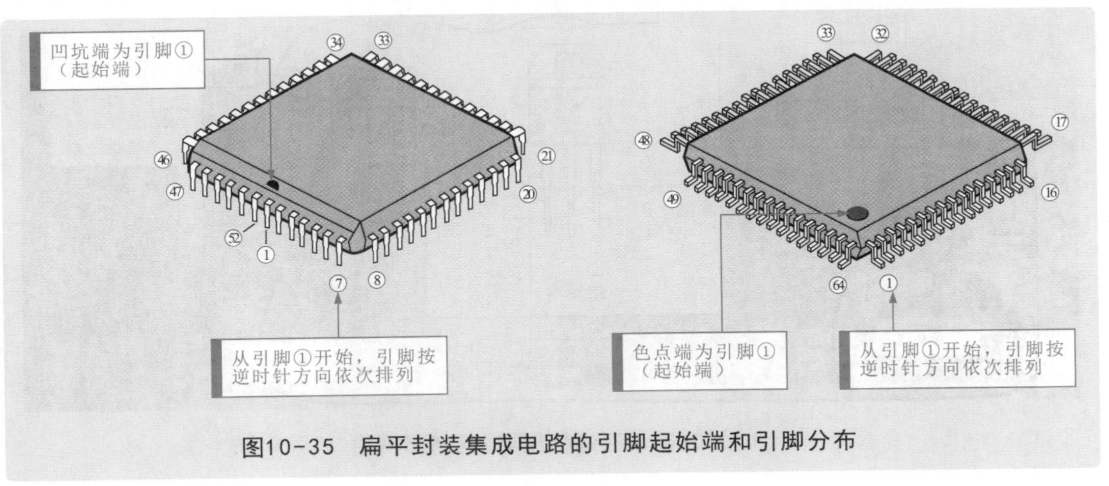
凹坑端为引脚①（起始端）
㉞
㉝
㊻
㉑
㊼
⑳
52
①
⑦
⑧
从引脚①开始，引脚按逆时针方向依次排列
㉝
㉜
⑰
㊽
㊾
⑯
64
①
色点端为引脚①（起始端）
从引脚①开始，引脚按逆时针方向依次排列

图10-35 扁平封装集成电路的引脚起始端和引脚分布

3 识读集成电路引脚功能

图10-36为集成电路引脚的功能识读。一般情况下，可以通过集成电路在电路中的引脚连接关系大体识读集成电路引脚的功能。

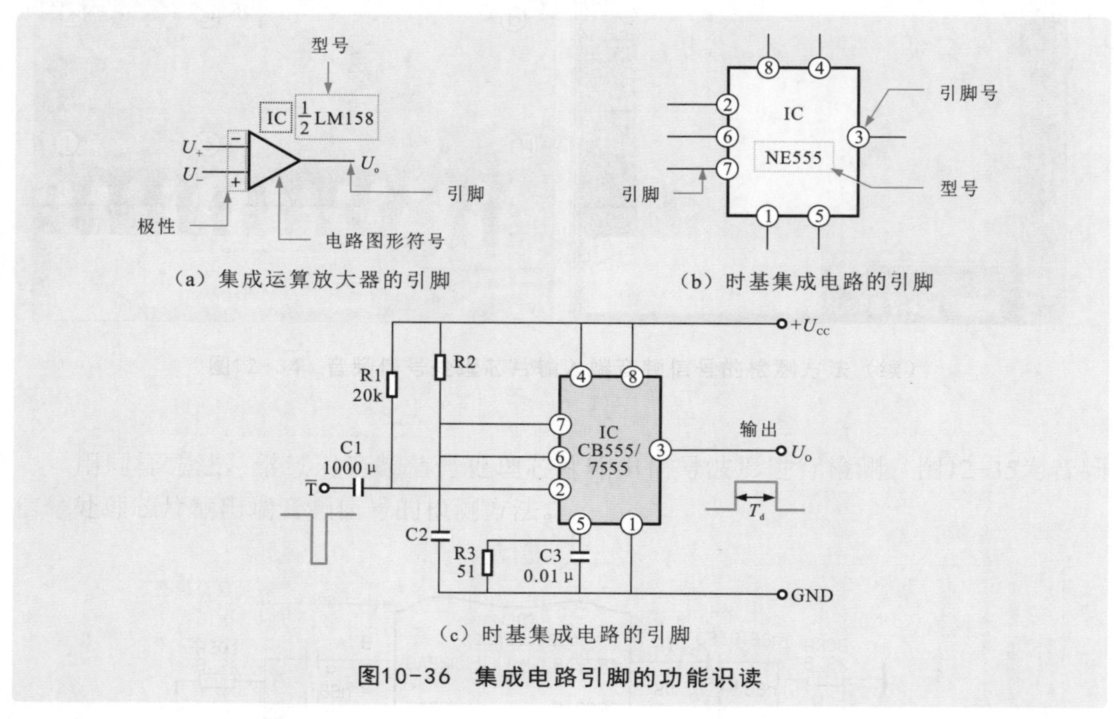
型号
IC
1/2 LM158
U+
U−
Uo
引脚
极性
电路图形符号
(a) 集成运算放大器的引脚
IC
NE555
引脚号
型号
引脚
(b) 时基集成电路的引脚
+Ucc
R1 20k
R2
C1 1000μ
T
IC CB555/7555
输出
Uo
Td
C2
R3 51
C3 0.01μ
GND
(c) 时基集成电路的引脚
图10-36 集成电路引脚的功能识读

10.2 检测集成电路

10.2.1 检测三端稳压器

图10-37为三端稳压器的实物外形。三端稳压器是一种具有三个引脚的直流稳压集成电路。

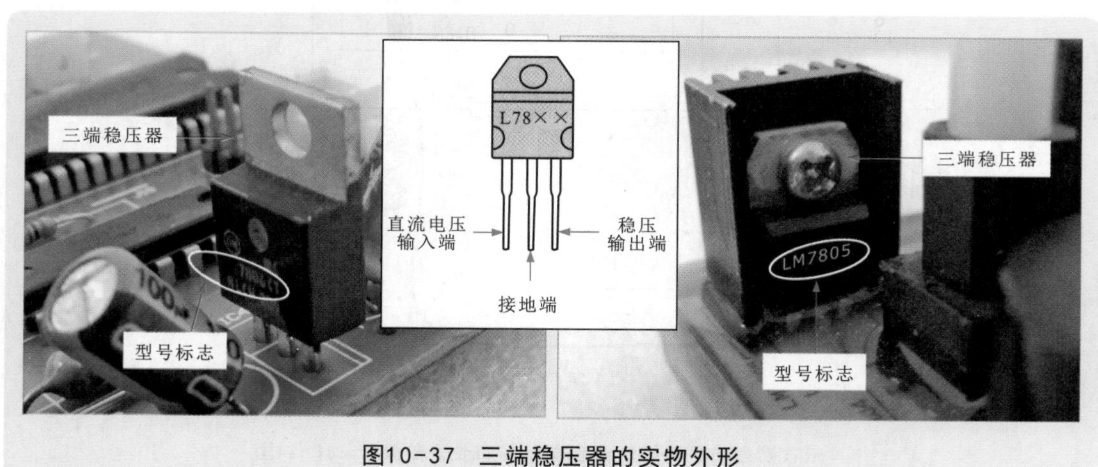
三端稳压器
型号标志
L78××
直流电压输入端
稳压输出端
接地端
三端稳压器
LM7805
型号标志
图10-37 三端稳压器的实物外形

补充说明

三端稳压器的外形与普通三极管十分相似，三个引脚分别为直流电压输入端、稳压输出端和接地端，在三端稳压器的表面印有型号标志，可直观体现三端稳压器的性能参数（稳压值）。

图10-38为三端稳压器的功能示意图。三端稳压器可将输入的直流电压稳压后输出一定值的直流电压。不同型号三端稳压器的稳压值不同。

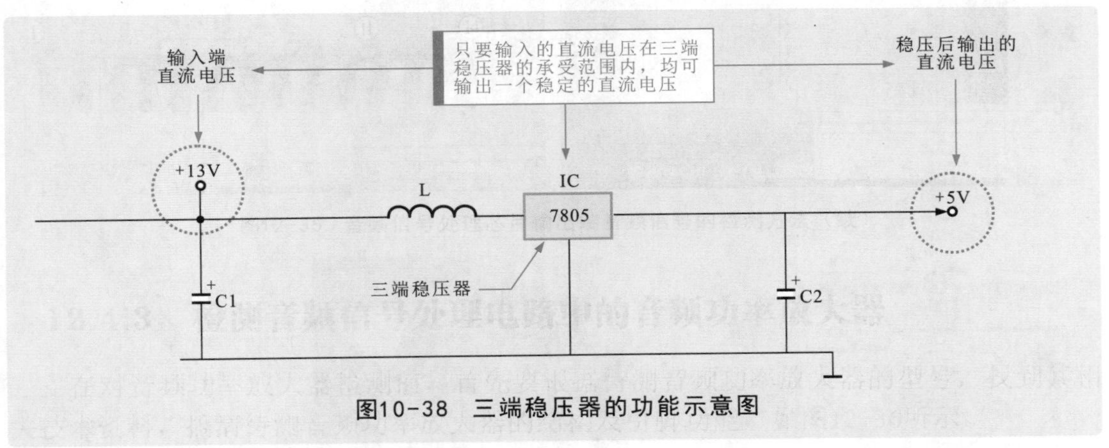
输入端
直流电压
只要输入的直流电压在三端稳压器的承受范围内，均可输出一个稳定的直流电压
稳压后输出的
直流电压
+13V
L
IC
7805
+5V
三端稳压器
C1
C2

图10-38　三端稳压器的功能示意图

一般来说，三端稳压器输入的直流电压可能偏高或偏低，只要在三端稳压器的承受范围内，都会输出稳定的直流电压。这是三端稳压器最突出的功能特性。

检测三端稳压器主要有两种方法：一种方法是将三端稳压器置于电路中，在工作状态下，用万用表检测三端稳压器输入端和输出端的电压值，与标准值比较，即可判别三端稳压器的性能；另一种方法是在三端稳压器未通电的状态下，通过检测输入端、输出端的对地阻值来判别三端稳压器的性能。

在检测之前，应首先了解待测三端稳压器各引脚的功能、电阻值及标准输入、输出电压值，为三端稳压器的检测提供参考，如图10-39所示。三端稳压器AN7805是一种5V三端稳压器，工作时，只要输入电压在承受范围内（9～14V），输出均为5V。

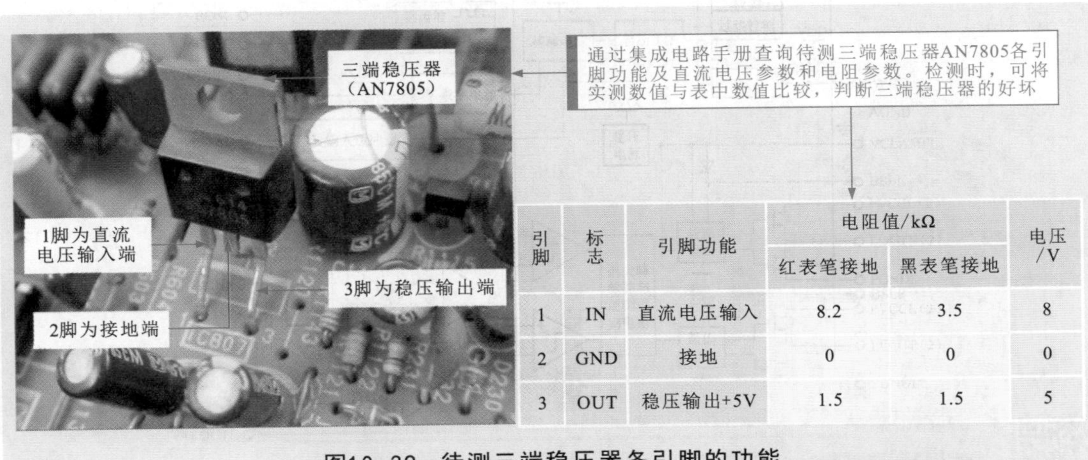
三端稳压器
（AN7805）
通过集成电路手册查询待测三端稳压器AN7805各引脚功能及直流电压参数和电阻参数。检测时，可将实测数值与表中数值比较，判断三端稳压器的好坏
1脚为直流
电压输入端
2脚为接地端
3脚为稳压输出端

引脚	标志	引脚功能	电阻值/kΩ		电压/V
			红表笔接地	黑表笔接地	
1	IN	直流电压输入	8.2	3.5	8
2	GND	接地	0	0	0
3	OUT	稳压输出+5V	1.5	1.5	5

图10-39　待测三端稳压器各引脚的功能

1 检测三端稳压器输入、输出电压

对于三端稳压器的检测，可将三端稳压器置于实际电路中，借助万用表分别检测三端稳压器输入端和输出端的工作电压，然后可根据测量结果判别三端稳压器的工作性能。图10-40为三端稳压器输入电压的检测方法。

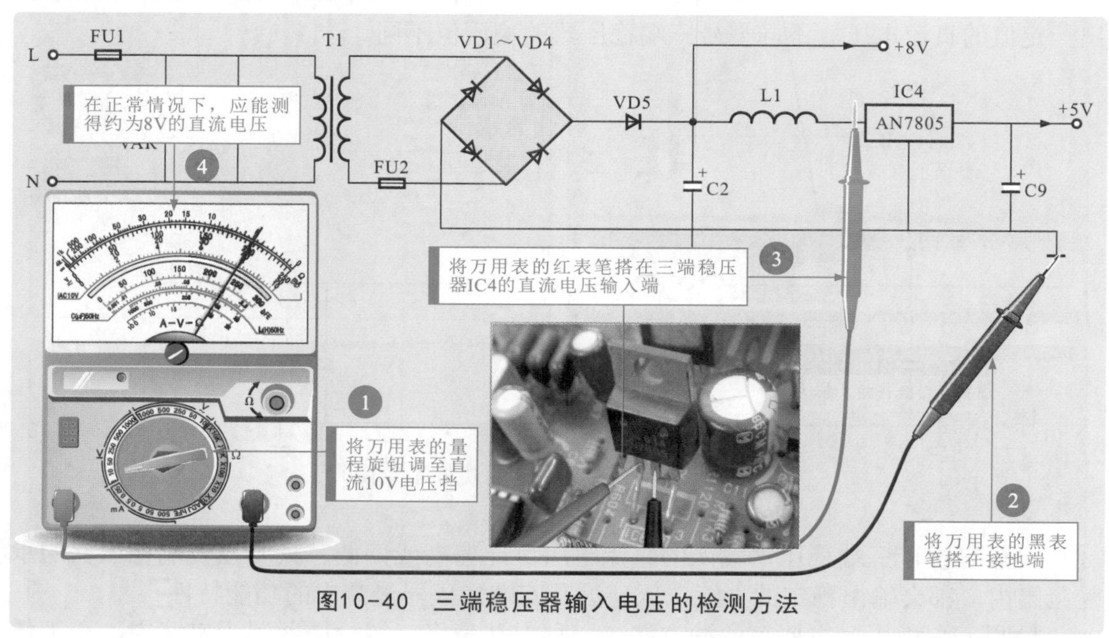

FU1
L
T1
VD1～VD4
+8V
VD5
L1
IC4
AN7805
+5V
N
FU2
C2
C9
在正常情况下，应能测得约为8V的直流电压
④
将万用表的红表笔搭在三端稳压器IC4的直流电压输入端
③
①
将万用表的量程旋钮调至直流10V电压挡
②
将万用表的黑表笔搭在接地端

图10-40 三端稳压器输入电压的检测方法

在正常情况下，在三端稳压器的输入端应能够测得相应的直流电压值，根据电路标志，实测三端稳压器输入端的直流电压为8V，表明输入正常。

接下来，保持万用表的黑表笔不动，将红表笔搭在三端稳压器的输出端，检测三端稳压器的输出电压。图10-41为三端稳压器输出电压的检测方法。

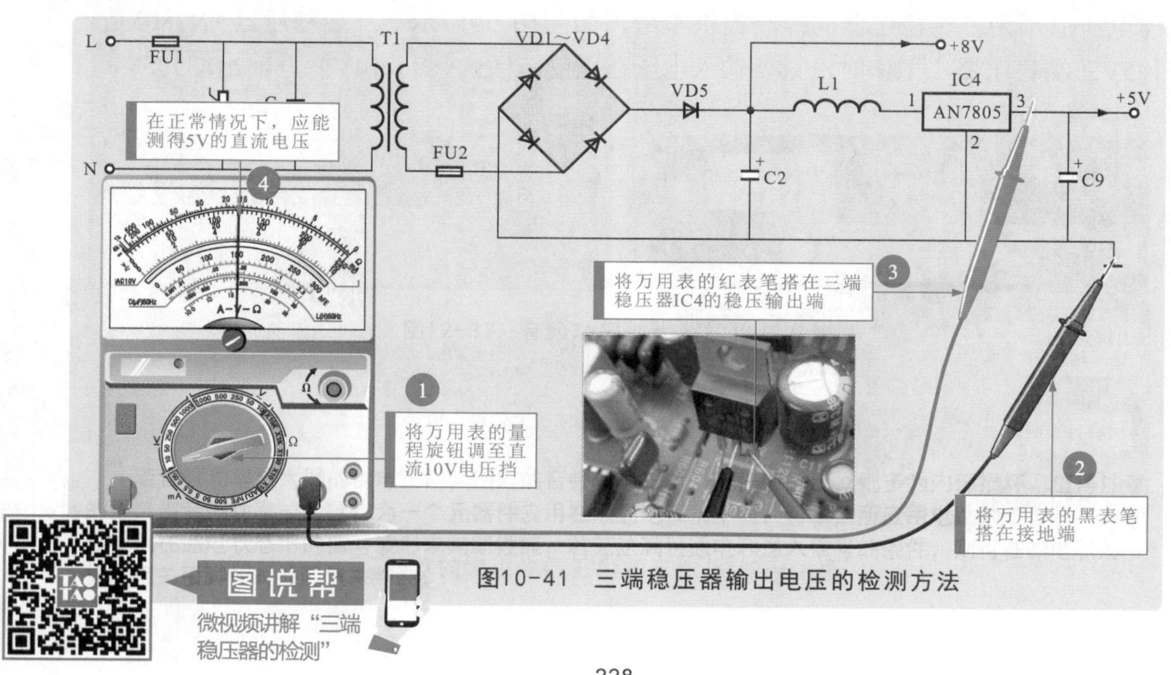

L
FU1
T1
VD1～VD4
+8V
VD5
L1
IC4
1
AN7805
3
2
+5V
N
FU2
C2
C9
在正常情况下，应能测得5V的直流电压
④
将万用表的红表笔搭在三端稳压器IC4的稳压输出端
③
①
将万用表的量程旋钮调至直流10V电压挡
②
将万用表的黑表笔搭在接地端

图10-41 三端稳压器输出电压的检测方法

图说帮 微视频讲解“三端稳压器的检测”

补充说明

在正常情况下，若三端稳压器的直流电压输入正常，则应有正常的稳压输出；若输入电压正常，而无电压输出，则说明三端稳压器损坏。

2 检测三端稳压器引脚对地阻值

判断三端稳压器的好坏还可以借助万用表检测三端稳压器各引脚的阻值，具体检测操作如图10-42所示。

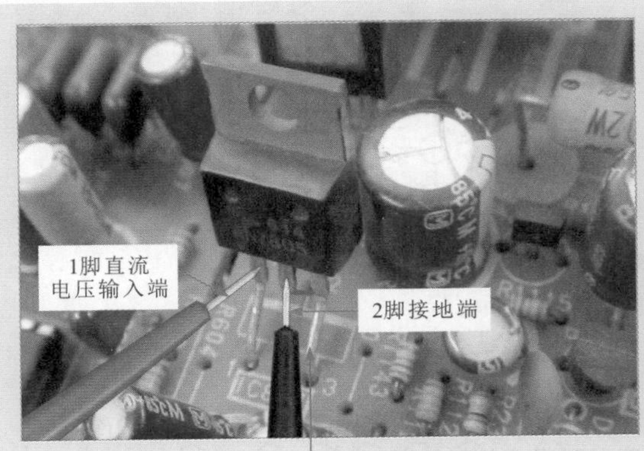
1脚直流
电压输入端
2脚接地端

ET-988
3.50
kΩ

① 将万用表的量程旋钮调至20k欧姆挡，黑表笔搭在三端稳压器的接地端，红表笔搭在三端稳压器的直流电压输入端

② 测得三端稳压器直流电压输入端正向对地阻值为3.5kΩ。调换表笔，可测得三端稳压器直流输入端反向对地阻值为8.2kΩ

2脚接地端
3脚稳压
输出端

ET-988
1.50
kΩ

③ 将万用表的黑表笔搭在三端稳压器的接地端，红表笔搭在三端稳压器的稳压输出端

④ 测得三端稳压器稳压输出端的正向对地阻值为1.5kΩ。调换表笔，测得三端稳压器稳压输出端反向对地阻值也为1.5kΩ

图10-42 三端稳压器引脚对地阻值的检测方法

补充说明

在正常情况下，三端稳压器各引脚的阻值应与标准阻值近似或相同；若阻值相差较大，则说明三端稳压器性能不良。

在路检测三端稳压器引脚的正、反向对地阻值时，可能会受到外围元器件的影响导致检测结果不正确，此时可将三端稳压器从电路板上焊下后再进行检测。

10.2.2 检测运算放大器

运算放大器是具有很高放大倍数的电路单元，早期应用于模拟计算机中实现数字运算，故而得名。图10-43为运算放大器的实物外形及结构特点。

LF356

LM358

单运放集成电路（μA741、LF356）

BAL 1 IN- 2 IN+ 3 VCC- 4 8 NC 7 VCC+ 6 OUT 5 BAL

双运放集成电路（LM358）

OUT1 1 IN1- 2 IN1+ 3 GND 4 8 VCC 7 OUT2 6 IN2- 5 IN2+

LM324

四运放集成电路（LM324）

OUT4 IN4+ IN4- VCC IN3+ IN3- OUT3

LM324

OUT1 IN1+ IN1- VCC IN2+ IN2- OUT2

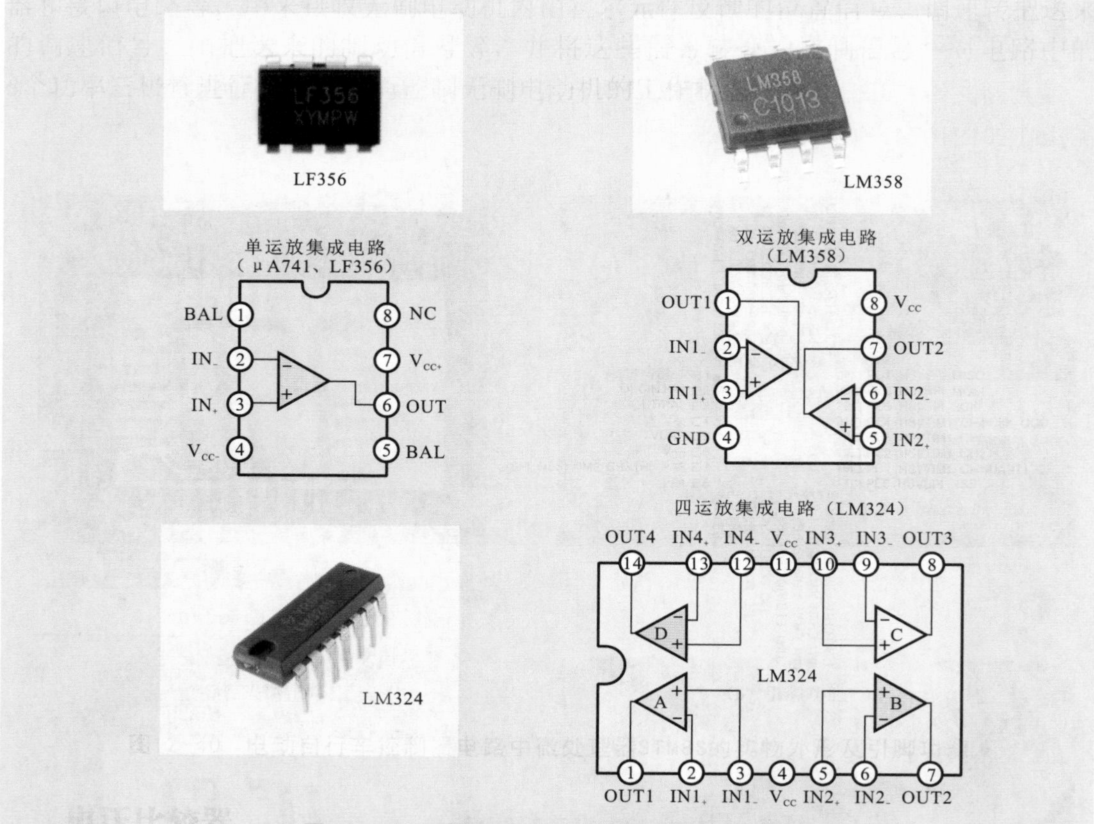

图10-43 运算放大器的实物外形及结构特点

图10-44为典型运算放大电路的基本构成。

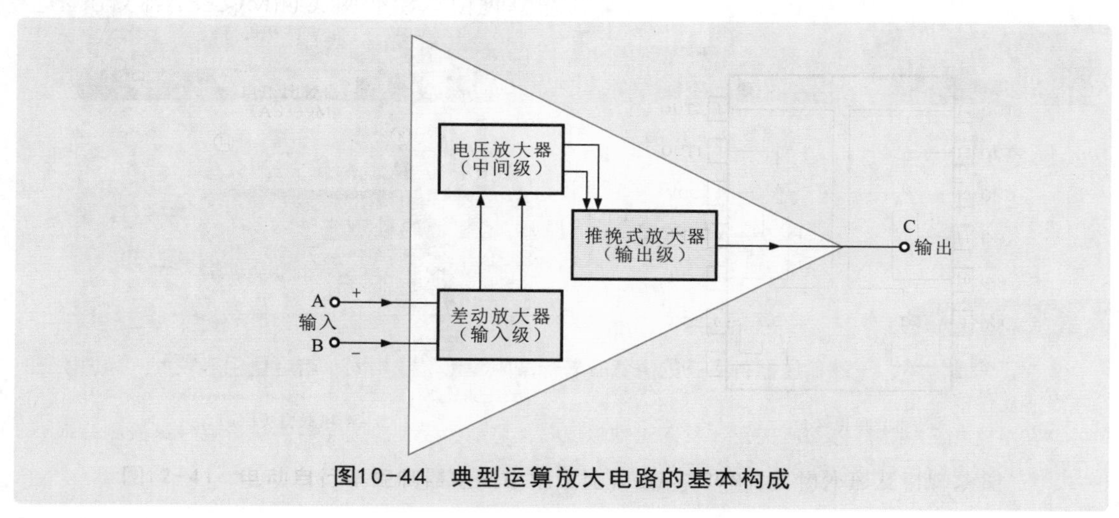
电压放大器
（中间级）
推挽式放大器
（输出级）
C
输出
A
输入
B
差动放大器
（输入级）

图10-44 典型运算放大电路的基本构成

运算放大器是一种集成化的、高增益的多级直接耦合放大器。图10-45为运算放大器的电路图形符号及内部结构。

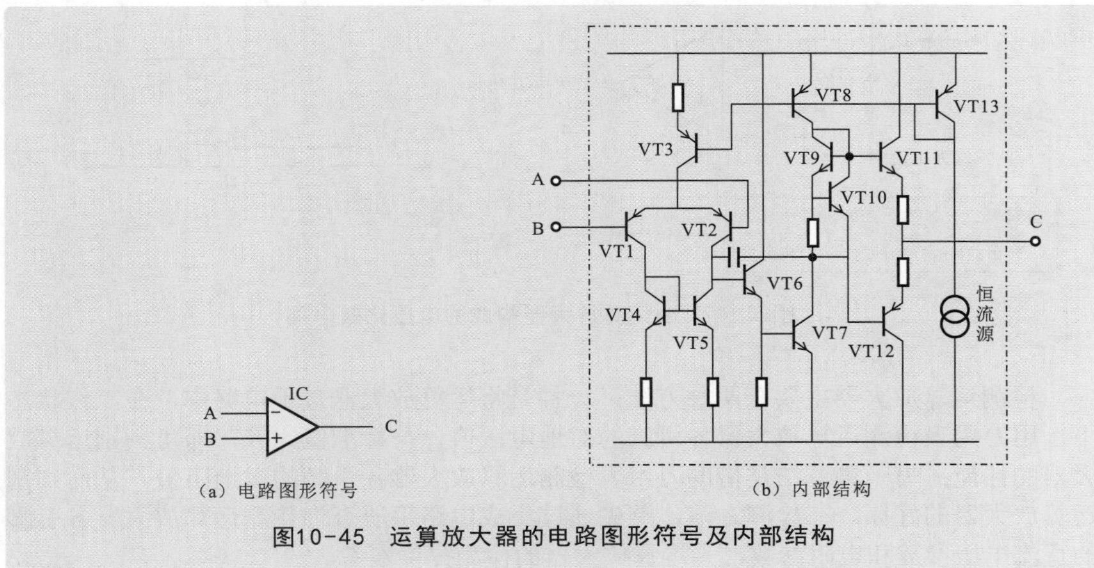
IC
A
B
C
VT1
VT2
VT3
VT4
VT5
VT6
VT7
VT8
VT9
VT10
VT11
VT12
VT13
恒流源
（a）电路图形符号
（b）内部结构
图10-45 运算放大器的电路图形符号及内部结构

运算放大器与外部元器件配合可以制成交/直流放大器、高/低频放大器、正弦波或方波振荡器、高通/低通/带通滤波器、限幅器和电压比较器等，在放大、振荡、电压比较、模拟运算、有源滤波等各种电子电路中得到越来越广泛的应用。

图10-46为加法运算电路。

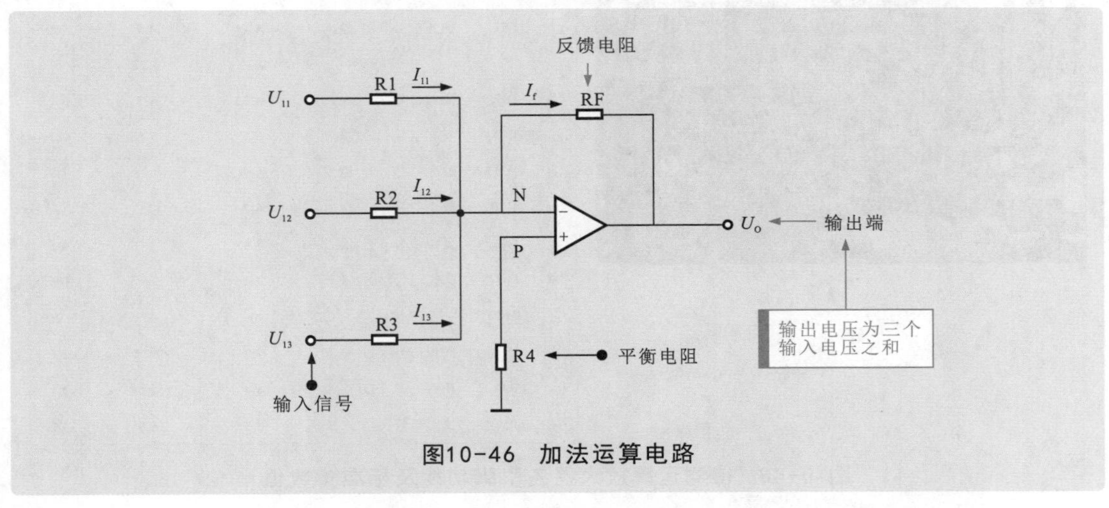
反馈电阻
RF
R1
R2
R3
R4
N
P
输出端
输出电压为三个
输入电压之和
平衡电阻
输入信号
图10-46 加法运算电路

电压比较电路常应用于信号幅度比较、信号幅度选择、波形变换和整形等。其中，信号幅度比较就是将一个模拟量电压信号（比较信号）与一个基准电压信号相比较。

图10-47为由运算放大器构成的电压比较电路，是通过两个输入电压或信号的比较结果决定输出端状态的一种放大器。

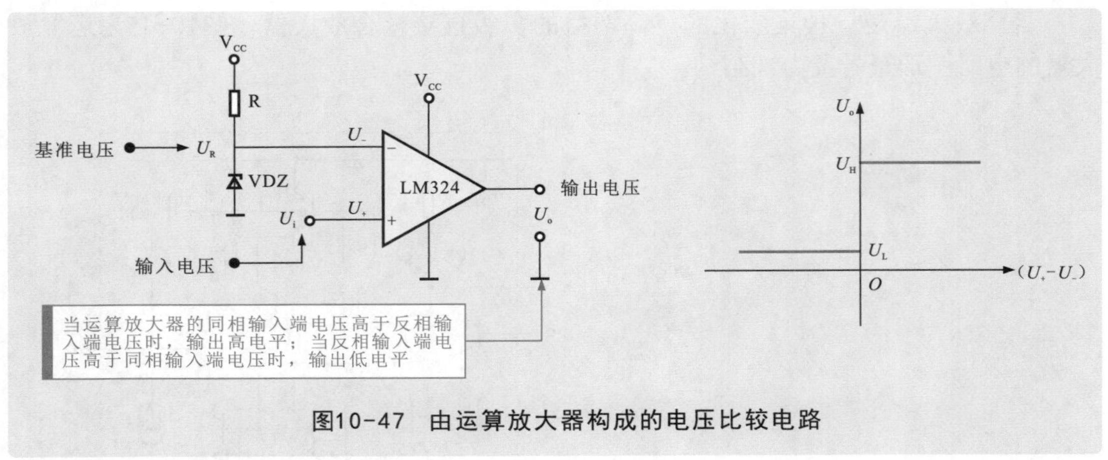
V_{CC}
R
V_{CC}
基准电压
U_R
U_-
VDZ
LM324
输出电压
U_+
U_i
U_o
输入电压
当运算放大器的同相输入端电压高于反相输入端电压时，输出高电平；当反相输入端电压高于同相输入端电压时，输出低电平
U_o
U_H
U_L
O
(U_+-U_-)

图10-47　由运算放大器构成的电压比较电路

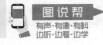

检测运算放大器主要有两种方法：一种是将运算放大器置于电路中，在工作状态下，用万用表检测运算放大器各引脚的对地电压值，与标准值比较，即可判别运算放大器的性能；另一种方法是借助万用表检测运算放大器各引脚的对地阻值，从而判别运算放大器的好坏。在检测之前，首先通过集成电路手册查询待测运算放大器各引脚的直流电压参数和电阻参数，为运算放大器的检测提供参考。

图10-48为待测运算放大器各引脚功能及标准参数值。

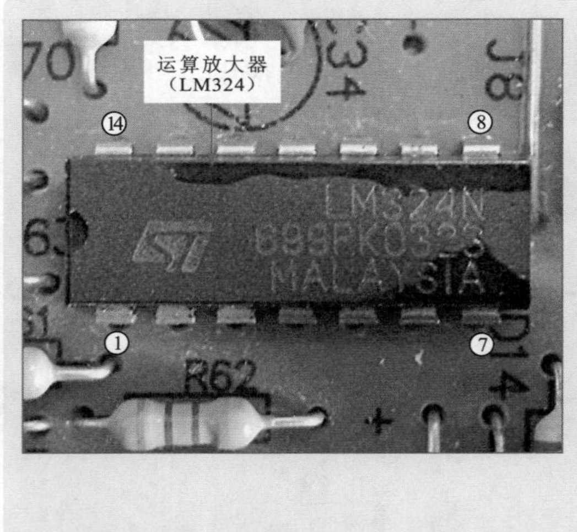
运算放大器
（LM324）
⑭
⑧
①
⑦
LM324N
MALAYSIA
R62

引脚	标志	功能	电阻/kΩ		直流电压/V
			红表笔接地	黑表笔接地	
①	OUT1	放大信号（1）输出	0.38	0.38	1.8
②	$IN1_-$	反相信号（1）输入	6.3	7.6	2.2
③	$IN1_+$	同相信号（1）输入	4.4	4.5	2.1
④	V_{cc}	电源+5 V	0.31	0.22	5
⑤	$IN2_+$	同相信号（2）输入	4.7	4.7	2.1
⑥	$IN2_-$	反相信号（2）输入	6.3	7.6	2.1
⑦	OUT2	放大信号（2）输出	0.38	0.38	1.8
⑧	OUT3	放大信号（3）输出	6.7	23	0
⑨	$IN3_-$	反相信号（3）输入	7.6	∞	0.5
⑩	$IN3_+$	同相信号（3）输入	7.6	∞	0.5
⑪	GND	接地	0	0	0
⑫	$IN4_+$	同相信号（4）输入	7.2	17.4	4.6
⑬	$IN4_-$	反相信号（4）输入	4.4	4.6	2.1
⑭	OUT4	放大信号（4）输出	6.3	6.8	4.2

图10-48　待测运算放大器各引脚功能及标准参数值

1　检测运算放大器各引脚直流电压

在借助万用表检测运算放大器各引脚直流电压时，需要先将运算放大器置于实际的工作环境中，然后将万用表的量程旋钮调至电压挡，分别检测各引脚的电压值来判断运算放大器的好坏。图10-49为运算放大器引脚直流电压的检测方法。

运算放大器

MODEL MF47-8
www.chinadse.org
MODEL MF47-8
全保护·遥控器检测
A-V-Ω

1 将万用表的量程旋钮调至直流10V电压挡，黑表笔搭在运算放大器的接地端（11脚），红表笔依次搭在运算放大器的各引脚上（以3脚为例），检测运算放大器各引脚的直流电压

2 结合万用表量程旋钮的位置可知，实测运算放大器3脚的直流电压约为2.1V

图10-49　运算放大器引脚直流电压的检测方法

补充说明

在实际检测中，若检测电压与标准值比较相差较多，不能轻易认为运算放大器已损坏，应首先排除是否由外围元器件异常引起的；若输入信号正常，而无输出信号，则说明运算放大器已损坏。

另外需要注意的是，若集成电路接地引脚的静态直流电压不为零，则一般有两种情况：一种是接地引脚上的铜箔线路开裂，造成接地引脚与接地线之间断开；另一种情况是接地引脚存在虚焊或假焊情况。

2 检测运算放大器各引脚对地阻值

判断运算放大器的好坏还可以借助万用表检测运算放大器各引脚的正、反向对地阻值，并将实测结果与正常值比较。

图10-50为运算放大器引脚正、反向对地阻值的检测方法。

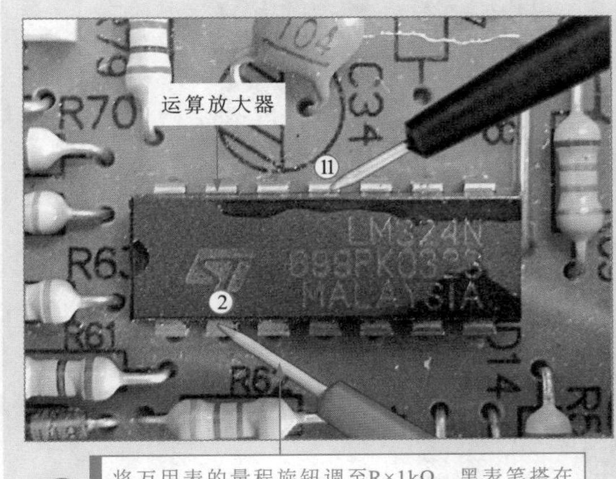
运算放大器
LM324N
MALAYSIA

MODEL MF47-8
www.chinadse.org
MODEL MF47-8
全保护·遥控器检测
A-V-Ω

1 将万用表的量程旋钮调至R×1kΩ，黑表笔搭在运算放大器的接地端（11脚），红表笔依次搭在运算放大器的各引脚上（以2脚为例）

2 实测2脚的正向对地阻值约为7.6kΩ

图10-50　运算放大器引脚正、反向对地阻值的检测方法

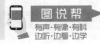

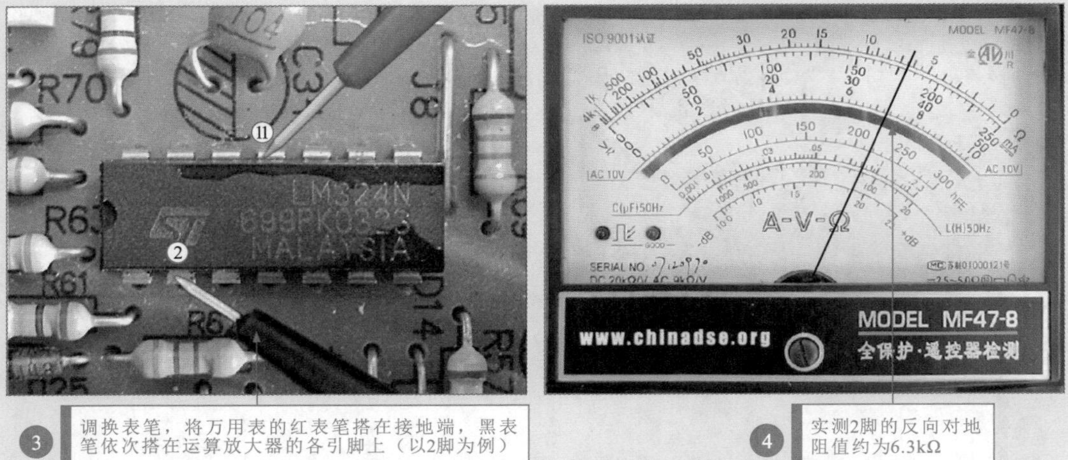
③ 调换表笔，将万用表的红表笔搭在接地端，黑表笔依次搭在运算放大器的各引脚上（以2脚为例）
④ 实测2脚的反向对地阻值约为6.3kΩ
MODEL MF47-8
www.chinadse.org
全保护·遥控器检测

图10-50　运算放大器引脚正、反向对地阻值的检测方法（续）

补充说明

在正常情况下，运算放大器各引脚的正、反向对地阻值应与正常值相近。若实测结果与标准值偏差较大或为零或无穷大，则多为运算放大器内部损坏。

10.2.3 检测音频功率放大器

音频功率放大器是一种用于放大音频信号输出功率的集成电路，能够推动扬声器音圈振荡发出声音，在各种影音产品中应用十分广泛。

图10-51为常见音频功率放大器的实物外形。

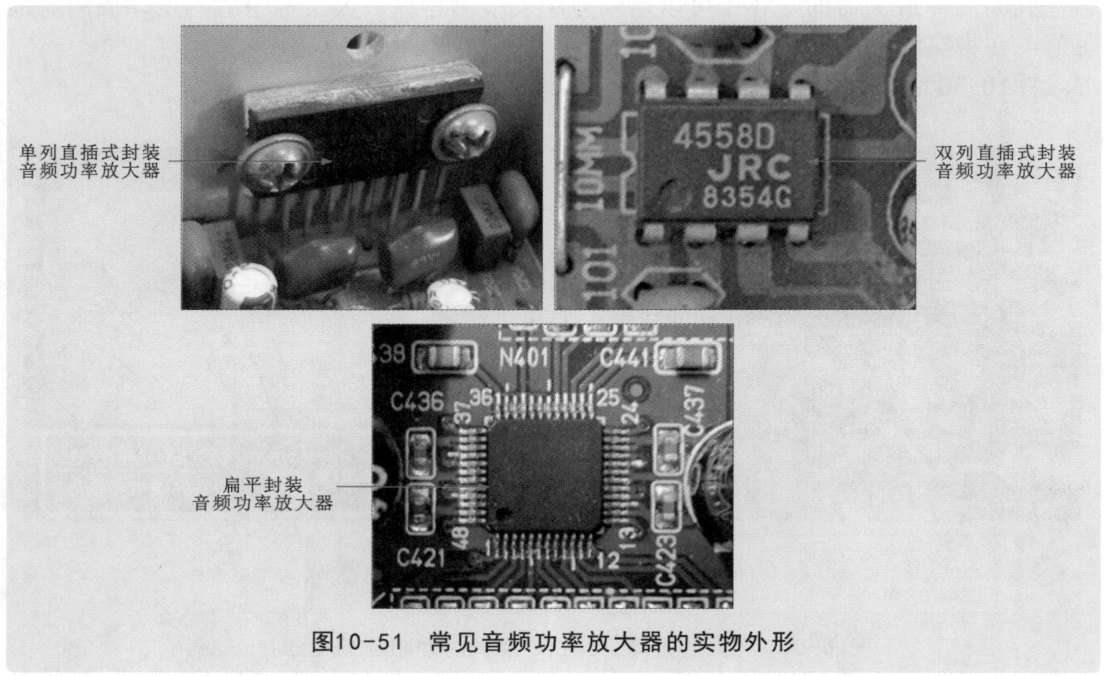
单列直插式封装音频功率放大器
双列直插式封装音频功率放大器
4558D
JRC
8354G
扁平封装音频功率放大器

图10-51　常见音频功率放大器的实物外形

图10-52为多声道音频功率放大器的应用电路。由于AN7135具有两个输入端、两个输出端，因此也称其为双声道音频功率放大器，特别适合大中型音响产品。

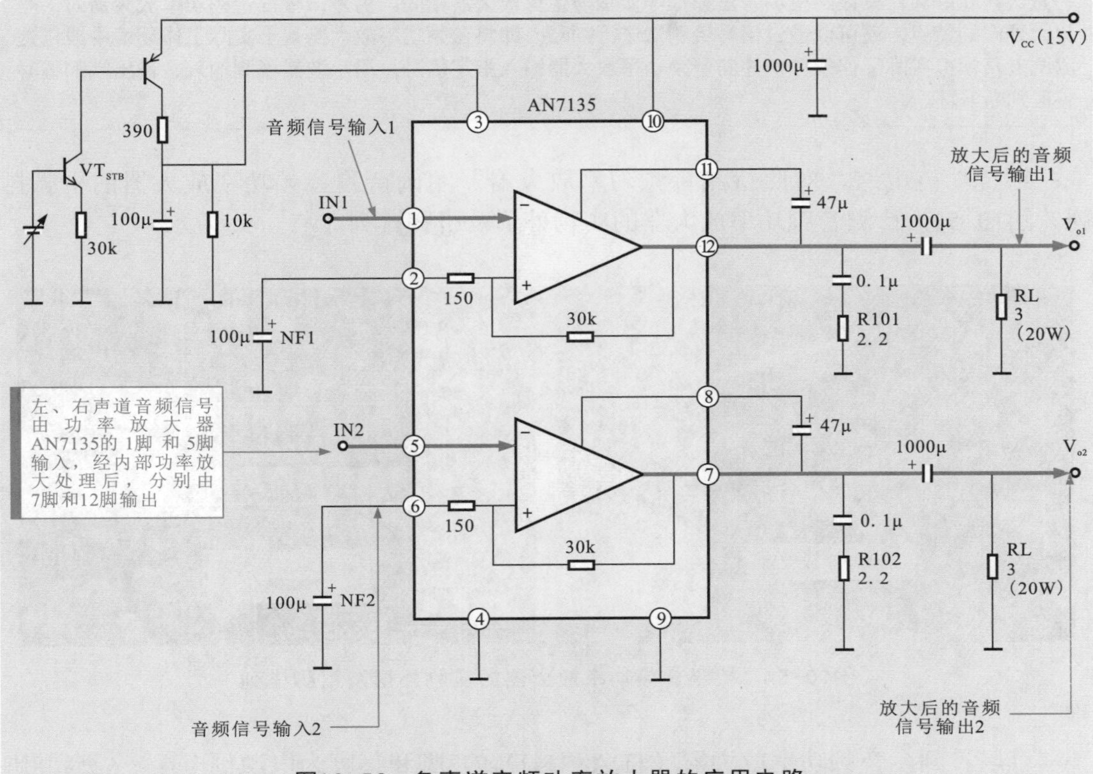

图10-52 多声道音频功率放大器的应用电路

以彩色电视机中的音频功率放大器为例，看一下音频功率放大器的检测方法。图10-53为待测音频功率放大器的功能电路。

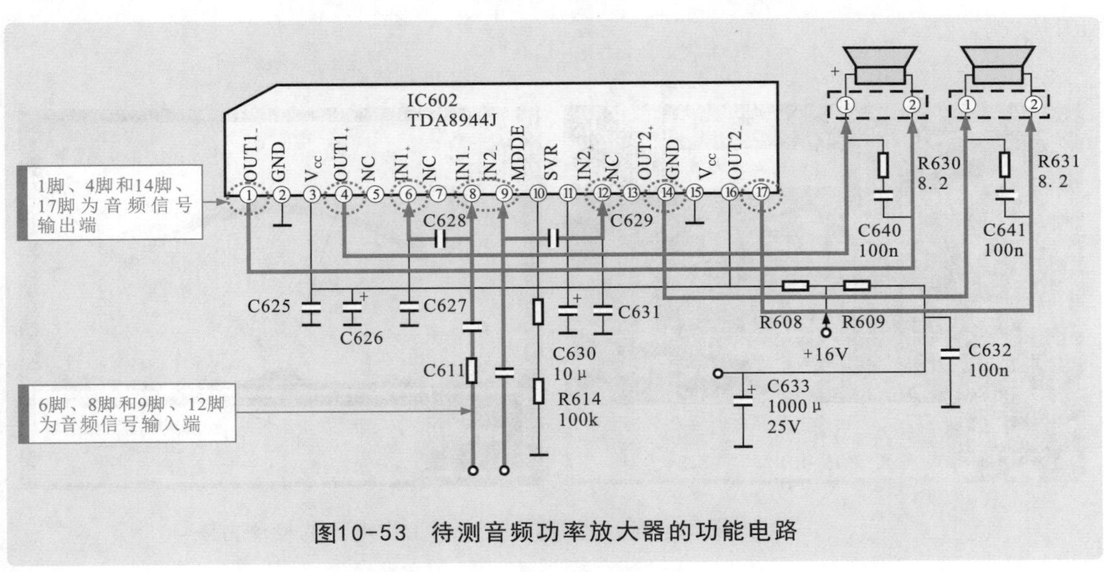
IC602
TDA8944J
1脚、4脚和14脚、17脚为音频信号输出端
6脚、8脚和9脚、12脚为音频信号输入端
C628
C629
C625
C626
C627
C631
C611
C630
10 μ
R614
100k
R630
8. 2
R631
8. 2
C640
100n
C641
100n
R608
R609
+16V
C632
100n
C633
1000 μ
25V

图10-53 待测音频功率放大器的功能电路

补充说明

音频功率放大器也可以采用检测各引脚动态电压值及各引脚正、反向对地阻值，并与标准值比较的方法判断好坏，具体的检测方法和操作步骤与运算放大器相同。另外，根据音频功率放大器对信号放大处理的特点，还可以通过信号检测法进行判断，即将音频功率放大器置于实际工作环境中或搭建测试电路模拟实际工作条件，并向音频功率放大器输入指定信号，用示波器观测输入、输出端的信号波形判断好坏。

结合功能电路，对照待测音频功率放大器，明确待测音频功率放大器的引脚排列。图10-54为待测音频功率放大器的实物外形及引脚排列。

音频功率放大器

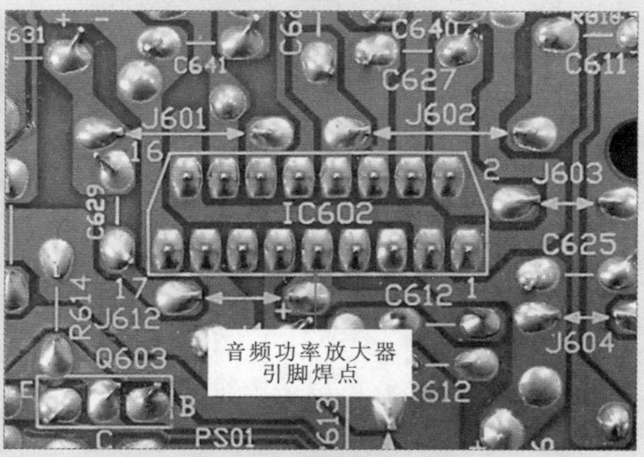
C640
C641
C627
C611
J601
J602
16
2
J603
C629
IC602
C625
17
1
C612
R614
J612
J604
Q603
音频功率放大器
引脚焊点
R612
E
B
C
PS01

图10-54　待测音频功率放大器的实物外形及引脚排列

可以看到，音频功率放大器（TDA8944J）的3脚和16脚为电源供电端；6脚和8脚为左声道信号输入端；9脚和12脚为右声道信号输入端；1脚和4脚为左声道信号输出端；14脚和17脚为右声道信号输出端。这些引脚是音频信号的主要检测点，除了检测输入、输出音频信号外，还需对电源供电电压进行检测。

使用万用表检测音频功率放大器的工作电压。图10-55为音频功率放大器工作电压的检测方法。

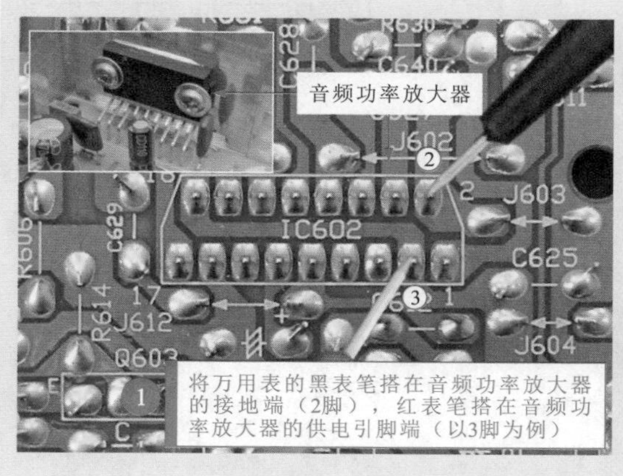
音频功率放大器
J602
2
J603
IC602
C625
17
R614
J612
J604
Q603
1
3
E
C
将万用表的黑表笔搭在音频功率放大器的接地端（2脚），红表笔搭在音频功率放大器的供电引脚端（以3脚为例）

ISO 9001认证
MODEL MF47-8
A-V-Ω
AC 10V
C(μF)50Hz
L(H)50Hz
2
实测音频功率放大器3脚的直流电压约为16V（万用表的量程旋钮调至直流50V电压挡）

图10-55　音频功率放大器工作电压的检测方法

工作电压正常，继续对音频功率放大器输入端和输出端的信号波形进行检测。图10-56为音频功率放大器输入端信号波形的检测方法。

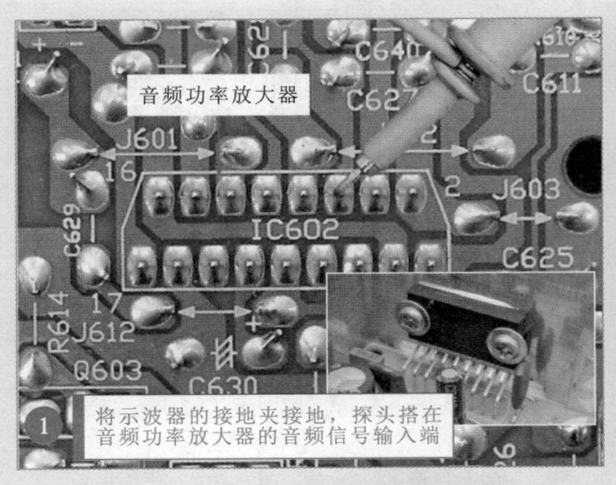
音频功率放大器
J601
16
IC602
J603
C625
C629
17
R614
J612
Q603
C630
C640
C627
C611
1
将示波器的接地夹接地，探头搭在音频功率放大器的音频信号输入端

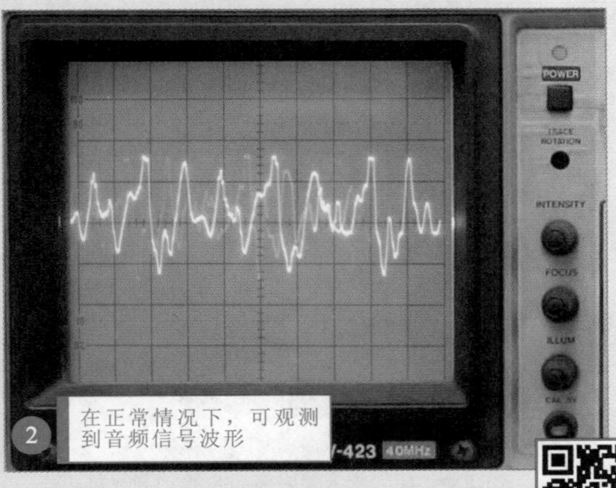
POWER
INTENSITY
FOCUS
2
在正常情况下，可观测到音频信号波形
V-423 40MHz

图10-56　音频功率放大器输入端信号波形的检测方法

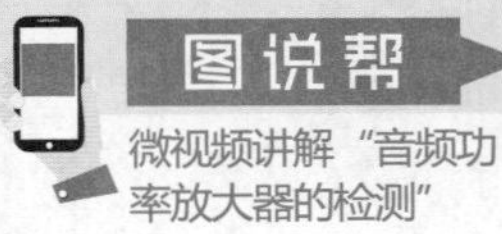
图说帮
微视频讲解“音频功率放大器的检测”

图10-57为音频功率放大器输出端信号波形的检测方法。

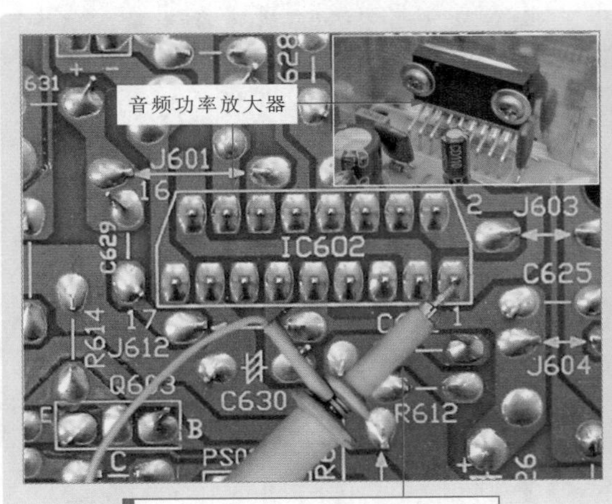
音频功率放大器
J601
16
IC602
J603
C625
C629
17
R614
J612
J604
C630
R612
1
将示波器的接地夹接地，探头搭在音频功率放大器的音频信号输出端

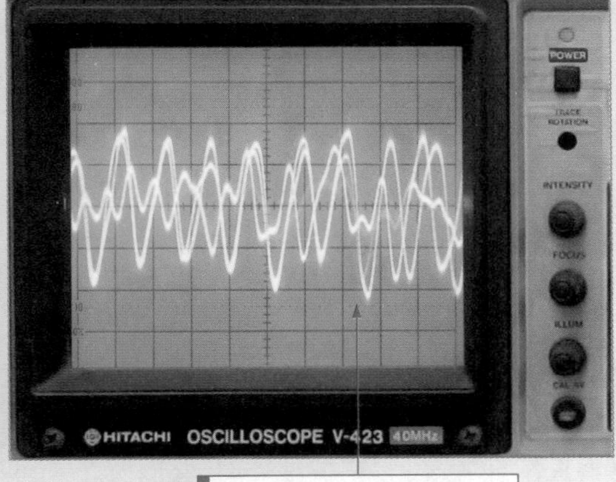
POWER
INTENSITY
FOCUS
HITACHI OSCILLOSCOPE V-423 40MHz
2
在正常情况下，可观测到经过放大后的音频信号波形

图10-57　音频功率放大器输出端信号波形的检测方法

补充说明

若经检测，音频功率放大器的供电正常，输入信号也正常，但无输出或输出信号异常，则多为音频功率放大器内部损坏。

需要注意的是，只有在明确音频功率放大器工作条件正常的前提下检测输出信号才有实际意义。否则，即使音频功率放大器本身正常、工作条件异常，也无法输出正常的音频信号，影响检测结果。

如没有示波器，除信号检测外，还可以使用万用表对待测音频功率放大器各引脚的对地阻值进行测量。图10-58为音频功率放大器引脚对地阻值的检测方法。

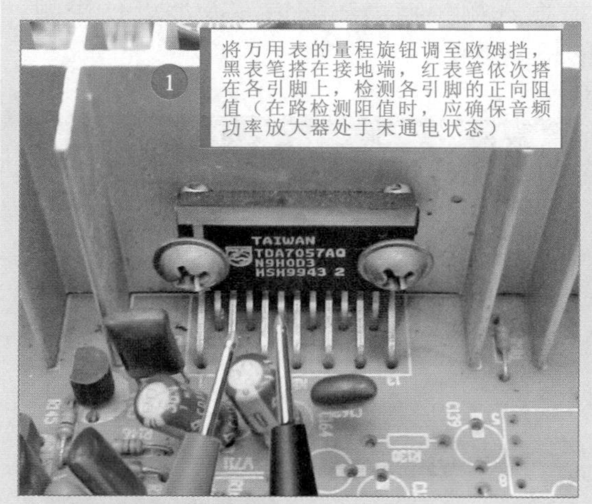
1
将万用表的量程旋钮调至欧姆挡，黑表笔搭在接地端，红表笔依次搭在各引脚上，检测各引脚的正向阻值（在路检测阻值时，应确保音频功率放大器处于未通电状态）
TAIWAN
TDA7057AQ
N9H0D3
HSH9943 2

2
从万用表的显示屏上可读取实测各引脚的正向阻值
CEM
DT-922
027.2
KΩ
Autoranging Digital Multimeter
MODE
RANGE
HOLD
REL

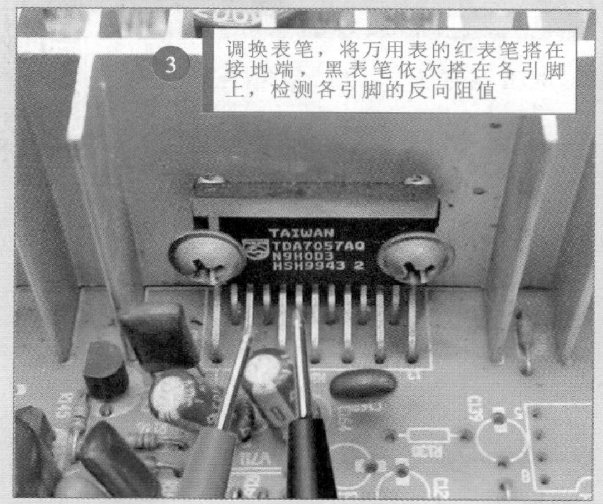
3
调换表笔，将万用表的红表笔搭在接地端，黑表笔依次搭在各引脚上，检测各引脚的反向阻值
TAIWAN
TDA7057AQ
N9H0D3
HSH9943 2

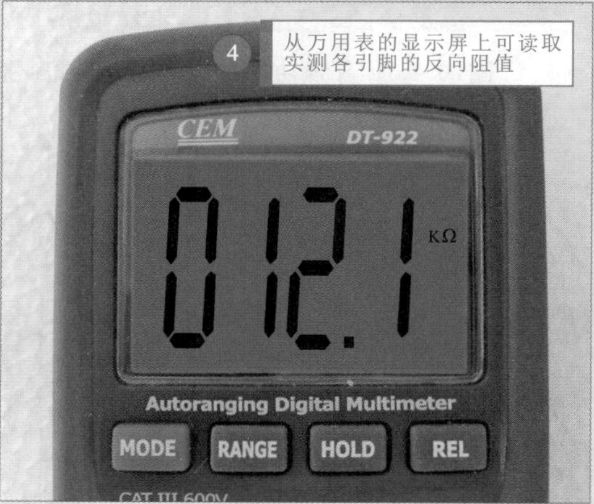
4
从万用表的显示屏上可读取实测各引脚的反向阻值
CEM
DT-922
012.1
KΩ
Autoranging Digital Multimeter
MODE
RANGE
HOLD
REL

实测结果

黑表笔接地	0.8	∞	27.2	40.2	150	0	0.8	30.2	0	30.2	30.2	0	30.2
引脚号	①	②	③	④	⑤	⑥	⑦	⑧	⑨	⑩	⑪	⑫	⑬
红表笔接地	0.8	∞	12.1	5	11.4	0	0.8	8.5	0	8.5	8.5	0	8.5

注：单位为kΩ。

将实测结果与集成电路手册中的标准值比较

标准值

黑表笔接地	0.78	∞	27	40.2	150	0	0.78	30.1	0	30.1	30.2	0	30.1
引脚号	①	②	③	④	⑤	⑥	⑦	⑧	⑨	⑩	⑪	⑫	⑬
红表笔接地	0.78	∞	12	5	11.4	0	0.78	8.4	0	8.4	8.4	0	8.4

注：单位为kΩ。

图10-58　音频功率放大器引脚对地阻值的检测方法

补充说明

根据比较结果可对音频功率放大器的好坏做出判断：

◇ 若实测结果与标准值相同或十分相近，则说明音频功率放大器正常。

◇ 若出现多组引脚正、反向阻值为零或无穷大，则表明音频功率放大器内部损坏。

用电阻法检测音频功率放大器需要与标准值比较才能做出判断，如果无法找到集成电路手册资料，则可以找一台与所测型号相同的、正常的机器作为对照，通过与相同部位各引脚阻值的比较进行判断，若相差很大，则多为音频功率放大器损坏。

10.2.4 检测微处理器

微处理器简称CPU，是将控制器、运算器、存储器、稳压电路、输入和输出通道、时钟信号产生电路等集成于一体的大规模集成电路。因其具有分析和判断功能，犹如人的大脑，故而又称为微电脑，广泛应用于各种电子产品中。

目前，大多数电子产品都具有自动控制功能，都是由微处理器实现的。由于不同电子产品的功能不同，因此微处理器所实现的具体控制功能也不同。

例如，空调器中的微处理器是实现自动制冷/制热功能的核心器件，内部集成运算器和控制器主要用来对人工指令信号和传感器的检测信号进行识别，输出对控制器各电气部件的控制信号，实现制冷/制热功能控制。

图10-59为空调器中微处理器的实物外形及功能框图。

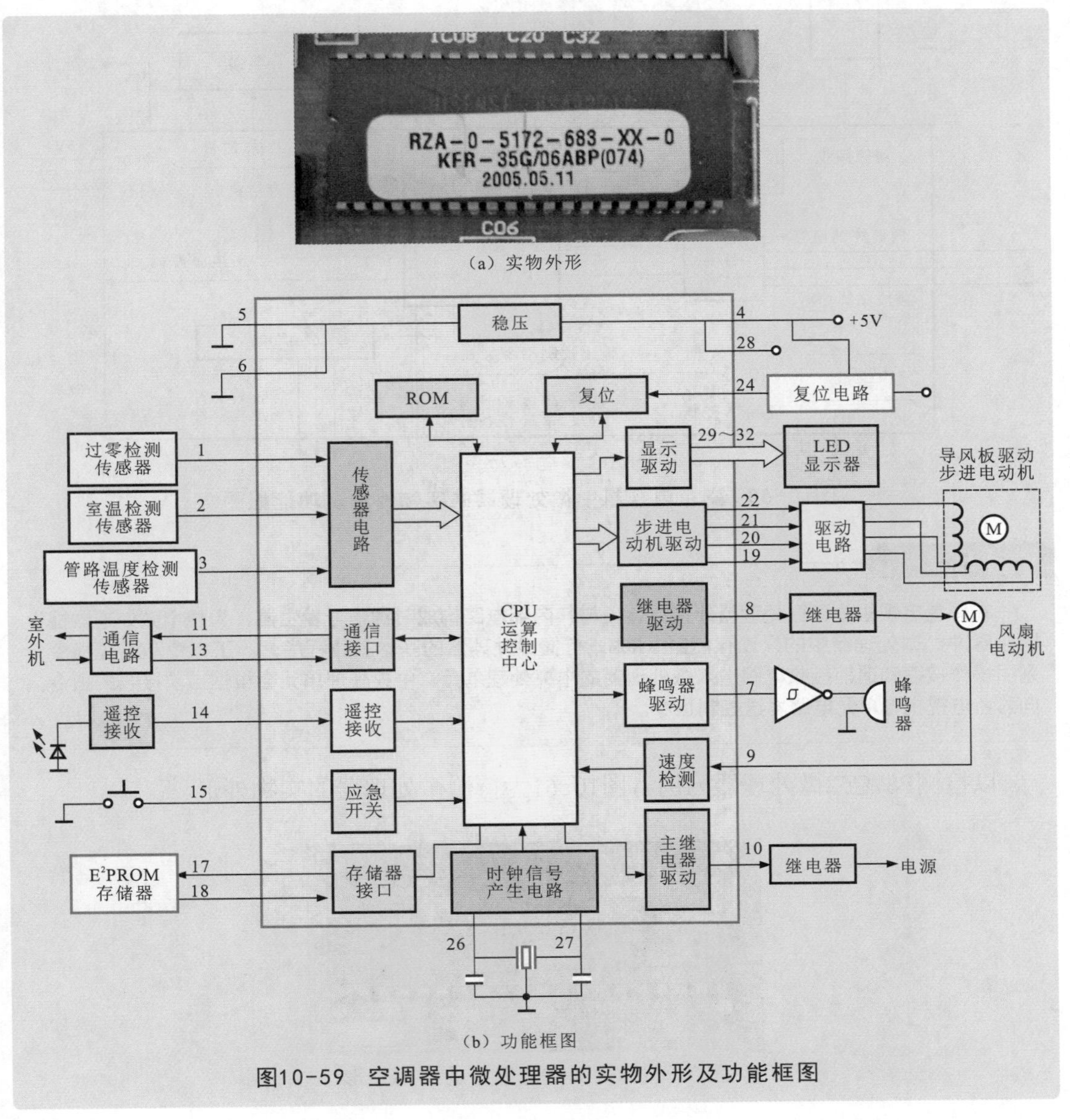
RZA-0-5172-683-XX-0
KFR-35G/06ABP(074)
2005.05.11
C06
(a) 实物外形
稳压
+5V
ROM
复位
复位电路
过零检测传感器
室温检测传感器
管路温度检测传感器
传感器电路
显示驱动
LED显示器
29～32
导风板驱动步进电动机
步进电动机驱动
驱动电路
CPU运算控制中心
继电器驱动
继电器
风扇电动机
室外机
通信电路
通信接口
遥控接收
蜂鸣器驱动
蜂鸣器
速度检测
应急开关
主继电器驱动
继电器
电源
E²PROM存储器
存储器接口
时钟信号产生电路
(b) 功能框图

图10-59 空调器中微处理器的实物外形及功能框图

彩色电视机中的微处理器主要用来接收由遥控器或操作按键送来的人工指令，并根据内部程序和数据信息将这些指令信息变为控制各单元电路的控制信号，实现对彩色电视机开/关机、选台、音量/音调、亮度、色度、对比度等功能和参数的调节和控制。图10-60为彩色电视机中微处理器的实物外形及功能框图。

TDA9373PS/N2/AI0996
CB7728
K2K544
TCL A01V01-PH
© PHILIPS 2000
TS0303 N2IF1AS Y
红外线
遥控信号接收
操作电路
晶体
存储器
微处理器
遥控接收
晶振
键控输入/输出
数据 片选 时钟
数据存取控制
供电
复位
+5V
0~5V
接收键控指令和遥控信息
只读存储器 ROM
调谐控制信号
调谐控制
中央处理单元
电源控制
频段选择信号
字符位置
输出控制指令
I²C总线
SCL SDA
TV/AV 控制
静噪 静像 对比度
亮度 音量 色度控制
字符显示信号
行逆程脉冲
场逆程脉冲
复位

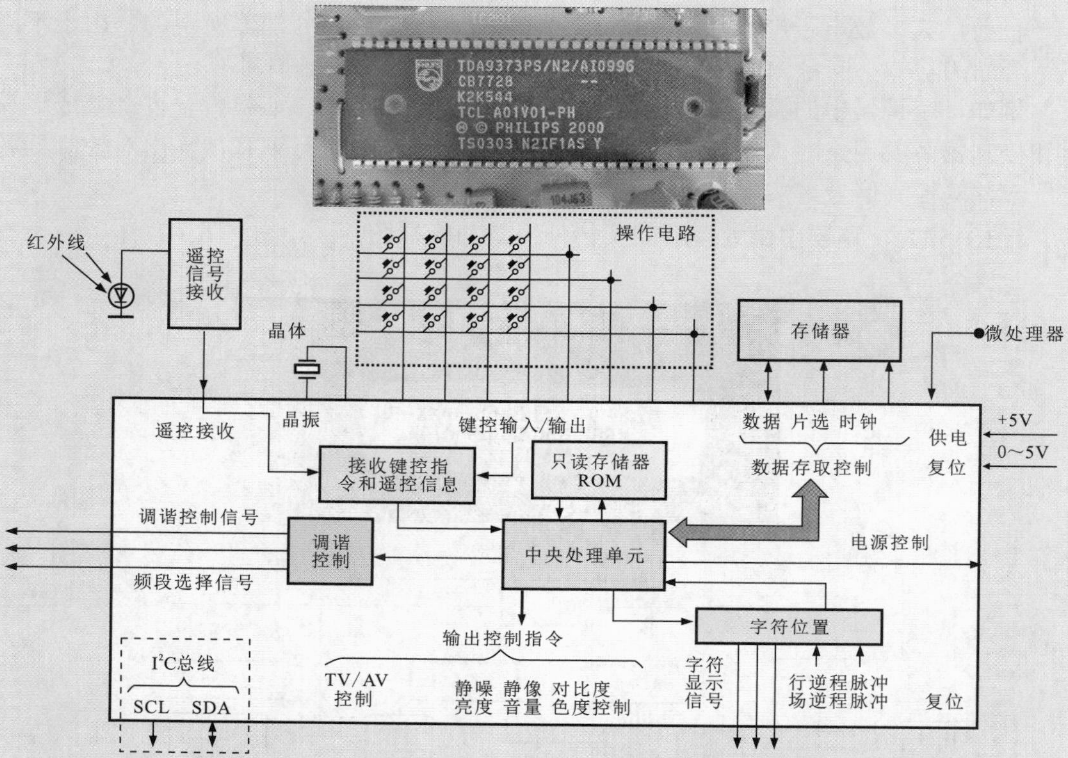

图10-60 彩色电视机中微处理器的实物外形及功能框图

补充说明

在彩色电视机中，微处理器外接晶体，与其内部电路构成时钟信号发生器，为整个微处理器提供同步脉冲。微处理器中的只读存储器（ROM）存储微处理器的基本工作程序。人工指令和遥控指令分别由操作按键和遥控接收电路送入微处理器的中央处理单元。中央处理单元会根据当前接收的指令，向彩色电视机各单元电路发送控制指令。

以检测P87C52微处理器为例。图10-61为待测微处理器的实物外形。

40
21
1
20

图10-61 待测微处理器的实物外形

表10-9为P87C52微处理器各引脚的功能及相关参数标准值。

表10-9 P87C52微处理器各引脚的功能及相关参数标准值

引脚	名称	引脚功能	电阻/kΩ		直流电压/V
			红表笔接地	黑表笔接地	
1	HSEL0	地址选择信号（0）输出	9.1	6.8	5.4
2	HSEL1	地址选择信号（1）输出	9.1	6.8	5.5
3	HSEL2	地址选择信号（2）输出	7.2	4.6	5.3
4	DS	主数据信号输出	7.1	4.6	5.3
5	R/W	读/写控制信号	7.1	4.6	5.3
6	CFLEVEL	状态标志信号输入	9.1	6.8	0
7	DACK	应答信号输入	9.1	6.8	5.5
8/9	RESET	复位信号	9.1/2.3	6.8/2.2	5.5/0.2
10	SCL	时钟线	5.8	5.2	5.5
11	SDA	数据线	9.2	6.6	0
12	INT	中断信号输入/输出	5.8	5.6	5.5
13	REM IN_	遥控信号输入	9.2	5.8	5.4
14	DSA CLK	时钟信号输入/输出	9.2	6.6	0
15	DSA DATA	数据信号输入/输出	5.4	5.3	5.3
16	DSA ST	选通信号输入/输出	9.2	6.6	5.5
17	OK	卡拉OK信号输入	9.2	6.6	5.5
18/19	XTAL	晶振（12MHz）	9.2/9.2	5.3/5.2	2.7/2.5
20	GND	接地	0	0	0
21	VFD ST	屏显选通信号输入/输出	8.6	5.5	4.4
22	VFD CLK	屏显时钟信号输入/输出	8.6	6.2	5.3
23	VFD DATA	屏显数据信号输入/输出	9.2	6.7	1.3
24/25	P23/P24	未使用	9.2	6.6	5.5
26	MIN IN	话筒检测信号输入	9.2	6.6	5.5
27	P26	未使用	9.2	6.7	2
28	-YH CS	片选信号输出	9.2	6.6	5.5
29	PSEN	使能信号输出	9.2	6.6	5.5
30	ALE/PROG	地址锁存使能信号	9.2	6.7	1.7
31	EANP	使能信号	1.6	1.6	5.5
32	P07	主机数据信号（7）输出/输入	9.5	6.8	0.9
33	P06	主机数据信号（6）输出/输入	9.3	6.7	0.9
34	P05	主机数据信号（5）输出/输入	5.4	4.8	5.2
35	P04	主机数据信号（4）输出/输入	9.3	6.8	0.9
36	P03	主机数据信号（3）输出/输入	6.9	4.8	5.2
37	P02	主机数据信号（2）输出/输入	9.3	6.7	1
38	P01	主机数据信号（1）输出/输入	9.3	6.7	1
39	P00	主机数据信号（0）输出/输入	9.3	6.7	1
40	V_{cc}	电源+5.5V	1.6	1.6	5.5

图10-62为微处理器各引脚正、反向对地阻值的检测方法。

30
P87C52
L7080731B
INTEL ©1980
20
R155
R153
R151
R156
R168 R169 R170
ISO 9001认证
MODEL MF47-8
AC 10V
C(μF)50Hz
A-V-Ω
L(H)50Hz
SERIAL NO.
www.chinadse.org
MODEL MF47-8
全保护·遥控器检测
1
将万用表的量程旋钮调至×1kΩ，并进行欧姆调零，黑表笔搭在微处理器的接地端（20脚），红表笔依次搭在微处理器的各引脚上（以30脚为例）
2
结合万用表量程旋钮的位置可知，实测微处理器30脚的正向对地阻值约为6.1×1kΩ=6.1kΩ
3
调换表笔，将万用表的红表笔搭在接地端，黑表笔依次搭在微处理器各引脚上（以30脚为例）
4
实测微处理器30脚的反向对地阻值约为9.2kΩ

图10-62　微处理器各引脚正、反向对地阻值的检测方法

补充说明

在正常情况下，微处理器各引脚的正、反向对地阻值应与标准值相近，否则，可能为微处理器内部损坏，需要用同型号的微处理器代换。

微处理器的型号不同，引脚功能也不同，但基本都包括供电端、晶振端、复位端、I^2C总线信号端和控制信号输出端，因此，判断微处理器的性能可通过对这些引脚的电压或信号参数进行检测。若这些引脚的参数均正常，但微处理器仍无法实现控制功能，则多为微处理器内部电路异常。

微处理器供电及复位电压的检测方法与音频功率放大器供电电压的检测方法相同。下面主要介绍用示波器检测微处理器晶振信号、I^2C总线信号的检测方法。

图10-63为示波器检测微处理器晶振信号的方法。

1
将示波器的接地夹接地，探头搭在微处理器的晶振信号端（18脚或19脚上）
P87C52
L7080731B
INTEL©1980
18 19

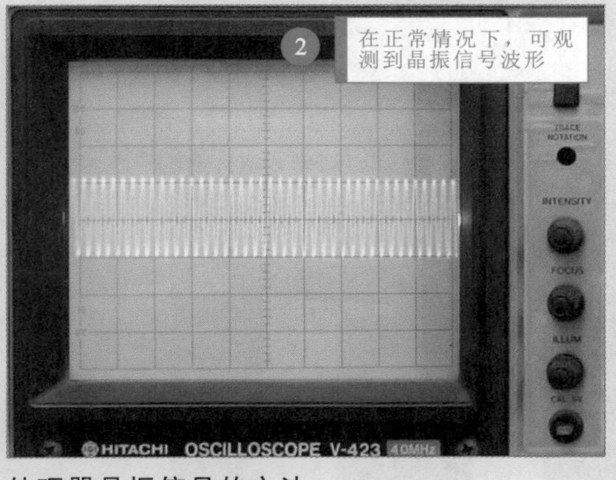
2
在正常情况下，可观测到晶振信号波形
HITACHI OSCILLOSCOPE V-423 40MHz

图10-63 示波器检测微处理器晶振信号的方法

图10-64为微处理器I^{2}C总线信号的检测方法。

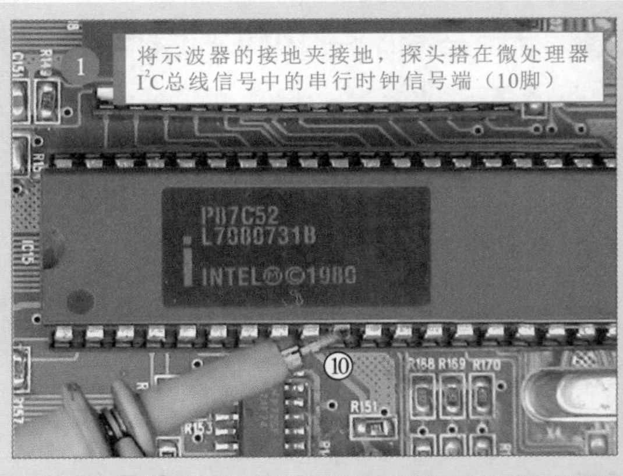
1
将示波器的接地夹接地，探头搭在微处理器I^{2}C总线信号中的串行时钟信号端（10脚）
P87C52
L7080731B
INTEL©1980
10

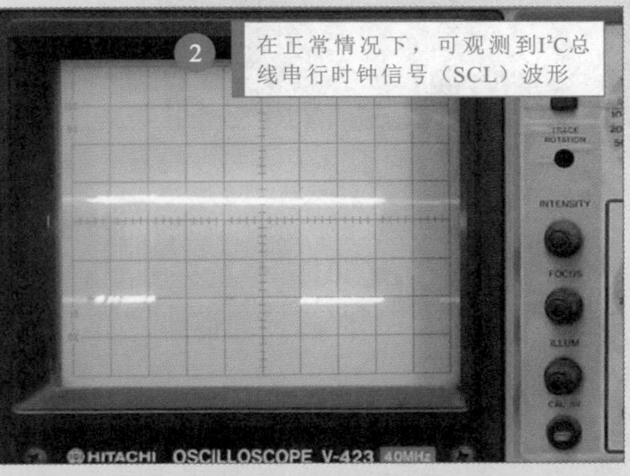
2
在正常情况下，可观测到I^{2}C总线串行时钟信号（SCL）波形
HITACHI OSCILLOSCOPE V-423 40MHz

1
将示波器的接地夹接地，探头搭在微处理器I^{2}C总线信号中的数据信号端（11脚）
P87C52
L7080731B
INTEL©1980
11

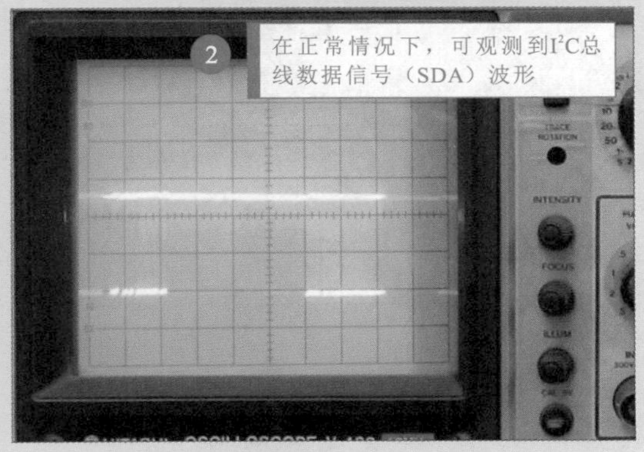
2
在正常情况下，可观测到I^{2}C总线数据信号（SDA）波形

图10-64 微处理器I^{2}C总线信号的检测方法

补充说明

I^{2}C总线信号是微处理器的标志性信号之一，也是微处理器对其他电路进行控制的重要信号，若该信号消失，则说明微处理器没有处于工作状态。

在正常情况下，若微处理器供电、复位和晶振三大基本条件正常，一些标志性输入信号正常，但I^{2}C总线信号异常或输出端控制信号异常，则多为微处理器内部损坏。

本章系统介绍常用电气部件的功能特点、检测及应用技能。

- 开关部件的特点与检测
- 扬声器的特点与检测
- 蜂鸣器的特点与检测
- 数码显示器的特点与检测
- 继电器的特点与检测
- 接触器的特点与检测
- 光电耦合器的特点与检测
- 霍尔元件的特点与检测
- 变压器的特点与检测
- 电动机的特点与检测

第11章 电气部件的功能特点与检测应用

11.1 开关部件的特点与检测

11.1.1 了解开关部件

开关部件是指用于接通和断开电路的电气部件，它一般用来控制仪器、仪表的工作状态或对多个电路进行切换，该部件可以在接通和断开两种状态下相互转换，也可将多组多位开关制成一体，从而实现同步切换。开关部件在几乎所有的电子产品中都有应用，是电子产品实现控制的基础部件。

图11-1为开关部件在报警电路中的功能应用。

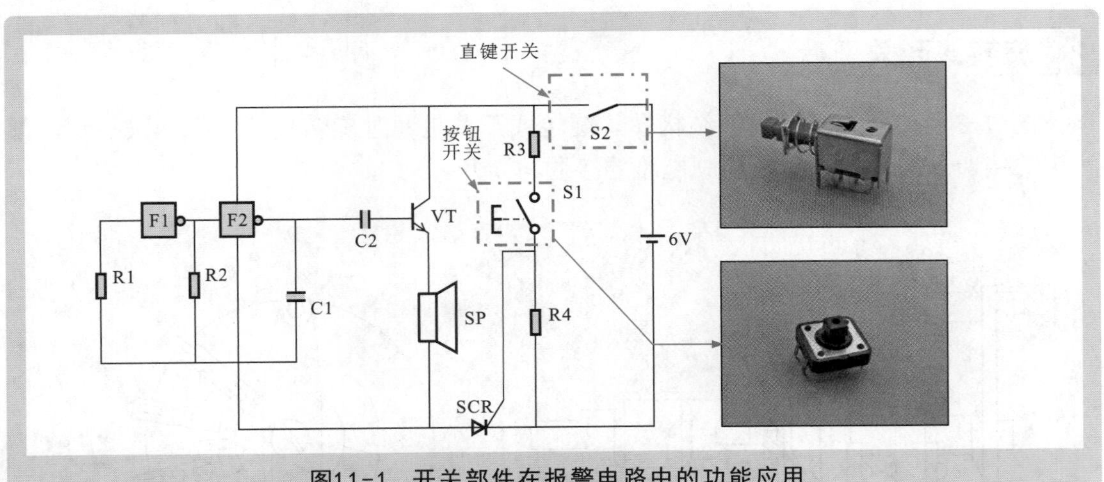
直键开关
按钮开关
S2
R3
S1
F1
F2
C2
VT
6V
R1
R2
C1
SP
R4
SCR

图11-1　开关部件在报警电路中的功能应用

补充说明

开关部件的主要特性就是具有接通和断开电路的功能，利用这种功能可实现对各种电子产品及电气设备的控制。

按下直键开关S2，则可接通电路的供电电源，此时只要轻触一下开关S1，则可触发晶闸管SCR，使电路接通，音频振荡信号经三极管VT放大后去驱动扬声器，则会持续发出报警声，直到将电源关断一次，重新处于等待状态。

开关部件的种类多种多样，按照其结构的不同，通常可分为按动式开关、旋转式开关、滑动式开关、撬动式开关、钮子式开关等。

1 按动式开关

按动式开关是指通过按动按钮或按键来控制开关内部触头的接通与断开的部件，从而实现对电路接通与断开的控制。

图11-2为按动式开关内部结构图，按动式开关根据内部结构的不同，还可细分为常开按动式开关、常闭按动式开关和复合按动式开关三种。

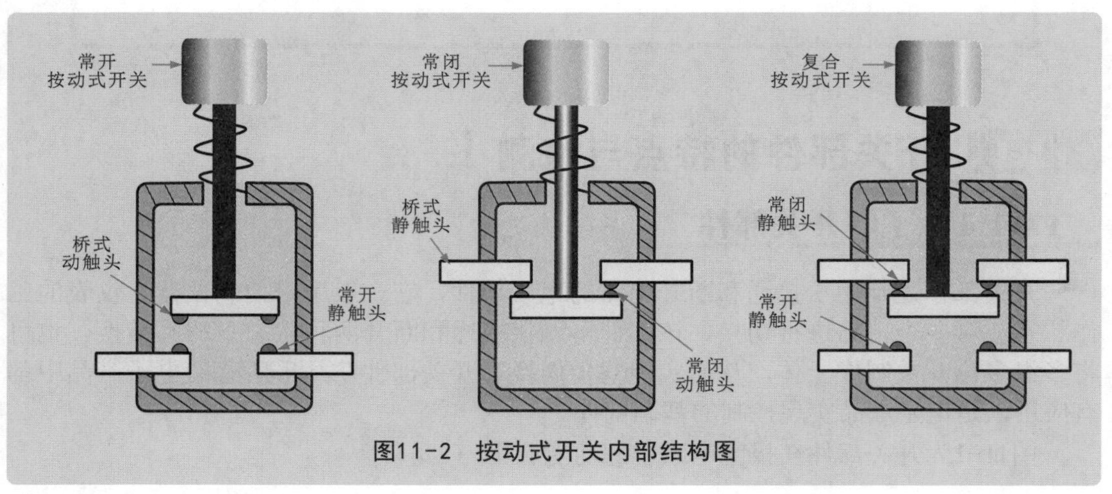
常开
按动式开关
桥式
动触头
常开
静触头
常闭
按动式开关
桥式
静触头
常闭
动触头
复合
按动式开关
常闭
静触头
常开
静触头
图11-2 按动式开关内部结构图

2 旋转式开关

图11-3为旋转式开关内部结构图。旋转式开关是通过旋转式开关手柄来控制内部触头的接通与断开的，从而控制电路的接通与断开。

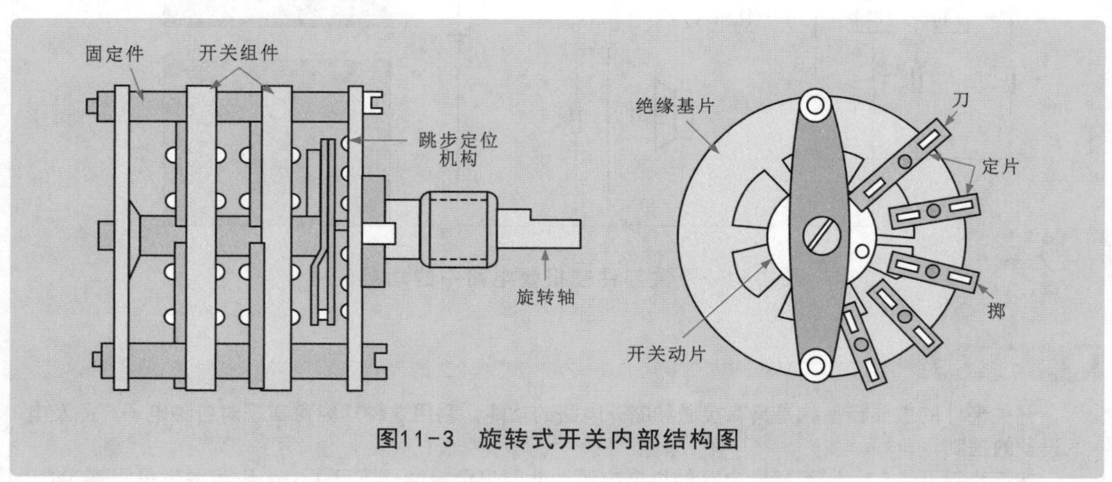
固定件
开关组件
跳步定位
机构
旋转轴
绝缘基片
刀
定片
掷
开关动片
图11-3 旋转式开关内部结构图

3 滑动式开关

图11-4为滑动式开关内部结构图。滑动式开关是通过拨动滑动手柄来带动开关内部的滑块或滑片滑动，从而控制开关触头的接通与断开。

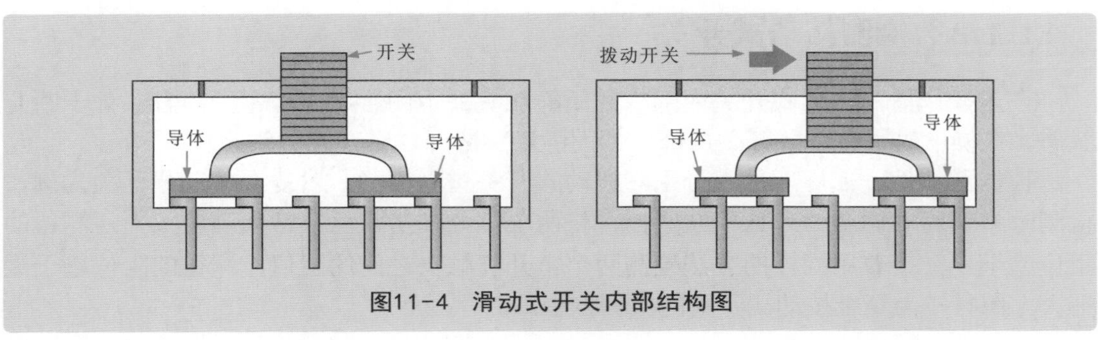
开关
拨动开关
导体
导体
导体
导体

图11-4　滑动式开关内部结构图

4 撬动式开关

图11-5为撬动式开关内部结构图。撬动式开关是指通过按动开关翘板来接通与断开开关内部的触头，进而实现对电路的接通与断开的控制。该类开关常用于电子产品或电气设备的电源开关。

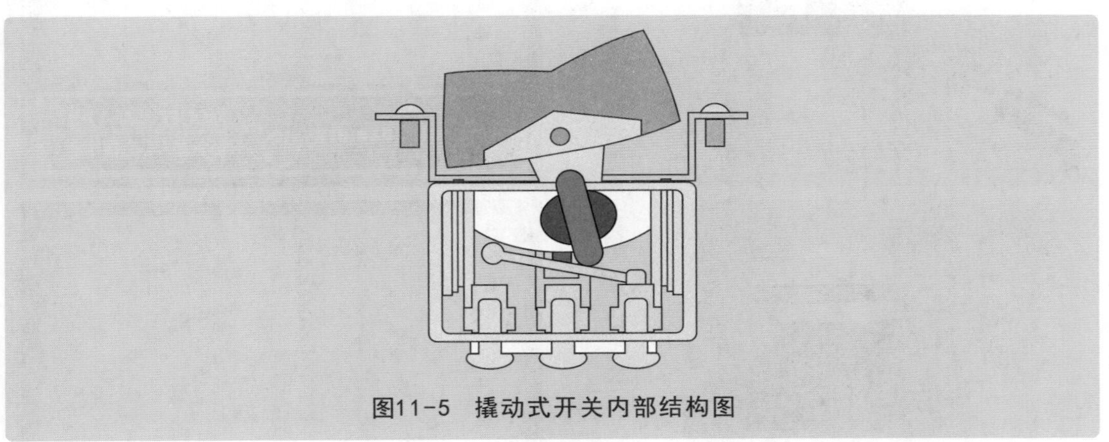

图11-5　撬动式开关内部结构图

5 钮子式开关

图11-6为钮子式开关内部结构图。钮子式开关是指用一定的动力通过一定的行程使开关触头联动的一种电子开关，广泛应用于各种电子产品和电气设备电路的控制。

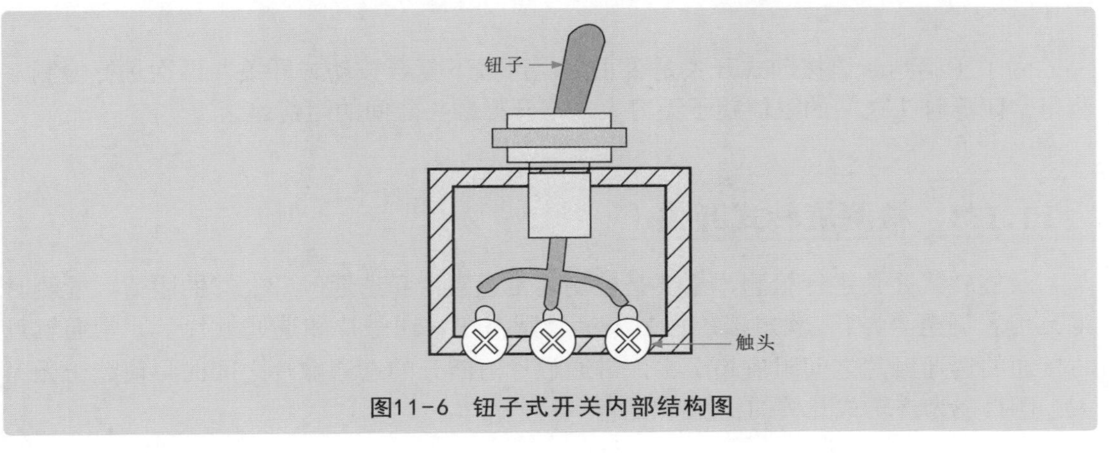
钮子
触头

图11-6　钮子式开关内部结构图

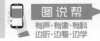

11.1.2 检测按动式开关

在未操作前，按动式开关内部的常闭静触头处于闭合状态，常开静触头处于断开状态。在操作时，按动式开关内部的常闭静触头断开，常开静触头闭合。

根据此特性，使用万用表分别对按动式开关进行检测。以复合按动式开关为例，检测时将万用表调至“×1k”欧姆挡，将两表笔分别搭在两个常闭静触头上，测得的阻值趋于零。接着用同样的方法检测两个常开静触头之间的阻值，测得的阻值趋于无穷大。图11-7为复合按动式开关的检测方法。

图11-7　复合按动式开关的检测方法

为了正确判断该按动式开关是否正常，可按下复合按动式开关，再次进行检测，测得常闭静触头之间的阻值趋于无穷大，常开静触头之间的阻值趋于零。

11.1.3 检测旋转式开关

对旋转式开关进行检测，主要是检测其常通触片和选通触片之间的阻值，检测时将万用表调至“×1”欧姆挡，将两表笔分别搭在常通触片和选通触片上。常通触片与接通的选通触片之间阻值趋于零，常通触片与断开的选通触片之间的阻值趋于无穷大。图11-8为旋转式开关的检测方法。

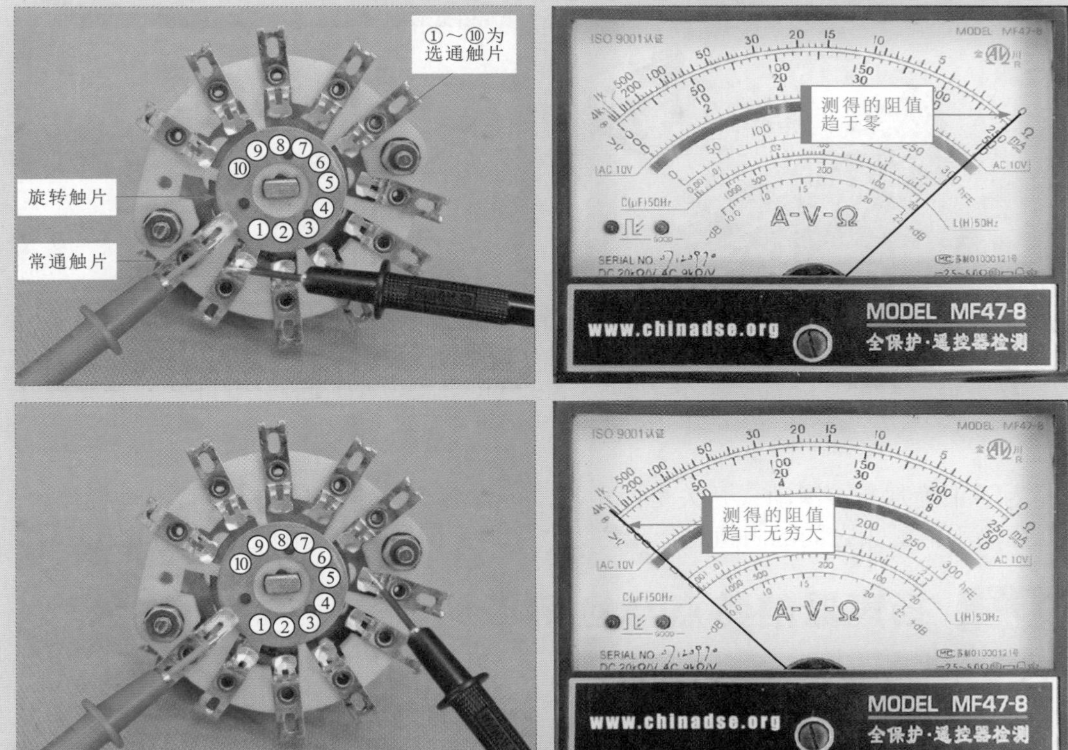

①～⑩为选通触片
旋转触片
常通触片
测得的阻值趋于零
测得的阻值趋于无穷大
MODEL MF47-8
www.chinadse.org
全保护·遥控器检测

图11-8 旋转式开关的检测方法

11.1.4 检测滑动式开关

对滑动式开关进行检测，主要是检测开关内部触头的通断。根据滑动式开关的内部触头结构，可以判断其内部触头的连接关系。检测时，将万用表调至“×1”欧姆挡，通过拨动滑动手柄使用万用表检测开关内部触头的接通与断开状态是否正常，从而判断其开关是否损坏。图11-9为滑动式开关的检测方法。

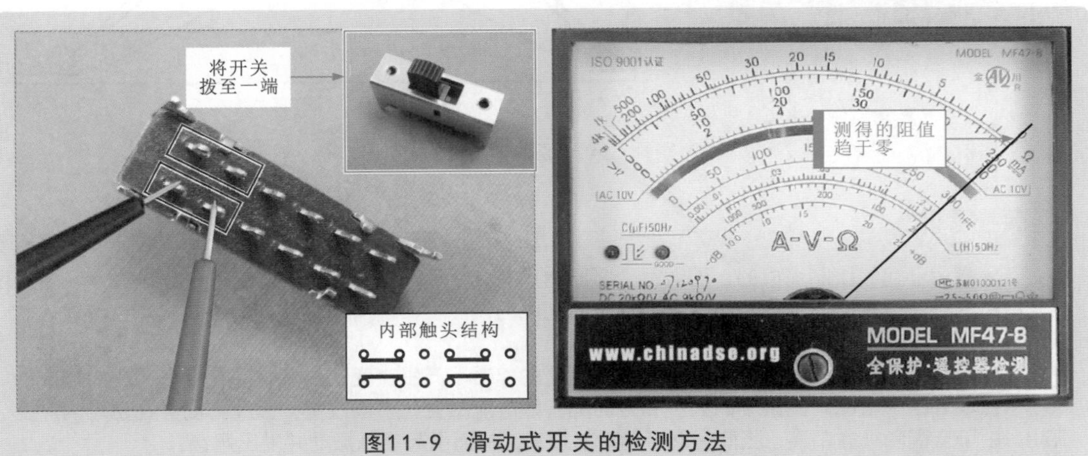

将开关拨至一端
内部触头结构
测得的阻值趋于零
MODEL MF47-8
www.chinadse.org
全保护·遥控器检测

图11-9 滑动式开关的检测方法

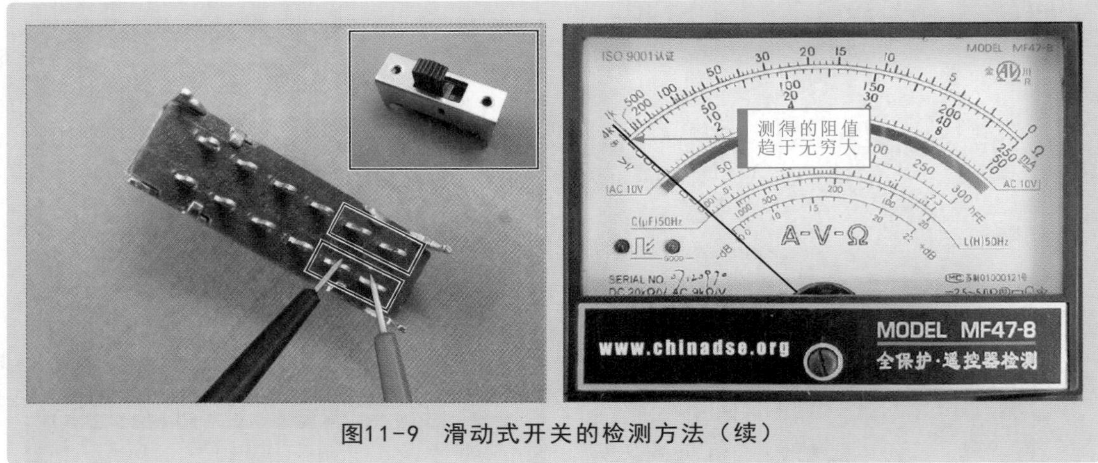
测得的阻值
趋于无穷大
MODEL MF47-8
全保护·遥控器检测
www.chinadse.org
A-V-Ω
图11-9　滑动式开关的检测方法（续）

为了正确判断该滑动式开关是否正常，可将滑动式开关拨动后，再次进行检测，测得远离手柄触头之间的阻值趋于无穷大，靠近手柄触头之间的阻值趋于零。

11.2 扬声器的特点与检测

11.2.1 了解扬声器

扬声器俗称喇叭，是音响系统中不可缺少的重要部件，能够将电信号转换为声波信号。图11-10为扬声器的结构。

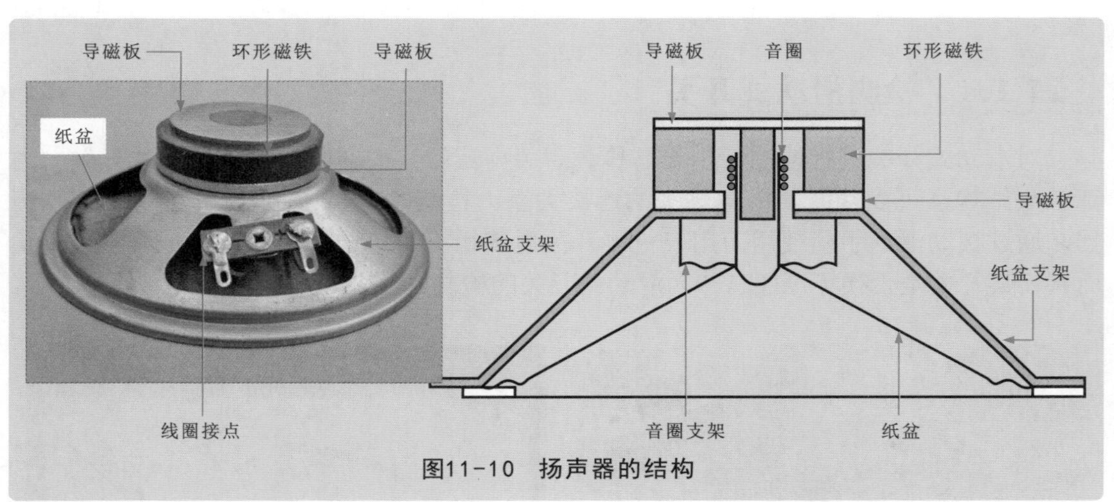
导磁板
环形磁铁
导磁板
纸盆
纸盆支架
线圈接点
导磁板
音圈
环形磁铁
导磁板
纸盆支架
音圈支架
纸盆
图11-10　扬声器的结构

补充说明

音圈是用漆包线绕制而成的，圈数很少，通常只有几十圈，故阻抗很小。音圈的引出线平贴着纸盆，用胶水粘在纸盆上。纸盆是由特制的模压纸制成的，在中心加有防尘罩，防止灰尘和杂物进入磁隙，影响振动效果。

当扬声器的音圈通入音频电流后，音圈在电流的作用下产生交变的磁场，并在环形磁铁内形成的磁场中振动。由于音圈产生磁场的大小和方向随音频电流的变化不断改变，因此音圈会在磁场内产生振动。由于音圈和纸盆相连，因此音圈带动纸盆振动，从而引起空气振动并发出声音。

11.2.2 检测扬声器

使用万用表检测扬声器时，可通过检测扬声器的阻值来判断扬声器是否损坏。检测前，可先了解待测扬声器的标称交流阻抗，为检测提供参照标准，如图11-11所示。

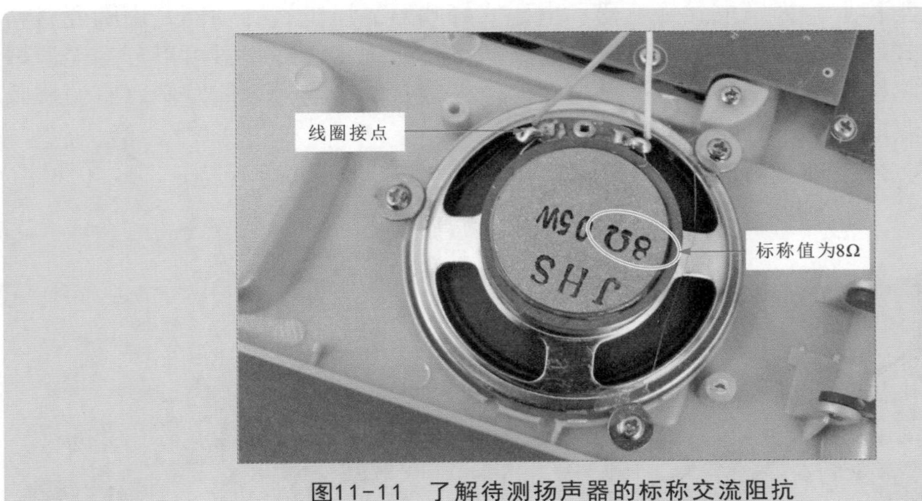
线圈接点
标称值为8Ω

图11-11 了解待测扬声器的标称交流阻抗

图11-12为扬声器的检测方法。

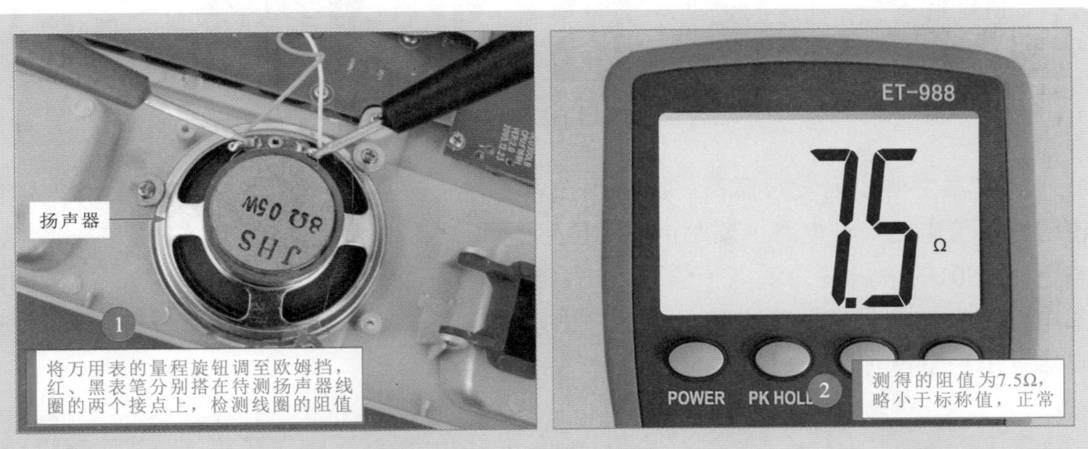
扬声器
1
将万用表的量程旋钮调至欧姆挡，红、黑表笔分别搭在待测扬声器线圈的两个接点上，检测线圈的阻值
ET-988
7.5 Ω
POWER
PK HOLD
2
测得的阻值为7.5Ω，略小于标称值，正常

图11-12 扬声器的检测方法

补充说明

值得注意的是，扬声器上的标称值8Ω是该扬声器在有正常交流信号驱动时所呈现的阻值，即交流阻值；用万用表检测时，所测的阻值为直流阻值。在正常情况下，直流阻值应接近且小于交流阻值。

若所测阻值为零或无穷大，则说明扬声器已损坏，需要更换。

如果扬声器性能良好，则在检测时，将万用表的一只表笔搭在线圈的一个接点上，当另一只表笔触碰线圈的另一个接点时，扬声器会发出“咔咔”声；如果扬声器损坏，则不会有声音发出。此外，若扬声器出现线圈粘连或卡死、纸盆损坏等情况，则用万用表检测是判别不出来的，必须通过试听音响效果才能判别。

11.3 蜂鸣器的特点与检测

11.3.1 了解蜂鸣器

蜂鸣器从结构上分为压电式蜂鸣器和电磁式蜂鸣器。压电式蜂鸣器是由陶瓷材料制成的。电磁式蜂鸣器是由电磁线圈构成的。从工作原理上，蜂鸣器可以分为无源蜂鸣器和有源蜂鸣器。无源蜂鸣器内部无振荡源，必须有驱动信号才能发声。有源蜂鸣器内部有振荡源，只要外加直流电压即可发声。

图11-13为常见蜂鸣器的实物外形及电路图形符号。

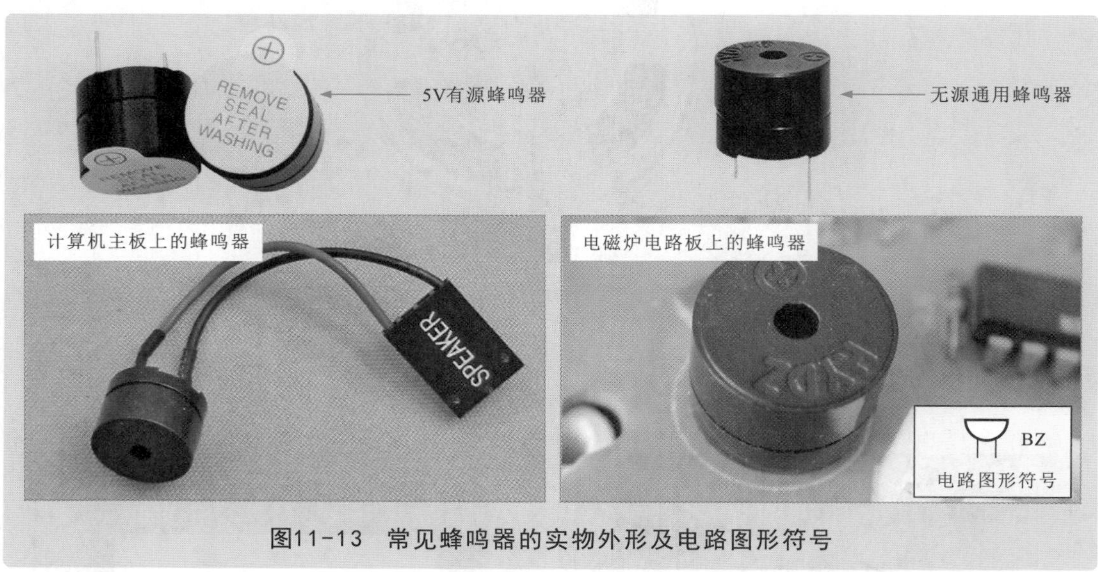
REMOVE SEAL AFTER WASHING
5V有源蜂鸣器
无源通用蜂鸣器
计算机主板上的蜂鸣器
SPEAKER
电磁炉电路板上的蜂鸣器
BZ
电路图形符号

图11-13 常见蜂鸣器的实物外形及电路图形符号

蜂鸣器主要作为发声器件广泛应用在各种电子产品中。例如，图11-14为简易门窗防盗报警电路。该电路主要是由振动传感器CS01及其外围元器件构成的。在正常状态下，CS01的输出端为低电平信号输出，继电器不工作；当CS01受到撞击时，其内部电路将振动信号转化为电信号并由输出端输出高电平，使继电器KA吸合，控制蜂鸣器发出警示声音，引起人们的注意。

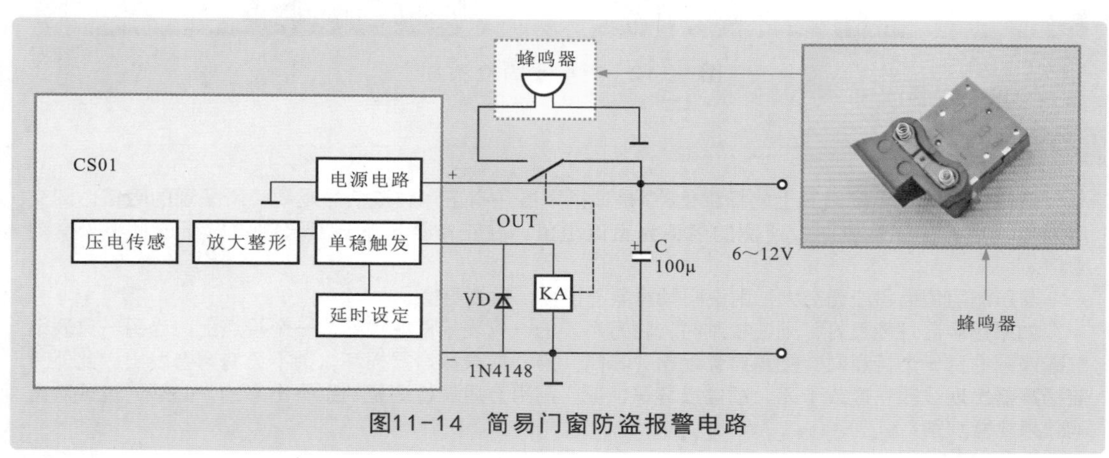
蜂鸣器
CS01
电源电路
+
OUT
压电传感
放大整形
单稳触发
延时设定
VD
KA
C
100μ
6～12V
−
1N4148
蜂鸣器

图11-14 简易门窗防盗报警电路

11.3.2 检测蜂鸣器

判断蜂鸣器好坏的方法有两种：一种是借助万用表检测阻值判断好坏，操作简单方便；另一种是借助直流稳压电源供电听声音的方法判断好坏，准确可靠。

1 万用表检测蜂鸣器

在检测蜂鸣器前，首先根据待测蜂鸣器上的标志识别出正、负极引脚，为蜂鸣器的检测提供参照标准。下面使用数字万用表对蜂鸣器进行检测，将数字万用表的量程旋钮调至欧姆挡，检测方法如图11-15所示。

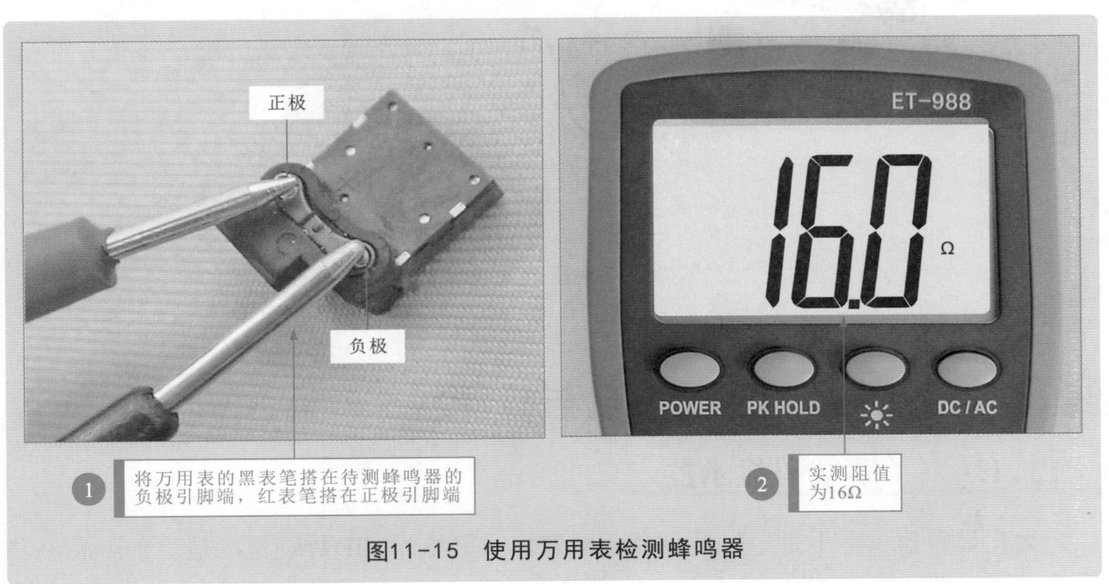
正极
负极
ET-988
16.0
Ω
POWER
PK HOLD
DC / AC
1 将万用表的黑表笔搭在待测蜂鸣器的负极引脚端，红表笔搭在正极引脚端
2 实测阻值为16Ω

图11-15 使用万用表检测蜂鸣器

> **补充说明**
>
> 在正常情况下，蜂鸣器正、负极引脚间的阻值应有一个固定值（一般为8Ω或16Ω），当表笔接触引脚端的一瞬间或间断接触蜂鸣器的引脚端时，蜂鸣器会发出“吱吱”的声响。若测得引脚间的阻值为无穷大、零或未发出声响，则说明蜂鸣器已损坏。

2 直流稳压电源检测蜂鸣器

图11-16为借助直流稳压电源检测蜂鸣器的方法。

直流稳压电源用于为蜂鸣器提供直流电压。首先将直流稳压电源的正极与蜂鸣器的正极（蜂鸣器的长引脚端）连接，负极与蜂鸣器的负极（蜂鸣器的短引脚端）连接。检测时，将直流稳压电源通电，并从低到高调节直流稳压电源的输出电压（不能超过蜂鸣器的额定电压），通过观察蜂鸣器的状态判断性能好坏。

在正常情况下，借助直流稳压电源为蜂鸣器供电时，蜂鸣器能发出声响，且随着供电电压的升高，声响变大；随着供电电压的降低，声响变小。若实测时不符合，则多为蜂鸣器失效或损坏，此时一般选用同规格型号的蜂鸣器代换即可。

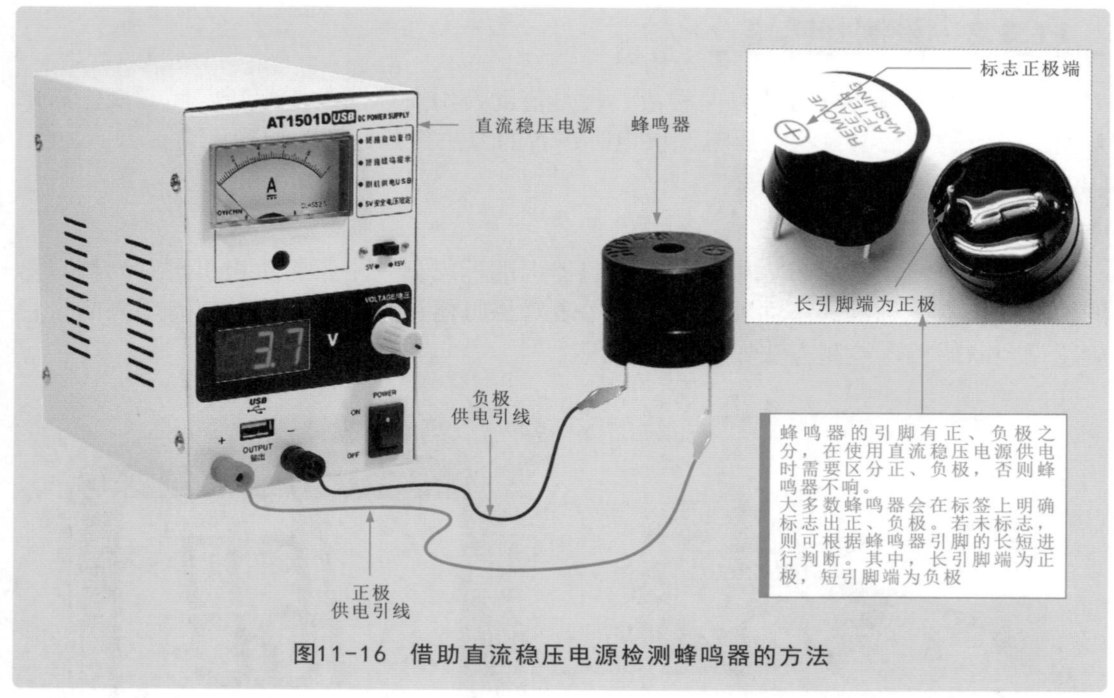
标志正极端
AT1501D USB DC POWER SUPPLY
直流稳压电源
蜂鸣器
长引脚端为正极
负极
供电引线
正极
供电引线
蜂鸣器的引脚有正、负极之分，在使用直流稳压电源供电时需要区分正、负极，否则蜂鸣器不响。
大多数蜂鸣器会在标签上明确标志出正、负极。若未标志，则可根据蜂鸣器引脚的长短进行判断。其中，长引脚端为正极，短引脚端为负极

图11-16 借助直流稳压电源检测蜂鸣器的方法

11.4 数码显示器的特点与检测

11.4.1 了解数码显示器

数码显示器实际上是一种数字显示器件，又可称为LED数码管，是电子产品中常用的显示器件。

图11-17为常见数码显示器的实物外形及典型应用。通常，在电磁炉、微波炉、电冰箱等家用电器产品操作显示面板上的显示器件多采用数码显示器。

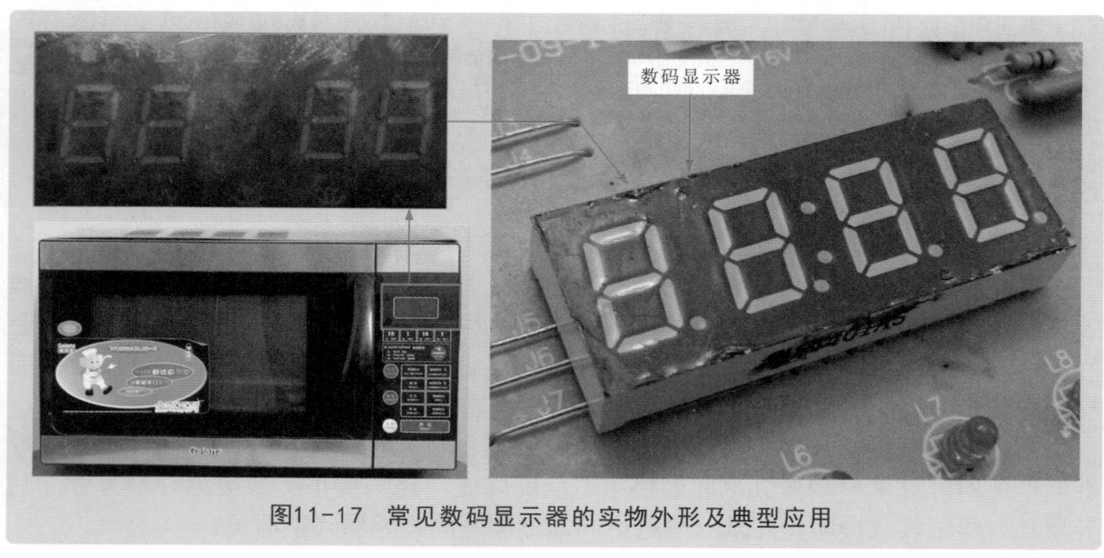
数码显示器

图11-17 常见数码显示器的实物外形及典型应用

数码显示器用多个发光二极管组成笔段显示相应的数字或图像，用DP表示小数点。图11-18为数码显示器的引脚排列和连接方式。

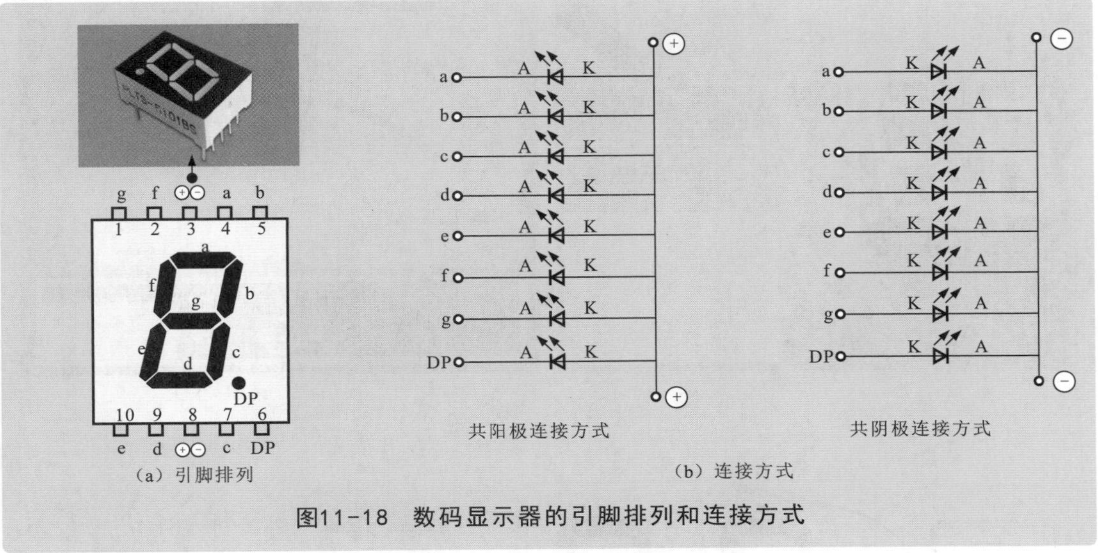
g f a b
1 2 3 4 5
a f g b e c d DP
10 9 8 7 6
e d c DP
（a）引脚排列
共阳极连接方式
共阴极连接方式
（b）连接方式

图11-18 数码显示器的引脚排列和连接方式

11.4.2 检测数码显示器

数码显示器一般可借助万用表检测。检测时，可通过检测相应笔段的阻值来判断数码显示器是否损坏。检测之前，应首先了解待测数码显示器各笔段所对应的引脚。图11-19为待测数码显示器的引脚排列。

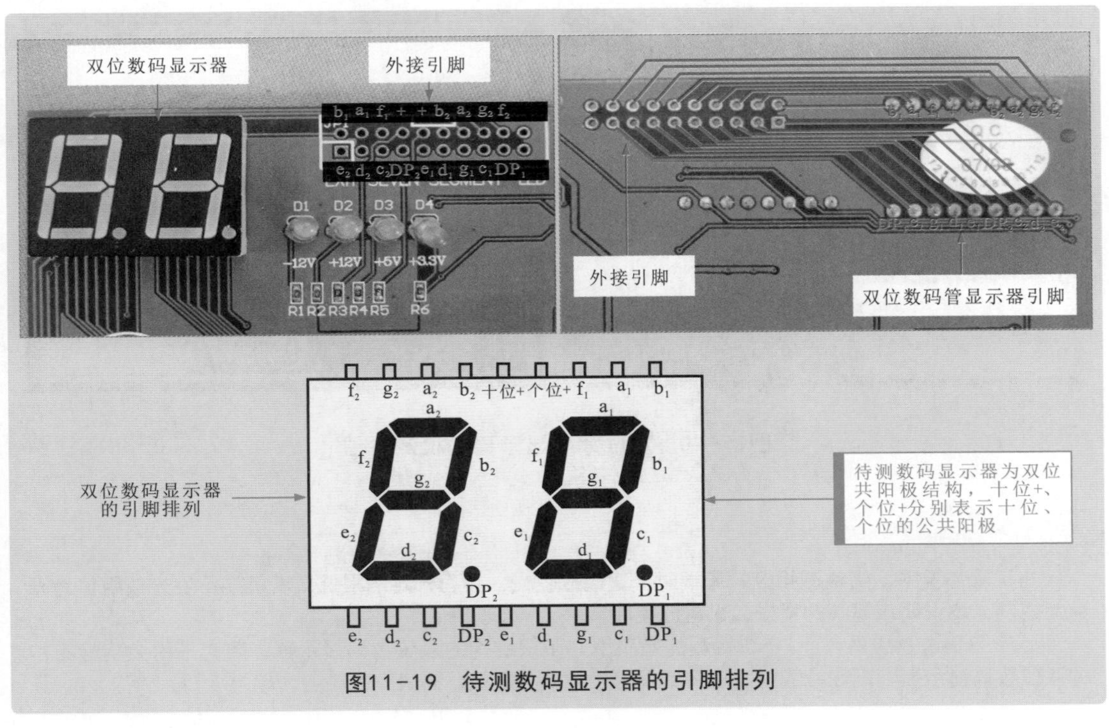
双位数码显示器
外接引脚
外接引脚
双位数码管显示器引脚
双位数码显示器的引脚排列
待测数码显示器为双位共阳极结构，十位+、个位+分别表示十位、个位的公共阳极

图11-19 待测数码显示器的引脚排列

图11-20为双位数码显示器的检测方法。

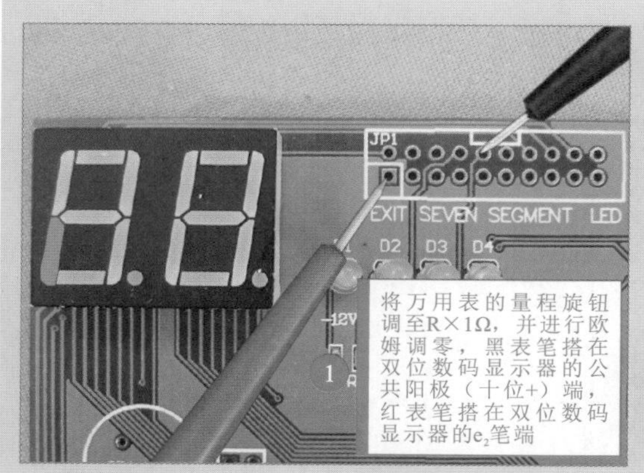
将万用表的量程旋钮调至R×1Ω，并进行欧姆调零，黑表笔搭在双位数码显示器的公共阳极（十位+）端，红表笔搭在双位数码显示器的e_2笔端
EXIT SEVEN SEGMENT LED
1

实测值为25×1Ω=25Ω
2

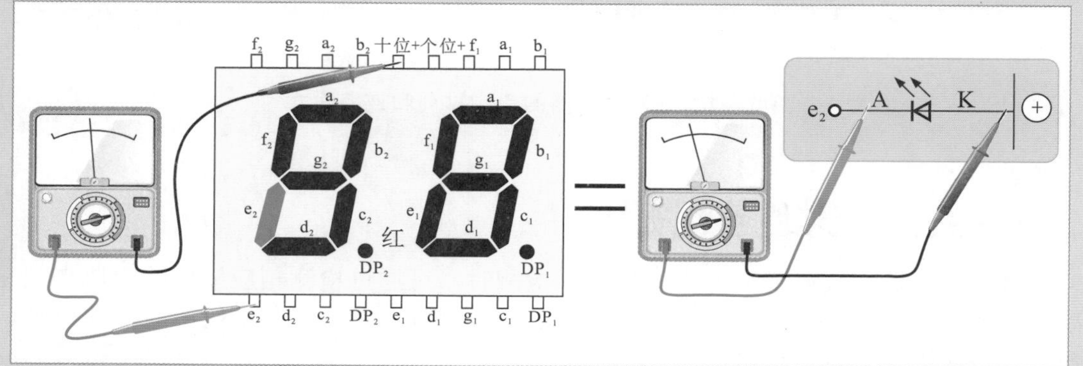
f_2 g_2 a_2 b_2 十位+ 个位+ f_1 a_1 b_1
e_2 d_2 c_2 DP_2 e_1 d_1 g_1 c_1 DP_1
红
e_2 A K

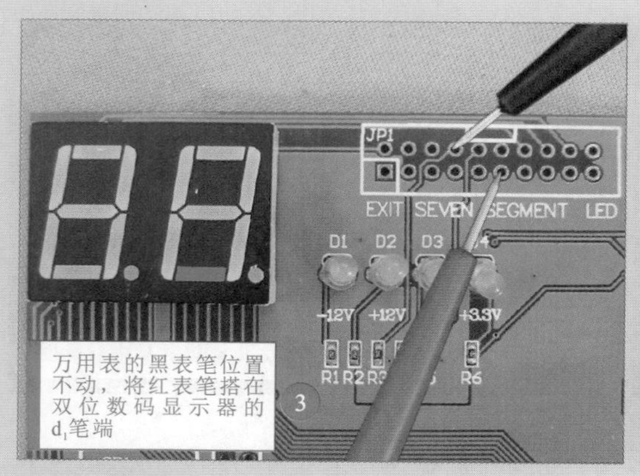
万用表的黑表笔位置不动，将红表笔搭在双位数码显示器的d_1笔端
3

实测值为23×1Ω=23Ω
4

图11-20　双位数码显示器的检测方法

补充说明

在正常情况下，当检测相应的笔端时，笔端应发光，且有一定的阻值；若笔端不发光或阻值为无穷大或零，均说明该笔端的发光二极管已损坏。

另外需要注意的是，图11-20检测的是采用共阳极结构的双位数码显示器，若为采用共阴极结构的双位数码显示器，则在检测时，应将红表笔接触公共阴极，黑表笔接触各个笔端。

11.5 继电器的特点与检测

11.5.1 了解继电器

继电器是一种根据外界输入量（电、磁、声、光、热）来控制电路接通或断开的电动控制元器件，当输入量的变化达到规定要求时，控制量将发生预定的跃阶变化。输入量可以是电压、电流等电量，也可以是非电量，如温度、速度、压力等。

常见的继电器主要有电磁继电器、热继电器、中间继电器、时间继电器、速度继电器、压力继电器、温度继电器、电压继电器、电流继电器等，如图11-21所示。

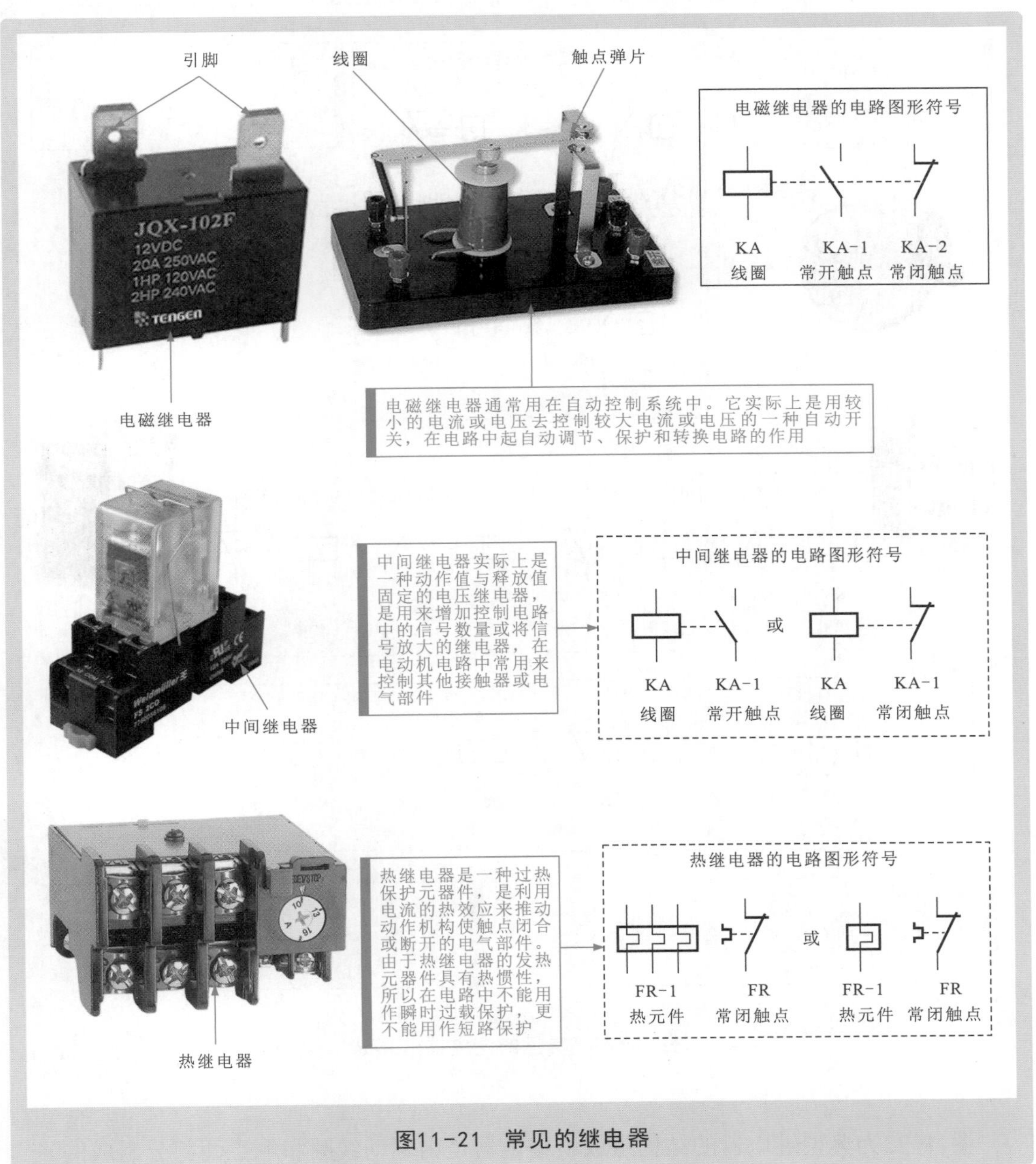

引脚
线圈
触点弹片
JQX-102F
12VDC
20A 250VAC
1HP 120VAC
2HP 240VAC
TENGEN
电磁继电器
电磁继电器的电路图形符号
KA
线圈
KA-1
常开触点
KA-2
常闭触点
电磁继电器通常用在自动控制系统中。它实际上是用较小的电流或电压去控制较大电流或电压的一种自动开关，在电路中起自动调节、保护和转换电路的作用
中间继电器实际上是一种动作值与释放值固定的电压继电器，是用来增加控制电路中的信号数量或将信号放大的继电器，在电动机电路中常用来控制其他接触器或电气部件
中间继电器的电路图形符号
或
KA
线圈
KA-1
常开触点
KA
线圈
KA-1
常闭触点
中间继电器
热继电器是一种过热保护元器件，是利用电流的热效应来推动动作机构使触点闭合或断开的电气部件。由于热继电器的发热元器件具有热惯性，所以在电路中不能用作瞬时过载保护，更不能用作短路保护
热继电器的电路图形符号
或
FR-1
热元件
FR
常闭触点
FR-1
热元件
FR
常闭触点
热继电器

图11-21 常见的继电器

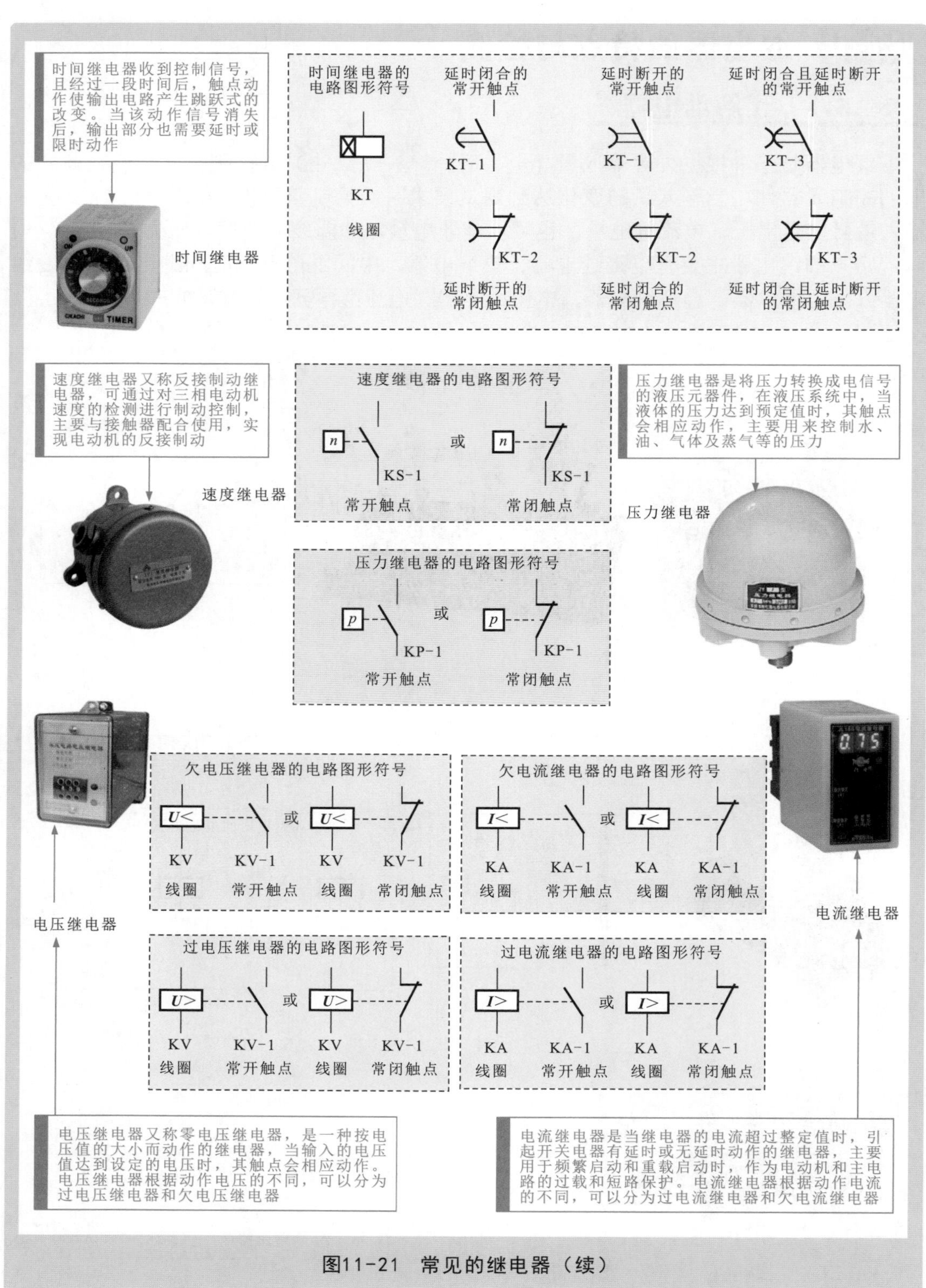
时间继电器收到控制信号，且经过一段时间后，触点动作使输出电路产生跳跃式的改变。当该动作信号消失后，输出部分也需要延时或限时动作
时间继电器
时间继电器的电路图形符号
KT
线圈
延时闭合的常开触点
KT-1
延时断开的常闭触点
KT-2
延时断开的常开触点
KT-1
延时闭合的常闭触点
KT-2
延时闭合且延时断开的常开触点
KT-3
延时闭合且延时断开的常闭触点
KT-3
速度继电器又称反接制动继电器，可通过对三相电动机速度的检测进行制动控制，主要与接触器配合使用，实现电动机的反接制动
速度继电器
速度继电器的电路图形符号
n
KS-1
常开触点
或
KS-1
常闭触点
压力继电器是将压力转换成电信号的液压元器件，在液压系统中，当液体的压力达到预定值时，其触点会相应动作，主要用来控制水、油、气体及蒸气等的压力
压力继电器
压力继电器的电路图形符号
p
KP-1
常开触点
或
KP-1
常闭触点
欠电压继电器的电路图形符号
U<
KV 线圈
KV-1 常开触点
或
KV 线圈
KV-1 常闭触点
欠电流继电器的电路图形符号
I<
KA 线圈
KA-1 常开触点
或
KA 线圈
KA-1 常闭触点
电压继电器
电流继电器
过电压继电器的电路图形符号
U>
KV 线圈
KV-1 常开触点
或
KV 线圈
KV-1 常闭触点
过电流继电器的电路图形符号
I>
KA 线圈
KA-1 常开触点
或
KA 线圈
KA-1 常闭触点
电压继电器又称零电压继电器，是一种按电压值的大小而动作的继电器，当输入的电压值达到设定的电压时，其触点会相应动作。电压继电器根据动作电压的不同，可以分为过电压继电器和欠电压继电器
电流继电器是当继电器的电流超过整定值时，引起开关电器有延时或无延时动作的继电器，主要用于频繁启动和重载启动时，作为电动机和主电路的过载和短路保护。电流继电器根据动作电流的不同，可以分为过电流继电器和欠电流继电器

图11-21 常见的继电器（续）

图11-22为典型继电器的结构组成。继电器是由驱动线圈和触点两部分组成的。

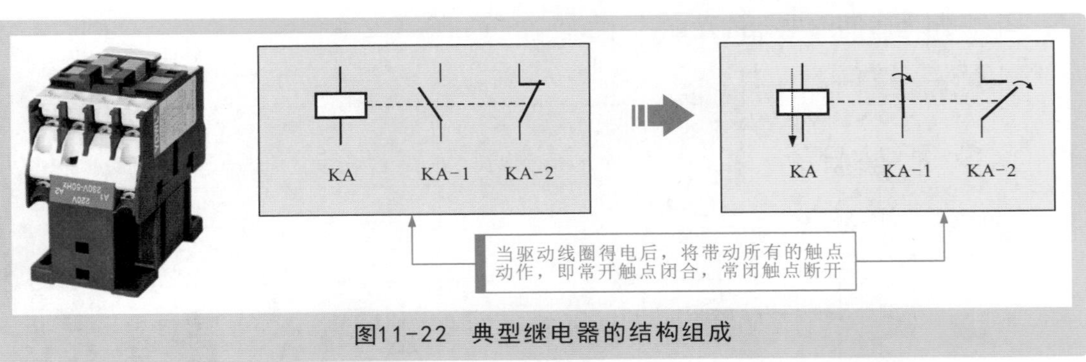
KA
KA-1
KA-2
KA
KA-1
KA-2
当驱动线圈得电后，将带动所有的触点动作，即常开触点闭合，常闭触点断开

图11-22 典型继电器的结构组成

图11-23为电磁继电器的功能。

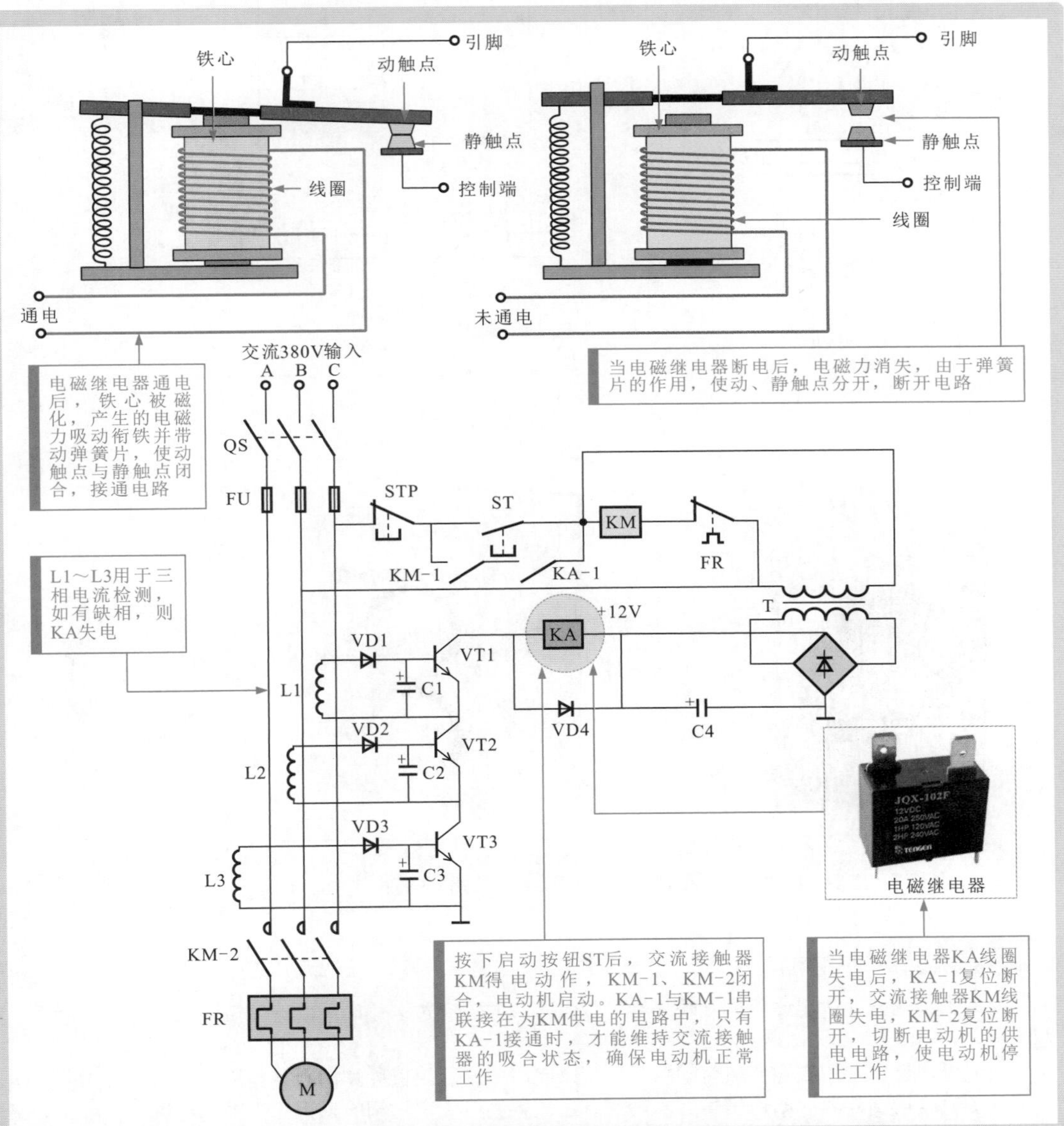

铁心 引脚 动触点 静触点 线圈 控制端 通电

铁心 引脚 动触点 静触点 控制端 线圈 未通电

电磁继电器通电后，铁心被磁化，产生的电磁力吸动衔铁并带动弹簧片，使动触点与静触点闭合，接通电路

当电磁继电器断电后，电磁力消失，由于弹簧片的作用，使动、静触点分开，断开电路

交流380V输入 A B C QS FU STP ST KM FR KM-1 KA-1 T +12V KA VD1 VT1 C1 L1 VD2 VT2 C2 L2 VD3 VT3 C3 L3 VD4 C4 KM-2 FR M

L1～L3用于三相电流检测，如有缺相，则KA失电

电磁继电器

按下启动按钮ST后，交流接触器KM得电动作，KM-1、KM-2闭合，电动机启动。KA-1与KM-1串联接在为KM供电的电路中，只有KA-1接通时，才能维持交流接触器的吸合状态，确保电动机正常工作

当电磁继电器KA线圈失电后，KA-1复位断开，交流接触器KM线圈失电，KM-2复位断开，切断电动机的供电电路，使电动机停止工作

图11-23 电磁继电器的功能

图11-24为时间继电器的功能。

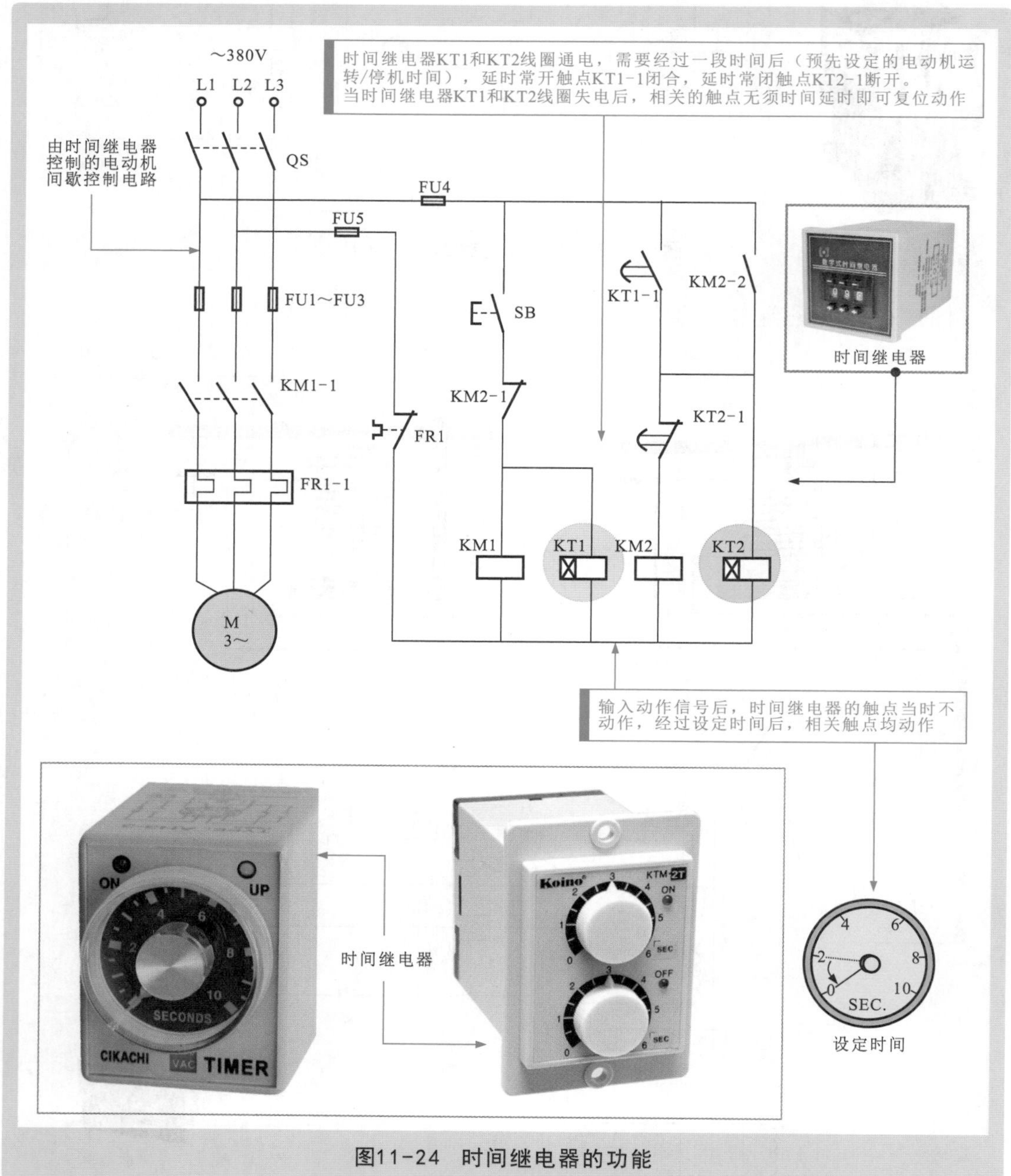
~380V
L1 L2 L3
QS
由时间继电器控制的电动机间歇控制电路
FU4
FU5
FU1~FU3
KM1-1
FR1-1
M 3~
SB
KM2-1
FR1
KT1-1
KM2-2
KT2-1
KM1
KT1
KM2
KT2
时间继电器KT1和KT2线圈通电，需要经过一段时间后（预先设定的电动机运转/停机时间），延时常开触点KT1-1闭合，延时常闭触点KT2-1断开。当时间继电器KT1和KT2线圈失电后，相关的触点无须时间延时即可复位动作
时间继电器
输入动作信号后，时间继电器的触点当时不动作，经过设定时间后，相关触点均动作
时间继电器
ON
UP
SECONDS
CIKACHI
TIMER
Koino
KTM-2T
SEC.
设定时间

图11-24 时间继电器的功能

补充说明

时间继电器是通过感测机构接收外界动作信号，并需经过一段时间的延时后才能产生控制动作的继电器。

时间继电器主要用在需要按时间顺序控制的电路中，延时接通和切断某些控制电路，当时间继电器的感测机构得到外界的动作信号后，其触点还需要经过规定时间的延迟；当时间到达后，触点才开始动作，常开触点闭合，常闭触点断开。

11.5.2 检测电磁继电器

检测继电器时，通常是在断电状态下检测内部线圈阻值及引脚间阻值。下面就以电磁继电器和时间继电器为例讲述继电器的检测方法。

图11-25为电磁继电器的检测方法。

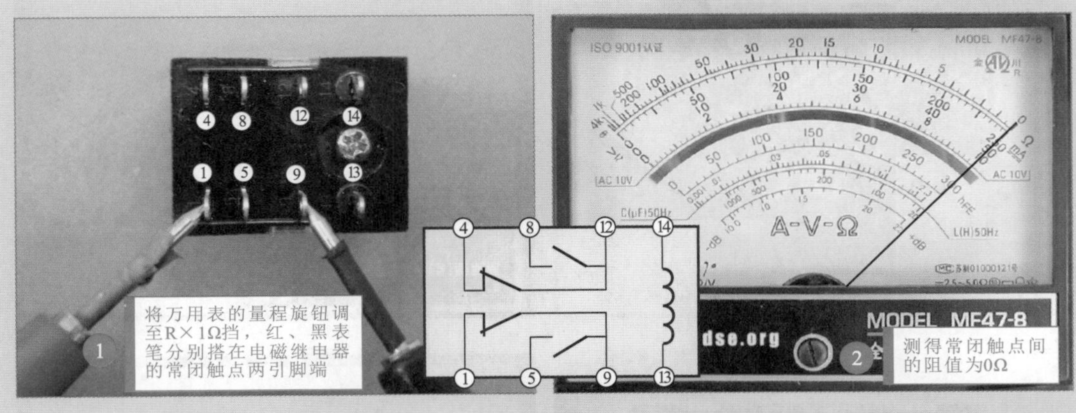
1
将万用表的量程旋钮调至R×1Ω挡，红、黑表笔分别搭在电磁继电器的常闭触点两引脚端
2
测得常闭触点间的阻值为0Ω
MODEL MF47-8
A-V-Ω

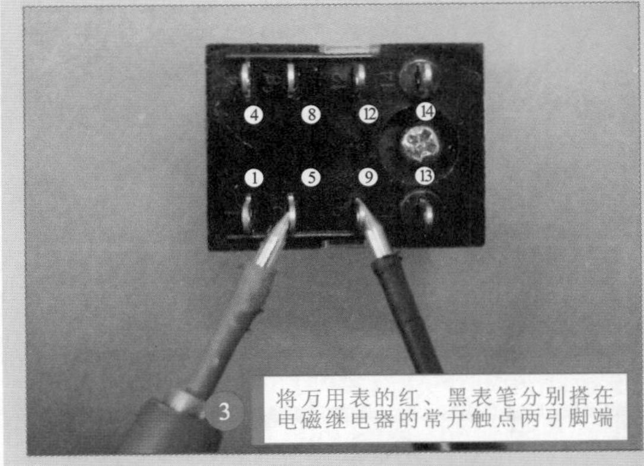
3
将万用表的红、黑表笔分别搭在电磁继电器的常开触点两引脚端

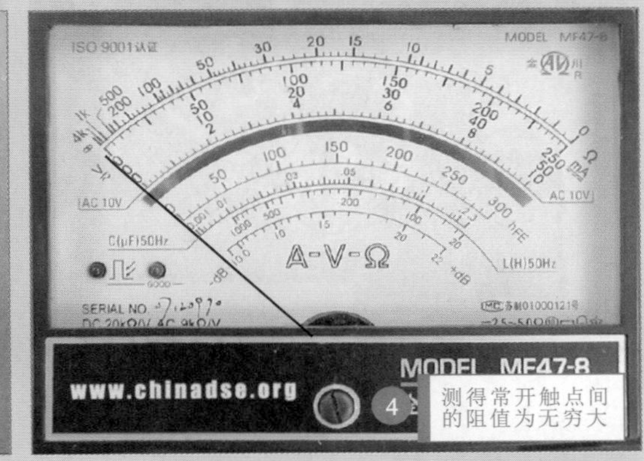
www.chinadse.org
MODEL MF47-8
4
测得常开触点间的阻值为无穷大

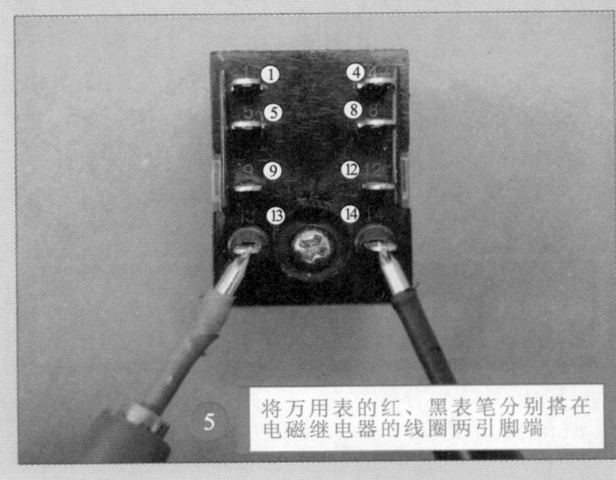
5
将万用表的红、黑表笔分别搭在电磁继电器的线圈两引脚端

www.chinadse.org
MODEL MF47-8
6
测得线圈有一定的阻值

图11-25 电磁继电器的检测方法

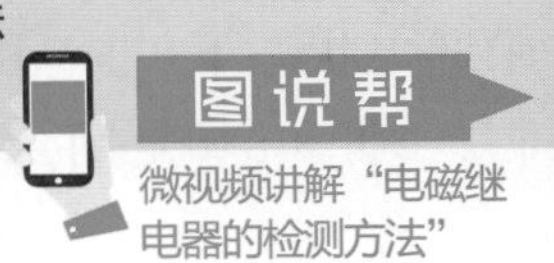
图说帮
微视频讲解"电磁继电器的检测方法"

11.5.3 检测时间继电器

图11-26为时间继电器的检测方法。

CONNECTION
②-INPUT-⑦
(-) (+)
将万用表的量程旋钮调至R×1Ω挡，红、黑表笔分别搭在时间继电器的1脚和4脚
www.chinadse.org
MODEL MF47-8
测得常闭触点间的阻值为0Ω
将万用表的红、黑表笔分别搭在时间继电器的5脚和8脚
测得常闭触点间的阻值为0Ω
将万用表的红、黑表笔分别搭在时间继电器正极和其他引脚端，如3脚
测得的阻值为无穷大

图11-26　时间继电器的检测方法

在未通电状态下，1脚和4脚、5脚和8脚是闭合状态，在通电并延迟一定时间后，1脚和3脚、6脚和8脚是闭合状态，闭合引脚间的阻值为0，未接通引脚间的阻值为无穷大。

11.6 接触器的特点与检测

11.6.1 了解接触器

接触器是一种由电压控制的开关装置，适用于远距离频繁接通和断开交/直流电路的系统，属于控制类元器件，是电力拖动系统、机床设备控制线路、自动控制系统中使用最广泛的低压电器之一。

根据触头通过电流的种类，接触器主要可分为交流接触器和直流接触器两类，如图11-27所示。

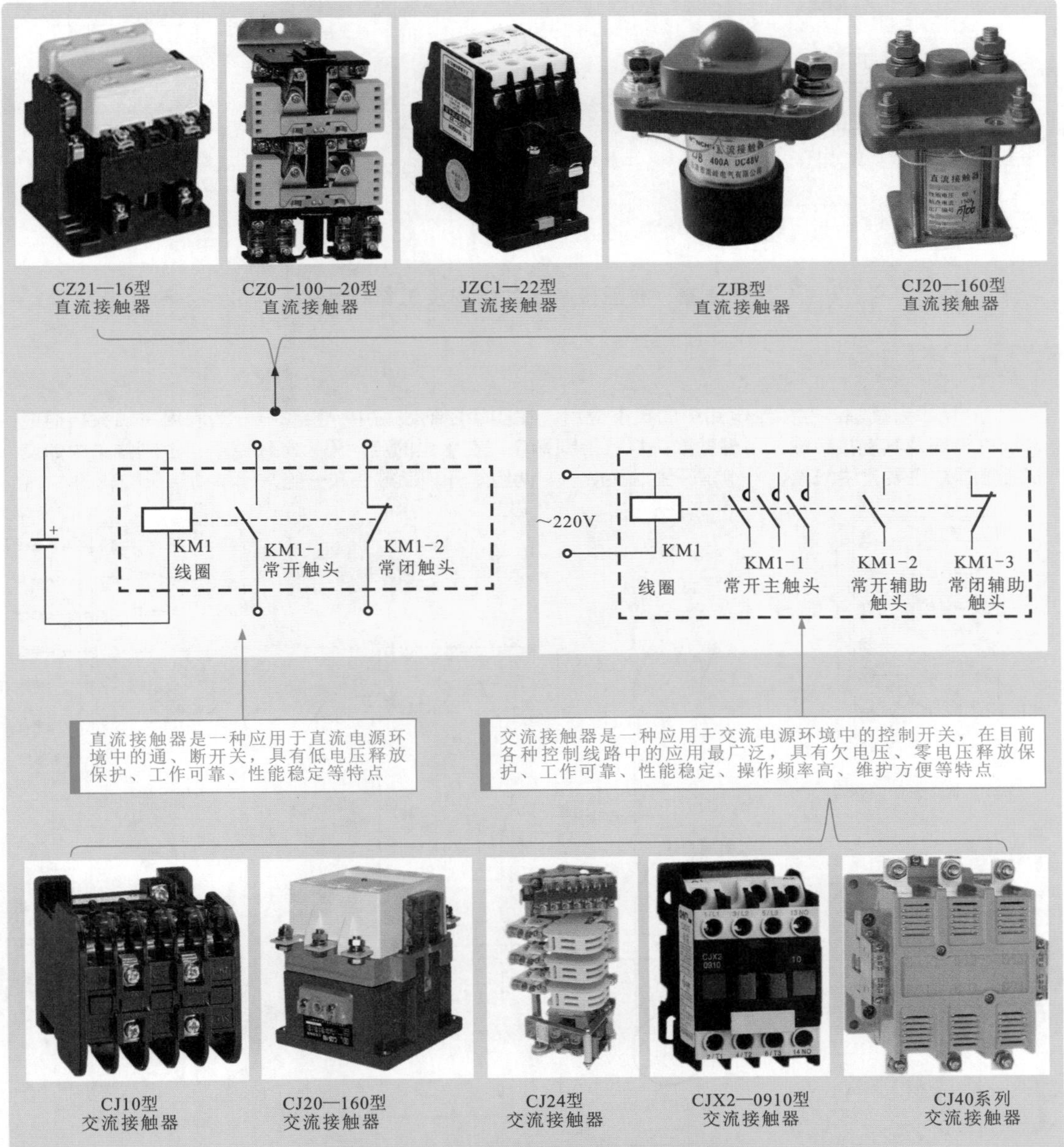

CZ21—16型 直流接触器

CZ0—100—20型 直流接触器

JZC1—22型 直流接触器

ZJB型 直流接触器

CJ20—160型 直流接触器

KM1 线圈

KM1-1 常开触头

KM1-2 常闭触头

~220V

KM1 线圈

KM1-1 常开主触头

KM1-2 常开辅助触头

KM1-3 常闭辅助触头

直流接触器是一种应用于直流电源环境中的通、断开关，具有低电压释放保护、工作可靠、性能稳定等特点

交流接触器是一种应用于交流电源环境中的控制开关，在目前各种控制线路中的应用最广泛，具有欠电压、零电压释放保护、工作可靠、性能稳定、操作频率高、维护方便等特点

CJ10型 交流接触器

CJ20—160型 交流接触器

CJ24型 交流接触器

CJX2—0910型 交流接触器

CJ40系列 交流接触器

图11-27 交流接触器和直流接触器

图11-28为典型接触器的结构及工作特性。接触器主要包括线圈、衔铁和触头几部分，工作时，其核心过程是在线圈得电的状态下，上下两块衔铁因磁化而相互吸合，衔铁动作带动触头动作，如常开主触头闭合、常闭辅助触头断开。

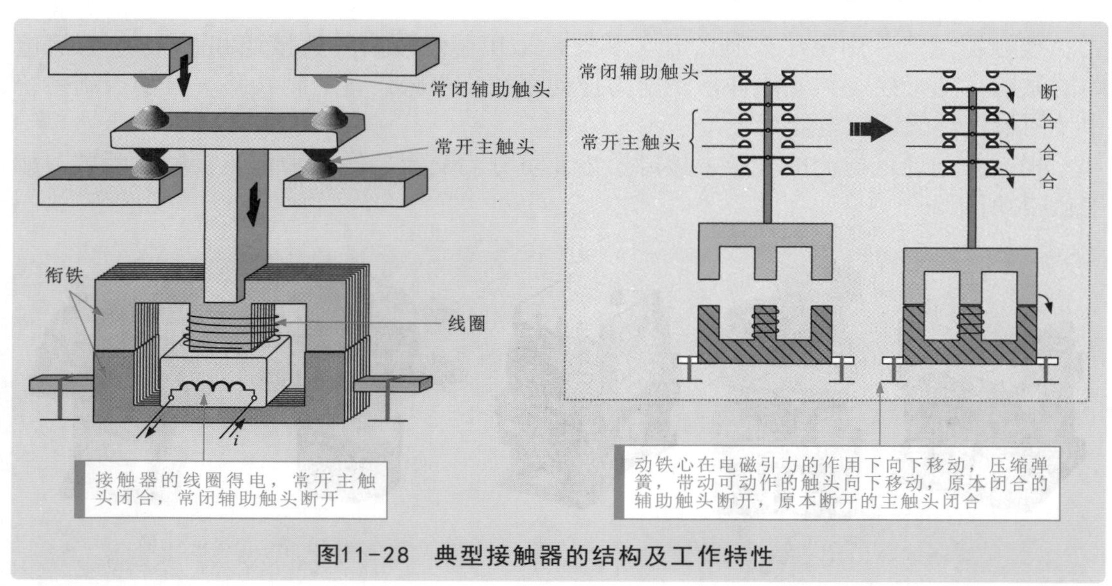
常闭辅助触头
常开主触头
衔铁
线圈
i
接触器的线圈得电，常开主触头闭合，常闭辅助触头断开
常闭辅助触头
常开主触头
断
合
合
合
动铁心在电磁引力的作用下向下移动，压缩弹簧，带动可动作的触头向下移动，原本闭合的辅助触头断开，原本断开的主触头闭合

图11-28　典型接触器的结构及工作特性

补充说明

图11-29为接触器在控制电路中的典型应用。在实际控制线路中，接触器一般利用主触头接通或分断主电路及其连接负载，用辅助触头执行控制指令。在水泵的启、停控制线路中，控制线路中的交流接触器KM主要是由线圈、一组常开主触头KM-1、两组常开辅助触头和一组常闭辅助触头构成的。

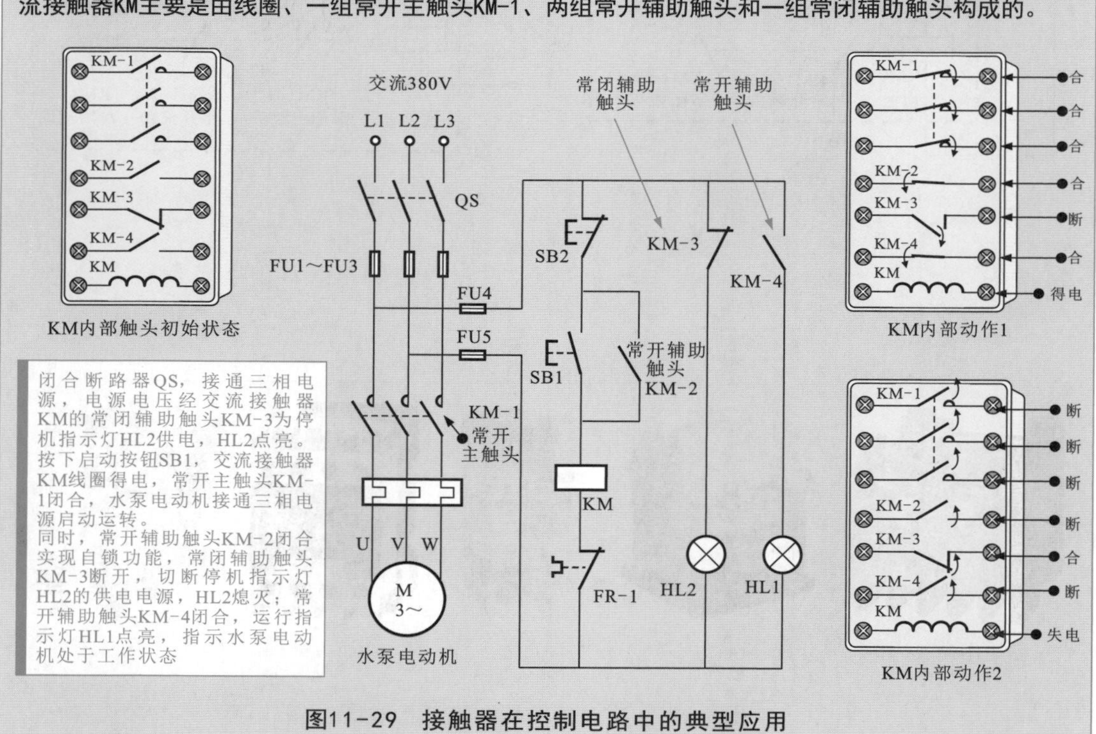
KM-1
KM-2
KM-3
KM-4
KM
KM内部触头初始状态
交流380V
L1 L2 L3
QS
FU1～FU3
FU4
FU5
KM-1 常开主触头
U V W
M 3～
水泵电动机
常闭辅助触头
常开辅助触头
SB2
KM-3
KM-4
SB1
常开辅助触头 KM-2
KM
FR-1
HL2
HL1
合
合
合
合
断
合
得电
KM内部动作1
断
断
断
断
合
断
失电
KM内部动作2
闭合断路器QS，接通三相电源，电源电压经交流接触器KM的常闭辅助触头KM-3为停机指示灯HL2供电，HL2点亮。
按下启动按钮SB1，交流接触器KM线圈得电，常开主触头KM-1闭合，水泵电动机接通三相电源启动运转。
同时，常开辅助触头KM-2闭合实现自锁功能，常闭辅助触头KM-3断开，切断停机指示灯HL2的供电电源，HL2熄灭；常开辅助触头KM-4闭合，运行指示灯HL1点亮，指示水泵电动机处于工作状态

图11-29　接触器在控制电路中的典型应用

11.6.2 检测交流接触器

检测接触器可参考继电器的检测方法，即借助万用表检测接触器各引脚间（包括线圈间、常开触头间、常闭触头间）的阻值，或者在工作状态下，当线圈未得电或得电时，通过检测触头所控制电路的通、断状态来判断接触器的性能好坏。

图11-30为交流接触器的检测方法。

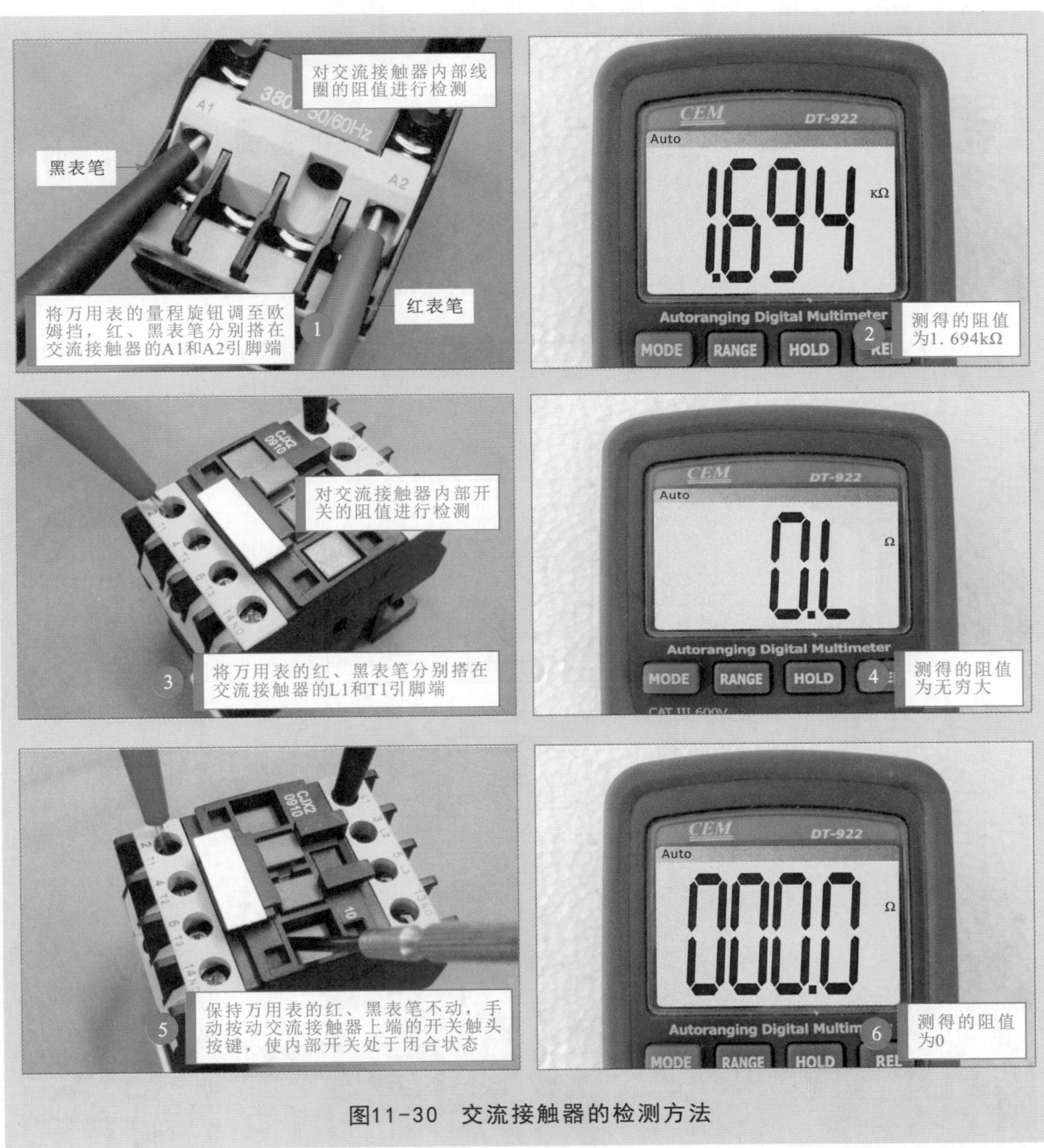
对交流接触器内部线圈的阻值进行检测
黑表笔
红表笔
将万用表的量程旋钮调至欧姆挡，红、黑表笔分别搭在交流接触器的A1和A2引脚端
1
2
测得的阻值为1.694kΩ
对交流接触器内部开关的阻值进行检测
3
将万用表的红、黑表笔分别搭在交流接触器的L1和T1引脚端
4
测得的阻值为无穷大
5
保持万用表的红、黑表笔不动，手动按动交流接触器上端的开关触头按键，使内部开关处于闭合状态
6
测得的阻值为0

图11-30　交流接触器的检测方法

使用同样的方法分别检测L2和T2、L3和T3、NO端在开关闭合和断开时的状态：当内部线圈通电时，内部开关触头吸合；当内部线圈断电时，内部开关触头断开。由于是断电检测交流接触器的好坏，因此需要按动交流接触器上端的开关触头按键，强制闭合触头。

11.7 光电耦合器的特点与检测

11.7.1 了解光电耦合器

光电耦合器是一种光电转换元器件。其内部实际上是由一个光电三极管和一个发光二极管构成的，以光电方式传递信号。

图11-31为典型光电耦合器的结构及功能应用。

发射光
反射光
A K E C
d
反射体
发光二极管
光电三极管
A K E C
彩色电视机电源电路中的光电耦合器
电路图形符号
空调器通信电路中的光电耦合器

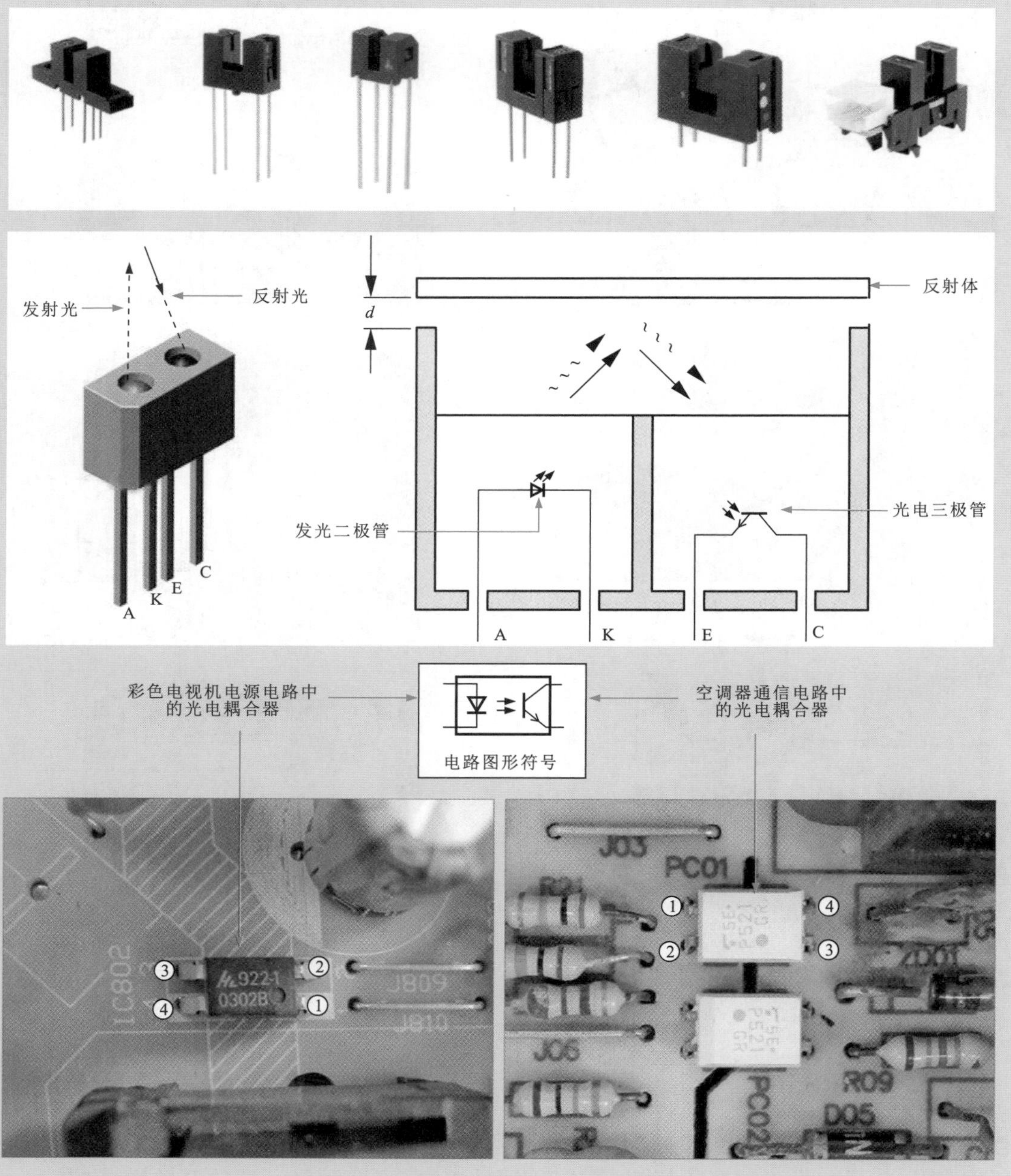

图11-31　典型光电耦合器的结构及功能应用

11.7.2 检测光电耦合器

光电耦合器一般可通过分别检测二极管侧和光电三极管侧的正、反向阻值来判断内部是否存在击穿短路或断路情况。

图11-32为光电耦合器的检测方法。

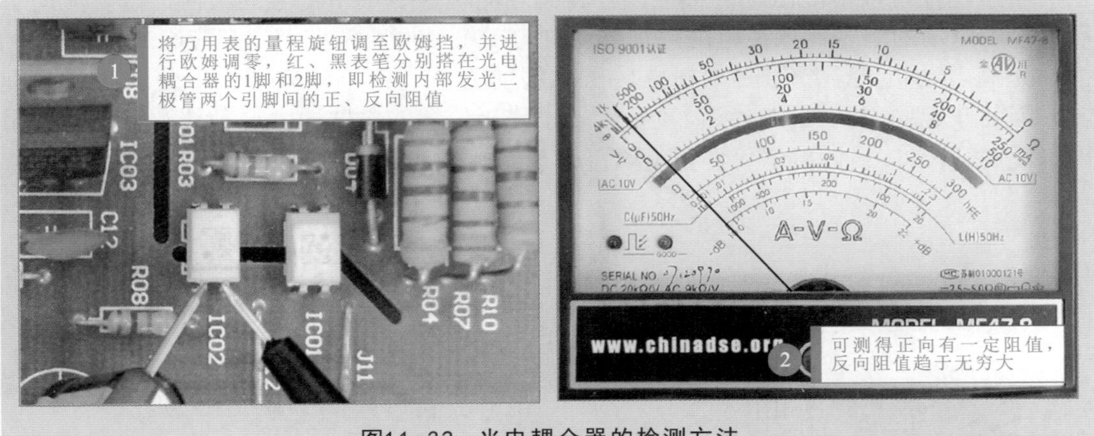
1
将万用表的量程旋钮调至欧姆挡，并进行欧姆调零，红、黑表笔分别搭在光电耦合器的1脚和2脚，即检测内部发光二极管两个引脚间的正、反向阻值
2
可测得正向有一定阻值，反向阻值趋于无穷大

图11-32 光电耦合器的检测方法

在正常情况下，若不存在外围元器件的影响（可将光电耦合器从电路板上取下），则光电耦合器内部发光二极管侧的正向应有一定的阻值，反向阻值应为无穷大；光电三极管侧的正、反向阻值都应为无穷大。

11.8 霍尔元件的特点与检测

11.8.1 了解霍尔元件

霍尔元件是将放大器、温度补偿电路及稳压电源集成在一个芯片上的元器件。图11-33为霍尔元件的实物外形及内部结构。

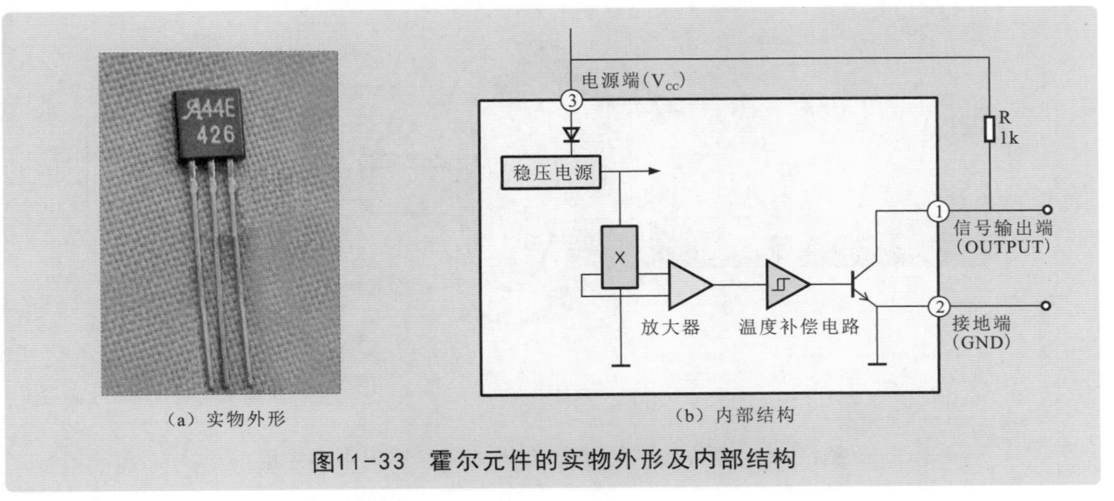
电源端（V_{cc}）
稳压电源
R 1k
信号输出端（OUTPUT）
放大器
温度补偿电路
接地端（GND）
（a）实物外形
（b）内部结构

图11-33 霍尔元件的实物外形及内部结构

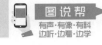

补充说明

霍尔元件在外加偏压的条件下，受到磁场的作用会有电压输出，输出电压的极性和强度与外加磁场的极性和强度有关。用霍尔元件制作的磁场传感器被称为霍尔传感器，为了增大输出信号的幅度，通常将放大电路与霍尔元件集成在一起，制成三端元器件或四端元器件，为实际应用提供极大的方便。

霍尔元件可以检测磁场的极性，并将磁场的极性变成电信号的极性，主要应用于需要检测磁场的场合，如在电动自行车无刷电动机、调速转把中均有应用。

无刷电动机定子绕组必须根据转子磁极的方位切换电流方向，以使转子连续旋转，因此在无刷电动机内必须设置一个转子磁极位置的传感器。这种传感器通常采用霍尔元件。图11-34为霍尔元件在电动自行车无刷电动机中的应用。

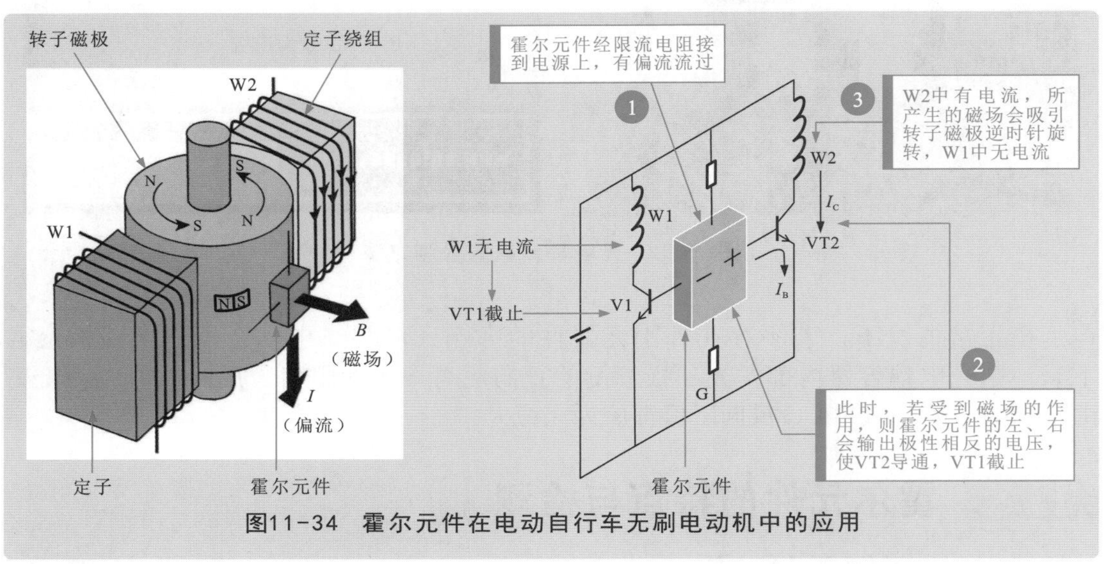
转子磁极
定子绕组
W2
W1
N
S
S
N
B
（磁场）
I
（偏流）
定子
霍尔元件
霍尔元件经限流电阻接到电源上，有偏流流过
1
3
W2中有电流，所产生的磁场会吸引转子磁极逆时针旋转，W1中无电流
W2
W1
I_C
VT2
W1无电流
VT1截止
V1
I_B
G
2
此时，若受到磁场的作用，则霍尔元件的左、右会输出极性相反的电压，使VT2导通，VT1截止
霍尔元件
图11-34　霍尔元件在电动自行车无刷电动机中的应用

图11-35为霍尔元件在电动自行车调速转把中的应用。

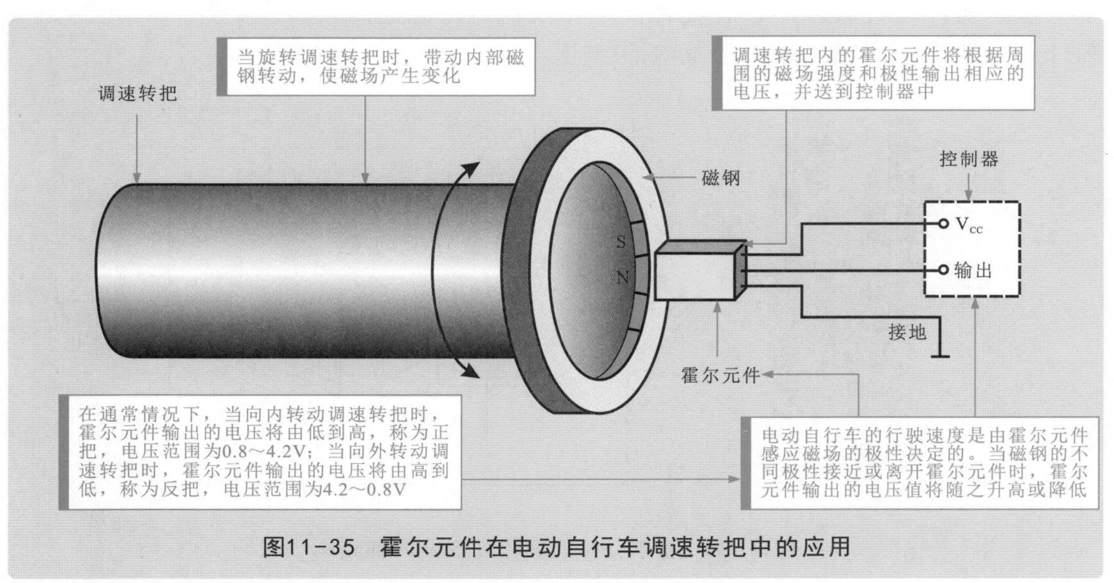
当旋转调速转把时，带动内部磁钢转动，使磁场产生变化
调速转把
调速转把内的霍尔元件将根据周围的磁场强度和极性输出相应的电压，并送到控制器中
控制器
磁钢
S
N
V_{CC}
输出
接地
霍尔元件
在通常情况下，当向内转动调速转把时，霍尔元件输出的电压将由低到高，称为正把，电压范围为0.8～4.2V；当向外转动调速转把时，霍尔元件输出的电压将由高到低，称为反把，电压范围为4.2～0.8V
电动自行车的行驶速度是由霍尔元件感应磁场的极性决定的。当磁钢的不同极性接近或离开霍尔元件时，霍尔元件输出的电压值将随之升高或降低
图11-35　霍尔元件在电动自行车调速转把中的应用

11.8.2 检测霍尔元件

判断霍尔元件是否正常时，可使用万用表分别检测霍尔元件引脚间的阻值，以电动自行车调速转把中的霍尔元件为例，检测方法如图11-36所示。

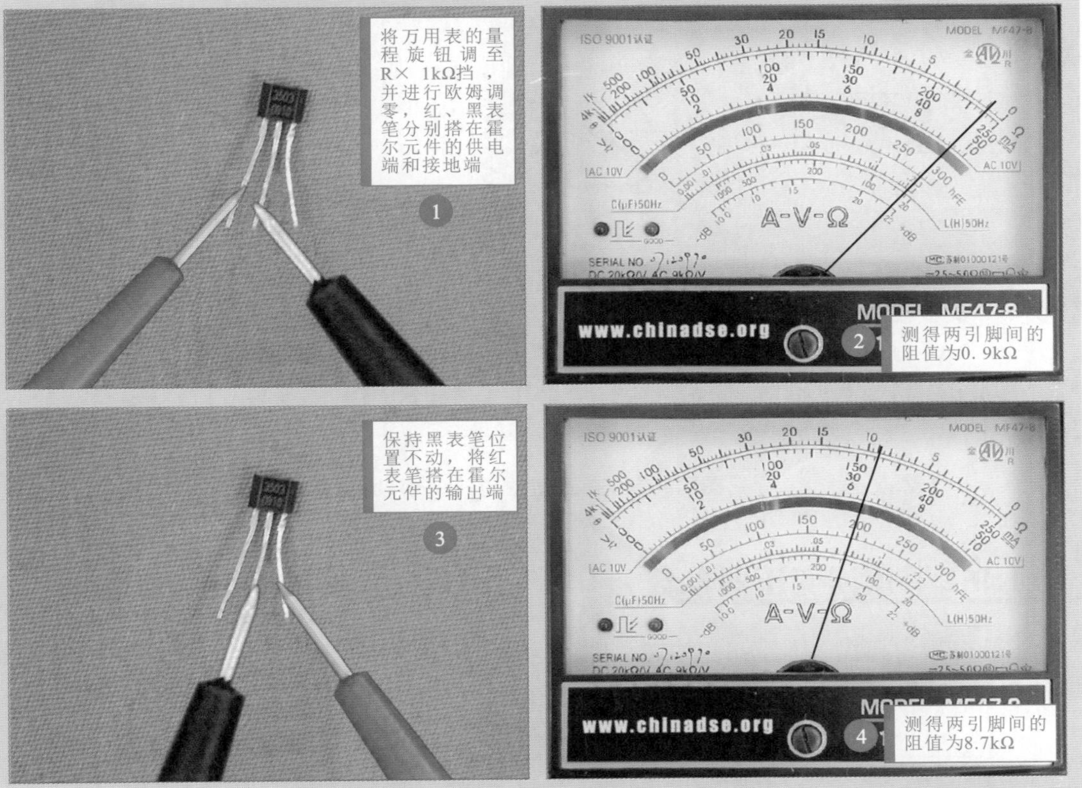

1 将万用表的量程旋钮调至R× 1kΩ挡，并进行欧姆调零，红、黑表笔分别搭在霍尔元件的供电端和接地端

2 测得两引脚间的阻值为0. 9kΩ

3 保持黑表笔位置不动，将红表笔搭在霍尔元件的输出端

4 测得两引脚间的阻值为8.7kΩ

图11-36 霍尔元件的检测方法

11.9 变压器的特点与检测

11.9.1 了解变压器

变压器是将两组或两组以上的线圈绕制在同一骨架或同一铁心上制成的。图11-37为变压器的实物外形和结构。

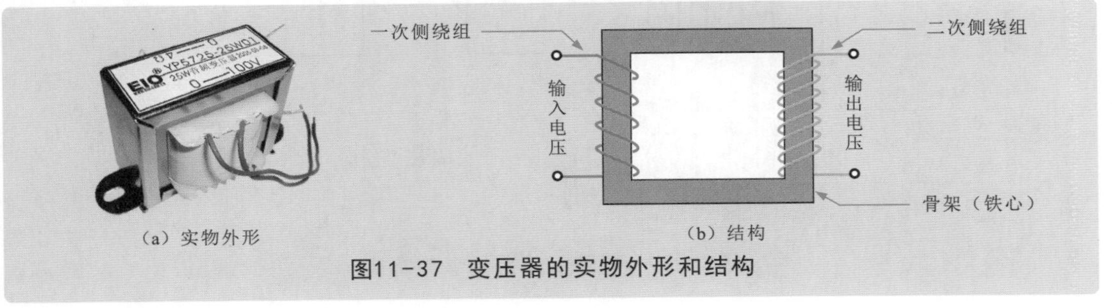
一次侧绕组
二次侧绕组
输入电压
输出电压
骨架（铁心）
（a）实物外形
（b）结构

图11-37 变压器的实物外形和结构

图11-38为变压器的电压变换功能。提升或降低交流电压是变压器在电路中的主要功能。

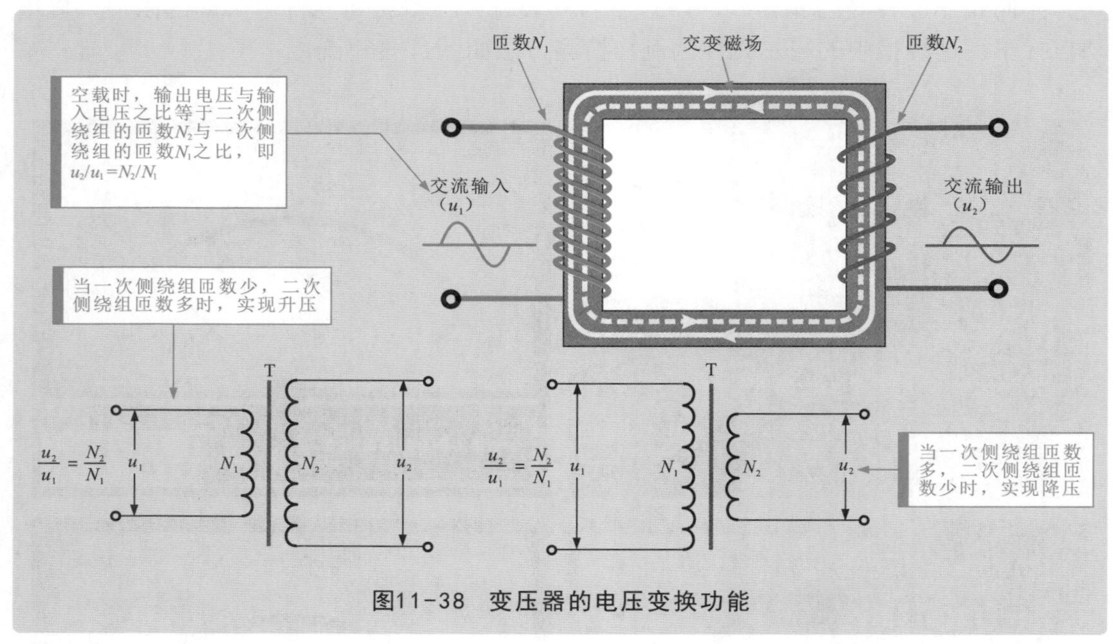
匝数N_1
交变磁场
匝数N_2
空载时，输出电压与输入电压之比等于二次侧绕组的匝数N_2与一次侧绕组的匝数N_1之比，即$u_2/u_1=N_2/N_1$
交流输入（u_1）
交流输出（u_2）
当一次侧绕组匝数少，二次侧绕组匝数多时，实现升压
T
$\frac{u_2}{u_1}=\frac{N_2}{N_1}$
u_1
N_1
N_2
u_2
当一次侧绕组匝数多，二次侧绕组匝数少时，实现降压

图11-38 变压器的电压变换功能

11.9.2 识读变压器参数

图11-39为典型变压器的参数标志。一般来说，变压器的参数标志常用字母与数字的组合构成。

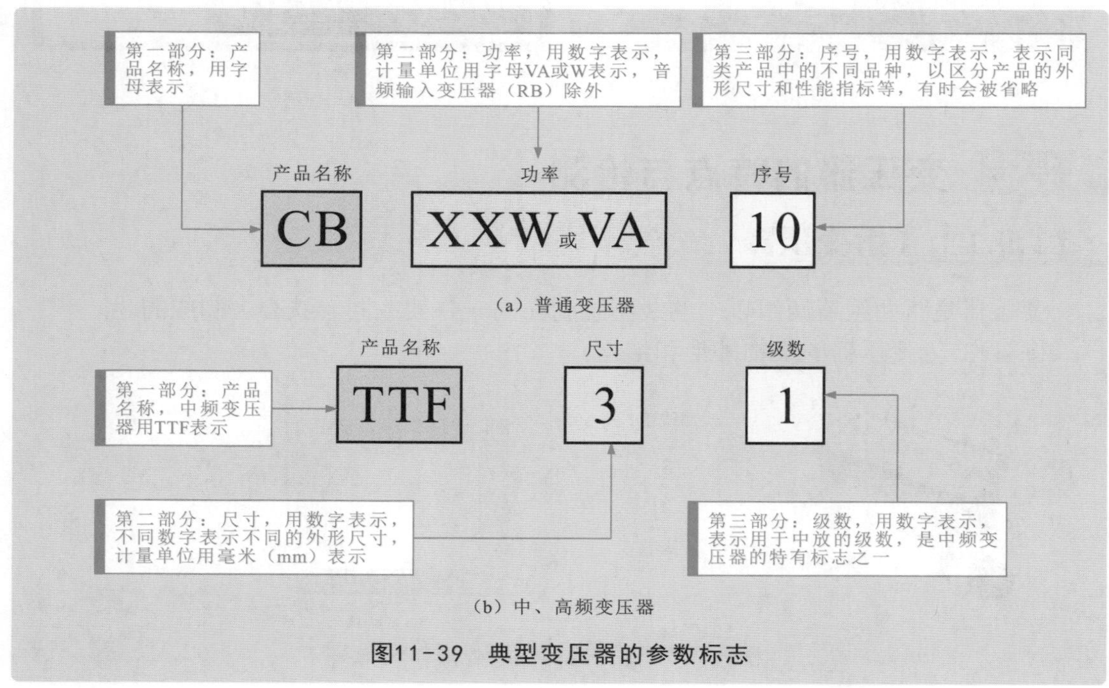
第一部分：产品名称，用字母表示
第二部分：功率，用数字表示，计量单位用字母VA或W表示，音频输入变压器（RB）除外
第三部分：序号，用数字表示，表示同类产品中的不同品种，以区分产品的外形尺寸和性能指标等，有时会被省略
产品名称
功率
序号
CB
XXW或VA
10
（a）普通变压器
产品名称
尺寸
级数
第一部分：产品名称，中频变压器用TTF表示
TTF
3
1
第二部分：尺寸，用数字表示，不同数字表示不同的外形尺寸，计量单位用毫米（mm）表示
第三部分：级数，用数字表示，表示用于中放的级数，是中频变压器的特有标志之一
（b）中、高频变压器

图11-39 典型变压器的参数标志

变压器参数标志中字母或数字的含义见表11-1。

表11-1 变压器参数标志中字母或数字的含义

标志	字母	含 义	标志	数字	含 义
产品名称	DB	电源变压器	尺寸/mm（中频变压器专用标志）	1	7×7×12
	CB	音频输出变压器		2	10×10×14
	RB/JB	音频输入变压器		3	12×12×16
	GB	高压变压器		4	10×25×36
	HB	灯丝变压器	级数	1	第一级中放
	SB/ZB	音频变压器		2	第二级中放
	T	中频变压器		3	第三级中放
	TTF	调幅收音机用中频变压器			

在有些变压器的铭牌上直接将额定功率、输入电压、输出电压等数值明确标出，识读比较直接、简单。图11-40为根据变压器的铭牌标志直接识读的案例。

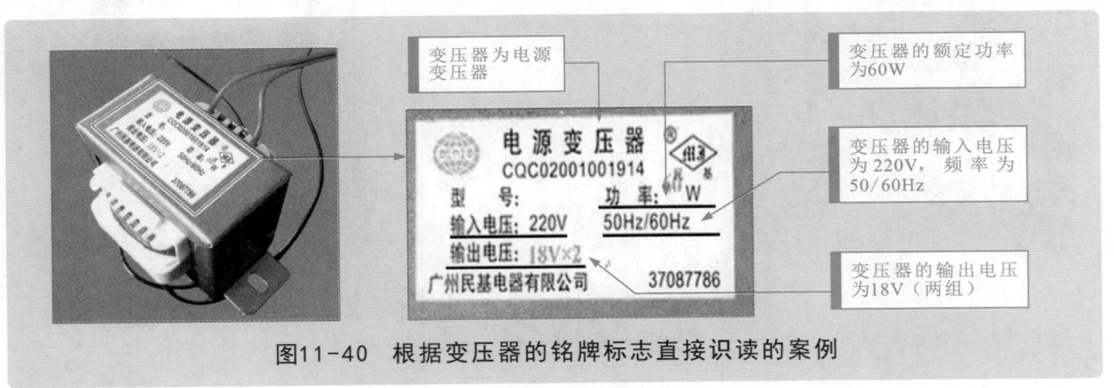
变压器为电源变压器
变压器的额定功率为60W
电源变压器
CQC02001001914
型 号:
功 率: W
输入电压: 220V
50Hz/60Hz
输出电压: 18V×2
广州民基电器有限公司
37087786
变压器的输入电压为220V，频率为50/60Hz
变压器的输出电压为18V（两组）

图11-40 根据变压器的铭牌标志直接识读的案例

识别变压器一次侧、二次侧绕组的引线是变压器安装操作中的重要环节。有些变压器一次侧、二次侧绕组的引线也在铭牌中进行了标志，可以直接根据标志进行安装连接。图11-41为根据变压器铭牌标志识别一次侧、二次侧绕组的引线。

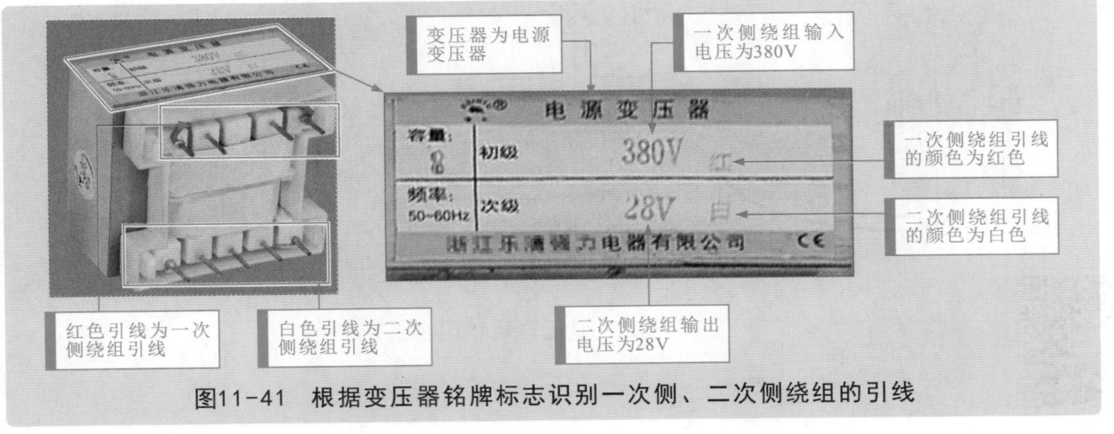
变压器为电源变压器
一次侧绕组输入电压为380V
电源变压器
容量:
8
初级
380V
红
频率:
50~60Hz
次级
28V
白
浙江乐清福力电器有限公司
CE
一次侧绕组引线的颜色为红色
二次侧绕组引线的颜色为白色
红色引线为一次侧绕组引线
白色引线为二次侧绕组引线
二次侧绕组输出电压为28V

图11-41 根据变压器铭牌标志识别一次侧、二次侧绕组的引线

11.9.3 检测变压器

通常情况下，对变压器的检测可以采取两种方法：一种方法是使用万用表电阻挡开路检测变压器绕组的阻值；另一种方法是在路检测变压器输入、输出端的电压。

1 变压器绕组阻值的检测方法

检测变压器绕组阻值主要包括对一次侧、二次侧绕组自身阻值的检测、绕组与绕组之间绝缘电阻的检测、绕组与铁心或外壳之间绝缘电阻的检测三个方面，在检测变压器绕组阻值之前，应首先区分待测变压器的绕组引脚，然后分别对各绕组的阻值进行测量。图11-42为变压器绕组阻值的测量指导。

220V交流输入绕组端
（一次侧绕组）

24V交流输出绕组端
（二次侧绕组）

根据电路图形符号或标志信息确认变压器绕组的结构

220V

24V

T

①②③④⑤

220V
交流输入

24V
交流输出

一次侧绕组引脚

二次侧绕组引脚

（a）区分待测变压器的绕组引脚

T

红

黑

将万用表的量程旋钮调至欧姆挡，红、黑表笔分别搭在待测变压器的一次侧绕组两引脚上或二次侧绕组两引脚上，观察万用表显示屏，在正常情况下应有一固定值。若实测阻值为无穷大，则说明所测绕组存在断路现象

（b）检测变压器绕组自身阻值

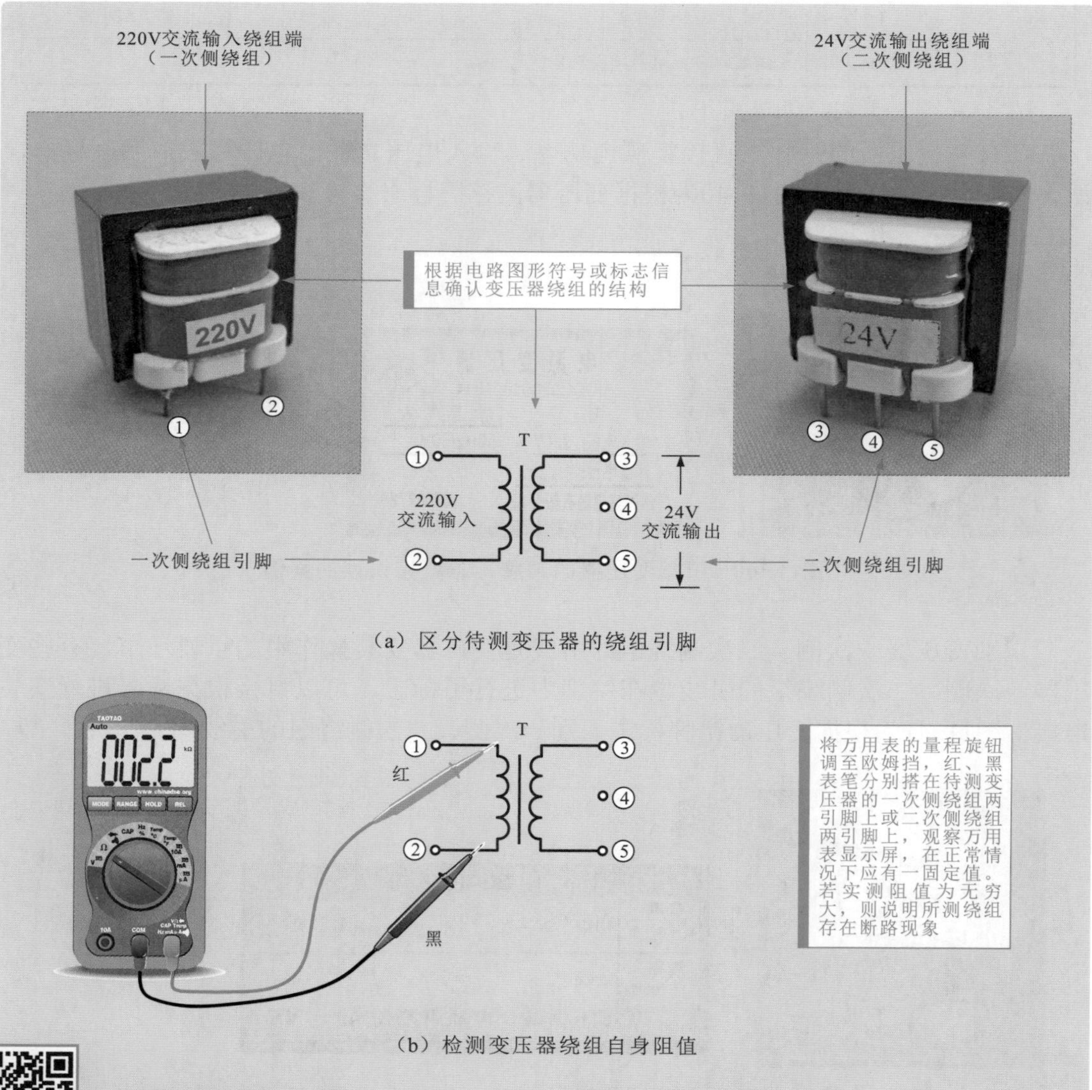

图11-42　变压器绕组阻值的测量指导

图说帮

微视频讲解“变压器绕组阻值的检测”

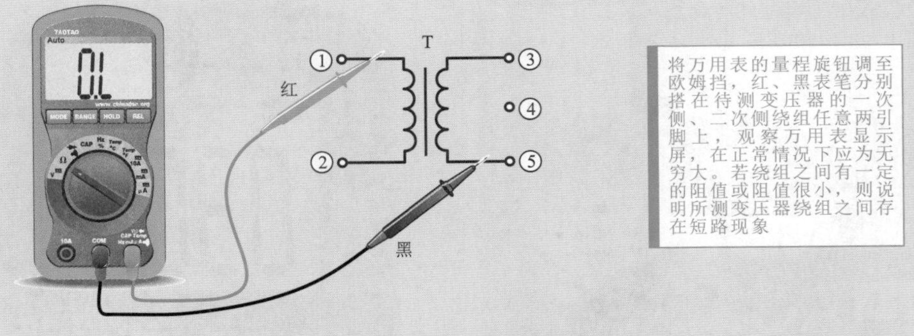

T ① ② ③ ④ ⑤ 红 黑

将万用表的量程旋钮调至欧姆挡，红、黑表笔分别搭在待测变压器的一次侧、二次侧绕组任意两引脚上，观察万用表显示屏，在正常情况下应为无穷大。若绕组之间有一定的阻值或阻值很小，则说明所测变压器绕组之间存在短路现象

（c）检测变压器绕组与绕组之间的阻值

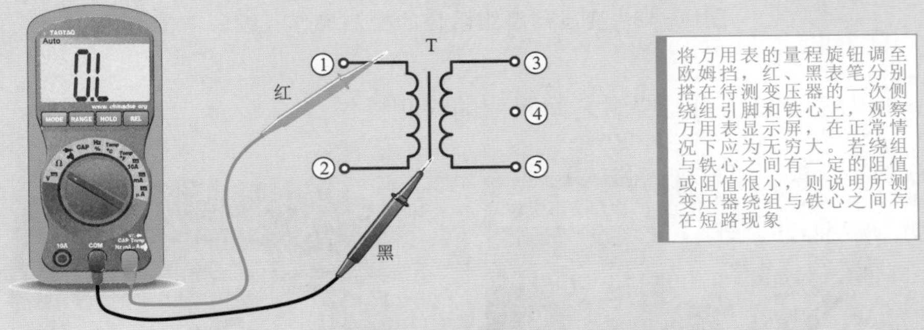

T ① ② ③ ④ ⑤ 红 黑

将万用表的量程旋钮调至欧姆挡，红、黑表笔分别搭在待测变压器的一次侧绕组引脚和铁心上，观察万用表显示屏，在正常情况下应为无穷大。若绕组与铁心之间有一定的阻值或阻值很小，则说明所测变压器绕组与铁心之间存在短路现象

（d）检测变压器绕组与铁心之间的阻值

图11-42　变压器绕组阻值的测量指导（续）

根据检测指导，首先检测变压器自身侧绕组的阻值。图11-43为变压器绕组阻值的检测操作。

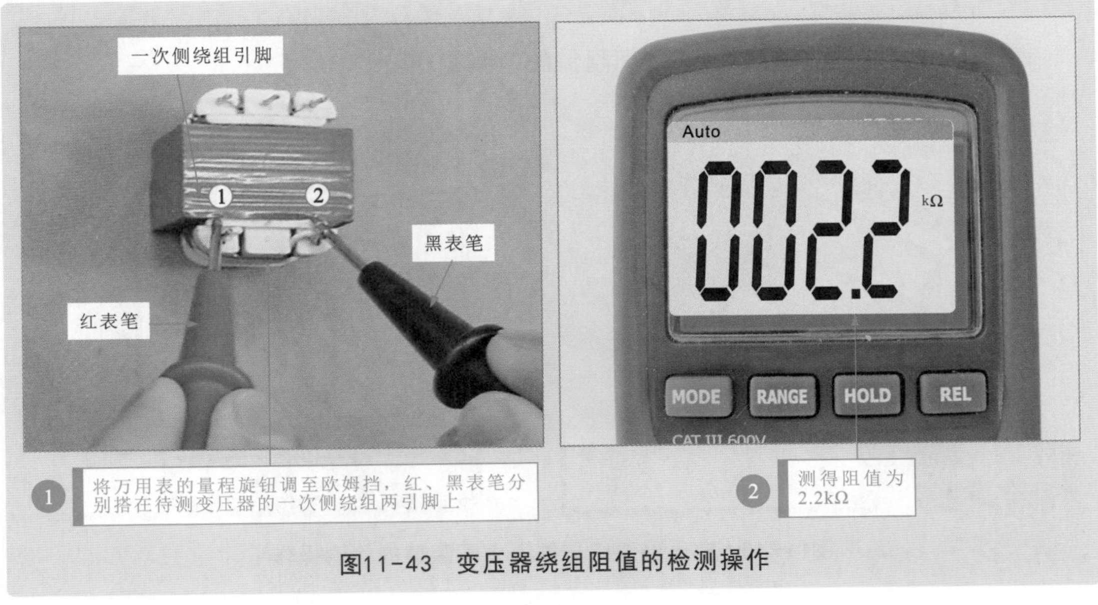
一次侧绕组引脚
①
②
黑表笔
红表笔
Auto
002.2 kΩ
MODE
RANGE
HOLD
REL
①
将万用表的量程旋钮调至欧姆挡，红、黑表笔分别搭在待测变压器的一次侧绕组两引脚上
②
测得阻值为2.2kΩ

图11-43　变压器绕组阻值的检测操作

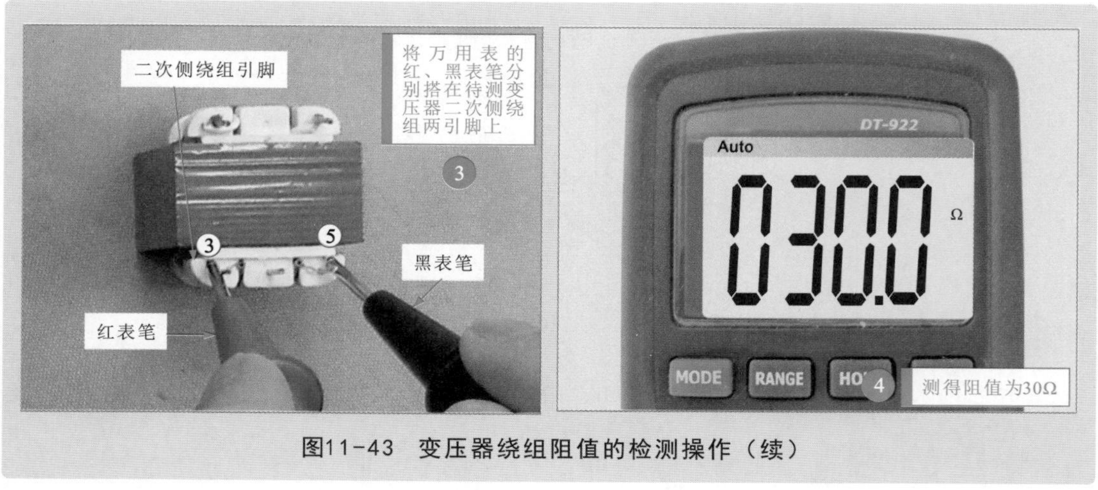

二次侧绕组引脚
将万用表的红、黑表笔分别搭在待测变压器二次侧绕组两引脚上
3
5
黑表笔
红表笔
DT-922
Auto
030.0
Ω
MODE
RANGE
4
测得阻值为30Ω

图11-43　变压器绕组阻值的检测操作（续）

图11-44为变压器绕组与绕组之间阻值的检测操作。

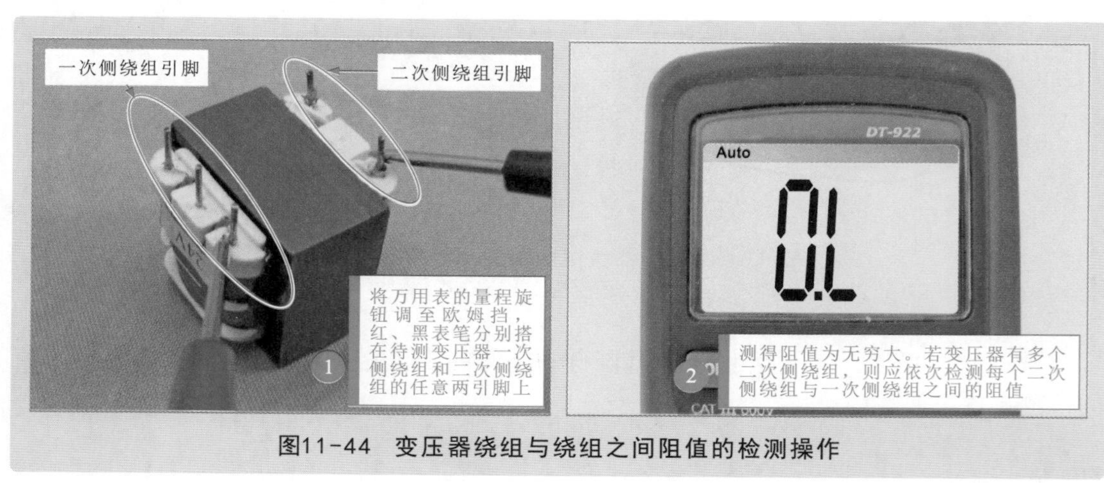

一次侧绕组引脚
二次侧绕组引脚
DT-922
Auto
0.L
将万用表的量程旋钮调至欧姆挡，红、黑表笔分别搭在待测变压器一次侧绕组和二次侧绕组的任意两引脚上
1
2
测得阻值为无穷大。若变压器有多个二次侧绕组，则应依次检测每个二次侧绕组与一次侧绕组之间的阻值

图11-44　变压器绕组与绕组之间阻值的检测操作

图11-45为变压器绕组与铁心之间阻值的检测操作。

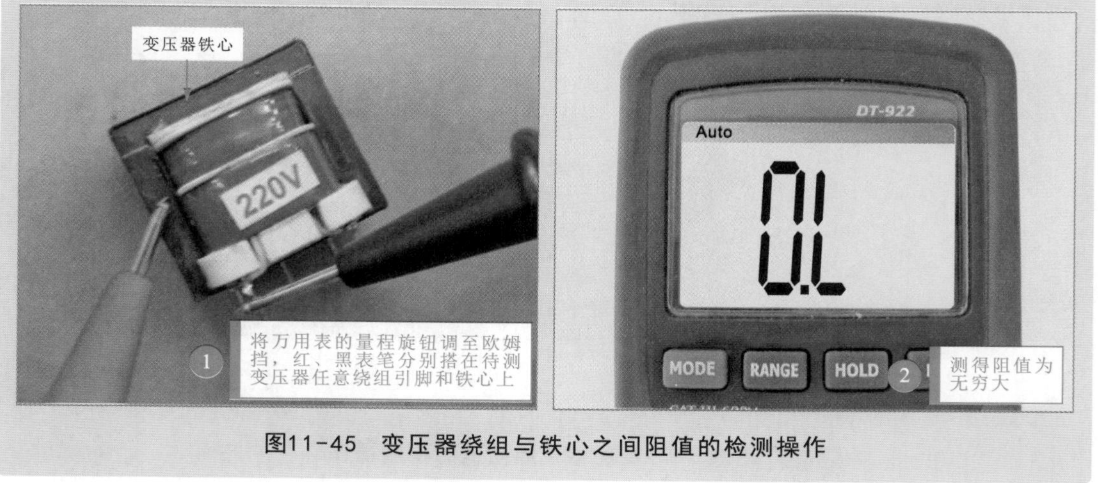

变压器铁心
220V
DT-922
Auto
0.L
1
将万用表的量程旋钮调至欧姆挡，红、黑表笔分别搭在待测变压器任意绕组引脚和铁心上
MODE
RANGE
HOLD
2
测得阻值为无穷大

图11-45　变压器绕组与铁心之间阻值的检测操作

2 变压器输入、输出电压的检测方法

变压器的主要功能就是电压变换，因此在正常情况下，若输入电压正常，则应输出变换后的电压。使用万用表检测时，可通过检测输入、输出电压来判断变压器是否损坏。

首先将变压器置于实际工作环境中或搭建测试电路模拟实际工作环境，并向变压器输入交流电压，然后用万用表分别检测输入、输出电压来判断变压器的好坏。在检测之前，需要区分待测变压器的输入、输出引脚，了解输入、输出电压值，为变压器的检测提供参照标准。图11-46为变压器输入、输出电压的检测指导。

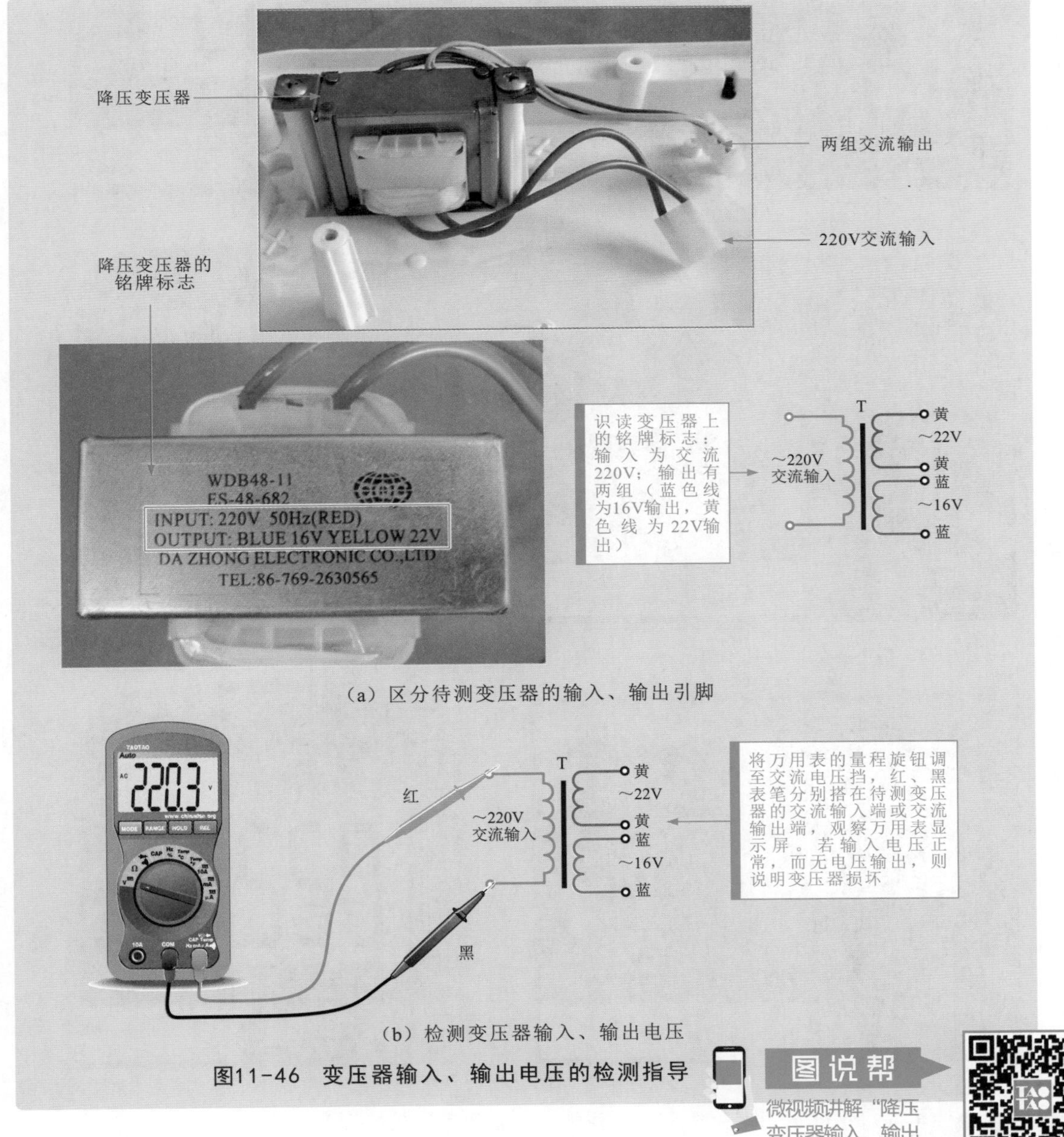
降压变压器
两组交流输出
220V交流输入
降压变压器的铭牌标志
WDB48-11
ES-48-682
INPUT: 220V 50Hz(RED)
OUTPUT: BLUE 16V YELLOW 22V
DA ZHONG ELECTRONIC CO.,LTD
TEL:86-769-2630565
识读变压器上的铭牌标志：输入为交流220V；输出有两组（蓝色线为16V输出，黄色线为22V输出）
T
~220V
交流输入
黄
~22V
黄
蓝
~16V
蓝
220.3
红
黑
将万用表的量程旋钮调至交流电压挡，红、黑表笔分别搭在待测变压器的交流输入端或交流输出端，观察万用表显示屏。若输入电压正常，而无电压输出，则说明变压器损坏

(a) 区分待测变压器的输入、输出引脚

(b) 检测变压器输入、输出电压

图11-46 变压器输入、输出电压的检测指导

图说帮

微视频讲解"降压变压器输入、输出电压的检测"

图11-47为变压器输入、输出电压的检测实例。

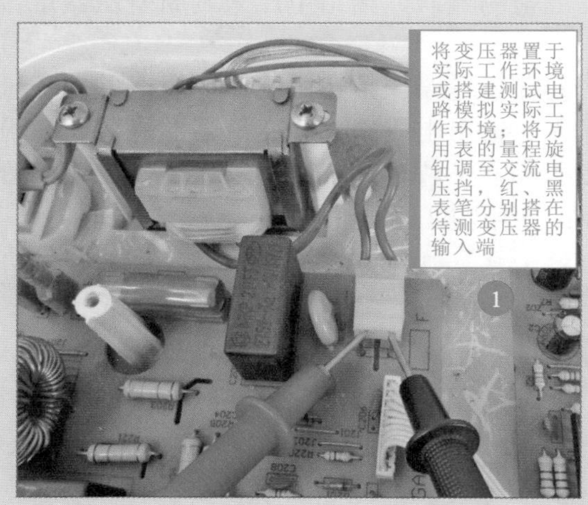
将变压器置于实际工作环境或搭建测试电路模拟实际工作环境；将万用表的量程旋钮调至交流电压挡，红、黑表笔分别搭在待测变压器的输入端
1

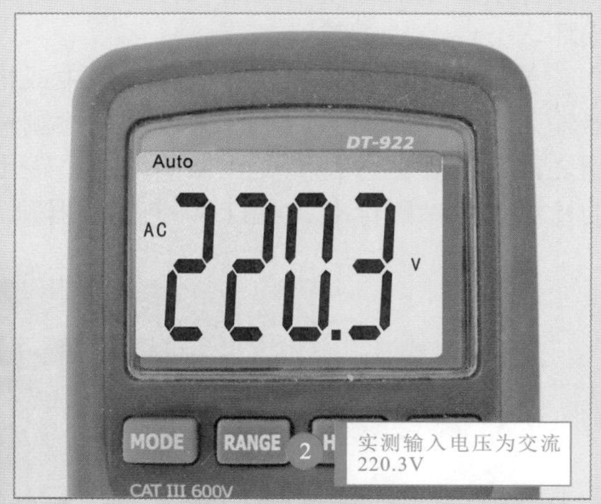
DT-922
Auto
AC
220.3
V
MODE
RANGE
2
实测输入电压为交流220.3V
CAT III 600V

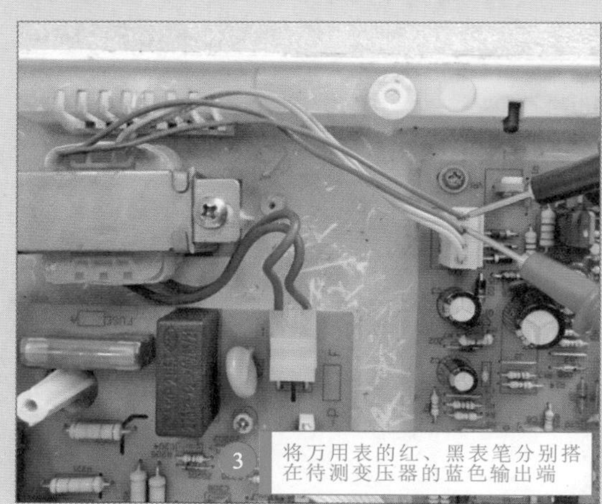
3
将万用表的红、黑表笔分别搭在待测变压器的蓝色输出端

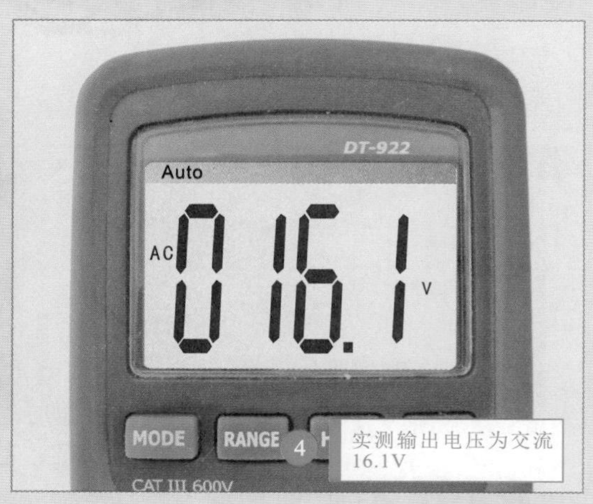
DT-922
Auto
AC
016.1
V
MODE
RANGE
4
实测输出电压为交流16.1V
CAT III 600V

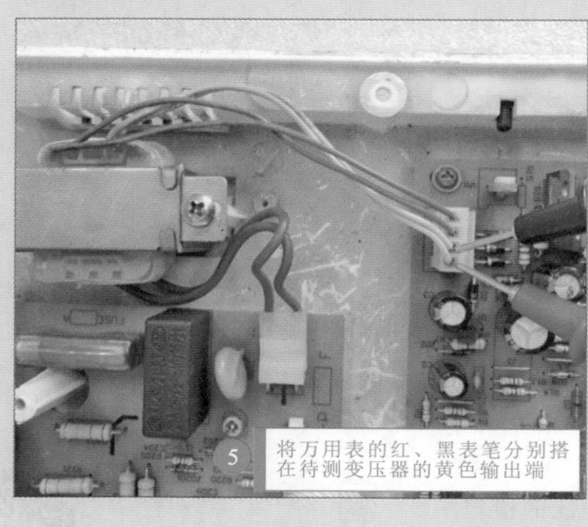
5
将万用表的红、黑表笔分别搭在待测变压器的黄色输出端

DT-922
Auto
AC
022.4
V
MODE
RANGE
6
实测输出电压为交流22.4V
CAT III 600V

图11-47　变压器输入、输出电压的检测实例

11.10 电动机的特点与检测

11.10.1 了解电动机

电动机是一种利用电磁感应原理将电能转换为机械能的动力部件，广泛应用在电气设备的控制线路中。图11-48为电动机的功能特点与典型应用。

负载

最终带动负载实现转动、左右或前后移动、升降等动作

若负载为扇叶，则可带动扇叶转动；若负载为滑轮，则可带动滑轮升降；若负载为字车，则可带动字车左右移动；若负载为机床刀具，则可带动刀具进给等

转轴通过传送带、齿轮等传动装置将机械能传递出去

电动机

电能

零线

相线

吸尘器

直流电动机

电动自行车

直流电动机

空调器室外机中的单相交流电动机

钻床中的三相交流电动机

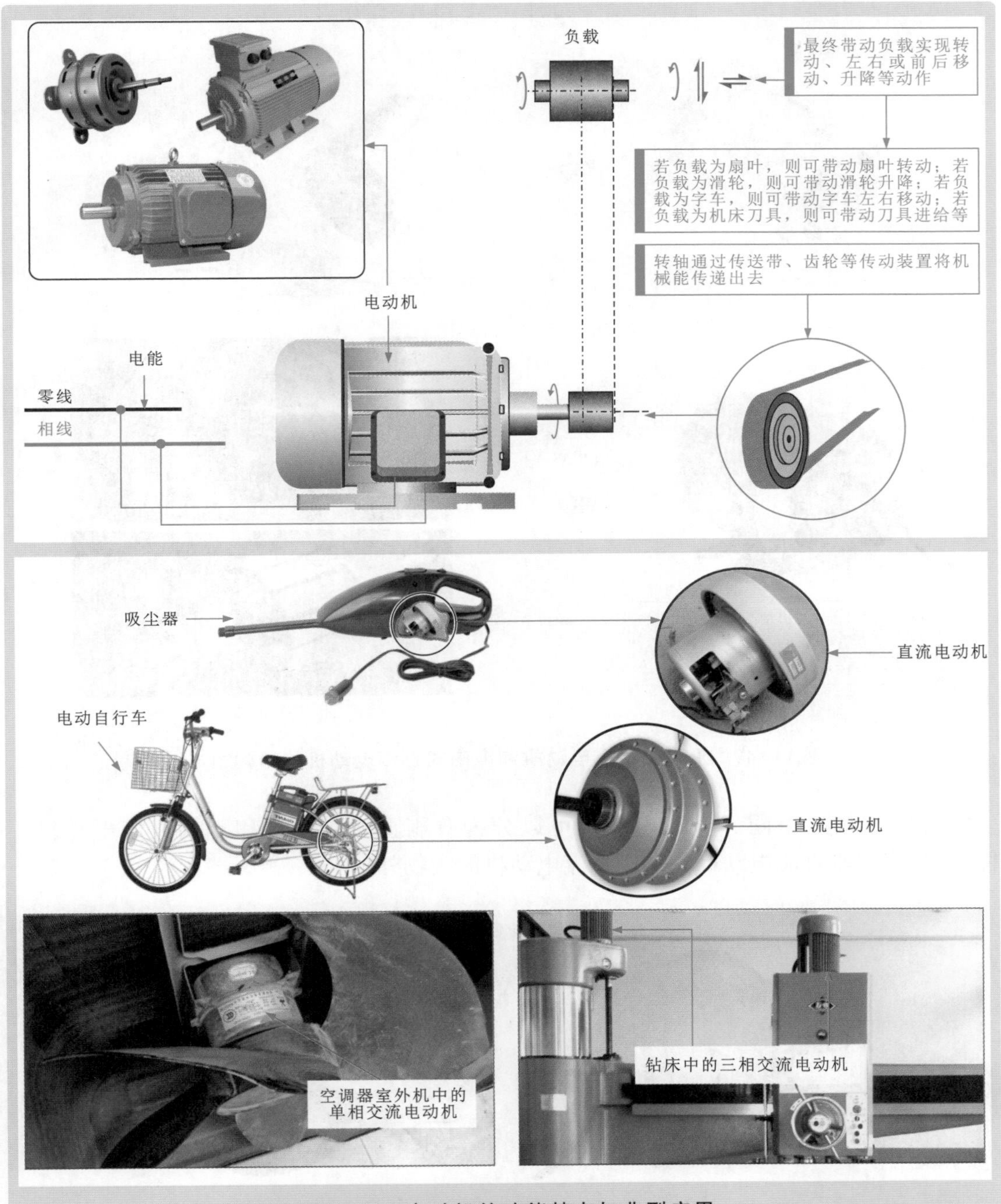

图11-48　电动机的功能特点与典型应用

电动机的种类繁多，分类方式也多样，最简单的分类方式是按照供电类型的不同，分为直流电动机和交流电动机。

1 直流电动机

按照定子磁场的不同，直流电动机可以分为永磁式直流电动机和电磁式直流电动机。图11-49为永磁式直流电动机和电磁式直流电动机的结构组成。

永磁式直流电动机

永磁式直流电动机的定子磁极是由永磁体组成的，利用永磁体提供磁场，使转子在磁场的作用下旋转

外壳

定子（永磁体）

电刷

转子

电磁式直流电动机

电磁式直流电动机的定子磁极是由定子铁心和定子线圈绕制而成的，在直流电流的作用下，定子线圈产生磁场，驱动转子旋转

定子线圈

外壳

定子铁心（电磁铁）

转子

（a）实物外形

（b）内部结构

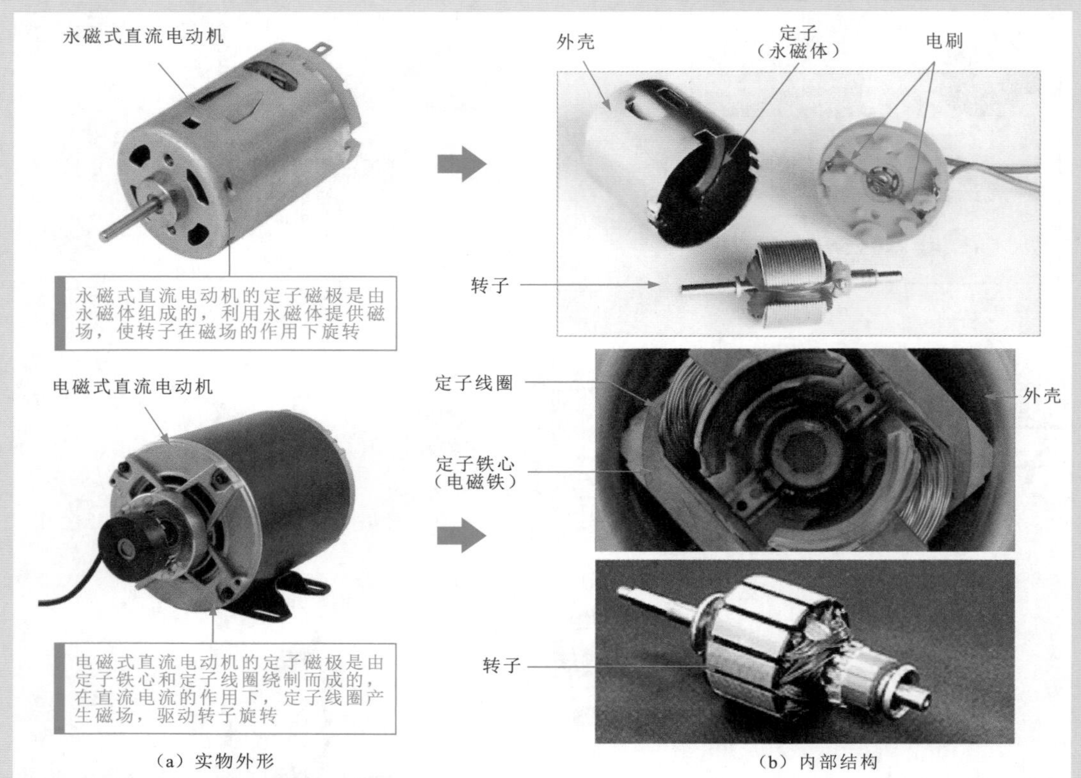

图11-49 永磁式直流电动机和电磁式直流电动机的结构组成

按照结构的不同，直流电动机可以分为有刷直流电动机和无刷直流电动机，图11-50为有刷直流电动机和无刷直流电动机的实物外形。

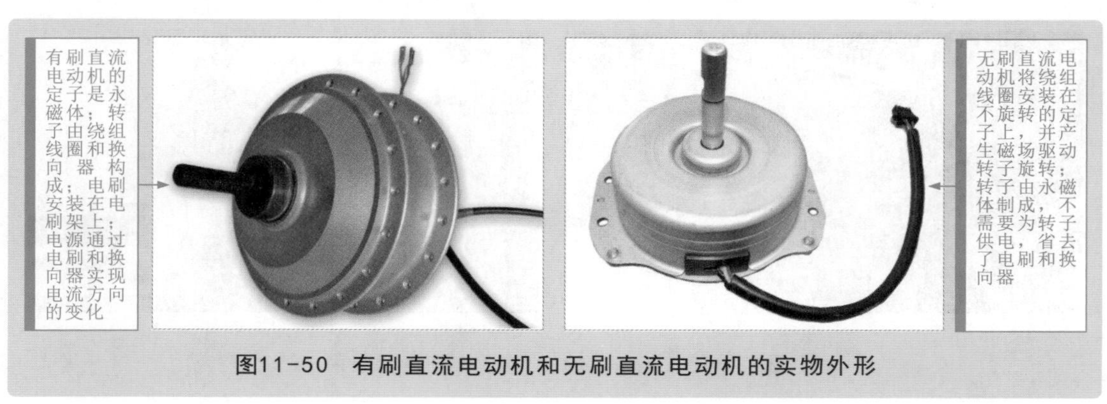
有刷直流电动机的定子是永磁体；转子由绕组线圈和换向器构成；电刷安装在电刷架上；电源通过电刷和换向器实现电流方向的变化
无刷直流电动机将绕组线圈安装在不旋转的定子上，并产生磁场驱动转子旋转；转子由永磁体制成，不需要为转子供电，省去了电刷和换向器
图11-50 有刷直流电动机和无刷直流电动机的实物外形

图11-51为有刷直流电动机和无刷直流电动机的结构组成。

外壳
有刷直流电动机和无刷直流电动机的外形相似，主要通过内部是否包含电刷和换向器进行区分
电刷
电刷架
电刷供电端
轴承
转轴
换向器
绕组
转子铁心
永磁体
衔铁
外壳端盖
转轴
转子（永磁体）
绕组
定子
霍尔元件
为绕组供电的引线
转子位置信号输出端

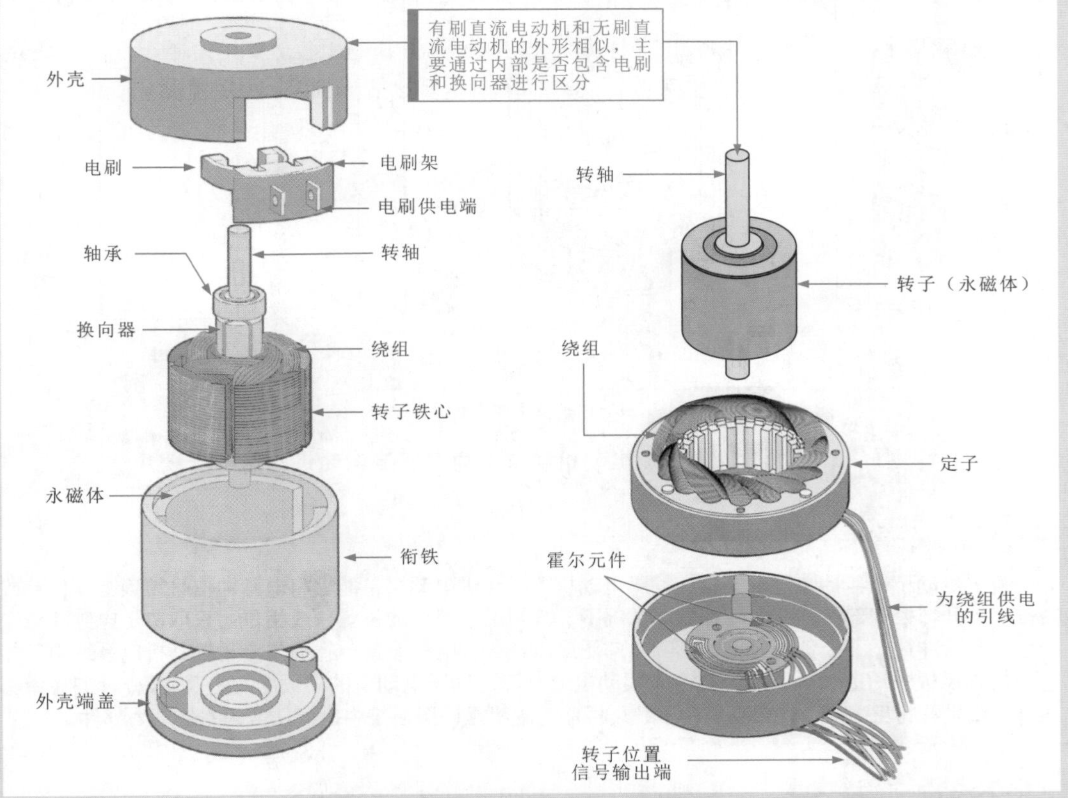

图11-51 有刷直流电动机和无刷直流电动机的结构组成

按照功能不同，直流电动机可以分为机械稳速直流电动机和电子稳速直流电动机。图11-52为机械稳速直流电动机和电子稳速直流电动机的结构。

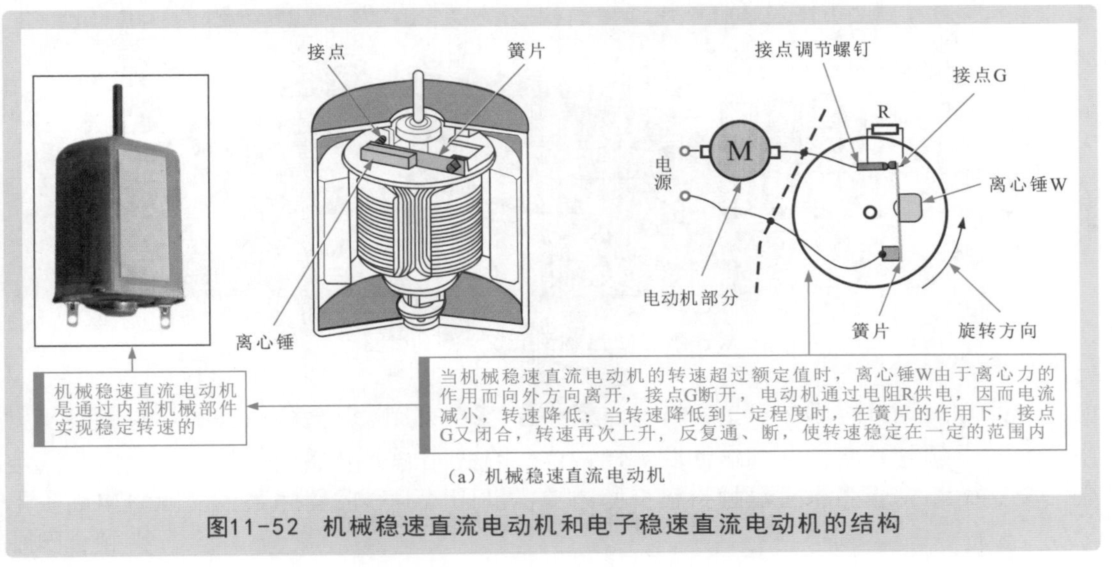

接点
簧片
接点调节螺钉
接点G
R
M
电源
离心锤W
电动机部分
簧片
旋转方向
离心锤
机械稳速直流电动机是通过内部机械部件实现稳定转速的
当机械稳速直流电动机的转速超过额定值时，离心锤W由于离心力的作用而向外方向离开，接点G断开，电动机通过电阻R供电，因而电流减小，转速降低；当转速降低到一定程度时，在簧片的作用下，接点G又闭合，转速再次上升，反复通、断，使转速稳定在一定的范围内

(a) 机械稳速直流电动机

图11-52 机械稳速直流电动机和电子稳速直流电动机的结构

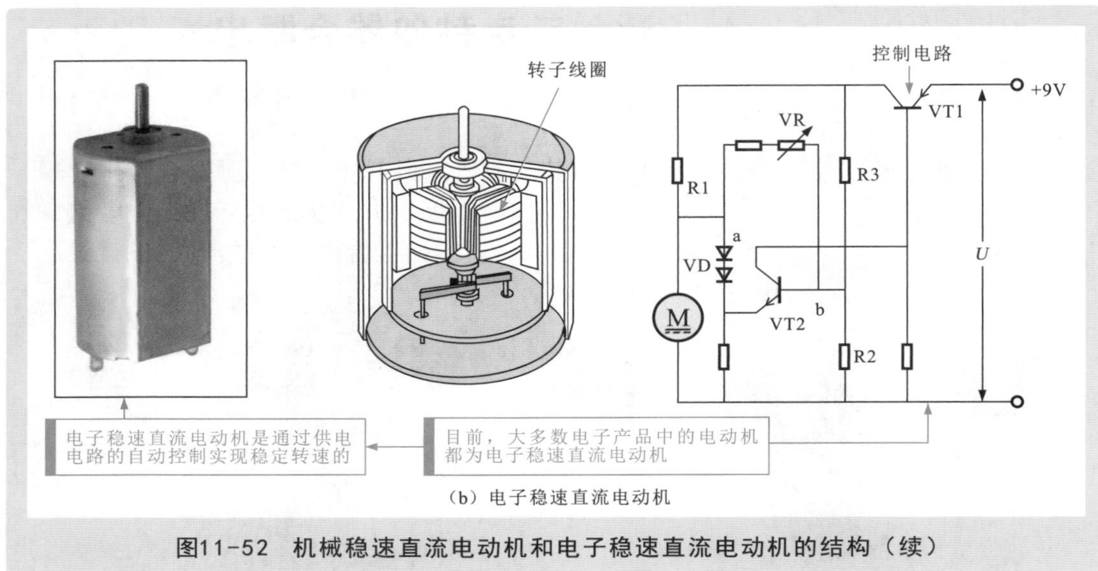
转子线圈
控制电路
+9V
VT1
VR
R1
R3
a
VD
U
M
VT2
b
R2
电子稳速直流电动机是通过供电电路的自动控制实现稳定转速的
目前，大多数电子产品中的电动机都为电子稳速直流电动机
（b）电子稳速直流电动机

图11-52 机械稳速直流电动机和电子稳速直流电动机的结构（续）

补充说明

直流电动机还包括步进电动机、伺服电动机等。步进电动机是能够将电脉冲信号转换为角位移或线位移的开环控制部件，在负载正常的情况下，其转速、停止的位置（或相位）只取决于电脉冲信号的频率和脉冲数，不受负载变化的影响，广泛应用在各种电气设备，特别是自动控制机电系统中，如空调器导风板驱动电动机、打印机字车驱动电动机等。伺服电动机的“伺服”是英文Servo的音译。伺服系统是具有反馈环节的自动控制系统。伺服电动机是伺服系统中执行任务的主要动力部件。

2 交流电动机

交流电动机根据供电方式和绕组结构的不同，可分为单相交流电动机和三相交流电动机。单相交流电动机由单相交流电源供电，多用在家用电子产品中。

图11-53为单相交流电动机的结构组成。

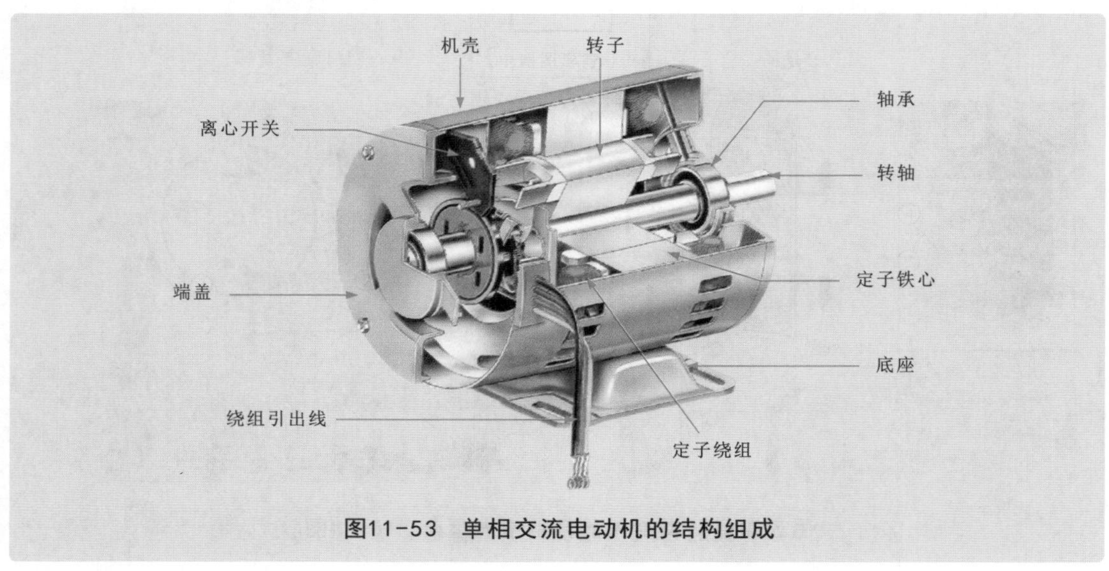
机壳
转子
轴承
离心开关
转轴
端盖
定子铁心
底座
绕组引出线
定子绕组
图11-53 单相交流电动机的结构组成

三相交流电动机由三相交流电源供电，多用在工业生产中。图11-54为三相交流电动机的结构组成。

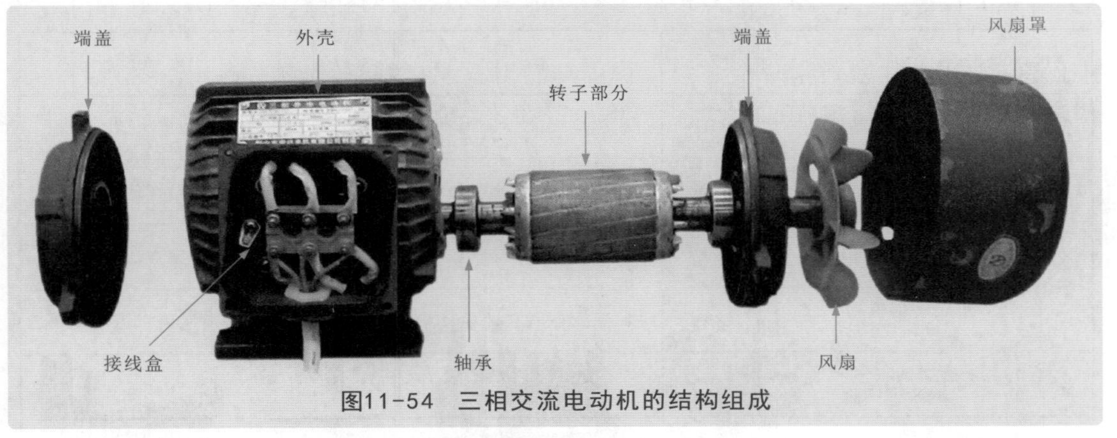
端盖
外壳
端盖
风扇罩
转子部分
接线盒
轴承
风扇
图11-54　三相交流电动机的结构组成

11.10.2 识读电动机铭牌标志

电动机的铭牌一般位于外壳比较明显的位置，其上面标志的主要技术参数可为选择、安装、使用和维修提供重要依据。

1 直流电动机的参数标志

直流电动机的主要技术参数一般都标志在铭牌上，包括型号、电压、电流、转速等。图11-55为直流电动机在铭牌上的参数标志。

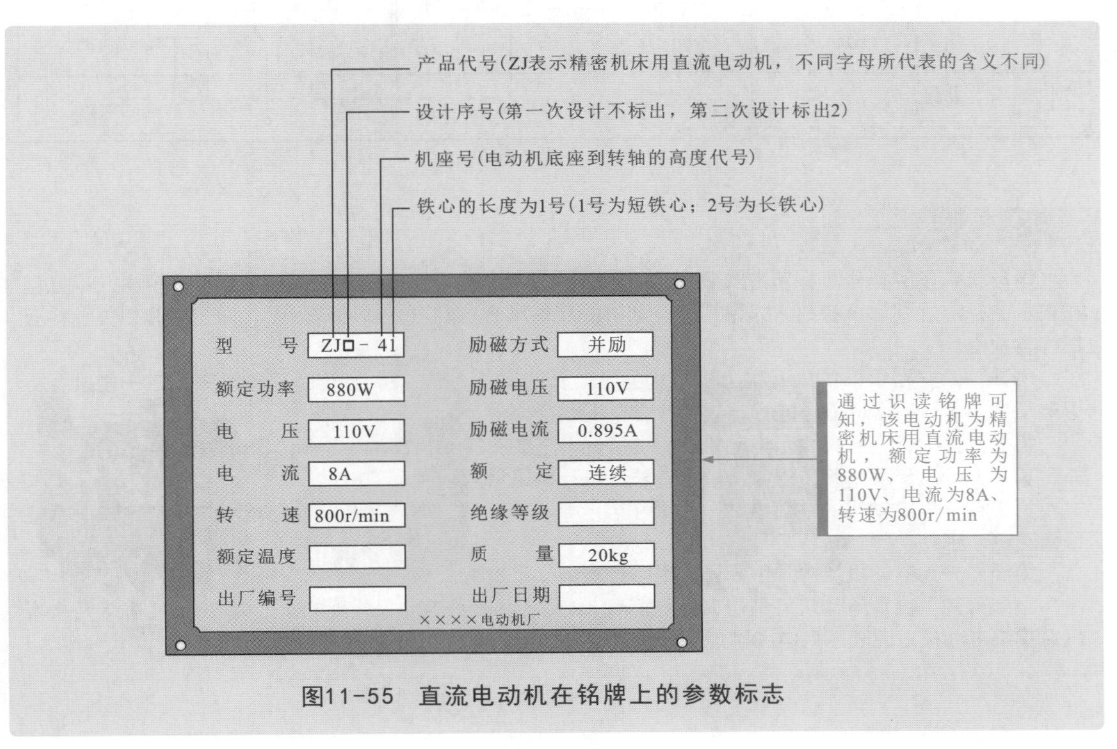
产品代号(ZJ表示精密机床用直流电动机，不同字母所代表的含义不同)
设计序号(第一次设计不标出，第二次设计标出2)
机座号(电动机底座到转轴的高度代号)
铁心的长度为1号(1号为短铁心；2号为长铁心)
型　号　ZJ□－41
励磁方式　并励
额定功率　880W
励磁电压　110V
电　压　110V
励磁电流　0.895A
电　流　8A
额　定　连续
转　速　800r/min
绝缘等级
额定温度
质　量　20kg
出厂编号
出厂日期
××××电动机厂
通过识读铭牌可知，该电动机为精密机床用直流电动机，额定功率为880W、电压为110V、电流为8A、转速为800r/min
图11-55　直流电动机在铭牌上的参数标志

表11-2为直流电动机铭牌上的常用字母含义。

表11-2　直流电动机铭牌上的常用字母含义

字母	含 义	字母	含 义	字母	含 义
Z	直流电动机	ZHW	无换向器式直流电动机	ZZF	轧机辅传动用直流电动机
ZK	高速直流电动机	ZX	空心杯式直流电动机	ZDC	电铲起重用直流电动机
ZYF	幅压直流电动机	ZN	印刷绕组式直流电动机	ZZJ	冶金起重用直流电动机
ZY	永磁（铝镍钴）式直流电动机	ZYJ	减速永磁式直流电动机	ZZT	轴流式通风用直流电动机
ZYT	永磁（铁氧体）式直流电动机	ZYY	石油井下用永磁式直流电动机	ZDZY	正压型直流电动机
ZYW	稳速永磁（铝镍钴）式直流电动机	ZJZ	静止整流电源供电用直流电动机	ZA	增安型直流电动机
ZTW	稳速永磁（铁氧体）式直流电动机	ZJ	精密机床用直流电动机	ZB	防爆型直流电动机
ZW	无槽直流电动机	ZTD	电梯用直流电动机	ZM	脉冲直流电动机
ZZ	轧机主传动直流电动机	ZU	龙门刨床用直流电动机	ZS	试验用直流电动机
ZLT	他励直流电动机	ZKY	空气压缩机用直流电动机	ZL	录音机用永磁式直流电动机
ZLB	并励直流电动机	ZWJ	挖掘机用直流电动机	ZCL	电唱机用永磁式直流电动机
ZLC	串励直流电动机	ZKJ	矿场卷扬机用直流电动机	ZW	玩具用直流电动机
ZLF	复励直流电动机	ZG	辊道用直流电动机	FZ	纺织用直流电动机

补充说明

电动机有多种型号，标志方式多样，如果不符合基本的标志规则，则可以找到厂家资料，根据厂家自身的标志规则识读参数。如果知道电动机的应用场合，则可以从功能入手，通过查阅相关资料获取标志规则。

例如，从一台很旧的录音机上拆下微型电动机的型号为36L52。经查阅资料可知，在一些录音机等电子产品中，电动机型号的标志规则包含以下四个部分。

第一部分为机座号，表示电动机外壳的直径，主要有20㎜、28㎜、34㎜、36㎜等几种。

第二部分为产品名称，用字母表示，表示电动机适用的场合。

第三部分为电动机的性能参数，用数字表示。其中，01～49表示机械稳速电动机；51～99表示电子稳速电动机。

第四部分为电动机结构派生代号，用字母表示，可省略。

由此可知，微型电动机的型号36L52表示的含义：36表示电动机外壳的直径为36㎜；L表示为录音机用直流电动机；52表示为电子稳速直流电动机。

2 交流电动机的参数标志

在交流电动机中，单相交流电动机与三相交流电动机的参数标志不同。

单相交流电动机铭牌上的参数标志如图11-56所示。

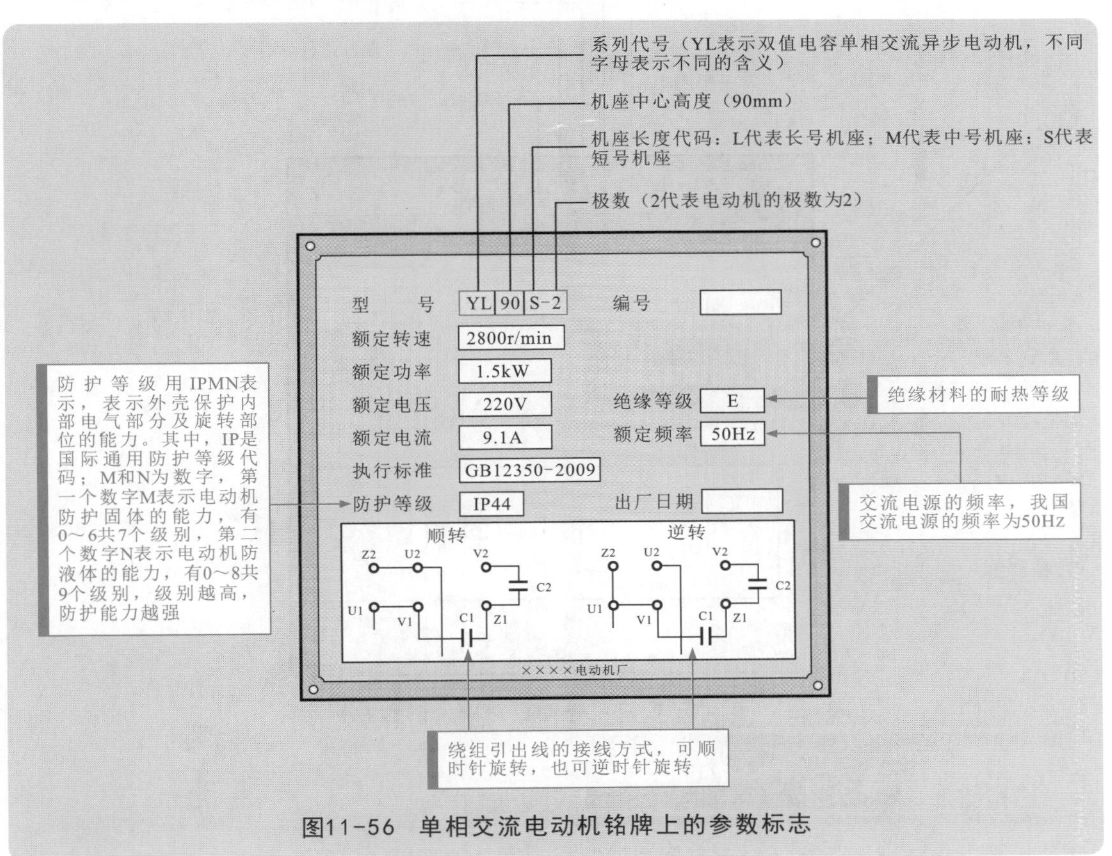
系列代号（YL表示双值电容单相交流异步电动机，不同字母表示不同的含义）
机座中心高度（90mm）
机座长度代码：L代表长号机座；M代表中号机座；S代表短号机座
极数（2代表电动机的极数为2）
型号 YL 90 S-2
编号
额定转速 2800r/min
额定功率 1.5kW
额定电压 220V
绝缘等级 E
额定电流 9.1A
额定频率 50Hz
执行标准 GB12350-2009
防护等级 IP44
出厂日期
顺转
逆转
Z2 U2 V2 C2 U1 V1 C1 Z1
××××电动机厂
防护等级用IPMN表示，表示外壳保护内部电气部分及旋转部位的能力。其中，IP是国际通用防护等级代码；M和N为数字，第一个数字M表示电动机防护固体的能力，有0～6共7个级别，第二个数字N表示电动机防液体的能力，有0～8共9个级别，级别越高，防护能力越强
绝缘材料的耐热等级
交流电源的频率，我国交流电源的频率为50Hz
绕组引出线的接线方式，可顺时针旋转，也可逆时针旋转

图11-56 单相交流电动机铭牌上的参数标志

单相交流电动机铭牌上不同字母或数字的含义见表11-3。

表11-3 单相交流电动机铭牌上不同字母或数字的含义

系列代号		防护等级（IPMN）			
字母	含义	M	防护固体的能力	N	防护液体的能力
YL	双值电容单相交流异步电动机	0	没有防护措施	0	没有专门的防护措施
YY	单相电容运转单相交流异步电动机	1	防护物体的直径为50mm	1	防护滴水
YC	单相电容启动单相交流异步电动机	2	防护物体的直径为12mm	2	防护水平方向夹角为15°的滴水
绝缘等级		3	防护物体的直径为2.5mm	3	防护60°方向内的淋水
字母	耐热温度	4	防护物体的直径为1mm	4	防护任何方向的溅水
E	120℃	5	防尘	5	防护一定压力的喷水
B	130℃	6	严密防尘	6	防护一定强度的喷水
F	155℃			7	防护一定压力的浸水
H	180℃			8	防护长期浸在水里

图11-57为三相交流电动机铭牌上的参数标志。

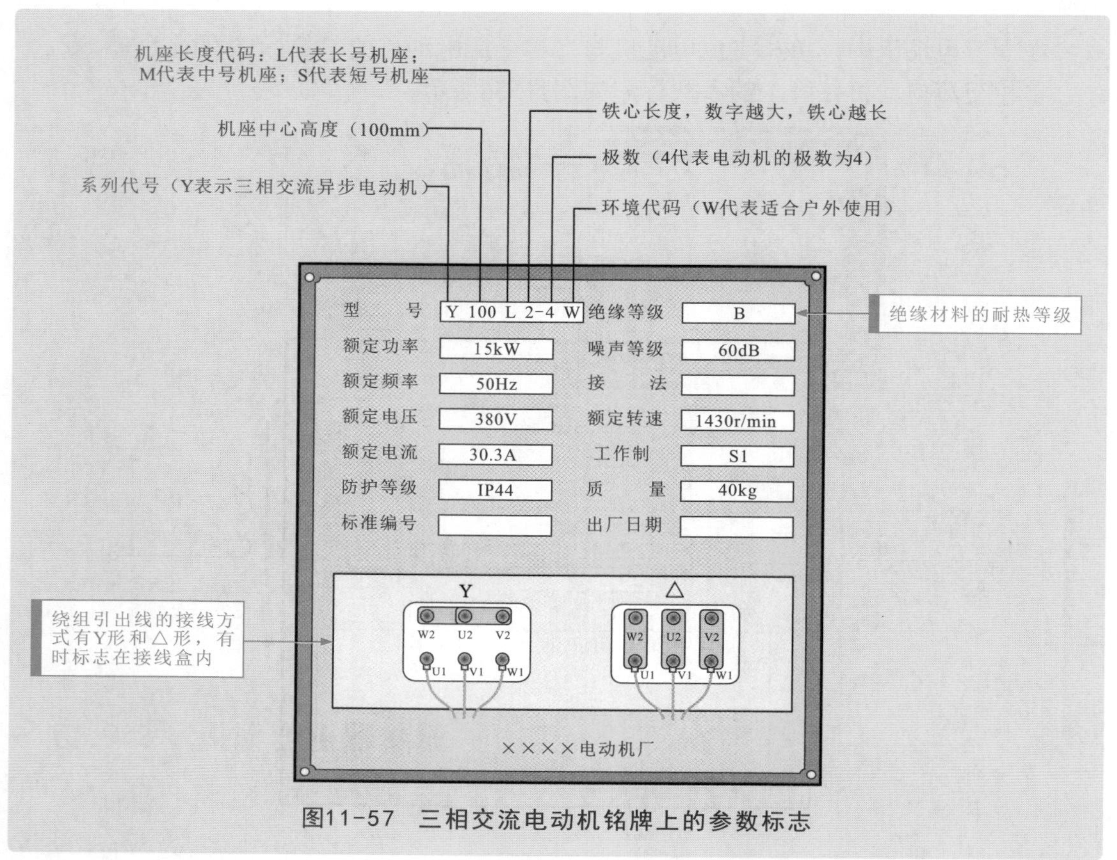
机座长度代码：L代表长号机座；M代表中号机座；S代表短号机座
机座中心高度（100mm）
系列代号（Y表示三相交流异步电动机）
铁心长度，数字越大，铁心越长
极数（4代表电动机的极数为4）
环境代码（W代表适合户外使用）
绝缘材料的耐热等级
型　号
Y 100 L 2-4 W
绝缘等级
B
额定功率
15kW
噪声等级
60dB
额定频率
50Hz
接　法
额定电压
380V
额定转速
1430r/min
额定电流
30.3A
工作制
S1
防护等级
IP44
质　量
40kg
标准编号
出厂日期
绕组引出线的接线方式有Y形和△形，有时标志在接线盒内
Y
△
W2 U2 V2
U1 V1 W1
××××电动机厂

图11-57　三相交流电动机铭牌上的参数标志

三相交流电动机铭牌上不同字母的含义见表11-4。

表11-4　三相交流电动机铭牌上不同字母的含义

字母	含义	字母	含义	字母	含义
Y	三相交流异步电动机	YBS	隔爆型运输机用	YPC	通风排风机专用电动机
YA	增安型	YBT	隔爆型轴流局部扇风机	YPJ	泥浆屏蔽式
YACJ	增安型齿轮减速	YBTD	隔爆型电梯用	YPL	制冷屏蔽式
YACT	增安型电磁调整	YBY	隔爆型链式运输用	YPT	特殊屏蔽式
YAD	增安型多速	YBZ	隔爆型起重用	YQ	高启动转矩
YADF	增安型电动阀门用	YBZD	隔爆型起重用多速	YQL	井用潜卤
YAH	增安型高滑差率	YBZS	隔爆型起重用双速	YQS	井用（充水式）潜水
YAQ	增安型高启动转矩	YBU	隔爆型掘进机用	YQSG	井用（充水式）高压潜水
YAR	增安型绕线转子	YBUS	隔爆型掘进机用冷水	YQSY	井用（充油式）高压潜水
YATD	增安型电梯用	YBXJ	隔爆型摆线针轮减速	YQY	井用潜油

续表

字母	含义	字母	含义	字母	含义
YB	隔爆型	YCT	电磁调速	YRL	绕线转子立式
YBB	耙斗式装岩机用隔爆型	YD	多速	YS	分马力
YBCJ	隔爆型齿轮减速	YDF	电动阀门用	YSB	电泵（机床用）
YBCS	隔爆型采煤机用	YDT	通风机用多速	YSDL	冷却塔用多速
YBCT	隔爆型电磁调速	YEG	制动（杠杆式）	YSL	离合器用
YBD	隔爆型多速	YEJ	制动（附加制动器式）	YSR	制冷机用耐氟
YBDF	隔爆型电动阀门用	YEP	制动（旁磁式）	YTD	电梯用
YBEG	隔爆型杠杆式制动	YEZ	锥形转子制动	YTTD	电梯用多速
YBEJ	隔爆型附加制动器式制动	YG	辊道用	YUL	装入式
YBEP	隔爆型旁磁式制动	YGB	管道泵用	YX	高效率
YBGB	隔爆型管道泵用	YGT	滚筒用	YXJ	摆线针轮减速
YBH	隔爆型高转差率	YH	高滑差	YZ	冶金及起重
YBHJ	隔爆型回柱绞车用	YHJ	行星齿轮减速	YZC	低振动、低噪声
YBI	隔爆型装岩机用	YI	装煤机用	YZD	冶金及起重用多速
YBJ	隔爆型绞车用	YJI	谐波齿轮减速	YZE	冶金及起重用制动
YBK	隔爆型矿用	YK	大型高速	YZJ	冶金及起重用减速
YBLB	隔爆型立交深井泵用	YLB	立式深井泵用	YZR	冶金及起重用绕线转子
YBPG	隔爆型高压屏蔽式	YLJ	力矩	YZRF	冶金及起重用绕线转子（自带风机式）
YBPJ	隔爆型泥浆屏蔽式	YLS	立式	YZRG	冶金及起重用绕线转子（管道通风式）
YBPL	隔爆型制冷屏蔽式	YM	木工用	YZRW	冶金及起重用涡流制动绕线转子
YBPT	隔爆型特殊屏蔽式	YNZ	耐振用	YZS	低振动精密机床用
YBQ	隔爆型高启动转矩	YOJ	石油井下用	YZW	冶金及起重用涡流制动
YBR	隔爆型绕线转子	YP	屏蔽式		
YCJ	齿轮减速	YR	绕线转子		

三相交流电动机工作制代号的含义见表11-5。

表11-5 三相交流电动机工作制代号的含义

代号	含义	代号	含义
S1	长期工作制：在额定负载下连续动作	S9	非周期工作制
S2	短时工作制：短时间运行到标准时间	S10	离散恒定负载工作制
S3～S8	在不同情况下断续周期工作制		

11.10.3 检测小型直流电动机

用万用表检测电动机绕组的阻值是一种比较常用，且简单易操作的方法，可粗略检测各相绕组的阻值，并可根据检测结果大致判断绕组有无短路或断路故障。

图11-58为用万用表粗略检测直流电动机绕组阻值的方法。

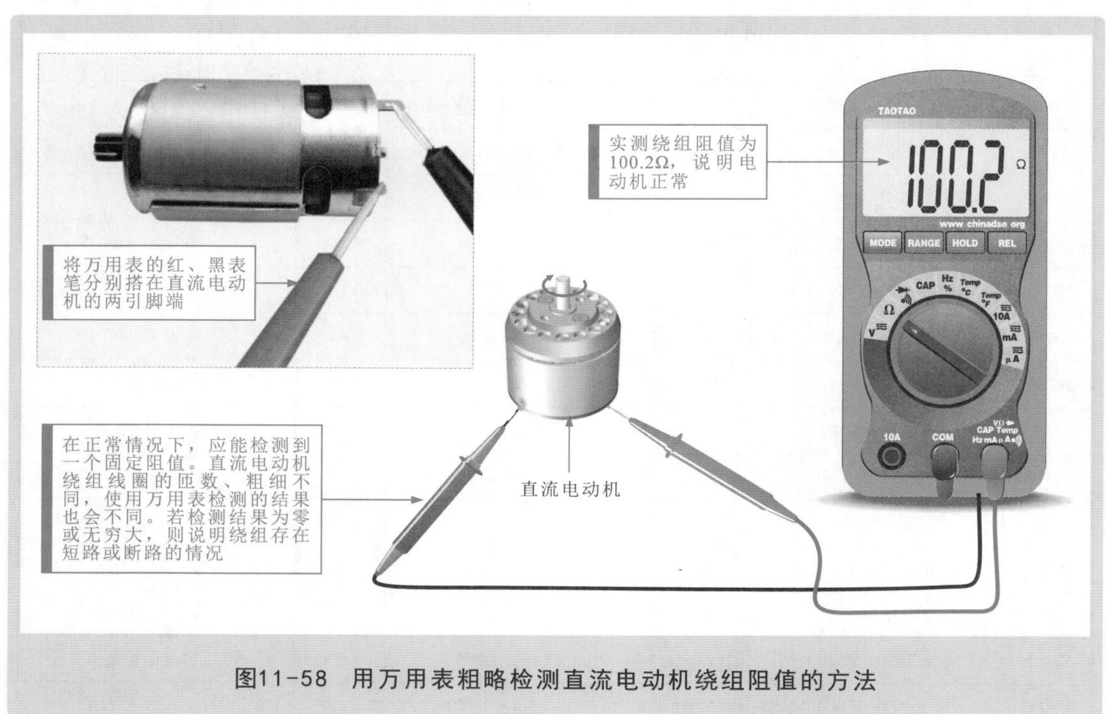
将万用表的红、黑表笔分别搭在直流电动机的两引脚端
实测绕组阻值为100.2Ω，说明电动机正常
100.2 Ω
TAOTAO
www.chinadse.org
MODE
RANGE
HOLD
REL
在正常情况下，应能检测到一个固定阻值。直流电动机绕组线圈的匝数、粗细不同，使用万用表检测的结果也会不同。若检测结果为零或无穷大，则说明绕组存在短路或断路的情况
直流电动机
10A
COM

图11-58 用万用表粗略检测直流电动机绕组阻值的方法

补充说明

检测直流电动机绕组的阻值相当于检测一个电感线圈的阻值，因此应能检测到一个固定的数值。当检测小功率直流电动机时，会因受万用表内电流的驱动而旋转，如图11-59所示。

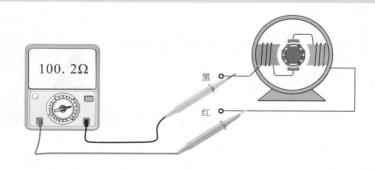

100. 2Ω
黑
红

图11-59 检测直流电动机绕组的阻值相当于检测一个电感线圈的阻值

11.10.4 检测单相交流电动机

图11-60为单相交流电动机绕组阻值的检测方法。

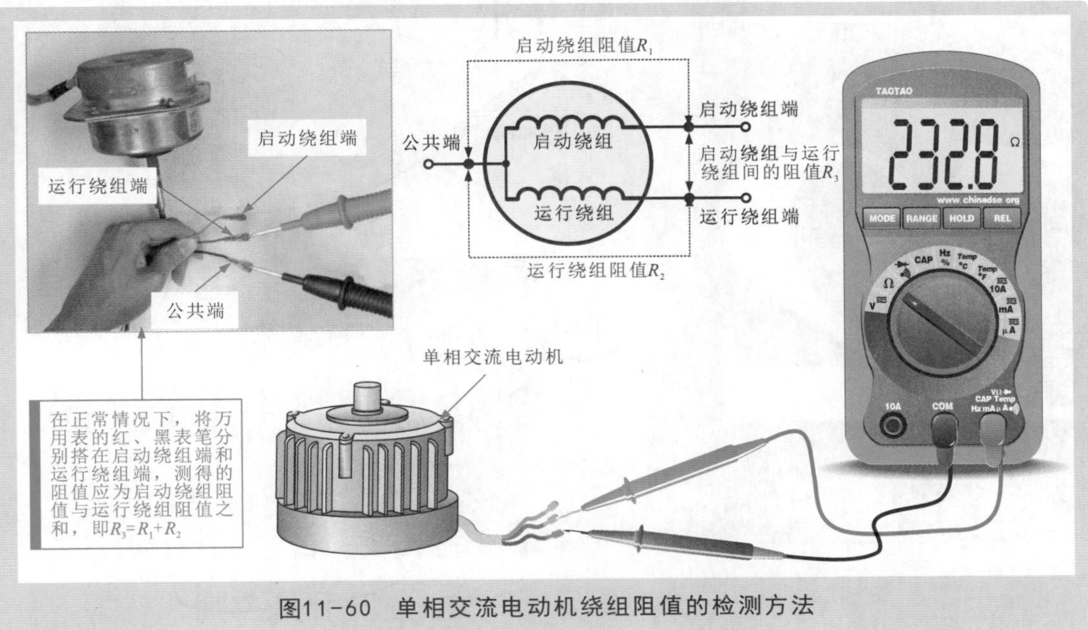
启动绕组端
运行绕组端
公共端
启动绕组阻值R_1
启动绕组
运行绕组
启动绕组端
启动绕组与运行绕组间的阻值R_3
运行绕组端
运行绕组阻值R_2
232.8
单相交流电动机
在正常情况下，将万用表的红、黑表笔分别搭在启动绕组端和运行绕组端，测得的阻值应为启动绕组阻值与运行绕组阻值之和，即R_3=R_1+R_2

图11-60 单相交流电动机绕组阻值的检测方法

补充说明

三相交流电动机绕组阻值的检测方法与单相交流电动机绕组阻值的检测方法类似。三相交流电动机每相的阻值应基本相同。若任意一相阻值为无穷大或零，均说明绕组内部存在断路或短路故障。图11-61为三相交流电动机绕组阻值的检测原理。

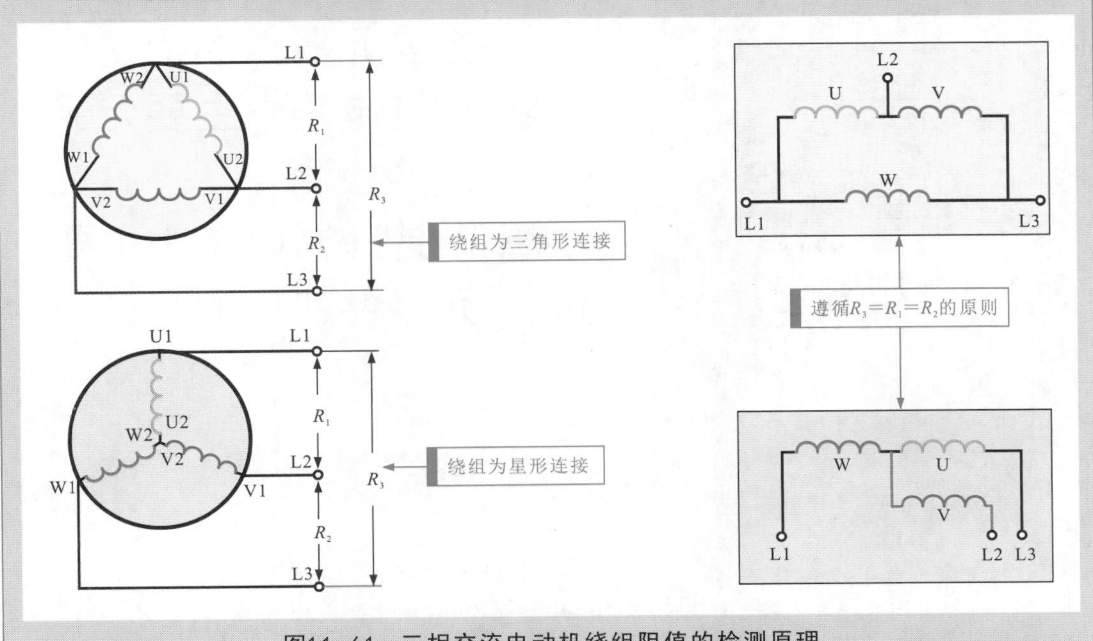
L1
L2
L3
R_1
R_2
R_3
W1 W2 U1 U2 V1 V2
绕组为三角形连接
绕组为星形连接
U V W
遵循R_3=R_1=R_2的原则

图11-61 三相交流电动机绕组阻值的检测原理

本章系统介绍电子元器件的检测应用案例。

- 电源电路中主要元器件的检测
- 语音通话电路中主要元器件的检测
- 遥控电路中主要元器件的检测
- 音频信号处理电路中主要元器件的检测
- 控制电路中主要元器件的检测
- 微处理器电路中主要元器件的检测

第12章 电子元器件的检测应用案例

12.1 电源电路中主要元器件的检测

12.1.1 电源电路中的主要元器件

图12-1为典型电磁炉电源电路中的主要元器件。

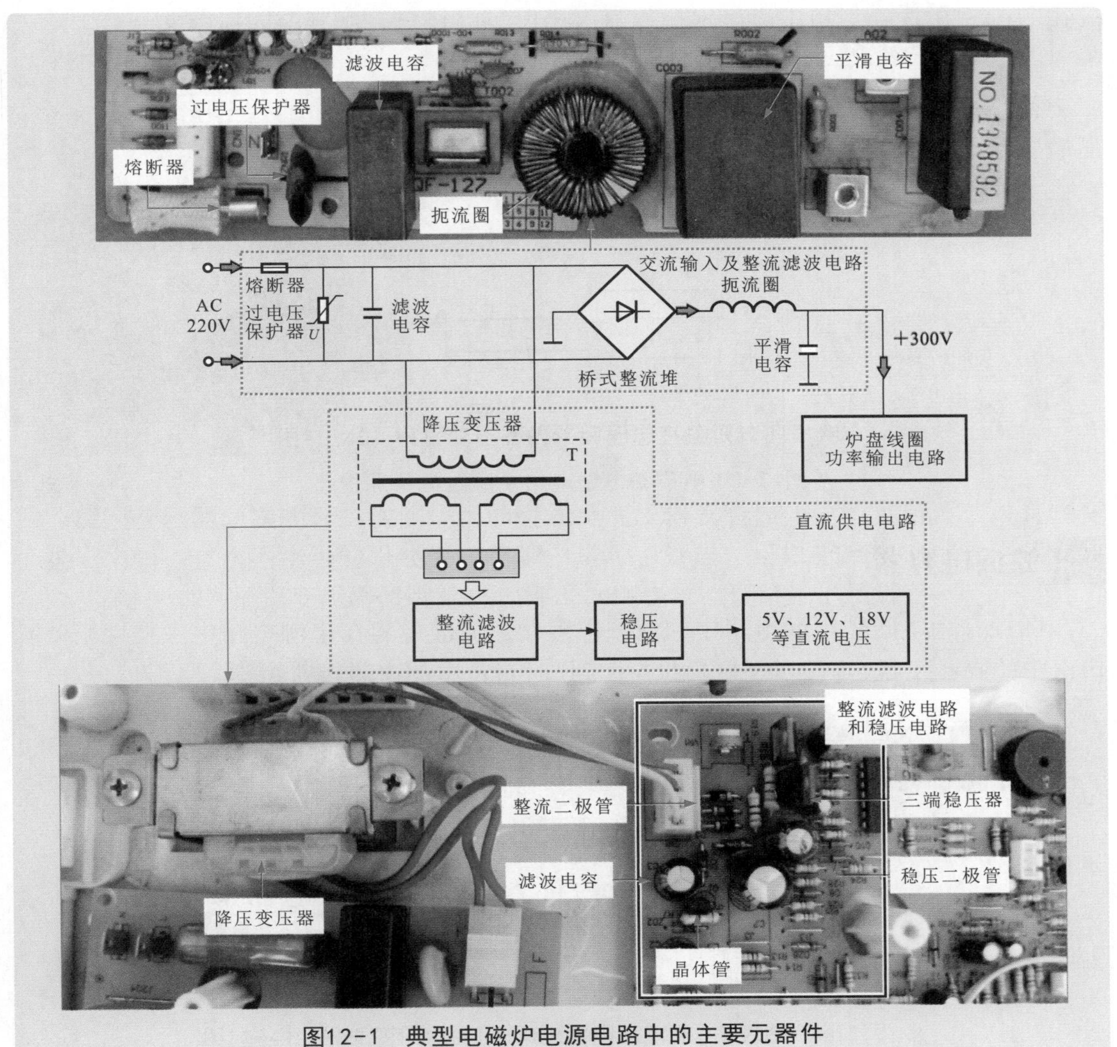

滤波电容
平滑电容
过电压保护器
熔断器
扼流圈
NO.1348592
QF-127
交流输入及整流滤波电路
熔断器
扼流圈
AC
220V
过电压
保护器
U
滤波
电容
桥式整流堆
平滑
电容
+300V
降压变压器
T
炉盘线圈
功率输出电路
直流供电电路
整流滤波
电路
稳压
电路
5V、12V、18V
等直流电压
整流滤波电路
和稳压电路
整流二极管
三端稳压器
滤波电容
稳压二极管
降压变压器
晶体管

图12-1 典型电磁炉电源电路中的主要元器件

电磁炉中的电源电路主要是由熔断器、过电压保护器、滤波电容、降压变压器、桥式整流堆、扼流圈、三端稳压器、稳压二极管、平滑电容等构成的。

1 熔断器

图12-2为电磁炉电源电路中的熔断器。熔断器在电源电路中起保护作用。

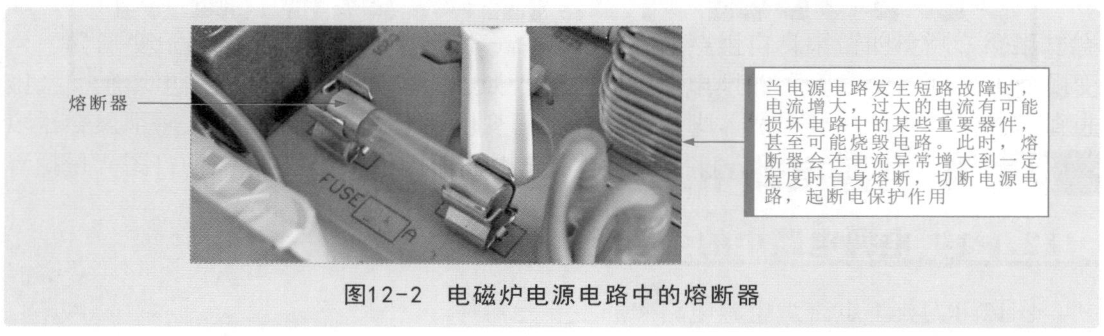
熔断器
FUSE
当电源电路发生短路故障时，电流增大，过大的电流有可能损坏电路中的某些重要器件，甚至可能烧毁电路。此时，熔断器会在电流异常增大到一定程度时自身熔断，切断电源电路，起断电保护作用

图12-2　电磁炉电源电路中的熔断器

2 过电压保护器

图12-3为电磁炉电源电路中的过电压保护器。电源电路中的过电压保护器实际为压敏电阻，它主要用于防止市电电网中的冲击性高压，起过电压保护作用。

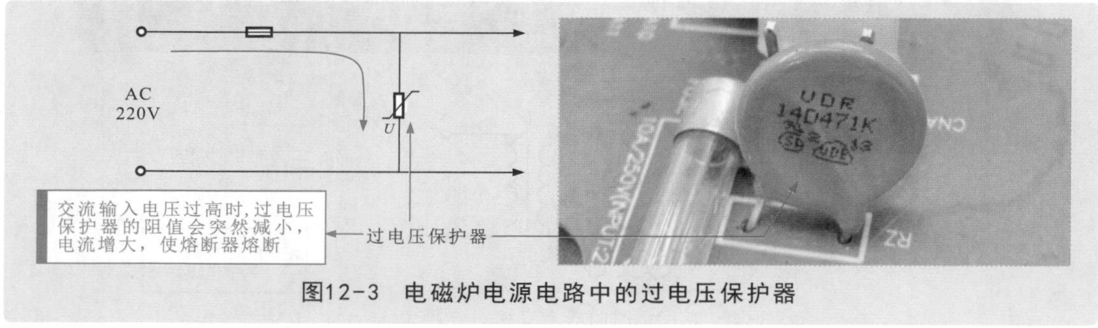
AC
220V
U
交流输入电压过高时，过电压保护器的阻值会突然减小，电流增大，使熔断器熔断
过电压保护器
UDR
14D471K
RZ

图12-3　电磁炉电源电路中的过电压保护器

3 滤波电容器

图12-4为电磁炉电源电路中的滤波电容器。滤波电容在电源电路中主要用来滤除市电中的高频干扰，同时抵制电磁炉在工作时对市电的电磁辐射污染。

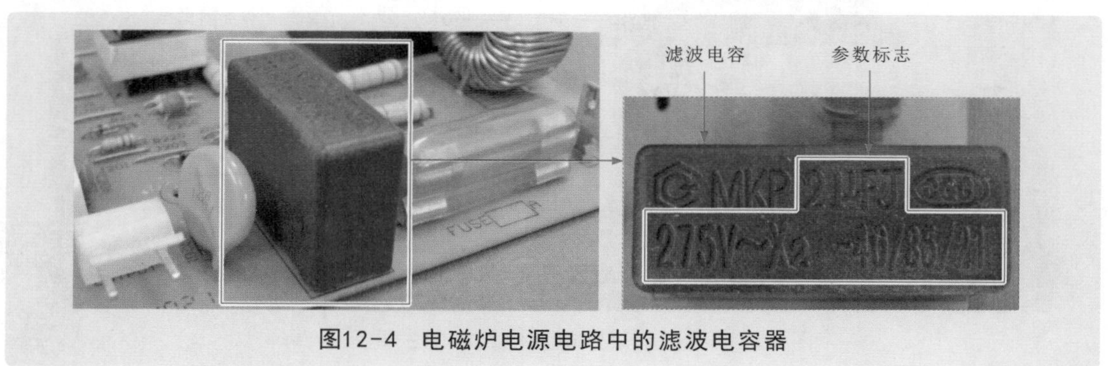
滤波电容
参数标志
MKP
275V~X2

图12-4　电磁炉电源电路中的滤波电容器

4 降压变压器

图12-5为电磁炉电源电路中的降压变压器。降压变压器可将220V的交流电压降为适合电路需要的各种低压。

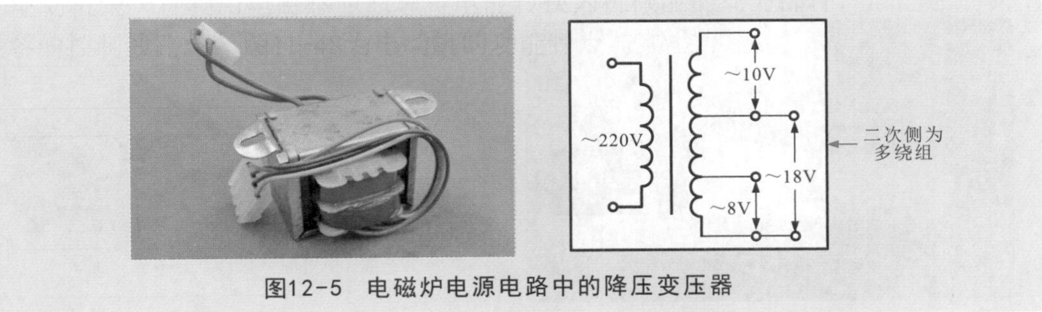
~10V
~220V
~18V
~8V
二次侧为
多绕组

图12-5 电磁炉电源电路中的降压变压器

5 桥式整流堆

图12-6为电磁炉电源电路中的桥式整流堆。桥式整流堆可将220V交流电压整流为直流+300V电压，由四个整流二极管桥接构成，有四个引脚：两个引脚输入交流电压；另外两个引脚输出直流电压。

直流电压输出端
交流电压输入端
直流电压输出端
交流电压
输入
直流电压
输出
+ ~ ~ -

图12-6 电磁炉电源电路中的桥式整流堆

6 扼流圈

图12-7为电磁炉电源电路中的扼流圈。电磁炉电源电路中的扼流圈又称电感线圈，主要起扼流、滤波等作用。

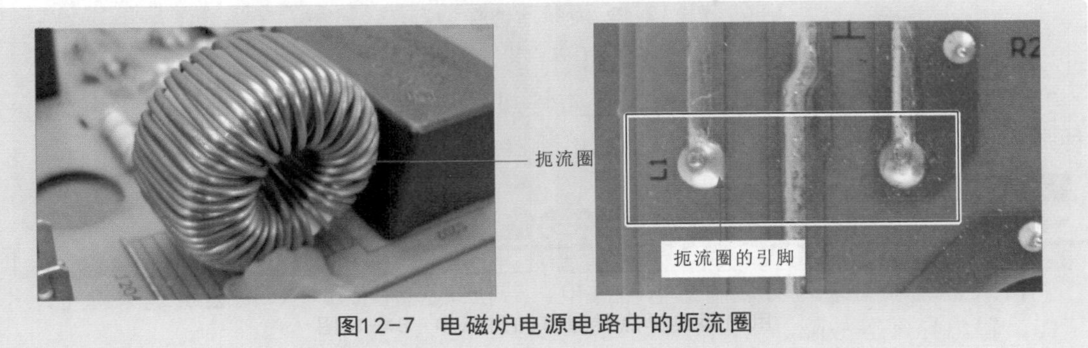
扼流圈
扼流圈的引脚

图12-7 电磁炉电源电路中的扼流圈

7 稳压二极管

图12-8为电磁炉电源电路中的稳压二极管。稳压二极管工作在反向击穿状态下，电压不随电流变化。

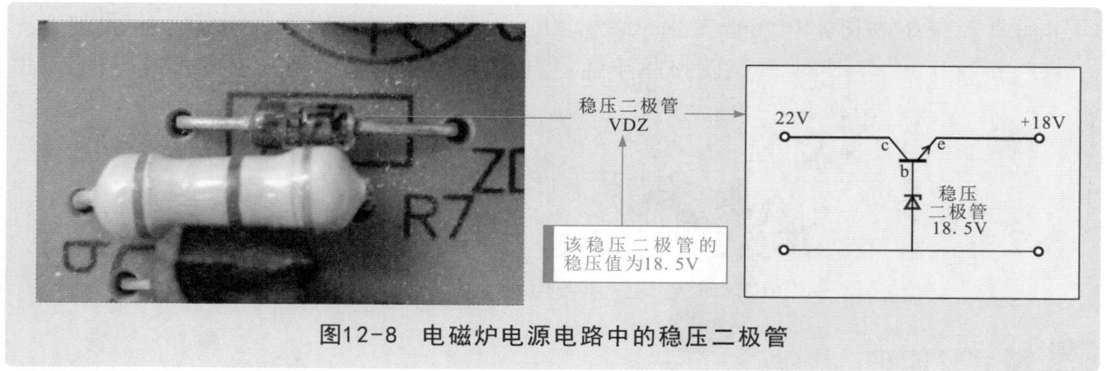
稳压二极管
VDZ
该稳压二极管的稳压值为18.5V
22V
+18V
c
e
b
稳压
二极管
18.5V
R7

图12-8 电磁炉电源电路中的稳压二极管

12.1.2 检测电源电路中的熔断器

图12-9为熔断器的检测方法。

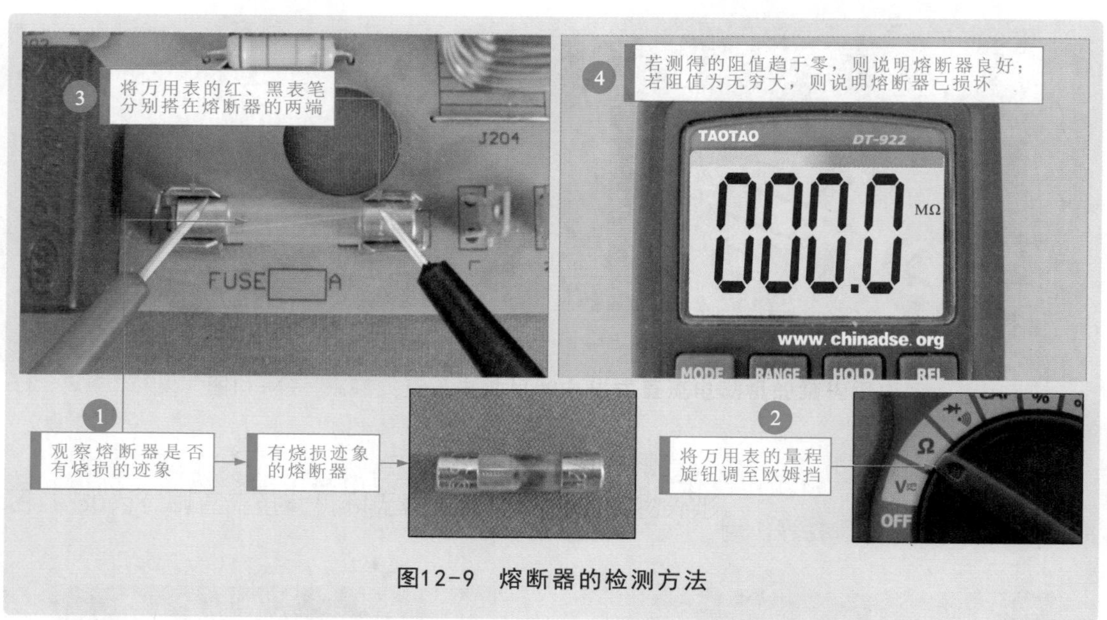
3
将万用表的红、黑表笔分别搭在熔断器的两端
J204
FUSE A
4
若测得的阻值趋于零，则说明熔断器良好；若阻值为无穷大，则说明熔断器已损坏
TAOTAO
DT-922
000.0
MΩ
www.chinadse.org
MODE
RANGE
HOLD
REL
1
观察熔断器是否有烧损的迹象
有烧损迹象的熔断器
2
将万用表的量程旋钮调至欧姆挡
Ω
OFF

图12-9 熔断器的检测方法

熔断器的检测方法有两种：一种是直接观察，看熔断器是否被烧断、烧焦；另一种是用万用表检测熔断器的阻值，判断熔断器是否损坏。

12.1.3 检测电源电路中的桥式整流堆

桥式整流堆用来为功率输出电路供电。若桥式整流堆损坏，则会引起电源电路不工作、输出异常等故障。

图12-10为待测桥式整流堆的引脚排列。在检测之前首先要根据电路板上的标志信息确认桥式整流堆各引脚功能。

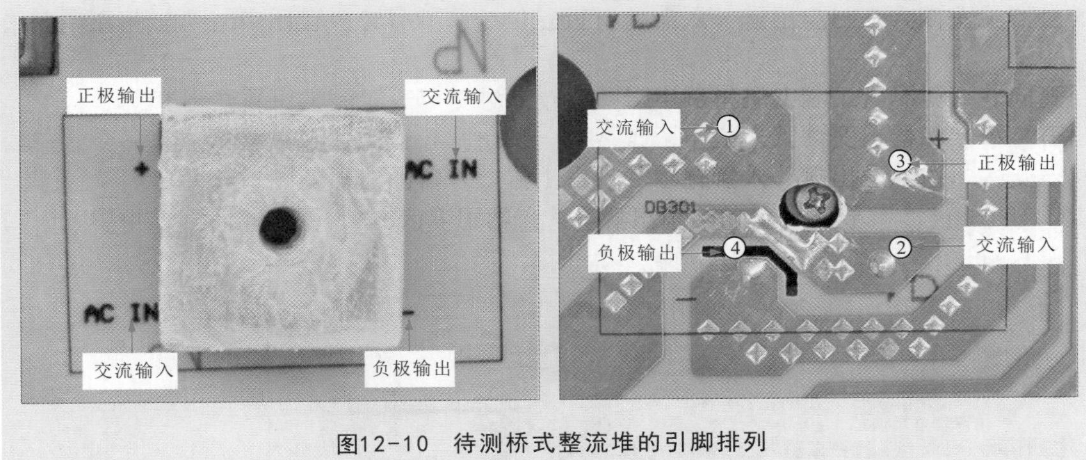
正极输出
交流输入
AC IN
AC IN
交流输入
负极输出
交流输入 ①
③ 正极输出
DB301
负极输出 ④
② 交流输入

图12-10　待测桥式整流堆的引脚排列

图12-11为桥式整流堆的检测方法。

桥式整流堆的引脚焊点

1 将万用表的量程旋钮调至交流250V电压挡，红、黑表笔分别搭在桥式整流堆的交流输入引脚端

2 在正常情况下，应能检测到220V的交流电压

3 将万用表的量程旋钮调至直流500V电压挡，黑表笔搭在桥式整流堆的负极输出引脚端，红表笔搭在桥式整流堆的正极输出引脚端

4 在正常情况下，应能检测到+300V直流电压

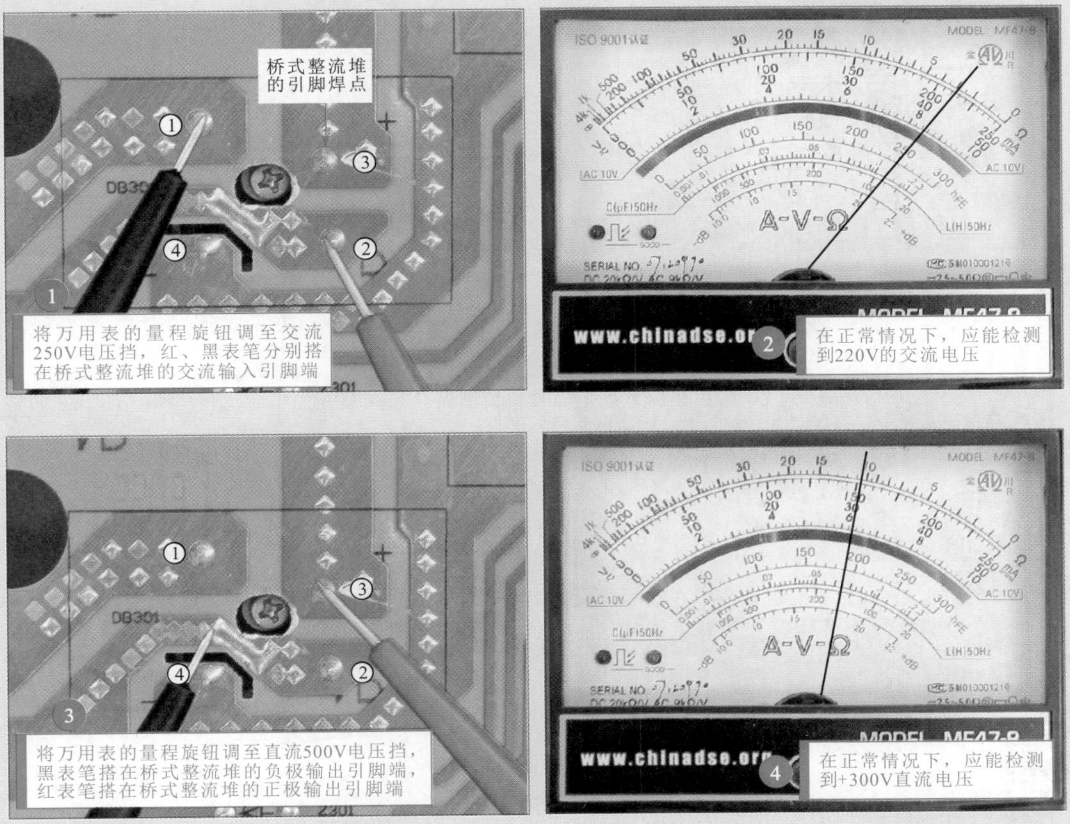

图12-11　桥式整流堆的检测方法

12.1.4 检测电源电路中的降压变压器

图12-12为降压变压器的检测方法。

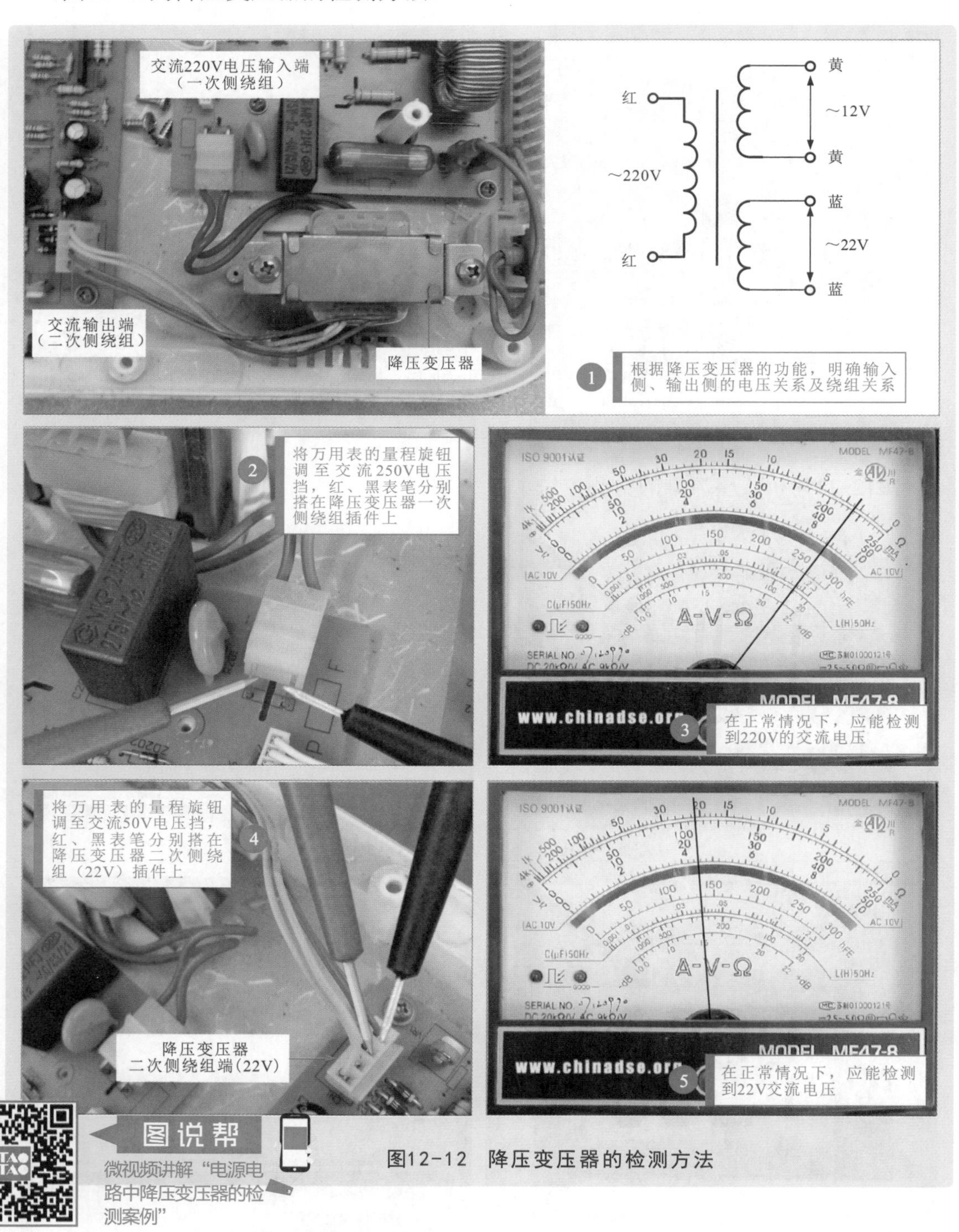
交流220V电压输入端
（一次侧绕组）
交流输出端
（二次侧绕组）
降压变压器
红
红
~220V
黄
~12V
黄
蓝
~22V
蓝
1 根据降压变压器的功能，明确输入侧、输出侧的电压关系及绕组关系
2 将万用表的量程旋钮调至交流250V电压挡，红、黑表笔分别搭在降压变压器一次侧绕组插件上
3 在正常情况下，应能检测到220V的交流电压
4 将万用表的量程旋钮调至交流50V电压挡，红、黑表笔分别搭在降压变压器二次侧绕组（22V）插件上
降压变压器
二次侧绕组端(22V)
5 在正常情况下，应能检测到22V交流电压
MODEL MF47-8
www.chinadse.org
图说帮
微视频讲解“电源电路中降压变压器的检测案例”

图12-12 降压变压器的检测方法

若降压变压器故障，将导致电磁炉不工作或加热不良等。检测时，可在通电状态下，使用万用表检测输入侧和输出侧的电压值来判断好坏。

12.1.5 检测电源电路中的稳压二极管

图12-13为稳压二极管的检测方法。稳压二极管故障将导致电磁炉输出的直流低电压不正常，造成主控电路或操作显示电路不能正常工作。检测时，可在断电状态下用万用表检测稳压二极管的正、反向阻值。

ZD2
R7
MODEL MF47-8
全保护·遥控器检测
A-V-Ω
① 将万用表的量程旋钮调至R×1kΩ挡，并进行欧姆调零，红表笔搭在稳压二极管的负极，黑表笔搭在稳压二极管的正极
② 测得稳压二极管的正向阻值为12kΩ
③ 将万用表的红、黑表笔调换，检测其反向阻值
④ 测得稳压二极管的反向阻值为180kΩ

图12-13 稳压二极管的检测方法

12.2 语音通话电路中主要元器件的检测

12.2.1 语音通话电路中的主要元器件

语音通话电路是能够传送和接收语音信息的功能电路。以典型电话机中的语音通话电路为例，如图12-14所示。由图可知，该语音通话电路主要由传声器、扬声器、叉簧开关等元器件构成。

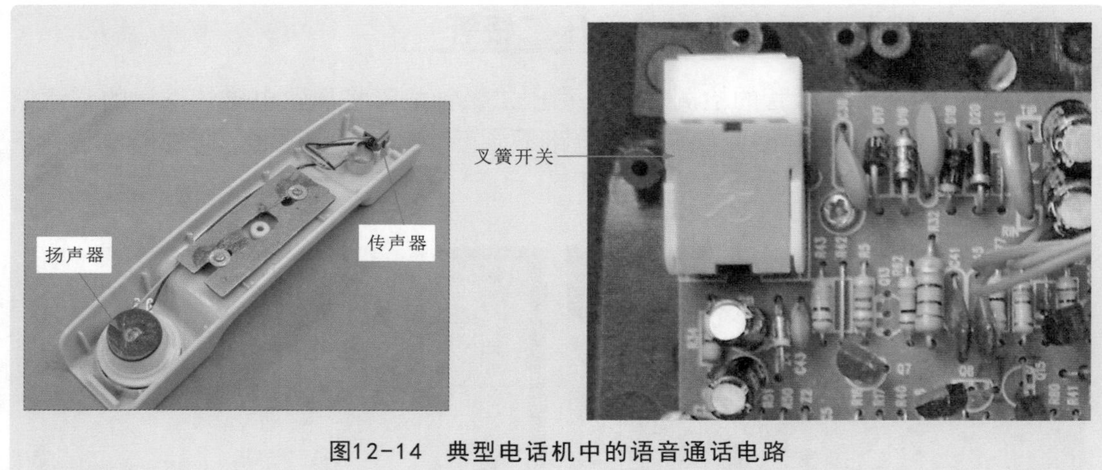
扬声器
传声器
叉簧开关
图12-14　典型电话机中的语音通话电路

1 传声器

图12-15为语音通话电路中的传声器。传声器是一种可以将声波转换成电信号的声电部件，又可称为送话器。

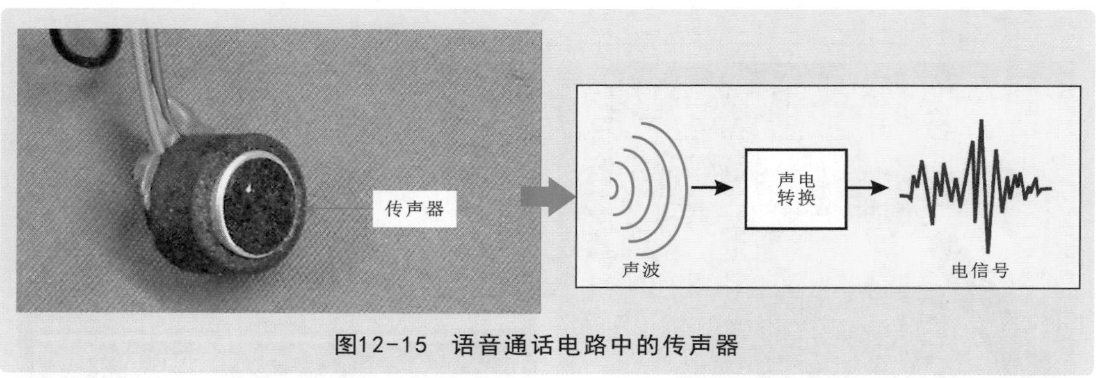
传声器
声电
转换
声波
电信号
图12-15　语音通话电路中的传声器

2 扬声器

图12-16为语音通话电路中的扬声器。扬声器是一种可以将电信号转换为声波的电声部件。

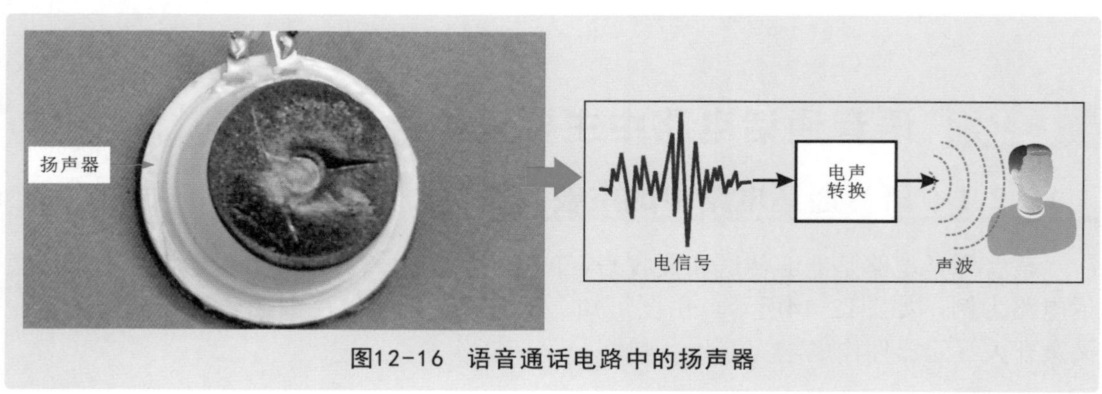
扬声器
电声
转换
电信号
声波
图12-16　语音通话电路中的扬声器

3 叉簧开关

图12-17为语音通话电路中的叉簧开关。叉簧开关作为一种机械控制开关，可用来实现语音通话电路与外线的接通、断开转换功能等。

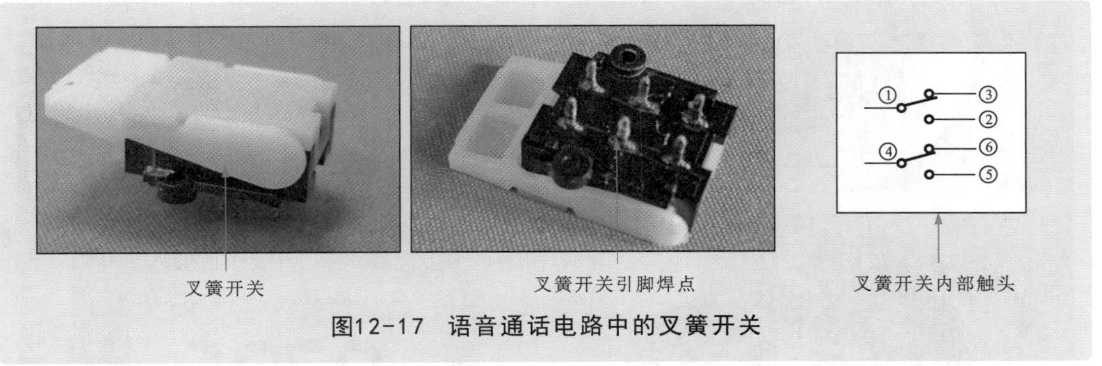
①
③
②
④
⑥
⑤
叉簧开关
叉簧开关引脚焊点
叉簧开关内部触头

图12-17 语音通话电路中的叉簧开关

12.2.2 检测语音通话电路中的传声器

图12-18为传声器的检测方法。当传声器出现故障时，通常会引起电话机送话不良的故障。

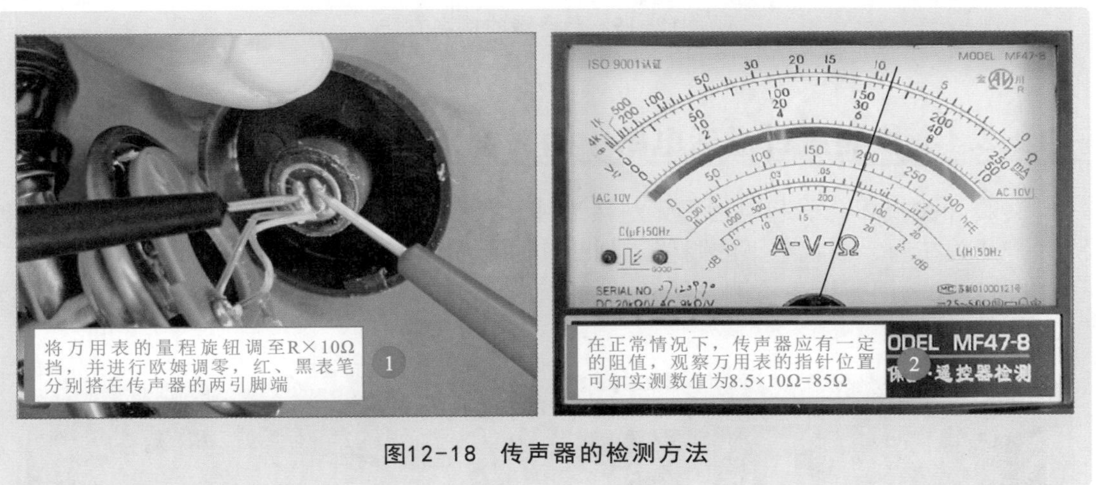
将万用表的量程旋钮调至R×10Ω挡，并进行欧姆调零，红、黑表笔分别搭在传声器的两引脚端
1
在正常情况下，传声器应有一定的阻值，观察万用表的指针位置可知实测数值为8.5×10Ω=85Ω
2
MODEL MF47-8
ISO 9001认证
A-V-Ω

图12-18 传声器的检测方法

在正常情况下，传声器本身应有一个固定阻值。若测得的阻值为零或无穷大，则说明传声器已损坏。

12.2.3 检测语音通话电路中的扬声器

当扬声器出现故障时，会引起电话机收话不良的故障。图12-19为扬声器的检测方法。在正常情况下，扬声器应有一定的阻值，如果测得的阻值为零或无穷大，则说明扬声器已损坏。

扬声器
1
观察扬声器的连接特点，找到检测点

RANGE
HOLD
CAP
Hz %
Ω
OFF
CAT III 600V
2
将万用表的量程旋钮调至欧姆挡

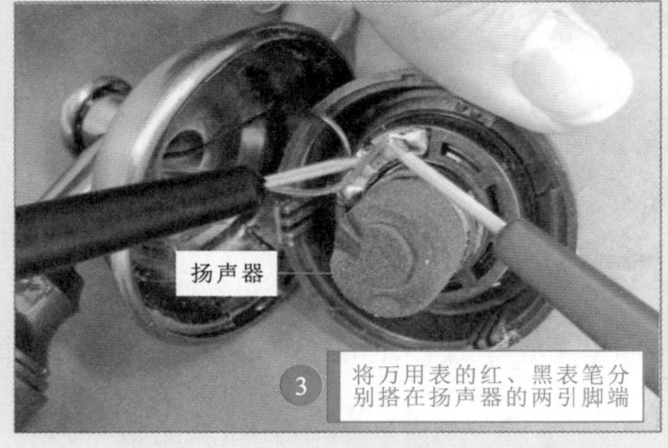
扬声器
3
将万用表的红、黑表笔分别搭在扬声器的两引脚端

TAOTAO
DT-922
Auto
030.5
kΩ
4
观察显示屏读出实测数值为30.5kΩ

图12-19　扬声器的检测方法

12.2.4 检测语音通话电路中的叉簧开关

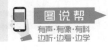

叉簧开关损坏会引起电话机无法接通或总处于占线状态。检测时，可用万用表检测叉簧开关在通、断状态下的阻值，判断其是否损坏。

图12-20为用万用表检测叉簧开关的方法。

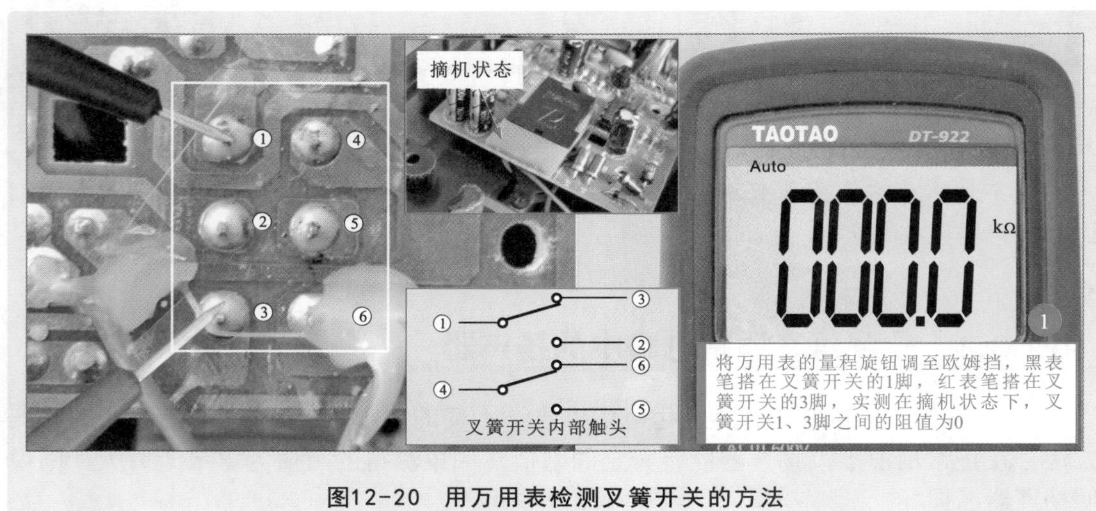
摘机状态
①
②
③
④
⑤
⑥
叉簧开关内部触头
TAOTAO
DT-922
Auto
000.0
kΩ
1
将万用表的量程旋钮调至欧姆挡，黑表笔搭在叉簧开关的1脚，红表笔搭在叉簧开关的3脚，实测在摘机状态下，叉簧开关1、3脚之间的阻值为0

图12-20　用万用表检测叉簧开关的方法

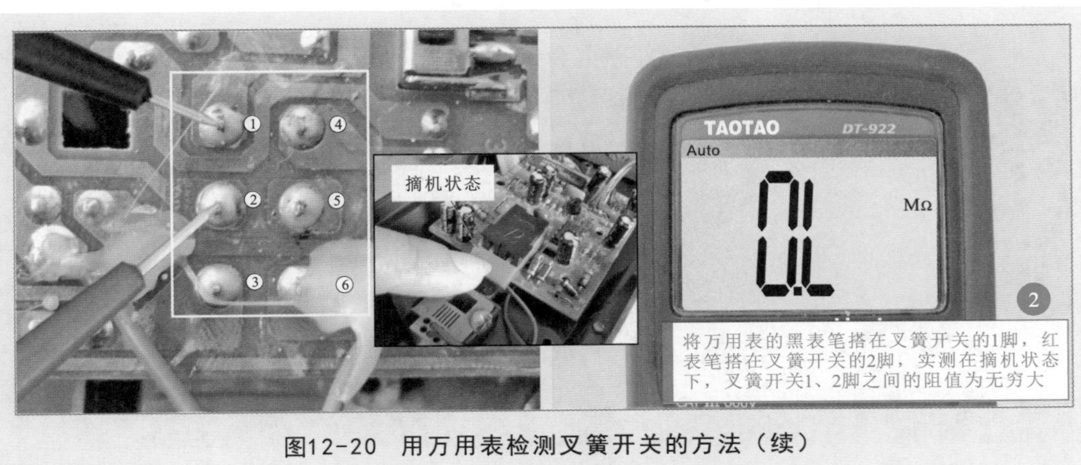

摘机状态
TAOTAO
DT-922
Auto
MΩ
将万用表的黑表笔搭在叉簧开关的1脚，红表笔搭在叉簧开关的2脚，实测在摘机状态下，叉簧开关1、2脚之间的阻值为无穷大

图12-20 用万用表检测叉簧开关的方法（续）

补充说明

在正常情况下，当叉簧开关处在摘机状态时，1、3脚之间的阻值为0，1、2脚之间的阻值为无穷大；当处在挂机状态时，1、3 脚之间的阻值为无穷大，1、2脚之间的阻值为0。

12.3 遥控电路中主要元器件的检测

12.3.1 遥控电路中的主要元器件

遥控电路是实现遥控和显示的电路，主要由遥控器、遥控接收器及显示部分构成。图12-21为空调器中遥控电路的结构。

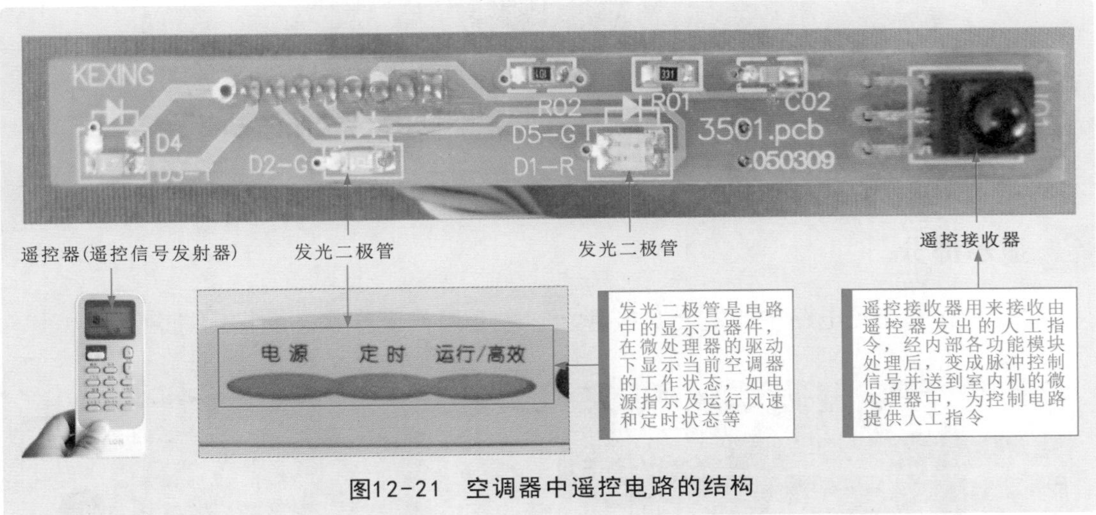

KEXING
R02
R01
C02
D4
D2-G
D5-G
D1-R
3501.pcb
050309
遥控器(遥控信号发射器)
发光二极管
发光二极管
遥控接收器
电源
定时
运行/高效
发光二极管是电路中的显示元器件，在微处理器的驱动下显示当前空调器的工作状态，如电源指示及运行风速和定时状态等
遥控接收器用来接收由遥控器发出的人工指令，经内部各功能模块处理后，变成脉冲控制信号并送到室内机的微处理器中，为控制电路提供人工指令

图12-21 空调器中遥控电路的结构

1 遥控器

图12-22为遥控电路中的遥控器。遥控器是可以发送遥控指令的独立电路单元，用户通过遥控器可将人工指令信号以红外光的形式发送给接收电路。

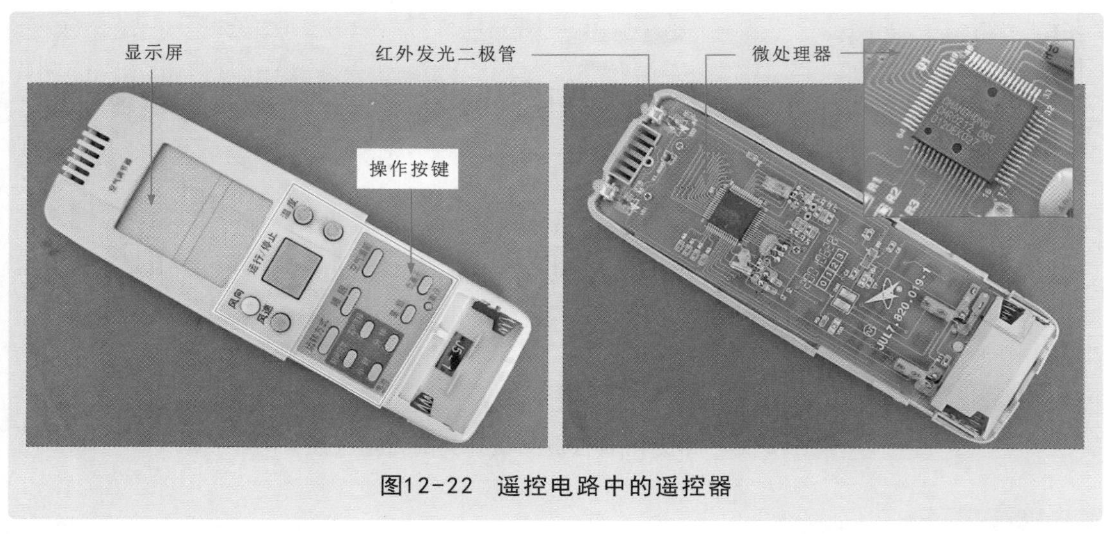
显示屏
红外发光二极管
微处理器
操作按键
图12-22　遥控电路中的遥控器

2　遥控接收器

图12-23为遥控电路中的遥控接收器。遥控接收器可将接收到的信号放大、滤波及整形处理后变成脉冲控制信号，并将其送到控制电路中。

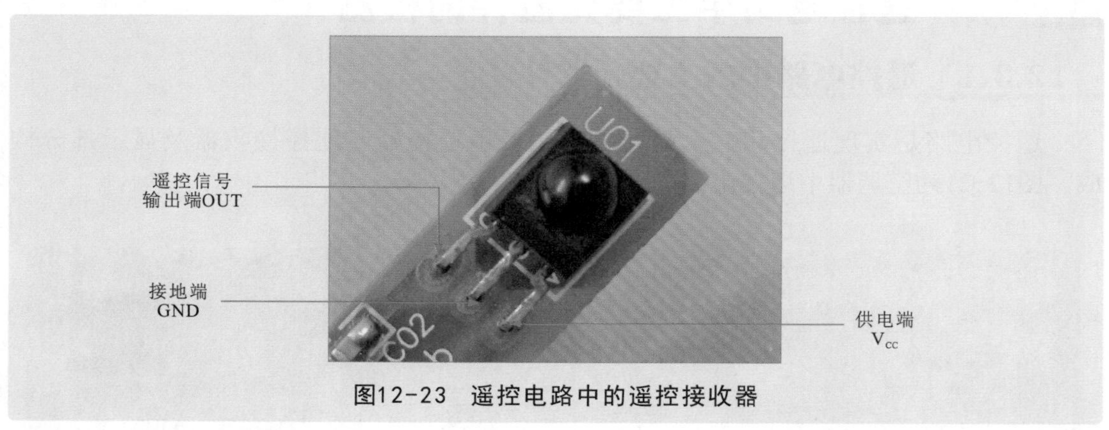
遥控信号
输出端OUT
接地端
GND
供电端
V_{cc}
U01
C02
图12-23　遥控电路中的遥控接收器

3　显示部分

图12-24为遥控电路中的发光二极管，它主要用作工作状态的指示灯。

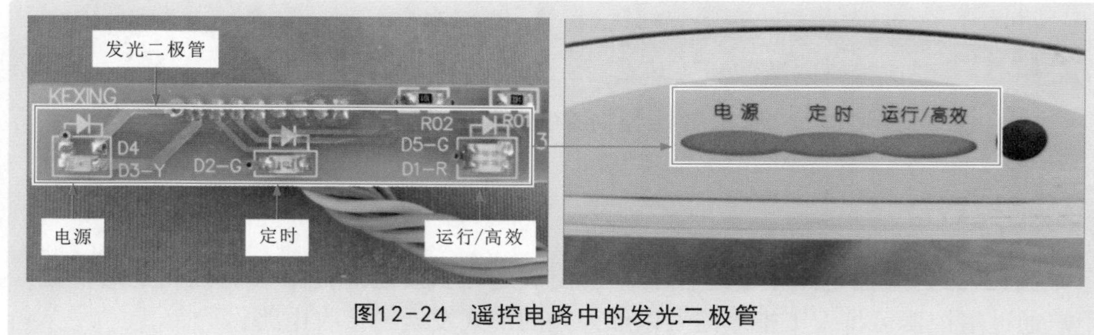
发光二极管
KEXING
R02
R01
D4
D3-Y
D2-G
D5-G
D1-R
电源
定时
运行/高效
电源
定时
运行/高效
图12-24　遥控电路中的发光二极管

12.3.2 检测遥控电路中的遥控器

遥控器是遥控显示及接收电路中的重要部件。若损坏，则无法通过遥控器实现控制功能。

检测时，可通过检查遥控器能否发射红外光来初步判断整体性能，红外光是人眼不可见的，可通过数码相机或手机的拍照模式观察是否有红外光。图12-25为遥控器整体性能的检测方法。

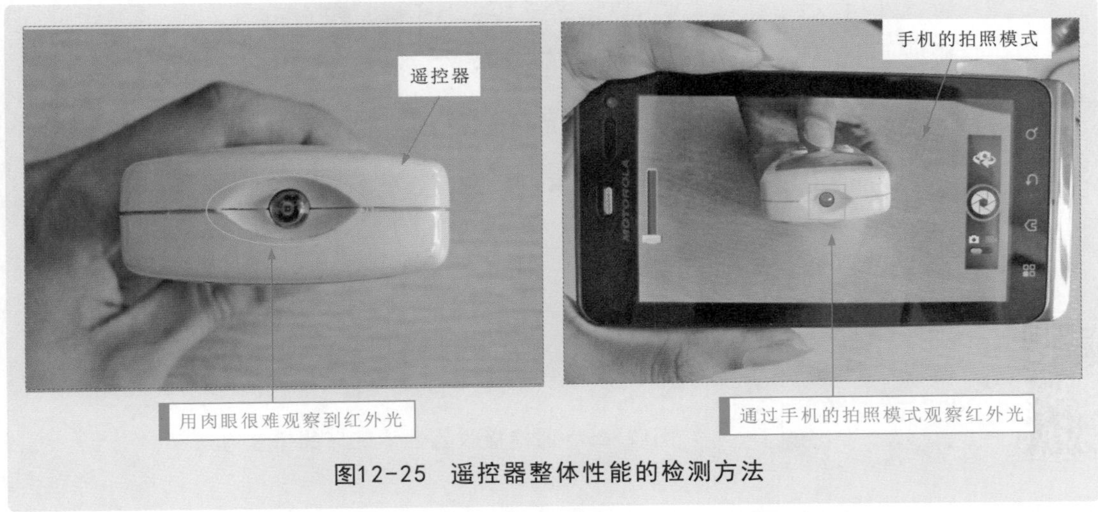
遥控器
手机的拍照模式
用肉眼很难观察到红外光
通过手机的拍照模式观察红外光

图12-25 遥控器整体性能的检测方法

若遥控器能够发射红外光，则说明遥控器正常；若无红外光发出，则说明遥控器存在异常情况，如电池电量用尽、操作按键因触头氧化失灵、元器件变质等，可将遥控器的外壳拆开后，逐一检测内部各主要元器件。

若电池供电正常，重点检查红外发光二极管。红外发光二极管的好坏直接影响遥控信号能否发送成功。图12-26为红外发光二极管的检测方法。

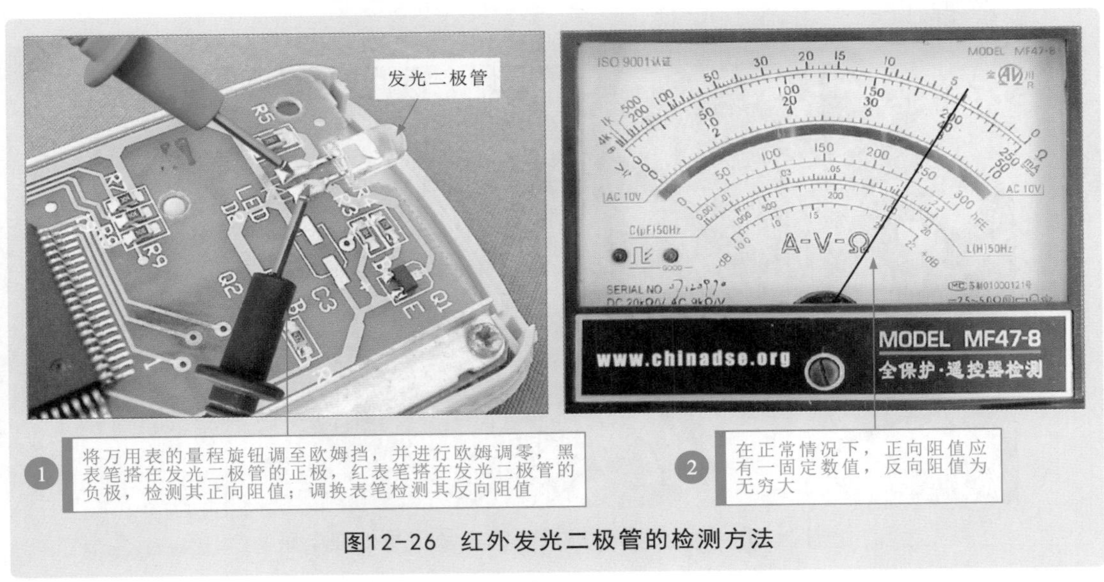
发光二极管
MODEL MF47-8
www.chinadse.org
全保护·遥控器检测
1 将万用表的量程旋钮调至欧姆挡，并进行欧姆调零，黑表笔搭在发光二极管的正极，红表笔搭在发光二极管的负极，检测其正向阻值；调换表笔检测其反向阻值
2 在正常情况下，正向阻值应有一固定数值，反向阻值为无穷大

图12-26 红外发光二极管的检测方法

12.3.3 检测遥控电路中的遥控接收器

若遥控接收器损坏，会造成在使用遥控器操作时，电路无反应的故障。图12-27为遥控接收器性能好坏的排查方法。

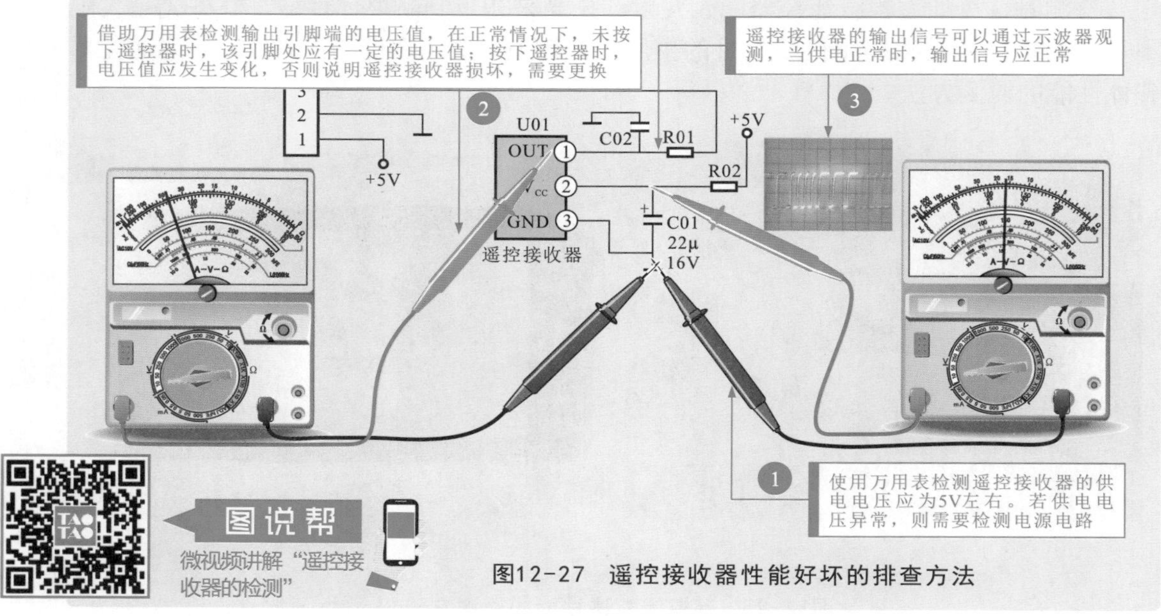
借助万用表检测输出引脚端的电压值，在正常情况下，未按下遥控器时，该引脚处应有一定的电压值；按下遥控器时，电压值应发生变化，否则说明遥控接收器损坏，需要更换
遥控接收器的输出信号可以通过示波器观测，当供电正常时，输出信号应正常
3
2
1
+5V
2
U01
OUT 1
V_{cc} 2
GND 3
遥控接收器
C02
R01
+5V
R02
C01
22μ
16V
3
1
使用万用表检测遥控接收器的供电电压应为5V左右。若供电电压异常，则需要检测电源电路
图说帮
微视频讲解“遥控接收器的检测”

图12-27 遥控接收器性能好坏的排查方法

12.4 音频信号处理电路中主要元器件的检测

12.4.1 音频信号处理电路中的主要元器件

音频信号处理电路是能够处理、传输、放大音频信号的功能电路，主要是由音频信号处理芯片、音频功率放大器和扬声器等构成的。图12-28为典型液晶电视机中的音频信号处理电路。

R2S15900
L637003
音频信号
处理芯片
音频功率放大器

图12-28 典型液晶电视机中的音频信号处理电路

1 音频信号处理芯片

图12-29为液晶电视机音频信号处理电路中的音频信号处理芯片。音频信号处理芯片用来对输入的音频信号进行解调，并对解调后的音频信号和外部设备输入的音频信号进行切换、数字处理和D/A转换等，拥有全面的音频信号处理功能，能够进行音调、平衡、音质及声道切换控制，并将处理后的音频信号送入音频功率放大器中。

音频信号处理芯片
N301（R2S15900）
大规模集成电路的型号直接标志在芯片表面，可直接识读，如R2S15900
左下角用小圆点标志1号引脚的位置
R2S15900
L637003

图12-29 液晶电视机音频信号处理电路中的音频信号处理芯片

2 音频功率放大器

图12-30为液晶电视机音频信号处理电路中的音频功率放大器。音频信号经过处理后不足以驱动扬声器发声。因此，液晶电视机采用专门的音频功率放大器对音频信号进行功率放大，驱动扬声器发声。

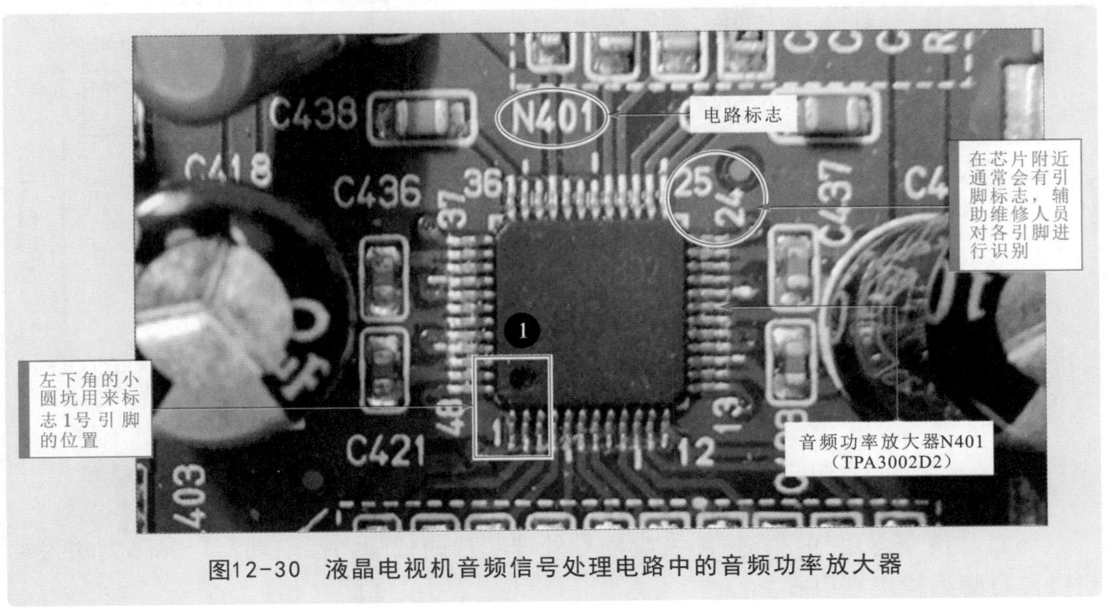
N401
电路标志
在芯片附近通常会有引脚标志，辅助维修人员对各引脚进行识别
左下角的小圆坑用来标志1号引脚的位置
音频功率放大器N401
（TPA3002D2）
C438
C436
C421
C437
36
25
24
37
48
1
12
13

图12-30 液晶电视机音频信号处理电路中的音频功率放大器

3 扬声器

图12-31为液晶电视机音频信号处理电路中的扬声器。扬声器是影音类产品中的重要电声部件，用来实现音频信号的输出。

扬声器1
7Ω 5W
扬声器2
12Ω 10W
扬声器3
7Ω 5W

图12-31 液晶电视机音频信号处理电路中的扬声器

12.4.2 检测音频信号处理电路中的音频信号处理芯片

音频信号处理芯片异常将导致无声音或声音异常的故障。以液晶电视机中音频信号处理电路中的音频信号处理芯片为例，图12-32为待测音频信号处理芯片的内部功能框图。

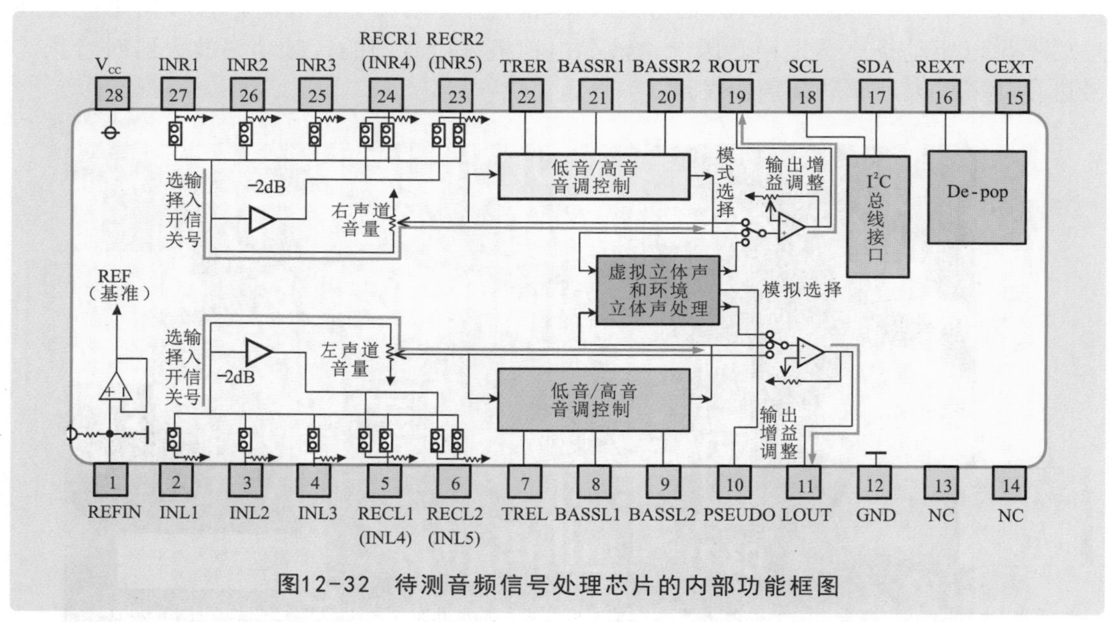
Vcc 28
INR1 27
INR2 26
INR3 25
RECR1 (INR4) 24
RECR2 (INR5) 23
TRER 22
BASSR1 21
BASSR2 20
ROUT 19
SCL 18
SDA 17
REXT 16
CEXT 15
选输择入开信关号
-2dB
右声道音量
低音/高音音调控制
模式选择
输出增益调整
I²C总线接口
De-pop
REF（基准）
虚拟立体声和环境立体声处理
模拟选择
选输择入开信关号
-2dB
左声道音量
低音/高音音调控制
输出增益调整
1 REFIN
2 INL1
3 INL2
4 INL3
5 RECL1 (INL4)
6 RECL2 (INL5)
7 TREL
8 BASSL1
9 BASSL2
10 PSEUDO
11 LOUT
12 GND
13 NC
14 NC

图12-32 待测音频信号处理芯片的内部功能框图

通过功能电路可知，该待测音频信号处理芯片的12脚为接地端，1～6脚为输入端引脚，11脚为输出端引脚。

图12-33为音频信号处理芯片的供电电压的检测方法。

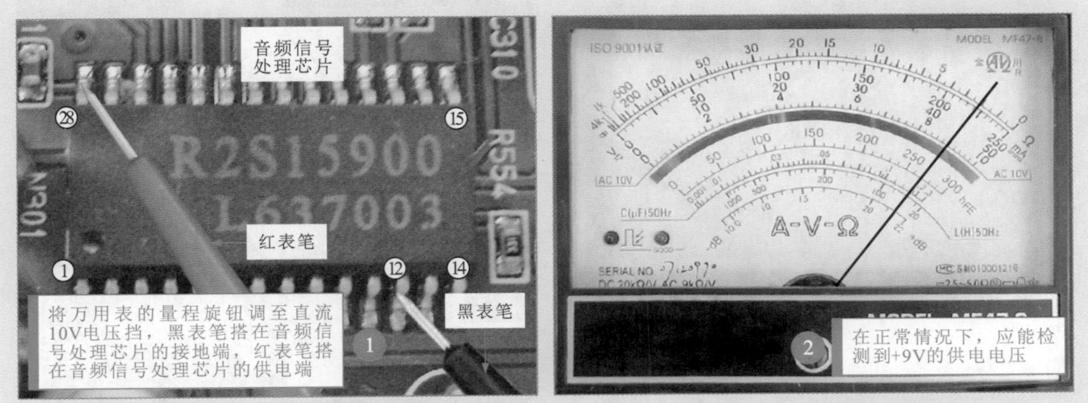
音频信号处理芯片
R2S15900
L637003
红表笔
黑表笔
将万用表的量程旋钮调至直流10V电压挡，黑表笔搭在音频信号处理芯片的接地端，红表笔搭在音频信号处理芯片的供电端
在正常情况下，应能检测到+9V的供电电压
A-V-Ω

图12-33 音频信号处理芯片的供电电压的检测方法

若音频信号处理芯片的供电电压正常，接下来需要对音频信号处理芯片输入端的音频信号及输出端的音频信号进行检测。图12-34为音频信号处理芯片输入端音频信号的检测方法。

将示波器的探头搭在音频信号处理芯片音频信号的输入端，即检测芯片N301的2～6脚

音频信号处理芯片

N301 (R2S15900SP)

将示波器的接地夹夹在音频信号处理芯片的接地端

正常时，可检测到音频信号处理芯片输入的音频信号波形

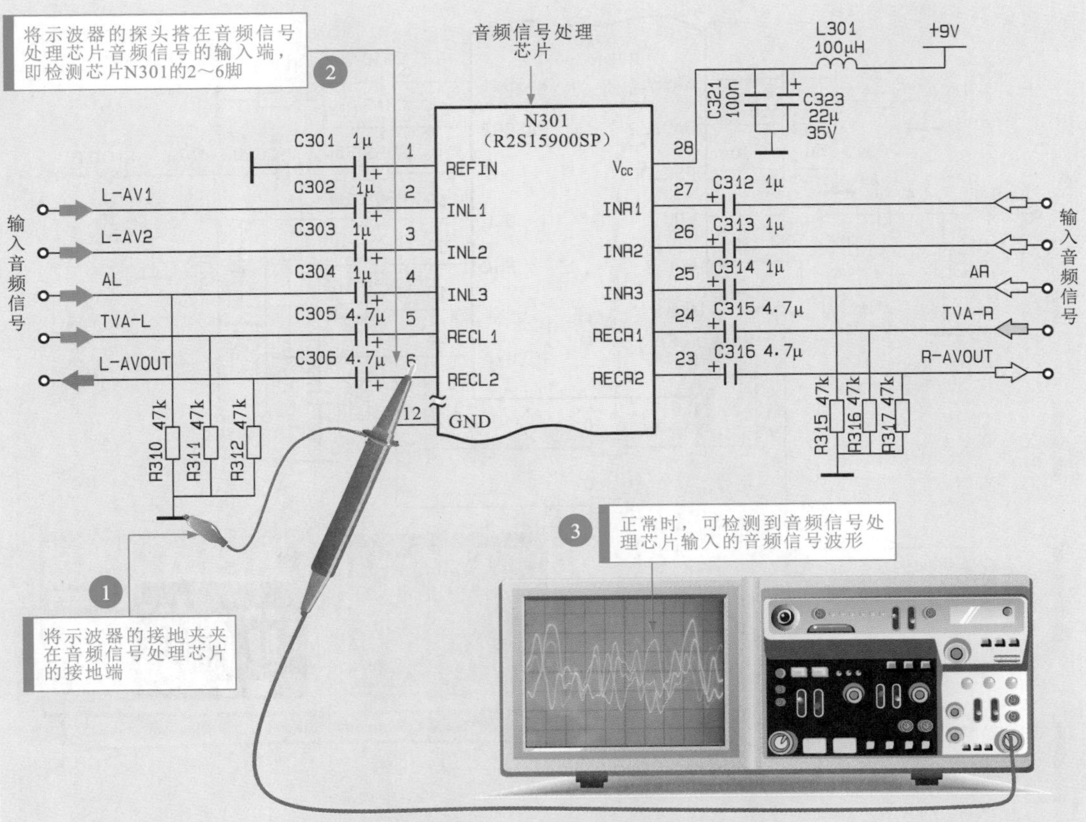

图12-34 音频信号处理芯片输入端音频信号的检测方法

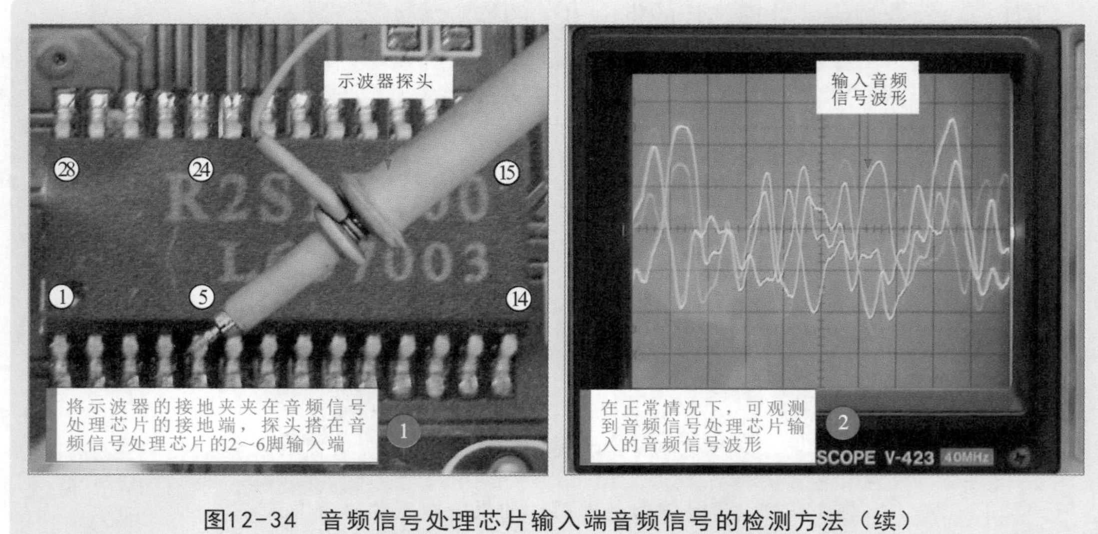
示波器探头
将示波器的接地夹夹在音频信号处理芯片的接地端，探头搭在音频信号处理芯片的2～6脚输入端
输入音频信号波形
在正常情况下，可观测到音频信号处理芯片输入的音频信号波形
SCOPE V-423 40MHz

图12-34　音频信号处理芯片输入端音频信号的检测方法（续）

用同样方法，继续对音频信号处理芯片输出信号波形进行检测。图12-35为音频信号处理芯片输出端音频信号的检测方法。

音频信号处理芯片

N301（R2S15900SP）

① 将示波器的接地夹夹在音频信号处理芯片的接地端，即N301的12脚

② 将示波器的探头搭在音频信号处理芯片的音频信号输出端，即N301的11脚

③ 正常时，可检测到音频信号处理芯片输出的音频信号波形

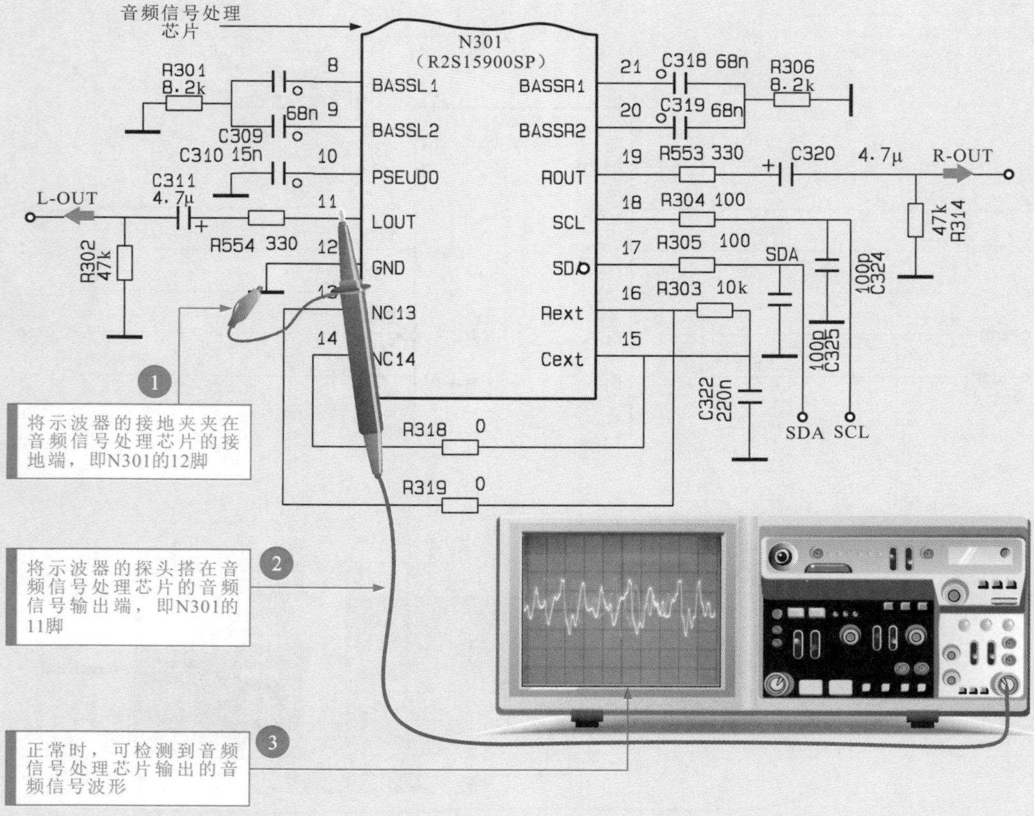

图12-35　音频信号处理芯片输出端音频信号的检测方法

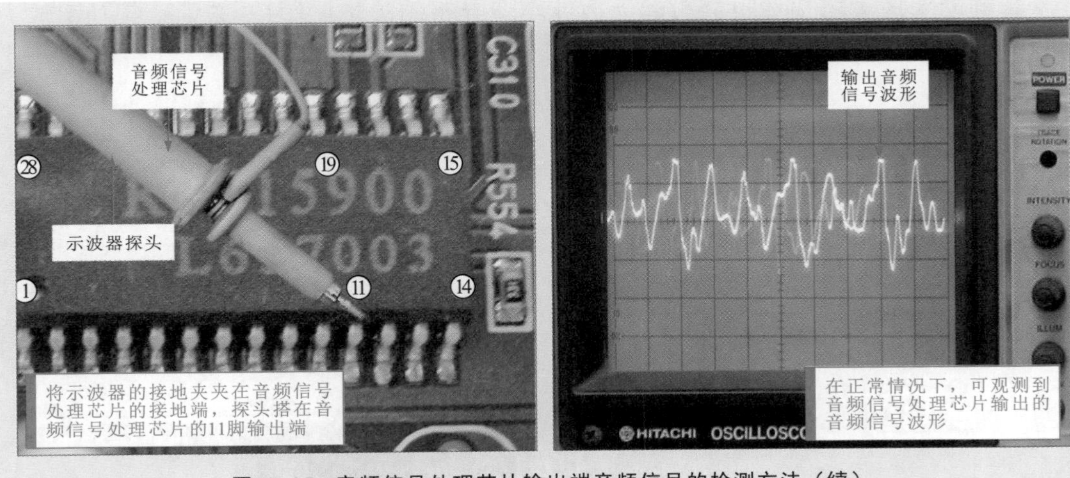

音频信号
处理芯片
示波器探头
将示波器的接地夹夹在音频信号处理芯片的接地端，探头搭在音频信号处理芯片的11脚输出端
输出音频
信号波形
在正常情况下，可观测到音频信号处理芯片输出的音频信号波形

图12-35 音频信号处理芯片输出端音频信号的检测方法（续）

12.4.3 检测音频信号处理电路中的音频功率放大器

在对音频功率放大器检测前，首先要根据待测音频功率放大器的型号，找到其相关技术资料，搞清待测音频功率放大器的结构及引脚功能，如图12-36所示。

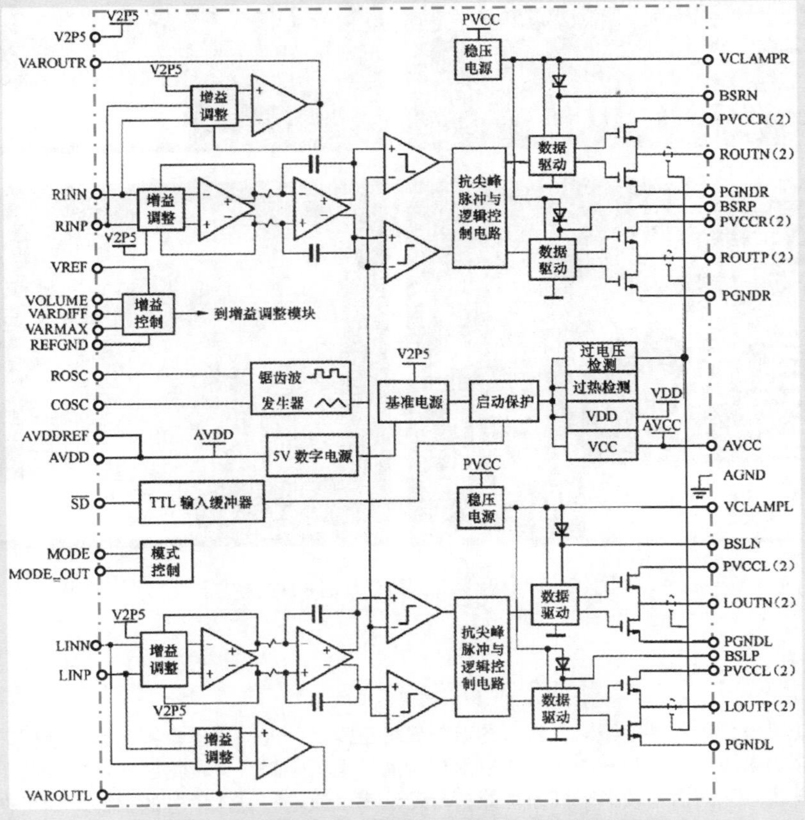

图12-36 待测音频功率放大器的结构及引脚功能

音频功率放大器损坏也会引起无声或声音异常的故障。图12-37为音频功率放大器的检测方法。

黑表笔

红表笔

1 将万用表的量程旋钮调至直流50V电压挡，黑表笔搭在音频功率放大器的接地端，红表笔搭在音频功率放大器的供电端

2 在正常情况下，应能检测到18V的供电电压

3 将示波器的接地夹夹在音频功率放大器的接地端，即电容负极，探头搭在音频功率放大器的3脚输入端

输入的音频信号波形

4 在正常情况下，应能观测到音频功率放大器输入的音频信号波形

输出的音频信号波形

5 将示波器的接地夹夹在音频功率放大器的接地端，即电容负极，探头搭在音频功率放大器的16脚输出端

6 在正常情况下，应能观测到音频功率放大器输出的音频信号波形

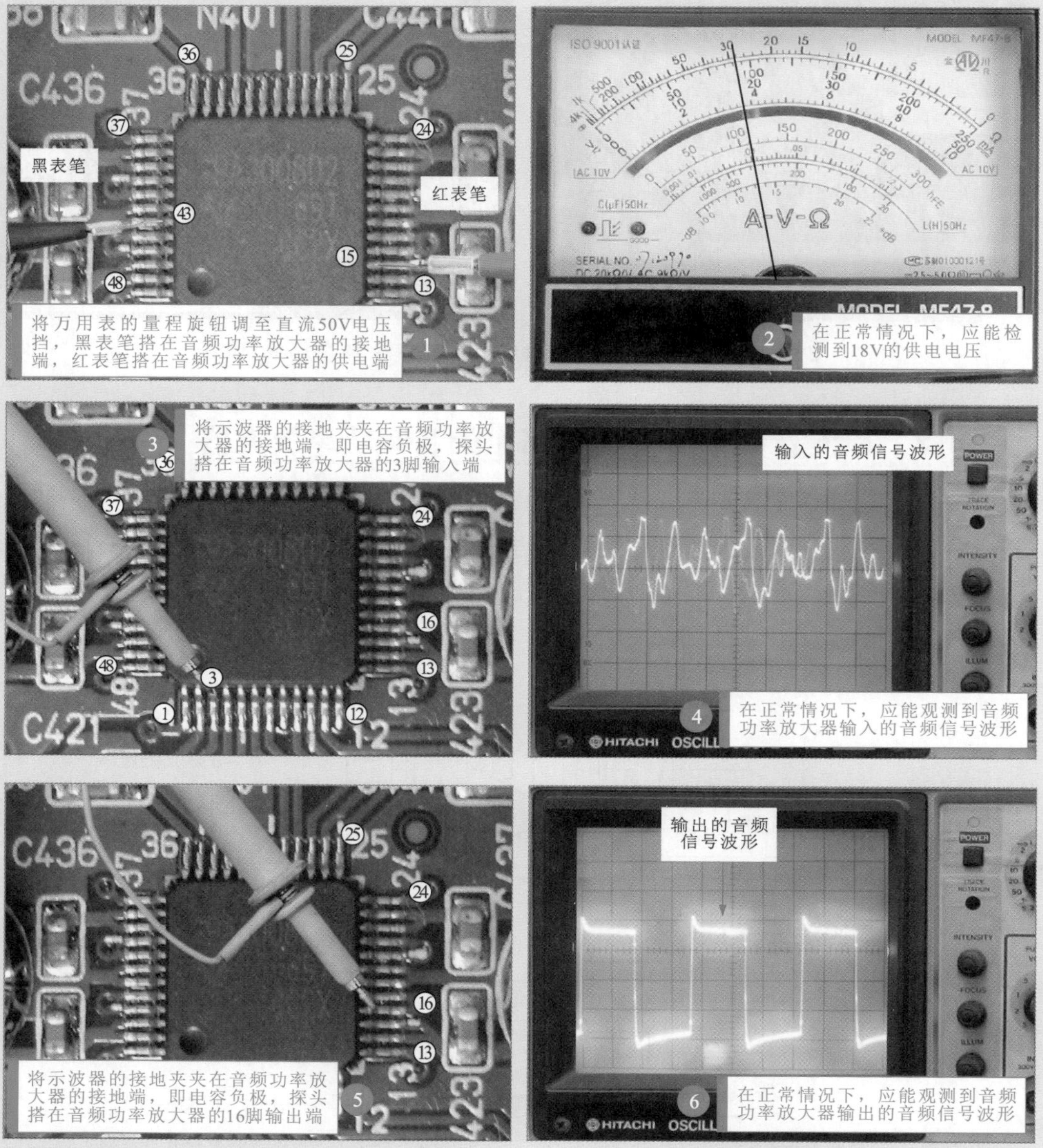

图12-37　音频功率放大器的检测方法

补充说明

若音频功率放大器的供电正常，输入的音频信号正常，无任何输出，则多为内部损坏。值得注意的是，当音频功率放大器作为一个元器件应用在液晶电视机中时，可根据所应用电路的工作特点，通过检测在通电状态下的信号波形来判断性能；若无法满足通电和送入信号的条件，则可在断电状态下检测相关引脚的对地阻值来判断。

12.4.4 检测音频信号处理电路中的扬声器

扬声器损坏将直接导致液晶电视机无声的故障，可借助万用表检测扬声器阻值的方法判断好坏。图12-38为扬声器的检测方法。

扬声器
SX ROHS
ST13-009-1
12Ω 10W
1
将万用表的量程旋钮调至欧姆挡，红、黑表笔分别搭在扬声器线圈的两个接点上

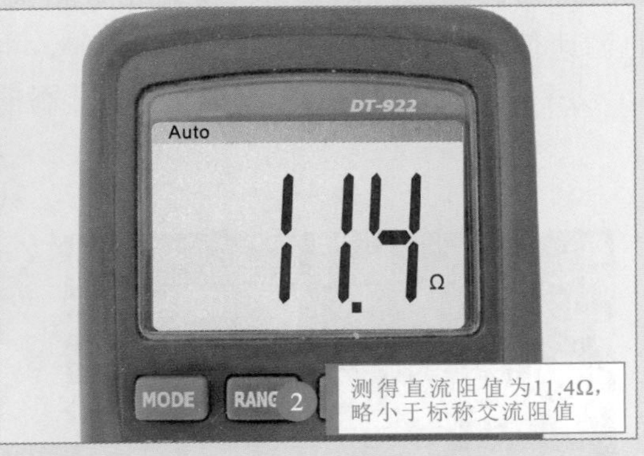
DT-922
Auto
11.4
Ω
MODE
RANG
2
测得直流阻值为11.4Ω，略小于标称交流阻值

图12-38 扬声器的检测方法

补充说明

在正常情况下，用万用表的欧姆挡检测扬声器的阻值为直流阻值，该值应略小于标称阻值（标称阻值为交流阻值，即在有交流信号驱动下呈现的阻值）。若实测阻值为无穷大，表明扬声器已损坏。

12.5 控制电路中主要元器件的检测

12.5.1 控制电路中的主要元器件

图12-39为典型电动自行车中的控制器电路。通常，控制电路主要由微处理器、电压比较器、功率三极管、三端稳压器及限流电阻等元器件构成。

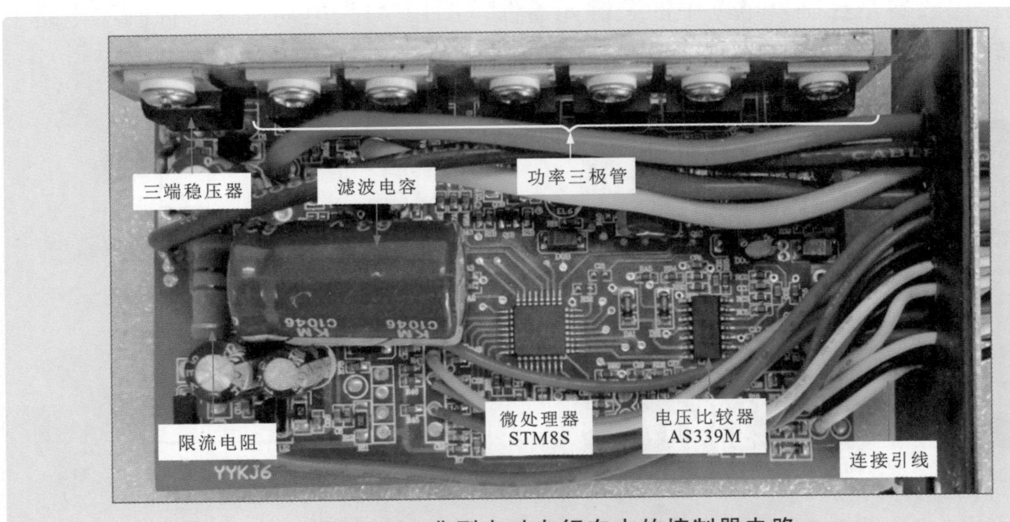
三端稳压器
滤波电容
功率三极管
限流电阻
微处理器
STM8S
电压比较器
AS339M
连接引线
YYKJ6

图12-39 典型电动自行车中的控制器电路

1 微处理器

微处理器是控制器电路的核心部件。图12-40为该电动自行车控制器电路中微处理器STM8S的实物外形及引脚功能。可以看到，其内部集成有运算器、控制器、存储器和接口电路等，用来接收无刷电动机内由霍尔元件反馈的位置信号、调速转把送来的调速信号、闸把送来的制动信号等，并将这些信号转换为控制信号，对电路中的6个功率三极管进行控制，进而控制无刷电动机的工作状态。

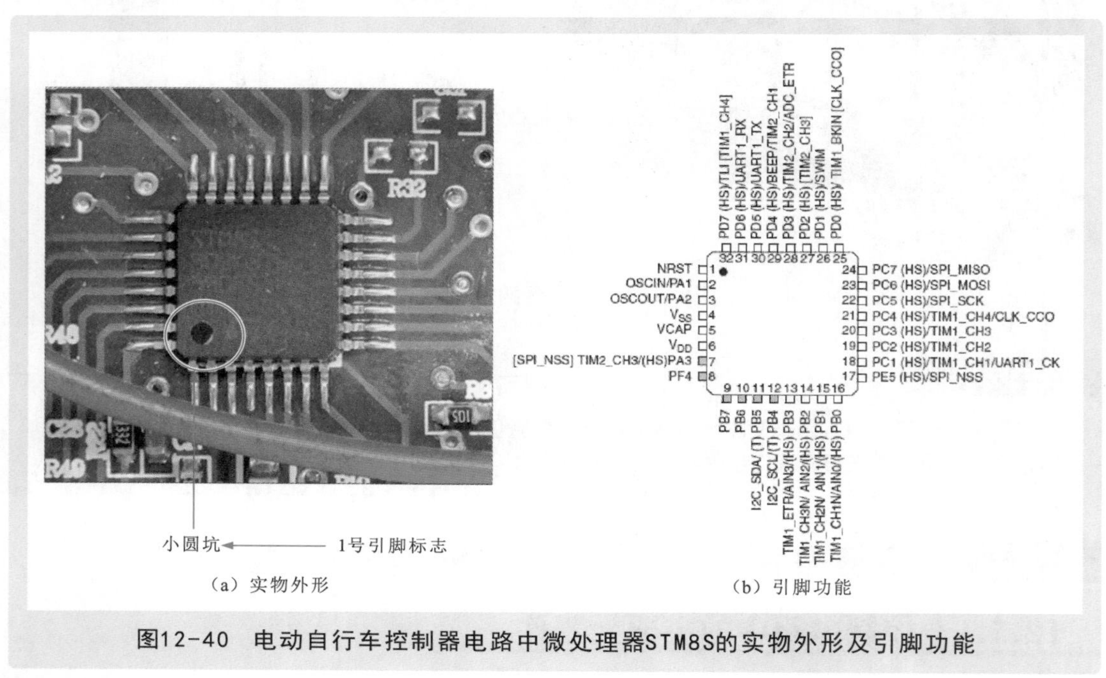
小圆坑
1号引脚标志
PD7 (HS)/TLI [TIM1_CH4]
PD6 (HS)/UART1_RX
PD5 (HS)/UART1_TX
PD4 (HS)/BEEP/TIM2_CH1
PD3 (HS)/TIM2_CH2/ADC_ETR
PD2 (HS) [TIM2_CH3]
PD1 (HS)/SWIM
PD0 (HS)/ TIM1_BKIN [CLK_CCO]
NRST 1
OSCIN/PA1 2
OSCOUT/PA2 3
VSS 4
VCAP 5
VDD 6
[SPI_NSS] TIM2_CH3/(HS)PA3 7
PF4 8
24 PC7 (HS)/SPI_MISO
23 PC6 (HS)/SPI_MOSI
22 PC5 (HS)/SPI_SCK
21 PC4 (HS)/TIM1_CH4/CLK_CCO
20 PC3 (HS)/TIM1_CH3
19 PC2 (HS)/TIM1_CH2
18 PC1 (HS)/TIM1_CH1/UART1_CK
17 PE5 (HS)/SPI_NSS
PB7
PB6
I2C_SDA/ (T) PB5
I2C_SCL/ (T) PB4
TIM1_ETR/AIN3/(HS) PB3
TIM1_CH3N/ AIN2/(HS) PB2
TIM1_CH2N/ AIN1/(HS) PB1
TIM1_CH1N/AIN0/(HS) PB0
（a）实物外形　　（b）引脚功能

图12-40　电动自行车控制器电路中微处理器STM8S的实物外形及引脚功能

2 电压比较器

电压比较器是控制器电路中的关键元器件。图12-41为电动自行车控制器电路中电压比较器AS339M的实物外形及引脚功能。

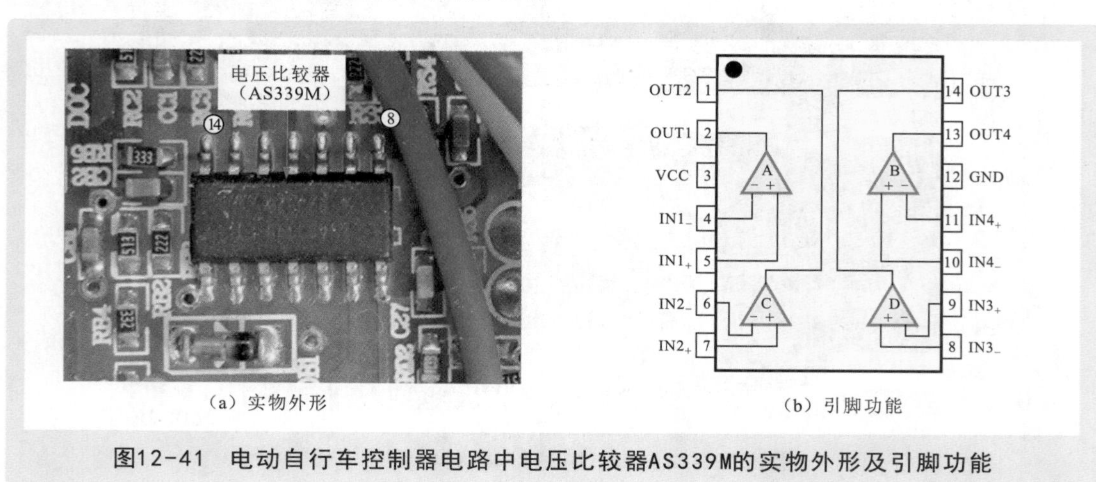
电压比较器
（AS339M）
⑭
⑧
OUT2 1
OUT1 2
VCC 3
IN1- 4
IN1+ 5
IN2- 6
IN2+ 7
14 OUT3
13 OUT4
12 GND
11 IN4+
10 IN4-
9 IN3+
8 IN3-
A
B
C
D
（a）实物外形　　（b）引脚功能

图12-41　电动自行车控制器电路中电压比较器AS339M的实物外形及引脚功能

可以看到，其内部集成四个独立的电压比较器，每个电压比较器都可以独立构成单元电路，如锯齿波信号产生器、PWM调制器、过电流检测电路、欠电压保护电路等。

补充说明

电压比较器是通过两个输入端电压值（或信号）的比较结果决定输出端状态的一种放大元器件。当电压比较器的同相输入端电压高于反相输入端电压时，输出高电平；当反相输入端电压高于同相输入端电压时，输出低电平，如图12-42所示。电动自行车中许多检测信号的比较、判断及产生都是由电压比较器完成的。

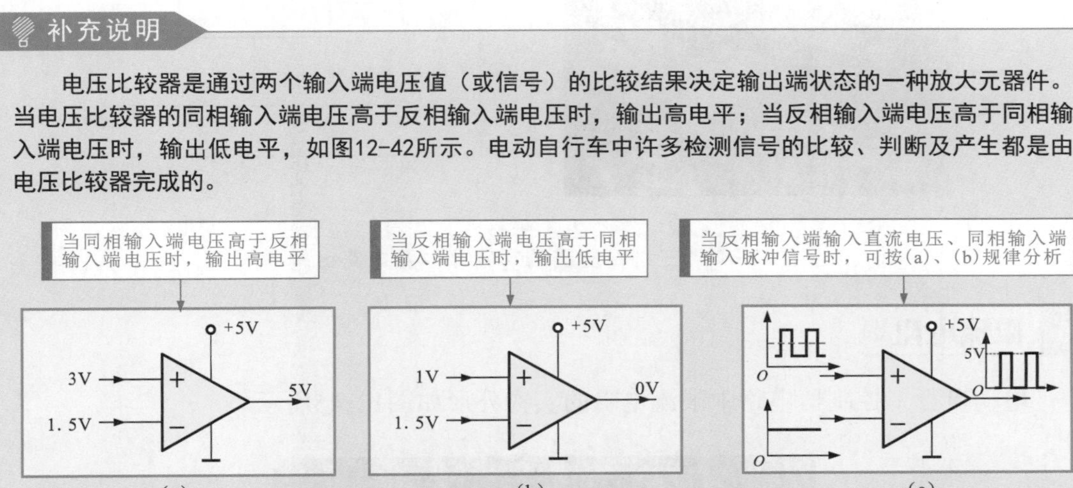
当同相输入端电压高于反相输入端电压时，输出高电平
+5V
3V
1.5V
5V
(a)
当反相输入端电压高于同相输入端电压时，输出低电平
+5V
1V
1.5V
0V
(b)
当反相输入端输入直流电压、同相输入端输入脉冲信号时，可按(a)、(b)规律分析
+5V
5V
O
(c)

图12-42 电压比较器输入端与输出端电压或信号的关系

3 功率三极管

功率三极管是有刷电动机控制器电路中的重要元器件，多采用场效应晶体管，用来将调制电路产生的信号进行功率放大后驱动电动机启动、运转和变速。图12-43为功率三极管的实物外形及内部结构。

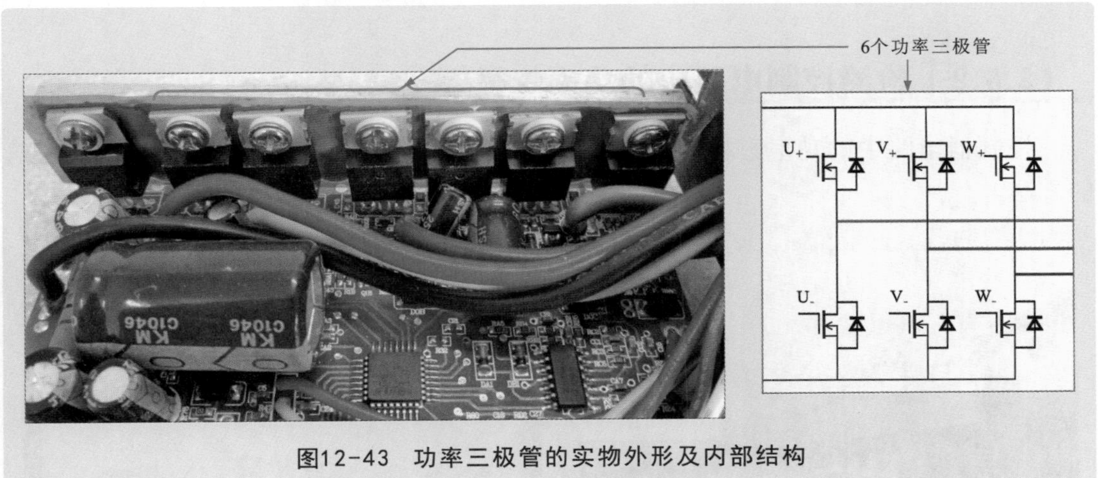
6个功率三极管
U+
V+
W+
U-
V-
W-

图12-43 功率三极管的实物外形及内部结构

4 三端稳压器

三端稳压器可将电池的供电电压变成稳定的直流电压，为控制器电路提供所需的直流电压。图12-44为三端稳压器的实物外形及电路结构。

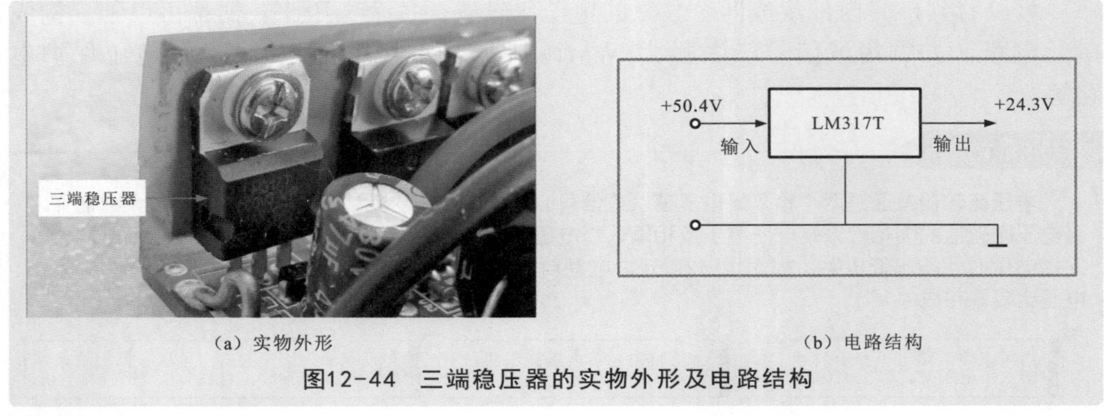
三端稳压器
+50.4V
LM317T
+24.3V
输入
输出
（a）实物外形　　（b）电路结构

图12-44　三端稳压器的实物外形及电路结构

5 限流电阻

电动自行车控制器电路中限流电阻的实物外形如图12-45所示。

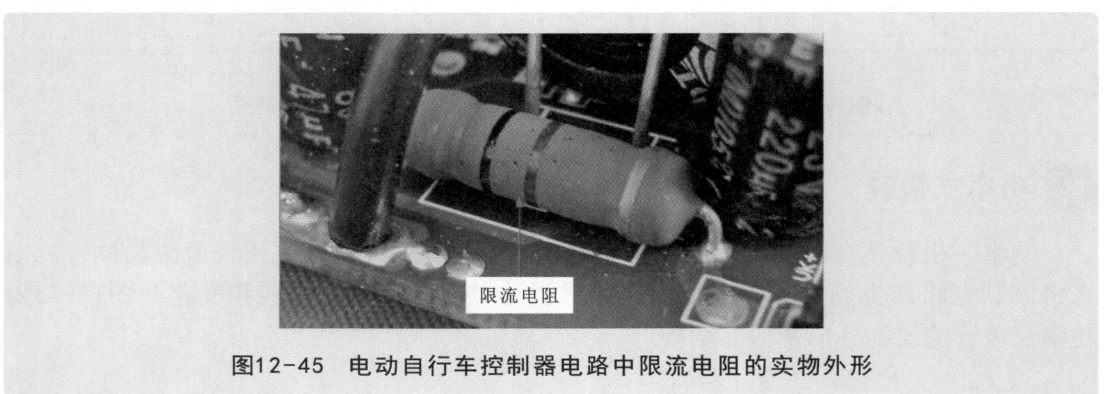
限流电阻
图12-45　电动自行车控制器电路中限流电阻的实物外形

12.5.2 检测控制电路中的功率三极管

控制器电路中的功率三极管多为场效应晶体管。图12-46为在路检测功率三极管的方法。

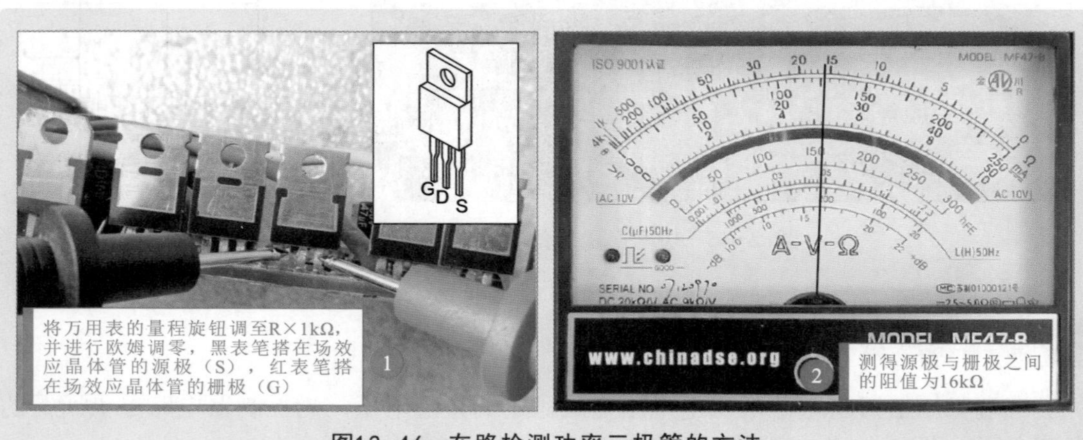
G D S
将万用表的量程旋钮调至R×1kΩ，并进行欧姆调零，黑表笔搭在场效应晶体管的源极（S），红表笔搭在场效应晶体管的栅极（G）
1
www.chinadse.org
2
测得源极与栅极之间的阻值为16kΩ
图12-46　在路检测功率三极管的方法

场效应晶体管各引脚之间的正、反向阻值见表12-1。

表12-1 场效应晶体管各引脚之间的正、反向阻值

黑表笔	红表笔	阻值	黑表笔	红表笔	阻值
栅极G	源极S	12.8 kΩ	源极S	栅极G	16 kΩ
漏极D	源极S	40 kΩ	源极S	漏极D	6.3 kΩ
漏极D	栅极G	110 kΩ	栅极G	漏极D	29 kΩ

补充说明

场效应晶体管极易受外界电磁场或静电影响而损坏，所以在使用万用表检测其引脚之间的阻值时一定要做好防静电措施。另外，场效应晶体管在电路板上检测时会受到其他元器件的影响而与单独检测时差别很大，这是正常的，若测得场效应晶体管各引脚之间的阻值与表12-1中所列阻值相比存在很大偏差或趋于零或为无穷大，均表明场效应晶体管已经损坏。值得注意的是，场效应晶体管易受静电作用击穿损坏，一般不要将其从电路板上焊下。

12.5.3 检测控制电路中的电压比较器

图12-47为电动自行车控制器电路中电压比较器（AS339M）的检测方法。

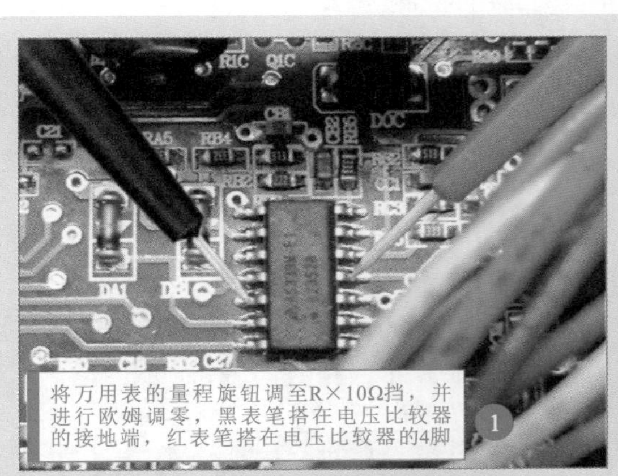
将万用表的量程旋钮调至R×10Ω挡，并进行欧姆调零，黑表笔搭在电压比较器的接地端，红表笔搭在电压比较器的4脚
1

www.chinadse.org
2
测得4脚正向对地阻值为27×10Ω=270Ω

将万用表的量程旋钮调至R×1kΩ挡，并进行欧姆调零，红表笔搭在电压比较器的接地端，黑表笔搭在电压比较器的4脚
3

www.chinadse.org
4
测得4脚反向对地阻值为18×1kΩ=18kΩ

图12-47 电动自行车控制器电路中电压比较器（AS339M）的检测方法

在正常情况下，电压比较器（AS339M）各引脚的正、反向阻值见表12-2。若实测结果偏差较大，则可能是芯片内部电路损坏，应用同型号的芯片更换。

表12-2 电压比较器（AS339M）各引脚的正、反向阻值

引脚号	黑表笔接地测正向阻值（×10Ω）	红表笔接地测反向阻值（×1kΩ）	引脚号	黑表笔接地测正向阻值（×10Ω）	红表笔接地测反向阻值（×1kΩ）
①	14	2.6	⑧	27	18
②	14. 5	2.5	⑨	36	18
③	13. 9	1.4	⑩	16	8. 5
④	27	18	⑪	26	4
⑤	32	18	⑫	0	0
⑥	27. 5	18	⑬	16	∞
⑦	39	18	⑭	14	3. 8

12.5.4 检测控制电路中的三端稳压器

图12-48为电动自行车控制器电路中三端稳压器的检测方法。

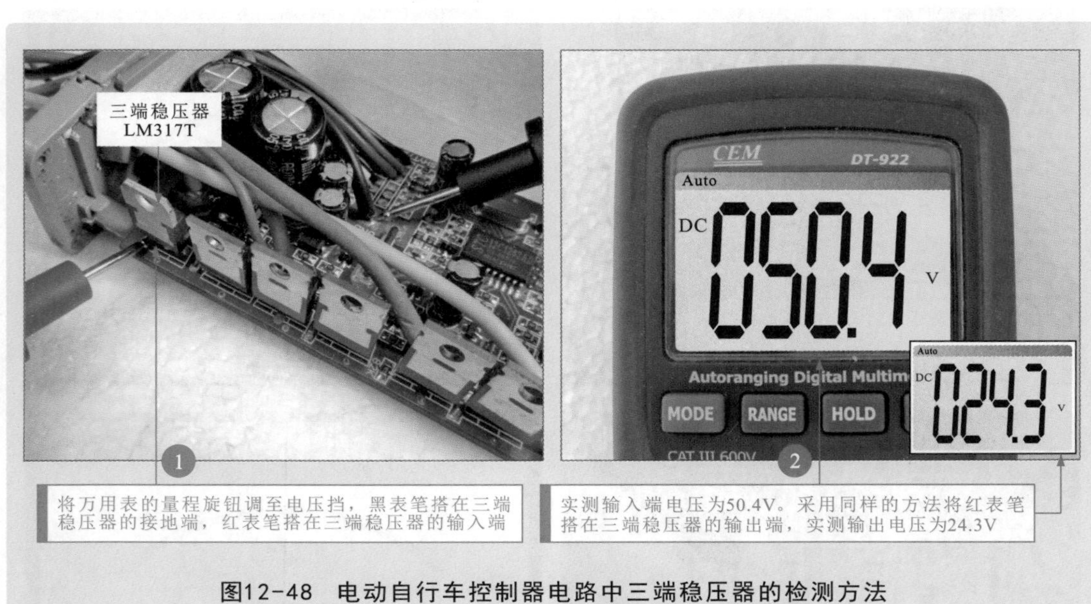
三端稳压器
LM317T
CEM
DT-922
Auto
DC
050.4
V
Autoranging Digital Multim
MODE
RANGE
HOLD
Auto
DC
024.3
V
1
2
将万用表的量程旋钮调至电压挡，黑表笔搭在三端稳压器的接地端，红表笔搭在三端稳压器的输入端
实测输入端电压为50.4V。采用同样的方法将红表笔搭在三端稳压器的输出端，实测输出电压为24.3V

图12-48 电动自行车控制器电路中三端稳压器的检测方法

补充说明

实测三端稳压器LM317T的输入端电压约为50. 4V、输出端电压约为24. 3V。若输入正常但无输出，则三端稳压器损坏，应选用同型号的三端稳压器更换。对于不同种类的控制器，其三端稳压器的输入、输出电压可能略有差异。

12.5.5 检测控制电路中的限流电阻

图12-49为电动自行车控制器电路中限流电阻的检测方法。

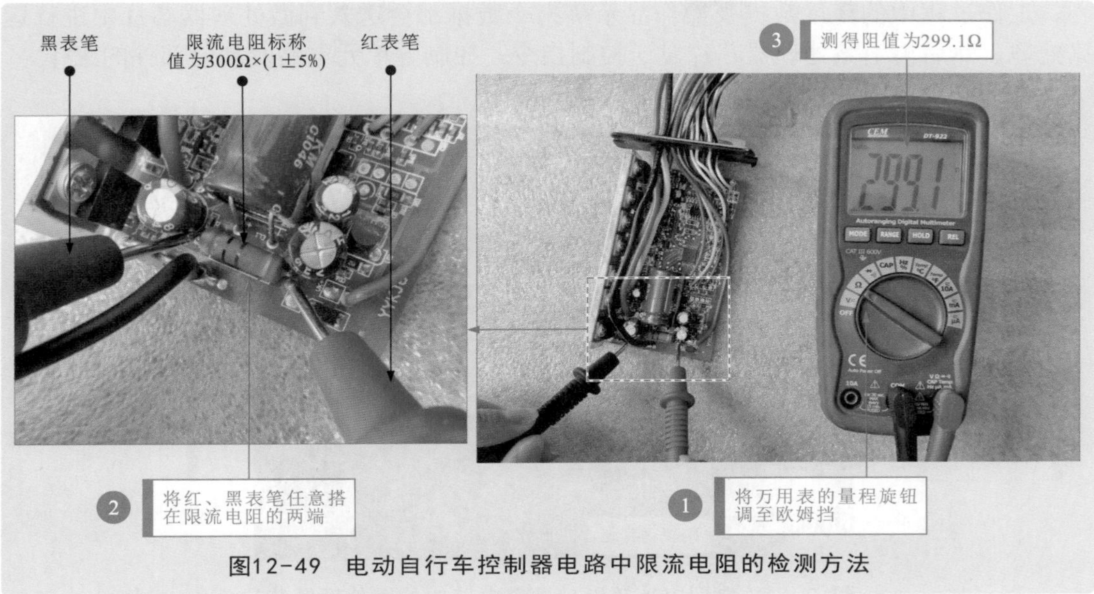
黑表笔
限流电阻标称值为300Ω×(1±5%)
红表笔
3 测得阻值为299.1Ω
2 将红、黑表笔任意搭在限流电阻的两端
1 将万用表的量程旋钮调至欧姆挡

图12-49 电动自行车控制器电路中限流电阻的检测方法

补充说明

万用表的读数为299.1Ω，与标称值接近，由此判断限流电阻基本正常。若阻值偏差较大，则怀疑限流电阻损坏，可将其焊下后再进行检测和判断。若经检测，实测数值与标称值仍然偏差较大，则应选择阻值和类型相同的限流电阻进行代换。

12.6 微处理器电路中主要元器件的检测

12.6.1 微处理器电路中的主要元器件

微处理器电路是以微处理器为核心的具有控制功能的电路，一般由微处理器芯片、反相器、继电器等构成。图12-50为电冰箱中的微处理器电路。

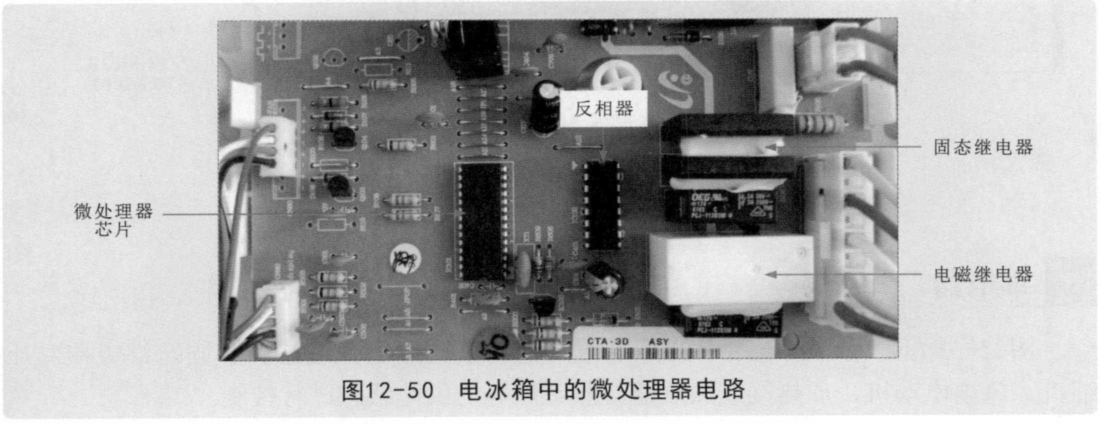
反相器
固态继电器
微处理器芯片
电磁继电器

图12-50 电冰箱中的微处理器电路

1 微处理器芯片

图12-51为典型电冰箱微处理器电路中的微处理器芯片。它是整个电路的控制核心。工作过程中的环境数据及操作显示等指令数据都会送入到微处理器芯片中进行运算处理，然后再由微处理器芯片发送控制指令，控制各单元电路及功能部件的工作。

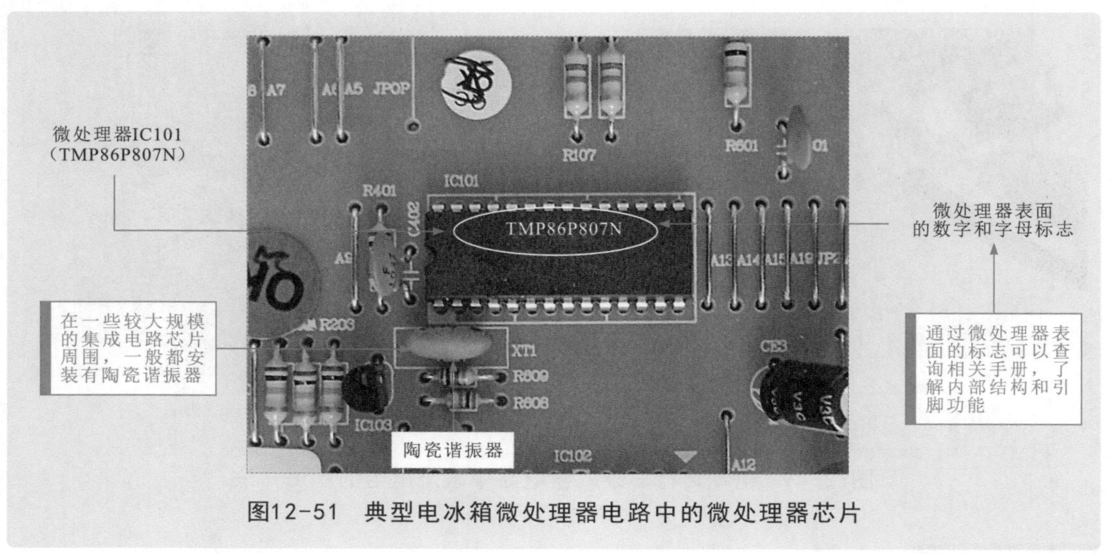

微处理器IC101
（TMP86P807N）
TMP86P807N
微处理器表面的数字和字母标志
在一些较大规模的集成电路芯片周围，一般都安装有陶瓷谐振器
通过微处理器表面的标志可以查询相关手册，了解内部结构和引脚功能
陶瓷谐振器

图12-51 典型电冰箱微处理器电路中的微处理器芯片

2 反相器

图12-52为微处理器电路中的反相器。反相器用来将微处理器输出的控制信号反相放大，可作为微处理器的接口电路，对继电器、蜂鸣器和电动机等进行控制。

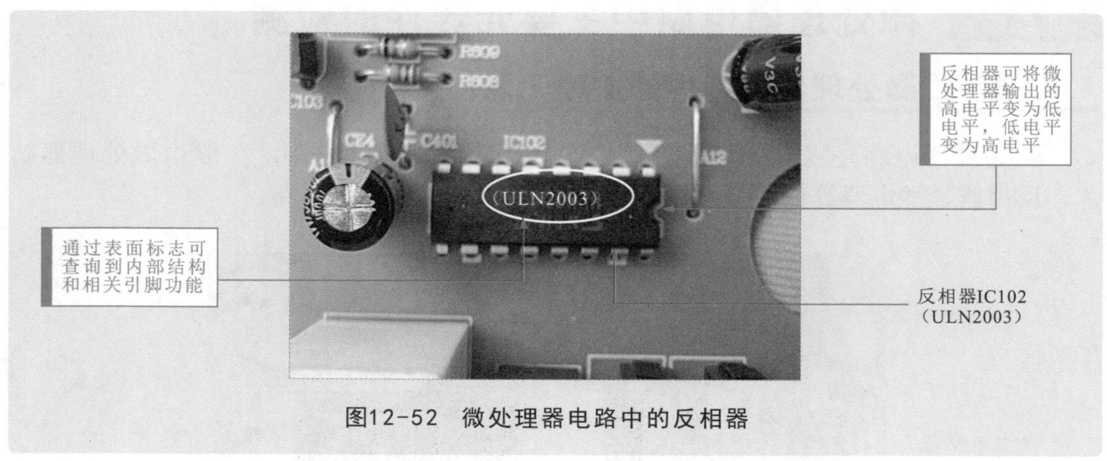

反相器可将微处理器输出的高电平变为低电平，低电平变为高电平
ULN2003
通过表面标志可查询到内部结构和相关引脚功能
反相器IC102
（ULN2003）

图12-52 微处理器电路中的反相器

3 继电器

图12-53为微处理器电路中的继电器。电冰箱通过电磁继电器和固态继电器对压缩机、风扇电动机、加热丝或加热器、照明灯等的供电状态进行控制。

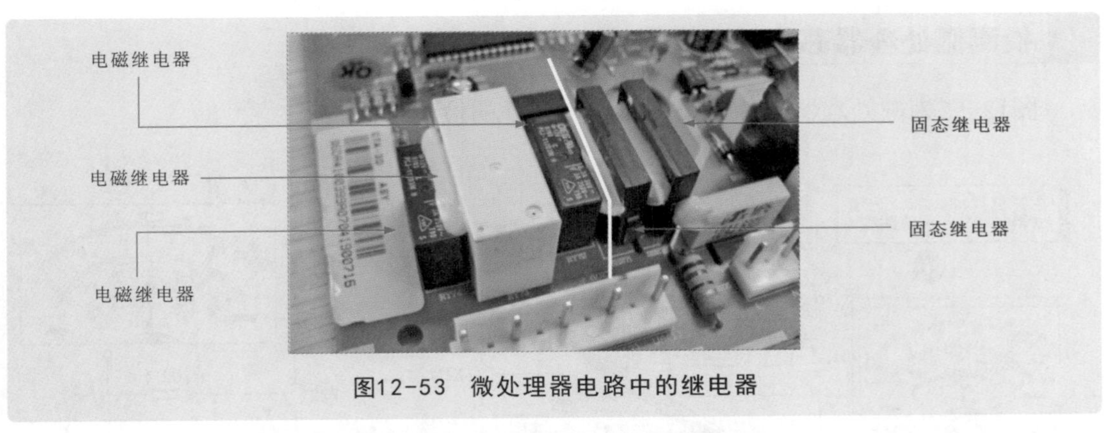
电磁继电器
电磁继电器
电磁继电器
固态继电器
固态继电器

图12-53 微处理器电路中的继电器

12.6.2 检测微处理器电路中的微处理器芯片

微处理器芯片可在通电状态下检测输入、输出信号及工作条件是否正常，在满足三个基本工作条件（供电、复位、时钟）的前提下，若输入信号正常，无任何信号输出，则多为微处理器芯片损坏。

1 检测微处理器芯片的输入、输出信号

当怀疑微处理器芯片故障时，应先检测操作显示电路与微处理器之间的数据信号（RX、TX）是否正常。

图12-54为微处理器电路中微处理器芯片输入、输出信号的检测方法。

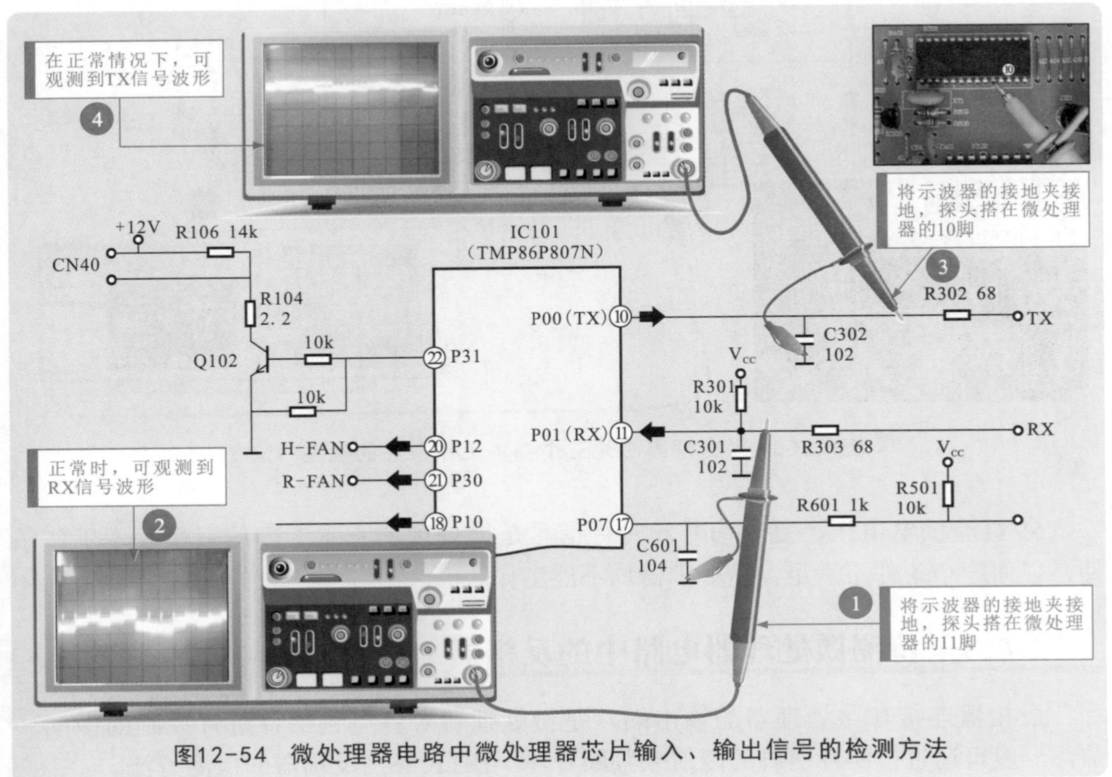
在正常情况下，可观测到TX信号波形
4
将示波器的接地夹接地，探头搭在微处理器的10脚
3
+12V R106 14k
CN40
R104 2.2
Q102
10k
10k
IC101 (TMP86P807N)
P00(TX) 10
R302 68
TX
C302 102
Vcc
R301 10k
P01(RX) 11
R303 68
RX
C301 102
22 P31
H-FAN 20 P12
R-FAN 21 P30
18 P10
P07 17
R601 1k
Vcc
R501 10k
C601 104
正常时，可观测到RX信号波形
2
1
将示波器的接地夹接地，探头搭在微处理器的11脚

图12-54 微处理器电路中微处理器芯片输入、输出信号的检测方法

2 检测微处理器芯片的三个基本工作条件

图12-55为微处理器芯片三个基本工作条件的检测方法。

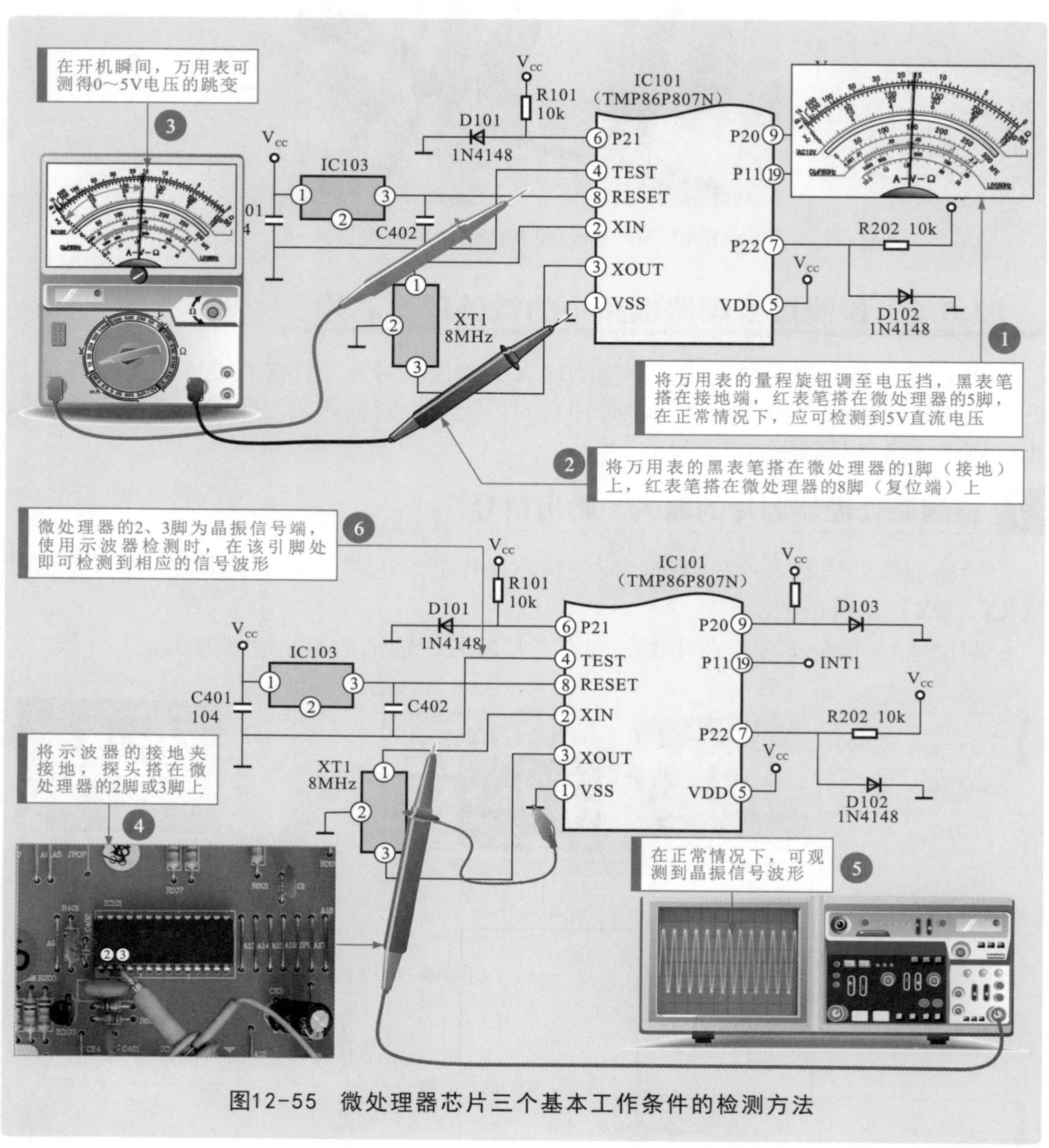
在开机瞬间，万用表可测得0～5V电压的跳变
将万用表的量程旋钮调至电压挡，黑表笔搭在接地端，红表笔搭在微处理器的5脚，在正常情况下，应可检测到5V直流电压
将万用表的黑表笔搭在微处理器的1脚（接地）上，红表笔搭在微处理器的8脚（复位端）上
微处理器的2、3脚为晶振信号端，使用示波器检测时，在该引脚处即可检测到相应的信号波形
将示波器的接地夹接地，探头搭在微处理器的2脚或3脚上
在正常情况下，可观测到晶振信号波形
IC101 (TMP86P807N)
IC103
R101 10k
D101 1N4148
R202 10k
D102 1N4148
D103
XT1 8MHz
C401 104
C402
P21
TEST
RESET
XIN
XOUT
VSS
P20
P11
P22
VDD
INT1
图12-55 微处理器芯片三个基本工作条件的检测方法

5V直流供电电压、复位信号和时钟信号是微处理器正常工作的三个基本工作条件，任何一个条件不满足，微处理器均不能工作。

12.6.3 检测微处理器电路中的反相器

反相器连接在微处理器的输出端，是微处理器对各电气部件进行控制的中间环节，一般可通过检测各引脚的阻值来判断好坏。图12-56为反相器的检测方法。

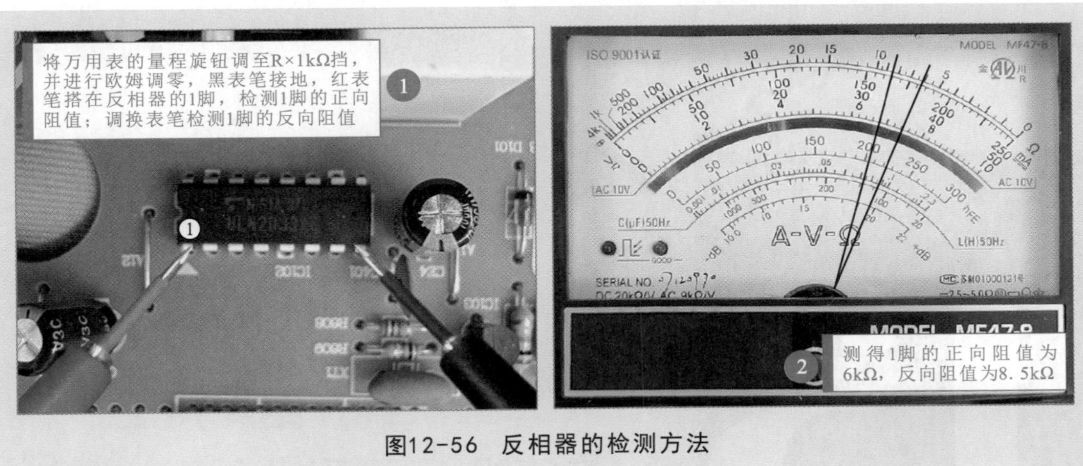
将万用表的量程旋钮调至R×1kΩ挡，并进行欧姆调零，黑表笔接地，红表笔搭在反相器的1脚，检测1脚的正向阻值；调换表笔检测1脚的反向阻值
1
测得1脚的正向阻值为6kΩ，反向阻值为8.5kΩ
2

图12-56 反相器的检测方法

12.6.4 检测微处理器电路中的继电器

继电器是微处理器与被控部件之间的关键部件。继电器线圈得电时，其触点动作，即常开触点闭合，接通被控部件的供电回路，因此检测时，可在线圈得电的状态下通过检测触点所控回路的电压情况来判断继电器的性能。

图12-57为继电器的检测方法。

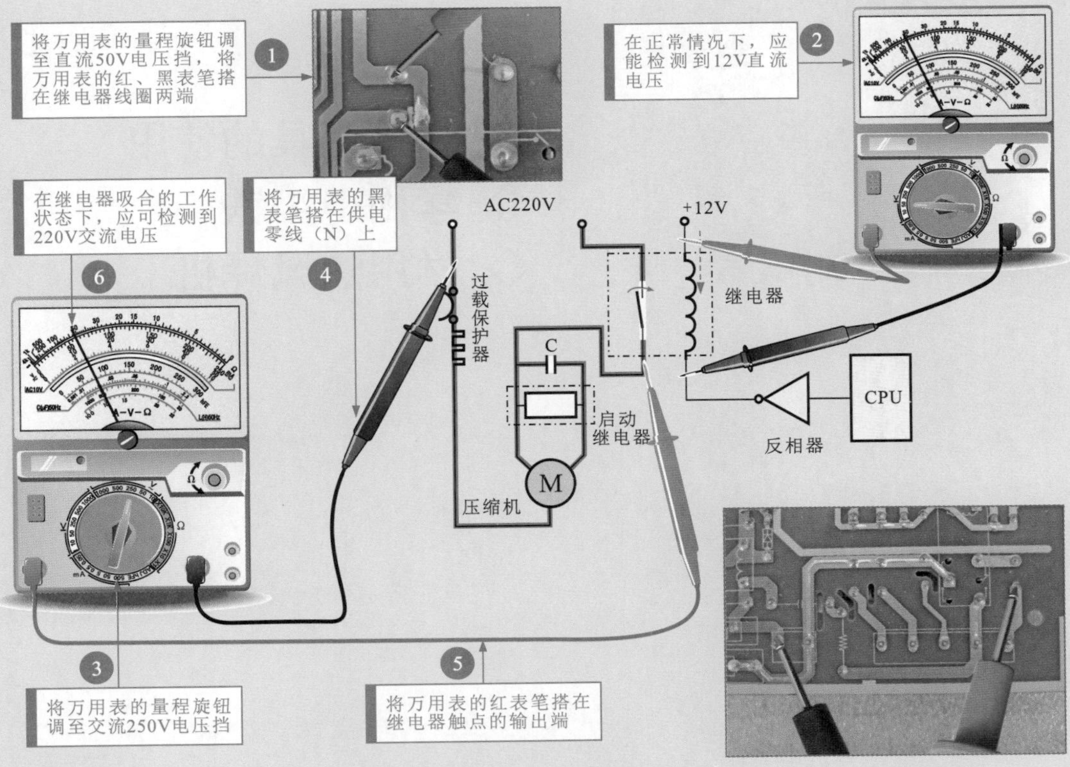

① 将万用表的量程旋钮调至直流50V电压挡，将万用表的红、黑表笔搭在继电器线圈两端

② 在正常情况下，应能检测到12V直流电压

③ 将万用表的量程旋钮调至交流250V电压挡

④ 将万用表的黑表笔搭在供电零线（N）上

⑤ 将万用表的红表笔搭在继电器触点的输出端

⑥ 在继电器吸合的工作状态下，应可检测到220V交流电压

AC220V
+12V
过载保护器
继电器
C
启动继电器
M
压缩机
反相器
CPU

图12-57 继电器的检测方法

13

本章系统介绍焊接工具的特点与使用。

- ● 焊接工具的特点
  - ◇ 电烙铁
  - ◇ 热风焊机
  - ◇ 焊接材料与辅助工具
- ● 焊接工具的使用
  - ◇ 学用电烙铁
  - ◇ 学用热风焊机

第13章 焊接工具的特点与使用

13.1 焊接工具的特点

13.1.1 电烙铁

电烙铁是电子整机装配人员用于各类电子整机产品的手工焊接、补焊、维修及更换元器件的最常用的工具之一。

电烙铁主要分直热式电烙铁、感应式电烙铁、恒温式电烙铁和吸锡式电烙铁等。

1 直热式电烙铁

直热式电烙铁又可以分为内热式电烙铁和外热式电烙铁两种。其中，内热式电烙铁是手工焊接中最常用的焊接工具。

① 内热式电烙铁

图13-1为典型的内热式电烙铁。内热式电烙铁由烙铁心、烙铁头、连接杆、手柄、接线柱和电源线等部分组成。

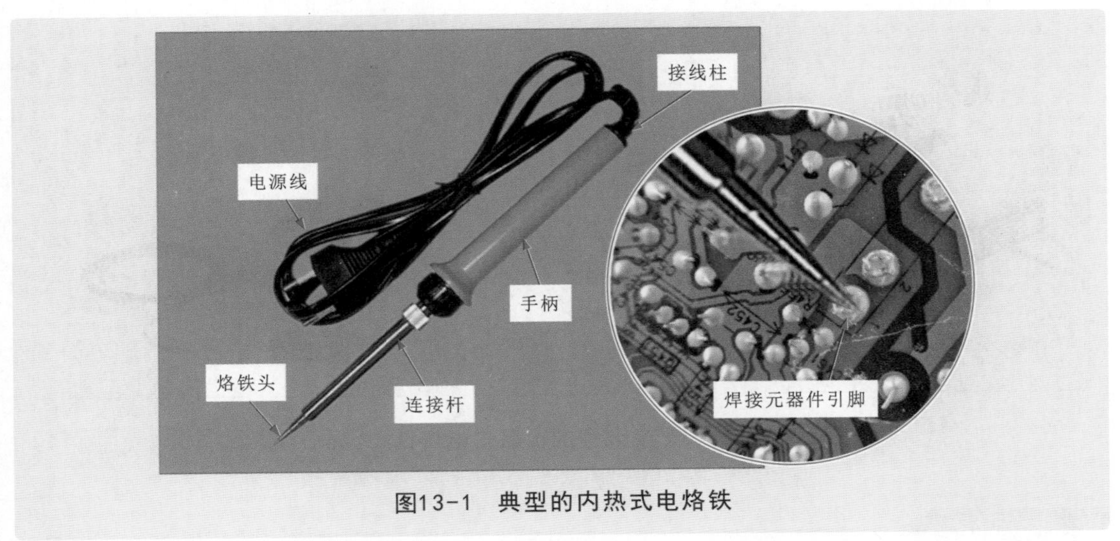
接线柱
电源线
手柄
烙铁头
连接杆
焊接元器件引脚

图13-1 典型的内热式电烙铁

内热式电烙铁的烙铁头升温比外热式电烙铁的烙铁头升温快，通电2分钟后即可使用；相同功率时的温度高、体积小、重量轻、耗电低、热效率高。

② 外热式电烙铁

图13-2为典型的外热式电烙铁。外热式电烙铁的发热丝绕在中间有孔的铁管上，烙铁头插在中间孔中，这样，热量从外部传导到烙铁头，从而实现焊接。

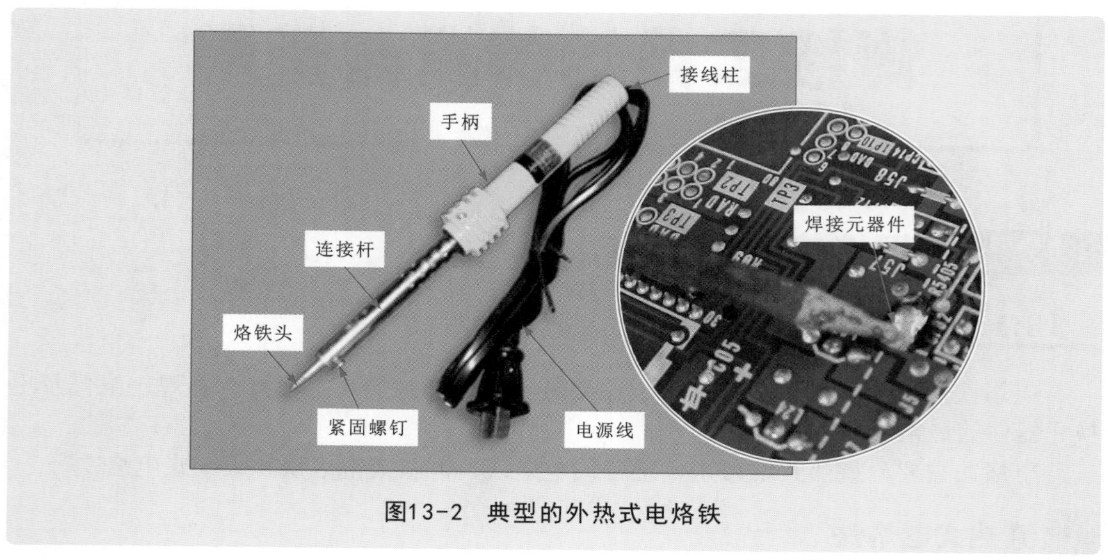
接线柱
手柄
连接杆
烙铁头
紧固螺钉
电源线
焊接元器件

图13-2 典型的外热式电烙铁

2 恒温式电烙铁

恒温式电烙铁的烙铁头温度可以控制，烙铁头可以始终保持在某一设定的温度。根据控制方式的不同，可分为电控恒温电烙铁和磁控恒温电烙铁两种。图13-3为典型的恒温式电烙铁。

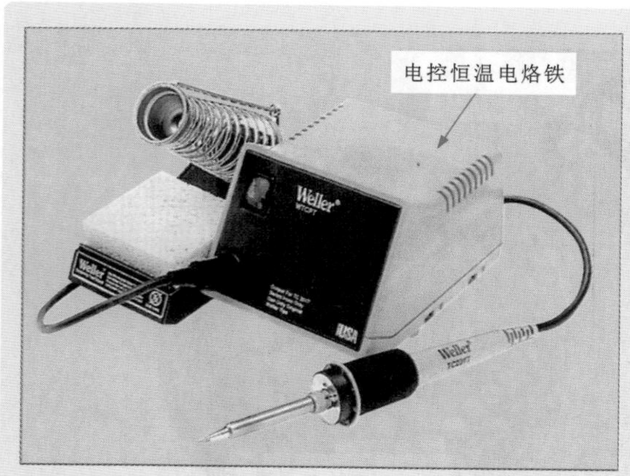
电控恒温电烙铁
Weller

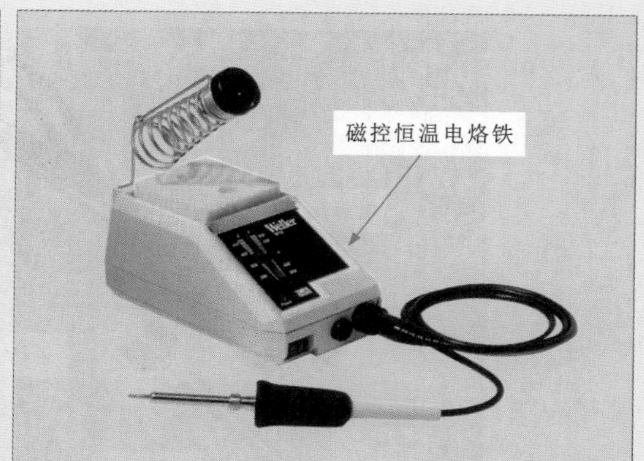
磁控恒温电烙铁
Weller

图13-3 典型的恒温式电烙铁

补充说明

恒温式电烙铁采用断续加热，耗电省，升温速度快，在焊接过程中焊锡不易氧化，可减少虚焊，提高焊接质量，烙铁头也不会产生过热现象，使用寿命较长。

3 吸锡式电烙铁

图13-4为典型的吸锡式电烙铁。这种电烙铁增添了吸锡装置，主要用于在取下元器件后吸去焊盘上多余的焊锡，与普通电烙铁相比，吸锡式电烙铁的烙铁头是空心的。

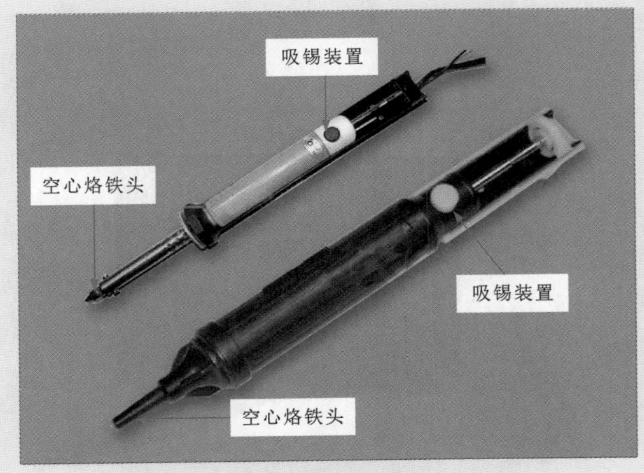
吸锡装置
空心烙铁头
吸锡装置
空心烙铁头

图13-4 典型的吸锡式电烙铁

补充说明

使用吸锡式电烙铁时，需先压下吸锡电烙铁的活塞杆，再将加热装置的吸嘴放置到待拆解元件的焊点上。待焊点熔化后，按下吸锡式电烙铁上的按钮，活塞杆就会随之弹起，通过吸锡装置，将熔锡吸入吸锡式电烙铁内。在需要拆解很小的元器件时，有时也需要电烙铁配合。图13-5为吸锡式电烙铁的使用方法。

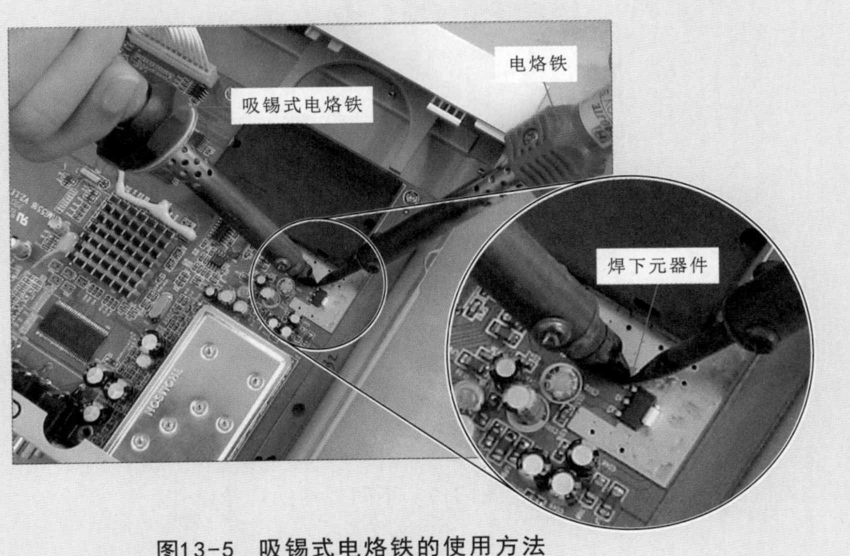
电烙铁
吸锡式电烙铁
焊下元器件

图13-5 吸锡式电烙铁的使用方法

根据被焊接产品的要求，还有防静电电烙铁及自动送锡电烙铁等。为适应不同焊接物面的需要，通常烙铁头也有不同的形状，有凿形、锥形、圆面形、圆尖锥形和半圆沟形等。

13.1.2 热风焊机

图13-6为热风焊机的实物外形。热风焊机是专门用来拆焊、焊接贴片元器件的焊接工具。

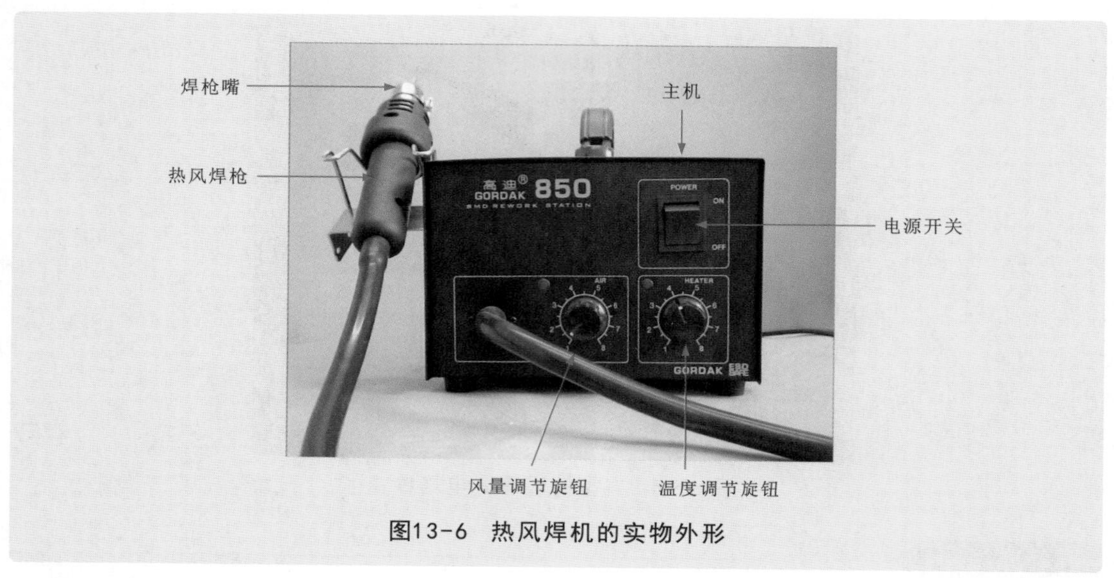
焊枪嘴
主机
热风焊枪
高迪®
GORDAK 850
SMD REWORK STATION
POWER
ON
OFF
电源开关
AIR
HEATER
GORDAK
风量调节旋钮
温度调节旋钮

图13-6 热风焊机的实物外形

图13-7为不同规格的焊枪嘴。可以根据需要焊接的贴片元器件的不同来选择合适的焊枪嘴。

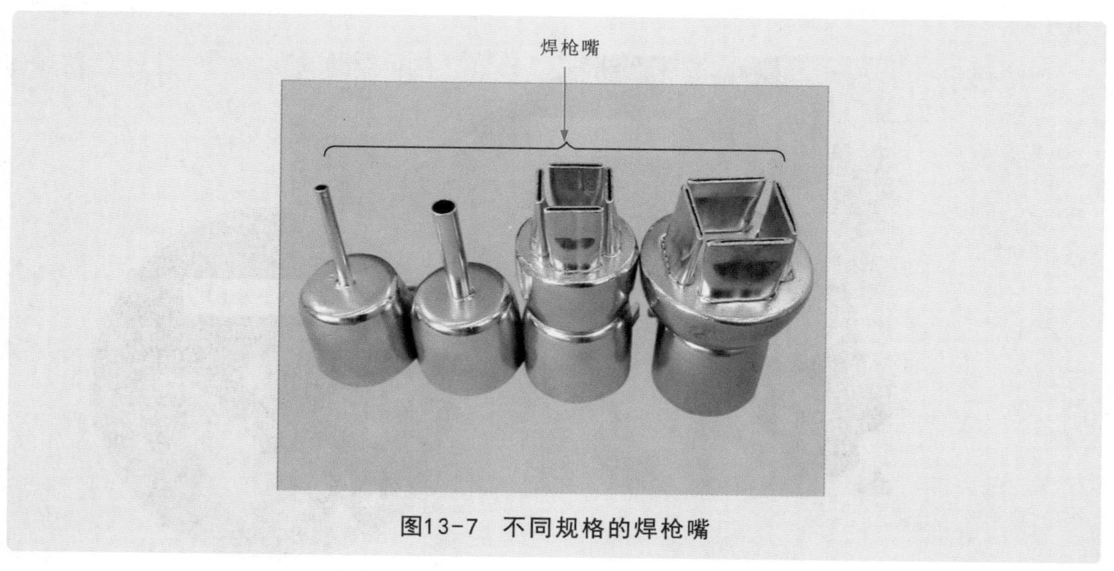
焊枪嘴

图13-7 不同规格的焊枪嘴

13.1.3 焊接材料与辅助工具

焊料是易熔金属，熔点低于被焊金属，它的作用是在熔化时能在被焊金属表面形成合金而将被焊金属连接到一起。焊料按成分分为锡铅焊料、银焊料、铜焊料等。

1 焊锡丝

在一般的电子元器件焊接操作中，主要使用锡铅焊料，俗称焊锡。图13-8为焊锡丝的实物外形。

图13-8 焊锡丝的实物外形

焊锡丝是由锡合金和助剂两部分构成的。值得注意的是，由于很多锡合金中都含有铅，在加热焊接时焊锡产生的烟尘会对人体造成伤害。因此，尽量选择铅含量较少的焊锡丝或无铅焊锡丝。

2 助焊剂

助焊剂就是用于清除氧化膜的一种专用材料，能去除被焊金属表面氧化物与杂质，增强焊料与金属表面的活性，提高焊料浸润能力。此外，还能有效地抑制焊料和被焊金属继续被氧化，促使焊料流动，提高焊接速度。所以，在焊接过程中一定要使用助焊剂，它是保证焊接顺利进行、获得良好导电性、具有足够机械强度和清洁美观的高质量焊点必不可少的辅助材料。

如图13-9所示，常用的助焊剂有焊膏、焊粉、松香等。

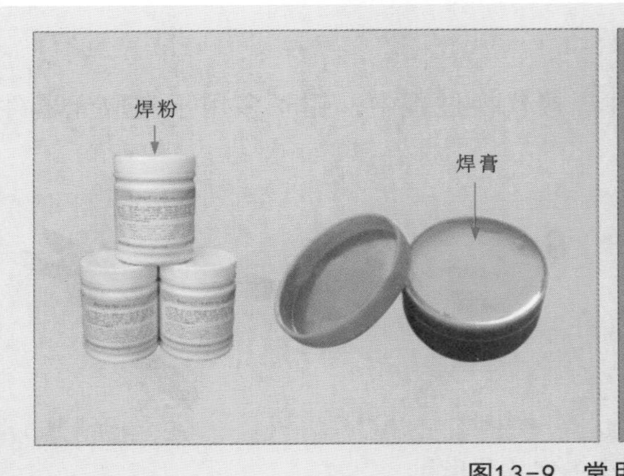
焊粉
焊膏

松香

图13-9 常用的助焊剂

3 镊子

镊子有尖嘴镊子和圆嘴镊子两种。其中尖嘴镊子最常见，它最主要的用途就是夹置导线和元器件，在焊接时防止移动；或用来夹取微小器件；或在装配件上夹绕较细的线材。图13-10为典型镊子的实物外形。

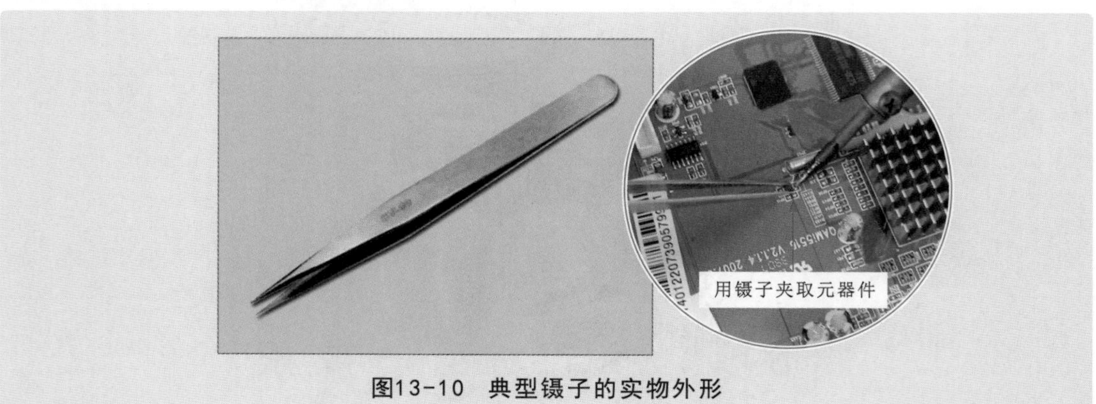
用镊子夹取元器件

图13-10　典型镊子的实物外形

补充说明

图13-11为竹镊子的实物外形。由于竹子是不产生静电的物品，因此，采用竹子制成的竹镊子可以有效地防止在对元器件进行夹取的过程中产生静电。

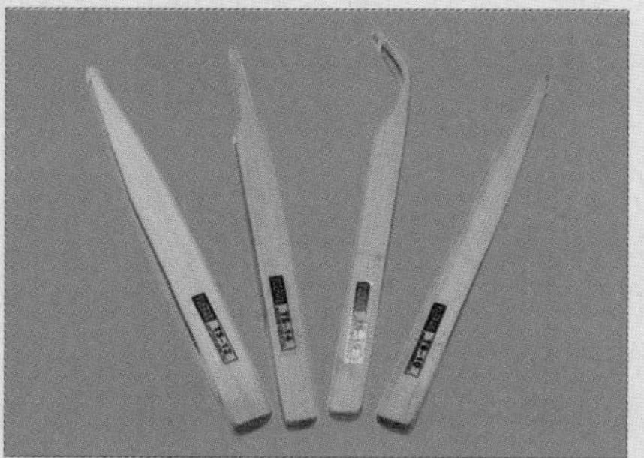

图13-11　竹镊子的实物外形

4 钳子

图13-12为钳子的实物外形。在元器件焊接代换过程中，钳子多用于夹取元器件或对元器件引脚进行加工弯折操作。

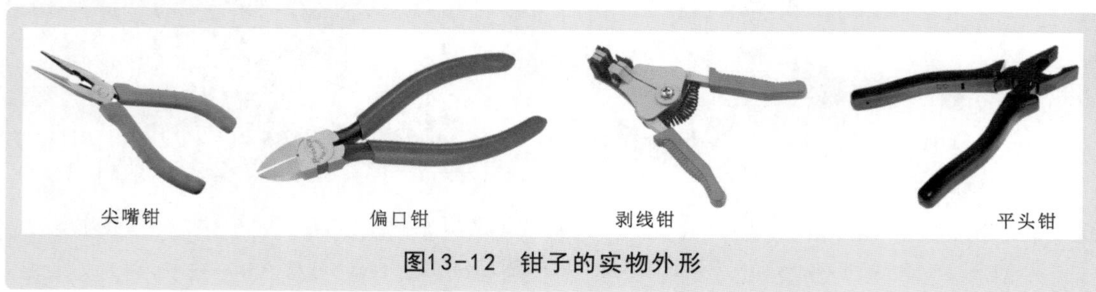
尖嘴钳
偏口钳
剥线钳
平头钳

图13-12　钳子的实物外形

13.2 焊接工具的使用

13.2.1 学用电烙铁

在使用电烙铁之前，应先学会电烙铁的正确握法，通常可采用握笔法、反握法和正握法三种形式，如图13-13所示。其中，握笔法是最常见的姿势；反握法动作稳定，适于操作大功率电烙铁；正握法适于操作中等功率的电烙铁。

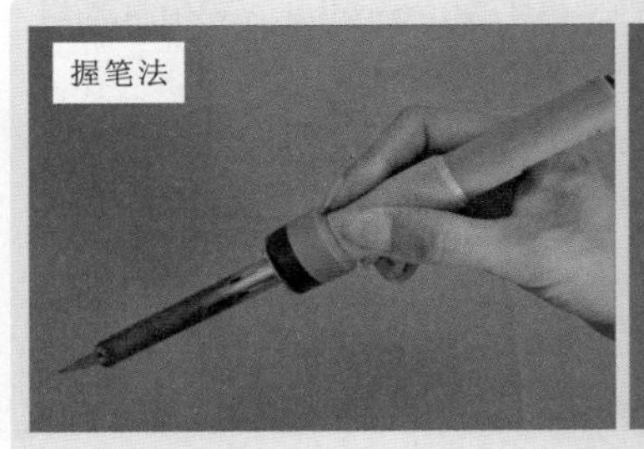
握笔法

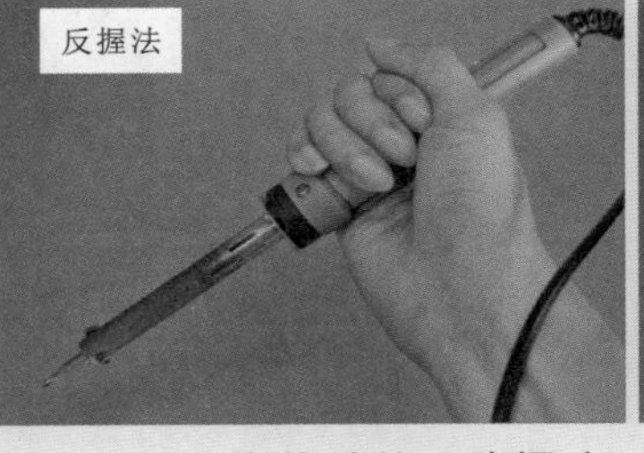
反握法

正握法

图13-13 电烙铁的正确握法

图13-14为元器件的焊接及拆焊方法。

焊点温度达到需求后，将焊丝置于焊点部位，即被焊件上烙铁头对称的一侧，而不是直接加在烙铁头上，焊料开始熔化并润湿焊点

当熔化的焊锡丝达到一定量后将焊丝移开，熔化的焊锡不能过多也不能过少。当焊锡扩散达到要求时，沿与电路板大致成45°的方向撤离电烙铁

撤离电烙铁

1 通电，开始预加热电烙铁

电烙铁

烙铁架

在使用完电烙铁后，应将其放回烙铁架，以防火灾事故的发生

电烙铁

吸锡器

IGBT（门控管，在电路板另一面）

2 用电烙铁熔化IGBT引脚的焊锡，用吸锡器吸除焊锡

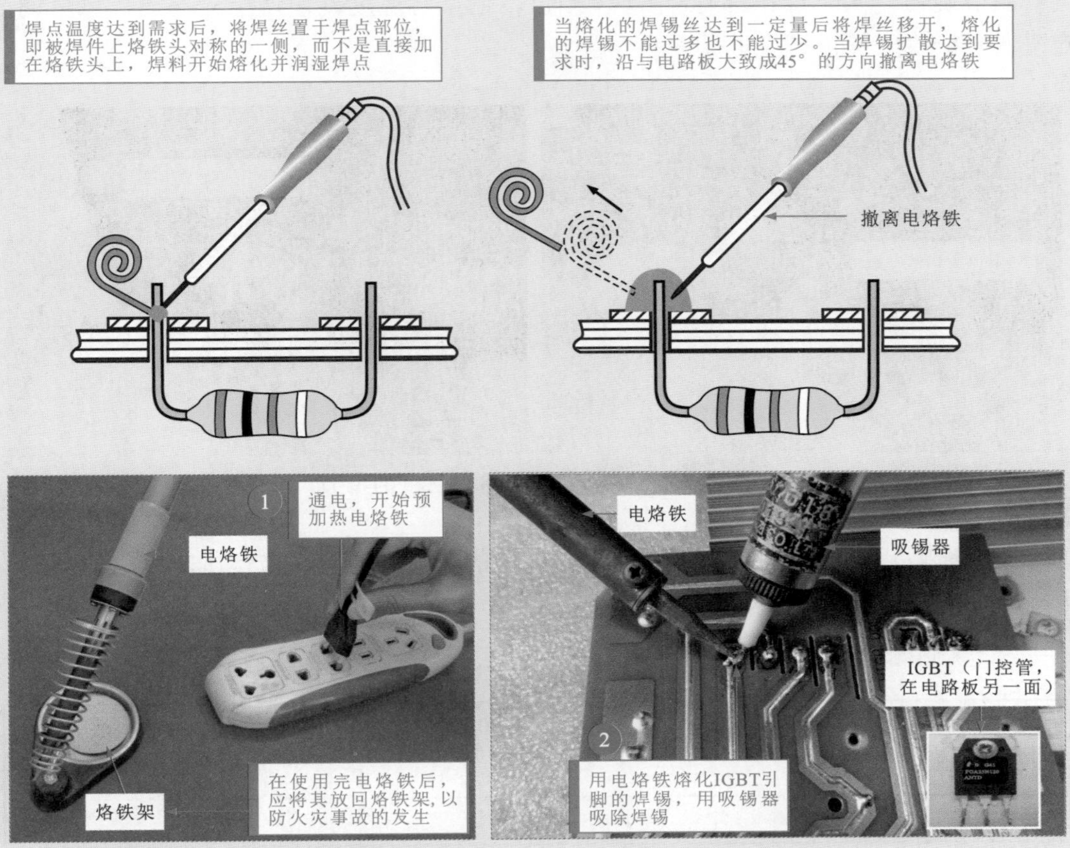

图13-14 元器件的焊接及拆焊方法

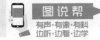

13.2.2 学用热风焊机

热风焊机的使用一般分为三个步骤：一是通电开机；二是调节温度和风量；三是进行拆焊操作。图13-15为热风焊机的通电开机操作。

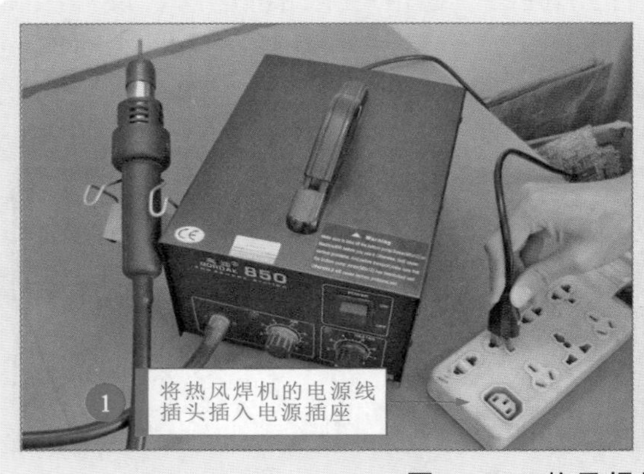
1
将热风焊机的电源线
插头插入电源插座

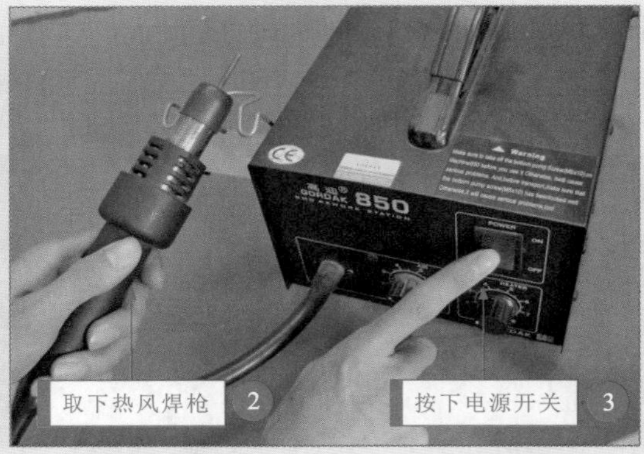
取下热风焊枪
2
按下电源开关
3

图13-15 热风焊机的通电开机操作

图13-16为热风焊机风量和温度的调节。调整热风焊机面板上的温度调节旋钮和风量调节旋钮，两个旋钮都有8个可调挡位，通常将温度旋钮调至5～6挡，风量调节旋钮调至1～2挡或4～5挡即可。

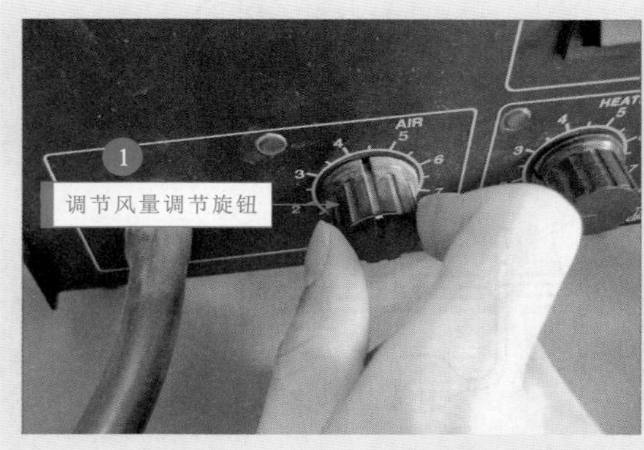
1
调节风量调节旋钮
AIR

调节温度调节旋钮
2
OFF
HEATER
AIR

图13-16 热风焊机风量和温度的调节

待拆焊贴片元器件的类型不同，热风焊机的风量和温度调节范围不同。表13-1为热风焊机风量和温度调节旋钮的调节位置。

表13-1 热风焊机风量和温度调节旋钮的调节位置

待拆焊贴片元器件	风量调节旋钮	温度调节旋钮
贴片式分立元器件	1～2	5～6
双列贴片式集成电路芯片	4～5	5～6
四面贴片式集成电路芯片	3～4	5～6

图13-17为使用热风焊机拆焊贴片元器件。将温度和风量调节好，等待几秒，待热风焊枪预热完成后，将热风焊枪垂直悬空放置在贴片元器件的引脚上方，来回移动实现均匀加热，直到引脚焊锡熔化。

将热风焊枪垂直悬空放置在贴片元器件的引脚上方，来回移动实现均匀加热
1

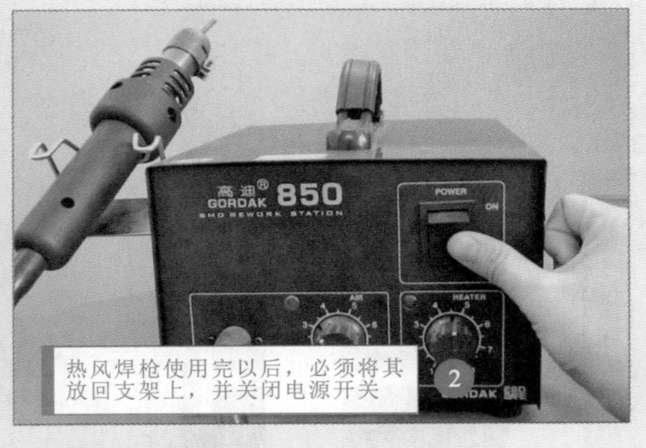
高迪® 850
GORDAK
SMD REWORK STATION
POWER
ON
AIR
HEATER
热风焊枪使用完以后，必须将其放回支架上，并关闭电源开关
2

图13-17 使用热风焊机拆焊贴片元器件

补充说明

在实际使用热风焊机过程中应根据待拆焊贴片元器件的引脚大小和形状选择合适的焊枪嘴，如图13-18所示。更换时，可先用十字螺钉旋具拧松焊枪嘴上的螺钉，插入选好的焊枪嘴，拧紧螺钉即可。

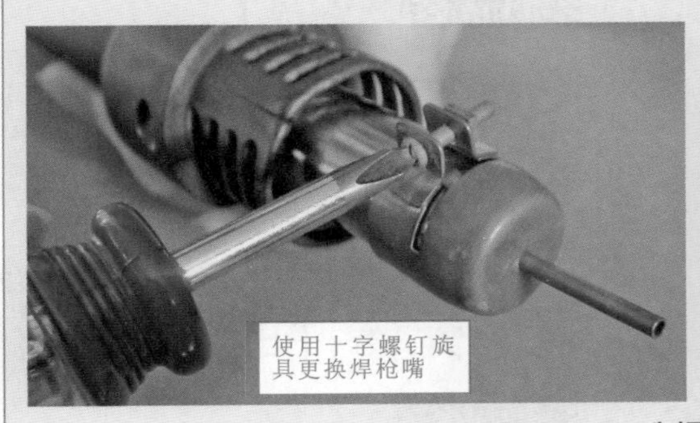
使用十字螺钉旋具更换焊枪嘴

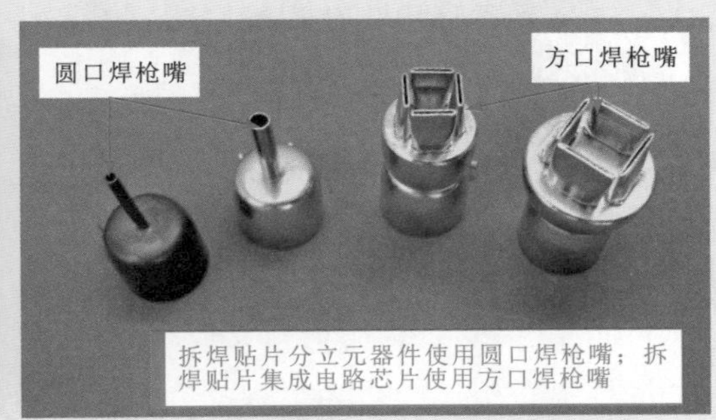
圆口焊枪嘴
方口焊枪嘴
拆焊贴片分立元器件使用圆口焊枪嘴；拆焊贴片集成电路芯片使用方口焊枪嘴

图13-18 选择合适的焊枪嘴

在使用热风焊机焊接贴片元器件时，可在焊接位置涂上一层助焊剂，并将贴片元器件放在涂有助焊剂的焊接位置上，用镊子微调贴片元器件的位置，如图13-19所示。在焊接前，可先在焊点位置熔化一些焊锡后再涂抹助焊剂。

蘸有助焊剂的棉签
在焊点及其周围涂抹助焊剂

图13-19 涂抹助焊剂

本章系统介绍电子元器件的安装焊接。

● 电子元器件的安装要求

◇ 电子元器件的安装流程

◇ 电子元器件的安装方式

● 电子元器件的焊接操作

◇ 直插式元器件的焊接操作

◇ 贴片式元器件的焊接操作

第14章 电子元器件的安装与焊接

14.1 电子元器件的安装要求

14.1.1 电子元器件的安装流程

电子元器件的安装是电子产品生产过程中的重要工序，在安装电子元器件的过程中，应根据相关的工艺要求进行操作。

1 清洁引脚

图14-1为电子元器件引脚的清洁操作。使用蘸有酒精的软布擦拭引脚可以去除引脚表面的氧化层，以便在焊接时容易上锡。若引脚已有镀层，则可以根据使用情况不进行清洁。

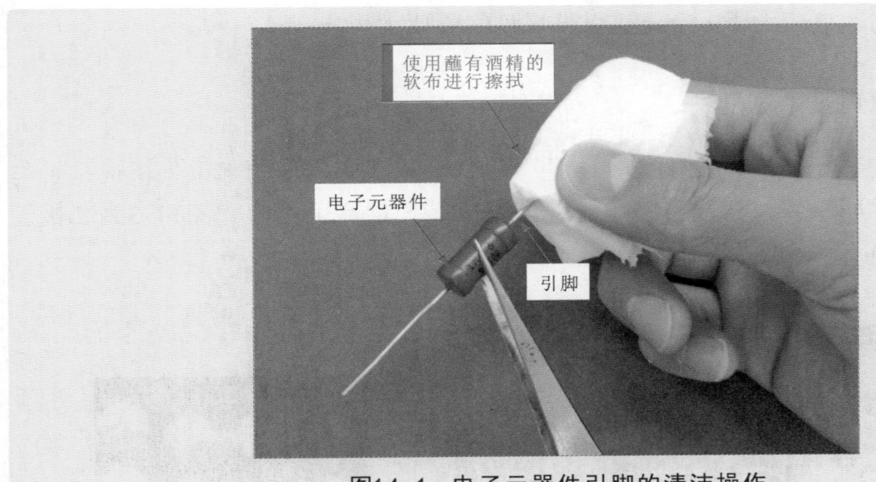
使用蘸有酒精的
软布进行擦拭
电子元器件
引脚

图14-1 电子元器件引脚的清洁操作

2 机械固定部件

在安装电子元器件前，应先安装那些需要进行机械固定的部件，如功率器件的散热片、支架、卡子等；操作时，不可以用手直接触碰电子元器件的引脚或印制电路板上的铜箔，避免因人体静电而损坏电子元器件或汗渍残留导致印制电路板氧化等情况。

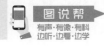

电子元器件应按一定的次序进行安装，先安装较小功率的卧式电子元器件，再安装立式电子元器件、大功率卧式电子元器件、可变电子元器件及易损坏的电子元器件，最后安装带散热器的电子元器件和特殊电子元器件，即按照先轻后重、先里后外、先低后高的原则进行安装。图14-2为电子元器件的合理安装距离。

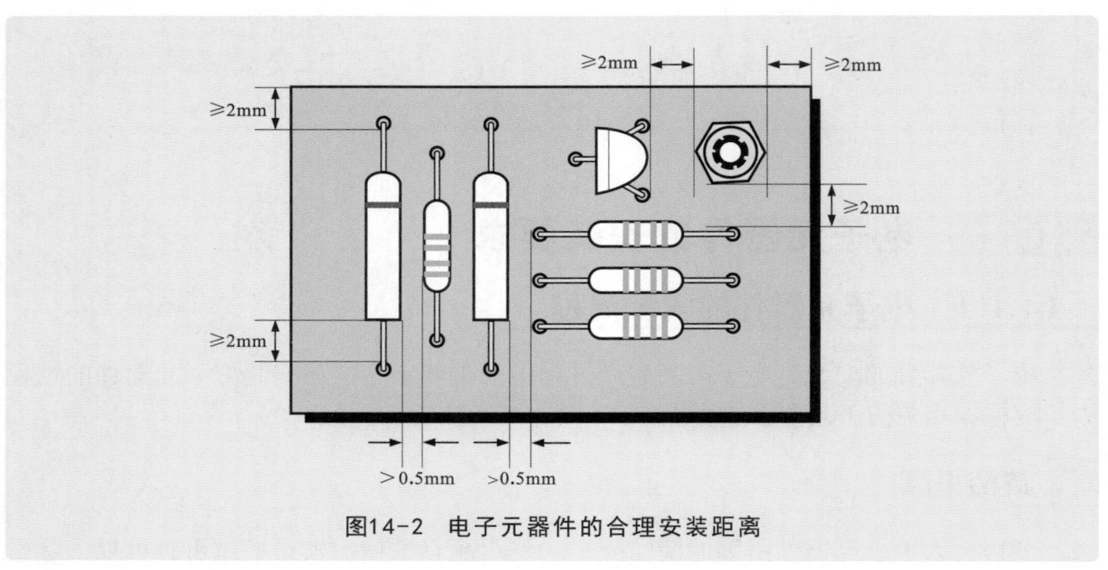
≥2mm
≥2mm
≥2mm
≥2mm
≥2mm
≥2mm
＞0.5mm
>0.5mm

图14-2　电子元器件的合理安装距离

电子元器件的安装应整齐、美观、稳固，并插装到位，不可有明显的倾斜和变形现象，各电子元器件之间应留有一定的距离，方便焊接和利于散热。在通常情况下，电子元器件之间的距离应大于0.5mm，引脚焊盘间隔要大于2mm。

3 安装后的检查

电子元器件安装完成后，应检查安装是否正确、是否有损伤的部位、极性是否与印制电路板上的丝印一致，应尽量将电子元器件安装在丝印范围内。图14-3为二极管安装后的检查案例。

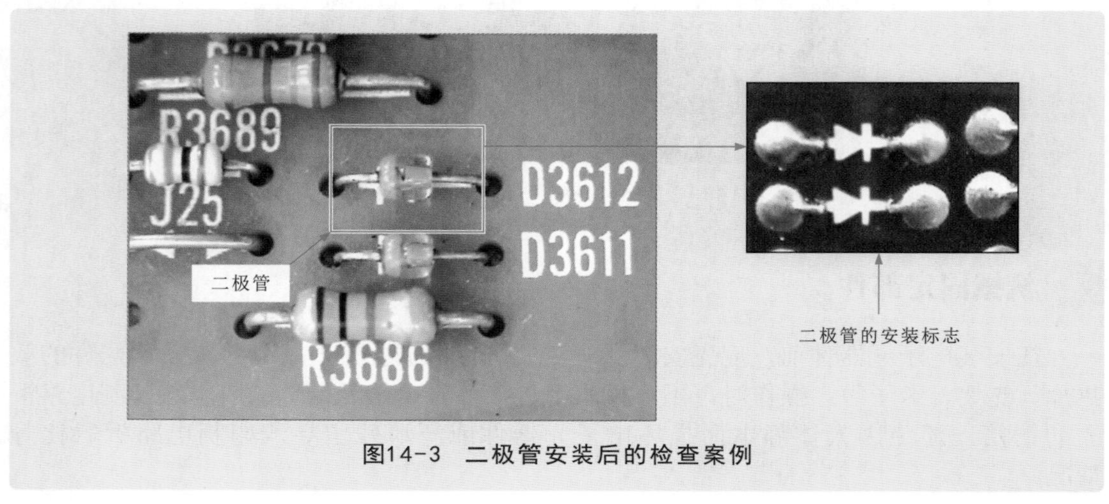
R3689
J25
D3612
D3611
二极管
R3686
二极管的安装标志

图14-3　二极管安装后的检查案例

4 弯曲引脚

电子元器件引脚的弯曲方法如图14-4所示。在电子元器件的安装过程中，若需要弯曲引脚，则注意不能在根部弯曲，根部很容易折断，应在距根部大于1.5mm的位置弯曲，弯曲半径*R*要大于引脚直径的两倍，弯曲后的两个引脚要与电子元器件的自身垂直。

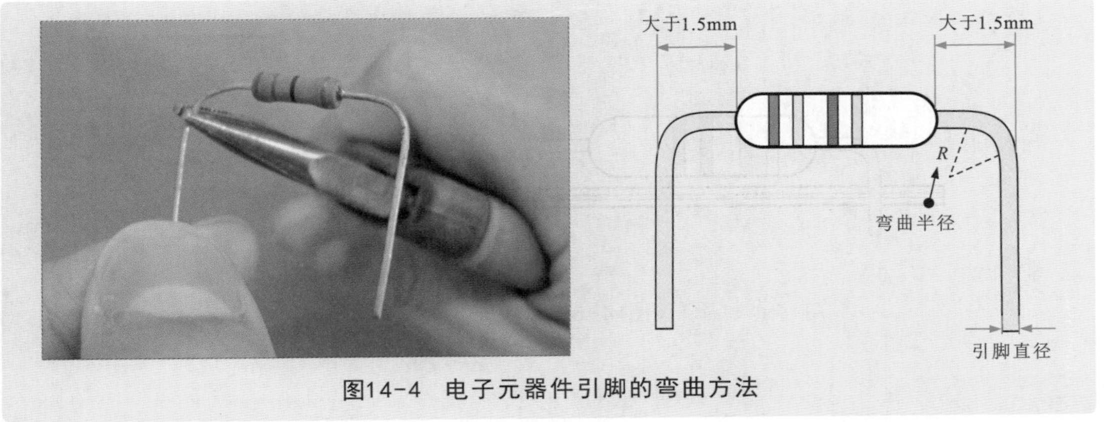
大于1.5mm
大于1.5mm
R
弯曲半径
引脚直径
图14-4 电子元器件引脚的弯曲方法

5 安装方式

电子元器件的安装方式如图14-5所示。

当采用立式安装时，电子元器件要与印制电路板垂直；当采用卧式安装时，电子元器件要与印制电路板平行或贴在印制电路板上。当工作频率不高时，这两种安装方式均可以被采用；当工作频率较高时，电子元器件最好采用卧式安装，可以使引脚尽可能短一些，防止产生高频寄生电容。

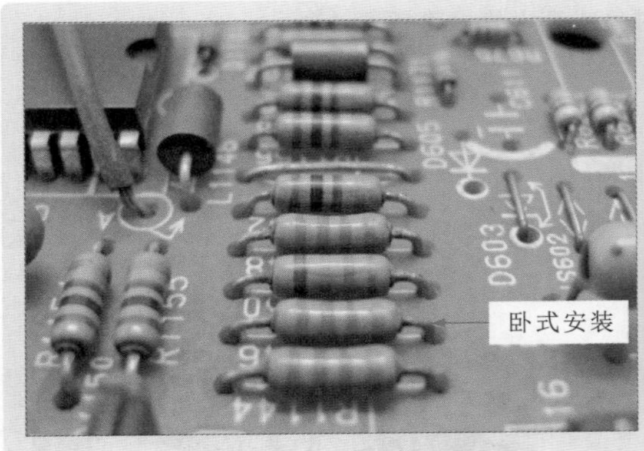
卧式安装
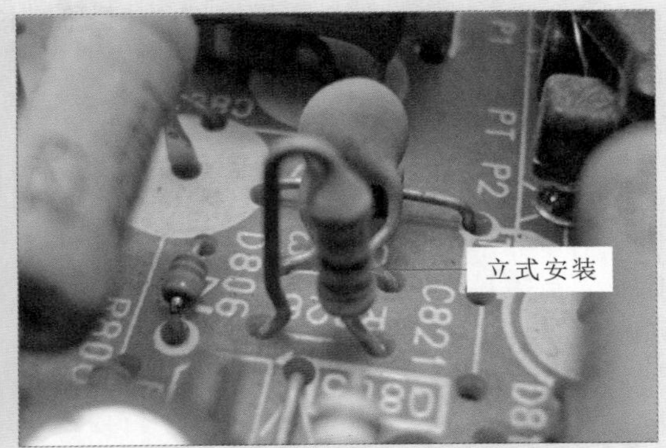
立式安装
图14-5 电子元器件的安装方式

补充说明

值得注意的是，在安装电子元器件时，若需要保留较长的引脚，则必须在引脚上套上绝缘套管，可防止因引脚相碰而短路。

14.1.2 电子元器件的安装方式

1 贴板安装

贴板安装就是将直插式元器件贴紧印制电路板面安装，安装间隙为1mm，如图14-6所示。贴板安装稳定性好，安装简单，但不利于散热，不适合高发热直插式元器件。双面焊接的印制电路板尽量不要采用贴板安装。

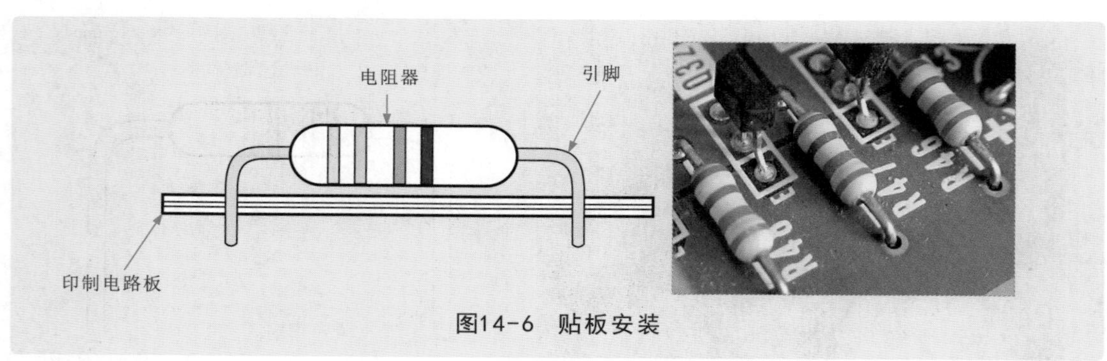
电阻器
引脚
印制电路板
图14-6 贴板安装

补充说明

值得注意的是，如果贴板安装的直插式元器件为金属外壳，则为了避免短路，应将直插式元器件的壳体加垫绝缘衬垫或套上绝缘套管，如图14-7所示。

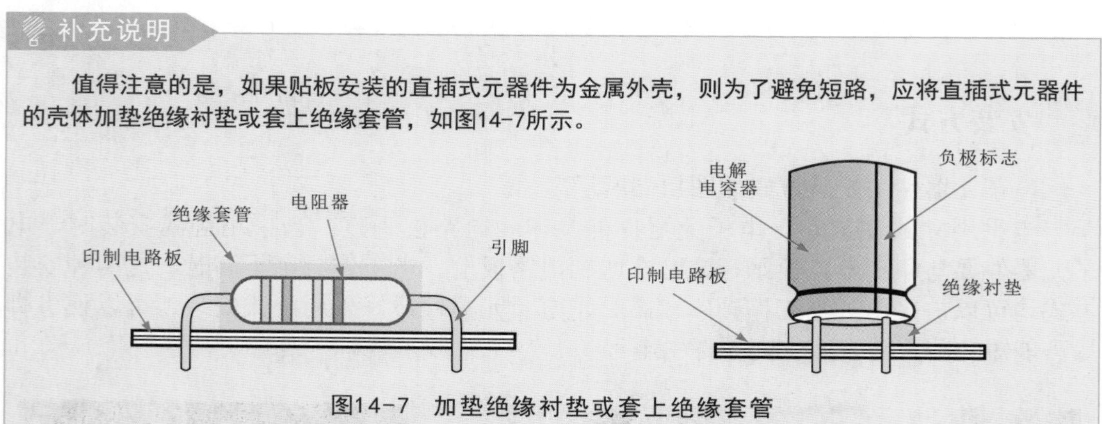
绝缘套管
电阻器
印制电路板
引脚
电解
电容器
负极标志
印制电路板
绝缘衬垫
图14-7 加垫绝缘衬垫或套上绝缘套管

2 悬空安装

悬空安装就是在安装时使直插式元器件的壳体与印制电路板面保持一定的距离，距离为3～8mm，如图14-8所示。发热直插式元器件、怕热直插式元器件等一般都采用悬空安装。

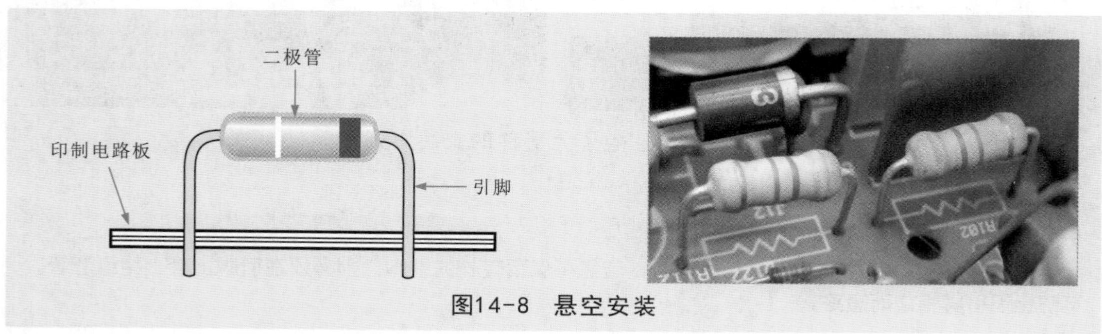
二极管
印制电路板
引脚
图14-8 悬空安装

补充说明

在焊接怕热的直插式元器件时，大量的热量被传递，此时可以将引脚套上套管，阻隔热量，如图14-9所示。

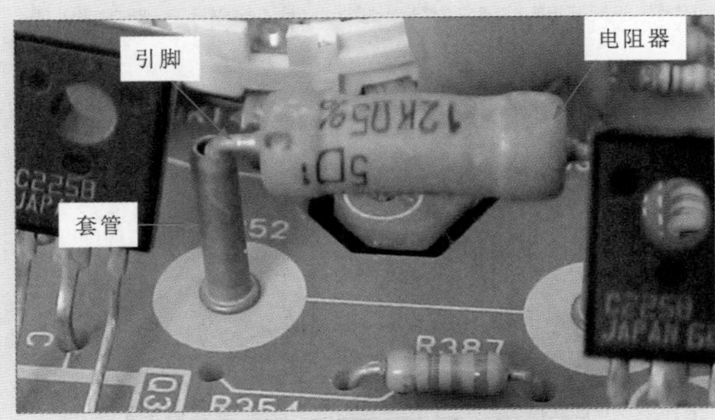
引脚
电阻器
套管

图14-9 将引脚套上套管

3 垂直安装

垂直安装就是将直插式元器件的壳体竖直起来进行安装，如图14-10所示。部分高密度的安装区域适合采用垂直安装，但重量大且引脚细的直插式元器件不宜采用垂直安装。

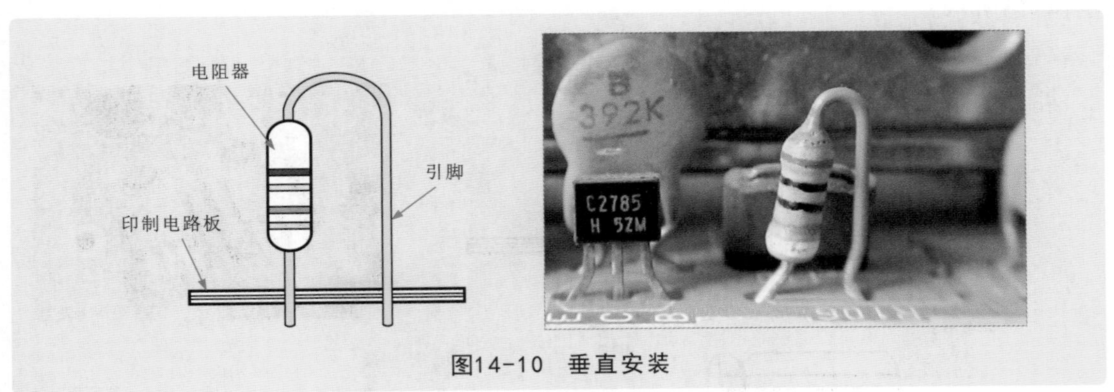
电阻器
引脚
印制电路板

图14-10 垂直安装

4 嵌入式安装

嵌入式安装俗称埋头安装，是将直插式元器件的部分壳体埋入印制电路板的嵌入孔内，如图14-11所示，这种方式适用于安装需要进行防振保护的直插式元器件，可降低安装高度。

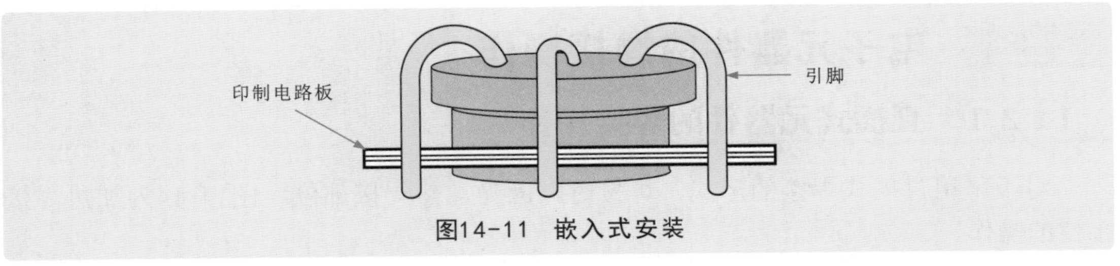
印制电路板
引脚

图14-11 嵌入式安装

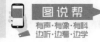

5 支架固定安装

支架固定安装是用支架将直插式元器件固定在印制电路板上，如图14-12所示，适用于安装小型继电器、变压器、扼流圈等较重的直插式元器件，用来增加在印制电路板上的牢固度。

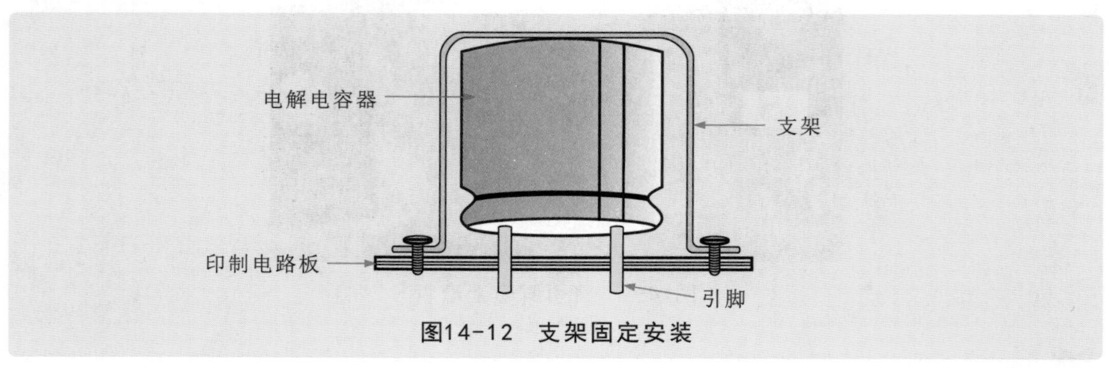
电解电容器
支架
印制电路板
引脚
图14-12 支架固定安装

6 弯折安装

弯折安装是当安装高度有特殊限制时，在将直插式元器件的引脚垂直插入印制电路板的插孔中后，再将直插式元器件的壳体朝水平方向弯折，适当降低安装高度，如图14-13所示。

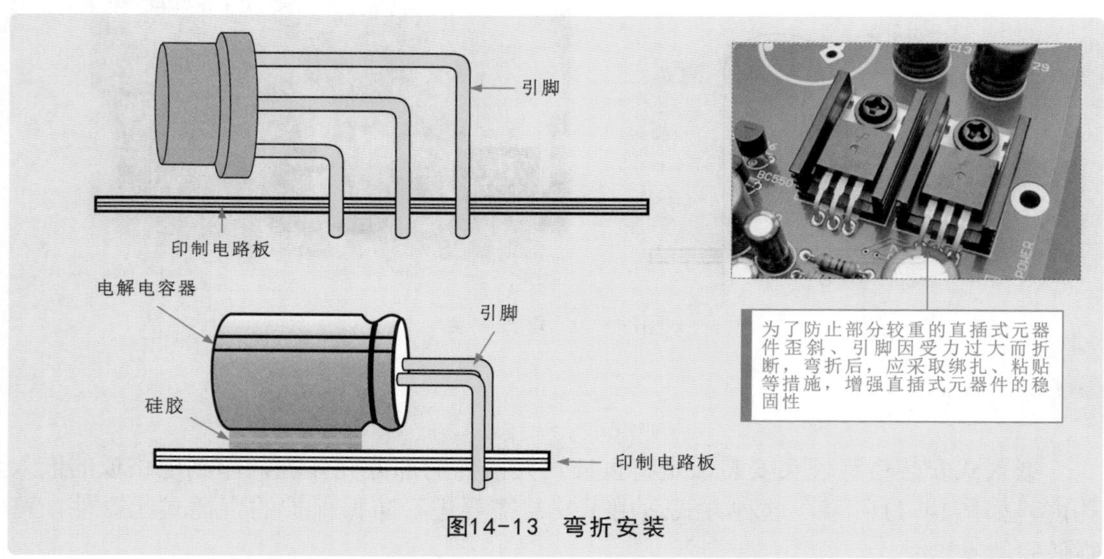
引脚
印制电路板
电解电容器
引脚
硅胶
印制电路板
为了防止部分较重的直插式元器件歪斜、引脚因受力过大而折断，弯折后，应采取绑扎、粘贴等措施，增强直插式元器件的稳固性
图14-13 弯折安装

14.2 电子元器件的焊接操作

14.2.1 直插式元器件的焊接操作

对于采用直插式焊接的形式，焊接时，应先加热焊接部位。图14-14为加热焊接部位的操作。

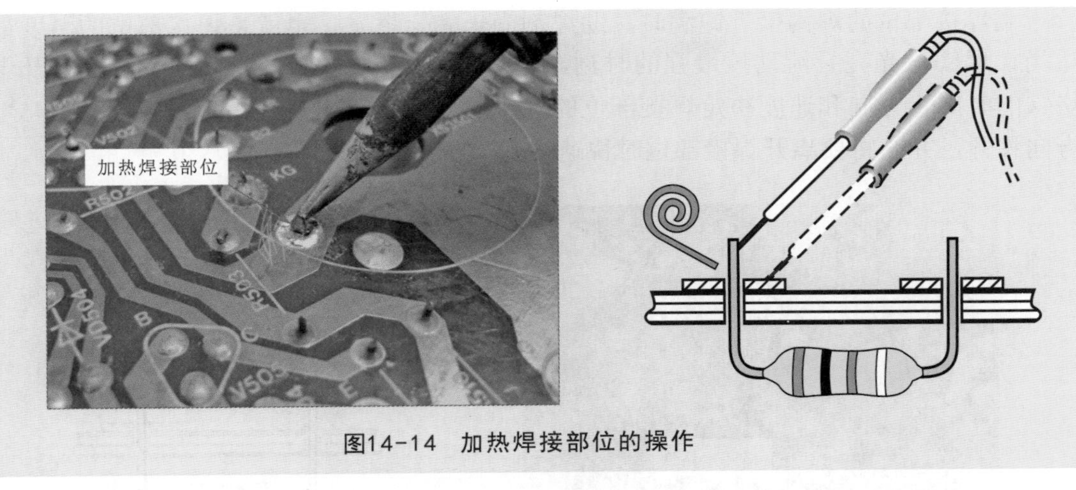
加热焊接部位
图14-14 加热焊接部位的操作

然后熔化焊锡丝，如图14-15所示，即当焊接部位达到一定温度后，将焊锡丝放在焊接部位，用电烙铁蘸取少量助焊剂后，再熔化适量的焊锡。焊锡丝应放在烙铁头的对称位置，不能直接放在烙铁头上。

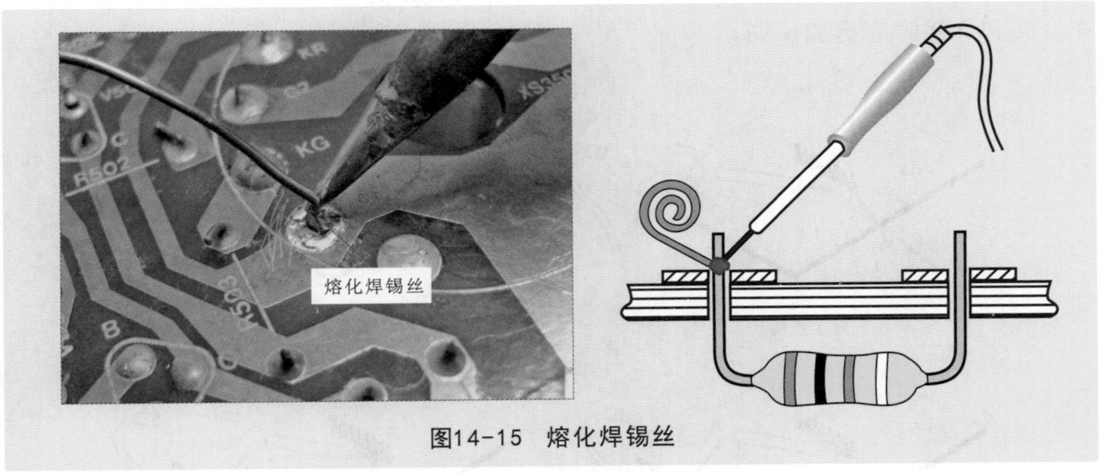
熔化焊锡丝
图14-15 熔化焊锡丝

使用电烙铁将焊锡丝熔化并浸熔引脚后移开焊锡丝，如图14-16所示。

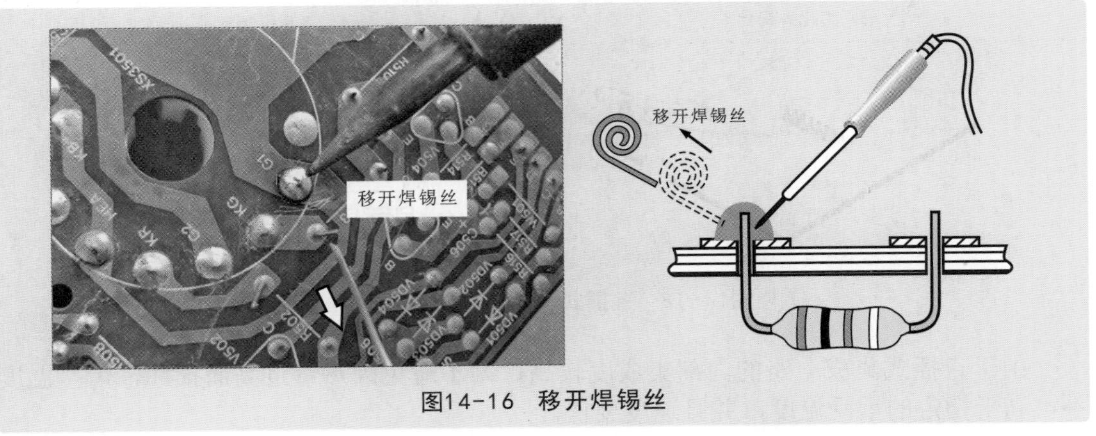
移开焊锡丝
移开焊锡丝
图14-16 移开焊锡丝

当焊接部位的焊锡接近饱满时，助焊剂尚未完全挥发，也就是焊接部位的温度最适当、焊锡最光亮且流动性最强的时刻，迅速移开电烙铁，如图14-17所示。移开电烙铁的时间、方向和速度决定焊接部位的焊接质量。其正确方法是先慢后快，沿45°方向移开，并在将要离开焊接部位时快速往回一带后迅速移开。

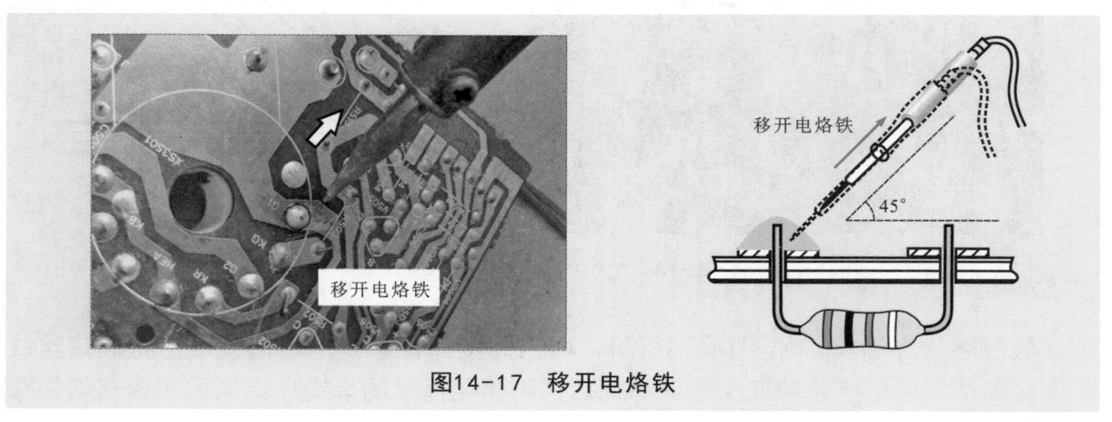
移开电烙铁
移开电烙铁
45°

图14-17　移开电烙铁

图14-18为直插式集成电路的焊接方法。直插式集成电路的引脚数目相对较多，在安装和焊接时应更加仔细。

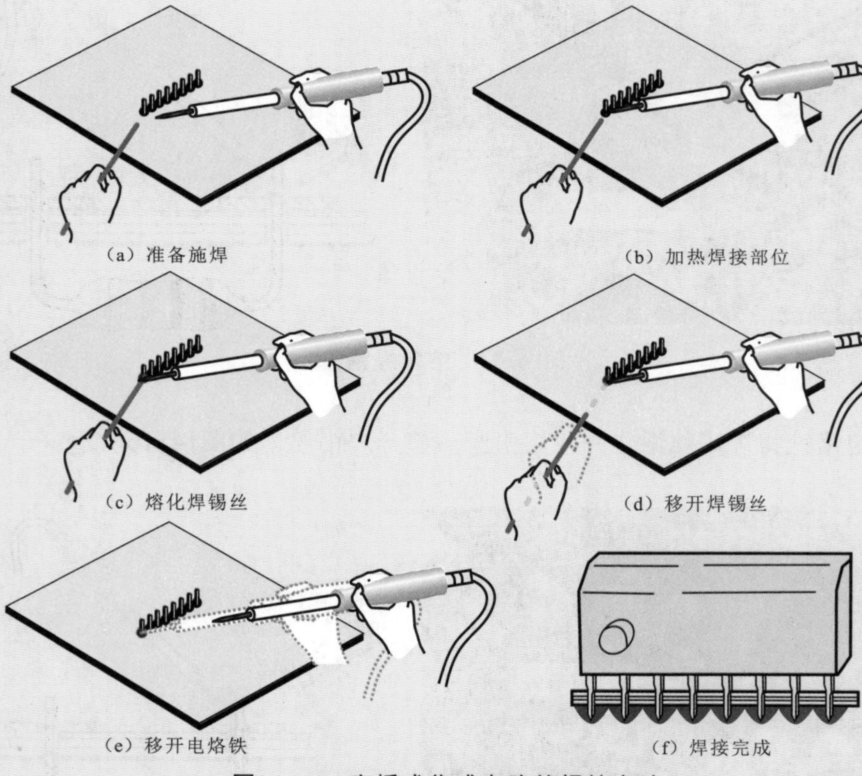

(a) 准备施焊

(b) 加热焊接部位

(c) 熔化焊锡丝

(d) 移开焊锡丝

(e) 移开电烙铁

(f) 焊接完成

图14-18　直插式集成电路的焊接方法

由于直插式集成电路的内部集成度较高，为了避免因热量过高而损坏，焊接温度不可高于指定的承受温度，并且速度要快。

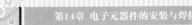

14.2.2 贴片式元器件的焊接操作

焊接贴片式元器件可以借助电烙铁或热风焊机进行操作。图14-19为使用电烙铁手工焊接贴片式元器件的操作。

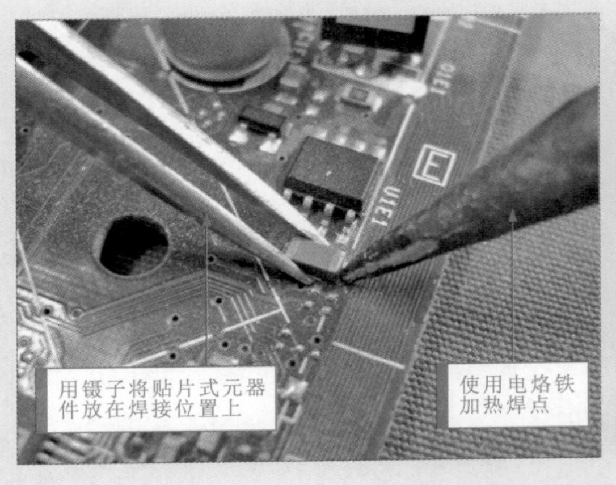
用镊子将贴片式元器件放在焊接位置上
使用电烙铁加热焊点

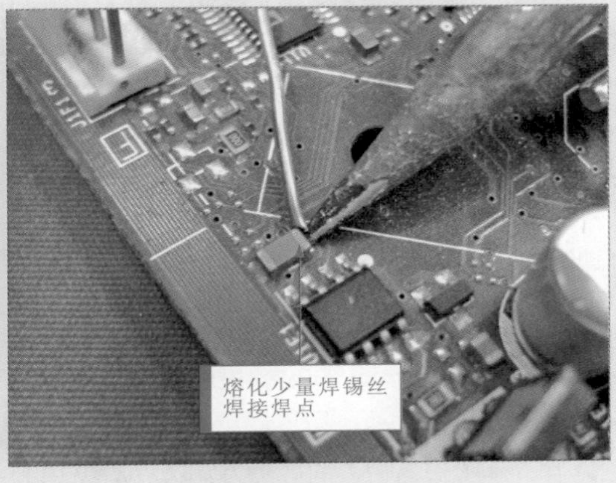
熔化少量焊锡丝焊接焊点

图14-19 使用电烙铁手工焊接贴片式元器件的操作

图14-20为使用热风焊机焊接贴片式元器件的操作。使用热风焊机手工焊接贴片式元器件时，应先在焊接贴片式元器件的位置上涂助焊剂，再将贴片式元器件放好，可用镊子微调贴片式元器件的位置。当热风焊机预热完成后，将热风焊枪垂直悬空在贴片式元器件的引脚上方对引脚进行加热。在加热过程中，热风焊枪应往复移动，均匀加热各引脚，当引脚焊料熔化后，先移开热风焊枪，待焊料凝固后，再移开镊子，完成焊接。

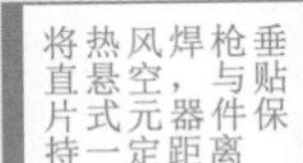
将热风焊枪垂直悬空，与贴片式元器件保持一定距离

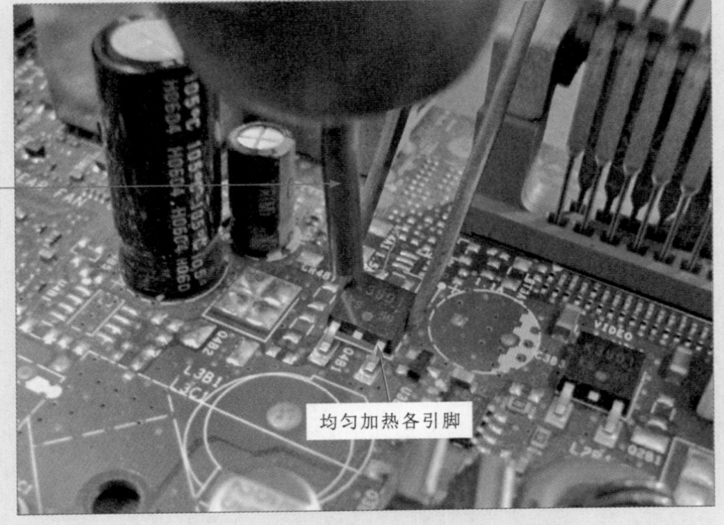
均匀加热各引脚

图14-20 使用热风焊机焊接贴片式元器件的操作

附录1　常见电子元器件的图形符号

类型	名称和图形符号
电阻器	普通电阻器　熔断电阻器　熔断器　可变电阻器或电位器 光敏电阻器　热敏电阻器（θ）　压敏电阻器（U）　湿敏电阻器　气敏电阻器
电容器	普通电容器　电解电容器（+）　微调电容器　单联可调电容器　双联可调电容器
电感器	普通电感器　带磁芯的电感器　可调电感器　带抽头的电感器
二极管	普通二极管　发光二极管　光敏二极管和光电二极管　单向击穿二极管（稳压二极管）　变容二极管 双向二极管　热敏二极管（θ）　双向击穿二极管（双向稳压管）
三极管	NPN三极管（b、c、e）　PNP三极管（b、e、c）　光敏三极管（b、e、c）　IGBT（g、c、e）
场效应晶体管	N沟道结型场效应晶体管（G、D、S）　N沟道增强型场效应晶体管（G、D、S）　N沟道耗尽型场效应晶体管（G、D、S） P沟道结型场效应晶体管（G、D、S）　P沟道增强型场效应晶体管（G、D、S）　P沟道耗尽型场效应晶体管（G、D、S）　耗尽型双栅P沟道场效应晶体管（G2、G1、D、S）
晶闸管	阳极侧受控单向晶闸管（阳极A、控制极G、阴极K）　阴极侧受控单向晶闸管（阳极A、控制极G、阴极K）　可关断晶闸管（阳极受控）（阳极A、控制极G、阴极K）　可关断晶闸管（阴极受控）（阳极A、控制极G、阴极K）　双向晶闸管（第二电极T2、控制极G、第一电极T1）

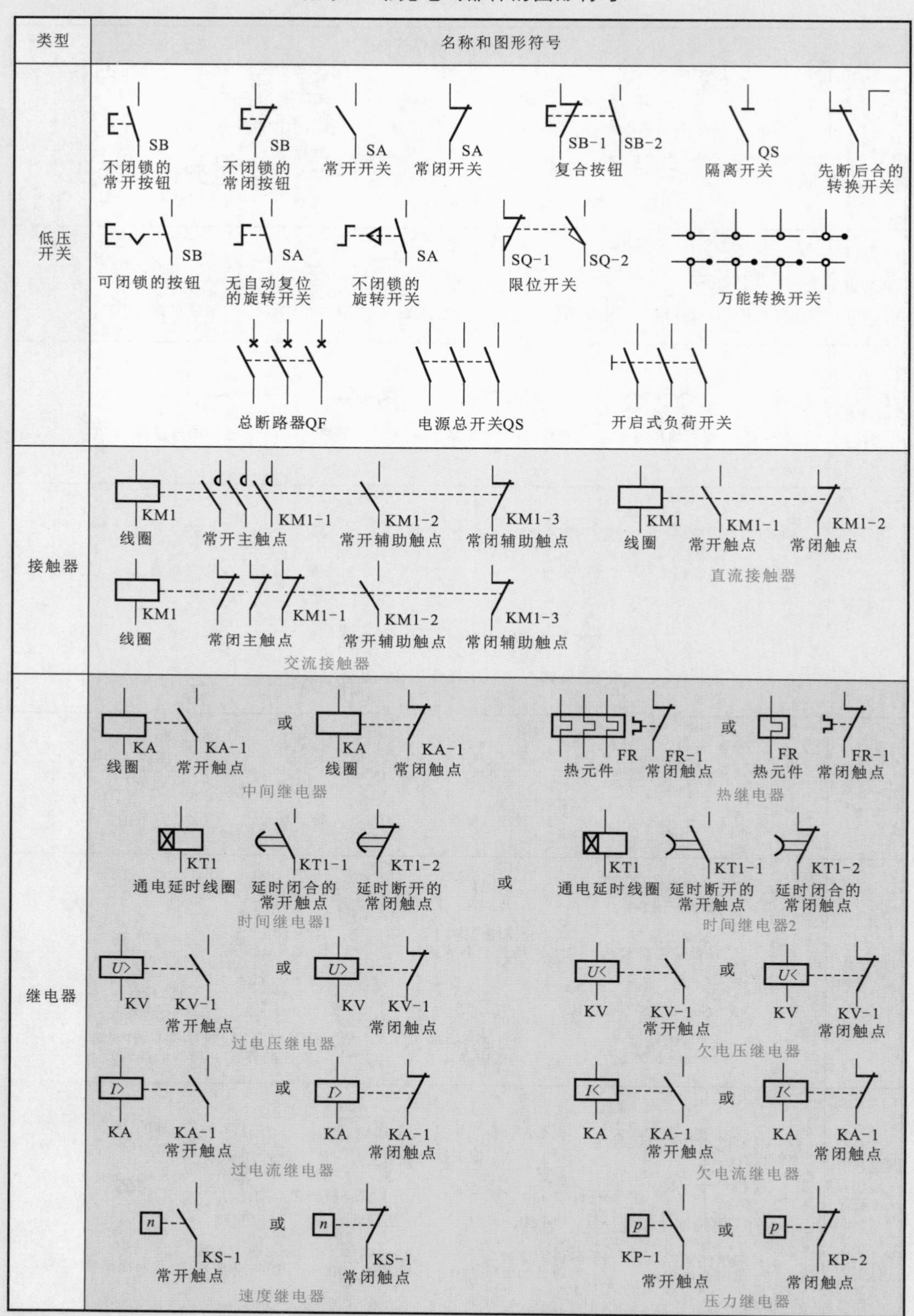

附录2 常见电气部件的图形符号

类型	名称和图形符号
低压开关	SB 不闭锁的常开按钮；SB 不闭锁的常闭按钮；SA 常开开关；SA 常闭开关；SB-1 SB-2 复合按钮；QS 隔离开关；先断后合的转换开关；SB 可闭锁的按钮；SA 无自动复位的旋转开关；SA 不闭锁的旋转开关；SQ-1 SQ-2 限位开关；万能转换开关；总断路器QF；电源总开关QS；开启式负荷开关
接触器	交流接触器：KM1 线圈；KM1-1 常开主触点；KM1-2 常开辅助触点；KM1-3 常闭辅助触点；KM1 线圈；KM1-1 常闭主触点；KM1-2 常开辅助触点；KM1-3 常闭辅助触点 直流接触器：KM1 线圈；KM1-1 常开触点；KM1-2 常闭触点
继电器	中间继电器：KA 线圈，KA-1 常开触点 或 KA 线圈，KA-1 常闭触点 热继电器：FR 热元件，FR-1 常闭触点 或 FR 热元件，FR-1 常闭触点 时间继电器1：KT1 通电延时线圈；KT1-1 延时闭合的常开触点；KT1-2 延时断开的常闭触点 或 时间继电器2：KT1 通电延时线圈；KT1-1 延时断开的常开触点；KT1-2 延时闭合的常闭触点 过电压继电器：U> KV，KV-1 常开触点 或 U> KV，KV-1 常闭触点 欠电压继电器：U< KV，KV-1 常开触点 或 U< KV，KV-1 常闭触点 过电流继电器：I> KA，KA-1 常开触点 或 I> KA，KA-1 常闭触点 欠电流继电器：I< KA，KA-1 常开触点 或 I< KA，KA-1 常闭触点 速度继电器：n KS-1 常开触点 或 n KS-1 常闭触点 压力继电器：p KP-1 常开触点 或 p KP-2 常闭触点